U0270189

无人机系统特征技术系列

总主编 孙 聪

国家科学技术著作出版基金资助出版

# 无人机自主控制系统
# 理论与方法

## The Theory and Method of
## Autonomous Control System of UAV

陈宗基 周 锐 张 平 编著

上海交通大学出版社
SHANGHAI JIAO TONG UNIVERSITY PRESS

**内容提要**

　　无人机自主控制技术是表征无人机系统特征的重要技术,本书的宗旨是助力我国科研人员和青年学者以国际先进水平为起点,开展我国无人机自主控制技术的自主研究、开发和原始创新。本书关注无人机自主控制技术的重要研究内容的理论和方法,内容涵盖:无人机自主控制等级、架构和功能,无人机建模与控制,无人机故障检测、诊断与重构,无人机对环境和态势的自主感知与评估,基于态势感知的无人机自主决策,无人机自主进场着陆导航,无人机航路规划与实时重规划,多无人机协同控制,以及无人机互操作与分布式异步通信协调控制。

**图书在版编目(CIP)数据**

无人机自主控制系统理论与方法/陈宗基,周锐,张平编著. —上海:上海交通大
学出版社,2021 (2022重印)
ISBN 978 - 7 - 313 - 20268 - 0

Ⅰ.①无… Ⅱ.①陈…②周…③张… Ⅲ.①无人驾驶飞机−自动飞行控制−飞
行控制系统 Ⅳ.①V279②V249.122

中国版本图书馆 CIP 数据核字(2018)第 229712 号

**无人机自主控制系统理论与方法**
**WURENJI ZIZHU KONGZHI XITONG LILUN YU FANGFA**

| | | | |
|---|---|---|---|
| 编 著 者:陈宗基　周　锐　张　平 | | | |
| 出版发行:上海交通大学出版社 | 地　　址:上海市番禺路 951 号 |
| 邮政编码:200030 | 电　　话:021 - 64071208 |
| 印　　制:上海万卷印刷股份有限公司 | 经　　销:全国新华书店 |
| 开　　本:710mm×1000mm　1/16 | 印　　张:43.25 |
| 字　　数:747 千字 | |
| 版　　次:2021 年 6 月第 1 版 | 印　　次:2022 年 7 月第 2 次印刷 |
| 书　　号:ISBN 978 - 7 - 313 - 20268 - 0 | |
| 定　　价:345.00 元 | |

# 无人机系统特征技术系列编委会

# 总　序

　　无人机作为信息时代多学科、高技术驱动的创新性成果之一,已成为世界各国加强国防建设和加快信息化建设的重要标志。众多发达国家和新兴工业国家,均十分重视无人机的研究、发展和应用。《"十三五"国家战略性新兴产业发展规划》(2018 年)及我国航空工业发展规划中都明确提出要促进专业级无人机研制应用,推动无人机产业化。

　　无人机是我国具有自主知识产权的制造名片之一。我国自从 20 世纪 50 年代就开始自主开展无人机研究工作,迄今积累了厚实的技术和经验,为无人机产业的后续发展奠定了良好的基础。近年来,我国无人机产业更是呈现爆发式增长,我国无人机产品种类齐全、功能多样,具备了自主研发和设计低、中、高端无人机的能力,基本形成了配套齐全的研发、制造、销售和服务体系,部分技术已达到国际先进水平,成为我国经济发展的新亮点,而且也必将成为我国航空工业发展的重要突破口。

　　虽然我国无人机产业快速崛起,部分技术赶超国际,部分产品出口海外,但我国整体上仍未进入无人机强国之列,在精准化、制空技术、协作协同、微型化、智能化等特征/关键技术方面尚需努力,为了迎接无人机大发展时代,迫切需要及时总结我国无人机领域的研究成果,迫切需要培养无人机研发高端人才。因此,助力我国成为无人机研发、生产和应用强国是"无人机系统特征技术系列"丛书策划的初衷。

　　"无人机系统特征技术系列"丛书撰写目的为建立我国无人机的知识体系,助力无人机领域人才培养,推动无人机产业发展;丛书定位为科学研究和工程技术参考,不纳入科普和教材;丛书内容聚焦在表征无人机系统特征的、重要的、密切的相关技术；丛书覆盖无人机系统特征技术的基础研究、应用基础研究、应用研究、工程实现。丛书注重创新性、先进性、实用性、系统性、技术前瞻性；丛书突出智能化、信息化、体系化。

无人机系统特征技术的内涵如下：明显区别于有人机，体现出无人机高能化、智能化、体系化的特征技术；无人机特有的人机关系、机械特性、试飞验证等特征技术；既包括现有的特征技术的总结，也包括未来特征技术的演绎；包括与有人机比较的，无人机与有人机的共性、差异和拓宽的特征技术。

本系列丛书邀请中国工程院院士、舰载机歼-15型号总设计师孙聪院士担任总主编，由国内无人机学界和工业界的顶级专家担任编委及作者，既包括国家无人机重大型号的总设计师，如翼龙无人机总设计师李屹东、云影无人机总设计师何敏、反辐射无人机总设计师祝小平、中国飞行试验研究院无人机试飞总师赵永杰等，也包括高校从事无人机基础研究的资深专家，如飞行器控制一体化技术国防重点实验室名誉主任陈宗基、北京航空航天大学无人系统研究院院长王英勋、清华大学控制理论与技术研究所所长钟宜生、国防科技大学智能科学学院院长沈林成、西北工业大学自动化学院院长潘泉等。

本系列图书的出版有以下几点意义：一是紧紧围绕具有我国自主研发特色的无人机成果展开，积极为我国无人机产业的发展提供方向性支持和技术性思考；二是整套图书全部采用原创的形式，记录了我国无人机系统特征技术的自主研究取得的丰硕成果，助力我国科研人员和青年学者以国际先进水平为起点，开展我国无人机系统特征技术的自主研究、开发和原始创新；三是汇集了有价值的研究资源，将无人机研发的技术专家、教授、学者等广博的学识见解和丰富的实践经验和科研成果进一步理论化、科学化，形成具有我国特色的无人机系统理论与实践相结合的知识体系，有利于高层次无人机科技人才的培养，提升无人机研制能力；四是部分图书已经确定将版权输出至爱思唯尔、施普林格等国外知名出版集团，这将大大提高我国在无人机研发领域的国际话语权。

上海交通大学出版社以他们成熟的学术出版保障制度和同行评审制度，组织和调动了丛书编委会和丛书作者的积极性和创作热情，本系列丛书先后组织召开了4轮同行评议，针对丛书顶层设计、图书框架搭建以及内容撰写进行了广泛而充分的讨论，以保证丛书的品质。在大家的不懈努力下，这套图书终于完整地呈现在读者的面前。

  我们衷心感谢参与本系列丛书编撰工作的所有编著者,以及所有直接或间接参与本系列图书审校工作的专家、学者的辛勤工作。

  真切地希望这套书的出版能促进无人机自主控制技术、自主导航技术、协同交互技术、管控技术、试验技术和应用技术的创新,积极促进无人机领域产学研用结合,加快无人机领域内法规和标准制定,切实解决目前无人机产业发展迫切需要解决的问题,真正助力我国无人机领域人才培养,推动我国无人机产业发展!

无人机系统特征技术系列编委会

# 作 者 简 介

陈宗基 1943 年生,上海市人,男,汉族,英国曼彻斯特大学博士,教授,博士导师。

1966 年毕业于北京航空学院自动控制系;1966 年至 1974 年在延安无线电总厂任工人及技术员;1974 年至 1978 年在陕西省电子研究所任技术员;1978 年至 1979 年在北京航空学院自动控制系攻读研究生,1979 年至 1980 年在英国曼彻斯特大学攻读硕士学位,1980 年至 1983 年在英国曼彻斯特大学攻读博士学位;1983 年至今在北京航空航天大学自动控制系任讲师、副教授、教授;1991 年至今任导航、制导与控制学科博士导师。

现任"飞行器控制一体化技术"国防科技重点实验室名誉主任、"大型民机飞行控制系统仿真技术"国家重点实验室专家、"火力控制技术"国防科技重点实验室专家。曾任北京航空航天大学研究生院院长;北京航空航天大学导航、制导与控制学科带头人及责任教授;"飞行器控制一体化技术"国防科技重点实验室主任;校学术委员会常务副主任、校学位委员会副主任。曾任国务院学科评议专家(控制科学与工程学科),原总装备部飞机总体专业组专家,863—705 专家,中国系统仿真学会常务副理事长。

在飞行控制系统设计、适应性控制系统、自主控制系统、容错控制系统、先进仿真技术等方面研究成果较显著。曾获国家教育成果一等奖一项、二等奖一项,北京市教育成果一等奖一项,部级科技进步一等奖一项,二等奖四项,三等奖四项。1997 年由国家人事部授予中青年有突出贡献专家,2010 年获全国优秀科技工作者荣誉称号。发表国内外期刊论文 120 多篇,国内外学术会议论文 70 多篇,其中 SCI、EI 收录论文 80 多篇。

周　锐　1968 年 8 月出生,男,汉族,现任北京航空航天大学教授,博士生导师。1987 年至 1997 年于哈尔滨工业大学航天学院分别获得学士、硕士和博士学位。1997 年至 1999 年于北京航空航天大学从事博士后研究工作,1999 年至今任职于北京航空航天大学自动化学院。近年来主要研究领域为:无人机自主控制,任务规划,精确制导,信息融合,多飞行器协同控制与协同制导等。曾先后承担或参与国家 973 项目、国家 863 项目、总装预研项目、国家自然科学基金等科研项目,发表学术论文数十篇,SCI 收录论文近 20 篇。

张　平　1950 年 6 月出生,女,汉族,北京航空航天大学教授,工学博士,博士生导师。曾任中国航空学会自动控制专业委员会委员、航空学会高级会员、“系统仿真学报”编委、系统仿真学会会员等。1987 年至 1988 年,在联邦德国斯图加特大学、联邦军队大学做访问学者,1992 年至 1993 年在日本东京大学生产技术研究所任外国人协力研究员。出版多本专著,发表飞行控制领域相关论文数十篇。

# 前　言

从国防建设、科学考察、数据采集到电影拍摄、商业服务，从反恐防暴、紧急救援到娱乐休闲，无人机在许多领域都有着广泛的应用。1991 年海湾战争以来无人机的重要价值得到了广泛共识，现代武器系统向无人化和智能化发展已成为必然趋势。无人机所具有的不同的智能化等级表征了无人机自主性的高低，自主性成为无人机的重要技术特征。自主性体现了无人机在处理不同任务和环境的复杂性、动态性和不确定性的能力，以及人/机交互与机/机交互的程度。实现无人机高度自主性是一项革命性的科学技术挑战，是一个渐进的发展过程，从目前所能达到的科学技术水平来看，真正实现非结构化环境下无人机的自主控制正遇到一系列的挑战。本书的宗旨是助力我国科研人员和青年学者以国际先进水平为起点，开展我国无人机自主控制技术的自主研究、开发和原始创新。

本书着重介绍无人机自主控制的先进理念、理论与方法，阐述相关的核心关键技术以及应用研究成果。本书的特点是结合了国内外无人机自主控制领域的重要前沿研究成果和核心关键技术；结合了与无人机自主控制技术相关的新兴学科知识；结合了多年来本书作者及其众多博士研究生在无人机自主控制技术的诸多重要前沿研究方向的科学研究与教学成果；结合了本书作者参与的我国无人机自主控制技术领域理论研究和技术开发的成果。

本书主要内容有：无人机自主控制等级、架构和功能，无人机建模与控制，无人机故障检测、诊断与重构，无人机对环境和态势的自主感知与评估，基于态势感知的无人机自主决策，无人机自主进场着陆导航，无人机航路规划与实时重规划，多无人机协同控制，以及无人机互操作与分布式异步通信协调控制。

本书由北京航空航天大学的陈宗基教授、周锐教授、张平教授等编著。他们都是从事无人机自主控制多年科研和教学的资深教授和优秀的中青年教师。第1章由陈宗基和周锐编写;第2章由张平、李卫琪、高金源和张晶编写;第3章由张平和李卫琪编写;第4章由周锐和董卓宁编写;第5章由周锐和董卓宁编写;第6章由陈宗基和陈磊编写;第7章由夏洁编写;第8章由周锐、袁利平和陈宗基编写;第9章由吴江、胡春鹤和陈宗基编写。全书由陈宗基、周锐和张平统一规划和最终定稿,由胡春鹤进行排版和集成。

本书内容丰富、特色鲜明,既有较高的学术研究价值,又可供无人机专业领域的科技人员学习和参考,还可以作为大学本科与研究生的飞行控制和人工智能等学科的参考教材。读者在学习和研究本书介绍的核心关键技术的理论与方法的同时,应该经常意识到:人类的智能控制能力是无人机自主控制研究的起点;适应动态环境与完成复杂任务是无人机自主控制的目的;感知及通信是无人机自主控制的信息基础;无人机自主控制系统的架构配置和任务应用配置是无人机自主控制的功能基础,不同的架构配置和任务应用配置具有不同的自主控制能力,适应不同的自主等级要求,完成不同的任务;无人机自主控制能力是无人机自主控制系统设计的出发点和设计确认的终点;无人机自主控制研究要直面现实和未来的挑战,不断做出创新性研究和实践。

陈宗基　周　锐　张　平

# 目　　录

# 1 绪 论

机上无人、复杂任务以及不确定动态环境决定了无人机系统必须具备很高的自主性,从目前所能达到的技术水平来看,真正实现非结构化环境下无人机的自主控制是一项具挑战性的技术难题。随着无人机单机自主性、机载计算能力及信息技术的不断发展,无人机必将朝着网络化、分布式、自主协同控制方向发展[1-2]。

自主性、机载信息获取、传输以及应用能力将是未来无人机在动态战场环境下完成复杂任务的关键。美国海军研究办公室和空军研究实验室(AFRL)于2000年率先提出了自主作战(autonomous operations,AO)的概念。美国在机载战场管理系统(airborne battle management system program)和自主作战无人机自主性(autonomous operations UAV autonomy program)两个国防计划项目中,明确将自主性(autonomy)作为无人机的目标,并指出了实现自主性所要解决的关键技术:态势感知、智能自主性、多平台网络化/通信/作战等关键技术[3]。

完全的无人机自主性是一项革命性的技术,是一个渐进的,由低级向高级的发展过程。为此,美国军方在无人机路线图中将无人机自主性级别从遥引导到单机自主,直至集群完全自主共划分为 10 个级别[4],其目的旨在评估目前取得的成果和以应用为导向制订将来的研究计划。为了逐步达到未来理想化的自主能力,有必要对不同的自主级别的内涵进行理解和分析,并洞察每个自主级别所需要的关键技术以及信息与通信在这些不同自主级别中可能起到的关键作用,并最终实现网络环境下无人机的完全自主性。

如何从人类的认知和决策过程来研究无人机的自主性行为和决策机制,这对于无人机自主系统的理解、设计并实现具有重要意义。无人机的自主控制系统的最重要功能就是具有在动态环境下复制驾驶员或任务指挥员的智能或决策的能力,而取得该能力的合理途径就是使无人机具有类似人的生理敏感单元(五官)和决策单元(大脑)[5]。因此,如何从人类的认知和决策过程来研究无人机的自主行为和决策机制,如何将人类的决策性行为、程序性行为以及反射性行为映射为无人机自主系统的决策层、组织协调层及执行层的机制和功能,这对于无人机自主级别的定义、自主系统的设计和自主级别的渐进实现无疑具有重要意义。

本书从以下不同的角度来研究无人机自主控制级别:

(1) 鉴于无人机自主控制等级应该是由无人机代替有人驾驶飞机所能完成的驾驶员或任务指挥员的智能行为等级这一认识,拟从人类的智能活动的机理分析出发,给出人类的智能控制行为等级,进而提出合理的自主控制级别划分方法。因为人类自身的神经智能控制系统是一个非常完美的自主控制系统。面对多种多样的复杂控制任务,这个自主控制系统不但能够直接控制并实现具体的行为意图,还能根据自身已有的信息,综合环境信息进行决策规划、抽象推理,将复杂模糊抽象的控制任务层层分解,逐步具体化从而达到最终目标,这与无人机自主控制的特征和需求完全一致。因此,我们试图在人类的智能控制行为等级研究基础上,深入分析美国无人机自主控制等级划分方法及存在的问题,研究适于我国无人机技术发展的,更为合理的无人机自主控制等级体系。

(2) 从无人机自主控制系统的适应性机制和基本要素出发,研究自主控制级别的划分方法。自主性级别体现了无人机自主系统对任务目标的了解和抽象(任务链)能力、内部态势自感知(平台健康和能力)能力、外部态势自感知(外部资源和威胁)能力,以及在感知基础上的适应性控制、决策、规划与管理的能力大小。为此,将分别从飞行控制的自适应能力等级、故障检测与自修复重构的能力等级、态势感知与任务重规划能力等级、综合分析与决策能力等级、互联互通与协同控制和决策能力等级等方面,对无人机自主控制级别进行分析和划分。事实上,这种能力等级划分与人类的智能控制行为等级也是一致的。

(3) 自主性级别反映了无人机在何种环境下执行何种任务的能力大小,并且不同的自主性级别意味着不同的经济可承受性和技术可实现性。因此,将通过对无人机自主控制级别及关键技术的需求分析,确定在特定环境下按照给定的性能要求执行特定的任务,所需要的合适的无人机自主性级别是什么? 必要的关键支撑技术是什么? 将主要围绕以无人机自主感知为基础的任务控制与适应技术为核心,开展无人机自主控制级别及关键技术的需求分析。对于具体不同的任务,所需要的自主控制关键技术的内涵不同,例如,对静态环境和动态环境的感知与适应所需要的自主级别或智能化决策程度会相差很大。但自主控制的基本要素和机制是一样的,即都具有感知和适应的基本要素和机制。因此,面向任务和环境需求,对任务管理需求、特殊任务管理需求、系统资源管理需求、任务载荷管理需求、飞行航路规划需求、平台性能管理需求、自主导航定位需求、平台飞行控制需求等方面的能力需求、关键技术需求及内涵进行分析和研究是必要的。

在无人机自主控制等级研究中,我们认为以下思路是正确的,具有指导意义:

(1) 无人机自主控制等级应具有科学性、通用性、易用性、技术导向性、可评估和可扩展性。

(2) 有人机驾驶员针对不同任务,需要执行不同的智能行为。无人机执行与有人机相同的任务,需要无人机具有能做出与驾驶员相同智能行为的智能功能。无人机自主控制等级是由无人机代替有人驾驶飞机所能完成的驾驶员的智能行为等级,而取得该能力就必须使无人机具有类似人的智能功能,包括敏感功能(五官)和决策功能(脑、脊髓、神经系统)。

(3) 无人机的智能功能主要考虑通信功能、感知功能、适应功能、规划功能、协同功能和学习功能。这些功能在不同的无人机自主控制等级中的内容不同。

(4) 无人机自主控制等级概念隐含了任务复杂性、环境复杂性和系统独立性的不同程度。

(5) 美国空军研究实验室提出了 10 级无人机自主控制的分级标准,鉴于该标准面向无人机的通用任务,该标准与人类智能行为等级的一致性,该标准在世界无人机领域有较普遍的认可度。又考虑到该标准的某些缺陷:如分布控制只改变通信拓扑和控制结构,并没有改变自主控制的等级;多机自主分级太复杂,且级差不大,以及高级别的任务和智能功能需求尚不明确。因此,本书基于美国空军研究实验室的分级标准开展研究,修正提高。

(6) 本书提出了 8 级无人机自主控制的分级标准,分析了每级智能功能的内涵和关键要素,提出了采用面向任务的想定验证的方法来评估无人机的自主控制等级,给出了各级的评估想定的方案。

(7) 鉴于无人机发展与应用的多样化趋势,无人机自主控制等级所描述的智能功能只是主流的功能集合或配置,某无人机可以有 A 级的 A1 功能和 B 级的 B1B2 功能。评估结论为具有自主控制等级 A 级(A1)+B 级(B1B2)。

## 1.1　人类的智能控制能力

经过漫长的生物进化过程,人类自身的神经智能控制系统已经发展成为一个非常完美的自主控制系统。面对多种多样的复杂控制任务,这个自主控制系统不但能够直接控制并实现具体的行为意图,还能根据自身已有的信息,综合环境信息进行决策规划、抽象推理,将复杂模糊抽象的控制任务层层分解,逐步具体化从而达到最终目标。

人类的智能是这样的一种能力,它能够计算、推理、感知关系和类推、快速学习、存储和恢复信息,以及对新态势的分类、归纳和调整。从信息处理的角度看,人类的智能活动可以分为四个不同智能水平的层次,从高到低依次是显意识、无意识、下意识和前意识[6]。

显意识是指那些能够被自己觉察到的思维行为,能够被自己意识到的心理活动。只要我们集中注意力,就会发觉内心不断有一个个的观念、意象或情感流过。在人类的活动中,显意识根据个体的知识和立场执行决策处理。无意识则描述了那些感知系统没有释放或者没有表现出的思维行为,以及消失在主要记忆中的被压抑的部分。无意识中有两类相当重要的子类,分别是下意识和前意识。下意识是处于我们的显意识层之下但却对我们的智能行为产生关键作用的程序性知识(技能)。下意识使得我们与外界和身体的其他部分的通信联系变得容易而顺利,并且提供了通过学习而掌握技能的基础,如艺术、运动、控制物体如自行车等。有时候,下意识也表现到显意识的层次,但是它出现到记忆中的路径是潜在的,不为我们所知的。前意识是前注意(preattentive)的决策过程,可以帮助显意识思维选择处理对象,在更为符号化的层次上对信息做更整体化、更为粗化的处理。前意识在长期有效的记忆和不被人类感知的潜在的、暗示的记忆内容间形成了一条通道,它在判断和直觉活动中起重要作用。由于无意识中除了下意识和前意识两类,还有其他并不被了解和感知的意识,在下面的讨论分析中,凡是论及无意识的地方专指这两种特殊的无意识。

作为智能的载体,人类的神经系统对人类的活动的控制调节是相当成功与完美的。人类的神经系统支持一个智能化、自动化的层次结构:上层是决策性行为,中间是程序性行为,底层是反射性行为。决策性、程序性和反射性的功能层次可以用图 1-1 说明。

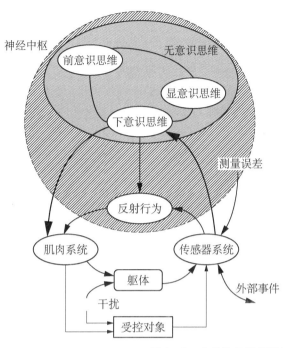

决策性行为（决策层）
主要由前意识和显意识构成，负责人体神经控制中高层的思维活动，是最主要的推理决策执行体

程序性行为（组织协调层）
主要由下意识构成，负责人体神经控制中程序性的行为控制，并负责下层与上层的指令和传感信息通信，是最主要的控制协调执行体

反射性行为（执行层）
主要由脊髓、肌肉系统和传感系统构成，负责人体神经控制中具体行为动作的执行和控制，并负责与外界信息的沟通，基本上缺乏思维意识能力，但是具有快速反应的特征，是最主要实际控制行为动作发生体

图 1-1 人类认知控制行为模型

决策层（决策性行为）由大脑皮层产生的前意识和显意识智能行为提供推理、判断、决策等高层次的神经控制活动，是最主要的推理决策的执行体。这一层行为活动占用智能资源多，处理时间长，行为活动的结果不是具体的某种行动，而是具有符号化和抽象化的特征。决策性的思维行为出现在大脑皮层，大脑皮层可以到达大脑边缘系统的记忆部分。大脑皮层为意识思维提供了处理基元。不同的大脑皮层与不同的智能和身体功能相联系。对于显意识和前意识来说，本质的区别就是它们依赖于不同的大脑皮层分区和活动层次。

组织协调层（程序性行为）由中层神经中枢（脑干、小脑）等产生的下意识智能行为提供程序性熟练行为的神经控制行为。程序性行为与下意识紧密相连，负责程序性的行为控制，并负责上层与下层间的指令和传感信息传输，是最主要的控制、组织与协调的执行体。这一层的神经系统具有很高的控制精度，其行为活动占用智能资源相对较少，所需的时间尺度较小，行为活动的结果具有模式化的特点。这些程序性行为需要经过不断的学习训练后，在我们的意识中形成。

执行层（反射性行为）由底层神经中枢（脊髓、丘脑、感知神经和运动神经等）提供反射性行为的控制，负责人体神经控制中具体行为的控制与执行，并负责与外界的信息沟通，是最主要的实际控制动作的发生体。这些活动基本上不占用智能资源,活动的反应时间非常短,一般在上层神经接收到神经兴奋信号前就可以完成了。脊髓系统在神经信号被大脑处理之前已经完成对反射性行为的闭环,因此反射性行为不需要大脑的参与就能完成。尽管如此,这些信号对于大脑的决策性行为和程序性行为仍然是有用的。

从图1-1可见,显意识模块可以通过执行决策性功能以及经由下意识模块接收信息和传递指令的方式来控制躯体运动系统,而下意识模块自身能执行程序性的行为活动。前意识为显意识提前做准备。前意识可以执行符号化的决策功能,并且由下意识来通知以便将任务悬挂待决。

下意识模块从传感器系统接收信息,并且通过感知网络将指令传送到肌肉运动系统。在响应关键性刺激以及协调控制活动时,自发的反射活动提供与高层功能并行的低层调节功能。高层和低层的指令也许会因为彼此相一致而共同起作用;也可能相互阻塞,使得系统无法正常活动。自发的反射性活动可以使用从下意识产生的高层指令来训练,然而非自发的反射活动的可学习能力并不明显。

根据现有的研究成果,人体的控制指令、反馈信息、传感器官信息传导的主要通道由各种神经细胞组成,但是最近免疫学的研究表明:免疫细胞之间传递信息使用一条全新的途径,是通过一些使免疫细胞能够彼此连接、交换分子的窄而长的隧道微细管(TNT)传递,使得免疫响应会如此迅速。这个研究结果表明在人类神经控制系统中,控制信息的传导途径和免疫信息传导途径是分开的。

在人类神经控制系统中,我们注意到系统分层所遵循的规律:

(1)高级神经中枢,其主要作用是处理抽象模糊的任务,并将这些抽象的任务分解为小脑和脊髓能够理解的指令和任务,将全局的任务目标分解为可以一步一步执行的具体指令。

(2)低级神经中枢,这些神经中枢的智能能力较差,无法处理复杂抽象的任务,但是具有很高的控制精度和反应速度,能够很好地执行高级神经中枢的指令。

(3)低级神经中枢的功能是高级中枢所必需的,是高级中枢功能的实现基础,高一级中枢的功能很大程度依赖于下级中枢的正常工作(在效应器官正常情况下)。

(4)从任务的层次上看,高级中枢与低级中枢的区分是以任务的复杂抽象程度进行的,而不是由中枢的分布位置决定的,虽然对人体来说其分布也部分地反映了各自不同功能的复杂抽象程度。

（5）从指令信息的角度看，从高层的决策性工作到底层的具体执行性工作，指令信息从模糊不确定到具体而实际，相应的任务也是从全局的目标决策到具体执行器的指令；而外界的反馈信息则从底层到高层是逐层过滤，最后只剩下高层智能神经中枢关心的内容。这种方式是典型的递阶分层机制。

由人类的自主控制能力的分析可见，人类神经智能控制系统的三层递阶结构分别支持了三类不同层次的自主行为。当我们研究无人机的自主行为和决策机制以及划分无人机自主控制级别时就应该参考自主能力的源头——人类自主控制行为的三层次分类。研究把人类的决策性行为、程序性行为以及反射性行为映射为无人机自主系统的决策层、组织协调层及执行层的功能和实现，这对无人机自主系统的设计和自主级别的渐进实现无疑具有重要意义。

## 1.2　无人机的自主等级

美国国防部官方于 2000 年、2002 年和 2005 年发表的指导美国无人机发展的 UAV 路线图中采用了相同的 10 级自主控制等级划分[4]，这 3 个无人机路线图内容有了很大的变化，甚至由前两版的无人机（unmanned aerial vehicles，UAV）路线图改成目前的无人机系统（unmanned aircraft system，UAS）路线图，但是对无人机自主控制级别 10 个等级的描述基本没有改变。我们注意到美国在最新的无人系统路线图中（2007—2032），原 10 级的 ACL 改为了 4 级的自主性等级划分（由人控制、由人授权、由人监督、完全自主）。这种分级方法只突出了无人机系统的系统独立性和人机交互的程度和频率。目前文献[4]中的 10 级自主控制等级划分相对比较权威，广为引用和参考。该划分的目的旨在评估目前取得的成果和制订将来的研究计划，该自主级别划分也成为无人系统领域有关自主性级别研究和评估最为广泛引用的参考和标准。但文献[4]对 10 级自主控制等级的分级尚有不合理之处，对技术内涵、系统架构和评估方法并无涉及。

根据美国空军研究实验室的定义[4]，无人机自主控制能力分为 10 个级别：1 级，遥引导；2 级，实时故障诊断；3 级，故障自修复和飞行环境自适应；4 级，机载航路重规划；5 级，多机协同；6 级，多机战术重规划；7 级，多机战术目标；8 级，分布式控制；9 级，机群战略目标；10 级，全自主集群。美国无人机自主控制等级划分如图 1-2 所示。

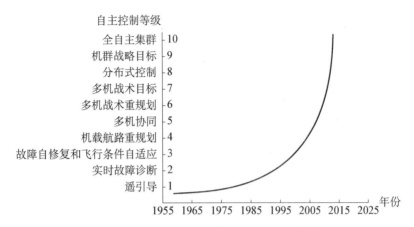

图 1-2　美国军用研究实验室的无人机自主控制等级划分

分析美国空军研究实验室定义的无人机自主控制能力 10 个等级,可把 10 个自主等级分为三类:

(1) 单机自主(1 级—遥引导、2 级—实时故障诊断、3 级—故障自修复和飞行环境自适应、4 级—机载航路重规划)。

(2) 多机自主(5 级—多机协同、6 级—多机战术重规划、7 级—多机战术目标)。

(3) 机群自主(8 级—分布式控制、9 级—机群战略目标、10 级—全自主集群)。

随着自主级别类型的提高,无人机的适应性提高,智能性提高,任务复杂性提高,规模、作用范围扩大,从战术层次到战略层次,概括而言:自主性逐级提高。

如果无人机 10 级自主控制行为是由驾驶员来完成,把这 10 级自主控制行为影射到人类神经智能控制系统的三层递阶结构所支持的自主控制行为,情况如下:

(1) 执行层(反射性行为):1 级—遥引导;2 级—实时故障诊断。

(2) 组织协调层(程序性行为):3 级—故障自修复和飞行环境自适应。

(3) 决策层(决策性行为):4 级—机载航路重规划;5 级—多机协同;6 级—多机战术重规划;7 级—多机战术目标;8 级—分布式控制;9 级—机群战略目标;10 级—全自主集群。

应该指出:4 级至 10 级的决策性行为包含了大量相应的程序性行为,但其行为性质已上升为决策性行为。

对 10 级无人机自主控制等级,有如下理解:

(1)美国空军研究实验室的无人机自主控制等级划分与人类自主控制行为的三层次分类先后层次是一致的。

(2)美国无人机自主控制等级的等级大多以这一等级控制与决策的代表性军事功能来命名。

(3)与人类自主行为的实施情况一样,高级的智能活动都以下级的智能活动为基础。

(4)无人机自主控制等级划分与无人机的数量规模密切相关,数量规模大自主等级高。

(5)5~10 级不再是类比个体驾驶员的智能行为,而是类比驾驶员群体的协同智能行为。

(6)5~7 级是以集中式框架实现自主控制任务,8~10 级通过分布式框架实现。

(7)5 级—多机协同是 6 级与 7 级的基础;8 级—分布式控制是 9 级与 10 级的基础。

(8)1~3 级都是无人机适应自身、环境变化而做出的自主行为(适应参数不确定、结构不确定)。

(9)4~10 级都是无人机基于初始任务指令,适应任务不确定而做出的自主行为(适应事件不确定)。但是,初始任务指令由人指导产生,武器的投放指令或权限由人确定。无人机是有约束自主系统,而不是无所不能的超级"机器人"。

(10)美国无人机路线图给出了 1~10 级的自主级别划分,但缺乏对各自主级别功能和所需关键技术分析,也没有见到对自主控制级别及关键技术有效性进行评估的规范或方法。

## 1.3 自主级别与感知及通信能力

图 1-1 所示的人类认知控制行为模型还包括了人类的生理敏感单元(五官),以及智能单元之间及其与外部的连线,即信息交互通道。因此,唯有健全的人类各智能单元,以及健全的感知及通信能力才能支持健全的人类智能行为。

### 1.3.1 态势感知与评估能力

图 1-3 说明了人类生理敏感单元(五官)和决策单元(大脑)与自主控制的

关系,如果只有类似人类的耳朵和嘴巴功能的接收和发送能力,无人机只有遥控能力,仅当无人机有了健全的感知和决策能力,才能做到自主无人机。自主无人机对感知能力的要求是:对自身健康与功能健全的态势感知,对战场环境的态势感知,以及基于这些态势感知所作出的态势评估。态势评估就是利用计算机对各种信息源进行检测、分类、互联、估计及综合,得出目标状态和属性、态势和威胁等估计,以供任务规划系统决策。态势评估应包含以下内容:态势觉察、态势理解和态势预测。

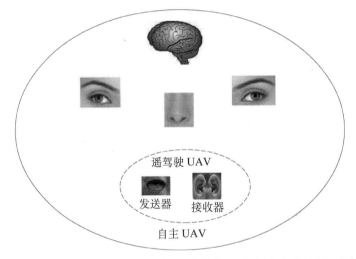

图1-3　人类生理敏感单元(五官)和决策单元(大脑)与自主控制的关系

对当前平台内部性能和战场环境的客观感知构成了平台自主决策的前提。因此,对平台内外环境进行态势感知与评估对自主决策具有重要的意义。

人体免疫系统感知与诊断健康状态,免疫细胞之间传递信息是通过一些使免疫细胞能够彼此连接、交换分子的窄而长的隧道微细管(TNT)传递,使得免疫系统会迅速响应,在人类神经控制系统中,控制、决策信息传导途径和免疫信息传导途径是分开的。而自主无人机是借助于特别设计的 BIT 软硬件、余度电传系统以及故障诊断与检测系统来完成对自身健康状态的感知与诊断。对于高级别的多机、机群和集群自主,则还需对机群资源的健康状态和能力的感知与诊断。

相比人类生理敏感单元(五官),自主无人机的敏感单元要更为多元,更为广谱,更为复杂,例如:捷联惯导系统、卫星导航系统、带有二自由度云台的摄像机和激光测距仪、电子罗盘、气压高度表和雷达高度表、多普勒雷达、SAR 雷达、红外传感器、空-站数据链、空-空数据链、空-天数据链。这些敏感单元获得的信息馈入类似于人类神经中枢的下意识和前意识单元,经过低层处理(感觉、预处理、分割)、中层处理(描述、识别)和高层处理(解释)一系列信息处理后获得态势评估。

自主控制无人机应具有类似人对自身健康状态和外部环境人、物、事件态势的感知与评估功能与机制。为了逐步达到理想化的自主能力,有必要了解感知与评估在这些不同自主级别中可能起到的关键作用。针对美国无人机10级自主级别各级的感知与评估的需求和所能支持的自主功能分析如下。

(1) 1级—遥引导:局部自身健康的态势感知,飞行条件通信告知,支持结构化程序控制。

(2) 2级—实时故障诊断:自身态势感知和评估(BIT检测、实时故障诊断与隔离、故障维护信息系统),飞行条件通信告知,支持平台实时故障检测与诊断,支持结构化程序控制。

(3) 3级—故障自修复和飞行环境自适应:自身态势(平台健康和能力)感知与评估,支持机载健康管理系统,故障自修复,控制律重构;外部态势(外部资源和威胁)通信告知/部分自感知,支持面向飞行状态的适应性控制,面向任务的可变模态控制,半自主/自主起降,大飞行包线、大过载、大机动、恶劣环境下的适应性控制。

(4) 4级—机载航路重规划:自身态势(平台健康和能力)感知与评估,支持机载健康管理系统;外部态势通信告知/部分自感知与评估,即时定位与图匹配,支持态势感知与评估系统(多目标探测、识别、跟踪、目标优先级和威胁级评估、突发威胁/防撞避障),评估内、外态势对任务目标的影响,必要时启动修改任务/航路规划。

(5) 5级—多机协同:自身及编队健康的态势感知与评估,集中式多机态势通信告知/自感知与评估,编队相对导航,多机即时定位与图匹配,支持多机编队态势感知与评估,多机协同(资源分配、编队组织、任务分配、时间协同),多机编队控制(编队形成、保持与重构,碰撞/障碍规避)。

(6) 6级—多机战术重规划:自身及编队健康的态势感知与评估,集中式多机战场态势通信告知/自感知与评估,多机即时定位与图匹配,战术态势感知与评估系统,支持多机协同战术任务重规划/航路重规划。

(7) 7级—多机战术目标:自身及多机健康的态势感知与评估,集中式多机战场态势通信告知/自感知与评估,多机即时定位与图匹配,战术态势感知与评估系统,支持集中式多机战术目标重规划,多机协同任务重规划/航路重规划。

(8) 8级—分布式控制:自身及机群健康与功能的态势感知与评估,分布式机群战场态势通信告知/自感知与评估,机群编队相对导航,机群即时定位与图匹配,战略/战术态势感知系统,支持分布式机群协同(资源分配、编队组织、任务分配、时间协同),机群编队控制(编队形成、保持与重构,碰撞/障碍规避)。

(9) 9级—机群战略目标:自身及机群健康的态势感知与评估,分布式机群战场态势通信告知/自感知与评估,机群即时定位与图匹配,战略/战术态势感知系统,支持战场环境感知,机群战略目标重规划,机群战术目标重规划,机群协同任务重规划/航路重规划。

(10) 10级—全自主集群:自身及集群健康的态势感知与评估,分布式集群战场态势通信告知/自感知与评估,集群即时定位与图匹配,网络中心环境的集群战略环境感知系统,支持战场环境感知,集群战略/战术目标及任务/航路重规划,集群战略/战术计划实施。

我们注意到从3级始,虽然各级都有"态势通信告知/自感知",但是随着自主级别的上升,通信告知逐级减少,自感知的广度和深度逐级增加。"自"的含义也从单机变为多机、机群和集群。

在自主飞行器控制领域,战场威胁源的态势评估根据可检测的征兆、线索和可观数据,分析影响威胁等级的因素,按照一定算法,对威胁级别进行感知、理解和预测。从自主系统的结构体系来考虑,态势评估构成了系统的感知和反馈环节,其反馈内容涵盖平台性能和外部环境。按照智能体的决策过程,一旦完成态势评估,决策几乎可以根据态势自动生成,因此,正确有效的态势评估对于自主决策具有至关重要的意义。

## 1.3.2  信息的互联互通能力

无人机的自主控制系统应该具有在动态环境下复制驾驶员或任务指挥员的智能或决策的能力,而取得该能力的合理途径就是把高带宽的信息通信链路融入无人机的类似人的生理敏感单元(五官)、决策单元(大脑)和相关实体之间。这高带宽的信息通信链路不仅按照图1-1来连接这些智能单元以及相关实体,来完成该智能个体的自主行为;还要连接该智能个体与其他智能个体或群体以及外部相关实体,来完成与其他智能个体或群体之间的协同控制任务。

互联和互通技术在不同自主级别中起不同的使能作用。互联是在网络环境中运用特定的技术,允许系统之间进行数据和信息交互,任何系统只要符合所连接的接口和交互规范就可以进行互联。互通是独立于网络环境,不考虑信息交换细节,而将重点放在系统及其支持下的应用之间的相互作用上。一组相互兼容的系统连在不同类型的网络中需要通过网络互联来交换信息,一组不同类型系统在单一网络中需要通过网络互通来理解和应用信息,不同类型的网络和系统联在一起则需要互联和互通能力。

人类自身的神经智能控制系统已经发展成为一个非常完美的控制系统,但是人体信息传递的具体过程和路径目前并没有被我们完全彻底地认识。根据现有的研究成果,人体的控制指令、反馈信息、传感器官信息传导主要通道由各种神经细胞组成[7],而免疫细胞之间传递信息使用一条全新的途径[8],这种名为隧道微细管(TNT)的管道能够获得极迅速的免疫响应。这个研究结果表明在人类神经控制系统中,信息的传导途径和免疫信息传导途径是分开进行的。

因此,自主控制无人机应具有类似人的生理敏感单元(五官)和决策单元(大脑)的智能单元以及这些智能单元之间的信息互联和互通;对于自主控制多无人机系统,还应该具有无人机之间或无人机与相关实体之间的信息互联和互通。为了逐步达到理想化的自主能力,有必要了解信息互联互通在这些不同自主级别中可能起到的关键作用。针对美国无人机10级自主级别各级的信息互联互通的特征和所能支持的自主功能分析如下。

(1) 1级—遥引导:地基站和无人机平台指挥控制关系为1对1,连续交互通信,监控指令联通,机载总线系统可以支持机载各系统之间的信息传输,支持平台飞行控制和任务载荷控制。

(2) 2级—实时故障诊断:地基站和无人机平台指挥控制关系为1对1,连续交互通信,监控指令联通,机载总线系统可以支持机载各系统之间通信连接以及子系统内部通信连接,支持机载的平台飞行控制和任务载荷控制,支持平台各系统实时故障检测与诊断。

(3) 3级—故障自修复和飞行环境自适应:地基站和无人机平台指挥控制关系为1对1,连续交互通信,监控指令联通,可以实现机载的平台飞行控制和任务载荷控制,外部态势通信告知/部分自感知,机载总线系统可以支持机载任务传感器信息和机载各系统之间通信,支持自身态势(平台健康和能力)感知,机载健康管理系统,故障自修复,控制律重构,支持面向飞行状态的适应性控制,面向任务的可变模态控制,自主起降,大飞行包线、大过载、大机动、恶劣环境下的适应性控制。

(4) 4级—机载航路重规划:地基站和无人机平台指挥控制关系为1对1,

离散交互通信,支持机载态势感知系统评估内、外态势对任务目标的影响以及必要时启动修改航路规划,机载总线系统支持机载态势感知系统和机载各系统之间通信,支持机载航路重规划。

(5) 5 级——多机协同:地基站和无人机平台指挥控制关系为集中式 1 对多,固定/定制链路,初始任务指令联通,以集中式框架实现多机协同,平台间信息交互支持多机信息共享,编队相对导航,多机协同(资源分配、编队组织、任务分配、时间协同),多机编队控制(编队形成、保持与重构,碰撞/障碍规避)。

(6) 6 级——多机战术重规划:地基站或空基站和无人机平台指挥控制关系为集中式 1 对多,固定/定制链路,初始任务指令联通,以集中式框架实现平台间信息交互,支持战场环境感知及多机信息共享,战术态势感知系统,多机战术重规划,多机协同任务重规划/航路重规划。

(7) 7 级——多机战术目标:地基站或空基站和无人机平台指挥控制关系为集中式 1 对多,固定/定制链路,初始任务指令联通,以集中式框架实现平台间信息交互,支持多机战术目标重规划,多机协同任务重规划/航路重规划。

(8) 8 级——分布式控制:地基站、空基站和无人机平台指挥控制关系为分布式多对多,可动态配置链路,初始任务指令联通,以分布式框架支持机群信息共享,实现机群协同,机群编队相对导航,机群协同(资源分配、编队组织、任务分配、时间协同),机群编队控制(编队形成、保持与重构,碰撞/障碍规避)。

(9) 9 级——机群战略目标:地基站、空基站和无人机平台指挥控制关系为分布式多对多,可动态配置链路,初始任务指令联通,以分布式框架支持战场环境感知及机群信息共享,战略/战术态势感知系统,实现机群战略目标重规划,机群战术目标重规划,机群协同任务重规划/航路重规划。

(10) 10 级——全自主集群:无人机要素系统的集成关系为网络中心环境的分布式多对多,初始任务指令联通,平台间信息交互和共享,支持集群战略环境感知及识别,集群战略态势感知系统,集群信息共享,集群战略/战术目标及任务/航路重规划,集群战略/战术计划实施。

文献[9]对美国无人机 10 级自主控制级别各级的信息互联互通的特征描述如图 1-4 所示。

我们分析影响无人机自主级别的互联和互通能力,主要关心指令通道的互联互通特征,而不关心有效载荷信息的互联互通。互联互通能力等级越高,指令通道信息量越少、指令层次越高、互操作能力越强。我们把无人机互联和互通能力分为 5 级,美国无人机自主控制等级所对应的无人机互联互通能力如表 1-1 所示。

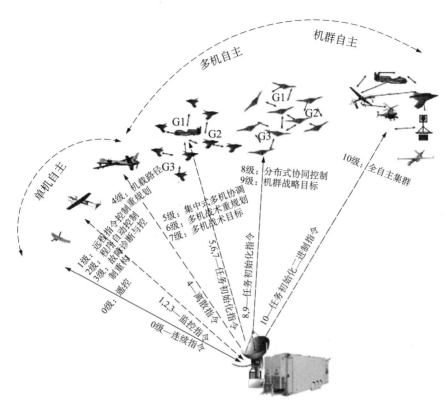

图 1-4　自主控制级别与信息和通信之间关系

表 1-1　美国无人机自主控制等级所对应的无人机互联互通能力

| 自主等级 | 互联互通能力 | 互联互通特征 |
| --- | --- | --- |
| 1～3 级 | 1 级 | 地基站和无人机平台指挥控制关系为 1 对 1,连续交互通信,监控指令联通 |
| 4 级 | 2 级 | 地基站和无人机平台指挥控制关系为 1 对 1,离散交互通信 |
| 5～7 级 | 3 级 | 地基站或空基站和无人机平台指挥控制关系为集中式 1 对多,固定/定制链路,初始任务指令联通,集中式平台间信息交互和共享 |
| 8～9 级 | 4 级 | 地基站、空基站和无人机平台指挥控制关系为分布式多对多,可动态配置链路,初始任务指令联通,分布式平台间信息交互和共享 |
| 10 级 | 5 级 | 无人机要素系统的集成关系为网络中心环境的分布式多对多,初始任务指令联通,网络化平台间信息交互和共享 |

## 1.4　自主级别与任务复杂性

由于无人机自主控制等级应该等价于由无人机代替有人驾驶飞机所能完成的驾驶员的智能行为等级,无人机自主性级别实际上体现并对应着驾驶员完成不同的任务需要的智能行为等级。因此,这些不同的智能行为由不同的任务需求所定义,由不同的关键技术所支撑。

无人机自主性级别不仅体现了智能行为能力等级的高低,还与任务复杂性、环境复杂性和系统独立性密切相关,同时还与各种任务的质量因素(quality factors)密切相关,例如:任务成功的概率、响应时间/精度/分辨率/容忍度等。也就是说,自主级别不仅仅是关键技术的函数,还是任务复杂性、环境复杂性与系统独立性等关键变量的函数。考察美国军方10级自主等级,它们的任务复杂性、环境复杂性与系统独立性的分析如表1-2所示。

表1-2　10级自主等级的任务复杂性、环境复杂性与系统独立性

| 等级 | 度量的总结描述 | | |
| --- | --- | --- | --- |
| | 任务复杂度 | 环境复杂度 | 系统独立性 |
| 10 | 最高级别的适应能力、决策空间;机群协同,完全的实时规划;像人一样完成任务 | 极低的解决方案率;极低的容错率和环境可认知度;具有极大不确定性和机械限制的动态环境 | 无人机几乎独立完成任务,人提供集群战略目标,干预时间在关键使能点 |
| 9 8 7 | 高适应能力、决策空间;多级协同;高实时规划能力,战略级别任务 | 低解决方案率和环境可认知度;高风险、复杂的、高不确定度和限制的动态环境 | 无人机将决策告知操作员,人提供战略目标,干预时间占总任务时间少于1/3 |
| 6 5 4 | 一定的适应能力、决策空间;单机任务;一定的实时规划能力;战术任务级别 | 中等级别的解决方案率和环境可认知度;中等风险、中等不确定度和限制的动态环境 | 人批准无人机的决策,人提供战术目标,干预时间占总任务时间在1/3到2/3之间 |
| 3 2 1 | 内部子系统任务 | 高解决方案率和环境可认知度;低风险、低不确定度和限制的静态环境 | 人决策,提供航路点,干预时间占总任务时间超过2/3 |
| 0 | 最简单的平面任务 | 静态的、简单的环境 | 遥控 |

美国无人系统自主级别研究组(autonomy levels for unmanned systems working group，ALFUS)受陆军研究实验室(Army Research Lab，ARL)和美国国家标准与技术研究机构(National Institute of Standards and Technology，NIST)的委托和管理，对自主级别与任务复杂性、环境的困难性、人机交互程度之间的关系开展研究，对每一种自主级别所对应的任务复杂性、环境的困难性、人机交互程度进行定义和规范，最终的目标是：确定无人系统自主性技术需求，建立一种无人系统自主性评价标准和规范，以便对无人系统自主级别进行客观的评价，同时还对无人系统自主控制技术的技术成熟度开展定量研究。该研究组自 2003 年以来举办了数次关于无人系统自主性级别的专题学术研讨会。但遗憾的是，在 2008 年的一次专题研讨会上，该研究项目组官员报道：该项研究还没有明确的研究结果，可见问题的复杂性和难度。其复杂性和难度也许在于如何对任务的复杂性、环境的难度、人机交互程度等进行描述，因而，导致这种评价的标准和规范很难确定。

就目前的技术水平和无人机所能达到的自主程度来看，现役的无人机还只能完成任务复杂程度和威胁程度都相对较小的一些任务，自主性级别自然也较低，如图 1-5 所示。

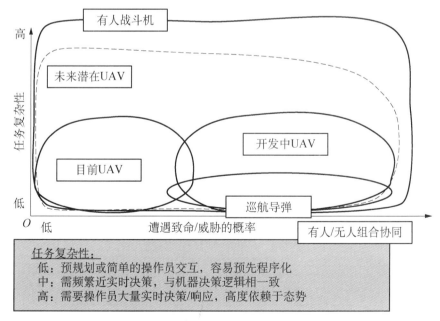

图 1-5　有人/无人机任务使命与任务复杂性和威胁性关系图

　　无人机自主控制级别或能力的高低根本上取决于基于感知的任务控制与适应能力的大小。因此,目前有关无人机自主控制主要关键技术研究的一个方向就是以无人机态势感知技术为核心的任务控制与适应技术,包括任务目标的了解、内部态势自感知、外部态势自感知,以及在感知基础上的适应性控制、决策与管理技术。当然,依赖于具体不同的任务,所需要的自主控制关键技术的内涵可能不同,例如,对静态环境和动态环境的感知与适应所需要的自主级别或智能化决策程度可能相差很大。但自主控制的基本要素和机制是一样的,即都具有感知和适应的基本要素和机制。

## 1.5　无人机自主控制级别探讨

### 1.5.1　建议无人机自主控制等级

　　正确划分我国无人机自主控制等级,有利于了解我国无人机所处的自主控制水平,也有利于为我国无人机自主控制技术的发展提供指导方向。

　　研究无人机自主级别,有必要研究无人机自主控制级别划分的原则,并基于该原则,在分析美国无人机自主控制等级划分的基础上,提出适于我国无人机技术发展的、更为合理的无人机自主控制等级及其内涵。

　　建议无人机自主控制级别划分的原则如下。

　　(1) 智能行为等级原则:无人机自主控制等级等价于无人机代替有人驾驶飞机所能完成的驾驶员的智能行为等级,人类的智能控制行为等级从低到高分别对应着智能活动的反射性行为(响应性智能)、程序性行为(预测性智能)和决策性行为(创造性智能)。

　　(2) 感知与通信能力原则:无人机的自主级别的高低与感知能力和通信能力的大小一致。

　　(3) 任务复杂性原则:无人机的自主级别的高低与任务复杂性、环境复杂性、系统独立性的大小一致。

　　鉴于以上划分原则,基于对美国无人机自主控制等级划分的深入分析,学习和引用美国无人机自主控制等级中科学与合理的内容,提出适于我国无人机技术发展的、更为合理的无人机自主控制等级建议(见表1-3)。该无人机自主控制等级的提出考虑了以下几点。

　　(1) 无人机自主控制等级应具有科学性、通用性、易用性、技术导向性、可评估性。

表 1 - 3　建议无人机自主控制等级

| 自主等级 | 自主功能 | 自主类别 | 智能属性 | 互联互通能力 |
|---|---|---|---|---|
| 1 级 | 遥引导 | 单机自主 | 反射性行为 | 1 级 |
| 2 级 | 实时故障诊断 | | | |
| 3 级 | 故障自修复和飞行条件自适应 | | 程序性行为 | |
| 4 级 | 机载航路重规划 | | | 2 级 |
| 5 级 | 多机协同 | 多机自主 | 决策性行为 | 3 级 |
| 6 级 | 多机战术重规划 | | | |
| 7 级 | 机群战略重规划 | 机群自主 | | 4 级 |
| 8 级 | 全自主集群 | 集群自主 | | 5 级 |

（2）无人机自主控制级别符合上述的划分三原则。

（3）无人机的智能功能主要考虑通信功能、感知功能、适应功能、决策功能（规划功能、协同功能和学习功能）。这些功能在不同的无人机自主控制等级中的内容不同。

（4）美国军方提出的 10 级自主控制等级分级标准具有较普遍的认可度和通用性，但又有某些缺陷：如分布控制只改变通信拓扑和控制结构，并没有改变自主控制的等级，多机协同分级太复杂，且级差不大，目前对高级别的任务和智能功能需求尚不明确。

（5）本项目提出了 8 级无人机自主控制的分级标准，分析了每级智能功能的内涵和关键要素，提出了采用面向任务的想定验证的方法来评估无人机的自主控制等级，给出了各级的评估想定的方案。

（6）信息互联互通能力按表 1 - 3 所示分为 5 个等级。

（7）自主类别按无人机规模分为单机自主、多机自主、机群自主、集群自主四类。

（8）建议 1～4 级与美国无人机自主控制等级划分相同。

（9）考虑美国无人机自主控制等级中的美 5、美 6、美 7、美 8、美 9、美 10 级，应该指出：集中式、分布式的信息拓扑及控制结构的不同，不是表征智能属性的不同，它们都属于决策性行为中的协同性自主，而且在实际应用中，往往是集中式、分布式两者混合应用；但是考虑到任务的复杂性原则，可以把它们分为 4 级：多机协同（建 5）、多机战术重规划（建 6）、机群战略重规划（建 7）和全自主集群（建 8）。

（10）美国无人机自主控制等级中的美 5 改为建 5 级——多机协同,多机协同的信息拓扑及控制结构可以采用集中式,也可以采用分布式;多机协同涵盖了多机协同的基本功能、基本技术和方法,定位于多机规模、协同的基本功能。

（11）美国无人机自主控制等级中的美 6、美 7 级改为建 6 级——多机战术重规划,它涵盖了美 6 级——多机战术重规划和美 7 级——多机战术目标,其信息拓扑及控制结构可以采用集中式,可以采用分布式,也可以采用两者的混合式,定位于多机规模、战术级决策。

（12）美国无人机自主控制等级中的美 8、美 9 级改为建 7 级——机群战略重规划,它涵盖了美 8 级——(机群规模的)分布式控制、美 9 级——机群战略目标以及目前尚难以准确概括的机群协同的高级功能,其信息拓扑及控制结构可以采用分布式,也可以采用混合式,定位于机群规模、战略级决策。

（13）美国无人机自主控制等级中的美 10 级——全自主集群改为建 8 级——全自主集群。

（14）建议分级中,高级自主功能隐含可选择性的具有所有的下级功能。

（15）鉴于无人机发展与应用的多样化趋势,无人机自主控制等级所描述的智能功能只是主流的功能集合或配置,某无人机可以有 A 级的 A1 功能和 B 级的 B1B2 功能。评估结论为具有自主控制等级 A 级(A1)＋B 级(B1B2)。

（16）随着无人机技术的迅速发展,若干年后 1 级至 3 级有可能合并为一级基础自主,但现阶段细分是有必要的。

## 1.5.2　建议无人机自主控制等级的技术内涵

各级别自主控制功能是由对应的通信功能、感知功能、适应功能、决策功能(规划功能、协同功能、学习功能)的相关技术来支撑的,无人机自主控制等级中各级别的技术内涵分析如下。

1 级——遥引导

（1）地面站与无人机 1 对 1 连续指令联通,宽带、可靠遥控与遥测链路。

（2）飞行条件通信告知。

（3）结构化程序控制,余度电传控制,组合导航,航路精确跟踪,遥控或半自主起降。

（4）地面遥控或引导,执行预规划任务。

2 级——实时故障诊断

（1）地面站与无人机 1 对 1 连续/离散指令联通,宽带、可靠遥控与遥测链路。

（2）飞行条件通信告知，自身态势感知和评估（BIT 检测、实时故障诊断与隔离、故障维护信息系统）。

（3）结构化程序控制，余度电传控制，组合导航，航路精确跟踪，遥控或半自主起降。

（4）执行预规划任务或上传的规划任务，适应任务和健康状况。

**3 级—故障自修复和飞行条件自适应**

（1）地面站与无人机 1 对 1 连续/离散指令联通，宽带、可靠遥控与遥测链路。

（2）外部态势（外部资源和威胁）通信告知/部分自感知，自身态势（平台健康和能力）感知。

（3）可变结构化程序控制，机载健康管理系统，故障自修复，控制律重构，面向飞行状态的适应性控制，面向任务的可变模态控制，半自主/自主起降，大飞行包线、大过载、大机动、恶劣环境下的适应性控制，故障下返回基地。

**4 级—机载航路重规划**

（1）地面站与无人机 1 对 1 离散指令联通，初始任务指令联通。

（2）外部态势通信告知/部分自感知与评估，自身态势感知，态势感知系统（多目标探测、识别、跟踪、即时定位与图匹配、目标优先级和威胁级评估）。

（3）故障自修复和飞行条件自适应，突发威胁处理/防撞避障。

（4）具备对突发事件的机载重规划能力，机载初始任务重规划，机载航路重规划。

**5 级—多机协同**

（1）地基站和无人机平台指挥控制关系为集中式 1 对多，固定/定制链路，初始任务指令联通，集中式、分布式平台间信息交互和共享。

（2）自身/编队健康的态势感知与评估，集中式、分布式多机态势通信告知/自感知与评估，多机即时定位与图匹配。

（3）多机机载健康管理系统，多机飞行条件自适应，多机防撞避障，目标探测、识别、跟踪。

（4）编队相对导航，多机协同（资源分配、编队组织、任务分配、时间协同），多机编队控制（编队形成、保持与重构，碰撞/障碍规避）。

**6 级—多机战术重规划**

（1）地基站和无人机平台指挥控制关系为集中式 1 对多，固定/定制链路，初始任务指令联通,分布式、混合式平台间信息交互和共享。

（2）多机编队健康的态势感知与评估,分布式、混合式多机态势通信告知/自感知与评估,多机即时定位与图匹配,战术态势感知系统。

（3）多机机载健康管理系统,多机飞行条件自适应,多机防撞避障,目标探测、识别、跟踪。

（4）多机战术目标重规划,多机协同任务/航路重规划,多机编队导航,多机协同（战术目标划分、资源分配、机群组织、任务分配、时间协同）,机群编队控制（多机编队形成、保持与重构,碰撞/障碍规避）,多机战术计划实施。

（5）部分自学习和解决问题。

**7级—机群战略重规划**

（1）地基站、空基站和无人机平台指挥控制关系为分布式多对多,动态配置链路,初始任务指令联通,分布式、混合式平台间信息交互和共享。

（2）机群自身态势感知与评估,分布式、混合式机群战略环境/战场态势通信告知/自感知与评估,机群即时定位与图匹配,战略态势感知系统。

（3）机群机载健康管理系统,机群飞行条件自适应,机群防撞避障,目标探测、识别、跟踪。

（4）机群战略/战术目标重规划,机群任务/航路重规划,机群编队导航,机群协同（战略目标划分、战术目标划分、资源分配、机群组织、任务分配、时间协同）,机群编队控制（机群编队形成、保持与重构,碰撞/障碍规避）,机群战略/战术计划实施。

（5）自学习和解决问题。

**8级—全自主集群**

（1）网络中心环境的分布式多对多,动态配置链路,初始任务指令联通,分布式、混合式平台间信息交互和共享。

（2）集群自身态势感知与评估,分布式、混合式集群战略环境/战场态势通信告知/自感知与评估,集群即时定位与图匹配,集群战略环境感知及识别。

（3）集群机载健康管理系统,集群飞行条件自适应,集群防撞避障/目标探测、识别、跟踪。

（4）集群战略/战术目标重规划,集群战略/战术任务重规划,集群协同（战略目标划分、战术目标划分、资源分配、集群组织、任务分配、时间协同）,集群编队控制（集群编队形成、保持与重构,碰撞/障碍规避）,集群战略/战术计划实施。

（5）非结构化环境下自学习和解决问题。

应该指出,以上分析中各级别的技术内涵不是必要的,不同用途的无人机可根据任务来配置某级别的技术集合,但一般应包括该级别的核心技术。

## 1.6　无人机自主控制系统的架构

### 1.6.1　自主控制系统结构

对人类认知控制行为的探讨可以引申出无人机自主飞行控制系统的框架结构,如图1-6所示。该框架不仅包含经典的导航、制导与控制功能,更重要的是包含了与人类认知行为类似的决策、规划、预测与学习等相关的高级智能化功能。

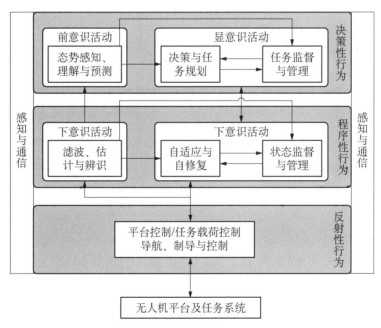

**图1-6　基于认知控制行为无人机自主控制系统结构**

基于认知行为的无人机自主控制系统各部分的特点或功能如下。

(1)决策性行为层:决策性行为在无人机的自主控制系统中主要体现为态势的感知与评估、智能决策、任务规划与管理等功能。

(2)程序性行为层:程序性行为在无人机的自主控制系统中主要体现为各类滤波、估计与辨识功能、平台故障自修复和飞行环境自适应以及飞行状态监督与管理功能。

（3）反射性行为层：反射性行为在无人机的自主控制系统中主要体现为无人机平台控制与任务载荷控制功能，包含传统的导航、制导与控制功能。

### 1.6.2 自主控制系统功能模块组成

根据人类认知控制行为模型以及基于认知控制行为的无人机自主控制系统结构，将图1-6中的决策性行为层、程序性行为层以及反射性行为层分别映射为更为具体的具有物理意义的无人机任务管理系统、飞行管理系统以及控制执行系统，如图1-7所示。各部分主要功能如下。

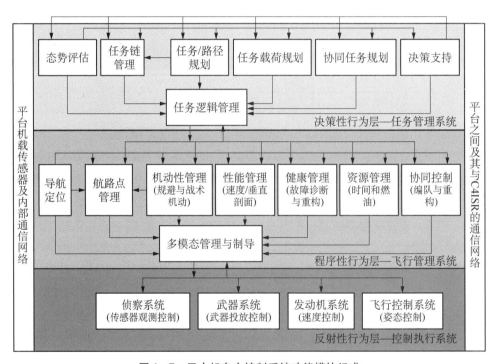

图1-7　无人机自主控制系统功能模块组成

#### 1) 任务管理系统

（1）态势评估：在信息互联和互通基础上，实现信息融合、环境感知与理解、目标身份和意图识别、威胁级别评估以及目标优先级评估等。

（2）任务/路径规划：实现战略/战术目标的规划与重规划，任务/路径重规划，当预规划所依赖的条件发生变化、检测到冲突发生或突发事件时，进行在线的战略/战术目标重规划，任务/路径重规划，以适应动态变化的环境或任务。

（3）任务载荷规划：实现对目标的搜索、跟踪与传感器管理，并对武器的发射条件进行连续的判别和授权下的武器投放控制。

（4）协同任务规划：多机、机群、集群协同（目标划分、资源分配、机群组织、任务分配、时间协同），编队控制（编队形成、保持与重构，碰撞/障碍规避），协同任务分配、协同决策与规划等。

（5）任务链管理与任务逻辑管理：实现对已规划任务的实时调度和管理，确保在合适的时间、合适的地点完成合适的任务。

（6）决策支持：提供通用开放式决策支持系统架构，构建感知、决策、规划以及载荷、通信、平台各子系统操控与管理等不同领域的知识库，提供相应的决策支持。

2）飞行管理系统

（1）导航定位：平台自身的导航定位以及多机协同情况下的相对导航定位以及时空同步等。

（2）航路点管理：对完成任务、冲突消解以及规避或战术机动等航路点的规划与跟踪进行管理。

（3）机动性管理：实现碰撞规避机动以及目标侦察与攻击等战术机动的规划与管理。

（4）性能管理：对平台的爬升飞行速度和垂直飞行剖面进行规划和管理，满足平台的最短时间或最经济省油等不同的爬升性能要求。

（5）健康管理：实现对平台故障的检测、诊断与控制重构以及机载关键设备和传感器的管理等。

（6）资源管理：对平台燃油、飞行和任务时间进行检测和管理，并触发可能的任务/路径的重规划。

（7）协同控制：实现上层协同任务管理所确定的平台协同控制与重构控制。

（8）多模态管理与制导：实现对飞行器各种不同的飞行任务模态（如起飞、爬升、巡航、进场和着陆等）、平台内部模态（如动态特性的变化及各种故障等）以及平台外部模态（如环境和态势变化所引起系统的工作模态的变化）的飞行条件自适应管理，并产生与当前模态相适应的飞行控制和任务载荷控制指令。

3）控制执行系统

（1）侦察系统与武器系统：根据任务载荷管理系统对目标的搜索、跟踪与传感器管理的需要实现侦察传感器对目标的搜索与跟踪控制，并根据武器发射条件实现授权下的武器投放控制。

（2）发动机控制与飞行控制：主要实现对平台的速度控制和姿态控制，确保任务完成所需要的平台飞行状态。

在此，给出无人机自主控制系统的定义：

无人机自主控制系统由无人机任务管理系统、飞行管理系统、控制执行系统和感知与通信系统组成，该系统基于信息实施无人机的决策、管理和控制功能，在动态和不确定性环境下完成复杂任务。不同的无人机自主控制系统的功能配置和任务应用配置使得无人机具有不同的自主控制能力，来适应不同的自主控制等级要求，完成不同的任务。

无人机自主控制系统期望有一个可扩展的硬件和软件框架，以及多个可配置的面向任务和功能的应用，构建如图1－7所示系统的不同配置，实现不同的自主控制等级，完成不同的任务，以适应无人机的多样化发展要求。

## 1.7　无人机自主控制等级的评估方法

本节采用面向任务的想定验证方法来评估无人机的自主控制等级，给出了各级的想定验证的方案。面向任务的想定验证的方法首先对各自主控制级别提出典型的任务想定，由完成该典型的任务想定所必需的自主能力需求、感知能力需求、通信能力需求、关键技术需求作为评估要点，在实际任务运行中，能完成该级典型任务想定验证考核的无人机具有该自主控制级别。

鉴于无人机发展与应用的多样化趋势，无人机自主控制等级所描述的智能功能只是主流的功能集合或配置，某无人机可以有A级的A1功能和B级的B1B2功能，评估结论为具有自主控制等级A级（A1）＋B级（B1B2）。

由于当前尚缺乏对高级别自主控制任务的研究和实践，因此所提供的高自主控制级别的任务想定、评估要点、考核方法都相对粗略，待研究条件成熟后，本方法继续有效。

### 1.7.1　1级—遥引导

1）评估要点

（1）地面站与无人机1对1连续指令联通，宽带、可靠遥控与遥测链路。

（2）飞行条件通信告知。

（3）结构化程序控制。

（4）遥控起降／半自主起降。

**2）想定图解**

1级—遥引导的想定图解如图1-8所示。

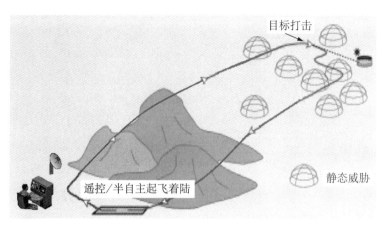

图1-8 1级—遥引导

**3）想定说明**

（1）考核通信功能：地面站与无人机1对1连续指令联通，宽带、可靠遥控与遥测链路。

（2）考核感知功能：飞行条件通信告知。

（3）考核适应功能：结构化程序控制，遥控起降/半自主起降。

## 1.7.2 2级—实时故障诊断

**1）评估要点**

（1）地面站与无人机1对1连续/离散指令联通，宽带、可靠遥控与遥测链路。

（2）飞行条件通信告知，自身态势感知和评估。

（3）BIT检测，实时故障诊断与隔离。

（4）遥控起降/半自主起降。

**2）想定图解**

2级—实时故障诊断的想定图解如图1-9所示。

**3）想定说明**

（1）考核通信功能：地面站与无人机1对1连续/离散指令联通，任务链指令联通。

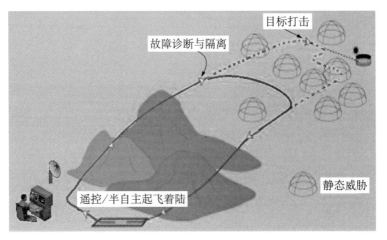

图 1-9    2级—实时故障诊断

（2）考核感知功能：飞行条件通信告知，自身态势感知和评估。

（3）考核适应功能：结构化程序控制，遥控起降/半自主起降，BIT 检测，实时故障诊断与隔离（余度电传系统容错能力），故障诊断（传感器、操纵面故障诊断）按预定程序返回或销毁。


### 1.7.3    3级—故障自修复和飞行条件自适应

**1）评估要点**

（1）地面站与无人机 1 对 1 连续/离散指令联通，任务链指令联通。

（2）飞行条件通信告知/部分自感知，自身态势感知和评估。

（3）可变结构化程序控制，飞行状态的适应性控制，任务的可变模态控制，半自主起降/自主起降。

（4）故障自修复（实时故障诊断与控制重构）。

**2）想定图解**

3级—故障自修复和飞行条件自适应的想定图解如图 1-10 所示。

**3）想定说明**

（1）考核通信功能：地面站与无人机 1 对 1 连续/离散指令联通，任务链指令联通。

（2）考核感知功能：飞行条件通信告知/部分自感知，自身态势感知和评估。

（3）考核适应功能：实时故障诊断与控制重构，面向飞行状态的适应性控制

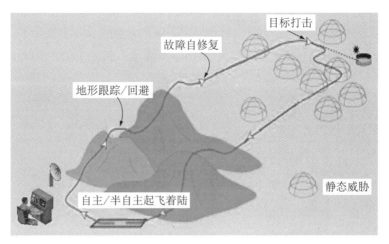

图 1-10 3 级—故障自修复和飞行条件自适应

（飞行包线、过载、机动、环境），面向任务的可变模态控制（地形跟随/回避），半自主起降/自主起降，故障自修复，严重故障下返回基地。

### 1.7.4 4 级—机载航路重规划

1）**评估要点**

（1）地面站与无人机 1 对 1 离散指令联通，任务链指令联通。

（2）外部态势通信告知/部分自感知与评估，障碍/目标探测，即时定位与图匹配，自身态势感知与评估。

（3）防撞避障，目标识别、跟踪，飞行条件自适应，机载健康管理系统。

（4）机载任务重规划/机载航路重规划。

2）**想定图解**

4 级—机载航路重规划的想定图解如图 1-11 所示。

3）**想定说明**

（1）考核通信功能：地面站与无人机 1 对 1 离散指令联通，任务链指令联通。

（2）考核感知功能：外部态势通信告知/部分自感知与评估，威胁/障碍/目标探测，即时定位与图匹配，自身态势感知与评估。

（3）考核适应功能：突发威胁/防撞避障，目标识别、跟踪，飞行条件自适应，机载健康管理系统。

（4）考核规划功能：机载任务重规划/机载航路重规划（威胁数量、目标数量、健康状况变化）。

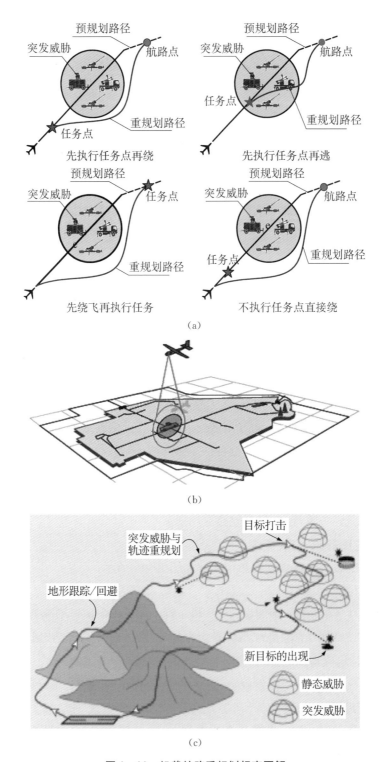

图 1-11　机载航路重规划想定图解

(a) 突发威胁航路重规划　(b) 目标识别、跟踪　(c) 航路重规划

### 1.7.5　5级—多机协同

**1) 评估要点**

（1）地面站与无人机集中式1对多,固定指令链路,任务链指令联通,编队信息交互和共享。

（2）外部态势通信告知/部分自感知与评估,编队态势感知与评估,即时定位与图匹配,自身态势感知与评估。

（3）编队碰撞/障碍规避,相对导航,目标探测、识别、跟踪,飞行条件自适应,机载健康管理系统。

（4）编队机载任务重规划、航路重规划。

（5）编队协同资源分配、编队组织、任务分配、时间协同,协同编队形成、编队保持与重构。

**2) 想定图解**

5级—多机协同的想定图解如图1-12所示。

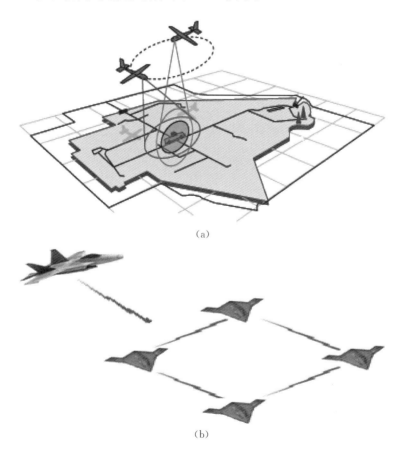

(a)

(b)

(c)

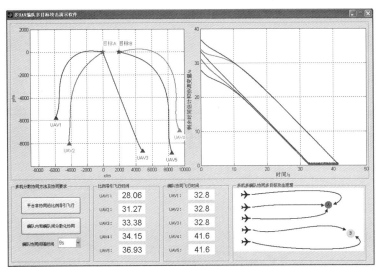

(d)

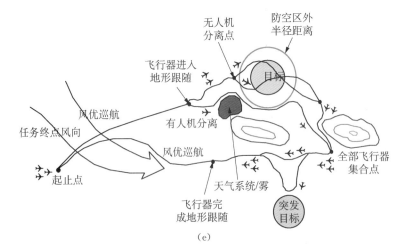

(e)

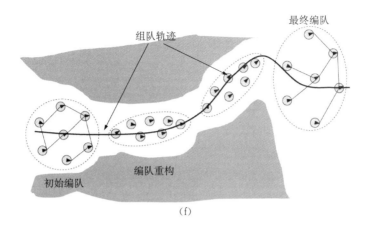

**图 1-12 5级—多机协同想定图解**

(a) 多机编队与协同攻击 (b) 有人/无人机编队与协同 (c) 多机编队加油 (d) 多机协同资源分配、编队组织、任务分配、时间协同 (e) 多机编队与协同 (f) 协同编队形成、编队保持与重构

**3)想定说明**

(1)考核通信功能:地面站与无人机1对多,固定指令链路,任务链指令联通,编队信息交互和共享。

(2)考核感知功能:外部态势通信告知/部分自感知与评估,威胁/障碍/目标探测,即时定位与图匹配,编队态势感知与评估,自身态势感知与评估。

(3)考核适应功能:编队碰撞/障碍规避,相对导航,目标探测、识别、跟踪,飞行条件自适应,机载健康管理系统。

(4)考核规划功能:编队任务重规划/航路重规划(空域面积、威胁数量、目标数量、编队数量)。

(5)考核协同功能:编队协同资源分配、编队组织、任务分配、时间协同,协同编队形成、编队保持与重构,自动空中加油,有人机/无人机编队与协同。

## 1.7.6  6级—多机战术重规划

**1)评估要点**

(1)地面站与无人机集中式1对多,固定指令链路,任务链指令联通,多机信息交互和共享。

(2)多机战场态势通信告知/自感知与评估,威胁/障碍/目标探测,即时定位与图匹配,多机态势感知与评估,自身态势感知与评估。

(3)多机防撞避障/目标探测、识别、跟踪,多机飞行条件自适应,多机机载健康管理系统。

（4）多机战术目标重规划、任务重规划、航路重规划。

（5）多机协同资源分配、多机组织、任务分配、时间协同，协同多编队形成、保持与重构。

2）想定图解

6级—多机战术重规划的想定图解如图1-13所示。

3）想定说明

（1）考核通信功能：地面站与无人机1对多，固定指令链路，任务链指令联通，多机信息交互和共享。

（2）考核感知功能：外部态势通信告知/部分自感知与评估，威胁/障碍/目标探测，即时定位与图匹配，多机态势感知与评估，自身态势感知与评估。

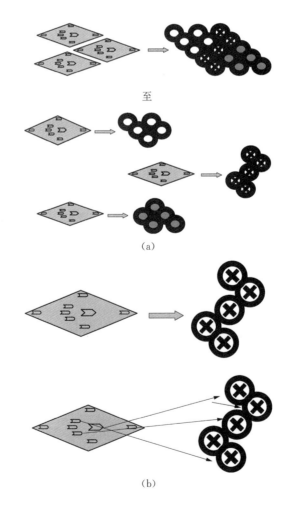

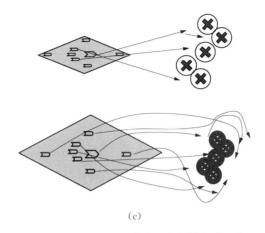

(c)

**图 1-13 6级—多机战术重规划的想定图解**

(a) 编队分组和编队级任务分配 (b) 编队内任务分配和战术动作规划 (c) 协同路径规划

(3) 考核适应功能：多机碰撞/障碍规避,相对导航,目标探测、识别、跟踪,飞行条件自适应,机载健康管理系统。

(4) 考核规划功能：多机战术目标重规划、任务重规划、航路重规划(空域面积、威胁数量、目标数量、多机数量)。

(5) 考核协同功能：多机协同资源分配、多编队组织、任务分配、时间协同,协同多编队形成、保持与重构。

a. 编队分组和编队级任务分配(目标划分、资源分配、编队组织)。

b. 编队内任务分配和战术动作规划(任务分配、战术规划)。

c. 协同路径规划(协同路径规划、防撞处理、威胁处理)。

### 1.7.7 7级—机群战略重规划

1) 评估要点

(1) 地面站与无人机分布式多对多,动态配置链路,初始任务指令联通,分布平台间信息交互和共享。

(2) 机群战略态势/战场态势通信告知/自感知与评估,分布/自身态势感知与评估。

(3) 分布式机群防撞避障/目标探测、识别、跟踪,机群飞行条件自适应,分布式机群机载健康管理系统。

(4) 分布式机群战略目标重规划、任务重规划、航路重规划。

(5) 分布式机群编队与协同,局部自学习智能决策。

2）想定图解

7 级—机群战略重规划的想定图解如图 1-14 所示。

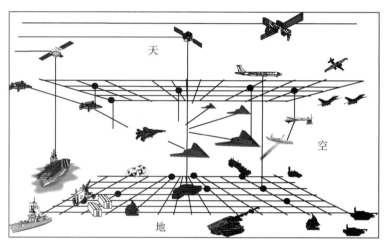

天

空

地

图 1-14　7 级—机群战略重规划

3）想定说明

（1）以分散化框架实现机群协同任务，具有抗阻塞通信链确保机群和成员之间信息共享；每个无人机在通信范围内广播和接收信息（内外自感知、当前路径、目标、规划决策等）；战略控制根据可能的态势变化解决长期决策问题；基于分布式任务控制环境集成所有机载和地面战略单元，形成一个集成的战场管理系统，构成网络化战场。

（2）建立各层各单元之间的通信连接——网络中心战管理系统的基本需求。

（3）获得每层的态势感知。

（4）信息探测与融合，与预规划战略的关联性分析。

（5）出现差异或冲突时进行战略重规划，适应当前态势。

（6）将规划战略广播到其他层，实现战略/战术目标重规划。

## 1.7.8　8 级—全自主集群

1）评估要点

（1）网络中心环境的分布式多对多，初始任务指令联通，分布平台间信息交互和共享。

（2）集群战略环境通信告知/自感知与评估,分布/自身态势感知与评估。

（3）集群防撞避障/目标探测、识别、跟踪,集群飞行条件自适应,集群机载健康管理系统。

（4）集群战略目标重规划、任务重规划、航路重规划,集群编队与协同。

（5）自学习智能决策。

2）想定图解

8级—全自主集群的想定图解如图 1-15 所示。

图 1-15  8级—全自主集群

3）想定说明

（1）人给出高级任务指令及任务启动和终止指令,无人机集群做出的战略和战术规划及协调行为都是在没有人的干预下进行。

（2）决策能力可由一架或多架无人机实现,决策无人机将主任务指令发布到每层的通信与信息控制器。

（3）主任务控制站成为地面单元的一部分,发布高级的任务指令。

## 1.8 无人机自主控制面临的挑战[9-16]

### 1.8.1 无人机的高智能自主控制

"智能化"是未来无人机的发展趋势。目前在智能化无人机方面存在的主要问题就是无人机的自主控制能力问题,这是目前困扰各国军工科研人员的头等难题,目前无人机智能化所要求的高处理速度、高可靠性硬件以及高人工智能(AI),高度行为智能和高度自适应系统软件还是瓶颈。而人工脑、群体智能、仿生硬件等交叉学科领域的新技术为无人机的高度智能化提供了可行的技术途径。

1) 基于人工脑的无人机高智能化自主控制技术

自主控制领域的人工脑(artificial brain)主要是发展类似人脑有认知能力的硬件的研究。人工脑融入了进化的思想,通过学习具有前期记忆的能力,可以对外界环境"认知""思考""决定",形成对外界环境进行反应的"行为",人工脑信息加工过程如图1-16所示。

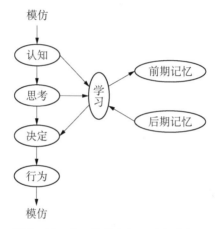

图1-16　人工脑信息加工过程流程图

人工脑结合人工智能及控制工程理论,从人工生命的观点,用计算机作为手段再现脑的思维决策过程,用"人工脑"控制器能够使无人机具有更高的智能。人工脑采取了两方面的实现方式:类似生命的模型(life-like modeling)和社会模型(social modeling),包括传统的用于神经系统的学习模型,如人工神经网络。人工脑控制器主要完成两方面的功能:一个是控制的功能,它控制无人机的各种动作;另一个是学习的功能,首先掌握基本的生存知识和技能,然后从外界环境中学习到相关的具体知识。当然,在控制无人机飞行运动过程中也要学习和获得知识。

应用人工生命方面的理论、方法和技术的无人机控制系统称为人工脑无人机。基于人工脑的"智能控制器"用计算机软、硬件或光机电材料研究、开发的各种模拟"自然脑"的脑模型作为未来无人机的控制核心。由于人工脑具有高水平的"人工思维智能",所以使用基于人工脑的智能控制器的无人机具有很强的自主性。

**2) 基于群体智能理论的无人机高智能化自主控制技术**

群体智能起源于科学家对群体性昆虫的观察和研究。从蜜蜂、蚂蚁等昆虫的成虫来看,它们的智商并不高,也没有谁在指挥,但它们却能协同工作,建起坚固、漂亮的巢穴,搜集食物、抚养下一代,依靠群体的能力,发挥了超出个体的智能,这就是群体智能。在计算智能领域,群体智能是指任何启发于群居性昆虫群体或其他动物群体的集体行为而设计的算法和分布式问题解决装置。群体智能包括基于群体的智能进化算法,如遗传算法、蚁群算法、粒子群算法等。如果把这种理论应用到无人驾驶飞机方面,如每架无人机与导弹差不多,只装备低性能传感器和简单程序,但是让这种简易的无人机大量出动,相互协作,攻击目标。尽管每个传感器的探测能力比较低,但是群体最前面的无人机会近距离地探测目标,并立刻把探测到的信息传递给后面的无人机,后面的无人机就会对目标群起而攻之。对于有人机来说,这是极难对付的。人的头脑再机敏也无法同时对付 10 架、20 架无人机的攻击。

群体智能的特点和优点如下:

(1) 群体中相互合作的个体是分布式的,这样更能够适应当前网络环境下的工作状态。

(2) 没有中心的控制与数据,这样的系统更具有鲁棒性,不会由于某一个或者某几个个体的故障而影响整个问题的求解。

(3) 可以不通过个体之间直接通信而是通过非直接通信进行合作,这样的系统具有更好的可扩充性。

(4) 由于系统中个体的增加而增加的系统的通信开销在这里十分小。系统中每个个体的能力十分简单,这样每个个体的执行时间比较短,并且实现也比较简单,具有简单性。

群体智能的上述优点已使其成为信息科学领域的一个重要研究方向。群体智能以其分布性、简单性、灵活性和健壮性在组合优化问题、知识发现、通信网络、机器人等研究领域显示出的潜力和优势,使得群体智能成为无人机控制领域一个研究热点。据媒体报道,美国五角大楼正在资助一个称为虫群战略(swarm strategy)的群体智能研究项目,研究内容主要涉及用群体智能等技术来指挥协调无人飞行器和地面车辆的运动。

目前,群体智能理论在未来高智能无人机领域的研究和应用主要集中在下述几个方面：

（1）基于分布式多智能体（agent）的（多）无人机协同控制。

（2）基于群体智能的（多）无人机的协同航路规划及其重规划。

（3）基于群体智能的（多）无人机编队控制及其重构。无人机编队重构就是在一定的时域和空域上求出一组连续的控制输入来驱动各架无人机的相对位置达到期望要求，构成新的期望队形。

（4）基于群体智能的（多）无人机对地攻击态势评估及协同目标分配。态势评估系统根据外部信息（外部环境信息和目标信息）和本机信息对当前的战场态势进行估计，进行态势评估需要获得外部信息和本机信息。任务的分配方案就是要解决每架无人机所要攻击的目标和攻击的先后次序。目标分配原则是在保存自己的前提下，尽量提高杀伤概率，避免重复攻击和遗漏，力求最大限度地发挥我机的武器威力。

（5）基于群体智能的（多）无人机协同目标攻击。无人机对地面或空中目标的攻击过程包括航迹规划及目标点的坐标设定，各架无人机按规定航路飞抵目标区，搜索发现目标，对目标进行跟踪、火控解算及投放武器，武器飞向目标，观察攻击效果、重新进入轰炸或返航。

**3）基于仿生硬件的无人机高智能化自主控制技术**

仿生群体智能在无人机控制方面的硬件实现需要应用到仿生硬件。仿生硬件模拟自然进化过程，将仿生优化算法的思想用于硬件物理结构的设计，特别是电子系统的设计。仿生硬件有如下的公式性描述。

$$仿生硬件（EHW）＝仿生算法＋可编程逻辑器件（FPGA）$$

仿生硬件的硬件基础是可编程逻辑组件（programmable logic device，PLD）。由于仿生进化过程具有随机性且要进行很多次，因此要求相应的硬件能够多次反复配置，所以更严格地说，可重复配置硬件（reconfigurable hardware）是仿生硬件的硬件基础，而可无穷次重复配置的静态随机存储器（static random access memory，SRAM）型 FPGA 是比较理想的实现设备。

基于群体智能的仿生硬件主要有如下特点：

（1）硬件自组织。

基于仿生进化机理的仿生硬件无须人员干预，可实现硬件的自组织、自动化设计，能通过硬件自身的在线进化过程来获得具备预期功能的电路和无人机系统结构。利用仿生硬件能实现无人机硬件的标准化、可重用性、多用途以及通用化。

（2）硬件自适应。

仿生硬件能满足复杂空战环境变化对硬件所要求的结构与功能自适应性，而目前传统的硬件电路无法实现这种结构自适应。无人机仿生硬件通过电路结构与参数的在线自适应调整，可有效解决如因作战损失、空战环境改变而引起无人机控制电路性能变化的问题，也可组成高速并行信息处理的自适应控制硬件系统。

（3）硬件自修复。

目前无人机电子系统的结构越来越复杂，系统集成化是必然趋势。若高度集成化的无人机嵌入式电子系统在运行中出现故障，传统的容错与系统功能恢复方法难以实现，而且这种板级部件冗余容错系统结构复杂，其重构算法烦琐，硬件体积较大，成本较高，容错能力与系统可靠性有限；而仿生硬件可以弥补这些不足。

（4）执行速度快。

无人机仿生硬件自适应的结果是新的硬件结构自身，因此，与其他基于软件的自适应系统相比，仿生硬件能得到显著的加速，而这一优点正是复杂空战环境下无人机控制系统所需要的。

因此，在未来无人机的自主控制系统中应用基于群体智能的仿生硬件将是重要的技术发展方向之一。

### 1.8.2　信息化环境下的无人机控制[17]

随着分布式计算、通信与敏感系统的出现，使得无人机在网络化飞行环境中可以访问、处理和传输大量的数据；廉价和普遍深入的计算，以及广泛而无处不在的通信与敏感系统使得基于信息的平台级和体系级系统广泛存在和重要。从而，使控制对象和控制功能产生了两个深刻的变化：

（1）控制对象从单一对象拓展为大量互联和互作的异构物理和信息系统，该系统在分布式计算、通信与传感环境中运行。

（2）在控制对象扩大的同时，控制功能从底层向高层移动，从自动控制向智能控制发展，从常规控制拓展为控制、决策与管理。

以上两个深刻的变化促进了控制系统的两个一体化：控制、计算与通信一体化和控制、决策与管理一体化。信息化环境提出了对两个一体化的需求，信息化技术提供了两个一体化的使能技术，而两个一体化对无人机控制的发展既是机遇，又提出了如下的挑战。

### 1) 网络化环境下的控制、计算与通信一体化

分布式计算、通信与传感环境下的无人机系统中，分布的计算单元基于分布的指令及传感信息计算控制律，通过分布的执行器控制分布的对象，以达到系统的控制目标，这些分布的活动是借助于分布的通信交互联系，以及共同的任务协同而构成一个系统。

因此，网络化环境下的控制、计算与通信一体化要求我们从一体化的要求出发，系统地设计和分析控制、计算与通信各环节，系统地考虑通信、计算和传感的约束及误差，系统地设计稳定的、具有要求品质的控制系统。基于 Internet 和无线网的简化网络控制问题现在已有很多的研究，但是大型的实际问题还没有肯定的系统性答案。控制、计算与通信一体化理论框架需要控制、计算与通信广泛领域的信息科学技术研究者共同去探索和构建。

### 2) 面向不确定性的控制、决策与管理一体化

对有人飞行器而言，其优势在于处理不确定性的能力强，但是"信息爆炸"正在危及驾驶员的承受能力。日益复杂的飞行、战斗任务提高了对驾驶员的决策和操作要求、视野之外的攻防战术决策日益增加的需求，这些都要求飞行控制系统提供驾驶员智能决策辅助，包括认知辅助、决策辅助、执行辅助，适时、适量地提供信息，适时、正确地提供决策支持，适时、正确地指导驾驶操纵。

飞行控制系统的控制功能从底层不断向高层移动，从常规控制拓展为控制、决策与管理，从而驱动了有人机向具有智能决策辅助的有人机，以及向具有处理不确定性能力的无人机的发展。正确地、按不同时间尺度实时地处理各类不确定性的自主控制系统需要一个控制、决策与管理一体化的拟人智能系统，要求我们从一体化的角度系统地设计和分析控制、决策与管理各环节，系统地考虑控制、决策与管理体系结构、机制和实现途径。

### 3) 事件驱动与时间驱动的混合动态系统

控制、计算与通信一体化和控制、决策与管理一体化的无人机系统不论是单机、多机或集群都是以事件驱动与时间驱动的混合动态系统为特征。如单机的容错飞行控制系统都是基于连续时间的系统状态来判断故障事件，再由故障事件驱动容错与重构机制以保障飞机正常飞行；集群的态势评估、资源分配、任务规划也都需要连续量的控制以及符号推理和决策。已有的事件驱动与时间驱动的混合动态系统的建模与控制研究领域的理论与方法还不能适应网络化环境下的控制、计算与通信一体化问题和面向不确定性的控制、决策与管理一体化

问题。

### 4) 基于态势感知及评估的决策与控制

无人机自主控制本质上是一种对平台内/外态势感知基础上的决策、规划、调度与控制过程，或者说是一种如何获得信息和如何利用信息达到目标的过程。

如何利用机载传感器、地面控制站、编队中的友机或 C4ISR 系统等提供的平台内部以及战场环境的各种信息，通过信息共享与信息融合技术，从大量数据中提取平台内/外态势相关信息，是自主控制的前提和基础。

如何依据内、外态势，进一步获得决策和规划所需要知识，对影响任务规划和飞行安全的冲突事件进行检测和评估，实现对战场威胁级别（包括雷达/导弹威胁、恶劣气象、障碍等）、多任务动态优先级、平台能力和健康状况的评估，是无人机自主决策与规划的关键。

态势感知及评估对知识的表达、组织和利用，以及计算机认知、推理和评估的研究和应用，定量和定性相结合的态势评估的研究，基于跨平台信息共享的信息获取与信息融合技术、资源和时间约束下的多任务态势评估技术提出了挑战。

### 5) 无人机的适应性自主与协同性自主

（1）对不确定性的适应性自主。

适应性自主是以适应各类不确定性为目标的自主性，因此，适应性自主是自主控制的核心内涵和基本功能。不确定性可分为参数不确定性、结构不确定性和事件不确定性。如何组织对不同不确定性的适应机制是学者研究的热点。分层递阶体系结构把系统分解为功能模块，并按感知—规划—行动的过程进行构造，属于垂直分片的结构；包容式体系结构的各子系统独立产生动作行为，在一个协调机制集成下，各子系统直接接收传感信号平行工作，进而产生总体行为。有必要进一步借鉴人类神经系统"知识型决策—经验型程序—反射式控制"的结构，组织更有效、更实时的自主控制系统；有必要提出通用的自主控制框架和组合基于知识的系统概念与其他系统理论。目前的控制理论还不能有效解决基于知识的包含逻辑算子(符号推理和决策)和连续量系统的复杂优化问题，当系统扩展到大规模系统的时候尤为困难。

（2）多无人机的协同性自主。

作为独立自主的智能体与其他智能体或人进行协同时进行的自主协调、协作、协商等控制行为称为协同性自主。协同性是人类高级的智能活动，因此协同性自主能力也是无人机高级自主控制能力。多无人机的协同性自主要面临的挑战是处理分散化决策、分布式敏感、不确定性管理、信息不完全性、无显式的领队的系统所带来的协同管理、决策与控制问题。

在多无人机协同控制环境中，由于平台的运动、敏感和通信通道的变化，多无人机的队形和网络拓扑发生动态改变，并且计算是高度分布的，没有一个固定和定义好的集中控制器，分散控制就成为必需的。多飞行器协同控制首要研究和解决的核心问题就是多飞行器协同控制中信息流及分散协调控制问题。在未来网络化协同作战模式以及无人机自主程度不断提高的情况下，需要研究以最小信息流为基础的分散化编队协同控制律，最小信息流可以在可靠性和隐蔽性需求与信息共享所导致的性能增强两者之间实现平衡。

无人机协同性自主尚存在众多的理论问题和技术难题，其中最突出的问题是：在分散决策、分布传感、分布通信条件下，具有复杂性、不确定性、局部信息的多智能体系统协调控制的完备理论尚不存在。

### 1.8.3　无人机系统的软件可靠性及其评估与确认

1) **无人机系统的软件可靠性**

在常规的飞行控制系统研制过程中，软件的可靠性分析、设计与评估验证技术就是一个薄弱环节，而对于控制、计算与通信一体化和控制、决策与管理一体化的无人机系统，其软件可靠性及其评估与确认就更为困难。对这类复杂系统，目前都采用了非相似软件设计来解决软件共态故障的问题，但是在工程实现中缺少高效的软件可靠性建模方法，缺少可供安全关键性系统定量分析用的软件、可靠性数据库以及高置信度的分析和设计工具和方法。常规的评估验证主要手段仍是基于故障注入方式的大量仿真试验，缺乏完备性。基于形式化方法的验证与确认技术在实际复杂系统中尚无成功应用。人们对软件可靠性的认识正在不断深化，但对于软件故障识别和因果关系尚有不少工作要做。

2) **评估与确认的理论和方法**

常规的飞行控制系统的评估与确认过程缺乏明确的定位，缺乏系统性和完整性；缺乏对多类、多参数同时摄动的有效方法和手段，只能评估与确认设计点系统的稳定性，而设计点间的稳定性只能依靠大量仿真；对变化参数的处理缺乏弹性，不能分析上下界之间的情况。

2000 年以来国际学术界开始重视飞行控制系统的评估与确认的理论和方法研究，$\mu$ 分析方法基于线性分析变换用奇异值 $\mu$ 测试闭环系统的鲁棒稳定性；v-gap 分析方法采用通用稳定边界 $\varepsilon$ 测试闭环系统稳定性；分叉分析法通过分析非线性微分方程的稳态和非稳态平衡解来评估系统；基于优化的分析方法采用最坏情况搜索,把评估准则转化为距离最小问题;随机鲁棒分析基于蒙特卡罗仿真,可以得到在不确定条件下控制系统性能指标的统计分布特性,分析系统的鲁棒性能。这些方法各有特点,也都存在应用局限。

对于控制、计算与通信一体化和控制、决策与管理一体化的无人机系统,迫切需要先进的理论与方法指导的、可处理时间驱动和事件驱动的混合动态系统、采用数字化技术实现的高效、高可信度的飞控系统评估与确认的理论与方法。

### 3) 无人系统的评估与确认

无人机的使用带来了一个令人畏惧和必须面对的问题:如何能够信任这种致命的武器平台所做的决策?如何能够确信无人机做出的决策可以产生理想的输出?是否应该相信无人机将会按照预期执行,并且保证不会对预定目标以外的其他任何东西(包括我们自己)产生威胁?这就需要提供满足所有关键安全要求的必要保证和可信度证明的方法和软件工具。然而,无人机自主控制系统软件规模将达到 500 000～1 000 000 行,基于目前的评估与确认方法来证明自主控制系统软件,无论从时间上还是资源上都将是极其困难的。

在无人机自主控制系统中,应该引入"负面清单"机制,来约束自主控制系统可能的不安全行为。"负面清单"机制软件的评估和确认相对于无人机自主控制软件系统的评估和确认而言,在软件规模和复杂程度上要简单可行,用一个"可靠"的"负面清单"来监督和禁止有安全隐患的无人机自由控制软件系统的若干"负面行为",对提高无人机自主控制软件系统的安全性和可靠性是有益的。但是如何定义无人机自主控制系统的"负面清单",如何设计和实施"负面清单"机制还需要开展研究。

正在开发中的无人机自主能力超出了目前对该自主能力的评估与确认能力,并严重影响了无人机自主控制技术的发展和自主级别的提高。迫切需要新的评估与确认技术来有效、可重复地证明无人机智能自主控制系统的正确性,该项研究还处于初级阶段。

## 1.9　结语

本书以介绍和论述人类的智能控制能力,无人机的自主等级,自主级别与感知及通信能力,自主级别与任务复杂性,无人机自主控制级别探讨,无人机自主控制系统的架构,无人机自主控制等级的评估方法,以及无人机自主控制面临的挑战作为引言,来导出与无人机自主控制密切相关的核心关键技术的理论与方法的研究和介绍。这些核心关键技术是无人机建模与控制、无人机飞控系统的故障检测、诊断与重构，无人机对环境和态势的自主感知与评估，基于态势感知的无人机自主决策，无人机自主进场着陆导航，无人机航路规划与实时重规划，多无人机协同控制，以及无人机互操作与分布式异步通信协调控制等。读者在学习和研究这些核心关键技术的理论与方法的同时，应该经常意识到：人类的智能控制能力是无人机自主控制研究的起点；适应动态环境与完成复杂任务是无人机自主控制的目的；感知及通信是无人机自主控制的信息基础；无人机自主控制系统的架构配置和任务应用配置是无人机自主控制的功能基础，不同的架构配置和任务应用配置具有不同的自主控制能力，适应不同的自主等级要求，完成不同的任务；无人机自主控制能力是无人机自主控制系统设计的出发点和设计确认的终点；无人机自主控制研究要直面现实和未来的挑战，不断做出创新性研究和实践。

## 参 | 考 | 文 | 献 · · · · · · · · · · · · · · · · · · · · · · · ·

[ 1 ] Jovan D B，Ravi P，Raman K M. A multi-layer autonomous intelligent control architecture for unmanned aerial vehicles [J]. Journal of Aerospace Computing，Information，and Communication，2004(1)：605 - 628.

[ 2 ] Pachter M，Chandler P R. Challenges of autonomous control [J]. IEEE Control System，1998(8)：92 - 96.

[ 3 ] Gerald S M. Airborne battle management system & autonomous operations UAV autonomy [R]. Technical Report.

[ 4 ] Stephen A C，Kenneth K，Peter P，et al. Unmanned aircraft systems (UAS) roadmap，2005 - 2030 [R]. USA：Office of the Secretary of Defense，2005.

[ 5 ] Suresh M，Ghose D. Role of information and communication in redefining unmanned aerial vehicle autonomous control levels [J]. J. Aerospace Engineering，2010，224（G）：171 -197.

[ 6 ] Kihlstrom J F. The cognitive unconscious [J]. Science，1987(237)：1445 - 1452.

[ 7 ] 张镜如，乔健天. 生理学[M]. 4 版. 北京：人民卫生出版社，1998.

[ 8 ] Simon C W. Delivery of dendritic cells engineered to secrete IFN-α into central nervous system tumors enhances the efficacy of peripheral tumor cell vaccines：Dependence on apoptotic pathways [J]. The Journal of Imunology，2005(9)：2730 - 2740.

[ 9 ] Robert F S. Toward intelligent flight control [J]. IEEE Transactions on Systems，Man，and Cybernetics，1993，23(6)：1699 - 1717.

[10] Vincent C，David H，Raymond B. Certification challenges for autonomous flight control systems [C]. AIAA Guidance，Navigation，and Control Conference and Exhibit 16 -

19，2004．

[11] Richard M M，Karl J A，Stephen P B，et al． Future directions in control in an information-rich world [J]． IEEE Control Systems Magazine，2003，23(2)：20-33．

[12] Dave B． Key technologies for UAV interoperability [G]． St. Louis：the Boeing Company，2003：1-16．

[13] Hui M H，Kerry P，Brian N，et al． A framework for autonomy levels for unmanned systems(ALFUS) [C]． Proceedings of the AUVSI's Unmanned Systems North America 2005，Baltimore MD，2005．

[14] 神经元：欧洲研发无人机的合作思路[N/OL]． http://listen. eastday. com/node2/node3/n403/u1ai593127_t92. html? prolongation＝1．

[15] 魏国福，周军，邢娅．欧洲神经元无人攻击机发展历程[J]．飞航导弹，2013(08)：23-26．

[16] 陈宗基．航空飞行器的控制科学与技术[M]．科学出版社，2015．

# 2　无人机建模与控制

常规气动布局的固定翼无人机与有人驾驶飞机具有类似的动态特性,其建模方法与飞机的本体特性也与有人驾驶飞机基本相同,纵向可以分为短周期、长周期模态,横侧向可以分为滚转模态、荷兰滚模态和螺旋模态,详细论证见参考文献[2],此处不再详述。

本章考虑到无人机的特点,面向无人机的轨迹控制建立了基于航迹坐标系的无人机六自由度动力学与运动学方程;面向常规任务的无人机飞控系统,建立了长航时无人机非线性模型,给出了非线性模型线性化,基于线性模型的多任务模态控制律设计概念与方法;针对无人机的自动起飞着陆、起降轨迹设计和导航控制等无人机特殊问题给出了相应的方法和算例;面向未来的无人作战飞机,在姿态控制的基础上,给出了制导控制器设计方法与算例;结合多数先进无人机都具备多操纵面气动布局,给出了多操纵面控制分配的概念与方法;考虑到飞推综合控制的快速发展和对无人机的应用价值,给出了适用于无人机的飞推综合控制概念与方法。上述方法在当前的无人机飞控系统建模与设计领域都是热门的研究课题,具有很好的参考价值。

本章主要内容对应于第1章图1-6"无人机自主控制系统功能模块组成"的"反射性行为层-控制执行系统"中的飞行控制系统与发动机系统等主要模块。

## 2.1　无人机建模

无人机运动方程与有人驾驶飞机一样,从气动力作用产生的动力学方程,到运动学和轨迹运动方程。原理上,考虑到吹风数据的不确定性、大飞行包线造成的气动参数大范围变化和特殊机动如大迎角过失速机动等因素,在飞行中气动参数是时变的、非线性的,因此无人机的运动方程应当是非线性的。但对于如长航时类的侦察机,飞行包线范围和飞行环境相对固定,没有大的机动要求,工作点在气动数据的线性范围内,则更适于应用线性模型。对于当前多数无人机,由于其任务要求的飞行状态较为平稳,没有大的机动,因此都适于采用线性模型描述。线性模型便于研究无人机的本体特性,设计方法经典可靠,实现简单,因此具有很广泛的工程可应用性。而对于某些无人作战飞机,或者大飞行包线复杂飞行环境的无人机,则需要建立非线性方程,进行更为符合飞行环境和任务的设计、确认和仿真验证。

本节对无人机的非线性建模过程和线性模型分别加以讨论。

## 2.1.1　无人机非线性建模[1]

### 1) 常用坐标系

建立飞机的运动方程时,会使用到多种坐标系,应当根据所研究问题的要求,选择适当的坐标系,可以使运动方程具有最简单、最直接的形式,以便于进行飞控系统设计。对于无人机,最常用的坐标系包括下面几个。

（1）地面坐标系。

忽略地球曲率,任意选定地平面上的某固定点 $O_g$(如飞机起飞点)作为原点,取 $O_g x_g$ 轴在地平面内并指向某方向(如指向飞行航线);$O_g z_g$ 轴铅垂向下;$O_g y_g$ 轴垂直于 $O_g x_g z_g$ 平面,并按右手定则确定。这样所构成的坐标系称为铅垂地面固定坐标系 $O_g x_g y_g z_g$。因为不考虑大地的旋转,所以此坐标系可以看作是惯性坐标系,飞机的位置和速度等都是相对于此坐标系来衡量的。

（2）机体坐标系。

机体坐标系是固联于飞机并随飞机运动的一种动坐标系,用 $O_b x_b y_b z_b$ 表示。它的原点位于飞机的质心 $O$ 处,$O x_b$ 轴在飞机对称平面内,平行于机身轴线或机翼的平均气动弦,指向前;$O z_b$ 轴也在对称平面内,垂直于 $O x_b$ 轴,指向下;$O y_b$ 轴垂直于对称平面,指向右。

如果 $O x_b$ 轴取沿飞行速度 $V$ 在对称平面的投影方向;$O z_b$ 轴仍在对称面内,垂直 $O x_b$ 指向下;$O y_b$ 轴垂直于对称平面,指向右,则这种坐标系称为半机体坐标系。风洞实验中测量气动力时,常用该坐标系。

如果 $O x_b$ 轴取沿基准运动(未扰动运动)飞行速度 $V$ 在对称平面内的投影方向;$O z_b$ 轴仍在对称面内,垂直 $O x_b$ 指向下;$O y_b$ 轴垂直于对称平面,指向右,则这种在扰动运动中固联于飞机的坐标系又称为稳定坐标系,可用 $O x_s y_s z_s$ 表示。

（3）气流坐标系。

气流坐标系又称为速度坐标系或风轴系。它的原点位于飞机质心 $O$ 处，$Ox_a$ 轴始终指向飞机的空速方向；$Oz_a$ 轴位于飞机对称平面内，垂直于 $Ox_a$ 轴，指向下；$Oy_a$ 轴垂直于 $Ox_az_a$ 平面，指向右。

（4）航迹坐标系。

航迹坐标系的原点位于飞机质心 $O$ 处。$Ox_k$ 轴始终指向飞机的地速方向；$Oz_k$ 轴则位于包含 $Ox_k$ 轴的铅垂平面内，垂直于 $Ox_k$ 轴，指向下；$Oy_k$ 轴垂直于 $Ox_kz_k$ 平面，指向右。

由定义可知，当风速 $V_w \neq 0$ 时，航迹坐标系的 $Ox_k$ 轴与气流坐标系的 $Ox_a$ 轴两者的方向是不同的；只有当风速 $V_w = 0$ 时，两者的方向才一致。

**2）常用坐标系之间的关系**

（1）坐标变换的基本原理。

原点重合的两个三维坐标轴系可以通过旋转重合在一起。设有一个矢量在两个三维坐标系 $Ox_py_pz_p$ 和 $Ox_qy_qz_q$ 中的分别记为 $v_p$ 和 $v_q$，则它们之间的关系可以写成 $v_q = L_{qp}v_p$。$L_{qp}$ 称为由坐标系 $Ox_py_pz_p$ 到 $Ox_qy_qz_q$ 的坐标变换矩阵。

若坐标系 $Ox_py_pz_p$ 仅绕 $Ox_p$ 转过角度 $\zeta$ 就与 $Ox_qy_qz_q$ 重合，则变换矩阵 $L_{qp}$ 为

$$L_x(\zeta) = \begin{bmatrix} 1 & 0 & 0 \\ 0 & \cos\zeta & \sin\zeta \\ 0 & -\sin\zeta & \cos\zeta \end{bmatrix} \qquad (2-1)$$

若坐标系 $Ox_py_pz_p$ 仅绕 $Oy_p$ 转过角度 $\eta$ 就与 $Ox_qy_qz_q$ 重合，则变换矩阵 $L_{qp}$ 为

$$L_y(\eta) = \begin{bmatrix} \cos\eta & 0 & -\sin\eta \\ 0 & 1 & 0 \\ \sin\eta & 0 & \cos\eta \end{bmatrix} \qquad (2-2)$$

若坐标系 $Ox_py_pz_p$ 仅绕 $Oz_p$ 转过角度 $\xi$ 就与 $Ox_qy_qz_q$ 重合，则变换矩阵 $L_{qp}$ 为

$$L_z(\xi) = \begin{bmatrix} \cos\xi & \sin\xi & 0 \\ -\sin\xi & \cos\xi & 0 \\ 0 & 0 & 1 \end{bmatrix} \qquad (2-3)$$

以上三个坐标变换矩阵 $\boldsymbol{L}_x(\zeta)$，$\boldsymbol{L}_y(\eta)$，$\boldsymbol{L}_z(\xi)$ 称为基元变换矩阵。

$$\boldsymbol{L}_{qp} = \boldsymbol{L}_z(\xi)\boldsymbol{L}_y(\eta)\boldsymbol{L}_x(\zeta) \tag{2-4}$$

因为坐标是正交变换，所以两坐标系的坐标变换矩阵有如下关系：

$$\boldsymbol{L}_{pq} = (\boldsymbol{L}_{qp})^{-1} = (\boldsymbol{L}_{qp})^{\mathrm{T}} \tag{2-5}$$

(2) 常用坐标系定义。

a. 地面坐标系与机体坐标系：

机体坐标系 $Ox_by_bz_b$ 相对于地面坐标系 $Ox_gy_gz_g$ 的方位，或者说飞机在空中的姿态，常用三个欧拉角表示，地面坐标系与机体坐标系之间的关系如图 2-1 所示。

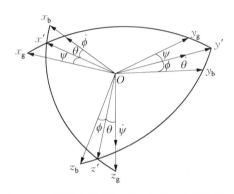

**图 2-1 地面坐标系与机体坐标系之间的关系**

偏航角 $\psi$：机体轴 $Ox_b$ 在水平面 $Ox_gy_g$ 上的投影与 $Ox_g$ 轴之间的夹角。规定飞机右偏航时形成的角度 $\psi$ 为正。

俯仰角 $\theta$：机体轴 $Ox_b$ 与水平面 $Ox_gy_g$ 之间的夹角。规定当飞机头部上仰时 $\theta$ 为正。

滚转角 $\phi$：飞机对称平面与包含 $Ox_b$ 轴的铅垂平面之间的夹角。规定飞机向右滚转时形成的角度 $\phi$ 为正。

地面坐标系 $Ox_gy_gz_g$ 按图 2-1 的顺序先绕 $Oz_g$ 轴方向转过角 $\psi$，然后绕这时候的 $Oy'$ 轴方向转过角 $\theta$，最后绕 $Ox_b$ 轴方向转过角 $\phi$，就可与 $Ox_by_bz_b$ 重合。

按坐标变换基本原理，可得出由 $Ox_gy_gz_g$ 到 $Ox_by_bz_b$ 的变换矩阵为

$$\boldsymbol{L}_{bg} = \boldsymbol{L}_x(\phi)\boldsymbol{L}_y(\theta)\boldsymbol{L}_z(\psi) \tag{2-6}$$

利用基元变换矩阵，最后得出变换矩阵为

$$
L_{bg} = \begin{bmatrix} \cos\theta\cos\psi & \cos\theta\sin\psi & -\sin\theta \\ \sin\phi\sin\theta\cos\psi-\cos\phi\sin\psi & \sin\phi\sin\theta\sin\psi+\cos\phi\cos\psi & \sin\phi\cos\theta \\ \cos\phi\sin\theta\cos\psi+\sin\phi\sin\psi & \cos\phi\sin\theta\sin\psi-\sin\phi\cos\psi & \cos\phi\cos\theta \end{bmatrix}
$$

$$(2-7)$$

b. 地面坐标系与航迹坐标系：

航迹坐标系相对地面坐标系的方位，根据两坐标系定义，其中 $Oz_k$ 和 $Oz_g$ 均位于铅垂平面内，故只存在两个欧拉角。

航迹（轨迹）偏角 $\chi$：又称为航向角，即航迹轴 $Ox_k$ 在水平面 $Ox_gy_g$ 上的投影与 $Ox_g$ 轴之间的夹角。规定航迹向右偏转时 $\chi$ 为正。

航迹（轨迹）倾角 $\gamma$：又称为爬升角，即航迹轴 $Ox_k$ 与水平面 $Ox_gy_g$ 之间的夹角。规定航迹向上倾斜时，$\gamma$ 为正。

由 $Ox_gy_gz_g$ 到 $Ox_ky_kz_k$ 的变换矩阵可以通过 $Ox_gy_gz_g$ 坐标按顺序绕 $Oz_g$ 轴转过 $\chi$ 角，再绕 $Oy_k$ 轴转过角 $\gamma$，就可与 $Ox_ky_kz_k$ 坐标系重合，地面坐标系与航迹坐标系之间的关系如图 2－2 所示。

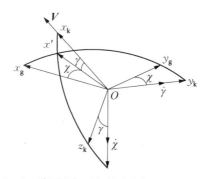

图 2－2　地面坐标系与航迹坐标系之间的关系

于是得出的变换矩阵为

$$
L_{kg} = L_y(\gamma)L_z(\chi) = \begin{bmatrix} \cos\gamma\cos\chi & \cos\gamma\sin\chi & -\sin\gamma \\ -\sin\chi & \cos\chi & 0 \\ \sin\gamma\cos\chi & \sin\gamma\sin\chi & \cos\gamma \end{bmatrix} \qquad (2-8)
$$

c. 机体坐标系与气流坐标系：

气流坐标系与机体坐标系之间的相互关系因其 $Oz_a$ 和 $Oz_b$ 轴同在飞机纵向对称平面内，故有两个角度可确定其相对位置。

迎角 $\alpha$：飞行速度矢量 $\mathbf{V}$ 在飞机对称平面上的投影与机体轴 $Ox_b$ 之间的夹角。正常飞行情况下，投影线在 $Ox_b$ 上方，定义 $\alpha$ 为正。

侧滑角 $\beta$：飞行速度矢量 $\mathbf{V}$ 与飞机对称平面之间的夹角。速度矢量 $\mathbf{V}$ 在对称平面右方，定义 $\beta$ 为正。

坐标系 $Ox_by_bz_b$ 通过按顺序先绕 $Oy_b$ 轴转过角 $-\alpha$，再绕 $Oz_a$ 轴转过角 $\beta$，就可与 $Ox_ay_az_a$ 重合，机体坐标系与气流坐标系之间的关系如图 2-3 所示。

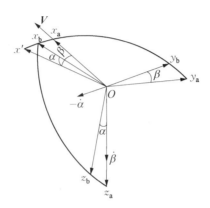

图 2-3 机体坐标系与气流坐标系之间的关系

于是可得相应的变换矩阵为

$$\mathbf{L}_{ab} = \mathbf{L}_z(\beta)\mathbf{L}_y(-\alpha) = \begin{bmatrix} \cos\alpha\cos\beta & \sin\beta & \sin\alpha\cos\beta \\ -\cos\alpha\sin\beta & \cos\beta & -\sin\alpha\sin\beta \\ -\sin\alpha & 0 & \cos\alpha \end{bmatrix} \quad (2-9)$$

d. 航迹坐标系与机体坐标系：

航迹坐标系 $Ox_ky_kz_k$ 相对于机体坐标系 $Ox_by_bz_b$ 的方位，常用三个欧拉角表示，航迹坐标系与机体坐标系之间的关系如图 2-4 所示。

航迹侧滑角 $\beta_k$：航迹速度与飞机参考面的夹角。当航迹速度沿机体横轴的分量为正时，$\beta_k$ 为正。在无风情况下，$\beta_k = \beta$。

航迹迎角 $\alpha_k$：航迹速度在飞机参考面上的投影与机体轴的夹角，当航迹速度沿机体

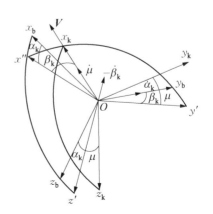

图 2-4 航迹坐标系与机体
坐标系之间的关系

竖轴的分量为正时,$\alpha_k$ 为正。在无风情况下,$\alpha_k = \alpha$。

航迹滚转角 $\mu$:机体竖轴 $Oz_b$ 绕横轴 $Oy_b$ 转过 $-\alpha_k$ 角后形成的 $Oz'$ 轴与航迹坐标轴系的 $Oz_k$ 轴之间的角度,若 $Oz_k$ 轴绕 $Ox_k$ 轴转动后与 $Oz'$ 轴重合,则角 $\mu$ 为正。在无风情况下,$Ox_a$ 和 $Ox_k$ 是同轴的,这个角也就是绕速度矢量 $\boldsymbol{V}$ 向右滚转形成的,又称为速度滚转角。

从图 2-4 可见,坐标系 $Ox_ky_kz_k$ 通过按顺序先绕 $Ox_k$ 轴转过角 $\mu$,再绕 $Oz'$ 轴转过角 $-\beta_k$,最后绕 $Oy_b$ 轴方向转过角 $\alpha_k$ 就可与 $Ox_by_bz_b$ 重合。于是可得相应的变换矩阵为

$$\boldsymbol{L}_{bk} = \boldsymbol{L}_y(\alpha_k)\boldsymbol{L}_z(-\beta_k)\boldsymbol{L}_x(\mu)$$

$$= \begin{bmatrix} \cos\alpha_k\cos\beta_k & -\cos\mu\sin\beta_k\cos\alpha_k + \sin\mu\sin\alpha_k & -\sin\mu\sin\beta_k\cos\alpha_k - \cos\mu\sin\alpha_k \\ \sin\beta_k & \cos\mu\cos\beta_k & \sin\mu\cos\beta_k \\ \sin\alpha_k\cos\beta_k & -\cos\mu\sin\beta_k\sin\alpha_k - \sin\mu\cos\alpha_k & -\sin\mu\sin\beta_k\sin\alpha_k + \cos\mu\cos\alpha_k \end{bmatrix}$$

$$(2-10)$$

**3) 作用在飞机上的力和力矩**

**(1) 空气动力及力矩。**

飞机在空气中飞行时,其表面分布着空气动力,这些力可以归结为一个作用于飞机质心处的合力 $\Sigma A$(总空气动力)和一个绕其质心的合力矩 $\Sigma M$(总空气动力矩)。在空气动力学中常将总空气动力 $\Sigma A$ 在气流坐标系中分解为升力 $L_a$,阻力 $D_a$,侧力 $Y_a$,简记为 $L$,$D$,$Y$;总空气动力矩 $\Sigma M$ 在机体坐标系中分解为滚转力矩 $\overline{L}_b$,俯仰力矩 $\overline{M}_b$,偏航力矩 $\overline{N}_b$,简记为 $\overline{L}$,$\overline{M}$,$\overline{N}$,在不引起混淆时也可记为 $L$,$M$,$N$。飞机上的气动力和力矩的方向如图 2-5 所示[5,6]。

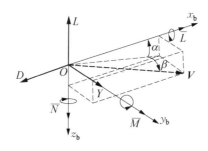

图 2-5 飞机上的气动力和力矩

由空气动力学可知,空气动力和力矩可表示为

$$D = \frac{1}{2}\rho V^2 S_w C_D, \ L = \frac{1}{2}\rho V^2 S_w C_L, \ Y = \frac{1}{2}\rho V^2 S_w C_Y \qquad (2-11)$$

$$\bar{L} = \frac{1}{2}\rho V^2 S_w b C_{\bar{L}}, \ \overline{M} = \frac{1}{2}\rho V^2 S_w \bar{c} C_{\overline{M}}, \ \overline{N} = \frac{1}{2}\rho V^2 S_w b C_{\overline{N}} \qquad (2-12)$$

式中，$C_L$ 为升力系数；$C_D$ 为阻力系数；$C_Y$ 为侧力系数；$C_{\bar{L}}$ 为滚转力矩系数；$C_{\overline{M}}$ 为俯仰力矩系数；$C_{\overline{N}}$ 为偏航力矩系数。$\rho$、$V$、$S_w$、$b$、$\bar{c}$ 分别为大气密度、空速、机翼参考面积、机翼的展长和机翼的平均几何弦长。气动力和气动力矩系数取决于许多因素，一般情况下是高度、马赫数、飞机操纵面偏角、迎角、侧滑角和机体轴角速度等变量的非线性函数。

（2）发动机推力及其力矩。

飞机的发动机产生推力为飞机提供飞行动力，推力主要对飞机的速度和高度变化产生影响，改变发动机的推力是控制飞行速度的一种主要手段。一般来说，发动机推力 $T$ 随着飞行高度 $h$、空速 $V$ 和油门开度 $\delta_p$ 而变化，即 $T = T(h, V, \delta_p)$。通常发动机固定于飞机纵轴方向。设发动机的推力作用点在机体坐标系的坐标为 $(l_x, l_y, l_z)$。发动机推力 $T$ 的偏置角 $\alpha_T$ 定义为发动机推力 $T$ 在飞机的对称面 $Ox_b z_b$ 内的投影与 $x$ 轴的夹角，规定其投影在 $Ox_b$ 轴之下为正；发动机推力 $T$ 的偏置角 $\beta_T$ 定义为发动机推力 $T$ 在 $Ox_b y_b$ 面内的投影与对称面 $Ox_b y_b$ 的夹角，规定其投影在对称面 $Ox_b y_b$ 之左为正。则发动机的推力 $T$ 在机体坐标轴系的分量 $T_x$，$T_y$，$T_z$ 分别为

$$T_x = T\cos\alpha_T\cos\beta_T$$
$$T_y = -T\sin\beta_T$$
$$T_z = T\sin\alpha_T\cos\beta_T$$

如果发动机推力的偏置角 $\alpha_T = \beta_T = 0$ 或可以忽略，则推力只有机体坐标系 $Ox_b$ 轴上的分量，即 $T_x = T$。

由上述发动机的推力在机体坐标系的分量 $T_x$，$T_y$，$T_z$ 以及发动机的推力作用点在机体坐标系的坐标 $(l_x, l_y, l_z)$，可将发动机的推力力矩表示为

$$\bar{L}_T = -T_y l_z + T_z l_y$$
$$\overline{M}_T = T_x l_z - T_z l_x$$
$$\overline{N}_T = -T_x l_y + T_y l_x$$

目前对先进战斗机的推力矢量控制已经开展了广泛的研究，发动机推力通

过尾喷管偏转产生的推力分量来部分代替飞机操纵面,提高了飞机的操纵性、机动性和隐身性。推力矢量建模包括单发、双发等情况,对于无人作战飞机,未来使用推力矢量技术也是有可能的。

在飞控系统设计中,发动机推力的动力学模型一般都是以简化的外部特性来计算的,采用一阶惯性环节和限幅器来描述,飞机推力模型结构如图2-6所示。发动机环节的时间常数一般较飞机本体特性的时间常数要小一些。

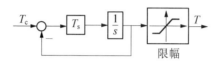

图2-6 飞机推力模型结构

（3）舵机及操纵力矩。

对飞机姿态变化需要的力矩操纵主要依赖于飞机的执行机构系统(舵机系统+操纵面)。常规操纵面中升降舵控制飞机俯仰,方向舵控制飞机偏航,副翼则控制飞机滚转,通常各个操纵面都有其位置和速率限制。

执行机构模型采用简化的线性二阶环节,并考虑角度和角速度的限幅。单个飞机舵机模型的结构如图2-7所示。

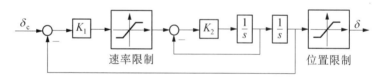

图2-7 飞机舵机模型

**4）飞机运动方程**

飞机运动方程包括飞机的动力学方程、运动学方程和航迹运动方程。

（1）飞机质心运动方程。

a. 飞机质心动力学方程:

飞机质心运动的动力学方程是把质心加速度与作用力联系起来。应用牛顿第二定律可以得到这个方程的矢量形式为

$$m \frac{\mathrm{d}\boldsymbol{V}_\mathrm{k}}{\mathrm{d}t} = \boldsymbol{F} + m\boldsymbol{g} \tag{2-13}$$

式中,$\boldsymbol{V}_k$ 是航迹速度矢量;$\boldsymbol{g}$ 是地球引力;$\boldsymbol{F}$ 是推力 $\boldsymbol{T}$ 和空气动力 $\boldsymbol{A}$ 的合力。

取某个活动坐标系 $S_m$ 作为参考系,根据矢量微分法则可以改写式(2-13)为

$$\frac{\mathrm{d}\,(\boldsymbol{V}_k)_m}{\mathrm{d}t} + \boldsymbol{\Omega}_m \times (\boldsymbol{V}_k)_m = \frac{\boldsymbol{F}_m}{m} + \boldsymbol{g}_m \qquad (2-14)$$

式中,$\boldsymbol{\Omega}_m$ 是活动坐标系相对于惯性坐标系的角速度向量;$\times$ 为向量积符号(叉积)。

本节中对各种力的分量做如下考虑。

推力 $\boldsymbol{T}$ 在机体坐标系 $S_b$ 中给出:

$$\boldsymbol{T}_b = (T_{xb} \quad T_{yb} \quad T_{zb})^T = (T_x \quad T_y \quad T_z)^T \qquad (2-15)$$

空气动力 $\boldsymbol{A}$ 在气流坐标系 $S_a$ 中给出:

$$\boldsymbol{A}_a = (A_{xa} \quad A_{ya} \quad A_{za})^T = (-D \quad C \quad -L)^T \qquad (2-16)$$

重力加速度 $\boldsymbol{g}$ 沿地面坐标系 $S_g$ 的 $Oz_g$ 轴:

$$\boldsymbol{g} = (0 \quad 0 \quad g)^T \qquad (2-17)$$

将式(2-14)~式(2-16)代入式(2-13)后可以得到参考坐标系 $S_m$ 中的飞机质心运动的动力学方程矩阵形式为

$$\frac{\mathrm{d}\,(\boldsymbol{V}_k)_m}{\mathrm{d}t} = -\boldsymbol{\Omega}_m \times (\boldsymbol{V}_k)_m + \frac{1}{m}[L_{mb}\boldsymbol{T}_b + L_{ma}\boldsymbol{A}_a] + L_{mg}\boldsymbol{g} \qquad (2-18)$$

利用式(2-18)可以得到飞机质心在不同坐标系中的动力学方程,通常情况下考虑在机体坐标系下的质心动力学方程,即选取参考坐标系 $S_m$ 为机体坐标系 $S_b$,可以改写式(2-18)为

$$m\begin{bmatrix} \dot{u}_k \\ \dot{v}_k \\ \dot{w}_k \end{bmatrix} = -m\begin{bmatrix} 0 & -r & q \\ r & 0 & -p \\ -q & p & 0 \end{bmatrix}\begin{bmatrix} u_k \\ v_k \\ w_k \end{bmatrix} + \begin{bmatrix} T_x \\ T_y \\ T_z \end{bmatrix} + L_{ba}\begin{bmatrix} -D \\ C \\ -L \end{bmatrix} + L_{bg}m\begin{bmatrix} 0 \\ 0 \\ g \end{bmatrix} \qquad (2-19)$$

式中,$[p, q, r]^T$ 是机体角速度向量 $\boldsymbol{\Omega}_b$ 的三个分量;$[u_k, v_k, w_k]^T$ 是航迹速度向量 $\boldsymbol{V}_k$ 在机体坐标系下的三个分量。

利用式(2-5)和式(2-9)可以把气流坐标系下的空速向量 $[V, 0, 0]^T$ 在机体坐标系 $S_b$ 中分解为 $[u, v, w]^T$,即

$$\begin{bmatrix} u \\ v \\ w \end{bmatrix} = L_{\mathrm{ba}} \begin{bmatrix} V \\ 0 \\ 0 \end{bmatrix} = \begin{bmatrix} V\cos\alpha\cos\beta \\ V\sin\beta \\ V\sin\alpha\cos\beta \end{bmatrix} \qquad (2-20)$$

在无风情况下，飞机质心的航迹速度（对地速度）$\boldsymbol{V}_{\mathrm{k}}$ 和飞行速度（对空速度）$\boldsymbol{V}$ 两个向量是相等的，因此它们在机体坐标系 $S_{\mathrm{b}}$ 中的三个分量也是相等的，即

$$[u_{\mathrm{k}},\ v_{\mathrm{k}},\ w_{\mathrm{k}}]^{\mathrm{T}} = [u,\ v,\ w]^{\mathrm{T}}$$

联立式（2-19）和式（2-20）可得

$$\begin{bmatrix} \dot{V} \\ \dot{\alpha} \\ \dot{\beta} \end{bmatrix} = \boldsymbol{J}^{-1} \left( - \begin{bmatrix} 0 & -r & q \\ r & 0 & -p \\ -q & p & 0 \end{bmatrix} L_{\mathrm{ba}} \begin{bmatrix} V \\ 0 \\ 0 \end{bmatrix} + \frac{1}{m} \left( \begin{bmatrix} T_x \\ T_y \\ T_z \end{bmatrix} + \begin{bmatrix} -D \\ C \\ -L \end{bmatrix} + L_{\mathrm{bg}} m \begin{bmatrix} 0 \\ 0 \\ g \end{bmatrix} \right) \right)$$

$$(2-21)$$

式中，$\boldsymbol{J} = \begin{bmatrix} \cos\alpha\cos\beta & -V\sin\alpha\cos\beta & -V\cos\alpha\sin\beta \\ \sin\beta & 0 & V\cos\beta \\ \sin\alpha\cos\beta & V\cos\alpha\cos\beta & -V\sin\alpha\sin\beta \end{bmatrix}$

上面三个式子描述了飞机质心的受力及在受力方向上产生的加速度情况，包括前向推力、法向力和侧力。

b. 飞机质心运动学方程：

飞机质心运动学方程的作用是把位置的变化率与速度相联系，其基本方程为

$$\dot{\boldsymbol{R}} = \boldsymbol{V}_{\mathrm{k}} \qquad (2-22)$$

取某个活动坐标系 $S_{\mathrm{m}}$ 作为参考系，并利用飞机质心在铅垂地面固定坐标系中的坐标 $[x_{\mathrm{g}},\ y_{\mathrm{g}},\ z_{\mathrm{g}}]^{\mathrm{T}}$，则可以改写式（2-22）为如下矩阵方程：

$$\dot{\boldsymbol{R}}_{\mathrm{g}} = \boldsymbol{L}_{\mathrm{gm}} (\boldsymbol{V}_{\mathrm{k}})_{\mathrm{m}} \qquad (2-23)$$

式中，$\boldsymbol{R}_{\mathrm{g}} = [x_{\mathrm{g}},\ y_{\mathrm{g}},\ z_{\mathrm{g}}]^{\mathrm{T}}$ 是飞机质心在铅垂地面固定坐标系中的位置向量。

选择参考系为机体坐标系 $S_{\mathrm{b}}$，则飞机质心运动的运动学方程为

$$\begin{bmatrix} \dot{x}_g \\ \dot{y}_g \\ \dot{z}_g \end{bmatrix} = L_{gb} \begin{bmatrix} u_k \\ v_k \\ w_k \end{bmatrix}$$

在无风情况下,飞机质心的航迹速度向量 $\boldsymbol{V}_k$ 和飞行速度向量 $\boldsymbol{V}$ 是相等的,利用式(2-20)可得

$$\begin{bmatrix} \dot{x}_g \\ \dot{y}_g \\ \dot{z}_g \end{bmatrix} = \boldsymbol{L}_{gb} \boldsymbol{L}_{ba} \begin{bmatrix} V \\ 0 \\ 0 \end{bmatrix} \qquad (2-24)$$

(2) 飞机质心转动方程。

a. 飞机质心转动动力学方程:

根据质点系的动量矩定律,刚体飞机转动动力学方程的一般形式为

$$\Sigma \boldsymbol{M} = \frac{\mathrm{d}\boldsymbol{H}}{\mathrm{d}t} \qquad (2-25)$$

式中,$\boldsymbol{H}$ 为飞机对质心的动量矩;$\Sigma \boldsymbol{M}$ 为作用在飞机上的合外力矩。

在机体坐标系 $S_b$ 下,根据矢量微分法则式(2-25)可以改写为

$$\boldsymbol{I}_b \frac{\mathrm{d}\boldsymbol{\Omega}_b}{\mathrm{d}t} + \overline{\boldsymbol{\Omega}}_b \boldsymbol{I}_b \boldsymbol{\Omega}_b = \boldsymbol{M}_b \qquad (2-26)$$

式中,$\boldsymbol{\Omega}_b = [p_b, q_b, r_b]^{\mathrm{T}}$;$\overline{\boldsymbol{\Omega}}_b = \begin{bmatrix} 0 & -r & q \\ r & 0 & -p \\ -q & p & 0 \end{bmatrix}$ 是角速度分量斜对称矩阵;

$\boldsymbol{M}_b$ 一般考虑为气动力矩和推力力矩的合力矩,即 $\boldsymbol{M}_b = [\overline{L}, \overline{M}, \overline{N}]^{\mathrm{T}} +$

$[\overline{L}_T, \overline{M}_T, \overline{N}_T]^{\mathrm{T}}$;$\boldsymbol{I}_b = \begin{bmatrix} I_x & -I_{xy} & -I_{xz} \\ -I_{xy} & I_y & -I_{yz} \\ -I_{xz} & -I_{yz} & I_z \end{bmatrix}$,$I_x, I_y, I_z$ 是惯性矩(转动惯量),

$I_{xy}, I_{yz}, I_{zx}$ 是惯性积,通常飞机具有对称平面 $Ox_bz_b$,因而 $I_{xy} = I_{yz} = 0$,则 $\boldsymbol{I}_b$

$= \begin{bmatrix} I_x & 0 & -I_{xz} \\ 0 & I_y & 0 \\ -I_{xz} & 0 & I_z \end{bmatrix}$。

整理式(2-26)可得

$$\begin{bmatrix} \dot{p} \\ \dot{q} \\ \dot{r} \end{bmatrix} = \begin{bmatrix} I_x & 0 & -I_{xz} \\ 0 & I_y & 0 \\ -I_{xz} & 0 & I_z \end{bmatrix}^{-1} \left\{ \begin{bmatrix} \overline{L} \\ \overline{M} \\ \overline{N} \end{bmatrix} + \begin{bmatrix} \overline{L_T} \\ \overline{M_T} \\ \overline{N_T} \end{bmatrix} \right\} -$$

$$\left\{ \begin{bmatrix} 0 & -r & q \\ r & 0 & -p \\ -q & p & 0 \end{bmatrix} \begin{bmatrix} I_x & 0 & -I_{xz} \\ 0 & I_y & 0 \\ -I_{xz} & 0 & I_z \end{bmatrix} \begin{bmatrix} p \\ q \\ r \end{bmatrix} \right\} \qquad (2-27)$$

式(2-27)描述了飞机受到气动力矩作用产生的三轴角加速度运动。

b. 飞机质心转动运动学方程:

飞机质心转动运动学方程是利用地面坐标系和机体坐标系之间角速度关系。展开整理式(2-16)后,可得机体角速度 $[p, q, r]^{\mathrm{T}}$ 和飞机姿态角 $[\phi, \theta, \psi]^{\mathrm{T}}$ 变化率之间的关系:

$$\begin{bmatrix} \dot{\phi} \\ \dot{\theta} \\ \dot{\psi} \end{bmatrix} = \begin{bmatrix} 1 & \sin\phi\tan\theta & \cos\phi\tan\theta \\ 0 & \cos\phi & -\sin\phi \\ 0 & \dfrac{\sin\phi}{\cos\theta} & \dfrac{\cos\phi}{\cos\theta} \end{bmatrix} \begin{bmatrix} p \\ q \\ r \end{bmatrix} \qquad (2-28)$$

(3) 姿态控制研究对应的飞机运动方程。

六自由度飞机非线性运动方程组是利用前面所讨论的飞机动力学、运动学方程和转动方程建立的,总共是 12 个方程。但是由于坐标系之间的相互关系复杂以及不同坐标系下定义飞机的各类运动参数也不同,所以运动方程组描述形式是多种多样的,应根据研究的目的进行适当的选择,便于对问题进行研究。最常见形式是选择飞机的 12 个状态为 $p, q, r, \alpha, \beta, V, \phi, \theta, \psi, x, y, z$。在无风的情况下,假设推力只有机体坐标系 $Ox_b$ 轴上的分量,即 $T_x = T$,并且不考虑推力产生的力矩,由式(2-21)、式(2-24)、式(2-27)和式(2-28)可以得到飞机的六自由度非线性方程组为

$$\begin{cases} \dot{p} = \dfrac{1}{I_z I_x - I_{xz}^2}(\overline{L}I_z + \overline{N}I_{xz} + pqI_{xz}I_x - pqI_{xz}I_y + pqI_{xz}I_z - qrI_{xz}^2 - qrI_z^2 + qrI_zI_y) \\[2mm] \dot{q} = \dfrac{1}{I_y}(\overline{M} + prI_z - prI_x - p^2 I_{xz} + r^2 I_{xz}) \\[2mm] \dot{r} = \dfrac{1}{I_z I_x - I_{xz}^2}(\overline{L}I_{xz} + \overline{N}I_x + pqI_{xz}^2 + pqI_x^2 - pqI_xI_y + qrI_yI_{xz} - qrI_zI_{xz} - qrI_xI_{xz}) \end{cases}$$

$$(2-29)$$

$$\begin{cases} \dot{\phi} = p + q\sin\phi\,\tan\theta + r\cos\phi\,\tan\theta \\ \dot{\theta} = q\cos\phi - r\sin\phi \\ \dot{\psi} = (q\sin\phi + r\cos\phi)/\cos\theta \end{cases}$$

$$(2-30)$$

$$\begin{cases} \dot{V} = \dfrac{1}{m}[-D\cos\alpha\,\cos\beta + Y\sin\beta - L\cos\beta\,\sin\alpha + T\cos\alpha\,\cos\beta + \\ \qquad mg(-\sin\theta\cos\alpha\,\cos\beta + \sin\beta\cos\theta\sin\phi + \cos\phi\sin\alpha\,\cos\theta\cos\beta)] \\ \dot{\alpha} = q - \tan\beta(p\cos\alpha + r\sin\alpha) + \dfrac{1}{mV\cos\beta}[D\sin\alpha - L\cos\alpha - T\sin\alpha + \\ \qquad mg(\cos\alpha\,\cos\theta\,\cos\phi + \sin\theta\,\sin\alpha)] \\ \dot{\beta} = p\sin\alpha - r\cos\alpha + \dfrac{1}{mV}[D\sin\beta\,\cos\alpha + Y\cos\beta + L\sin\beta\,\sin\alpha - T\cos\alpha\,\sin\beta + \\ \qquad mg(\sin\theta\,\sin\beta\,\cos\alpha + \cos\theta\,\sin\phi\,\cos\beta - \cos\theta\,\cos\phi\,\sin\beta\,\sin\alpha)] \end{cases}$$

$$(2-31)$$

$$\begin{cases} \dot{x} = V\cos\alpha\,\cos\beta\,\cos\theta\,\cos\psi + V\sin\beta(\cos\psi\,\sin\theta\,\sin\phi - \sin\psi\,\cos\phi) + \\ \qquad V\sin\alpha\,\cos\beta(\cos\psi\,\sin\theta\,\cos\phi + \sin\psi\,\sin\phi) \\ \dot{y} = V\cos\alpha\,\cos\beta\,\cos\theta\sin\psi + V\sin\beta(\sin\psi\,\sin\theta\,\sin\phi + \cos\psi\cos\phi) + \\ \qquad V\sin\alpha\,\cos\beta(\cos\psi\,\sin\theta\,\sin\phi - \cos\psi\,\sin\phi) \\ \dot{z} = -V\cos\alpha\,\cos\beta\,\sin\theta + V\sin\beta\,\sin\phi\cos\theta + V\sin\alpha\,\cos\beta\,\cos\phi\,\cos\theta \end{cases}$$

$$(2-32)$$

式(2-29)～式(2-32)所组成的六自由度飞机运动方程包含了飞机的姿态角$[\phi,\theta,\psi]^{\mathrm{T}}$,为便于对飞机的姿态控制进行研究,简称为姿态形式飞机运动方程组。但是飞机轨迹跟踪问题,更关注的是飞行航迹的控制,这组方程中并没有体现航迹坐标系中的参数,在飞机轨迹跟踪研究过程中并不适合。

（4）轨迹研究对应的飞机六自由度非线性方程。

针对轨迹跟踪问题,选择飞机的 12 个状态为 $p$、$q$、$r$、$\alpha$、$\beta$、$\mu$、$V$、$\chi$、$\gamma$、$x$、$y$、$z$。下面将首先推出航迹坐标系中飞机质点运动方程。

由航迹坐标系的角速度 $\boldsymbol{\Omega}_{\mathrm{k}}$ 可得

$$\boldsymbol{\Omega}_{\mathrm{k}} = \begin{bmatrix} p_{\mathrm{k}} \\ q_{\mathrm{k}} \\ r_{\mathrm{k}} \end{bmatrix} = \begin{bmatrix} -\dot{\chi}\sin\gamma \\ \dot{\gamma} \\ \dot{\chi}\cos\gamma \end{bmatrix} \qquad (2-33)$$

航迹速度向量为

$$\boldsymbol{V}_{k} = [V_{k}, 0, 0]^{T} \tag{2-34}$$

将式(2-33)和式(2-34)代入式(2-18)得到质点动力学方程为

$$m\begin{bmatrix} \dot{V}_{k} \\ \dot{\chi}V_{k}\cos\gamma \\ -\dot{\gamma}V_{k} \end{bmatrix} = L_{kb}\begin{bmatrix} T_{xb} \\ T_{yb} \\ T_{zb} \end{bmatrix} + L_{ka}\begin{bmatrix} -D \\ C \\ -L \end{bmatrix} + L_{kg}m\begin{bmatrix} 0 \\ 0 \\ g \end{bmatrix} \tag{2-35}$$

在航迹坐标系中建立飞机质心运动方程的优点是,它直接给出航迹速度的大小 $V_{k}$ 和方向 $\chi$,$\gamma$ 的变化,对于飞行航迹控制的分析是有利的。

由式(2-8)和式(2-23)可得质点运动学方程为

$$\begin{bmatrix} \dot{x}_{g} \\ \dot{y}_{g} \\ \dot{z}_{g} \end{bmatrix} = L_{gk}\begin{bmatrix} V_{k} \\ 0 \\ 0 \end{bmatrix} \tag{2-36}$$

转动动力学方程仍然采用式(2-27),在无风情况下,可参考文献[1]:

$$L_{x}(-\mu)L_{z}(\beta)L_{y}(-\alpha)\begin{bmatrix} p_{b} \\ q_{b} \\ r_{b} \end{bmatrix} = \begin{bmatrix} 0 \\ \dot{\gamma} \\ 0 \end{bmatrix} + L_{y}(\gamma)\begin{bmatrix} 0 \\ 0 \\ \dot{\chi} \end{bmatrix} -$$

$$\left[ L_{x}(-\mu)L_{z}(\beta)\begin{bmatrix} 0 \\ -\dot{\alpha} \\ 0 \end{bmatrix} + L_{x}(-\mu)\begin{bmatrix} 0 \\ 0 \\ \dot{\beta} \end{bmatrix} + \begin{bmatrix} -\dot{\mu} \\ 0 \\ 0 \end{bmatrix} \right] \tag{2-37}$$

将(2-35)式中解出的 $\dot{\gamma}$,$\dot{\chi}$ 代入式(2-37)整理后可以得出 $[\dot{\alpha}, \dot{\beta}, \dot{\mu}]^{T}$ 的方程。

考虑在无风的情况下,假设推力只有机体坐标系 $Ox_{b}$ 轴上的分量,即 $T_{x} = T$,并且不考虑推力产生的力矩,由式(2-35)、式(2-36)、式(2-27)和式(2-37)可以得到便于轨迹跟踪问题研究的飞机六自由度非线性方程组为

$$\begin{cases} \dot{p} = \dfrac{1}{I_z I_x - I_{xz}^2}(\bar{L}I_z + \bar{N}I_{xz} + pqI_{xz}I_x - pqI_{xz}I_y + pqI_{xz}I_z - qrI_{xz}^2 - qrI_z^2 + qrI_zI_y) \\[2mm] \dot{q} = \dfrac{1}{I_y}(\bar{M} + prI_z - prI_x - p^2I_{xz} + r^2I_{xz}) \\[2mm] \dot{r} = \dfrac{1}{I_z I_x - I_{xz}^2}(\bar{L}I_{xz} + \bar{N}I_x + pqI_{xz}^2 + pqI_x^2 - pqI_xI_y + qrI_yI_{xz} - qrI_zI_{xz} - qrI_xI_{xz}) \end{cases}$$

$$(2-38)$$

$$\begin{cases} \dot{\alpha} = q - \tan\beta(p\cos\alpha + r\sin\alpha) + \dfrac{1}{mV\cos\beta}(-L + mg\cos\mu\cos\gamma - T\sin\alpha) \\[2mm] \dot{\beta} = p\sin\alpha - r\cos\alpha + \dfrac{1}{mV}(Y + mg\sin\mu\cos\gamma - T\cos\alpha\sin\beta) \\[2mm] \dot{\mu} = p\dfrac{\cos\alpha}{\cos\beta} + r\dfrac{\sin\alpha}{\cos\beta} + \dfrac{1}{mV}(L\tan\beta + L\tan\gamma\sin\mu + Y\tan\gamma\cos\mu - mg\tan\beta\cos\gamma\cos\mu + \\[1mm] \qquad T\tan\beta\sin\alpha + T\tan\gamma\sin\mu\sin\alpha - T\tan\gamma\cos\mu\sin\beta\cos\alpha) \end{cases}$$

$$(2-39)$$

$$\begin{cases} \dot{V} = \dfrac{1}{m}(-D - mg\sin\gamma + T\cos\alpha\cos\beta) \\[2mm] \dot{\gamma} = \dfrac{1}{mV}(L\cos\mu - Y\sin\mu - mg\cos\gamma + T\cos\mu\sin\alpha + T\sin\mu\sin\beta\cos\alpha) \\[2mm] \dot{\chi} = \dfrac{1}{mV\cos\gamma}(L\sin\mu + Y\cos\mu + T\sin\mu\sin\alpha - T\cos\mu\sin\beta\cos\alpha) \end{cases}$$

$$(2-40)$$

$$\begin{cases} \dot{x} = V\cos\gamma\cos\chi \\[2mm] \dot{y} = V\cos\gamma\sin\chi \\[2mm] \dot{z} = -V\sin\gamma \end{cases}$$

$$(2-41)$$

式(2-38)~式(2-41)所组成的六自由度飞机运动方程简称为航迹形式飞机运动方程组,它比姿态形式飞机运动方程组更易于研究轨迹跟踪问题。

依据设计要求,可以采用式(2-29)~式(2-32),也可以采用式(2-38)~式(2-41)作为无人机的六自由度非线性方程。

## 2.1.2 飞翼布局无人机的建模与特性分析

以某型飞翼式长航时无人机为例,给出非线性建模、线性化和无人机本体特性分析的方法。飞翼式长航时无人机是一种新型气动布局的无人机,具有无立尾、大翼展、机翼上分段操纵面的气动布局,一方面获得了较好的隐身性,同时可能会带来气动特性复杂、稳定性变差、纵向操纵效益下降等问题。

### 1) 气动布局与气动参数

（1）飞机气动布局。

该气动布局无人机采用前缘上侧进气道，无尾，大翼展，机翼分为内、外翼的飞翼式气动布局。长航时无人机外形如图 2‑8 所示。

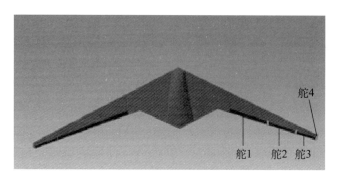

图 2‑8　长航时无人机示意图

机翼上的控制舵面分为 3 段：外翼后缘内侧布置副翼（舵 1），主要用于横侧向操纵；外翼后缘中段布置升降副翼（舵 2），主要用于纵向操纵；外翼后缘后侧外侧布置备用副翼（舵 3），作为余度舵面，翼尖配置阻尼舵，调整航向（舵 4）。

无人机飞行包线 $Ma < 0.8$，高度达 $2 \times 10^4$ m。基本飞行剖面包括爬升、巡航和下降着陆。由于是长航时无人机，燃油消耗会影响飞机的重量，所以在各飞行阶段、起落架收起和放下时重量都会发生变化。

（2）气动参数。

该无人机的可用迎角在 $10°$ 以内。其俯仰力矩系数斜率为正值，该飞机是纵向静不稳定的。横航向 $c_{L\beta}$ 在各个 $Ma$ 数下均取正值，表明滚转通道是静不稳定的；$c_{N\beta}$ 在零值附近取正值或负值，表明航向静稳定性差或即使稳定也较弱。

（3）操纵效益。

三个舵面产生的俯仰力矩和滚转力矩数值上接近，其中舵 3 的系数更大一些。三个舵面产生的偏航力矩均很小，而且方向不明，数值无规律，表明三个舵面几乎不产生偏航力矩。

从数值上看，当迎角变化 $30°$ 时，量纲为 1 的俯仰操纵效率变化为 0.12，滚转操纵效率仅变化 0.03，可能是机翼上的升力作用点距重心的距离较短，或升力系数较小,使得产生的俯仰和滚转控制力矩系数相对都较小。考虑到所有飞行状态马赫数不超过 0.6,动压也较小,可能产生的控制力矩较小。

综上所述,对无人机的气动参数分析可以得出基本结论:该无人机纵向静不稳定、横侧向稳定度低,三个舵面操纵效率接近且数值较小。由于阻力系数和俯仰力矩系数均表现出一定的非线性特征,建立非线性方程也是必要的。

**2) 长航时无人机非线性六自由度方程**

长航时无人机非线性方程采用式(2-29)~式(2-31),即机体坐标系的力矩和力方程,设该无人机无推力矢量,$\boldsymbol{T} = T_x$。无人机一般在小的迎角和侧滑角(<15°)下飞行,用弧度表示时可以假设:

$$\sin\alpha \approx \alpha = 0, \ \cos\alpha \approx 1, \ \theta \approx \alpha = 0, \ \phi \approx 0, \ \sin\beta \approx \beta = 0, \ \cos\beta \approx 1$$

经进一步简化,可得

$$\dot{V} = \frac{1}{m}(T - D)$$

$$\dot{\alpha} = q + \frac{g}{V} - \frac{1}{mv}L \qquad (2-42)$$

$$\dot{\beta} = -r + \frac{1}{mV}Y$$

$$\dot{p} = \frac{-I_z^2 + I_y I_z - I_{zx}^2}{I_x I_z - I_{zx}^2}qr + \frac{I_{zx}(I_z + I_x - I_y)}{I_x I_z - I_{zx}^2}pq + \frac{I_z \sum L + I_{zx} \sum N}{I_x I_z - I_{zx}^2}$$

$$\dot{r} = \frac{I_{zx}(I_y - I_z - I_x)}{I_x I_z - I_{zx}^2}qr + \frac{-I_x I_y + I_x^2 + I_{zx}^2}{I_x I_z - I_{zx}^2}pq + \frac{I_{zx} \sum L + I_x \sum N}{I_x I_z - I_{zx}^2} \qquad (2-43)$$

$$\dot{q} = \frac{I_z - I_x}{I_y}pr + \frac{I_{zx}}{I_y}(r^2 - p^2) + \frac{1}{I_y} \sum M$$

非线性方程需要计算气动力与力矩,一般是依据吹风数据进行计算。

根据无人机给定的数据,当高度 $H$ 和马赫数一定时,气动力导数 $C_L(\alpha, \delta_i, i = 1, \cdots, 3)$,$C_D(\alpha, \delta_i, i = 1, \cdots, 3)$,$C_Y(\alpha, \beta, \delta_i, i = 1, \cdots, 3)$ 和力矩导数 $C_l(\alpha, p, q, r, \delta_i, i = 1, \cdots, 3)$,$C_m(\alpha, p, q, r, \delta_i, i = 1, \cdots, 3, \dot{\alpha})$,$C_n(\alpha, p, q, r, \delta_i, 1 = 1, \cdots, 4)$ 均为离散数据的表格形式。力导数是迎角、侧滑角和舵偏角的函数,力矩导数是迎角、舵偏角和角速率 $p$、$q$、$r$ 的函数。式(2-11)中,力方程为

升力 $L = C_L \bar{q}s = [C_L(M, \alpha) + \Sigma C_L(\alpha, \delta_i, i = 1, \cdots, 3)]\bar{q}s = L(M, \alpha)$

侧力 $Y = \sum C_Y \bar{q} s = [C_{Y\beta}(M, \alpha)\Delta\beta + \sum C_Y(\alpha, \beta, \delta_i, i=1, \cdots, 3)]\bar{q}s = C_{Y\beta}(M, \alpha)\Delta\beta$

阻力 $D = C_D \bar{q}s = [C_D(M, \alpha) + \sum C_D(\alpha, \delta_i, i=1, \cdots, 3)]\bar{q}s = C_D(M, \alpha)$

由于没有给出舵面产生的力导数的吹风数据，或即使有也太小，上述三个力方程中仅含有机体产生的力导数项，说明作用在飞机上的力的变化主要由飞机的迎角、侧滑角等变化产生。

发动机推力 $p = p(M, H, PLA\%)$，$PLA\%$ 为油门位置，设 $PLA\% = f$。

力矩方程有

$$L = \sum C_l \bar{q} sl, \quad N = \sum C_n \bar{q} sl, \quad M = \sum C_m \bar{q} sb_A$$

式中，

$$\sum C_l = C_{l\beta}(M, \alpha)\Delta\beta + C_l(M, \alpha, p) + C_l(M, \alpha, q) + C_l(M, \alpha, r) + \sum_{i=1}^{3} C_{li}(M, \delta_i)$$

$$\sum C_m = C_{m\beta}(M, \alpha)\Delta\beta + C_m(M, \alpha, p) + C_m(M, \alpha, q) + C_m(M, \alpha, r) + \sum_{i=1}^{3} C_{mi}(M, \delta_i)$$

由于气动数据中角速率 $p$、$q$、$r$ 均产生三通道力矩 $L$、$M$、$N$，在力矩系数中加入了动导数的系数。式中的各项系数均为量纲为 1 的量，飞行仿真中通过数据表格的实时插值得到，与相应的单位相乘后得到有量纲（单位）的量。

式(2-42)和式(2-43)即为无人机的非线性方程，描述了飞机在飞行中的受力及产生加速度与角加速度的因果关系。

有了非线性方程，进一步可以通过求取某飞行状态的平衡点和在平衡点上线性化得到飞机的线性方程。线性方程可以描述飞机的基本飞行状态，包括起飞爬升、巡航飞行、下降和着陆等基本飞行模态，因此是研究无人机特性和飞行控制律的主要飞行模态。由于飞机在飞行中会经历很多种飞行模态，除了常规的爬升下降，还有多个高度、速度的连续飞行状态，有的战斗机甚至会有大迎角过失速等非常规飞行模态，所以，对飞机各种任务的控制最终要经历非线性模型的仿真验证。目前采用的设计方法是针对各个飞行状态的线性模型设计各自的线性控制律，然后将各个模态的线性控制律进行整个飞行包线的调参设计。找到各个飞行状态的平衡点，在平衡点上获得线性方程，是飞控系统控制律设计的前提。

### 3) 非线性方程的平衡点计算

非线性方程的线性化是在平衡点上、依据小扰动理论进行的。飞机做定直平飞时，飞机上横侧向的力与力矩为零，纵向受到的力与力矩满足下列条件。

（1）推力＝阻力：$T\cos\alpha - D = 0$

（2）升力＝重力：$T\sin\alpha + L - G = 0$

（3）俯仰力矩之和＝0：$M_\alpha + M_{\dot\alpha} = 0$

求平衡点的数值可以依据吹风数据用上式进行计算得到，但精度不够高。文献[1]介绍了一种利用混合遗传算法求解飞机配平数据的方法，可以利用计算机程序快速、高精度地得到平衡点的数值，在此基础上获得了线性方程；文献[2]利用最优算法直接获得了飞机的线性方程。其过程这里不再详述。

**4）线性方程**

获得平衡点数值后，进行的线性化是依据非线性函数的泰勒展开式，在平衡条件下取该非线性函数的一阶近似完成的。由非线性方程获得线性方程的过程见参考文献[2]。

（1）纵向线性方程。

纵向状态量定义：

$\Delta\bar{V} = \Delta V/V_0$——空速变化量，无量纲；

$\Delta\alpha$——迎角变化量，单位为 rad；

$\Delta q$——俯仰角速度变化量，单位为 rad/s；

$\Delta\theta$——俯仰角变化量，单位为 rad。

为书写方便，在以下的讨论中省略表示变化量的符号 $\Delta$，对于速度的方程采用无量纲形式，即在各项都除以平衡点速度 $V_0$。

控制量定义：

$\delta_T$——发动机油门位置，单位为％；

$\delta_1$、$\delta_2$、$\delta_3$ 分别为内、中、外侧舵偏转角，单位为 rad。

纵向线性方程如下式：

$$
\begin{bmatrix} \dot{\bar{V}} \\ \dot{\alpha} \\ \dot{q} \\ \dot{\theta} \end{bmatrix} = \begin{bmatrix} X_V & X_\alpha & 0 & X_\theta \\ Z_V & Z_\alpha & 1 & 0 \\ M_V & M_\alpha & M_q & 0 \\ 0 & 0 & 1 & 0 \end{bmatrix} \begin{bmatrix} \bar{V} \\ \alpha \\ q \\ \theta \end{bmatrix} + \begin{bmatrix} X_{\delta_T} & 0 & 0 & 0 \\ 0 & Z_{\delta_1} & Z_{\delta_2} & Z_{\delta_3} \\ M_{\delta_T} & M_{\delta_1} & M_{\delta_2} & M_{\delta_3} \\ 0 & 0 & 0 & 0 \end{bmatrix} \begin{bmatrix} \delta_T \\ \delta_1 \\ \delta_2 \\ \delta_3 \end{bmatrix} \quad (2-44)
$$

线性方程中的各元素分别为气动力/力矩对该变量的导数，由于都是有量纲的，也称之为大导数。

式中各大导数的意义如下。

① $X_V$：

$X_V = T_V - D_V$，其中 $T_V$ 为推力对速度的导数；$D_V$ 为阻力对速度的导数。

因为 $\dot{V} = T_V \cdot \bar{V}$，故 $T_V$ 的单位为 $1/\mathrm{s}$。

由吹风数据可得 $T_{Ma} = \dfrac{\partial T}{\partial (Ma)}$，其中 $T$ 为发动机推力，单位为（daN[①]，

$\dfrac{10 \cdot T}{g}$ 的单位为 kg）；$Ma$ 为马赫数。

由 $T_{Ma} \cdot \Delta M = T_{Ma} \cdot \dfrac{\Delta V}{a} = T_V \cdot \Delta V$，知 $T_V = \dfrac{10 \cdot T_{Ma}}{g \cdot a}$，单位为 kg/(m/s)，

其中 $a$ 为声速，单位为 m/s。又因 $\dot{V} = T_V \cdot \bar{V}$，故 $T_V = \dfrac{10 \cdot T_{Ma}}{g \cdot a \cdot m}$，单位为

$\dfrac{\mathrm{kg}/(\mathrm{m/s})}{\mathrm{kg}/(\mathrm{m/s^2})} = \dfrac{1}{\mathrm{s}}$，其中质量 $m$ 的单位为 $\mathrm{kg}/(\mathrm{m/s^2})$。

$$D_V = \frac{\bar{q} \cdot S_w \cdot (2 \cdot C_{D_0} + Ma_0 \cdot C_{DM})}{m \cdot V_0}$$，单位为 $1/\mathrm{s}$。其中 $C_{D_0}$ 为平衡点处的

阻力系数；$C_{DM}$ 为平衡点处阻力系数对马赫数的导数，$Ma_0$ 为平衡点马赫数。

② $X_\alpha$：

$$X_\alpha = -\frac{\bar{q} \cdot S_w \cdot C_{D\alpha}}{m \cdot V_0} + \frac{g}{V_0}$$，其中 $-\dfrac{\bar{q} \cdot S_w \cdot C_{D\alpha}}{m \cdot V_0}$ 为迎角产生的阻力的导数，单

位为 $1/\mathrm{s}$；$C_{D\alpha}$ 为平衡点处阻力系数对迎角的导数；吹风数据给出的 $C_{D\alpha}$ 为每角度

单位的导数值，要转换为每弧度单位的导数值（乘以 57.3）。

③ $X_\theta$：

$$X_\theta = -\frac{g}{V_0}$$，单位为 $1/\mathrm{s}$。

④ $Z_V$——速度产生的升力的导数：

$$Z_V = \frac{\bar{q} \cdot S_w \cdot (2 \cdot C_{L_0} + Ma_0 \cdot C_{LM})}{m \cdot V_0}$$，单位为 $1/\mathrm{s}$。其中 $C_{L_0}$ 为平衡点处的

升力系数；$C_{LM}$ 为平衡点处升力系数对马赫数的导数；$Ma_0$ 为平衡点马赫数。

⑤ $Z_\alpha$——迎角产生的升力的导数：

$$Z_\alpha = \frac{\bar{q} \cdot S_w \cdot C_{L\alpha}}{mV_0}$$，单位为 $1/\mathrm{s}$。其中 $C_{L\alpha}$ 为平衡点处升力系数对迎角的导

数；吹风数据给出的 $C_{L\alpha}$ 为每角度单位的导数值，要转换为每弧度单位的导数值

---

① 1 daN=10 N，力的单位。

（乘以 57.3）。

⑥ $M_V$——速度产生的俯仰力矩的导数：

$$M_V = \frac{\bar{q} \cdot S_w \cdot c_A \cdot Ma_0 \cdot C_{mM}}{I_y}，单位为 1/s^2。其中 C_{mM} 为俯仰力矩系数对$$

马赫数的导数；$Ma_0$ 为平衡点马赫数。

⑦ $M_\alpha$——迎角产生的俯仰力矩的导数：

$$M_\alpha = \frac{\bar{q} \cdot S_w \cdot c_A \cdot C_{m\alpha}}{I_y}，单位为 1/s^2。其中 C_{m\alpha} 为平衡点处升力系数对迎角$$

的导数，吹风数据给出的 $C_{m\alpha}$ 为每角度单位的导数值，要转换为每弧度单位的导数值（乘以 57.3）。

⑧ $M_q$——俯仰速率产生的俯仰力矩的导数：

$$M_q = \frac{\bar{q} \cdot S_w \cdot c_A^2 \cdot C_{mq}}{2 \cdot I_y \cdot V_0}，单位为 1/s。其中 C_{mq} 为平衡点处俯仰力矩系数对$$

俯仰速率的导数。

⑨ $M_{\delta_i}(i = 1, 2, 3)$——舵面偏转角产生的俯仰力矩的导数：

$$M_{\delta_i} = \frac{\bar{q} \cdot S_w \cdot c_A \cdot C_{m\delta i}}{I_y}，单位为 1/s。其中 C_{m\delta i}(i = 1, 2, 3) 为平衡点处俯$$

仰力矩系数对舵面（1，2，3）偏转角的导数，舵面偏转角单位为 rad。

⑩ $Z_{\delta_i}$——舵面偏转角产生的升力的导数，无数据。

⑪ $X_{\delta_T}$——油门变化产生的推力的导数，无数据。

⑫ $M_{\delta_T}$——油门变化产生的俯仰力矩的导数，无数据。

（2）横侧向线性方程。

横侧向状态量定义：

$\beta$——侧滑角（rad）；

$p$——滚转角速度（rad/s）；

$r$——偏航角速度（rad/s）；

$\phi$——滚转角（rad）。

控制量定义：

$\delta_1$、$\delta_2$、$\delta_3$、$\delta_4$ 分别为舵 1、2、3、4 的偏转角，单位为 rad，舵 4 为阻尼方向舵。由于舵 1、舵 4 的操纵效益较高，忽略舵 2、舵 3 的作用，得到的线性方程如下。

线性方程：

$$
\begin{bmatrix} \dot{\beta} \\ \dot{p} \\ \dot{r} \\ \dot{\phi} \end{bmatrix} = \begin{bmatrix} Y_\beta & 0 & -1 & Y_\Phi \\ \dfrac{L_\beta + i_r \cdot N_\beta}{1 - i_p \cdot i_r} & \dfrac{L_p + i_r \cdot N_p}{1 - i_p \cdot i_r} & \dfrac{L_r + i_r \cdot N_r}{1 - i_p \cdot i_r} & 0 \\ \dfrac{N_\beta + i_p \cdot L_\beta}{1 - i_p \cdot i_r} & \dfrac{N_p + i_p \cdot L_p}{1 - i_p \cdot i_r} & \dfrac{N_r + i_p \cdot L_r}{1 - i_p \cdot i_r} & 0 \\ 0 & 1 & 0 & 0 \end{bmatrix} \begin{bmatrix} \beta \\ p \\ r \\ \phi \end{bmatrix} +
$$

$$
\begin{bmatrix} 0 & Y_{\delta_4} \\ \dfrac{L_{\delta_1} + i_r \cdot N_{\delta_1}}{1 - i_p \cdot i_r} & \dfrac{L_{\delta_4} + i_r \cdot N_{\delta_4}}{1 - i_p \cdot i_r} \\ \dfrac{N_{\delta_1} + i_p \cdot L_{\delta_1}}{1 - i_p \cdot i_r} & \dfrac{N_{\delta_4} + i_p \cdot L_{\delta_4}}{1 - i_p \cdot i_r} \\ 0 & 0 \end{bmatrix} \begin{bmatrix} \delta_1 \\ \delta_4 \end{bmatrix}
$$

上式进一步简化为

$$
\begin{bmatrix} \dot{\beta} \\ \dot{p} \\ \dot{r} \\ \dot{\phi} \end{bmatrix} = \begin{bmatrix} Y_\beta & 0 & -1 & Y_\phi \\ \overline{L}_\beta & \overline{L}_p & \overline{L}_r & 0 \\ \overline{N}_\beta & \overline{N}_p & \overline{N}_r & 0 \\ 0 & 1 & 0 & 0 \end{bmatrix} \begin{bmatrix} \beta \\ p \\ r \\ \phi \end{bmatrix} + \begin{bmatrix} 0 & Y_{\delta_4} \\ \overline{L}_{\delta_1} & \overline{L}_{\delta_4} \\ \overline{N}_{\delta_1} & \overline{N}_{\delta_4} \\ 0 & 0 \end{bmatrix} \begin{bmatrix} \delta_1 \\ \delta_4 \end{bmatrix} \tag{2-45}
$$

式中，$i_r = \dfrac{I_{zx}}{I_x}$，$i_p = \dfrac{I_{zx}}{I_z}$，式中各导数意义如下：

① $Y_\beta$——侧滑角产生的侧力导数：

$Y_\beta = \dfrac{\overline{q} \cdot S_w \cdot C_{Y\beta}}{m \cdot V_0}$，单位为 $1/s$。其中 $C_{Y\beta}$ 为平衡点处侧力系数对侧滑角的导数，吹风数据给出的 $C_{Y\beta}$ 为每角度单位的导数值，要转换为每弧度单位的导数值（乘以 57.3）。

② $L_\beta$——侧滑角产生的滚转力矩导数：

$L_\beta = \dfrac{\overline{q} \cdot S_w \cdot b \cdot C_{l\beta}}{I_x}$，单位为 $1/s^2$。其中 $C_{l\beta}$ 为平衡点处侧力系数对侧滑角的导数，吹风数据给出的 $C_{l\beta}$ 为每角度单位的导数值，要转换为每弧度单位的导数值（乘以 57.3）。

③ $N_\beta$——侧滑角产生的偏航力矩的导数：

$$N_\beta = \frac{\overline{q} \cdot S_\text{w} \cdot b \cdot C_{n\beta}}{I_z}$$，单位为 $1/s^2$。其中 $C_{n\beta}$ 为平衡点处侧力系数对侧滑角的导数，吹风数据给出的 $C_{n\beta}$ 为每角度单位的导数值，要转换为每弧度单位的导数值（乘以 57.3）。

④ $L_p$——滚转速率产生的滚转力矩导数：

$$L_p = \frac{\overline{q} \cdot S_\text{w} \cdot b^2 \cdot C_{lp}}{2 \cdot I_x \cdot V_0}$$，单位为 $1/s$。其中 $C_{lp}$ 为平衡点处滚转力矩系数对滚转角速率的导数，吹风数据给出的 $C_{lp}$ 为每角度单位的导数值，要转换为每弧度单位的导数值（乘以 57.3）。

⑤ $N_p$——滚转角速率产生的偏航力矩导数：

$$N_p = \frac{\overline{q} \cdot S_\text{w} \cdot b^2 \cdot C_{np}}{2 \cdot I_z \cdot V_0}$$，单位为 $1/s$。其中 $C_{np}$ 为平衡点处偏航力矩系数对滚转角速率的导数，吹风数据给出的 $C_{np}$ 为每角度单位的导数值，要转换为每弧度单位的导数值（乘以 57.3）。

⑥ $L_r$——偏航角速率产生的滚转力矩导数：

$$L_p = \frac{\overline{q} \cdot S_\text{w} \cdot b^2 \cdot C_{lr}}{2 \cdot I_x \cdot V_0}$$，单位为 $1/s$。其中 $C_{lr}$ 为平衡点处滚转力矩系数对滚转角速率的导数，吹风数据给出的 $C_{lr}$ 为每角度单位的导数值，要转换为每弧度单位的导数值（乘以 $180/\pi \approx 57.3$）。

⑦ $N_r$——偏航角速率产生的偏航力矩导数：

$$N_r = \frac{\overline{q} \cdot S_\text{w} \cdot b^2 \cdot C_{nr}}{2 \cdot I_z \cdot V_0}$$，单位为 $1/s$。其中 $C_{nr}$ 为平衡点处偏航力矩系数对滚转角速率的导数，吹风数据给出的 $C_{nr}$ 为每角度单位的导数值，要转换为每弧度单位的导数值（乘以 57.3）。

⑧ $Y_{\delta_4}$——舵面偏转角产生的偏航力矩导数：

$$Y_{\delta_4} = \frac{\overline{q} \cdot S_\text{w} \cdot C_{Y\delta4}}{m \cdot V_0}$$，单位为 $1/s$。其中 $C_{Y\delta4}$ 为平衡点处侧力系数对舵 4 的导数，单位为 rad。此项为 0。

⑨ $L_{\delta_i}$——舵面偏转角产生的滚转力矩导数：

$$L_{\delta_i} = \frac{\overline{q} \cdot S_\text{w} \cdot b \cdot C_{l\delta i}}{I_x}$$，单位为 $1/s^2$。其中 $C_{l\delta i}$ 为平衡点处滚转力矩系数对舵 $i (i = 1, 4)$ 的导数，单位为 rad，吹风数据给出的 $C_{l\delta i}$ 为每角度单位的导数值，要转换为每弧度单位的导数值（乘以 57.3）。

⑩ $N_{\delta_i}$——舵面偏转角产生的偏航力矩导数:

$N_{\delta_i} = \dfrac{\bar{q} \cdot S_w \cdot b \cdot C_{n\delta i}}{I_z}$,单位为 $1/s^2$。其中 $C_{n\delta i}$ 为平衡点处滚转力矩系数对舵(1,4)的导数,单位为 rad,吹风数据给出的 $C_{n\delta i}$ 为每角度单位的导数值,要转换为每弧度单位的导数值(乘以 57.3)。

⑪ 方程中的大导数分别为:

$$\bar{L}_\beta = \frac{L_\beta + i_r \cdot N_\beta}{1 - i_p \cdot i_r}, \quad \bar{L}_p = \frac{L_p + i_r \cdot N_p}{1 - i_p \cdot i_r}, \quad \bar{L}_r = \frac{L_r + i_r \cdot N_r}{1 - i_p \cdot i_r},$$

$$\bar{L}_{\delta_1} = \frac{L_{\delta_1} + i_r \cdot N_{\delta_1}}{1 - i_p \cdot i_r}, \quad \bar{L}_{\delta_4} = \frac{L_{\delta_4} + i_r \cdot N_{\delta_4}}{1 - i_p \cdot i_r}$$

$$\bar{N}_\beta = \frac{N_\beta + i_p \cdot L_\beta}{1 - i_p \cdot i_r}, \quad \bar{N}_p = \frac{N_p + i_p \cdot L_p}{1 - i_p \cdot i_r}, \quad \bar{N}_r = \frac{N_r + i_p \cdot L_r}{1 - i_p \cdot i_r},$$

$$\bar{N}_{\delta_1} = \frac{N_{\delta_1} + i_p \cdot L_{\delta_1}}{1 - i_p \cdot i_r}, \quad \bar{N}_{\delta_4} = \frac{N_{\delta_4} + i_p \cdot L_{\delta_4}}{1 - i_p \cdot i_r}$$

该无人机给出的 4 个操纵面仅有 d1 和 d4 效益较高,因此方程中仅引入了两个操纵面的控制和效益,对于其他多操纵面气动布局飞机,线性方程中应该计入所有有效的操纵面效益项。

**5) 线性方程的飞机特性**

结合该无人机气动数据可以得出线性方程。

(1) 纵向。

飞行条件:高度 $H = 0 \text{ km}$,马赫数 $Ma = 0.2$,利用所给的各参数及气动导数,得到纵向线性状态方程的系统矩阵和控制矩阵如下:

$$\boldsymbol{A}_{1o} = \begin{bmatrix} -0.011\,0 & 0.086\,9 & 0 & -0.143\,9 \\ -0.293\,3 & -1.754\,9 & 1.000\,0 & 0 \\ -0.064\,7 & 2.359\,1 & -0.013\,6 & 0 \\ 0 & 0 & 1.000\,0 & 0 \end{bmatrix}$$

$$\boldsymbol{B}_{1o} = \begin{bmatrix} 0 & 0 & 0 \\ -0.051\,6 & -0.080\,2 & -0.085\,9 \\ -0.446\,9 & -1.392\,4 & -2.131\,6 \\ 0 & 0 & 0 \end{bmatrix}$$

该系统特征值:$-2.646\,9$,$0.913\,7$,$-0.023\,2 \pm 0.217\,7i$。特征值中的一

对复根为长周期模态的根,有一个大的正实根,表明短周期模态不稳定,飞机为纵向静不稳定的。

（2）横侧向。

高度 $H = 0$ km,马赫数 $Ma = 0.2$,利用给定的各参数及气动导数,得到横侧向线性状态方程的系统矩阵和控制矩阵和特征值如下:

$$Ald1o = \begin{bmatrix} -0.005\,5 & 0 & -1.000\,0 & 0.143\,9 \\ 0.962\,7 & -1.257\,7 & 0.034\,4 & 0 \\ 0.054\,9 & -0.158\,3 & 0.002\,0 & 0 \\ 0 & 1.000\,0 & 0 & 0 \end{bmatrix}$$

$$Bld1o = \begin{bmatrix} 0 & 0 \\ 4.102\,7 & -0.005\,7 \\ 0.051\,6 & -0.131\,8 \\ 0 & 0 \end{bmatrix}$$

式中,$Ald1o$ 矩阵为 $4 \times 4$ 矩阵;$Bld1o$ 矩阵为 $4 \times 2$ 矩阵。

该系统特征值: $-0.943\,1$, $-0.669\,5$, $0.351\,4$, $0.000\,0$。表明横侧向也是静不稳定的。$0.000\,0$ 是一个小的正实根,表示螺旋模态。另一个正实根表明横侧向也是静不稳定的。

通过线性化及对线性方程的分析可知,飞翼布局无人机具有纵向和航向静不稳定的特征,需要对飞控系统设计闭环反馈控制进行增稳控制。

## 2.2　无人机姿态控制与常规模态控制律设计[7]

目前多数无人机是完成侦察、打击任务的,其任务模态包括增稳、常规轨迹飞行和自动起飞着陆。无人机的飞控系统通过加入适当的前馈和反馈,改变飞机的输入输出特性,达到具有令人满意的飞行品质,以适应在不同飞行阶段,完成不同飞行任务的要求。

下面以长航时无人机为例,给出多模态的控制律设计方面的相关概念与设计方法。

### 2.2.1　长航时无人机的飞行任务及飞行阶段

长航时无人机的主要功能是在指定的不同空域进行侦察或实现信号的中

继。依据上述功能任务,长航时无人机在获知具体任务的前提下,其作战飞行剖面依次包括以下各个阶段。

(1) 任务准备:导航系统对准,任务数据加载,机载各系统检测等。

(2) 爬升:滑跑,起飞并爬升至几百米量级高度。

(3) 出航:转向出航方向。

(4) 爬升到巡航高度:根据任务剖面高度要求,选择最佳方式爬升。

(5) 战术导航:按照指定航路计划导航飞行。

(6) 到达目标区,按任务要求在指定区域,以一定的飞行轨迹连续飞行拍照。

(7) 按任务要求导引至新的航线。

(8) 按要求的航线和剖面返航。

(9) 按要求方式进场着陆。

为了实现上述各阶段的飞行任务,飞行控制系统应根据各飞行阶段的飞行要求,采用不同的飞行控制系统的控制律,形成面向任务的多回路控制系统。

这里的长航时无人机的控制只考虑自动飞行技术,不涉及遥控飞行问题。

### 2.2.2　长航时无人机的飞行任务模态

长航无人机主要实现无人自动飞行,并且主要实现飞机航迹控制,因此,飞行控制系统的模态可以依飞行阶段的要求进行划分。

**1) 终端区飞行控制模态**

(1) 起飞阶段飞行控制。

从飞机在跑道起点开始,控制飞机滑跑加速,保持航向并保持航迹位于跑道中心线、离地,离地后保持一定的俯仰角飞至指定高度,进入爬升阶段。在该阶段,主要实现飞机俯仰角及侧向航迹控制。

(2) 进场着陆阶段飞行控制模态。

当飞机从航线飞至一定的空间位置后,进入进场着陆阶段。现假设,无人机依仪表着陆系统(ILS)进行自动着陆,进场着陆阶段飞行控制模态进一步可分为下列两种。

a. 进场阶段控制模态:在垂直剖面实行飞机定高飞行,直至捕获到下滑线;在横侧向平面,引导飞机进入着陆航道。

b. 着陆阶段控制模态。

包括下列结果基本模态。

（a）纵向下滑轨迹控制模态：主要目的是通过接收飞机质心与下滑线的偏离角，控制飞机质心保持在下滑线上；

（b）纵向拉平控制模态：在一定高度上开始实现拉平控制，其目的是控制飞机逐步降低其垂直下降速度，满足飞机触地速度要求；

（c）飞机飞行速度控制模态：在该阶段通过控制发动机，保持飞机进场着陆时的最低速度；

（d）航向波束导引控制模态：主要目的是通过接收飞机质心偏离航向波束中心线的偏离角，控制飞机质心在航向波束中心线上；

（e）滑跑阶段航迹控制：通过控制飞机前轮及方向操纵舵面，保持飞机质心在跑道中心线上。

**2）非终端区控制模态**

在非终端区，无人机的飞行阶段较多、较为复杂，因此，飞行控制系统具有较为复杂的控制模态。

（1）垂直爬升控制模态。

控制无人机质心按一定飞行轨迹爬升至指定高度。

（2）垂直下降控制模态。

控制无人机质心按一定飞行轨迹下降至指定高度。类似，亦可以依据下降轨迹设计的目标不同，进而又可分为不同的控制子模态。

（3）高度保持控制模态。

保持飞机质心在指定高度水平飞行。依据高度定义的不同，又可分为下列两种。

a. 气压高度保持：保持飞机质心在指定的气压高度（相对标准海平面的高度）上水平飞行，主要用于高空飞行；

b. 绝对高度保持：保持飞机质心在指定的绝对高度（相对地面的高度——无线电高度）上水平飞行，主要用于低空飞行。

（4）水平航迹跟踪控制模态。

保持飞机的质心精确跟踪给定的航迹，同时保持飞机的航向在给定的方向上。水平航迹跟踪控制模态可用于非终端区的各飞行阶段。水平航迹跟踪控制需要较完整的导航计算。

## 2.2.3 长航时无人机多模态控制律设计

根据上述分析，长航时无人机具有多种飞行控制模态，不同模态的控制规律不同,均需单独进行设计。下面介绍几种典型控制律的设计要求与设计方法,具体设计过程只做简略说明。

1) 控制增稳模态

增稳与控制增稳系统是飞控系统的基本控制回路,也称为内回路。它保证飞控系统的闭环稳定性,并满足军标或必要的飞行品质指标要求,是其他轨迹控制如高度保持、爬升、下降、航迹控制的保证。只有飞控系统的内环增稳系统具有了好的飞行品质,才可以保证其他外环航迹控制的品质达到要求。对于线性模型,增稳与控制增稳控制可以分为纵向和横侧向回路分别设计。

(1) 纵向增稳控制。

针对飞机纵向短周期模态,纵向增稳控制通常是反馈飞机的俯仰角速度,增加阻尼,反馈迎角或其替代变量法向过载,实现增稳,改善短周期模态的阻尼和自然振荡频率,达到改善飞行品质的目的。飞行品质可以考虑应用军标 185 对于阻尼比的要求。详细技术要求见参考文献[4]。

以该无人机为例,纵向增稳系统如图 2-9 所示。

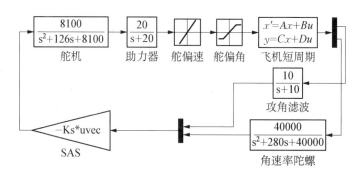

图 2-9　无人机纵向增稳系统

飞机的纵向长周期模态多数都是稳定的,即使有不稳定情况,一般在高度保持、速度保持等回路设计时采用高度或速度反馈就可解决问题,所以在纵向增稳系统里一般不设计针对长周期模态的反馈控制律。

(2) 横侧向增稳控制。

飞机的横侧向模态包括滚转模态、荷兰滚模态和螺旋模态,详细分析见参考文献[2]。横侧向增稳控制包括滚转模态控制和荷兰滚模态控制。滚转模态用滚转角速率的一阶线性模型近似,控制需要反馈滚转角速率,技术要求是滚转时间常数,设计过程简单易实现。荷兰滚模态控制用飞机的侧滑角和偏航角速率二阶线性方程近似,需要反馈侧滑角和偏航角速率,闭环要求可以考虑军标对荷兰滚阻尼和振荡频率的要求。详细分析与设计见参考文献[2]。

该无人机的横侧向增稳系统如图 2 - 10 所示。

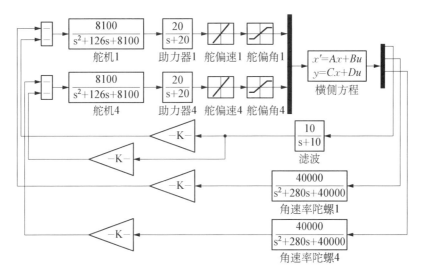

图 2 - 10  横侧向增稳系统

飞机的螺旋模态一般用滚转角描述,通常不设计专门的控制律,滚转角控制在协调转弯控制中实现。

有人驾驶飞机的飞控系统通常还要考虑控制增稳,即从驾驶杆输出作为输入指令,设计能够跟踪指令的前馈加反馈控制系统。对于无人机,增稳系统保证飞控系统具有好的动态品质,可以直接考虑外回路姿态控制与轨迹控制,一般可以不再设计控制增稳回路。但如果无人机的飞行由本机外的遥控站操作人员,通过上下行无线电遥控通道进行操纵,上行控制指令将直接作用于飞行控制系统中控制增稳系统的输入端,这时控制增稳模态也是一个独立的模态。

**2)垂直爬升控制律**

垂直爬升是指飞机在垂直剖面内的爬升。如果是依据给定爬升轨迹飞行,仅设计垂直爬升轨迹跟踪控制律就可以了。如果考虑长航时无人机飞行高度高、航程远,续航时间长(大于 24 小时)等指标要求,最好采用最省油最经济的爬升轨迹。

(1)生成最优轨迹。

考虑采用能量(燃油)消耗最小的原理设计最经济爬升轨迹。在考虑整个爬升过程节省燃油的同时,还要考虑发动机推力的限制,即所需推力不能超过发动机所能提供的最大推力。同时,还要结合飞机的飞行包线,满足马赫数、迎角、爬升角等参数的边界限制。所以,在设计飞机爬升轨迹时除考虑节省燃油外还要考虑其他的限制条件,最终得到的优化爬升轨迹是最经济爬升方案的一种次优解。

在给定单位耗油率的情况下,从某一初始高度爬升到另一个目标高度所消耗的燃油量满足如下公式:

$$Outage = SFC \cdot \Delta t \cdot T$$

式中,$Outage$ 为从某一初始高度爬升到另一个目标高度所消耗的燃油量,公斤(kg);$SFC$ 为单位耗油率,公斤/(小时·牛顿)(kg/(h·N)),单位耗油率是随高度和马赫数变化的,此处的单位耗油率可以用飞机在某个初始位置的单位耗油率代替;$\Delta t$ 为爬升时间,小时(h),此处的飞行时间是指飞机从某一初始高度爬升到另一个目标高度所用的飞行时间;T 为推力,牛顿(N),此处的推力是指飞机从某一初始高度爬升到另一个目标高度过程中的平均所需推力,在目标高度与初始高度之间的高度差不太大的情况下可以近似地用飞机在初始位置所需推力代替,或者用初始推力乘以某个小于 1 的系数代替。

从上述耗油量公式中可以看出,飞机在某一初始高度爬升到另一个目标高度所消耗的燃油量是单位耗油率、爬升时间和推力的函数。而单位耗油率又是高度和马赫数的函数,爬升时间又是航迹倾斜角和马赫数的函数,推力又是航迹倾斜角、高度和马赫数的函数,因此耗油量是高度、马赫数、航迹倾斜角的函数。则飞机从某一个初始高度爬升到另一个目标高度所消耗的燃油量为

$$Outage = SFC \cdot \Delta t \cdot T = SFC(H, Ma) \cdot \frac{\Delta H}{V \cdot \sin \gamma} \cdot T(H, Ma, \gamma)$$

式中,$V$ 为飞机在当前的期望速度,米/秒(m/s);$\Delta H$ 为飞机从某一个初始高度爬升到另一个目标高度的爬升高度差,米(m)。

将速度用马赫数和空速表达,则飞机从某一个初始高度爬升到另一个目标高度所消耗的燃油量为

$$Outage = SFC \cdot \Delta t \cdot T = SFC(H, Ma) \cdot \frac{\Delta H}{Ma \cdot a(H) \cdot \sin \gamma} \cdot T(H, Ma, \gamma)$$

由于飞机在整个飞行包线内的马赫数和航迹倾斜角的变化范围不大,因此采用扫描寻优的方法。即给定某一个初始高度和爬升高度差,首先固定一个参数(如航迹倾斜角),按一定步长扫描另一个参数(如马赫数),在每一个扫描点上计算在该给定高度和爬升高度差上的燃油消耗量,在扫描过程中当出现更小的

燃油消耗量时则记录该点的航迹倾斜角和马赫数,马赫数扫描结束后改变航迹倾斜角的值,直到马赫数和航迹倾斜角两个参数都扫描结束,得到最小燃油消耗量所对应的飞行马赫数和航迹倾斜角。这个扫描寻优过程实际上是按照马赫数和航迹倾斜角两个参数的二维扫描寻优。

在寻优过程中还要考虑一个重要的约束条件,即发动机在当前状态下所能提供的最大推力的限制。因此在每一个扫描点除了要比较燃油消耗量之外还要计算当前发动机是否能提供配平所需推力,为保证一定的余量,将发动机最大推力乘以一个小于1的系数作为当前发动机可提供的最大推力值。

以飞机起飞后(高度 400 m)一直爬升到巡航高度(高度 16 000 m)这一段为例,选取每一段爬升高度差为 2 000 m,按照二维扫描的方法进行寻优,得到结果如图 2 - 11 所示。

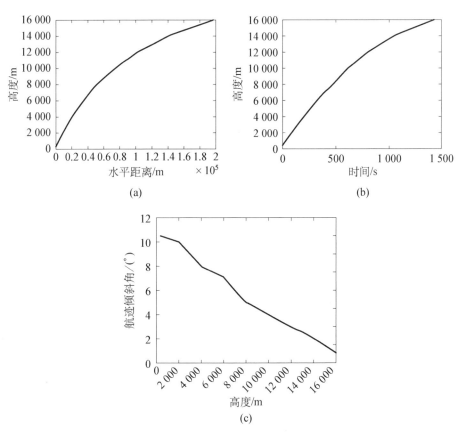

(a)　(b)　(c)

图 2 - 11　设计的爬升轨迹

(1) 纵向剖面飞行曲线　(b) 爬升高度随时间变化　(c) 航迹倾斜角随高度变化

由于长航时无人机不会有较大的机动飞行,也不会频繁地爬升和下降,只是在执行任务开始一段处于爬升飞行阶段,在末段处于下降飞行阶段,所以爬升飞行基本是单调爬升,爬升过程并不复杂,因此利用上述方法一次离线生成最优爬升轨迹是可行的。

(2) 垂直爬升轨迹跟踪控制。

考虑到工程实现的要求,将寻优得到的最佳航迹倾斜角转换为最佳垂直速度:

$$\dot{H}_d = V \sin \gamma$$

式中,$\dot{H}_d$ 为最佳垂直速度,米/秒(m/s);$V$ 为当前空速,米/秒(m/s);$\gamma$ 为最佳航迹倾斜角,弧度(rad)。

爬升模态控制总体结构如图 2-12 所示。系统由两条控制通道组成。

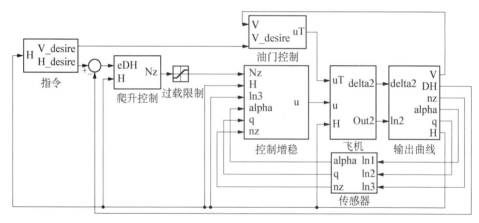

图 2-12    爬升模态总体结构

a. 垂直速度跟踪回路:在控制增稳系统的基础上,形成垂直速度控制。垂直速度控制采用比例控制,控制律如下:

$$N_z = k_{\dot{H}} \cdot (\dot{H}_d - \dot{H})$$

式中,$N_z$ 为爬升控制的输出,馈入控制增稳内回的法向过载指令通道;$k_{\dot{H}}$ 为控制增益系数;$\dot{H}_d$ 为最佳垂直速度;$\dot{H}$ 为实际垂直速度。

b. 飞行速度控制回路:为了实现所期望的速度,通过控制油门形成速度控制系统。油门控制采用如下控制律:

$$\Delta u_T = u_{\text{desire}} - u$$

$$u_{T1} = K_T \Delta u_T$$

$$u_T = G_T \Delta u_T$$

式中，$k_T$为控制增益系数；$G_T$为发动机传递函数。

适当设计和调试各回路反馈增益，可以获得好的爬升轨迹跟踪效果。

**3）垂直下降控制律**

（1）下降轨迹生成。

无人机在执行完任务之后转入下降模态，长航时无人机在下降过程中所需的发动机推力很小，耗油量很小，因此不必对节省燃油进行优化。在下降过程中，主要从控制的角度考虑，保持一定的发动机推力值，防止发动机出现负推力或者推力过小，同时保持飞机速度值在一定范围内，防止动压过大。而且，在下降过程中还要兼顾垂直速度和水平速度的比例，尽量使飞机在下降的同时也可以飞过较远的水平距离，高度的下降与返回目的地这两个任务同时完成。下降轨迹的生成主要是在各个高度计算出速度上限限制值和发动机推力下限限制值，同样按照爬升轨迹优化时采用的扫描方法找到最优和次优的航迹倾斜角，然后转换成垂直速度。

以飞机从巡航高度（16 000 m）下降到着陆高度（400 m）为例，仿真得到的纵向剖面飞行曲线如图 2 - 13(a)所示，高度随时间的变化曲线如图 2 - 13(b)所示，下降过程中航迹倾斜角随高度的变化曲线如图 2 - 13(c)所示。

（2）下降模态控制律。

下降模态的控制结构与爬升模态是一样的，同样采用内回路和外回路结构，内回路完成控制增稳，纵向和横侧向分开设计，外回路完成下降控制。

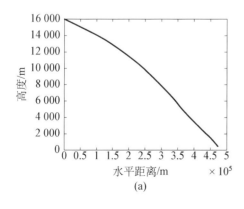

(a)

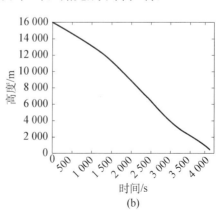

(b)

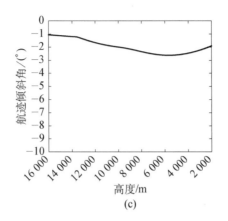

**图 2‑13　设计的纵向下降轨迹**

(a) 纵向剖面飞行曲线　(b) 高度随时间变化　(c) 航迹倾斜角随高度变化

### 4) 高度保持控制系统

飞机处于巡航状态时,在大气扰动及力矩扰动的条件下,保持给定的高度。高度保持系统的基本要求是:稳态精度以稳态误差测定,在倾斜角≤50°,要求不大于稳定高度的 0.4%;动态调节时间应≤30 s。

为实现高度稳定且保持较好的动态特性,系统的基本结构为:

(1) 以纵向控制增稳系统为基本内回路。

(2) 以俯仰角控制系统为高度调节的姿态稳定回路。

(3) 主回路采用高度差和高度变化率反馈。

高度控制系统基本结构如图 2‑14 所示。

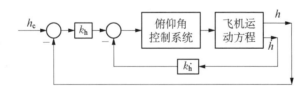

**图 2‑14　高度控制系统基本结构**

俯仰角保持系统的功能是使无人机跟踪和保持俯仰角指令 $\theta_c$。系统的主要反馈信号是飞机的俯仰角 $\theta$,俯仰角控制系统基本结构如图 2‑15 所示,其中 $\theta_0$ 为平衡点的俯仰角的值。俯仰角控制器采用比例+积分器,通过调试,取为 $\dfrac{0.165(s+1.2)}{s}$。

高度保持系统在俯仰角控制系统的基础上进行设计,系统中除引入高度差

**图 2-15 俯仰角控制系统基本结构**

反馈外,为了改善系统的动态特性增加系统阻尼,还引入高度变化率$\dot{h}$反馈。

5)**航迹跟踪系统**

航迹跟踪系统的基本功能是保证飞机精确跟踪所装订的航线。通常该航线是由任意的航路点与直线段连接而成。目前规定,航迹是以直角坐标系给定的。

为了实现上述功能,对系统的主要要求是:在平静大气下航向保持精度相对基准精度≤±0.5°,在平静大气下直线保持精度≤±40 m;稳态倾斜转弯时侧滑角偏离配平值≤2°。

航迹跟踪及保持系统采用倾斜转弯的控制方案,即通过测量航迹偏差,控制飞机倾斜角,改变航向,进而纠正航迹偏差。因此,该系统由多个回路构成:横侧向控制增稳回路、倾斜角控制回路、航向控制回路以及航迹偏差控制回路。航迹偏差将由专门的导航系统给出。航迹跟踪控制系统结构如图 2-16 所示。

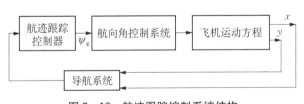

**图 2-16 航迹跟踪控制系统结构**

(1)倾斜角控制系统控制律。

该系统的功能是跟踪和保持倾斜角的指令信号 $\phi_c$。它是在横侧向控制增稳回路基础上形成的。采用倾斜角作为主反馈信号,通过控制器所形成的控制信号直接加入横侧向控制增稳回路的倾斜指令输入端。倾斜角控制系统结构如图 2-17 所示。系统反馈增益 $k_\phi = 1.25$。为了限制倾斜角的偏转速度,系统中加入了指令限幅。

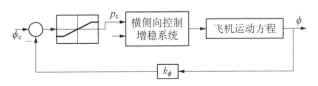

**图 2-17 倾斜角控制系统结构**

（2）航向控制系统控制律。

航向控制回路的功能是实现航向角稳定跟踪。航向角的指令信号 $\psi_c$ 由导航系统给定，如存在航迹偏离信号，则产生航向的修正信号也同时加入该系统。航向角偏差的修正是通过控制飞机倾斜实现的，因此倾斜角控制系统是该系统的内回路，并通过测量飞机的航向角构成主反馈。因为飞机的倾斜角和航向角变化率近似成正比关系，$\dot{\psi} \approx -\dfrac{g}{V}\gamma$。飞机的航向的改变，主要是依靠飞机进行倾斜来实现的。偏航角控制系统结构如图 2-18 所示。

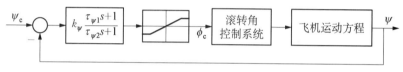

**图 2-18 偏航角控制系统结构**

利用此功能可以将飞机转到给定的航向并将飞机保持在该航向。此模态接通时，航向姿态系统的航向角传感器测量实际航向角，并与需要进行保持的航向（或给定的预选航向）进行综合，求得偏差信号 $\Delta\psi$，该信号通过倾斜角控制系统控制承担副翼功能用的舵面，使飞机转弯，直到 $\Delta\psi$ 变为零，飞机转弯到给定的航向并稳定在新的航向上。

为了改善系统性能，除适当选择正向通道增益外，还加入了超前-滞迟后网络，通过调试，选择 $k_{\psi}=6$，$D(s)=\dfrac{s+1}{0.1s+1}$。为了限制最大滚转角，对滚转角系统的指令加以限幅，目前设置 $\phi_{\max}=\pm 50°$。

（3）航迹控制系统设计。

巡航阶段的航迹控制是水平面内航线偏差的控制，它以偏航角控制系统为内回路，接受来自导航系统的信号。在这里，导航系统输出中的侧向偏离 $DY$ 及其导数 $DDY$ 作为水平航迹控制系统的指令信号。通过水平航迹控制器后与导航系统输出的应飞偏航角 $yawcm$ 信号一起送入航向控制系统。经过倾斜内回路，控制起副翼功能的舵面偏转。水平航迹控制系统以副翼为主通道，以方向舵通道为辅助通道，后者只起到阻尼和协调转弯的作用，通过副翼控制飞机转弯以便修正飞机的航迹。航迹控制系统的结构如图 2-19 所示。从图中可见，系统除了采用航迹偏差控制外，还采用航迹偏差的变化率进行控制。为了改善系统动态特性，在正向通道采用超前滞后控制器。如为了进一步提高稳态精度亦可以采用 PID 控制,需要调试 $k_h$, $\tau_{h1}$, $\tau_{h2}$, $k_{ddy}$ 等参数。为了限制偏航角过大的突变,加入了偏航角的指令限幅。目前,设置的最大偏航角指令增量为 900。

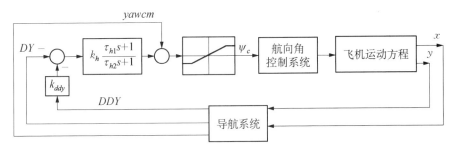

图 2‒19　航迹跟踪系统结构图

**6) 导航系统**

无人机导航系统提供飞机的姿态、航向、飞机现时坐标位置、应飞航线、待飞距离和与应飞航迹的偏离信号,自动飞行控制系统接受导航系统的输出信号,通过改变飞机的角运动引导飞机进入并稳定在预定的航迹线上。

(1) 导航系统的功能。

导航管理系统要根据无人机的规划的路径和无人机的实际飞行位置计算出无人机各个时刻与理想航线的位置偏差 $DY$ 及其导数 $DDY$,以及各个时刻的无人机理想偏航角。导航管理系统模块的输入量为:飞机实际纵向坐标 $X$,飞机实际横向坐标 $Y$,飞机各个航路点的坐标。模块的输出量为:位置偏差 $DY$,位置偏差导数 $DDY$,无人机理想偏航角 $yawcm$。导航管理系统如图 2‒20 所示。

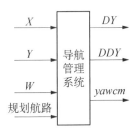

图 2‒20　导航管理系统

(2) 有关定义。

a. 偏差 $DY$ 的计算:

$$DY = -(X_c - X)\sin(yawcm) + (Y_c - Y)\cos(yawcm)$$

式中，$X$、$Y$ 为飞机当前实际位置的坐标；$yawcm$ 为当前的基准偏航角；$X_c$、$Y_c$ 为新坐标原点。

b. $DDY$：为偏差 $DY$ 的导数。

c. $DDY$ 和 $DY$ 的方向：

飞机在应飞路径的右边偏差 $DY$ 为正，在路径左边则为负。飞机远离应飞路径 $DY$ 导数为正，反之为负。

d. 航路点的切换控制：

飞机的航线是由几个航路转折点组成的航迹线段，必然存在飞机在某航段飞行时，何时和怎样飞向下一个航段。实际上有不同的转换方式，可以采用不过航路转换点，提前向下一航段切换的导航方式。切换时间依据到转折点的待飞时间 $D_T$ 确定。切换时间选用如下经验公式计算：

$$D_T = kw\tan\left|\frac{\psi_{Ji+1} - \psi_{Ji}}{2}\right| + C$$

式中，$w$ 为地速，以 m/s 计；$\psi_{Ji}$ 为飞机当前的预定航迹角；$\psi_{Ji+1}$ 为飞机下一段航迹的预定航迹角；$k$、$C$ 为常数，依据飞机的实际能力（倾斜角限制、转弯能力等）和经验计算选取。由公式可以看出，切换时间是由飞机的速度和两段航线之间的转折角的大小以及飞机的实际能力决定的。经过仿真测试，取 $k = 0.0599$，$C = 4.2732$。

图 2-21 为不过航路转弯点转换控制方式的示意图。

**图 2-21　不过航路转弯点转换控制**

e. 基准偏航角：在第 $n$ 段航路，飞机应飞的航向角值。

f. 飞机按照第 $n$ 段航路导航意味着：偏差 $DY$ 和它的导数是飞机实际位置到第 $n$ 段航路的偏差及其导数。

g. 变量 count：变量 count 值为飞机导航的导航段数。

（3）转换控制逻辑。

a. 变量 count 初始值设为 1，即初始按照航路 1 进行导航。

b. 若飞机当前位置处于第 $n$ 航段时，当飞机当前位置进入下一个航路点的转弯范围时，判断变量 count 的当前值，并加 1，之后，按第 $n+1$ 段航路进行导航计算。

依上述方法和规定可以完成导航有关参数计算。

无人机的自动起飞着陆控制是无人机的很重要的控制模态，除了需要建立地面运动的六自由度非线性方程外，还需要建立轮胎受力模型、起落架支柱的受力模型、轮胎与跑道的摩擦力数据等，而飞机轮胎与地面间的摩擦力非常复杂，不仅同时存在滚动摩擦力和滑动摩擦力，而且在不同的跑道、不同的滑跑速度或不同的滑移率时飞机与地面间的摩擦系数也各不相同。这些数据可通过地面试验获得，或根据轮胎材料进行理论计算，后面不再涉及。下面仅就起飞着陆的控制系统结构和控制律加以论述[8]。

**7）起飞控制[8]**

起飞控制包括地面滑跑控制和起飞后的空中控制。

（1）地面滑跑控制。

地面控制采用偏转方向舵和操纵前轮转弯相结合的方式控制侧向偏离。

a. 地面纵向控制：

在地面滑跑阶段，发动机一直处于最大推力状态，以减少滑跑距离并使飞机迅速加速。

根据该无人机总体技术方案，起飞速度为 180.0 km/h，起飞离地速度限制为 $V_{ld} \leqslant 205$ km/h。在要求的速度范围内，一般需采用多个舵面同时操纵。当空速大于 172 km/h 时，令舵 2 和舵 3 同时负偏 22°，可使飞机抬头。随着飞机俯仰角增大，迎角也随之增大，使得抬头力矩迅速加大，故需控制抬头力矩，以防离地迎角过大超出总体技术方案要求的 9°以内。这里通过反馈俯仰角和俯仰角速度来实现，俯仰角小于 5°时的控制律为

$$\begin{cases} \delta_2 = -22, & \vartheta \leqslant 0.5° \\ \delta_2 = -22(6.5 - \vartheta)/6 - 4w_z, & 0.5° \leqslant \vartheta \leqslant 5° \end{cases}$$

$$\delta_3 = \delta_2$$

当飞机俯仰角大于 5°时，逐渐切换到空中时的控制律，而上面的控制律逐渐淡出。为有效抑制由于模态转换而引起的舵面跳变，以及由此引起的飞机法向过载突变，需要采取有效的瞬变抑制技术。模态的切换可通过下面的淡化环节

实现,离地时的控制律瞬变抑制如图 2-22 所示。

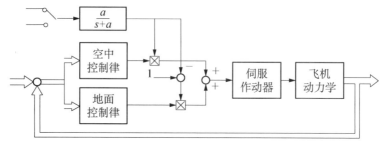

**图 2-22　离地时的控制律瞬变抑制**

图 2-22 中的系数 $a$ 取为 4,利用上面的结构可有效地抑制瞬变,使飞机的过渡过程平滑,飞行稳定。在其他的控制律切换时,也采取了类似的结构。

b. 地面侧向控制:

当存在侧风或机头指向偏离跑道方向时,如不加侧向控制,则飞机会冲出跑道,造成危险。对于该无人机,利用前轮和阻力方向舵来就纠正侧向偏差。

$$\delta_4 = K_r w_y + K_\psi (\psi - \psi_0) + K_{\psi i} \int (\psi - \psi_0) \mathrm{d}t$$

$$\delta_{fw} = -K_y \Delta y - K_{\dot y} \Delta \dot y - K_{\psi f}(\psi - \psi_0) - K_r r$$

式中,$\psi_0$ 为机场跑道方向与地坐标 $X$ 轴的夹角,向右为正;$\Delta y$ 为飞机重心与跑道线的距离。

(2) 离地后的空中控制律。

飞机在地面的滑跑时间较短,只有不到 20 s,此后飞机离地并加速上升。通过对提供的气动及发动机数据分析计算,可得出该飞机的优化爬升轨迹以及在不同高度上的空速和上升速度。依据前述无人机设计,按最省油原则设计出的空速在 400 m 高度约为 $0.3\, Ma$,爬升速度约为 18.5 m/s,而飞机的离地速度略大于 $0.15\, Ma$。可见飞机在从离地到爬升至 400 m 高度时,动压需变为原来的 4 倍,航迹倾斜角将超过 10°,飞机的气动导数也将发生较大的变化。这个变化在短时间内发生,因此飞行状态变化剧烈,需要仔细设计控制律。离地后的控制律仍然分为纵向和横侧向进行设计。

首先考虑纵向控制律。

考虑到该飞机在起飞过程中气动导数快速变化,需要控制器能适应这种快速的变化且获得良好的飞行品质。

状态变量为 $\boldsymbol{x} = (\alpha, q, \theta, \delta_2)^{\mathrm{T}}$,考虑了助力器环节 $\delta_2 = \dfrac{-15}{s+15} u$,输入变量

为舵机输入。设计的控制器指令为俯仰角姿态指令,起飞姿态角控制器结构如图 2-23 所示。

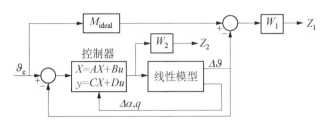

图 2-23　起飞姿态角控制器结构

图 2-23 中俯仰角 $\vartheta$ 跟踪指令 $\vartheta_c$ 的理想模型 $M_{ideal}$ 的输出;理想输出与实际输出的误差加权阵为 $W_1$;控制器输入为指令跟踪误差和 $\Delta\alpha$、$\Delta q$;输出 $u$ 的加权阵为 $W_2$。

理想参考模型 $M_{ideal}$ 可以根据飞行品质要求和飞机的实际飞行能力进行选取[2]。

加权函数 $W_1$ 反映了对各频段信号跟踪的重视程度。一般要求系统在低频范围内的特性与参考模型相近,一般取为低通环节。这里 $W_1 = 9/(s+0.13)$。

加权函数 $W_2$ 对控制器的特性进行限制,该加权函数不但对控制器的输出幅值进行控制,而且对控制器输出的频率特性进行限制。一般要求控制器具有高通特性,以抑制高频干扰信号,因此加权函数取为高通环节,其转折频率可参考控制器的频带确定。这里暂取为 $W_2 = \dfrac{s+1}{s+38}$。

针对本无人机,考虑到起飞离地速度约为 $0.155\,Ma$,$400\,m$ 高度上约为 $0.3\,Ma$,这里选取 $Ma$ 分别为 $0.15$、$0.25$、$0.35$ 时的动压作为调参变量的顶点,即 $P_1 = 1\,597.135\,3$,$P_2 = 4\,436.497\,0$,$P_3 = 8\,695.514\,4\,kg/(m \cdot s^2)$。

在三个顶点处的飞机状态方程如表 2-1 所示。

表 2-1　飞机状态方程

| $Ma$ | $A$ | $B$ |
|---|---|---|
| 0.15 | $\begin{bmatrix} -1.036\,9 & 1.000\,0 & 0 & -0.068\,8 \\ 2.217\,1 & -0.321\,0 & 0 & -0.859\,8 \\ 0 & 1.000\,0 & 0 & 0 \\ 0 & 0 & 0 & -15.000\,0 \end{bmatrix}$ | $\begin{bmatrix} 0 \\ 0 \\ 0 \\ -15 \end{bmatrix}$ |

（续表）

| Ma | A | B |
|---|---|---|
| 0.25 | $\begin{bmatrix} -2.310\,4 & 1.000\,0 & 0 & -0.114\,9 \\ 3.015\,9 & -0.725\,7 & 0 & -2.440\,7 \\ 0 & 1.000\,0 & 0 & 0 \\ 0 & 0 & 0 & -15.000\,0 \end{bmatrix}$ | $\begin{bmatrix} 0 \\ 0 \\ 0 \\ -15 \end{bmatrix}$ |
| 0.35 | $\begin{bmatrix} -3.304\,4 & 1.000\,0 & 0 & -0.173\,4 \\ 5.535\,9 & -1.102\,6 & 0 & -5.155\,3 \\ 0 & 1.000\,0 & 0 & 0 \\ 0 & 0 & 0 & -15.000\,0 \end{bmatrix}$ | $\begin{bmatrix} 0 \\ 0 \\ 0 \\ -15 \end{bmatrix}$ |

利用三个点的数值可以分别设计三个点的反馈增益,或者图中的线性控制器,可以采用常规设计或最优设计各种设计方法,使得飞机响应在三个点上都满足闭环特性要求,输出跟踪理想模型。设计好的增益需依据三个点范围进行调参,满足起飞过程顺利进入爬升过程。

在从地面爬升至 400 m 高度过程中,除了要使飞机安全起飞外,还要使飞机在上升过程中加速到合适的空速。这个过程中,纵向轨迹不需要十分精确地控制。为简化控制律设计,可以只加俯仰角控制指令,而不加纵向平面的轨迹控制。起飞空中控制系统结构如图 2-24 所示。

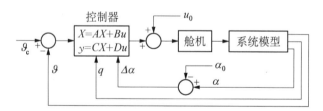

图 2-24　起飞空中控制系统结构

图 2-24 中的 $\alpha_0$ 为配平迎角;$u_0$ 为使舵机偏转到配平舵面位置的电压值。飞机输出为全量的 $\alpha$、$q$ 和 $\vartheta$。飞机模型为六自由度非线性模型。飞机起飞爬升至 400 m 过程中,配平迎角(单位为度)和配平升降舵(舵 2,单位为度)的值可拟合为下式:

$$\alpha_0 = (3.478\,9 \times 10^4 / V - 3.527\,0 \times 10^2) / V + 0.77$$

$$\delta_{20} = (8.796\,5 \times 10^4 / V - 1.206 \times 10^3) / V - 3.405$$

上述过程中空速需从约 55 m/s 加速到 102 m/s,为避免飞机平飞加速,可将俯仰角取得较小(即令航迹角较小),同时飞机处于全推力状态。俯仰角指令(全量,单位为度)取为

$$\vartheta_c = \begin{cases} 9, & h \leqslant 300 \text{ m} \\ 10.5 + \alpha_0, & h > 300 \text{ m} \end{cases}$$

在俯仰角大于 5° 时切换到空中控制律构型。在高度大于 400 m 后,切换到正常的爬升控制律。为使速度响应平滑,在空速大于 98 m/s 后切换到正常的推力控制。

起飞阶段横侧向控制系统的主要功能是保持飞机沿跑道到中心线及其延长线飞行而不偏出。本节中假定机场跑道为正北(南)方向起飞时机头向正北,返航时机头向正南方向。理论计算及仿真均发现采用着陆时的横侧向控制律即可较好地满足设计要求。可见后面的着陆控制部分。

**8) 着陆控制[8]**

无人机的回收有多种方式,这里仅讨论无人机的自动着陆控制。

自动着陆过程是一个短暂但十分关键的过程,也是直接关系到任务成败和飞机安全的阶段。在此过程中,飞机处于小动压状态,空速接近失速速度,同时由于风干扰、着陆条件的限制等因素的影响,飞机容易发生事故。无人机由于缺乏驾驶员的操纵,更应注意着陆的安全问题。飞行控制系统对于保证着陆安全有着直接而重大的意义。设计出优秀的着陆控制系统,是提高着陆安全系数的重要保障。

飞机的自动着陆过程可分为定高、下滑、拉平及滑跑等阶段。

常规的飞机着陆依靠仪表着陆系统(ISL)提供运动轨迹基准。实现飞机自动着陆的仪表自动着陆系统包括下滑波束控制系统、自动拉平着陆系统及侧向波束自动控制系统。

飞机着陆前先在 300~500 m 高度上做定高飞行(设计中取为 300 m 高度),当接近下滑线后,即按一定坡度下滑,此时飞机的速度应不低于失速速度的 1.3 倍。按此速度和设定的下滑角下降时,飞机的垂直速度一般大于安全的垂直速度。因此需要减少航迹倾斜角,使飞机沿曲线运动拉平,接地垂直速度减小。飞机与地面接触后,为缩短滑跑距离,常采用轮子刹车或发动机反推力措施。

(1) 理想下滑轨迹设计。

在设计轨迹控制器之前,需要设计出理想的着陆轨迹作为飞机运动的基准。

地坐标选为 $x$ 轴沿正北方向，$y$ 轴沿正东方向，$z$ 轴垂直向下，原点在机场原点上方，离地高度为飞机重心离地高度。由于飞机采用的是自主控制，飞机的空间位置坐标可由机载设备给出而不必依赖地面的信号，因此飞机可以形成不同的理想下滑轨迹并沿其着陆。

在总体设计要求中，该飞机的下滑角为 $-3°$。但是通过计算可知，该飞机沿此下滑角运动时，重力沿空速方向的分力大于气动阻力，即使加上阻力舵的效应，也不能保持恒速运动，而会一直加速。考虑到飞机的安全性和地面控制的需要，采用的下滑角为 $-1.5°$。此时飞机的理想下滑轨迹采用的是纵向平面内一条倾角为 $1.5°$ 的斜线，该斜线在地轴系内满足：

$$z = -\left[(x-x_0)\cos\psi_0 + (y-y_0)\sin\psi_0\right]\tan\gamma$$

式中，$x_0$、$y_0$ 为下滑线与地面交点的 $x$、$y$ 坐标；$\psi_0$ 为返航着陆时当机头沿跑道方向时形成的偏航角（$-180°$）；$\gamma$ 为航迹角（$-1.5°$）。

当飞机以 42.2 m/s 的速度沿 1.5° 下滑线运动时，其下降速度为 1.104 6 m/s，一般允许的着地垂直速度为 0.3～0.6 m/s。为提高安全性，需要设计拉平轨迹，目的是使飞机的垂直速度减小到允许的速度。拉平开始后机头应逐渐抬起，使空速矢量逐渐向上偏。拉平轨迹的设计思想是使飞机的垂直下降速度随高度的减小而相应减小，使飞机的高度变化率与当前高度值成比例。即为

$$\dot{H}(t) = -\frac{h}{\tau} \tag{2-46}$$

式中，$\tau$ 为指数曲线时间常数，一般取为 2～5 s。

由上式可求得高度函数为

$$H(t) = H_0 e^{-t/\tau}$$

但飞机若完全按照上式拉平，则需要经历无穷长时间后才能着地，下降速度为零。这要求有无穷长的跑道。为减少飞机的拉平路径，需对上式做一些调整。这里使跑道平面高出拉平轨迹的渐进线一段距离，可令式(2-46)变为

$$\dot{H}(t) = -\frac{h}{\tau} + \dot{H}_{jd} \tag{2-47}$$

式中，$\dot{H}_{jd}$ 为理想接地速度；时间常数 $\tau$ 一般为 2～5 s。这里考虑飞机拉平起始

高度 5 m，$\dot{H}_{jd} = -0.3\,\text{m/s}$，则 $\tau = 6.2144\,\text{s}$。由于飞机在一定高度时需关油门使发动机慢车，飞行速度将减小，升力也减小，下降速度将增大。实际上，飞机的着地速度将大于 $\dot{H}_{jd}$。

将控制信号式(2-46)与飞机实际的高度变化率相减形成指令信号，经过拉平耦合器后控制飞机的舵面，使飞机空速矢量向上抬起。

总是希望飞机沿跑道中心线滑跑，因此侧向的理想轨迹应满足

$$-(x_0 - x)\sin\psi_0 + (y_0 - y)\cos\psi_0 = 0 \qquad (2-48)$$

(2) 抗侧风着陆技术。

在不使用直接力控制时，有人驾驶飞机的侧风着陆通常有四种方法：侧滑法、修正偏流法(拉平中消除偏流)、偏流法以及侧滑与偏流相结合法。侧风进近过程中保持偏流时，将驾驶舱偏在中心线的迎风一侧，以使主起落架在跑道中心线上接地。

a. 侧滑法：

侧滑修正侧风技术是将飞机对准跑道中心线的延长线，以使主起落架在跑道中心线上接地。

在进近落地前的初始阶段使用侧航方法来修正偏流。在拉平飞机前必须对准跑道中心线或与其平行。蹬舵以建立一个稳定的侧滑形态，且向迎风机翼一侧压杆以将飞机保持在所需的航道上。接地时，使迎风一侧的机轮稍先于顺风一侧的机轮触地。应避免横滚操纵过大，因为坡度过大会造成发动机吊舱或外侧襟翼触跑道。

正确地协调机动可以使方向舵和副翼操纵位置在进近的五边阶段、接地和着陆滑跑开始时几乎处于不变的状态。

b. 拉平中修正偏流法：

这种技术的目的是在整个进近、拉平和接地过程中保持机翼水平。进近时，在机翼水平的情况下，建立一个偏流角来保持所需航道。拉平接地前，使用迎风一侧的方向舵消除偏流并将飞机对准跑道中心线。

使用方向舵时，迎风一侧的机翼会升起，产生横滚。应同时向迎风侧压副翼保持机翼水平。使用交叉控制完成接地且两侧起落架同时接地。在整个接地阶段，使用向迎风一侧压副翼的方法来保持机翼水平。

c. 带偏流接地法：

在着陆侧风指导速度以下，飞机可以只使用带偏流(无侧滑)着陆。

在非常滑的跑道上,只使用偏流着陆时会减少接地时飞机向顺风一侧的偏移,由于所有主起落架同时接地,可以让扰流板和自动刹车快速运作。同时由于不必在接地前使飞机消除偏流,飞行员的工作量减少。然而,接地后必须运用正确的方向舵和迎风一侧的副翼,以确保保持住方向控制。

d. 侧滑与偏流相结合法:

在强侧风情况下,可能需要结合使用侧滑和偏流。向迎风侧压杆并使用偏流角使主起落架接地。迎风侧的起落架先接地,向顺风侧稍蹬舵使前轮回正,同时配合使用副翼以保持机翼水平。

对于本无人机,考虑到侧滑产生的侧力及气动力矩不大,因此采用了第一种着陆方式。在有风的情况下,协调偏转阻力舵(舵4)和副翼(舵1),使飞机保持在跑道延长线上。

(3) 着陆控制律设计。

考虑到实现的方便性以及该飞机纵、横向耦合不是非常强烈,着陆控制律分解为纵向和横侧向的控制律设计。

a. 纵向着陆控制律设计:

纵向控制律根据飞行的不同阶段来设计。在下滑段,飞行控制系统的任务是使飞机处于下滑线上,可通过高度控制来实现;在拉平段,需要使飞机的下降速率随高度降低而减小,通过控制下降速率来实现;在滑跑段则主要是靠侧向控制系统来保持飞机沿跑道中心线运动。下滑和拉平阶段的控制结构如图2-25和图2-26所示,轨迹的控制通过俯仰角控制系统来实现。

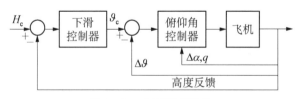

图2-25　下滑控制结构

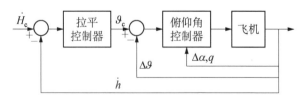

图2-26　拉平控制结构

考虑到着陆过程中存在干扰(风干扰等)及不确定性(着陆重量等),需要系统具有鲁棒性。这里俯仰角控制系统按鲁棒控制器设计,控制器结构类似图2-23。

b. 横侧向着陆控制律设计:

横侧向控制系统使飞机沿跑道中心线运动且机头指向跑道方向。在有侧风时,飞机采用带侧滑的方式着陆。横侧向着陆控制系统结构如图 2-27 所示。

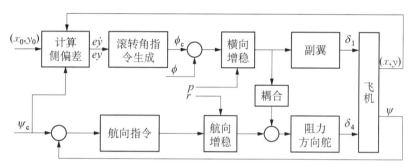

图 2-27　横侧向着陆控制系统结构

飞机轨迹与跑道延长线的侧向偏离(沿机头方向,飞机在跑道线右方为正)由下式给出:

$$dy = -(x - x_0)\sin\psi_0 + (y - y_0)\cos\psi_0$$

式中的 $x_0$、$y_0$ 同式(2-48)中的定义。则

$$ey = -dy$$

式中,$ey$ 为"计算偏差值"模块的输出。

$\psi_c$ 为返航着陆时当机头与跑道方向一致时形成的偏航角。

控制律为式(2-49)~式(2-51),式(2-51)中忽略了传感器、滤波器及舵机动态环节。

$$\varphi_c = \frac{(s + 0.3)(s^2 + 40s + 16)}{s(s^2 + 8s + 16)}(ey + 5e\dot{y}) \tag{2-49}$$

$$\delta_1 = 0.3p + 1.1(\varphi - \varphi_c) \tag{2-50}$$

$$\delta_4 = 1.9r + \frac{s + 0.25}{s}(\psi - \psi_c) \tag{2-51}$$

上述所有飞行状态的控制律设计都是只进行了原理论述,给出了控制器结构,仅供参考,设计时可以适当改变设计方法、控制系统结构和参数。

## 2.3    无人机多操纵面控制分配

### 2.3.1    控制分配问题的提出

传统飞行控制系统的设计基于单独的操纵面控制单一方向的力矩,即副翼控制滚转力矩、升降舵控制俯仰力矩、方向舵控制偏航力矩。这三个解耦控制量产生期望三维力矩的控制问题的解是唯一的。有些新型飞机解除了对称操纵面不能独立偏转的限制、引入推力矢量,增加新的操纵面如鸭翼、机动襟翼等,操纵面往往增加到十几、二十个,这时控制量分配问题的解不再唯一。一些考虑隐身的飞机采用无尾的飞翼式布局,如 B2 轰炸机、X47B 无人作战飞机,每个操纵面同时产生俯仰和滚转力矩,操纵面与控制力矩之间不再是解耦控制。使用具有控制冗余能力的多个操纵面产生所需控制力矩的问题就是控制分配问题。

由于实际舵机的能力及空气动力学上的考虑,所有的操纵面都有一定的偏转位置和偏转速率的限制,这使得多操纵面的控制分配问题更为复杂。如何在约束范围内有效地分配这些操纵面来产生需要的力矩就是受限控制分配问题。

控制分配就是要合理分配受约束的多个控制量来组合产生所需的目标力矩向量。由于约束的存在,当目标向量不能实现时,要根据合理的优化准则求取最接近目标向量的解。当目标向量可以实现时,一般对应无穷组解,分配算法要根据合理的准则求出其中最优的一组解。

控制分配的引入使得飞行控制律的设计方法发生了巨大的改变。带有控制分配器的控制系统结构如图 2 - 28 所示,控制系统由控制律及控制分配器组合实现。控制律设计时不需要考虑具体操纵面布局(但仍然需要了解飞机总体控制能力和执行机构带宽),控制律的输出是伪控制指令,对于采用力矩控制方式的飞控系统伪指令一般是力矩指令。控制分配器将控制律所要求的伪指令转化为各个操纵面的实际舵机指令,从而实现控制目标。

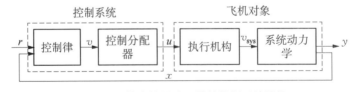

图 2 - 28    带有控制分配器的控制系统结构

　　控制分配问题的提出最初来源于现代飞机的多气动操纵面控制,将推力矢量看作广义操纵面,控制分配可用于飞机的气动/推力矢量的复合控制。近年来控制分配的思想已经引入到各类过驱动系统的控制中,如导弹、可重复使用运载火箭、卫星、舰船甚至汽车等。

　　先进无人机一般采用非常规气动布局,包括翼身融合、无尾或小型 V 尾,还有可能采用分布式推进或反作用推力系统。这样的操纵面布局,使其与传统布局飞机的控制方法有所不同:

　　(1) 由于飞机气动布局的特点,无法使用传统的升降舵控制俯仰、副翼控制滚转、方向舵控制偏航的解耦控制方式,必须采用操纵面控制分配的方法来实现飞机的正常机动。

　　(2) 由于操纵面安装位置的限制,无法实现直接力控制等非常规控制技术,飞机的各种机动只能通过飞机三轴力矩的控制来实现。这正是多操纵面控制分配方法所解决的问题。

　　(3) 对于无人机,不需要考虑飞行员的负荷问题,飞机可以经受更高的过载,可以充分发挥飞机的机动能力,因此应当考虑充分使用操纵面的控制能力。

　　(4) 为保证飞控系统的安全可靠性与任务可靠性,应采用容错控制技术。为提高飞机的故障容错能力,必须考虑到操纵面故障时的主动及被动重构能力。

　　对于先进无人机飞行控制系统,控制分配技术的引入对于常规控制律设计和容错控制律设计都非常必要。

### 2.3.2　控制分配问题的数学描述

　　控制分配问题研究中一般考虑的是线性控制的情况。

　　线性映射问题:对于 $m$ 维空间中的控制量 $\boldsymbol{u} = \begin{bmatrix} u_1 & u_2 & \cdots & u_m \end{bmatrix}^{\mathrm{T}}$,由控制约束条件可确定受限控制集合 $\boldsymbol{\Omega} = \{\boldsymbol{u} \mid u_{\min i} \leqslant u_i \leqslant u_{\max i}, i = 1, 2, \cdots, m\}$,给定控制矩阵 $\boldsymbol{B} \in \mathbf{R}^{n \times m}$, $m > n$,由线性映射 $\boldsymbol{y} = \boldsymbol{B}\boldsymbol{u}$ 确定 $n$ 维空间中的目标可达集合 $\boldsymbol{\Phi} = \{\boldsymbol{y} \mid \boldsymbol{y} = \boldsymbol{B}\boldsymbol{u}, \boldsymbol{u} \in \boldsymbol{\Omega}\}$。

　　对于控制分配问题,可以有多种优化目标,如误差目标(误差最小、加权误差最小、目标方向误差最小、指定轴向力矩误差最小等)、控制量目标(可实现阻力最小、控制量最小等)。对于控制分配问题,期望目标的实现应当是最优先的目标,其他优化目标应该是在期望目标能够实现,且存在控制冗余时才需要考虑的。因此,合理的控制分配优化问题应当这样描述:

对于线性映射问题,给定期望目标向量 $\boldsymbol{y}_d$,则

(1) 当 $\boldsymbol{y}_d \in \boldsymbol{\Phi}$,即 $\{\boldsymbol{u} \mid \boldsymbol{B}\boldsymbol{u} = \boldsymbol{y}_d, \boldsymbol{u} \in \boldsymbol{\Omega}\} \neq \varnothing$ 时,属于目标可达情况,优化问题为

$$
\begin{cases}
\min J = f(\boldsymbol{u}) \\
s.\,t.\ \boldsymbol{B}\boldsymbol{u} = \boldsymbol{y}_d \\
\boldsymbol{u} \in \boldsymbol{\Omega}
\end{cases}
$$

(2) 当 $\boldsymbol{y}_d \notin \boldsymbol{\Phi}$,即 $\{\boldsymbol{u} \mid \boldsymbol{B}\boldsymbol{u} = \boldsymbol{y}_d, \boldsymbol{u} \in \boldsymbol{\Omega}\} = \varnothing$ 时,属于目标不可达情况,优化问题为多步优化问题:

$$
\min J_2 = f_2(\boldsymbol{u})
$$
$$
s.\,t. \begin{cases}
\min J_1 = f_1(\boldsymbol{y}_d, \boldsymbol{u}) \\
s.\,t.\ \boldsymbol{u} \in \boldsymbol{\Omega}
\end{cases}
$$

由此可见,控制分配问题应分解为两个优化问题来处理:目标可达情况和目标不可达情况。目标可达情况中,力矩控制分配作为等式约束,优化目标是控制量目标。目标不可达情况中,优化问题分两步实现,首先根据误差目标优化求解,然后以误差目标的满足为约束,对控制量优化目标进行求解。

选择不同的目标函数 $J_1(\boldsymbol{y}_d, \boldsymbol{u})$,可以实现不同的误差目标,如误差最小($J_1(\boldsymbol{y}_d, \boldsymbol{u}) = \| \boldsymbol{y}_d - \boldsymbol{B}\boldsymbol{u} \|_2$)、加权误差最小($J_1(\boldsymbol{y}_d, \boldsymbol{u}) = (\boldsymbol{y}_d - \boldsymbol{B}\boldsymbol{u})^{\mathrm{T}} \boldsymbol{W}(\boldsymbol{y}_d - \boldsymbol{B}\boldsymbol{u})$)、目标向量方向力矩误差最小等。选择目标函数 $f(\boldsymbol{u})$ 或 $f_2(\boldsymbol{u})$,可以实现控制量最小($f(\boldsymbol{u}) = \| \boldsymbol{u} \|_2$)、控制量加权最小($f(\boldsymbol{u}) = \boldsymbol{u}^{\mathrm{T}}\boldsymbol{Q}\boldsymbol{u}$)、阻力最小($f(\boldsymbol{u}) = \boldsymbol{c}^{\mathrm{T}}\boldsymbol{u}$)等。

在很多算法中对这两类目标进行加权处理作为系统的优化目标,可以简化问题的求解,但无论目标是否可达,都会对误差目标的优化产生不利影响,最终的结果是对误差和代价(控制量指标)的折中。

前面的控制分配问题中只考虑了控制量的位置约束,没有考虑实际存在的速率约束。在每一帧中考虑控制分配问题 $\boldsymbol{y} = \boldsymbol{B}\boldsymbol{u}$,上一帧的控制量为 $\boldsymbol{u}_{k-1}$,对应的控制结果为 $\boldsymbol{y}_{k-1} = \boldsymbol{B}\boldsymbol{u}_{k-1}$,当前控制目标为 $\boldsymbol{y}_k$,位置约束 $u_{\min i} \leqslant u_i \leqslant u_{\max i}$($i = 1, 2, \cdots, m$),速率约束 $\dot{u}_{\min i} \leqslant \dot{u}_i \leqslant \dot{u}_{\max i}$($i = 1, 2, \cdots, m$)。假设计算帧长为 $\Delta t$,则在一帧中控制量变化为 $\Delta \boldsymbol{u} = \boldsymbol{u}_k - \boldsymbol{u}_{k-1}$,期望的控制目标变化量为 $\Delta \boldsymbol{y} = \boldsymbol{y}_k - \boldsymbol{y}_{k-1}$,则控制分配问题转化为 $\Delta \boldsymbol{y} = \boldsymbol{B}\Delta \boldsymbol{u}$。$\Delta \boldsymbol{u}$ 的范围由控制量的位置限制与速率限制决定,即

$$\begin{cases} \Delta u_{\max i} = \min[\dot{u}_{\max i \Delta t},\ u_{\max i} - u_{k-1\,i}] \\ \Delta u_{\min i} = \max[\dot{u}_{\min i \Delta t},\ u_{\min i} - u_{k-1\,i}] \end{cases} (i = 1,\ 2,\ \cdots,\ m)$$

这样,带速率约束的控制分配问题就转化为在每一个计算帧中的位置受限的控制分配问题。

前面描述的控制分配问题中假设控制效率是线性的,对于飞机的控制来说,操纵面工作在零位附近时这一近似是合理的,但考虑到大机动控制,操纵面容易接近饱和位置,会进入非线性工作区域。考虑到操纵面速率约束时,在每个计算帧中求解控制分配问题,每次求解时取操纵面当前工作点的控制效率,由于一帧中的操纵面的偏转范围是有限的,这每一个小的控制分配问题都符合线性映射的假设。这种方法相当于以工作点线性化的方式解决非线性控制问题。

### 2.3.3　控制分配方法

考虑到控制量的约束限制以及故障下的控制重构,许多数学优化方法被引入到控制分配中来。在控制分配问题的研究中,国内外的科研工作者已经取得了很多的研究成果,这些方法归结起来主要可以分为以下几种:广义逆方法、链式递增方法(daisy chaining)、直接分配方法(direct allocation)和数学规划方法等。

广义逆法的思想是取控制量的二次范数(能量函数)为优化指标,通过对控制效率矩阵伪逆计算得到控制指令。加权广义逆法则是对广义逆法的一种推广,对于要求的控制力矩,按照使用侧重点的不同对各个控制量进行加权,但这两种方法没有考虑控制面约束[9]。考虑控制约束的广义逆法有多级广义逆法(cascaded generalized inverse,CGI)[10]和重新分配伪逆法(redistributed pseudo-inverse,RPI)[11],这些方法在期望目标可达时,一般可以求出可用的控制,而当期望目标不可达时,误差将剧烈增大。由于使用这类方法时,在特定方向的最大可达目标是不可知的,因此该类方法的使用具有较大的风险。

链式递增法将控制量分为若干组,每一组均可以产生任意方向的力矩,先启用某一组主控制量,若出现饱和,则依次启用下一组辅助控制量。链式递增方法可以优先使用常规气动舵面,避免频繁地使用如推力矢量、反作用控制系统(reaction control system,RCS)等辅助控制面,但它的缺点是容易导致较大的操纵量,而且该方法会受操纵面偏转速率的限制。

以上几种方法都不能实现目标可达集里的所有转矩向量,具有一定的保守性。

对于三维目标的控制分配问题,Durham[12] 提出一种基于目标可达集几何空间的直接分配方法。三维目标控制分配问题中的目标可达集是凸多面体,在该方法中需要求出期望向量与目标可达集凸多面体表面的交点及其对应的控制量,当期望向量可达时,通过对交点向量对应控制量进行缩放得到所需控制,当期望向量不可达时,作为期望向量方向的最大可达向量,交点向量被选为最优解。Durham 首先提出的是面搜索方法[12],搜索整个目标可达集的面,寻找期望目标向量与面的交点来确定最大可达向量及对应的控制量。Petersen[13] 等使用球面坐标表示目标可达集的面,给出了快速搜索与期望向量相交的面的方法,但该方法需要事先离线计算目标可达集的面。由于目标可达集随飞行状态、操纵面故障等变化,离线计算也不现实。面搜索方法需要计算目标可达集的所有面,算法的复杂性使得实时在线应用难以实现。Durham 又给出了直接控制分配的快速算法——对分边搜索算法(bisecting edge searching algorithm)[10],为满足实时计算的要求该方法对最大搜索次数进行了限制,使得在有些情况下该方法得到的结果是近似的,而且该方法要求控制阵 $B$ 的任意 $n$ 列线性无关,否则需要给 $B$ 加上小扰动来破坏相关性,这进一步降低了精度。直接控制分配的相邻面搜索算法,该算法从目标可达集多面体的一个面开始,在更靠近期望力矩的方向搜索相邻的面,直到找到与期望力矩相交的面。这种算法在提高运算效率的同时,能够保证总是得到最优的分配结果。

直接分配方法的原理可以实现目标可达集中的所有力矩,而前面提到的算法则无法实现。

由于控制分配问题是典型的优化问题,许多数学规划方法被引入到控制分配中来。其中最具代表性的就是线性规划方法和二次规划方法。直接控制分配方法就可以转化为标准线性规划问题来解决。二次规划方法可以灵活利用代价函数和约束条件,对某些控制量进行加权或者惩罚,从而迫使系统遵循其他特定的约束条件,解决复杂控制分配问题。数学规划算法一般是数值迭代算法,计算量大,难以实时应用,而有效集法可以通过有限次迭代求出二次规划问题的最优解。Harkegard 对有效集法和不动点法、重新分配伪逆法 RPI 进行了比较,得到结论是有效集法的运算时间与 RPI 相当[14],具有实时应用的可能。

此外,还有一些其他智能优化方法被用于解决控制分配问题,如神经网络、模糊逻辑、遗传算法等,考虑到控制效率随状态的变化及故障情况,这类方法目前阶段还没有在线实时应用的可能。

### 2.3.4　逐步饱和伪逆法

根据文献和前期工作的经验,现有的能满足在线实时计算要求的控制分配算法有各类广义逆方法、链式递增法、直接控制分配的快速算法。直接控制分配的快速算法都是几何方法,算法实现较为复杂,虽能实现全部可达力矩的分配,但难以适应不同优化目标。链式递增法不能实现所有可达力矩,且受速率限制影响较大的缺点难以靠对本身算法的改进来克服。目前的广义逆类方法虽然都不能实现所有可达力矩,但其求取最小二乘解的思想具有重要作用,且有可能通过加权等方式实现不同的优化目标。这里给出一种改进的广义逆法——逐步饱和伪逆法。

多级广义逆法(CGI)和重新分配伪逆法(RPI),首先直接对控制分配问题求解广义逆或伪逆,判断求得的控制量是否满足约束。如满足约束,则问题得解。如有控制量超过了限制值,则将这些控制量设为饱和值,以剩余操纵面为自由控制量,以剩余目标力矩为控制分配的目标,重新进行广义逆或伪逆求解。重复该过程直到不再有新的控制量饱和或剩余变量数少于目标向量维数。CGI 和 RPI方法充分使用了未饱和控制量的剩余控制能力,因此所实现的可达目标集合远大于一次性求解的广义逆法。在每次求逆时,可能有多个控制量超过约束值,但其超过的程度并不同,而 CGI 和 RPI 方法对这些控制量一视同仁,简单地都取为饱和值。其中超约束程度较小的控制量是在其他控制量超过约束值较大情况下才饱和的,当其他控制量取饱和值时该控制量是否还会饱和? 改进算法消除了这一疑虑。改进算法中出现多个控制量超约束情况时,缩小控制向量的幅值,求得恰好满足约束条件的控制向量,此时有一个或多个控制量等于饱和值,其他控制量不饱和。改进算法用不饱和控制量继续进行下一步的求解。在求解过程中控制量是逐个饱和的(存在多个控制量同时饱和的情况),而且每一个进入饱和的控制量都是不可避免的。改进后的算法明显优于 CGI 和 RPI 方法,实现的可达目标得到大大的扩展,但对接近目标可达集表面的目标仍然无法实现。

目标可达集表面的点可以由直接控制分配方法求得,该解就是目标向量与目标可达集表面的交点。如果逐步求解过程中始终保持所实现的目标向量不变,就能够实现最大向量即目标可达集表面的向量。逐步饱和伪逆法在第一步求解时的目标是原始的目标向量,而当出现控制量饱和以后,求解的目标变成了原始目标向量和已饱和控制量产生的目标向量之差,偏离了原始目标向量的方向,因此无法实现原始目标向量方向的最大目标。下面分析如何改进逐步饱和伪逆法,使其严格按原始目标向量方向求解。

不失一般性,在某次迭代求解中,要解的控制分配问题为

$$y_{d} = B_{sat}u_{sat} + B_{free}u_{free}$$

式中，$y_d$ 是原始目标向量；$u_{sat}$ 为已饱和控制常量；$u_{free}$ 为未饱和控制变量；$B_{sat}$ 和 $B_{free}$ 为对应的控制效率矩阵。求伪逆可得

$$u_{free} = B_{free}{}^{+}y_{d} - B_{free}{}^{+}B_{sat}u_{sat}$$

如果得到的 $u_{free}$ 未饱和，则 $[u_{sat}\ u_{free}]$ 就是控制分配问题的解；若 $u_{free}$ 有元素超过了约束，则求 $0 < k < 1$，使得上式满足约束且有元素饱和。此时的 $[u_{sat}\ u_{free}]$ 是控制目标 $ky_d$ 的解，即保持了原始目标向量的方向。将 $u_{free}$ 中的饱和项移到 $u_{sat}$ 中，即可进行下一步计算。

而在改进前，寻找饱和元素时，使用的公式是 $u_{free} = k(B_{free}{}^{+}y_{d} - B_{free}{}^{+}B_{sat}u_{sat})$，得到的 $[u_{sat}\ u_{free}]$ 是目标 $ky_d + (1-k)B_{sat}u_{sat}$ 的解，改变了目标的方向，由此确定的饱和项可能不正确。

从逐步饱和伪逆法的原理可知，该方法能够实现目标可达集中的所有力矩，而且在目标可达时，得到的是最小范数解。因此该方法全面优于直接控制分配方法。

在 Matlab 中，对逐步饱和伪逆法和直接控制分配的相邻面搜索算法的计算时间和计算精度进行了比较。逐步饱和伪逆法的实时性好于相邻面搜索算法，对于 15 个控制量的控制分配问题可以在 5 ms 内求解。在控制目标不可达时，两种算法得到的结果相同，两者的误差完全是字长引起的计算精度误差。在控制目标可达时，两种算法的结果都能产生目标力矩，但逐步饱和伪逆法的控制向量的范数小于相邻面搜索算法。

### 2.3.5　基于逐步饱和伪逆法的多目标优化

如前所述，在期望力矩可达时，可以考虑性能优化问题：最小偏转目标、最小阻力目标、最大升力目标、最小雷达反射目标、最小机翼载荷目标，其优化目标全部都是相同的形式：

$$f_{i} = \min(w_{1}\parallel u_{1} - u_{01}\parallel_{2} + w_{2}\parallel u_{2} - u_{02}\parallel_{2} + \cdots + w_{m}\parallel u_{m} - u_{0m}\parallel_{2})$$

目标函数都是相对控制量的线性加权形式，可重新表示为

$$f_{i} = \min(\parallel w_{1}(u_{1} - u_{01})\parallel_{2} + \parallel w_{2}(u_{2} - u_{02})\parallel_{2} + \cdots + \parallel w_{m}(u_{m} - u_{0m})\parallel_{2})$$

令 $u'_{i} = w_{i}(u_{i} - u_{0i})$，则目标函数可表示为

$$f_{i} = \min(\parallel u'_{1}\parallel_{2} + \parallel u'_{2}\parallel_{2} + \cdots + \parallel u'_{m}\parallel_{2}) \tag{2-52}$$

以 $u_i'$ 为控制量时,控制约束为 $w_i(u_{\min i} - u_{0i}) \leqslant w_i(u_i - u_{0i}) \leqslant w_i(u_{\max i} - u_{0i})$,即

$$w_i(u_{\min i} - u_{0i}) \leqslant u_i' \leqslant w_i(u_{\max i} - u_{0i}) \qquad (2-53)$$

目标可达时的等式约束

$$\begin{bmatrix} b_1 & b_2 & \cdots & b_m \end{bmatrix} \begin{bmatrix} u_1 \\ u_2 \\ \vdots \\ u_m \end{bmatrix} = \boldsymbol{y}_d$$

用新变量表示,即

$$\begin{bmatrix} b_1 & b_2 & \cdots & b_m \end{bmatrix} \begin{bmatrix} \dfrac{u_1'}{w_1} + u_{01} \\[2mm] \dfrac{u_2'}{w_2} + u_{02} \\ \vdots \\ \dfrac{u_m'}{w_m} + u_{0m} \end{bmatrix} = \boldsymbol{y}_d$$

可重新表示为

$$\begin{bmatrix} \dfrac{b_1}{w_1} & \dfrac{b_2}{w_2} & \cdots & \dfrac{b_m}{w_m} \end{bmatrix} \begin{bmatrix} u_1' \\ u_2' \\ \vdots \\ u_m' \end{bmatrix} = \boldsymbol{y}_d - \begin{bmatrix} b_1 & b_2 & \cdots & b_m \end{bmatrix} \begin{bmatrix} u_{01} \\ u_{02} \\ \vdots \\ u_{0m} \end{bmatrix}$$

令 $\boldsymbol{B}' = \begin{bmatrix} \dfrac{b_1}{w_1} & \dfrac{b_2}{w_2} & \cdots & \dfrac{b_m}{w_m} \end{bmatrix}$, $\boldsymbol{y}_d' = \boldsymbol{y}_d - \begin{bmatrix} b_1 & b_2 & \cdots & b_m \end{bmatrix} \begin{bmatrix} u_{01} \\ u_{02} \\ \vdots \\ u_{0m} \end{bmatrix}$,则有

$$\boldsymbol{B}' \begin{bmatrix} u_1' \\ u_2' \\ \vdots \\ u_m' \end{bmatrix} = \boldsymbol{y}_d' \qquad (2-54)$$

式(2-53)和式(2-54)构成标准的控制分配问题的约束,式(2-52)规定了其优化目标是最小范数解,因此对于转化后的标准控制分配问题可采用逐步饱和伪逆法进行实时求解。

对于最小偏转目标、最小阻力目标、最大升力目标最小雷达反射目标、最小机翼载荷目标,都可以采用这种方法转化为标准问题,由逐步饱和伪逆法进行实时求解。

虽然这种转化后求解的方法不适用于多目标加权优化问题。但由于实际使用中,应该是根据具体的飞行阶段和任务需求分别选择不同优化目标,多目标加权的方式没有实际的物理意义且难以合理地选择,因此多目标分别优化的实时控制分配具有非常重要的实际应用价值。

## 2.4　无人机制导控制器设计[3]

前面论述的是无人机的稳定与姿态控制和基于姿态控制的常规轨迹控制技术。对于长航时无人机,其任务以巡航飞行为主,不需要大的机动,因此,常规的轨迹跟踪只有爬升下降等飞行模态,设计的轨迹跟踪控制律也较为简单。而对于无人作战飞机,空战中有时需要进行大机动飞行,跟踪的轨迹也较为复杂多变,因此,对于制导控制和轨迹跟踪控制的要求更高,控制律也相应地更为复杂[15-18]。这里以无人作战飞机为例进行论述。

无人作战飞机轨迹跟踪依赖于制导系统。制导系统主要用于测量无人作战飞机和期望轨迹的相对位置,计算出无人作战飞机沿预定轨迹飞行所需的修正量,并馈送给控制系统,控制系统通过调整无人作战飞机姿态从而改变其空间位置,以保证无人作战飞机沿期望轨迹飞行[19-20]。

无人作战飞机的制导系统设计要求是:

(1) 实现无人机机动飞行轨迹精确跟踪。

(2) 无人机机动状态不同[21-23],期望轨迹随时间变化规律不同,同时考虑到无人机随时间变化的外部环境和内部状态,要求所设计的控制器能够适应不同的期望轨迹和外部环境及内部状态的变化。

(3) 存在干扰作用时,也应能够消除或尽量减小轨迹跟踪的误差。

(4) 设计的控制器具有收敛速度快、满足飞控系统实时性要求的特性。

这里采用一种基于前馈及反馈复合控制的方法设计制导控制器[3]。前馈控制依照指令轨迹信号直接产生姿态控制指令,以实现精确快速的指令轨迹跟踪。

为了提高前馈姿态控制的作用,采用逆动力学方法求解,通常得到的是一种前馈指令的近似解。同时引入轨迹跟踪误差构成反馈控制,保证系统有良好的稳定性及动态品质。反馈控制器采用模糊调参方法进行设计。

设计过程包括姿态控制回路设计和制导回路设计。

## 2.4.1　姿态控制器设计

姿态控制属于内回路控制,针对无人作战飞机的非线性属性,其设计方法需要采用非线性设计方法。这里采用了动态逆＋神经网络设计方法。

考虑飞机的运动方程,利用多重尺度奇异摄动理论[24]分析各种状态,确定状态变化的快慢,可以将十二个状态划分为四组:$[p, q, r]$、$[\alpha, \beta, \mu]$、$[V, \gamma, \chi]$、$[x, y, z]$。前两组状态描述了飞机的角运动,用来确定飞行姿态的变化。后两组状态描述了飞机的质点运动,用来确定飞行轨迹的变化。将这四组快慢不同的状态集构成相应的内外回路,依据非线性动态逆设计方法对各回路进行解耦设计。在每个回路设计中,可忽略比期望控制状态变化快得多的状态的动态过程,将其视为控制输入量,而把比其变化慢得多的状态近似视其为常量。这样处理大大简化了系统的复杂性,使得在实际控制面数目较少的条件下,利用非线性动态逆解耦设计成为可能。研究分析表明,这样的处理对于大多数的飞机来说是可行的,目前许多面向非线性飞机方程的设计方法都是采用动态逆方法。

首先设计快逆控制器,根据飞机的机体角速率指令$[p_c, q_c, r_c]$用控制面直接控制快状态$[p, q, r]$。在此基础上,忽略快逆回路的动态过程而将快逆状态作为慢逆状态运动方程的输入来设计慢逆控制器,即由姿态指令$[\alpha_c, \beta_c, \mu_c]$控制慢状态$[\alpha, \beta, \mu]$产生控制量$[p_c, q_c, r_c]$。然后设计最慢逆控制器,以速度指令$[V_c, \gamma_c, \chi_c]$指令控制速度状态$[V, \gamma, \chi]$产生控制量$[\alpha_c, \beta_c, \mu_c]$。最后,依据飞行指令控制空间位置状态$[x, y, z]$,得到控制量$[V_c, \gamma_c, \chi_c]$。由于将飞控系统分为姿态控制回路和轨迹控制回路两个独立的回路,而且考虑到姿态控制是轨迹控制的基础和前提,所以先详细讨论飞机的姿态控制器设计,图 2 - 29 为姿态控制回路的结构图,包括了快逆控制器和慢逆控制器。

由于动态逆设计方法需要知道精确的飞机模型,故在设计动态逆控制器的基础上,引入在线自适应神经网络来补偿动态逆的逆误差,增强姿态回路的鲁棒性。

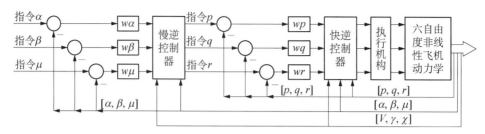

图 2-29　姿态控制回路结构图

具体方法是在慢回路中设计 3 个神经网络分别对 $\alpha$、$\beta$、$\mu$ 三个姿态角的动态逆误差进行补偿。选择在慢回路中进行补偿是因为慢回路动态逆采用近似逆设计,而且慢回路是快回路的外回路,快回路产生的逆误差也会反映到慢回路中。因此,在慢回路进行补偿,能够比较充分地消除逆误差。以迎角 $\alpha$ 为例(见图 2-30),$\alpha_c$ 为指令信号,经过一阶指令滤波器输出理想的响应信号 $\alpha_d$ 及其微分信号 $\dot{\alpha}_d$;线性补偿器取一阶比例控制,比例系数 $k_\alpha$。伪控制信号 $u_\alpha$ 由线性补偿器输出信号 $u_{p\alpha}$、指令滤波器输出的微分信号 $\dot{\alpha}_d$ 和神经网络输出的自适应信号 $\hat{u}_{ad\alpha}$ 三部分组成。$\bar{x}_\alpha$ 是神经网络所需的输入变量,包括速度 $V$、迎角 $\alpha$、高度 $h$ 等。$u_\beta$、$u_\mu$ 分别代表侧滑角和航迹滚转角的伪控制信号。

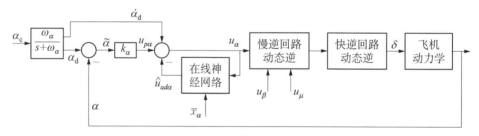

图 2-30　迎角通道的神经网络自适应控制结构

神经网络采用基于径向基(RBF)单元的 $\Sigma\text{-}\Pi$ 网络来补偿逆误差,迎角通道在线神经网络结构如图 2-31 所示。

对于侧滑角 $\beta$ 和航迹滚转角 $\mu$ 的自适应神经网络设计方法与迎角 $\alpha$ 相同,分别合成 $u_\beta$ 和 $u_\mu$ 信号。3 个姿态角的伪控制信号 $u_\alpha$、$u_\beta$、$u_\mu$ 作为输入信号,经过慢回路动态逆控制器生成快回路指令信号 $p_c$、$q_c$、$r_c$。

具体设计过程见参考文献[3],这里不再详述。

完成了姿态控制回路设计,进一步进行下面的制导回路设计。

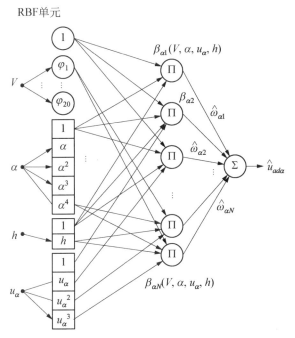

**图 2 - 31　迎角通道在线神经网络结构**

## 2.4.2　逆动力学前馈制导控制律设计

进行逆动力学前馈制导控制律设计时使用的飞机方程为式(2-38)～式(2-41)。

**1) 逆动力学方法**

首先考虑以下逆向推理过程。当把飞机视作一质点时,其空间位置的改变是通过作用于它的外力所产生的加速度实现的。如果已知期望轨迹信息,那么可以逆向推理得到飞机的期望加速度,由牛顿第二定律进一步逆向推理可以得到所需要的外力。作用在飞机上的力主要包括三个气动力(升力 $L$、阻力 $D$、侧力 $Y$)与推力 $T$。由外力的产生原理再进而逆向推理可以得到产生这些外力的姿态变量。因此,在理想情况下,如能根据期望轨迹,逆向求得对应的姿态指令和推力指令,送给基本姿态控制器和发动机,可望使飞机以足够的准确度保持或跟踪期望的飞行轨迹。

由以上分析可知,由已知飞行轨迹,依飞机质点运动方程,反向求解对应的飞机姿态变量和推力的方法称为逆动力学方法。

**2) 前馈指令的求取**

如图 2 - 32 所示,作用在无人作战飞机上的力主要包括三个气动力与推力。

将与地面参考坐标系相关的速度矢量和位置,即速度 $V$ 和两个航迹角 $\gamma$、$\chi$ 作为研究对象,对于飞机轨迹跟踪问题来说更为方便。

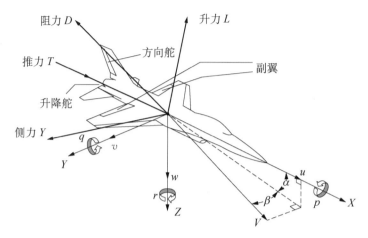

图 2-32　作用在无人作战飞机上的力

已知飞机期望的轨迹,且假定该轨迹分别以航迹 $\boldsymbol{P}_c = [x_c, y_c, z_c]^T$ 及速度 $\boldsymbol{V}_c = [V_{xc}, V_{yc}, V_{zc}]^T$ 表示,由此可以分别得到期望轨迹角为

$$\begin{cases} V_c = (V_{xc}^2 + V_{yc}^2 + V_{zc}^2)^{\frac{1}{2}} \\ \gamma_c = \arcsin\left(\dfrac{V_{zc}}{V_c}\right) \\ \chi_c = \arctan\left(\dfrac{V_{yc}}{V_{xc}}\right) \end{cases} \tag{2-55}$$

前馈控制指令的逆动力学计算就在于,依据给定的 $V_c$、$\gamma_c$、$\chi_c$ 寻求对姿态回路的指令输入信号 $\alpha_d$、$\beta_d$、$\mu_d$。

实际上,飞机的速度及航迹角变化率 $\dot{V}$、$\dot{\gamma}$、$\dot{\chi}$ 是由作用在飞机三轴上的力决定的,而作用于三轴上的力,又是由作用于飞机上的升力 $L$、阻力 $D$ 和推力 $T$ 以及飞机的迎角 $\alpha$、侧滑角 $\beta$ 和航迹滚转角 $\mu$ 确定的。因此,逆动力方法就是依据飞机的质点动力学方程,由指令信号 $V_c$、$\gamma_c$、$\chi_c$ 寻求相应的姿态回路的指令 $\alpha_d$、$\beta_d$、$\mu_d$ 及 $T_d$。

飞机作为质点,沿三轴力作用下的动力学方程如下式所示:

$$\begin{cases} \dot{V} = \dfrac{1}{M}[-D + Y\sin(\beta) - Mg\sin(\gamma) + T\cos(\beta)\cos(\alpha)] \\[2mm] \dot{\chi} = \dfrac{1}{MV\cos(\gamma)}\{L\sin(\mu) + Y\cos(\mu)\cos(\beta) + \\[1mm] \qquad T[\sin(\mu)\sin(\alpha) - \cos(\mu)\sin(\beta)\cos(\alpha)]\} \\[2mm] \dot{\gamma} = \dfrac{1}{MV}\{L\cos(\mu) - Mg\cos(\gamma) - Y\sin(\mu)\cos(\beta) + \\[1mm] \qquad T[\sin(\mu)\sin(\beta)\cos(\alpha) + \cos(\mu)\sin(\alpha)]\} \end{cases} \quad (2-56)$$

式中,$M$ 为质量;$D$ 为阻力;$Y$ 为侧力;$L$ 为升力;$g$ 为重力加速度。

若假定飞机飞行中侧向机动较小,侧滑角和侧力可忽略,即在机动过程中保持 $\beta_d = 0$,$T = T_d$,由(2-56)式可得到 $\alpha_d$、$\mu_d$ 及应满足如下关系式:

$$\dot{V}_c = \frac{1}{M}(-D - Mg\sin\gamma_c + T_d\cos\alpha_d) \quad (2-57)$$

$$\dot{\chi}_c = \frac{1}{MV_c\cos\gamma_c}(L\sin\mu_d + T_d\sin\mu_d\sin\alpha_d)T_d \quad (2-58)$$

$$\dot{\gamma}_c = \frac{1}{MV_c}(L\cos\mu_d - Mg\cos\gamma_c + T_d\cos\mu_d\sin\alpha_d) \quad (2-59)$$

对式(2-56)进行整理,得

$$MV_c\dot{\chi}_c\cos\gamma_c = (L + T_d\sin\alpha_d)\sin\mu_d \quad (2-60)$$

对(2-59)式进行整理,得

$$MV_c\dot{\gamma}_c + Mg\cos\gamma_c = L + T_d\sin(\alpha_d)\cos\mu_d \quad (2-61)$$

把式(2-60)和式(2-61)两式相除,可得

$$\mu_d = \arctan^1\left(\frac{V_c\dot{\chi}_c\cos\gamma_c}{V_c\dot{\gamma}_c + g\cos\gamma_c}\right) \quad (2-62)$$

从式(2-62)得到 $\mu_d$ 后,将其代入式(2-57)、式(2-58)和式(2-59)中,即可求得 $\alpha_d$ 和 $T_d$。在式(2-57)、式(2-58)式(2-59)中消去 $T_d$ 可得

$$(MV_c\cos\gamma_c\dot{\chi}_c - L\sin\mu_d)\cos\alpha_d = (\dot{V}_cM + D + Mg\sin\gamma_c)\sin\mu_d\sin\alpha_d \quad (2-63)$$

因为迎角限制范围为 $-10° \leqslant \alpha \leqslant 45°$,则 $\cos(\alpha_d) \neq 0\alpha_d$,对式(2-63)两边都除以 $\cos\alpha_d$,并进行化简整理得

$$T_d = \frac{\dot{V_c}M + D + Mg\sin\gamma_c}{\cos\alpha_d} \tag{2-64}$$

再将求出的代回式(2-57),可以求得

$$\alpha_d = \arctan\frac{MV_c\cos(\gamma_c)\dot{\chi_c} - L\sin\mu_d}{(M\dot{V_c} + D + Mg\sin\gamma_c)\sin\mu_d} \tag{2-65}$$

实际应用时,依据给定的理想轨迹的瞬时值以及当时飞机的升力、阻力和飞机质量即可计算求得瞬时前馈指令 $\alpha_d$、$\beta_d$、$\mu_d$。由于气动力 $L$、$D$ 随飞行状态改变,故应依飞行状态的变化进行实时计算。上述所给出的算法运算简单,可保证实时性要求。反正切的值域是 $[-\pi/2, \pi/2]$,与迎角和航迹滚转角的范围相同,因此不存在无解的问题。但是由于求解过程中做了一定的简化,计算求得的前馈指令不可避免存在一定偏差,需要进行修正。

### 2.4.3 基于模糊控制的反馈控制器设计

#### 1) 反馈控制器设计概述

一般参考轨迹是在三自由度质点模型基础上,将飞机作为一个质点运动来研究,采用最优化方法计算得到的,允许飞机的姿态可以瞬间改变。可是真实的非线性六自由度飞机模型不可能跟踪这些从三自由度最优化轨迹推出的瞬间变化的姿态角优化指令,因为飞机存在着惯量约束。因此,三自由度模型和六自由度模型各自产生的升力和阻力等存在着差异,进而导致飞机加速度存在差异,经过积分作用后,会在飞机速度和指向方位产生误差。如果不采用反馈对误差进行修正,那么,经过积分后,在期望轨迹和实际跟踪轨迹之间可能产生严重的偏差。

另外,依赖于期望的航迹,按上节方法求出的 $T_d$、$\alpha_d$、$\mu_d$ 是基于简化假设条件下的近似解,此外还存在干扰,这些因素都将影响无人作战飞机对机动期望轨迹的精确跟踪。针对这些因素需要对前馈信号进行相应修正,这种修正将显著减小航迹跟随的误差。

无人作战飞机轨迹跟踪系统要求设计的反馈控制器应能够依照轨迹跟踪误差修正姿态指令,以增强系统在不同的机动飞行条件和状态下,制导系统跟踪的精确性,同时保证系统的稳定性。常规方法都是采用固定的反馈增益。但是由于在机动飞行时,飞机状态及期望轨迹可能急剧变化,固定增益的反馈控制器不能适应这些变化,控制效果差,不能满足精确跟踪要求。模糊逻辑通过相对简单的规则设定可以处理复杂的系统不确定性和非线性。故决定采用模糊控制方法来设计反馈控制器,令增益随速度误差及各轴位置误差进行相应的调节,以提高跟踪系统的精确性与鲁棒性。选择将速度误差作为模糊变增益控制的输入变量是因为速度控制在轨迹跟踪时是非常重要的,且速度对于基本姿态控制器的结构和参数影响也较大。

2) **模糊调参反馈控制器设计**

定义在地轴系中的广义位置误差为

$$\Delta \boldsymbol{P} = (P_c - P) + \tau(V_c - V)$$

式中:$\tau$ 是给定的加权系数,用来调节对飞机位置变化率的控制,消除振荡,提高飞机的稳定性。具体的取值可由试验得到。广义位置误差在三轴上的分量可以表示为

$$\Delta \boldsymbol{P} = [\Delta P_x, \ \Delta P_y, \ \Delta P_z]^{\mathrm{T}}$$

从地轴系向航迹坐标系的转换矩阵为

$$\boldsymbol{L} = \begin{bmatrix} \cos \chi \cos \gamma & \sin \chi \cos \gamma & -\sin \gamma \\ -\sin \chi & \cos \chi & 0 \\ \cos \chi \sin \gamma & \sin \chi \sin \gamma & \cos \gamma \end{bmatrix}$$

可得 $\Delta \boldsymbol{P}$ 在航迹坐标系中的三个分量分别为

$$E_x = \Delta P_x \cos \chi \cos \gamma + \Delta P_y \sin \chi \cos \gamma - \Delta P_z \sin \gamma$$
$$E_y = -\Delta P_x \sin \chi + \Delta P_y \cos \chi$$
$$E_z = \Delta P_x \cos \chi \sin \gamma + \Delta P_y \sin \chi \sin \gamma + \Delta P_z \cos \gamma$$

经过误差修正后的推力控制律为

$$T_c = T_d + K_x E_x$$

经过误差修正后的姿态指令为

$$\alpha_c = \alpha_d + K_z E_z$$
$$\mu_c = \mu_d + K_y E_y$$
$$\beta_c = \beta_d$$

增益值 $K_x$、$K_y$、$K_z$ 采用模糊逻辑来确定,制订以下的模糊规则:

（1）位置误差的增益随速度误差和自身的位置误差进行相应调节。

（2）误差大时，增大增益；误差小时，减小增益。

从以上思想出发，制定如表 2-2、表 2-3 和表 2-4 的模糊规则，其中 $\Delta V$ 代表速度误差，$E_i$ 代表位置误差，$DE_i$ 代表误差变化率，定义为

$$DE_i = \frac{E_i(t + \Delta t) - E_i(t)}{\Delta t}$$

式中，$\Delta t$ 是采样间隔时间，对 $|\Delta V|$、$E_i$ 和 $DE_i$ 三个变量进行相应的隶属度划分，分别为

$$U_{|\Delta V|} = \{SM, ME, LA\}$$
$$U_E = \{NL, NS, ZR, PS, PL\}$$
$$U_{DE} = \{NE, ZR, PO\}$$

表 2-2　三维线性规则库（$|\Delta V| = BI$）

| $\omega_i$ / $E$ \\ $DE$ | NL | NS | ZR | PS | PL |
|---|---|---|---|---|---|
| NE | 0.30 | 0.22 | 0.13 | 0.16 | 0.25 |
| ZR | 0.28 | 0.19 | 0.10 | 0.19 | 0.28 |
| PO | 0.25 | 0.16 | 0.13 | 0.22 | 0.30 |

表 2-3　三维线性规则库（$|\Delta V| = ME$）

| $\omega_i$ / $E$ \\ $DE$ | NL | NS | ZR | PS | PL |
|---|---|---|---|---|---|
| NE | 0.60 | 0.45 | 0.20 | 0.30 | 0.50 |
| ZR | 0.55 | 0.40 | 0.10 | 0.40 | 0.55 |
| PO | 0.50 | 0.30 | 0.20 | 0.45 | 0.60 |

表 2-4　三维线性规则库（$|\Delta V| = SM$）

| $\omega_i$ / $E$ \\ $DE$ | NL | NS | ZR | PS | PL |
|---|---|---|---|---|---|
| NE | 1.00 | 0.22 | 0.20 | 0.30 | 0.75 |
| ZR | 0.90 | 0.45 | 0.10 | 0.45 | 0.90 |
| PO | 0.75 | 0.60 | 0.20 | 0.60 | 1.00 |

其相应的隶属度函数如图 2-33 所示。

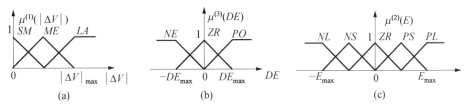

**图 2-33　隶属度函数**

(a) $|\Delta V|$ 的隶属度函数　(b) $E_i$ 的隶属度函数　(c) $DE_i$ 的隶属度函数

在表 2-2、表 2-3 和表 2-4 中，$|\Delta V|$、$E_i$ 和 $DE_i$ 是模糊控制器的输入；$\omega_i$ 是控制器的输出。模糊决策采用 Mamdani 最小算子，对于表 2-2、表 2-3 和表 2-4，有

$$\mu_{iE} = \min\{\mu_i^{(1)}(|\Delta V|),\ \mu_i^{(2)}(E),\ \mu_i^{(3)}(DE)\}$$
$$(i = 1,\ 2,\ \cdots,\ 45)$$

式中，$i$ 表示第 $i$ 条模糊规则。权值用重心解模糊化方法计算：

$$\omega_j = \frac{\displaystyle\sum_i^n \mu_{ij}\omega_i}{\displaystyle\sum_i^n \mu_{ij}}\quad (j = x,\ y,\ z)$$

式中，$n$ 是模糊规则的总数。最后的增益值为

$$K_j = \omega_j K_{j0}\quad (j = x,\ y,\ z)$$

式中，$K_{j0}$ 是标称增益值。

## 2.4.4　仿真验证

通过非线性仿真来验证所设计的无人作战飞机制导控制律及总体设计方案的效果，精确轨迹跟踪控制系统结构如图 2-34 所示。

图中基本姿态控制律依据非线性动态逆方法设计，其输入指令为迎角 $\alpha_c$，侧滑角 $\beta_c$，航迹滚转角 $\mu_c$，输出指令为舵面指令。制导回路前馈通道依据期望轨迹给出速度指令和两个航迹角指令 $V_c$、$\gamma_c$、$\chi_c$，根据逆动力学方法解算出内回路指令 $T_d$、$\alpha_d$、$\beta_d$、$\mu_d$，再由基于模糊逻辑的反馈信号对 $\alpha_d$、$\beta_d$、$\mu_d$ 以及所需推力 $T_d$ 进行修正，修正后的指令记为 $T_c$、$\alpha_c$、$\beta_c$、$\mu_c$，然后由内回路姿态控制器求出相应的控制作用并施加给飞机。

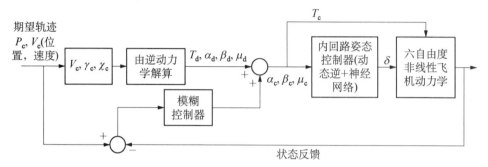

图 2-34　无人机轨迹跟踪控制总体结构

仿真条件：假设无人作战飞机初始保持水平直线飞行，各状态为速度 $V = 500$ ft/s，高度 $h = 15\,000$ ft，配平迎角 $\alpha = 4.465\,5°$，发动机推力 $T = 2\,120.621\,4$ lbf，升降舵偏转 $\delta_E = -2.460\,7°$。

在 Matlab 环境下建立了相应的数学仿真程序，并进行了如下两种机动轨迹跟踪的数学仿真验证。

**1) 盘旋爬升机动轨迹跟踪**

首先验证无人作战飞机的盘旋机动性能，盘旋和转弯是衡量飞机机动飞行最基本的性能之一，同时为了能迅速摆脱对方追击，无人作战飞机又要具有一定的爬升性能，故选择无人作战飞机跟踪盘旋爬升的轨迹作为验证目标之一。

要求飞机盘旋爬升，跟踪如下形式的期望轨迹：

$$\left.\begin{array}{l} x = 5\,000\sin(500t/5\,000) \\ y = 5\,000 - 5\,000\cos(500t/5\,000) \\ z = 15\,000 + 30t \end{array}\right\}$$

仿真时间为 60 s，相应的模糊边界值及标称增益值取为 $|\Delta V|_{\max} = 20$ ft/s，$E_{\max} = 70$ ft，$DE_{\max} = 20$ ft/s，$K_{x0} = 0.2$，$K_{y0} = 0.3$，$K_{z0} = 0.1$，$\tau = 0.5$。仿真结果曲线如图 2-35～图 2-37 所示。

从模糊逻辑增益随时间的变化轨迹可以看出，增益随速度误差及位置误差进行了相应的调节，始终驱动控制器来减小跟踪误差。

**2) 蛇形机动轨迹跟踪**

蛇形机动是一种反高炮、反导弹、反雷达机动，目的在于增加雷达跟踪误差、增大高炮的前置量计算误差和导弹的飞行过载，从而可以达到降低来袭武器射击效果的目的。为了保证机动飞行的同时具有较大的主航向速度，通常要求左右转弯时偏离主航向的角度不能过大。水平航迹曲线反映了从无人作战飞机开始蛇形机动时刻起滚转角为正负交替变换的飞行方式,且蛇形机动要求无人作战飞机尽可能保持在同一高度上飞行。

要求飞机蛇形机动飞行,跟踪如下形式的期望轨迹:

$$\left. \begin{array}{l} x = 500t \\ y = 500\sin(0.1\pi t) \\ z = 15\,000 \end{array} \right\}$$

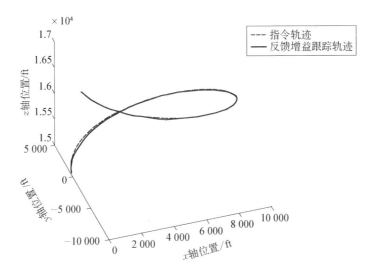

图 2-35　模糊反馈增益轨迹跟踪三维视图

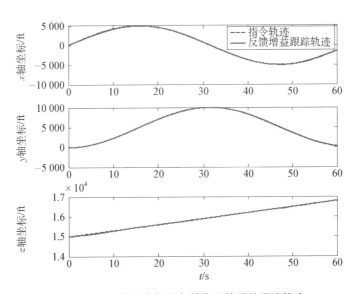

图 2-36　三轴指令轨迹与模糊反馈增益跟踪轨迹

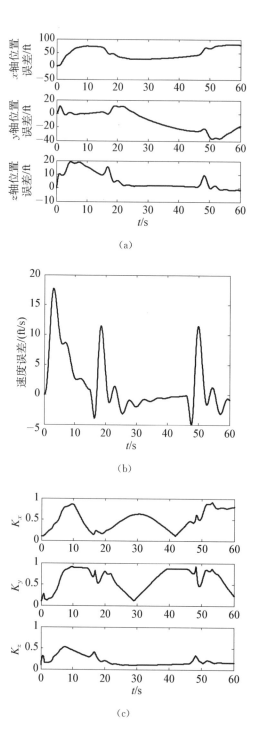

**图 2 - 37　跟踪误差与模糊逻辑**

(a) 三轴误差　(b) 速度误差　(c) 模糊逻辑增益随时间变化

仿真时间为 60 s,相应的模糊边界值及标称增益值取为 $|\Delta V|_{max} = 20 \text{ ft/s}$, $E_{max} = 70 \text{ ft}$, $DE_{max} = 20 \text{ ft/s}$, $\tau = 0.5$。对于前馈加模糊变增益反馈 $K_{x0} = 0.25$, $K_{y0} = 0.4$, $K_{z0} = 0.1$。

仿真结果曲线如图 2-38~图 2-41 所示。

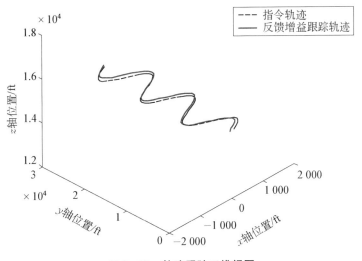

图 2-38  轨迹跟踪三维视图

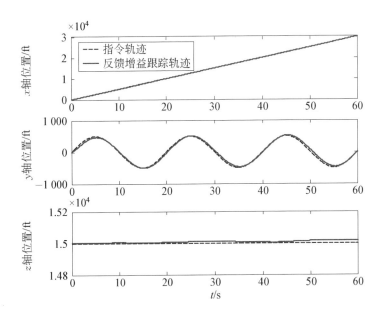

图 2-39  指令轨迹与反馈跟踪轨迹

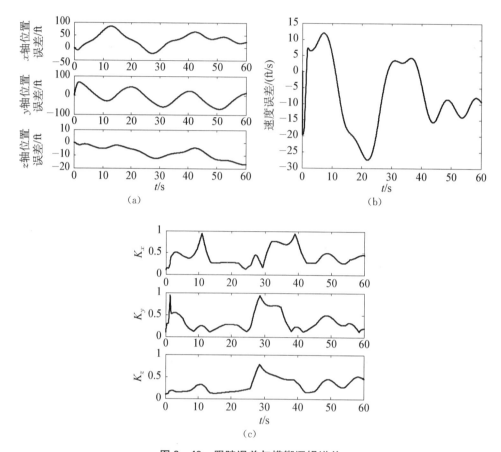

图 2-40　跟踪误差与模糊逻辑增益

(a) 三轴误差　(b) 速度误差　(c) 模糊逻辑增益响应

　　从图 2-39 可以看出,$z$ 轴轨迹曲线中飞行高度有小的波动,但是仍然维持在高度 15 000 ft 左右,即飞机基本上是在水平面作蛇形机动飞行。图 2-40 表明,采用前馈加模糊反馈的系统,对于期望轨迹的跟踪效果较好,其位置和速度误差都较小。图 2-41 表明,在仿真初始时刻能够较好地减小振荡。图 2-41(a) 说明无人作战飞机在做蛇形机动时滚转角响应曲线在 ±60°范围内交替变化;图 2-41(b) 说明无人作战飞机在做蛇形机动时航迹方位角响应曲线在 ±20°范围内交替变化,这与平面内蛇形机动的物理意义是相符的。从图 2-40(c) 模糊逻辑增益随时间的变化轨迹可以看出,增益随速度误差及位置误差进行相应的调节,始终驱动控制器来减小跟踪误差。

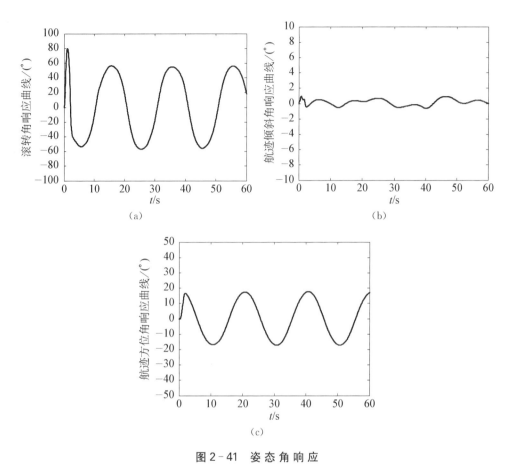

图2-41 姿态角响应

(a)滚转角响应 (b)航迹倾斜角响应 (c)航迹方位角响应

## 2.5 无人机飞行/推进综合控制技术

### 2.5.1 综合飞行/推进控制技术概述

随着复杂作战要求和飞行任务对飞机性能要求的逐渐提高,现代飞机飞行、推进、火力等各个子系统的复杂程度不断增加,子系统间的耦合效应也大大加强,会严重影响飞机的稳定性和性能。将各子系统独立分割并进行设计的传统思路,不能实现飞机各系统的有效协调,也无法使飞机整体性能达到最优。这种传统的设计方法已经不能满足现代飞机设计的需要,从而在客观上对飞机各个系统提出了综合设计和综合控制的需求。综合飞行/推进控制(integrated flight/propulsion control,IFPC)技术正是将飞机与推进系统综合考虑,实现飞行控制和推进控制综合设计,有效地处理飞机与推进系统之间的耦合影响,最大限度地满足飞行任务的要求,以满足推力管理,提高燃油效率和飞机的机动性,改善飞机的生存性等,使系统达到整体性能优化。

IFPC技术包括系统功能综合和系统物理综合。前者是提高飞机整体性能的有效途径;后者可改善系统有效性和全寿命费用。系统功能综合按不同的综合要求有:按综合控制的模式有快速推力调节模式、推力矢量模式、自动油门模式和性能寻优控制模式等;按飞机使用要求和性能要求分不同的任务段有起飞、着陆/着舰、巡航、地形跟随/威胁回避/障碍回避、对地攻击等。系统物理综合是系统硬件的布局、硬软件一体化设计、总线通信、资源共享、故障监控和诊断等。

相比于有人机,无人机对综合飞行/推进技术的需求更为突出。①无人机在全飞行模态均需对飞行、推进系统进行自动协调控制,以替代有人机的驾驶员功能,因此对飞行控制、推力控制进行综合十分必要。综合控制指令同时操纵控制飞机的舵面、油门及其他推进可调机构,在完成常规任务的基础上,有效地抑制系统间耦合作用对飞机稳定性和控制性能的影响。②相比于有人作战飞机,无人机突破了人的生理约束,飞行包线和机动敏捷性得到大幅度拓展。但在大机动模态下飞行与推进系统也产生了强烈的交互耦合:推力矢量技术的应用与气动舵面产生了直接的控制耦合,且大机动飞行状态使推进系统产生了进气畸变,直接影响综合系统性能。因此,要充分发挥无人机的机动能力和作战能力,就必须实现飞行、推进系统的协调控制与综合管理。③无人侦察机、无人作战飞机等因其特殊的作战和飞行任务,对机动性能、经济性能和作战半径等有特定需求,采用综合飞行/推进优化控制技术,可实现对推力、油耗(能耗)、推进系统寿命等性能指标的优化,有效提升飞机的整体性能,扩展作战半径。

无人机综合飞行/推进控制的原理结构如图2-42所示。系统由左至右可分为四层,分别为管理层、综合控制层、执行层及对象。管理层实现任务/轨迹/性能管理,根据具体需求给出轨迹指令或综合飞/推性能优化模式至综合控制层。综合控制层接收上层指令及本机各种信息,由飞/推综合控制器生成控制指令,控制选择器综合地面指令和控制指令后输出具体的执行指令。执行层依据接收的指令,操纵相应的气动舵面、发动机油门和推力矢量操纵机构,实现无人机期望的飞行轨迹及速度精确控制,或实现推力、油耗和航程等关键性能指标的优化。

目前,IFPC技术已广泛应用在国外先进有人和无人作战飞机上。IFPC初期研究是通过自动推力调节及自动航线飞行提高巡航性能,YF-12综合控制计

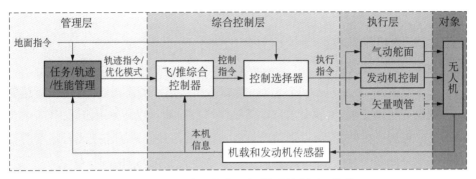

图 2-42  无人机综合飞行/推进控制原理结构

划实现了自动驾驶仪、自动油门以及进气道的数字综合控制。之后,IFPC 研究集中于性能寻优控制、推力矢量控制的实现和应用。F-15 和 F-22 先进战斗机都应用了性能寻优控制(performance seeking control,PSC)技术,其目标在于研究利用基准控制规律和机载自适应推进系统模型对综合飞行/推进系统性能进行在线寻优控制,以验证其潜在的效益。试飞结果表明,PSC 技术在最低耗油率优化模式下可使耗油率降低 $2\%\sim10\%$,最大推力优化模式使推力增加 $10\%\sim15\%$,最低涡轮进口温度优化模式使风扇涡轮进口温度在高空飞行时降低了约 $55.56℃(100℉)$,在改善推进系统和飞机性能、延长发动机寿命等方面带来了巨大的效益。Su-37 和 X-31 验证机等应用了推力矢量控制(thrust vectoring control,TVC)技术,通过改变发动机尾喷流方向产生控制力矩,取代或补充常规飞机控制面的气动力实现飞行控制。TVC 技术可有效扩大迎角包线,提高飞机起飞、巡航、着陆性能,增强飞机的敏捷性和机动性。X-31 验证机应用 TVC 技术使其可操纵迎角达 $76°$,具有超常的机动性;Su-37 应用 TVC 技术完成"普加乔夫眼镜蛇"机动、"钟形"机动动作等。除有人作战飞机以外,IFPC 技术也已在部分无人作战飞机上应用。美国在 X-31 验证机的基础上,研制开发了 X-36 无尾战斗试验机,采用 TVC 技术取代飞机垂尾的功能,大大改善飞机隐身性能。舰载无人机已开展低动压着舰状态下的综合飞行/推进控制研究,即自动动力补偿系统(automatic power compensator system,APCS),通过自动驾驶仪与自动油门控制的综合,实现着舰阶段速度和迎角的有效控制,使航迹角对姿态角变化具有快速精确的跟踪能力。

本节以无人机为背景,分别给出了常规模态和优化控制模式下无人机综合飞行/推进控制结构、工作原理,说明了综合控制律构成及设计过程,并通过典型算例进行了分析与验证。

### 2.5.2　无人机常规模态综合飞行/推进控制

#### 1) 起飞/着陆模态

无人机着陆(着舰)模态需要保持精确的航迹角和姿态角,同时对飞行速度的控制也有较高要求,这就要求自动驾驶仪与自动油门控制系统协同工作,由自动驾驶仪控制飞机的姿态,以保持航迹;由自动油门控制系统实现飞行速度的控制。采用分回路设计的着陆模态综合飞行/推进控制结构如图 2-43 所示。

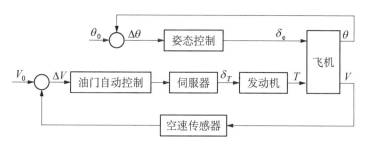

**图 2-43　着陆模态综合飞行/推进控制原理结构**

综合飞行/推进控制系统包括两个回路,一个是姿态控制回路,另一个是自动油门控制回路。姿态控制回路设计时主要基于飞机姿态角关于舵面的传递函数模型,自动油门回路设计时主要基于飞行速度关于推力输入的传递函数模型以及发动机模型。本节按照分回路设计思想,采用根轨迹设计方法进行设计。

飞机纵向运动状态方程为

$$\begin{cases} \dot{\boldsymbol{X}} = \boldsymbol{AX} + \boldsymbol{BU} \\ \boldsymbol{Y} = \boldsymbol{CX} \end{cases} \tag{2-66}$$

式中,状态向量为 $\boldsymbol{X} = \begin{bmatrix} V & \alpha & \theta & q \end{bmatrix}$,其中 $V$ 为飞机速度,$\alpha$ 为迎角,$\theta$ 为俯仰角,$q$ 为俯仰角速度;控制向量为 $\boldsymbol{U} = \begin{bmatrix} T & \delta_e \end{bmatrix}$,其中 $T$ 为发动机推力,$\delta_e$ 为升降舵偏角。

发动机油门偏度输入 $\delta_T$ 至推力输出 $T$ 的动态特性可简化为 $\dfrac{k_g}{T_g s + 1}$,油门伺服器模型近似为一阶惯性环节 $\dfrac{1}{\tau s + 1}$。

本节以某型先进无人机为对象,给出控制律的设计过程及仿真验证。假设飞机初始保持水平直线飞行,仿真初始条件为:高度 $h = 300\text{ m}$,速度 $V = 93.3\text{ m/s}$,配平迎角 $\alpha = 8.61°$,升降舵偏转 $\delta_e = -5.12°$,发动机推力 $T = 2.06 \times 10^4\text{ N}$。

由式(2-66),该状态点系统的线性化方程为

$$C = \begin{bmatrix} 1 & 0 & 0 & 0 \\ 0 & 0 & 1 & 0 \\ 0 & 0 & 0 & 57.2958 \end{bmatrix} \quad \begin{cases} \dot{X} = AX + BU \\ Y = CX \end{cases} \quad (2-67)$$

其中:

$$A = \begin{bmatrix} 0.0434 & 0.1145 & 0.1695 & 0 \\ 0.1242 & 0.6083 & 0.02511 & 57.2958 \\ 0 & 0 & 0 & 57.2958 \\ 0.00065 & 0.0048 & 0.02676 & 0.2725 \end{bmatrix}, \quad B = \begin{bmatrix} 9.829 \times 10^{-5} & 0.001364 \\ -1.1311 \times 10^{-5} & 0.0917 \\ 0 & 0 \\ 0.12062 \times 10^{-6} & 0.02949 \end{bmatrix}$$

式中:系统输出为 $Y = [V, \theta, q]^{\mathrm{T}}$。

根据飞机纵向方程,姿态角关于舵偏的传递函数为

$$\frac{\Delta\theta(s)}{\Delta\delta_e(s)} = \frac{-1.6895(s+0.64714)(s+0.019448)}{(s+0.7401)(s+0.0171)(s^2+0.167s+1.3105)} \quad (2-68)$$

将传递函数零极点中的小负实根相消,进一步简化可得

$$\frac{\Delta q(s)}{\Delta\delta_e(s)} = \frac{-1.6895(s+0.64714)s}{(s+0.7401)(s^2+0.167s+1.3105)} \quad (2-69)$$

利用简化的俯仰角速率传递函数,采用根轨迹方法设计控制律,得到角速率、姿态角内外回路根轨迹曲线如图2-44所示。

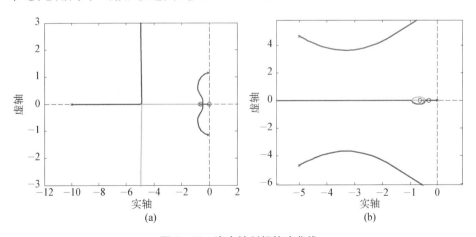

图 2-44 姿态控制根轨迹曲线

(a) 内回路 (b) 外回路

根据根轨迹设计基本准则和内回路根轨迹曲线,选取速率反馈增益 $k_q =$ 2.7,此时角速度反馈内环的闭环零点为 0、$-0.6471$,极点为 $-4.9966 \pm$ $4.6732i$、$-0.4968$、$-0.4171$。在此基础上,绘制姿态外回路根轨迹曲线。从内环零、极点分布的情况看,由于零点的分布均较为靠近原点,当增益 $k_\theta$ 增大时,姿态闭环系统中的某个极点逐渐趋向于该零点,使得系统的动态响应不佳。因此考虑加入补偿器,配置合理的开环零、极点位置,使闭环极点以较快的速度趋向于小零点,形成一对偶极子,从而消除小的零极点对系统动态特性的影响。经过调试和验证,最后加入补偿环节 $(s+0.3)/s$,增益 $k_\theta = 6$。

在姿态控制回路基础上,进一步设计自动油门控制回路。设计时略去俯仰角的过渡过程,认为速度控制时俯仰角已达稳态值,即令 $\Delta\theta$、$\Delta\dot{\theta}$、$\Delta q$、$\Delta\dot{q}$ 为零,简化飞机模型得

$$\begin{bmatrix} \Delta\dot{V} \\ \Delta\dot{\alpha} \end{bmatrix} = \begin{bmatrix} -0.0434 & -0.1145 \\ -0.1242 & -0.6083 \end{bmatrix} \begin{bmatrix} \Delta V \\ \Delta\alpha \end{bmatrix} + \begin{bmatrix} 9.83\times10^{-5} \\ -1.131\times10^{-5} \end{bmatrix} \Delta T$$

$$(2-70)$$

相应的飞行速度对推力的传递函数为

$$\frac{\Delta V(s)}{\Delta T(s)} = \frac{9.83\times10^{-5}(s+0.6215)}{(s+0.6324)(s+0.0193)} \qquad (2-71)$$

此时,自动油门控制律可简化为如图 2-45 所示的结构。

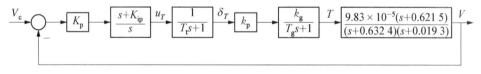

图 2-45　自动油门控制律结构

图 2-45 中,发动机推力延迟特性时间常数 $T_g$ 取为 0.75 s;发动机单位推力增益 $k_g$ 为 $3.34\times10^3$;增益 $k_p$ 表征发动机台数;油门伺服机构的时间常数 $T_t$ 取为 0.1 s。根据图 2-45 的控制律结构,采用根轨迹方法设计,选择的补偿器为 $(s+0.0145)/s$,控制增益 $K_p = 1$。

通过数字仿真验证所设计的分回路综合飞行/推进控制律。假设飞机初始保持水平直线飞行,仿真初始条件如上文所述。在仿真第 1 s 时加入 $\Delta\theta = 5°$ 的姿态指令,加入 $\Delta V = 5$ m/s 的速度指令、持续至 15 s 时恢复至零,仿真曲线如

图 2-46 和图 2-47 所示。

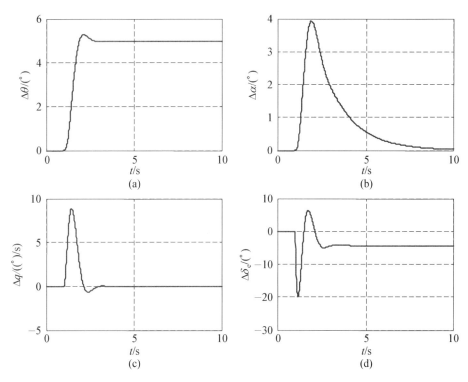

图 2-46 姿态响应曲线

（a）俯仰角 （b）迎角 （c）俯仰角速度 （d）舵偏角

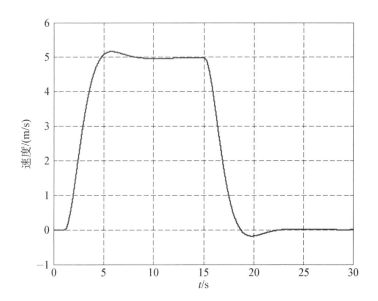

图 2-47 速度响应曲线

图 2‑46 表明,俯仰角能够快速、精确跟踪给定的姿态指令,响应曲线平滑、超调量小,控制精度高,且控制过程中升降舵的偏转未超出相应的幅值限制($-25°\sim20°$),满足设计要求。同时,飞行速度在 5 s 左右由初始值增加至给定值,超调量小,精度满足要求,实现了飞机着陆等模态下对姿态和速度的综合控制。

起飞模态综合飞行/推进控制的结构与图 2‑43 相似,所不同的是,起飞模态的自动油门控制通常会直接给定固定的发动机油门偏度或起飞推力,不再进行速度控制,设计过程此处不再赘述。

### 2) 巡航模态

飞机处于巡航状态时,需要保持给定的高度,同时也需要对飞机的速度进行控制。由于飞机的高度和速度均属于长周期运动模态,两者之间的耦合较为严重,采用分回路的设计方法难以满足控制精度的要求。因此,本节采用解耦控制方案,设计综合飞行/推进控制律,实现飞行高度保持和速度控制。

传统的解耦理论主要包括动/静态解耦、特征结构配置等,其中动态解耦理论的基本思想是依靠反馈控制律 $u=-Kx+Lv$,改造闭环系统使其传递函数矩阵为对角阵,达到变量间在动态过程不相互影响的解耦效果。与动态解耦理论相比,静态解耦理论放宽了动态过程无相互影响的要求,仅考虑稳态性能,只要求实现稳态时的解耦。

首先需建立综合飞行/推进系统模型。飞机纵向运动状态方程采用式(2‑66),发动机动态特性和油门伺服器模型设置同上节。将简化的推进系统模型与式(2‑66)合并,在飞机运动状态方程中增广状态变量 $T$、$\delta_T$、$\delta_e$,得到综合飞行/推进系统模型为

$$
\begin{bmatrix} \dot{X} \\ \dot{T} \\ \dot{\delta}_T \\ \dot{\delta}_e \end{bmatrix} =
\begin{bmatrix}
A & B_1 & 0 & B_2 \\
0 & -\dfrac{1}{T_g} & \dfrac{k_g}{T_g} & 0 \\
0 & 0 & -\dfrac{1}{\tau} & 0 \\
0 & 0 & 0 & -\dfrac{1}{T_e}
\end{bmatrix}
\begin{bmatrix} X \\ T \\ \delta_T \\ \delta_e \end{bmatrix} +
\begin{bmatrix}
0 & 0 \\
0 & 0 \\
\dfrac{1}{\tau} & 0 \\
0 & \dfrac{1}{T_e}
\end{bmatrix}
\begin{bmatrix} u_T \\ u_e \end{bmatrix}
\tag{2-72}
$$

式中,$\boldsymbol{B}=\begin{bmatrix} B_1 & B_2 \end{bmatrix}$;$T_e$ 为舵回路时间常数;$u_e$、$u_T$ 分别为升降舵和油门杆控制指令。

根据增广后的系统模型

$$\dot{x} = \bar{A}x + \bar{B}u$$
$$y = \bar{C}x$$
$$(2-73)$$

采用如下形式的控制律：

$$u = -Kx + Lv \qquad (2-74)$$

式中，$K$ 为状态反馈矩阵；$L$ 为非奇异前馈矩阵；$v$ 为参考输入。根据式(2-73)和式(2-74)，可得闭环系统的状态方程为

$$\dot{x} = (\bar{A} - \bar{B}K)x + \bar{B}Lv$$
$$y = \bar{C}x$$
$$(2-75)$$

及传递函数矩阵

$$G_{KL}(s) = \bar{C}(sI - \bar{A} + \bar{B}K)^{-1}\bar{B}L \qquad (2-76)$$

若实现如下特性：

（1）闭环系统渐进稳定，即有

$$Re\,\lambda_i(\bar{A} - \bar{B}K) < 0, \quad i = 1, 2, \cdots, n \qquad (2-77)$$

（2）闭环传递函数矩阵 $G_{KL}(s)$，当 $s=0$ 时为非奇异对角常阵，即有

$$\lim_{s\to 0}G_{KL}(s) = \begin{bmatrix} \bar{g}_{11}(0) & & \\ & \ddots & \\ & & \bar{g}_{pp}(0) \end{bmatrix}, \quad \bar{g}_{ii}(0) \neq 0, \quad i = 1, 2, \cdots, p$$
$$(2-78)$$

则称系统实现了静态解耦。

依据静态解耦的特性，取期望的稳态增益矩阵为

$$\tilde{D} = \begin{bmatrix} \tilde{d}_{11} & & \\ & \ddots & \\ & & \tilde{d}_{pp} \end{bmatrix}, \quad \tilde{d}_{ii} \neq 0, \quad i = 1, 2, \cdots, p \qquad (2-79)$$

若此时状态反馈矩阵 $K$ 满足闭环系统渐进稳定，则前馈矩阵 $L$ 可取为

$$L = -\left[\overline{C}\,(\overline{A} - \overline{B}K)^{-1}\,\overline{B}\right]^{-1}\widetilde{D} \qquad (2-80)$$

此时得到的$\{K, L\}$即为能使系统解耦的矩阵组合。

按如上静态解耦方法设计的解耦控制律结构如图 2-48 所示。

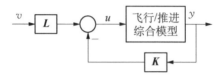

图 2-48 解耦控制律结构

以某型先进无人机为对象,给出控制律的设计结果及仿真验证。假设飞机初始保持水平直线飞行,仿真初始条件为:高度 $h = 6\,000$ m,速度 $V = 189.8$ m/s,配平迎角 $\alpha = 2.69°$,升降舵偏转 $\delta_e = 1.64°$,发动机油门偏度 $\delta_T = 46.3\%$。

根据如式(2-72)的综合飞行/推进系统状态方程,并进一步增广状态变量高度 $h$,最后形成的综合模型为

$$\dot{x} = \begin{bmatrix} 0.013\,5 & 0.033\,0 & 0.170\,8 & 0 & 0 & 0.031\,8 & 0 & 0.007\,8 \\ 0.030\,9 & 0.835\,6 & 0 & 57.295\,8 & 0 & 0.000\,5 & 0 & 0.043\,2 \\ 0 & 0 & 0 & 57.295\,8 & 0 & 0 & 0 & 0 \\ 0.000\,1 & 0.109\,4 & 0 & -37.530\,9 & 0 & 0 & 0 & -0.046\,2 \\ 0 & -3.560\,2 & 3.560\,2 & 0 & 0 & 0 & 0 & 0 \\ 0 & 0 & 0 & 0 & 0 & -1.33 & 1.33 & 0 \\ 0 & 0 & 0 & 0 & 0 & 0 & -10 & 0 \\ 0 & 0 & 0 & 0 & 0 & 0 & 0 & -10 \end{bmatrix} x + \begin{bmatrix} 0 & 0 \\ 0 & 0 \\ 0 & 0 \\ 0 & 0 \\ 0 & 0 \\ 0 & 0 \\ 10 & 0 \\ 0 & 10 \end{bmatrix} u$$

$$y = \begin{bmatrix} 1 & 0 & 0 & 0 & 0 & 0 & 0 & 0 \\ 0 & 0 & 0 & 0 & 1 & 0 & 0 & 0 \end{bmatrix} x$$

式中,状态变量 $x = \begin{bmatrix} V & \alpha & \theta & q & h & T & \delta_T & \delta_e \end{bmatrix}^T$;控制输入 $u = \begin{bmatrix} u_T & u_e \end{bmatrix}^T$;输出 $y = \begin{bmatrix} V & h \end{bmatrix}^T$。

首先计算反馈矩阵 $K$。选取闭环系统的极点为 $p_{1,2} = -2.584 \pm 1.938i$(短周期运动模态),$p_{3,4} = -0.673 + 0.604i$(长周期运动模态),$p_5 = -0.2$(高度模态),$p_{6,7} = -10, -10.235\,4$(舵回路和油门伺服器),$p_8 = -1.327\,8$(发动机惯性环节)。利用 matlab 中 place 函数求解极点配置问题,得到反馈矩阵 $K$:

$$K = \begin{bmatrix} 20.841\,2 & 16.780\,9 & -34.268\,3 & 23.511\,1 & -2.906\,8 & 0.970\,0 & 0.137\,2 & 2.427\,7 \\ 0.295\,2 & -3.653\,3 & -6.124\,0 & -34.038\,8 & 0.439\,9 & 0.060\,3 & 0.008\,9 & -3.280\,5 \end{bmatrix}$$

在已求解的反馈矩阵基础上求解前馈矩阵 $L$，实现解耦控制。根据式 $(2-80)$ 的计算公式，可计算出矩阵 $L$ 为

$$L = \begin{bmatrix} 22.384\,6 & -2.906\,8 \\ 0.461\,9 & 0.439\,9 \end{bmatrix}$$

根据解算得到的 $\{K, L\}$ 矩阵组合，对综合控制律进行仿真验证。飞机保持在给定的巡航高度，在仿真第 1 s 时加入 $\Delta V = 10$ m/s 的速度指令，速度和高度响应曲线如图 2-49 所示。

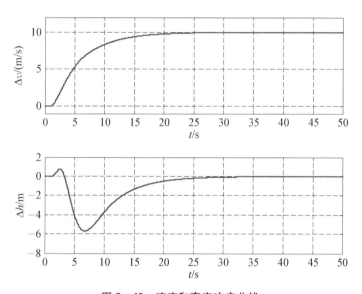

图 2-49　速度和高度响应曲线

图 2-49 表明，加入 10 m/s 的速度指令，速度响应曲线约有 15 s 左右的调节时间，与所配置的极点一致。在加入速度指令后，高度产生了小幅波动，波动范围不超过 6 m，且随着速度调节逐渐回到了预定的巡航高度，通过对升降舵和发动机油门偏度的协调控制，实现了飞行高度保持和速度精确控制。

### 2.5.3　无人机综合飞行/推进优化控制

#### 1) 性能寻优控制的概念及系统组成

综合飞行/推进优化控制（即性能寻优控制）是通过充分利用飞行、推进系统

间的耦合和信息交互实现最大推力、最低耗油率、最低涡轮进口温度等多种优化模式,使推进系统与综合系统性能达到最佳的一种优化设计技术。

性能寻优控制最早由美国航空航天局在综合推进和控制(integrated propulsion and control)计划中提出。20 世纪末,NASA 在 F-15 HIDEC 飞机上进行了性能寻优控制技术的研究和测试,目标在于研究利用基准控制规律和机载自适应推进系统模型对推进系统性能进行在线寻优控制,以验证其潜在的效益。F-15 飞机验证了性能寻优控制技术的四种优化模式,包括恒定推力下的最小耗油率、恒定推力下的最低涡轮进口温度、全加力状态时的最大推力以及敏捷减速。试飞结果验证了性能寻优控制技术在增大推力、减小油耗、降低涡轮进口温度等方面具有显著的效益。

性能寻优控制系统主要包括机载自适应推进系统模型、推进系统性能参数辨识和优化计算三部分,如图 2-50 所示。机载自适应推进系统模型用于表征推进系统输出参数、性能参数与控制参数之间的映射关系,并根据系统参数辨识的结果对模型效率参数进行在线校正。推进系统性能参数辨识是根据测量的发动机参数,如高低压转子转速、涡轮进口温度等,采用卡尔曼滤波器估计推进性能参数的衰退程度,准确反映推进系统的真实工作状态。优化计算是以自适应推进系统模型为基础,以最大推力、最小耗油率、最低涡轮进口温度等为优化控制目标,采用带约束的优化方法对系统控制参数进行优化计算,使推进系统性能达到最佳、满足任务需求。

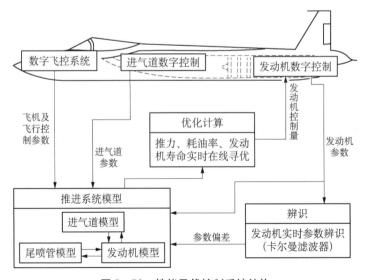

图 2-50    性能寻优控制系统结构

（1）推进系统模型。

机载自适应推进系统模型是系统性能优化计算的基础。为了使推进系统性能实现真正意义上的"最优"，自适应推进系统模型必须准确地描述推进系统的实际工作状况，当真实推进系统部件的特性和性能发生变化时，自适应模型必须及时加以修正。简单来说，自适应推进系统模型是在标称模型基础上，引入可在线修正的部件性能参数构成的推进系统模型。

自适应推进系统模型由进气道、发动机及尾喷管模型组成。模型的输入包括发动机控制参数（燃油流量 $q_{mf}$、尾喷管面积 $A_8$ 等）、飞行参数（高度 $H$、速度 $V$、迎角 $\alpha$ 等），同时模型中的部件效率参数是可调的，具备自适应性。当推进系统的性能参数如涡轮效率 $\eta_T$、压气机空气质量流量 $q_{mH}$ 等变化时，该模型可以根据推进系统性能参数辨识的结果对内部效率参数进行在线校正，使其准确反映实际推进系统的工作状况。

自适应推进系统模型的输出涵盖能准确描述系统工作状态的性能和截面参数，如推力 $F$、耗油率 $sfc$、转子转速 $n$ 以及不同截面温度和压力参数，可用于在线优化计算。

综上，自适应推进系统模型可表示为

$$Y = G_e(\dot{x}_e, x_e, u_e, \Delta\xi) \tag{2-81}$$

式中，$u_e$ 为模型输入，包括推进系统控制量和飞行状态参数；$x_e$ 为状态量，包括发动机动态参数；$\Delta\xi$ 表征推进系统部件性能参数的变化；$Y$ 为模型输出，包括各截面参数和性能指标；$G_e(\cdot)$ 表示由部件特性所建立的非线性函数关系。

（2）性能参数辨识。

随着飞行条件和发动机工作状况的变化，推进系统及其部件的性能也会不断变化。这种变化一般是由推进系统的部件性能参数表征，由于这些部件性能参数并不可直接测量，因此就需要有相应的设计方法对其进行在线估计，即推进系统性能参数辨识。

推进系统性能参数辨识是利用系统可测量的参数，如发动机不同截面的温度和压力参数、转子转速等，基于参数估计方法，估计不可测量的部件性能参数的变化。同时，估计结果也作为自适应推进系统模型的输入，以供其修正内部的参数。

参数估计方法可采用经典的卡尔曼滤波方法或人工神经网络方法。推进系统性能参数辨识的目的是建立输出参数与性能参数之间的非线性映射关系，而人工神经网络(artificial neural network,ANN)可以从已知数据中自动归纳规则,获得数据的内在规律,能够逼近任意的非线性函数。本节采用 BP 网络实现对推进系统性能参数的估计。

基于 BP 网络的推进系统性能参数估计原理如图 2-51 所示。其中,$u(k)$ 和 $y(k)$ 为 BP 神经网络的输入,$y(k)$ 为对象的实际输出,$y_n(k)$ 为 BP 网络的输出。实际输出与 BP 网络输出的误差 $e(k)$ 用于调整 BP 网络的权值,使网络输出趋近于对象的实际输出,实现两者的均方误差 MSE 最小。

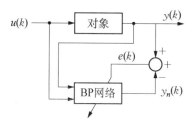

图 2-51　基于 BP 网络的性能参数估计原理

利用 Matlab 的人工神经网络工具箱建立 BP 神经网络。神经网络的训练数据来自自适应推进系统模型的模拟退化,即改变模型中的部件性能参数 $\Delta\xi$,使之模拟发动机的性能衰退,记录其输出 $Y$。多组 $Y$ 和 $\Delta\xi$ 即构成 BP 网络的训练数据。经测试,BP 网络的效率参数估计值 $\Delta\hat{\xi}$ 与真实值的相对精度可达到 $10^{-4}$,验证了 BP 网络的适用性。

(3) 优化计算。

由式(2-81)中推进系统输入输出关系可知,当飞行状态和推进系统部件性能参数一定时,系统工作状态由控制量确定。因此,可在满足推进系统安全工作、物理约束以及其他限制的条件下,根据不同的优化目标,采用优化算法求解推进系统的最优控制量,使某一性能指标(如推力、耗油率、涡轮前温度)达到最大或最小。如上所述,推进系统性能优化控制问题可描述为如下的数学规划问题。

优化目标:$\min(\max)f_e(u)$

约束条件:$\begin{cases} u^{\min} \leqslant u \leqslant u^{\max} \\ g^{\min} \leqslant g(u) \leqslant g^{\max} \end{cases}$

式中,$\boldsymbol{u} = [u_1, u_2, \cdots, u_n]^{\mathrm{T}}$ 为控制量,即优化变量,如油门偏度或燃油流量、尾喷管面积等;$f_e$:$\mathbf{R}^n \rightarrow \mathbf{R}$ 对应于某个特定的优化目标,如推力 $F$、耗油率 $sfc$ 或涡轮进口温度 $FTIT$,分别表示性能寻优控制的三种优化模式;$g(u)$ 为约束条件,

$g^{min}$、$g^{max}$分别为约束条件下限值、上限值;$u^{min}$、$u^{max}$分别为控制量约束下限值、上限值。

性能寻优控制过程中需要考虑的约束主要包括:

a. 推进系统控制量的物理约束,控制器功率和控制执行机构位移的限制;

b. 推进系统安全工作的约束,如压气机不喘振,转子转速不超转,高压涡轮前温度不超温等。

对于如上的优化问题,采用模型辅助模式搜索(model assisted pattern search,MAPS)算法求解。MAPS算法的优点是不依赖于优化模型的显式函数关系和梯度信息,其收敛性经过严格证明。另外,MAPS算法采用构造全局代理模型的方法,通过对代理模型的计算减少对实际模型的调用,降低计算开销,适于求解综合飞/推性能优化问题。

**2) 性能寻优控制仿真算例**

性能寻优控制在不同的飞行任务段采用不同的优化模式,相应地,每种优化模式有特定的寻优目标。典型的性能寻优控制优化模式可分为最大推力模式、最小油耗模式、最低涡轮进口温度模式和敏捷减速模式等。本节结合以上所述的性能寻优控制系统,以典型的两种优化模式——最大推力模式、最小耗油率模式为例进行仿真验证。

(1) 最大推力模式。

最大推力模式是以发动机推力最大为优化目标的一种性能寻优控制模式,它是在保证推进系统安全工作的前提下,使发动机推力达到最大。此模式一般用于平飞加速、爬升等任务段,通过增大推力有效地缩短爬升、加速飞行时间,获得作战优势。

最大推力模式的数学描述可表述为

$$\max F(u) \\ s.t. \quad u \in \Theta_F \qquad\qquad (2-82)$$

式中,$\Theta_F$为可行域集,其表示在最大推力优化模式下推进系统温度、转速、稳定裕度的相关约束条件。

选取典型飞行状态为:高度$h = 11\,000\,\mathrm{m}$,马赫数$Ma = 1.5$。优化控制量为油门偏度$PLA$和尾喷管面积变化量$\Delta A_8$,优化前的控制量为$PLA = 64.98\%$,$\Delta A_8 = 0.037\,8\,\mathrm{m}^2$。限制条件为转子物理转速和稳定裕度不超限。在仿真第6秒时加入PSC系统,优化前后的仿真对比曲线如图2-52所示。

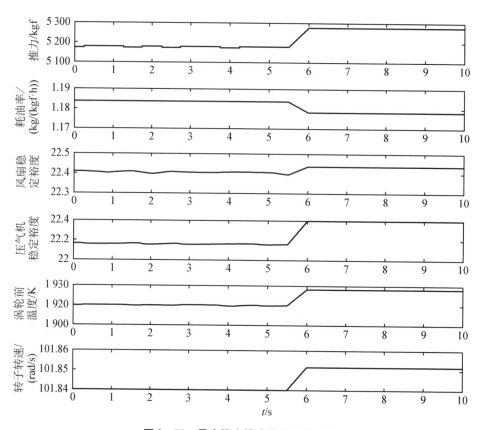

**图 2-52 最大推力模式优化结果对比**

图 2-52 表明,在仿真第 6 秒加入 PSC 系统,此时系统优化控制量($PLA$,$\triangle A_8$)由优化前的($64.98\%$,$0.037\,8\,\mathrm{m}^2$)调节至($65\%$,$0.057\,2\,\mathrm{m}^2$),油门偏度稍有增加,尾喷管面积增大,从而使推力 $F$ 增加。伴随着推力的增加,涡轮前温度 $T_3$ 上升,转子转速 $N$ 上升,稳定裕度 $SM$ 增加,均未超出限制值。在此优化模式下,推力由加入 PSC 前的约 $5\,175\,\mathrm{kgf}$ 上升到加入 PSC 后的约 $5\,275\,\mathrm{kgf}$,推力增大 $1.93\%$。

（2）最小耗油率模式。

最小耗油率模式是以耗油率最小为优化目标的一种性能寻优控制模式,它是在推力恒定和推进系统安全工作的前提下,使耗油率达到最小。此模式一般用于巡航任务段,通过减小油耗达到节省燃油,增加航程和作战半径的目的。

最小耗油率模式的数学描述可表述为

$$\min sfc(u)$$
$$s.t. \quad u \in \Theta_S$$

$$(2-83)$$

式中,$\Theta_S$ 为可行域集。

飞行状态和优化控制量设置同上。限制条件为推力恒定,设定为(4 000±100)kgf,优化前的控制量为 $PLA = 60.6\%$,$\Delta A_8 = 0.287\,6\ \mathrm{m}^2$。在仿真第6秒时加入 PSC 系统,最小耗油率模式优化结果对比如图2-53所示。

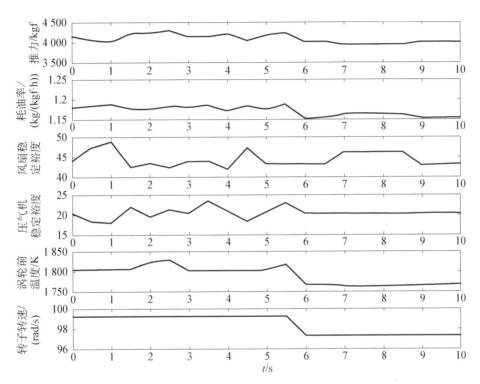

图 2-53　最小耗油率模式优化结果对比

图 2-53 表明,在仿真第6秒加入 PSC 系统,此时系统优化控制量($PLA$,$\Delta A_8$)由优化前的(60.6%,0.287 6 $\mathrm{m}^2$)调节至(57.4%,0.290 9 $\mathrm{m}^2$),通过协调控制尾喷管面积和油门偏度将推力保持在预先设定的(4 000±100)kgf 范围内,保持推力恒定。同时,PSC 系统工作后,涡轮前温度下降,转子转速下降,单位推力的耗油量下降。在此优化模式下,耗油率由加入 PSC 前的约1.17 kg/(kgf·h)下降到加入 PSC 后的约 1.15 kg/(kgf·h),耗油率下降1.7%。

由最大推力和最小耗油率两个典型优化模式的仿真验证结果可知,综合飞行/推进优化控制在提升飞机的机动性能、改善经济性能、扩展作战半径等方面均可获得显著的效益,可应用于对机动性和航时航程等有特定需求的无人机,有效提升无人机整体性能。

## 2.6 结语

本章对固定翼无人机进行了建模研究,面向无人机的轨迹控制给出了基于航迹坐标系的无人机六自由度动力学与运动学方程,便于进行无人机的航迹控制系统设计。面向常规任务的无人机飞控系统,以长航时无人机为例,建立了非线性模型,给出了非线性模型线性化、基于线性模型的多任务模态控制律设计概念与方法;特别针对无人机的自动起飞着陆、起降轨迹设计和导航控制等无人机的特殊问题研究给出了相应的方法和算例;面向未来的无人作战飞机,在姿态控制的基础上,给出了制导控制器设计方法与算例;结合现在多数先进无人机都具备多操纵面气动布局,给出了多操纵面控制分配的概念与方法;考虑到当前飞推综合控制的快速发展和对无人机的应用价值,结合战斗机的飞推控制技术发展,给出了适用于无人机的飞推综合控制概念与方法;上述方法在当前的无人机飞控系统设计领域都是热门的研究课题,对于工程实现具有较好的参考价值。

参|考|文|献 ••••••••••••••••••••••••••••••••••••••••

[1] 王海涛.无人作战飞机轨迹跟踪系统关键技术研究[D].北京:北京航空航天大学,2007.

[2] 陈宗基.民机飞行控制系统设计的理论与方法[M].上海:上海交通大学出版社,2015.

[3] 杨恩全.无人作战飞机飞行控制系统关键技术研究[D].北京:北京航空航天大学,2006.

[4] 文传元.现代飞行控制系统[M].北京:北京航空航天大学出版社,2004.

[5] 张明廉.飞行控制系统[M].北京:航空工业出版社,1994.

[6] 吴森堂,费玉华.飞行控制系统[M].北京:北京航空航天大学出版社,2005.

[7] 高金源,张登峰.高空长航时无人机的多模态控制律设计[R].国防报告 GF-BH0601-41,2005.

[8] 高金源,张登峰.飞翼式布局无人机的起飞着陆控制律设计[R].国防报告 GF-BH0601-39,2005.

[9] Durham W C. Constrained control allocation [J]. Journal of Guidance, Control and Dynamics, 1993, 16(4): 717-725.

[10] Wayne C D. Computationally efficient control allocation [C]. In Proceedings of the AIAA Guidance, Navigation, and Control Conference, Portland, Oregon, number AIAA 99-4214, 1999.

[11] Bodson M. Evaluation of optimization methods for control allocation [C]. In AIAA Guidance, Navigation, and Control Conference and Exhibit, Montreal, Canada, 2001.

[12] Durham W. Constrained control allocation: Three moment problem [J]. Journal of

Guidance，Control，and Dynamics，1994，17(2)：330－336.

［13］ Bodson M，Petersen J. Fast control allocation using spherical coordinates ［C］. In Proceedings of the AIAA Guidance，Navigation，and Control Conference，Portland，Oregon，number AIAA 99－4215，1999.

［14］ Ola H. Efficient active set algorithms for solving constrained least squares problems in aircraft control allocation ［C］. Proceedings of the 41st IEEE Conference on Decision and Control，Las Vegas，Nevada USA，2002.

［15］ 杨晖. 无人作战飞机自主控制技术研究［J］.飞行力学，2006，24(2)：1－4.

［16］ 刘鹤鸣，徐国强，黄长强，等.无人作战飞机自主攻击非线性控制器设计［J］.电光与控制，2014(6)：81－85.

［17］ 郭军，董新民，王龙.自主空中加油时变质量无人作战飞机非线性控制［J］.控制理论与应用，2012，29(5)：571－579.

［18］ 嵇鼎毅，陆宇平.飞翼布局无人作战飞机自动着陆控制系统设计［J］.计算机测量与控制，2007，15(10)：1340－1342.

［19］ Sanghyuk P，John D，Jonathan P H. A new nonlinear guidance logic for trajectory tracking［R］，AIAA 2004－4900，2004.

［20］ Wu S F，Engelen C J，Babuska R. Fuzzy logic based fill-envelope autonomous flight control for an atmospheric re-entry spacecraft［J］. Control Engineering Practice，2003(11)：11－25.

［21］ 张曙光，孙金标.最佳过失速机动研究［J］.航空学报，2001，22(4)：289－292.

［22］ 林家谦.空战机动飞行动力学［M］.北京：蓝天出版社，1999.

［23］ 孙金标，张曙光，张建康，等.过失速机动对抗战法研究［J］.飞行力学，2003，21(3)：10－13.

［24］ Snell S A. Nonlinear dynamic-inversion flight control of supermaneuverable aircraft ［D］，Dept. of Aerospace Engineering，Univ. of Minnesota，Minneapolis，MN，1991.

［25］ 申安玉，申学仁，李云保.自动飞行控制系统［M］.北京：国防工业出版社，2003.

［26］ Glenn B G，John S O. Performance Seeking Control：Program Overview and Future Directions ［R］. NASA Technical Memorandum 4531，1993.

［27］ 袁春飞，姚华，杨刚.航空发动机机载实时自适应模型研究［J］.航空学报.2006，27(4)：561－564.

［28］ Christopher M S. Model-assisted pattern search［D］. The College of William & Mary，2000.

# 3 无人机飞控系统的故障检测、诊断与重构

本章给出了飞控系统传感器和操纵面的故障检测方法,故障传感器的信息重构方法和操纵面故障下的控制重构方法。

传感器重点以飞控系统的角速率传感器为例,利用观测器产生正常信号与故障信号的偏差,可以第一时间发现故障,进行故障定位;再利用故障模式匹配方法确定故障类型和故障参数,所采用的综合检测方法取得了很好的检测结果。传感器信息的重构方法采用直接解析方法和观测器重构方法重构俯仰角速率信号和滚转角速率信号。

操纵面的故障检测采用一种基于舵机的电枢电流和输出电压的方法检测操纵面的损伤和卡死故障,由于这些舵机信息直接与故障相关,因此检测精度高,检测时间短。

操纵面故障下的控制重构采用了控制分配方法,在论证了飞控系统具有足够的控制冗余的基础上,利用实时控制分配方法实现某个操纵面故障下的控制重构,重构效果较好,在飞行中出现操纵面故障时可以利用控制分配技术实现在线重构控制,保证飞行安全和故障下的控制任务继续执行。以上所提出的各种容错概念和方法可以直接应用于飞控系统。

本章主要内容对应于第1章图1-7"无人机自主控制系统功能模块组成"的"程序性行为层-飞行管理系统"中的健康管理和"反射性行为层-控制执行系统"中的飞行控制系统模块。

## 3.1 引言

现代空中武器系统正向高度智能化、无人化和信息化方向发展,高空长航时

无人侦察机或高性能无人作战飞机已成为现代武器装备中非常重要的成员,它们不仅能在未来战场上与有人战斗机并肩作战,甚至在某些情况下可以替代后者,成为未来空中作战的主力航空武器装备之一。

　　自主性是无人机面临的主要技术挑战。无人机的自主性主要体现在平台自主飞行控制和平台自主任务控制两个方面。平台自主飞行控制主要包括实时故障检测与诊断、基于故障诊断与控制重构的故障自修复以及飞行环境的自适应控制。平台自主任务控制主要包括战场态势评估、任务/路径在线实时重规划等。平台自主飞行控制是自主任务控制的前提和基础。因此,美国空军研究实验室在无人机自主控制级别中将故障诊断与控制重构列为基本的自主能力和关键技术。

　　美国无人机路线图将无人机的自主控制能力分为 10 个等级,如图 3-1 所示。

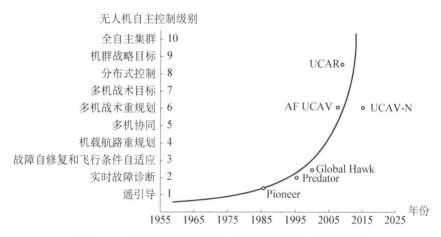

图 3-1　美军无人机路线图中确定的无人机自主控制级别

　　其中,美国空军研究实验室在无人机自主控制级别中将实时故障诊断定义为自主级别 2 级,故障自修复定义为自主级别 3 级。基于故障检测、诊断与控制重构的容错控制称为主动容错控制,它是实现 2～3 级自主控制能力的核心技术,对于提高无人机的生存性、自主性、低成本性、可维护性具有重要意义。

　　美国近期的研究表明,无人机的故障率较有人驾驶飞机或其他飞行器高,如图 3-2 所示。因此,减少故障率和提高故障检测与诊断能力、提高故障下的自修复与容错控制能力是增加无人机生存性的必要手段。

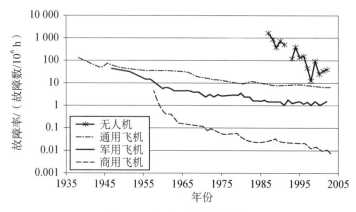

图 3-2　各种飞机的故障率

相对于有人战斗机,无人机的容错控制技术显得更为迫切和重要。对于有人战斗机,在多数故障情况下,有经验的驾驶员通过努力还可以稳定和操纵飞机,如对于某些操纵面故障,需要驾驶员持续施加杆力和蹬舵,而容错控制技术可以降低驾驶员的工作强度。但是,对于无人机而言,例如操纵面故障产生的后果完全取决于预先设计的飞行控制律,尽管地面操纵人员可以进行人工干预,但由于地面驾驶员很难感受到飞机的加速度、过载等状态,尤其在存在控制延时的条件下很难操纵飞机,要实现复杂任务和进场安全着陆等精确控制几乎是不可能的。

美国在先进无人机系统中广泛应用了基于冗余系统的容错飞行控制技术。全球鹰在飞行器的管理系统采用了双冗余结构,包括双冗余传感器、双冗余计算机和分裂式操纵面。全球鹰上每个操纵面,如副翼、方向升降舵、扰流片,都分成了两半,各自由专用作动器驱动。余度系统用两台计算机控制,每台计算机各自驱动一套冗余控制面,两台计算机通过交叉通道数据链路交换数据,如果检测出一台计算机有故障,故障计算机自动离线,另一台计算机将承担对飞机的完全控制。

全球鹰具备了操纵面、传感器和飞控计算机的硬件 2 余度配置,选用主备方式简化了监控系统,具有操纵面故障下的重构能力。其采用的多操纵面布局提高了控制冗余度,但对降低舵机余度提出了更高的要求。

无人机的容错控制技术对于提高其可靠性、生存性、自主性、低成本性、可维护性具有重要意义,当然也面临很多技术挑战,主要体现在:

(1) 目前无人机的执行机构已经具备了余度配置和对于执行机构故障的容

错能力,但飞机的操纵面通常没有余度,如果飞行中操纵面发生故障,即使具有很好的余度舵机系统也无法隔离故障的影响,势必影响到飞机的安全飞行,历史上有人机的多次空难事故都证明了这一点。另一方面,新型无人机通常具有多操纵面气动布局,具备了操纵面故障下的控制冗余,飞行中一旦某个操纵面发生故障,可以利用其他有效操纵面进行控制重构。但飞行中如果多个操纵面同时发生故障,则必须考虑多操纵面并发故障时的检测与诊断算法和采用多操纵面控制分配的方法来实现飞机的正常飞行,实现飞控系统故障下的多操纵面控制重构。

(2) 无人机飞控系统的传感器系统是飞控系统正常工作的关键。飞行中如果传感器发生故障会产生飞控系统的错误指令,严重时会造成系统开环甚至控制信号反相,直接形成飞控系统不稳定,影响无人机的安全飞行。对于飞控系统的传感器的故障检测与故障信号的实时重构是保证无人机在传感器故障下仍能够安全飞行和继续完成任务的关键技术。

无人机可能会长时间在恶劣环境下飞行,也可能会执行特殊机动的飞行任务,飞机的可靠性、生存性、自主性基本依赖控制算法和软件的性能。因此,对于飞控系统来说,由于不可能配置更高余度的执行机构和传感器系统(通常为 2～3 余度),研究实时且准确的传感器的故障检测与隔离算法、故障传感器的信息重构算法、操纵面故障检测与诊断算法、实时且全局收敛的多操纵面控制分配算法对于提高飞控系统的可靠性和完成空战任务是至关重要的。

进一步来讲,飞控系统过多的硬件余度配置可能会导致机载设备过多、重量增加、系统复杂性提高、成本提高、基本可靠性下降和维修困难等问题,如果可以利用容错控制方法实现传感器系统和执行机构的解析余度,减少飞控系统的硬件余度配置,则既可以有效简化飞控系统,又可以提高飞控系统的可靠性。

传统的容错技术本质上是一种鲁棒控制技术,它兼容了正常与故障状态下的系统参数变化实现控制,飞行中不依赖故障检测和定位,可以自动实现故障下的安全飞行控制。但这种常规的容错控制能够兼容的故障类型和故障影响是有限的,尤其是对于飞控系统的操纵面和传感器的故障,通常会直接影响到飞控系统的稳定性和飞行安全性,仅有一般的容错是不够的。本章讨论的无人机的主动容错技术包括传感器系统和操纵面系统的主动容错控制。美国的自主等级实质上也是要求主动容错技术。本章涉及的主动容错技术包括传感器的故障检测、定位与隔离和故障传感器的信息重构技术;操纵面系统的主动容错技术包括操纵面系统的故障检测、定位与操纵面故障下的控制重构技术。由于传感器系统和执行机构系统的余度监控与多数表决系统已经是成熟技术,这里重点考虑传感器系统在出现监控表决结果是1∶1或2∶2情况下的故障检测与信息重构问题;一般舵机系统具有余度备份,而飞机的操纵面却是单余度的,这里仅考虑操纵面的故障检测与操纵面故障下的控制重构问题,对于舵机系统的故障检测等问题不再涉及。

## 3.2　传感器故障检测与信号重构

目前无人机飞控系统的传感器一般为2余度或3余度系统。以角速率传感器为例,飞行中如果出现1∶1的监控表决结果时,基于多数表决的监控结果就失效了,这时飞控系统会切断所有的传感器反馈通道,形成开环系统,这会严重影响飞行的稳定性。以2余度系统为例。2余度系统虽然具有两个余度配置,但当一个传感器出现故障时的监控表决就是1∶1,其可靠性与单余度系统实质上是一样的,只能反映故障信息,而不具备故障下继续工作的能力。如果能在监控系统出现1∶1时准确判断并隔离故障传感器的信号,保留正常的传感器信号,则可以有效提高传感器系统的余度等级,保证在一个传感器发生故障时飞控系统仍能正常工作。因此需要研究传感器的故障检测和精确定位技术以及传感器的信号重构技术。考虑到角速率传感器的作用极为重要,是所有飞控系统都必须配置的传感器,后面都以角速率传感器为例进行讨论。

关于传感器故障下的信息重构问题近年来虽然有一些相关研究,但基本都是结合重构技术进行的理论研究,能够支撑工程实现的传感器容错技术的研究还很欠缺,有效的研究成果较少。

### 3.2.1　传感器的故障类型

飞控系统的传感器常见的故障有卡滞故障、完全失效故障和反相故障。设$y_g$为传感器正常工作时的输出,$y_f$为传感器故障时的输出,则飞控系统的传感器故障模式的数学描述为:

(1)卡滞故障:$y_f(t) = b$,$b$为常数,传感器的非正常值输出会影响飞控系统闭环稳定性。

(2)完全失效故障:$y_f(t) = 0$,传感器失效会使飞控系统变为开环,也会影响飞控系统的稳定性。

（3）反相故障：$y_f(t) = -y_g(t)$，一个传感器出现反相故障时，双余度传感器系统的两个传感器的输出符号即为反相，出现 1∶1 的监控结果。这时如果切断整个传感器通道，飞控系统变为开环，稳定性变差；如果采用了错误的传感器通道的信号，则会直接将飞控系统变为不稳定。

因此，上述所有故障都会影响到飞控系统的稳定性。

### 3.2.2　传感器的信号重构

以角速率传感器为例。飞行中某个角速率传感器发生故障时，它的输出信号必须隔离，这时候如果可以产生一个与故障传感器对应的正确信号，称之为信号重构，则可以获得故障传感器应该输出的有用信号，反馈给飞控系统，以保证飞控系统的稳定性和可以接受的动态特性。

传感器的信号重构方法目前一般分为两类，下面分别加以讨论。

**1）直接解析重构方法**

目前研究的方法多数是基于模型的方法，包括卡尔曼滤波器方法、滑模观测器方法、未知输入的扩展卡尔曼滤波器和基于神经网络的传感器信息重构方法等[1-5]。这些方法从数学上进行了严格推导，给出了飞机＋传感器信号的数学模型，依据故障时发生的飞机响应与观测器之间的残差解算出故障的位置及大小。但这一类方法容易受到飞控系统模型误差、环境干扰因素和传感器测量噪声的影响，而且一般只针对飞机的线性模型，因此在应用方面受到限制。

直接解析方法是一种利用飞控系统剩余有效传感器的信号，通过飞机变量之间的运动学关系直接构造传感器信息的方法，其算法简单易行，避免了使用飞机模型，从而可以避免受到飞机建模误差的影响，同时也不会受到外部或内部环境因素的影响。

以角速率信号重构为例，飞机机体轴角速率和欧拉角的运动学关系如下：

$$\begin{cases} p = \dot{\phi} - \dot{\psi} \sin \theta \\ q = \dot{\theta} \cos \phi + \dot{\psi} \cos \theta \sin \phi \\ r = \dot{\psi} \cos \theta \cos \phi - \dot{\theta} \sin \phi \end{cases} \tag{3-1}$$

在 3 个姿态角 $\theta$、$\psi$、$\phi$ 测量准确且可微分的情况下，可以实现对三轴角速率 $p$、$q$、$r$ 的信号重构。然而对 $\theta$、$\psi$、$\phi$ 进行微分计算会受到噪声的影响，严重时会使重构信号失真，因此采用这种方法时必须对微分信号进行处理。

简单的处理方法可以采用一阶差分等方法。这里采用非线性跟踪微分器实现对姿态角信号的微分。非线性跟踪微分器是一个动态环节：对该环节输入一个信号 $v(t)$，它将给出两个输出信号，其中一个信号跟踪输入信号 $v(t)$，另一个信号跟踪 $v(t)$ 的微分信号。有如下结果[6]：

设系统

$$\begin{cases} \dot{x}_1 = x_2 \\ \dot{x}_2 = g(x_1, x_2) \end{cases} \tag{3-2}$$

在原点渐进稳定，则对任意有界可积函数 $v(t)$，系统

$$\begin{cases} \dot{x}_1 = x_2 \\ \dot{x}_2 = Rg(x_1 - v(t), x_2/\sqrt{R}) \end{cases} \tag{3-3}$$

的解 $x_1(t)$，满足 $\lim\limits_{R \to \infty} \int_0^T |x_1 - v(t)| \mathrm{d}t = 0$，其中 $R > 0$。

当 $R$ 足够大时，$x_1(t)$ 可以充分跟踪 $v(t)$，$x_2(t)$ 近似跟踪 $v(t)$ 的微分信号，$R$ 越大，近似精度越高。这样的系统称为跟踪微分器。当 $g(\cdot)$ 为适当的非线性函数时称之为非线性跟踪微分器。研究结果发现：跟踪微分器只要适当选取其参数，就具有较好的滤波功能，将它用于滤波时，称之为非线性跟踪微分滤波器。

进一步，非线性跟踪微分滤波器的离散形式为

$$\begin{cases} x_1(k+1) = x_1(k) + h * x_2(k) \\ x_2(k+1) = x_2(k) + h * \mathrm{fst}(x_1(k), x_2(k), v(k), r, h_1) \end{cases} \tag{3-4}$$

其中，$x_1$ 用于跟踪输入信号 $v$，$x_2$ 用于跟踪 $v$ 的导数。式中：$h$ 是数值积分的步长；$r$ 是决定跟踪快慢的参数，称为快慢因子；$h_1$ 是决定噪声滤波效应的参数，称为滤波因子。滤波因子越大，滤波效果越好，但跟踪信号的相位损失也越大。式中函数 fst 定义如下：

$$\mathrm{fst}(x_1(k), x_2(k), v(k), r, h_1) = -r\mathrm{sat}(g(k), \delta) \tag{3-5}$$

式中，

$$\mathrm{sat}(g(k), \delta) = \begin{cases} \mathrm{sign}(g(k)), & |g(k)| \geqslant \delta \\ g(k)/\delta, & |g(k)| < \delta \end{cases} \tag{3-6}$$

$$g(k) = \begin{cases} x_2(k) - \text{sign}(y(k)) \dfrac{\delta - \sqrt{8r\,|\,y(k)\,|\,+\delta^2}}{2}, & |\,y(k)\,| \geqslant \delta_1 \\[2ex] x_2(k) + x_1(k)/h_1, & |\,y(k)\,| < \delta_1 \end{cases}$$

$$(3-7)$$

式中,

$$\delta = h_1 r$$
$$\delta_1 = h_1 \delta$$
$$e(k) = x_1(k) - v(k)$$
$$y(k) = e(k) - h_1 x_2(k)$$

对该算法进行了参数调试和仿真研究。仿真时飞控系统输入为升降舵阶跃信号,并假设三轴姿态角信号和滚转、偏航角速率信号无故障,姿态角信号含有不超过 $0.1°$ 的随机噪声信号,经调试,非线性跟踪微分器中取快慢因子 $r = 250$,基于非线性跟踪微分滤波器法得到的结果如图 3-3(b)所示。随着滤波因子的增加,俯仰角速率的重构信号变得更加平滑,但相位延迟将增加。

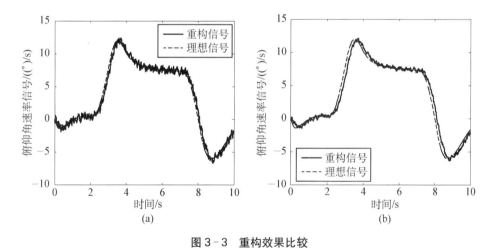

**图 3-3  重构效果比较**

(a)非线性跟踪微分滤波器法 $(h_1 = 4h)$　　(b)非线性跟踪微分滤波器法 $(h_1 = 6h)$

进一步利用某无人机在飞行过程中传感器采集得到的真实数据对该方法进行解析重构效果研究。无人机飞控系统采用了 16 位的板载计算机来进行控制律的解算,并记录采样时间序列信息。试飞数据记录了无人机从地面起飞、爬升、盘旋两周后着陆的过程,三轴角速率利用机载姿态陀螺记录的姿态角数据,通过上述直接解析重构方法获得的重构数据如图 3 - 4 所示,同时与采用一阶差分方法得到的重构结果进行了比较。

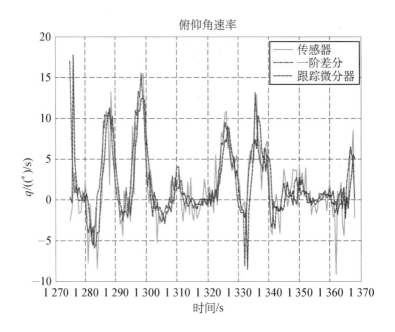

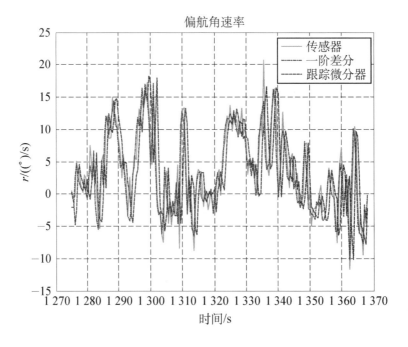

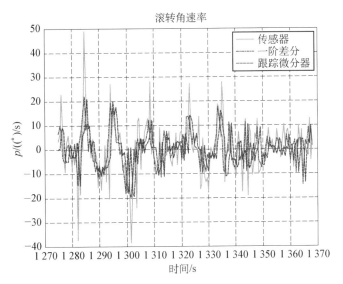

图 3-4 盘旋第一周时的俯仰、偏航与滚转角速率重构

图 3-4 显示,采用直接解析重构方法获得的角速率陀螺信息与真实信号方向、频率相同,误差很小,可信度高。一阶差分方法也可以获得相同的结果。

2) 观测器重构方法

如上所述,多年以来在采用观测器方法进行信号重构方面有很多研究成果,这里只介绍一种简单的部分观测器重构方法。

部分状态观测器是利用系统的部分有效输出对系统的状态进行观测。考虑如下的线性系统:

$$\begin{cases} \dot{x} = Ax + Bu \\ y = Cx \end{cases} \tag{3-8}$$

将测量输出中发生故障的部分输出记为 $y_1$,将未发生故障的部分测量输出记为 $y_2$,则系统在传感器故障下的方程可记为

$$\begin{cases} \dot{x} = Ax + Bu \\ y_1 = C_1 x \\ y_2 = C_2 x \end{cases} \tag{3-9}$$

为了实现对故障传感器信号的重构,依据可测量的准确信号设计部分状态观测器对故障测量信号进行观测。由控制理论中状态观测器设计的原理可知,系统存在部分状态观测器的充要条件是系统可检测。

当系统满足$(A, B, C_1)$可检测条件时,设计部分状态观测器:

$$\begin{cases} \dot{\hat{x}} = A\hat{x} + Bu + G(y_1 - \hat{y}_1) \\ \hat{y}_1 = C_1\hat{x} \end{cases} \qquad (3-10)$$

定义系统观测误差$e = x - \hat{x}$,有

$$\dot{e} = (A - GC_1)e \qquad (3-11)$$

从而只要设计观测器增益$G$,使得$A - GC_1$的极点位于左半平面,则观测误差$e$收敛于零。

利用飞机模型,设计部分状态观测器,利用有用信号$y_2$实现对故障测量信号$y_1$的重构。

(1) 俯仰角速率信号重构。

当飞机发生俯仰角速度传感器故障时,飞机可测量的信号有空速、迎角、侧滑角。此时系统的输出矩阵为

$$\boldsymbol{y} = \begin{bmatrix} 1 & 0 & 0 & 0 & 0 & 0 & 0 & 0 \\ 0 & \dfrac{180}{\pi} & 0 & 0 & 0 & 0 & 0 & 0 \\ 0 & 0 & 0 & 0 & \dfrac{180}{\pi} & 0 & 0 & 0 \end{bmatrix} \begin{bmatrix} V \\ \alpha \\ q \\ \theta \\ \beta \\ p \\ r \\ \phi \end{bmatrix}$$

设计部分状态观测器的极点位置为

$$p = (-9, -6, -6, -5.4, -4.5, -4.5, -3.6, -3)$$

则部分状态观测器的反馈矩阵为

$$\boldsymbol{k} = \begin{bmatrix} 10.6701 & -0.0483 & -0.0019 \\ -0.1291 & 0.1056 & 0.0011 \\ -0.5727 & 0.1918 & 0.00527 \\ -2.9838 & 0.1198 & 0.0020 \\ 0.1159 & 0.0285 & 0.2222 \\ -0.9002 & 0.2365 & 0.2518 \\ 13.5081 & 3.1872 & 9.2167 \\ 95.5382 & 22.5511 & 67.0397 \end{bmatrix}$$

利用上述观测器的反馈增益,可以实现观测器的闭环控制,保证观测误差渐进趋于零,实现利用系统的其他正常测量输出重构俯仰角速度信号。仿真结果如图 3-5 所示。

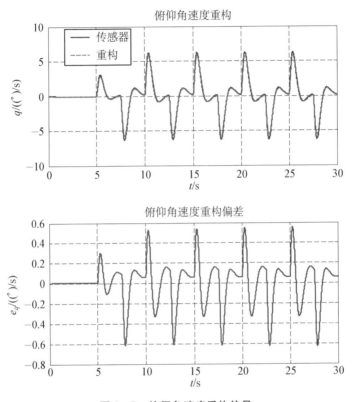

图 3-5　俯仰角速度重构信号

由图 3-5 结果可见,利用部分状态观测器对故障的俯仰角速度进行重构,两个信号基本重合,误差在 ±0.6(°)/s,小于 10%,重构精度较高。

(2) 滚转角速率信号重构。

同理,当滚转角速度传感器信号发生故障后,也可以利用部分状态观测器方法对滚转角速度信号进行重构。此时可使用的信号有空速、迎角及侧滑角。系统的输出矩阵与前面相同。

仍然设计观测器的极点位置为

$$\boldsymbol{p} = (-9, -6, -6, -5.4, -4.5, -4.5, -3.6, -3)$$

则部分状态观测器的增益阵为

$$\boldsymbol{K} = \begin{bmatrix} 10.670\,1 & -0.048\,3 & -0.001\,9 \\ -0.129\,1 & 0.105\,6 & 0.001\,1 \\ -0.572\,7 & 0.191\,8 & 0.005\,27 \\ -2.983\,8 & 0.119\,8 & 0.002\,0 \\ 0.115\,9 & 0.028\,5 & 0.222\,2 \\ -0.900\,2 & 0.236\,5 & 0.251\,8 \\ 13.508\,1 & 3.187\,2 & 9.216\,7 \\ 95.538\,2 & 22.551\,1 & 67.039\,7 \end{bmatrix}$$

从而实现利用系统的部分测量输出重构俯仰角速度信号,其响应如图 3-6 所示。

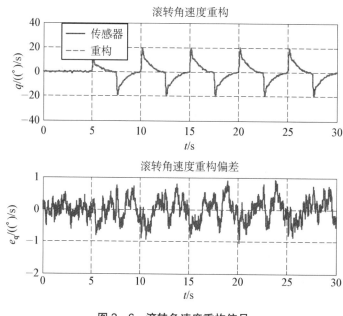

图 3-6　滚转角速度重构信号

由图 3-6 可见,重构信号与正常信号基本重合,误差在 5% 之内,重构效果较好。

### 3.2.3　传感器的故障检测

#### 1) 重构与自检融合的故障检测算法

采用信号重构方法可以重构飞控系统正常的传感器的信号。由于重构信号与故障传感器信号的偏差可以瞬时得到检测,因而这种方法可以很方便地用于传感器的故障检测。但进一步来讲,重构方法虽然可以在故障发生的第一时间发现故障,但无法快速和准确地识别故障类型和参数,因此,本节介绍一种采用故障模式匹配(自检)方法,与重构方法结合使用,使检测速度快,可靠性更高。

依据重构信息,第一时间发现故障后,上述三种典型的判断故障的检查方式为:

(1)传感器卡滞(恒值输出)。

第 $i$ 个传感器卡滞的故障模式为 $y_{i\text{out}}(t) = a_i$

式中,$a_i(i = 1, \cdots, m)$ 为常数。

如果舵机输出变化而传感器输出保持恒值 $a_i$,连续考察几个采样周期,则可以判断为传感器输出卡死在某常值位置 $a_i$ 故障。

(2)传感器失效(无输出)。

第 $i$ 个传感器失效的故障模式为 $|y_{i\text{out}}(t)| \doteq 0$

如果舵机输出变化而传感器输出在零位或零位附近振荡,可以通过对传感器输出连续观察几个采样周期,输出值保持在 0 阈值范围内进行判断。

(3)传感器反相:$y_{1\text{out}}(t) \doteq - y_{2\text{out}}(t)$。

两个传感器输出反相,出现 1:1 情况,难以判断哪个传感器故障,可以连续观察两个传感器的输出信号几个采样周期,与故障前的正常信号的符号比较,突变反相的为故障传感器。

通常,重构信号较容易受到噪声或误差的影响,如果仅靠重构信号判断故障类型,则需要较多的时间,有时甚至不能判断是哪种故障。而仅仅依靠故障模式匹配的方法信息也不够全面,特别是在系统正常平飞(无输入)或以某定常角速率偏转(角速率定值)等情况下,仅靠故障模式匹配容易出现误报或漏报。两种方法综合协调,会产生更为可靠和明确的效果。

融合算法的逻辑是:当重构信号与传感器输出信号不一致时,保持 5~10 个采样周期,确认后开始故障模式匹配;在 5~10 个采样周期内如果匹配结果是某个故障,而重构信号与传感器信号始终保持不一致,则判断为匹配结果给出的故障。整个过程需要最多 10~15 个采样周期,对于长航时无人机的飞控系统,每个采样周期是 20 ms,15 个采样周期是 0.3 s,可以满足实时性的指标要求。

如果在 15 个采样周期内,故障传感器信号又变得与重构信号和正常传感器输出信号一致了,则认为传感器正常。

两种方法融合,可以保证快速、准确地进行故障诊断与定位,保证第一时间隔离故障信号,接通正确的信号。

2) 融合故障检测方法流程

传感器故障检测算法采用故障模式匹配加重构方法的融合算法,进行故障检测的仿真研究。

(1) 基于重构信号的故障检测定位方法。

设无人机采用两硬件余度的传感器系统。由重构信号与 2 余度硬件传感器组成混合解析余度系统,对传感器进行故障检测。按如图 3-7 所示的流程进行[6]。

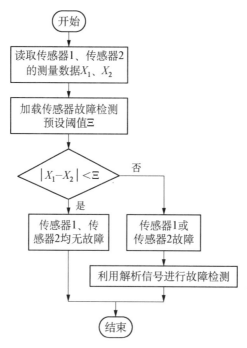

图 3-7 故障检测算法

具体算法如下:

记 2 余度传感器的测量信号为 $X_1$、$X_2$,检测算法读取系统预设故障阈值 Ξ 后,计算两个测量信号的偏差值 $|X_1 - X_2|$:

a. 如果 $|X_1 - X_2| < Ξ$,则判定传感器 1 及传感器 2 均未发生故障,程序结束;

b. 当 $|X_1 - X_2| \geqslant Ξ$,传感器发生一次故障,转第二步。

第二步,在当前传感器系统发生一次传感器故障后,监控表决系统引入解析余度(重构)信号对故障传感器进行识别。假设重构所得信号为 $X_3$，$\varepsilon$ 为传感器容许阈值。将解析信号分别与传感器信号 $X_1$、$X_2$ 进行比较：

a. 当 $|X_1 - X_3| < \varepsilon$ 且 $|X_2 - X_3| \geqslant \varepsilon$ 时，判断为 $X_2$ 故障；

b. 当 $|X_1 - X_3| \geqslant \varepsilon$ 且 $|X_2 - X_3| < \varepsilon$ 时，判断为 $X_1$ 故障；

c. 当 $|X_1 - X_3| \geqslant \varepsilon$ 且 $|X_2 - X_3| \geqslant \varepsilon$ 时，判断为传感器 $X_1$、$X_2$ 均发生故障，转第三步。

上述流程可以完成故障传感器的定位。故障类型的判断依据下面的步骤完成。

（2）基于故障模式匹配判断故障类型方法逻辑与流程。

进一步采用故障模式匹配方法判断故障类型和参数。设故障传感器的测量信号为 $x_1(k)$，同时采集另一个传感器的测量信号 $x_2(k)$，从而：

a. 当传感器测量信号 $x_1$ 在零值邻域，如果持续几个周期，则判定为失效（或为零值卡死）故障。

b. 当两个传感器测量信号发生异号（反相）时，传感器 1 发生反相故障。

c. 当 $x_1$ 在某常值 $\alpha$ 邻域，则可判定为传感器 1 卡死于常值 $\alpha$。

上述检测逻辑可以给出角速率传感器的故障类型和故障参数（如卡死角度等）。

（3）两种方法融合逻辑。

依据上述硬件 2 余度加解析余度组成的混合余度系统运行程序，首先判断出是哪个传感器发生故障，然后开始故障传感器的自检程序，以判断故障类型和参数。如果两个传感器都发生故障，表决监控系统直接进入第（3）步，这时两个传感器通道都开始自检，可以判断出各自的各种类型和参数。

经过上述两种方法的融合处理，可以实时给出故障告警和故障检测结果。

3）融合故障检测方法参数设置与仿真验证

对于卡死、失效及反号故障，利用故障检测算法对传感器进行故障检测，设置传感器故障类型如表 3-1 所示。

表 3-1　传感器故障类型

| 故障类型 | 对应的变量 |
| --- | --- |
| 正常 | 1 |
| 卡死 | 2 |
| 失效 | 3 |
| 反号 | 4 |

　　以某型长航时无人机为例。搭建系统 Simulink 仿真结构图，如图 3 - 8 所示。

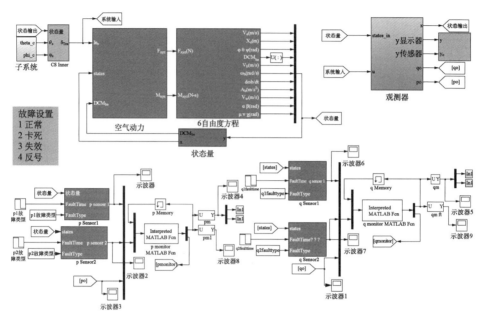

图 3 - 8　仿真结构图

　　其中，psensor1、psensor2 为滚转角速度传感器故障设置模块，qsensor1、qsensor2 为俯仰角速度传感器故障设置模块，通过设置 p1faulttype、p2faulttype 及 q1faulttype、q2faulttype 的值，确定故障类型，并由 p1faulttime、p2faulttime 及 q1faulttime、q2faulttime 的值确定故障发生的时间，检测结果由 scope 来显示，输出故障类型值。

　　利用故障模式匹配加重构的混合余度故障检测方法实现故障检测结果如下。

　　假设滚转角速度传感器 1 于第 13 s，俯仰角速度传感器 2 于第 15 s 发生卡死故障，卡死值均为当前的测量值，从而得到传感器的测量信号和故障检测结果，如图 3 - 9 所示。

　　图 3 - 9 中的上图为传感器信号输出，可以看出，分别是滚转角速度传感器 1 和俯仰角速度传感器 2 发生了卡死故障。下图表明故障检测时间很短，不到 0.5 s。检测出的故障类型分别卡死在 11° 与 0° 左右。由于俯仰角速度传感器 2 的故障是角速度传感器卡死在 0°，其影响与失效相同，这时判断故障为卡死 0° 或

失效都是正确的。

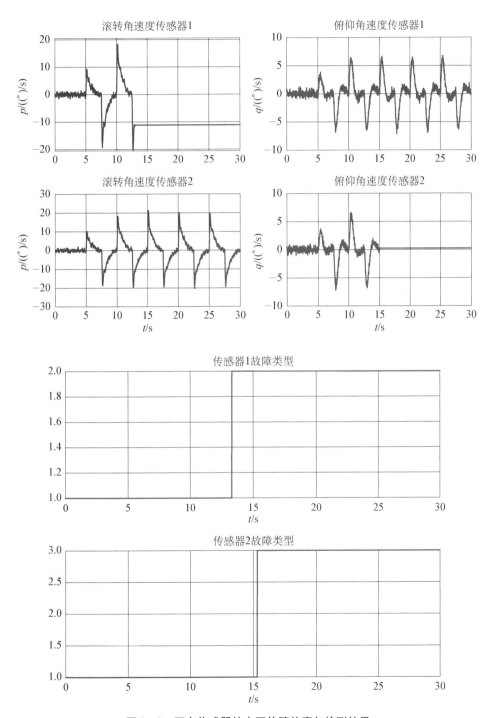

图 3-9  两个传感器的卡死故障仿真与检测结果

上述算例表明,融合的故障检测方法可以很快速、精确地进行故障传感器定位,并给出传感器故障的类型和参数。

### 4) 故障检测算法的蒙特卡洛仿真

进一步对上述故障检测算法进行蒙特卡洛仿真研究。

(1) 随机参数设置。

在对系统的故障检测算法进行蒙特卡洛仿真时,设定进行 100 次仿真,设置故障随机发生于第 10～15 s 之间,并对飞行器的建模不确定参数和噪声变化进行设定,其设置如表 3 - 2 所示。

表 3 - 2　蒙特卡洛仿真参数不确定性设置

| 名称 | 理论值 | 取值范围 |
|------|--------|----------|
| 质量 | $m$ | $[0.9, 1.1]m$ |
| $x$ 轴转动惯量 | $I_{XX}$ | $[0.9, 1.1]I_{XX}$ |
| $z$ 轴转动惯量 | $I_{ZZ}$ | $[0.9, 1.1]I_{ZZ}$ |
| $y$ 轴转动惯量 | $I_{YY}$ | $[0.9, 1.1]I_{YY}$ |
| 惯性积 | $I_{XZ}$ | $[0.9, 1.1]I_{XZ}$ |
| 惯性积 | $I_{XY}$ | $[0.9, 1.1]I_{XY}$ |
| 惯性积 | $I_{YZ}$ | $[0.9, 1.1]I_{YZ}$ |
| 阻力系数 | $C_D$ | $[0.9, 1.1]C_D$ |
| 升力系数 | $C_L$ | $[0.9, 1.1]C_L$ |
| 测力系数 | $C_Y$ | $[0.9, 1.1]C_Y$ |
| 测量噪声 | $0$ | 白噪声设置见表 3 - 3 |

表 3 - 3　传感器测量噪声分布

| 信号 | $\alpha$ | $q$ | $\beta$ | $p$ | $r$ |
|------|----------|-----|---------|-----|-----|
| 噪声分布 | $\mu = 0,$ $\sigma = 0.2$ | $\mu = 0,$ $\sigma = 0.15$ | $\mu = 0,$ $\sigma = 0.2$ | $\mu = 0,$ $\sigma = 0.2$ | $\mu = 0,$ $\sigma = 0.3$ |

(2) 蒙特卡洛仿真结果分析。

a. 俯仰角速率信号故障检测。

对俯仰角速度传感器 2 设置上述三种故障的随机故障类型,并设置故障时间为 15 s 左右,得到传感器 2 的测量信号如图 3 - 10 所示。

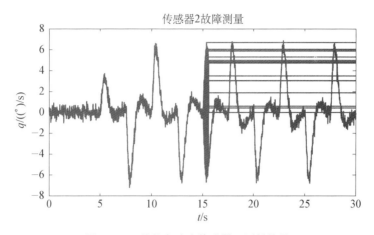

图 3-10 俯仰角速度传感器 2 测量信号

利用融合检测方法,对故障传感器进行故障检测,可得到如图 3-11 所示的检测时间结果。

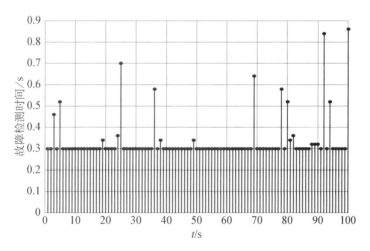

图 3-11 故障时间检测结果

图 3-11 表明,检测时间均小于 0.9 s,大多数故障检测时间在 0.3 s 左右。

对故障类型进行的检测得到如图 3-12 所示的检测结果。

图 3-12 中,上图为故障设置,下图为检测故障。由两个图的比较可见,故障类型检测正确,可实现故障的精确定位及故障类型的准确判定,系统 100 次仿真的故障漏报率为 0,误报率为 0,虚警率为 0。

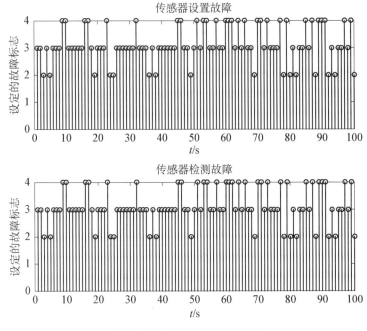

图 3-12　故障类型检测结果

b. 滚转角速率信号故障检测。

对滚转角速度传感器 1 设置随机故障类型，并设置故障时间为 13 s 左右，得到传感器 1 的测量信号如图 3-13 所示。

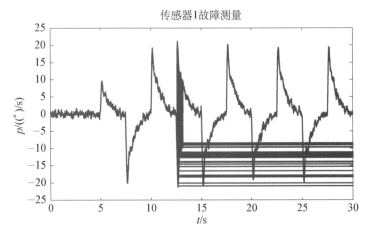

图 3-13　滚转角速度传感器 1 测量信号

利用融合检测方法,可见如图 3-14 所示的检测时间结果。

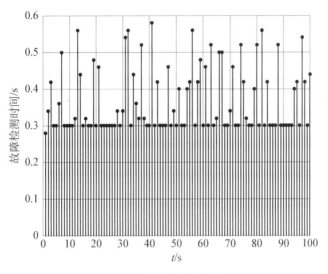

图 3-14 故障时间检测结果

图 3-15 表明,检测时间均小于 0.6 s,大多数故障检测时间在 0.3 s 左右,故障类型检测结果如图 3-15 所示。

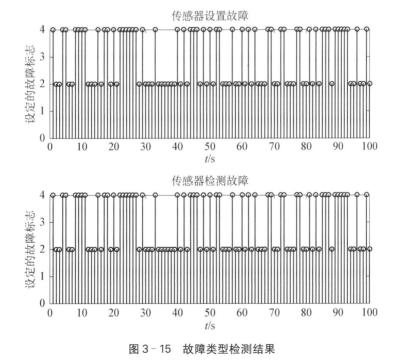

图 3-15 故障类型检测结果

由上面两个图的比较可见,故障类型检测正确,可实现故障的精确定位及故障类型的准确判定,系统 100 次仿真的故障漏报率为 0,误报率为 0,虚警率为 0。

c. 系统有 20% 建模不确定性时俯仰角速率信号故障检测。

将系统参数不确定性设为 20%,对俯仰角速度传感器 1 设置上述三种故障的随机故障类型,并设置故障时间为 15 s 左右,得到传感器 1 的测量信号图 3 - 16 所示。

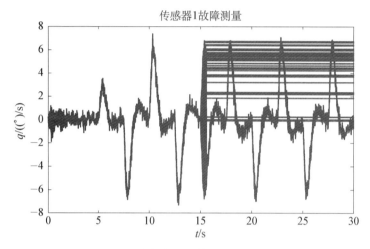

图 3 - 16  俯仰角速度传感器 1 测量信号

利用解析余度及自检方法,对故障传感器进行故障检测,可见如图 3 - 17 所示的检测结果。

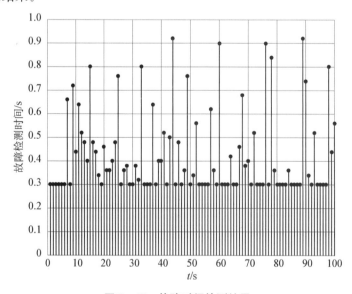

图 3 - 17  故障时间检测结果

图 3-17 表明,检测时间均小于 1 s,大多数故障检测时间在 0.3 s 左右。故障类型检测结果如图 3-18 所示。

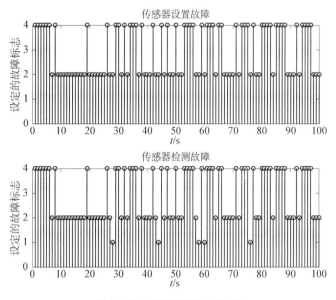

图 3-18　故障类型检测结果

图 3-18 中,上面的图为故障设置,下面的图为检测故障。由两个图的比较可见,系统 100 次仿真的故障漏报率为 5%,误报率为 0,虚警率为 0。

d. 系统有 20% 建模不确定性时的滚转角速率信号故障检测。

对滚转角速度传感器 2 设置随机故障类型,并设置故障时间为 13 s 左右,得到传感器 2 的测量信号如图 3-19 所示。

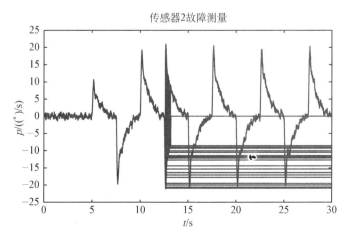

图 3-19　滚转角速度传感器 2 测量信号

利用解析余度及自检方法,对故障传感器进行故障检测,可见如图 3－20 所示的检测结果。

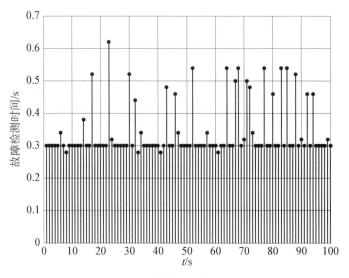

图 3－20　故障时间检测结果

图 3－20 表明,检测时间均小于 0.7 s,大多数故障检测时间在 0.3 s 左右。故障类型检测结果如图 3－21 所示。

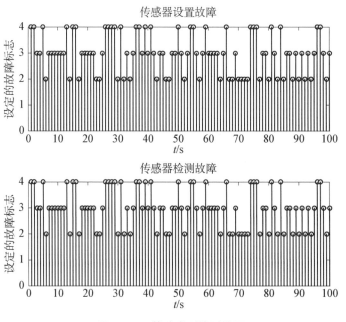

图 3－21　故障类型检测结果

由上面两个图的比较可见,故障类型检测正确,可实现故障的精确定位及故障类型的准确判定,系统 100 次仿真的故障漏报率为 0,误报率为 0,虚警率为 0。

上面的实验结果表明,即使系统参数含有 20% 的偏差,故障检测结果仍然满足技术指标要求。

### 3.2.4 传感器系统的主动容错控制

信息重构技术依赖机载计算机解算出故障传感器的正确信息,等于给硬件余度的传感器系统增加了一个解析余度,使得具有 2 余度的传感器系统可以实现硬件 2 余度加 1 个解析余度的新的混合余度方案,可以达到与硬件 3 余度相同的可靠性指标。同时,它是一种非相似余度系统,其可靠性高于原有的硬件余度系统。应用这一技术,还可以进一步减少传感器系统的硬件结构,达到降低成本、提高基本可靠性的目的。依赖故障检测+信息重构方法形成的传感器容错系统被称为传感器的主动容错系统。

**1) 主动容错系统的可靠性建模与分析**

以某型无人机纵向控制系统为例说明。

设无人机纵向控制系统的传感器包括 3 余度俯仰速率陀螺及 3 余度法向加速度计。建立可靠性模型时俯仰速率传感器与法向加速度传感器之间是串联关系,任意一个信号失效则俯仰控制失效。3 余度传感器进行多数表决,只能容忍一次故障,出现第二次不能自检的故障时,系统将无法选择正确的信号,系统的故障/工作等级为一次故障/工作。俯仰通道传感器系统的可靠性框图如图 3 - 22 所示。计算时取单个速率陀螺的故障率为 $10^{-5}$/h,单个加速度计故障率为 $10^{-5}$/h,设置模型可靠性参数设置如图 3 - 23 所示。

为了进行可靠性的计算,北京航空航天大学针对飞控系统开发了基于 MATLAB 环境的可靠性建模与评估软件[14],该软件适用于飞控系统或其他动力学控制系统的复杂余度结构,能够快速完成余度系统建模、参数设置和可靠性

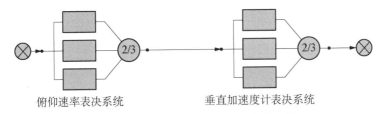

俯仰速率表决系统　　　　　　垂直加速度计表决系统

**图 3 - 22　传统 3 余度传感器可靠性框图**

图 3-23 传感器可靠性参数设置

计算。利用该可靠性分析软件计算得到的上述传统 3 余度传感器系统的故障率为 $5.9999 \times 10^{-10}$。

利用传感器重构信号的解析余度辅助表决，不改变原有硬件余度。可靠性模型如图 3-24 所示，表决系统称为 4 选 2 表决系统。由于解析余度与硬件传感器原理不同，不会产生 2∶2 故障，在出现传感器二次故障时仍然可以选择正确的传感器信号进行反馈，其故障/工作等级至少提高到二次故障/工作；进一步如果重构信号有效，甚至可以在所有硬件传感器都发生故障后采用重构信号进行反馈，这样就达到了三次故障/工作等级。

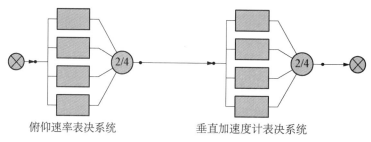

图 3-24 硬件 3 余度＋解析余度传感器可靠性模型框图

设硬件传感器的故障率不变，假设传感器重构信号的故障率为 0.01/h。可靠性参数设置如图 3-25 所示。

图 3-25 传感器可靠性参数设置

经可靠性建模计算得到的余度传感器系统故障率为 $5.9719 \times 10^{-12}$,可靠性远高于上述硬件 3 余度系统。

进一步考虑降低硬件传感器的余度,采用硬件 2 余度加解析余度的结构,可靠性框图如图 3-26 所示。

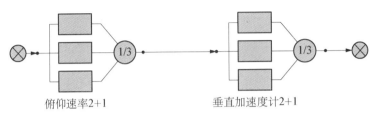

俯仰速率2+1　　　　　　　垂直加速度计2+1

图 3-26　硬件 2 余度加解析余度传感器可靠性框图

当硬件传感器发生 1:1 故障时,解析余度可用于辅助表决,确定故障传感器,引入正常的传感器信号进行反馈;甚至在两个硬件传感器都发生故障时,可以采用重构信号进行反馈,其故障/工作等级达到了二次故障/工作,仍然高于硬件 3 余度系统。

假设解析余度传感器信号自检率为 $100\%$,根据该模型计算出的系统故障率为 $1.99 \times 10^{-12}$,可靠性指标仍然高于原有硬件 3 余度系统。

如上面分析可知,增加一个解析余度,可以提高传感器系统的故障/工作等级,同时没有增加新的硬件,保持了传感器系统的基本可靠性不变。如果有需要,可以减少一个硬件余度,只要重构信号有效,甚至可以在减少硬件余度的情况下提高系统的任务可靠性。

**2) 主动容错的监控表决逻辑与算法**

(1) 硬件 2 余度加解析余度系统的监控表决算法。

当利用重构方法生成解析信号后,将这个重构信号与传感器测量信号组成混合余度系统,进行监控表决,协助判断故障传感器;当全部硬件传感器发生故障时,切入重构信号反馈给飞控系统。

当传感器系统无故障时,利用传统的监控表决系统(包括比较器和表决器)输出传感器状态和表决结果。对于 2 余度传感器系统,在两个传感器均无故障的情况下,监控表决系统输出这两个测量信号的均值;当这两个测量信号中的任意一个发生故障,监控表决系统将给出 1:1 的表决结果,这时表决系统无法判定发生故障的通道,出现表决失效,此时传统的监控表决系统将切断所有的信号。如果能够利用重构信号辅助监控表决系统识别故障通道,则可使监控表决系统在发生 1∶1 故障的情况下仍可保证正确的信号输出。甚至当系统发生二次故障时,重构信号可保证正确有效的反馈信号,保证飞控系统的稳定性不被破坏。

硬件 2 余度加解析余度的监控表决逻辑与前述 2 余度传感器故障检测算法相同,混合三余度监控表决算法可表示为如图 3-27 所示的流程。

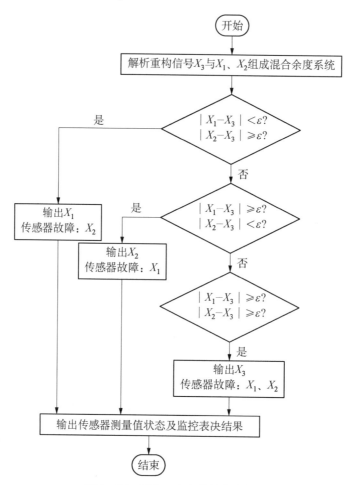

图 3-27　混合 3 余度监控表决算法

按照上述表决流程,设计监控表决算法后,将各余度传感器的测量信号及解析信号一并输入混合余度监控系统,可对系统在混合余度下进行故障检测与重构。当判断出故障传感器并将正确信号反馈给飞控系统后,可以进一步完成故障传感器的故障类型和参数的检测。

（2）动容错的混合余度系统的仿真研究。

将解析信号与 2 余度硬件传感器信号组成 3 余度的混合余度监控表决逻辑，按照图 3－28 的流程对混合余度的角速度传感器故障进行监控表决和重构

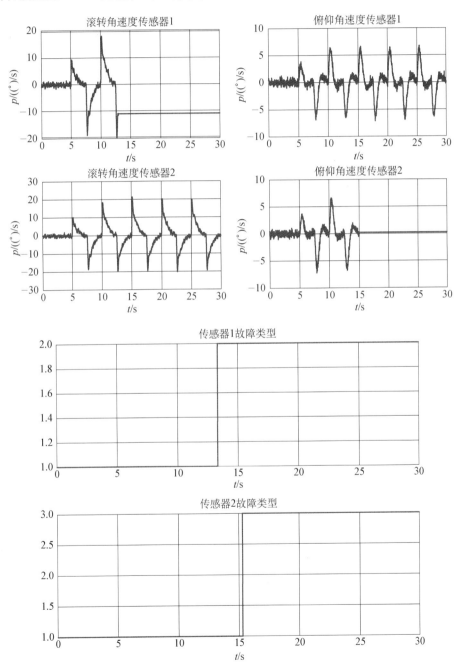

图 3－28 卡死故障响应与故障检测结果

仿真研究。仿真中采用了部分观测器法进行故障信号的重构。

　　a. 滚转与俯仰通道两个传感器卡死故障。

　　假设滚转角速度传感器 1 于第 13 s、俯仰角速度传感器 2 于第 15 s 发生卡死故障,卡死值均为当前的测量值,得到两通道 4 个传感器的测量信号和故障检测结果,如图 3-28 所示。

　　图 3-28 的左图表明故障响应,分别卡死在 −11° 与 0° 左右。右图是故障类型检测结果。由于传感器 2 故障是角速率传感器卡死在 0°,其影响与失效相同,这时判断故障为卡死 0° 或失效都是正确的。

　　利用部分状态观测器算法,得到的传感器的重构信号如图 3-29 所示。

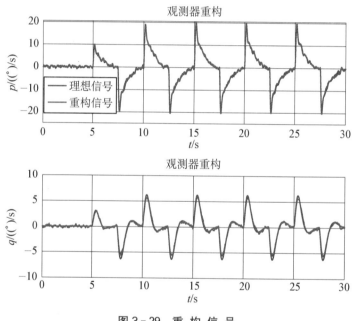

图 3-29　重 构 信 号

　　此时系统的闭环响应如图 3-30 所示。

　　图 3-30 为采用混合余度系统给出的正确的传感器信号反馈给飞控系统形成的新的闭环响应。它表明两个传感器故障下重构效果良好,故障检测和重构加监控表决算法没有影响飞机闭环响应,满足实时性要求。

　　b. 两通道各一个传感器失效故障下的重构仿真。

　　假设滚转角速度传感器 1 于第 13 s、俯仰角速度传感器 1 于第 15 s 发生失效故障,得到传感器的测量信号如图 3-31 所示。

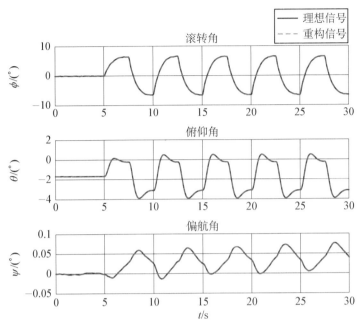

图 3-30　系统闭环响应

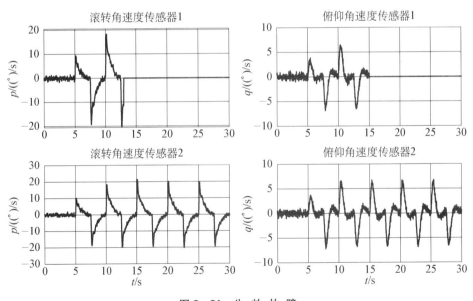

图 3-31　失　效　故　障

利用部分状态观测器算法得到的传感器的重构信号如图 3-32 所示。

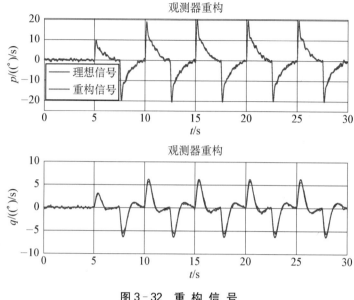

图 3-32　重 构 信 号

由混合余度系统进行故障检测加重构和监控表决,得到故障检测结果如图 3-33 所示。

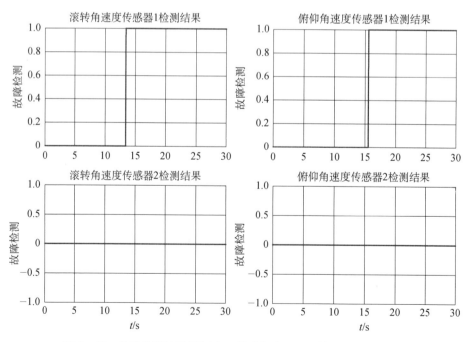

图 3-33　故障检测结果(纵坐标:故障标态,0—无故障;1—有故障)

图 3-33 表明,滚转角速度传感器系统故障检测时间为 0.42 s,俯仰角速度传感器系统故障检测时间为 0.54 s,检测出的故障类型均为失效故障。此时系统的闭环响应如图 3-34 所示。

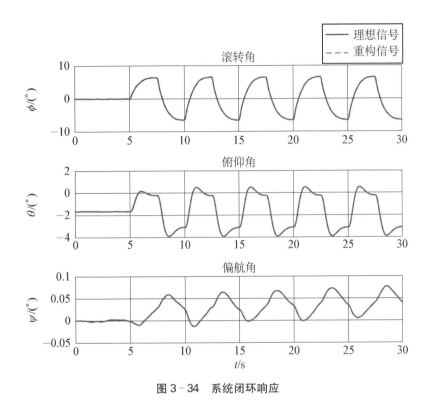

图 3-34  系统闭环响应

由系统响应结果可知,利用解析余度参与故障检测和重构对系统影响较小,可保证重构精度与响应要求。

上述研究表明,采用故障模式匹配与重的融合检测方法,建立硬件 2 余度加解析余度的混合余度系统,与系统实际输出进行比较监控,仿真结果表明,该方法故障检测快,重构信息快,重构结果可以保证飞控系统闭环在传感器故障下保持原有特性不变,重构与监控表决算法满足实时性要求,获得了较好的重构效果。

研究表明,这样的主动容错系统可以有效改善飞控系统的余度传感器系统的容错能力,有效提高飞控系统的任务可靠性,同时不影响飞控系统的基本可靠性,是一种实现方便、具有生命力的新余度系统。

### 3.2.5 飞控系统其他传感器的故障重构方法

关于飞控系统其他传感器的故障重构方法,考虑到飞控系统内回路(电传系统)是飞控系稳定的基本回路,这里仅考虑内回路的传感器,包括迎角、侧滑角、法向过载和侧向过载等传感器。由于姿态角可以从角速率传感器信号直接积分获得,这里就不讨论了。

1) 迎角与俯仰角速率信号互重构

依据飞机纵向短周期近似模型,可以获得迎角与俯仰角速率的近似传递函数关系:

$$\frac{\Delta \alpha}{q} = \frac{1}{S + Z_a} \qquad (3-12)$$

因此,迎角与俯仰角速率的关系满足上述传递函数关系,由于俯仰角速率重构迎角较为简单,其中大飞行包线的调节参数只有升力系数。迎角重构俯仰角速率需要对迎角微分,也可以利用前面的观测器算法。

2) 迎角与法向过载传感器信号互重构

对于线性飞机方程,法向过载与迎角有近似的线性关系:

$$\Delta n_z = \frac{C_{L_a} QS}{G} \Delta \alpha + \frac{C_{L_{\delta_e}} QS}{G} \Delta \delta_e \approx \frac{V}{g} Z_a \Delta \alpha \qquad (3-13)$$

可以从迎角重构法向过载,或者从法向过载重构迎角。

3) 侧向过载与侧滑角的信号互重构

依据飞机横侧向线性方程,侧向过载与侧滑角也有上述简化关系,可以推导相互重构的方法。

## 3.3 操纵面故障检测与诊断

飞控系统的执行机构系统主要由舵机系统、操纵面和它们之间的链接铰链组成,由飞控计算机给出控制指令,通过各通道舵机控制该通道操纵面偏转,实现对飞机的力与力矩控制。其中,舵机由复杂的机电系统组成,每个操纵面都由各自的余度舵机系统驱动,余度舵机系统通常为 3～4 余度的监控表决系统,以保证在飞行中某个舵机发生故障时,可以隔离故障舵机,保留正常舵机对操纵面的控制。而飞机的操纵面没有余度,飞行中如果发生由于铰链结构的卡阻造成的操纵面卡死、操纵面的结构损伤等都会对飞机直接造成附加的、无法控制的控制力/力矩,极大地威胁飞行安全。因此,飞行中操纵面的故障检测与故障下的飞控系统的控制重构成为保证飞控系统安全的关键技术。由于舵机系统的故障检测与监控表决问题已经是成熟的应用技术,这里不再涉及,仅就操纵面的故障检测和操纵面故障下的控制重构技术开展研究。

### 3.3.1 操纵面的故障类型

飞行中操纵面故障主要表现为:

(1) 操纵面卡死——由于铰链锁死、机械卡阻等故障形成,会产生不可控的附加力矩,直接影响飞控系统的稳定性和飞行安全性,需要快速检测定位和重构以消除影响。

(2) 操纵面松浮——由铰链或其他机械链接部分断开形成,使得飞控系统失去相应的控制能力,需要快速诊断定位和重构补偿。

(3) 结构损伤——由操纵面或机翼断裂形成,操纵效益下降,需要诊断定位和重构补偿。

(4) 回中——由于其他原因主动回中,不需要诊断,必要时需要重构补偿。

操纵面松浮、操纵面回中的控制效果都相当于操纵面失效,操纵面结构损伤相当于操纵面只有部分效益,因此,这里主要研究操纵面卡死、损伤(部分或全部)故障检测与定位的算法。

1) 操纵面卡死故障

飞行中操纵面卡死是指执行机构卡死或由机械、电气等原因造成的操纵面卡死在某个角度。它会造成不期望的干扰力矩,如果不加以控制,可能会在瞬间引起飞机失速,对飞行造成的威胁是致命的。卡死故障的描述如下:

$$\dot{x}(t) = A_i x(t) + B_i \delta_i(t) = A_i x(t) + B_{gi}\bar{\delta}(t) + B_i\delta_i(t), \quad i = 1, \cdots, m$$

$$(3-14)$$

式中,设系统状态量为 $n$ 维;控制量为 $m$ 维;$\delta_i$ 为卡死的操纵面偏转角;$\bar{\delta}$ 为剩余有效操纵面偏转角,$B = B_{gi} \oplus B_i$。

对于卡死故障,要求检测时间尽量短,卡死角诊断基本准确。

2) 操纵面损伤故障

操纵面损伤是指飞行中由机内其他部件故障或外部因素造成的操纵面松浮、部分或全部失效。它减少了飞机的有效力矩,造成了控制的不平衡,给驾驶员操纵带来很大困难。关键操纵面的完全失效给飞机造成的威胁也是严重甚至致命的。操纵面损伤故障描述如下：

$$\dot{\boldsymbol{x}}(t) = \boldsymbol{A}\boldsymbol{x}(t) + \boldsymbol{B}\boldsymbol{K}_{\mathrm{g}}\boldsymbol{\delta}(t) \tag{3-15}$$

式中，$\boldsymbol{K}_{\mathrm{g}} = \mathrm{diag}(k_{\mathrm{g}i})(i = 1, \cdots, m)$，$k_{\mathrm{g}i}$ 为第 $i$ 个舵面的有效率。$k_{\mathrm{g}i} = 1$，操纵面正常无故障；$k_{\mathrm{g}i} = 0$，表示第 $i$ 个舵面完全失效或折断，不再产生气动效益。

对于故障下产生结构跳变的系统，损伤故障描述为

$$\dot{\boldsymbol{x}}(t) = \boldsymbol{A}_{\mathrm{si}}\boldsymbol{x}(t) + \boldsymbol{B}_{\mathrm{si}}\boldsymbol{\delta}_{\mathrm{si}}(t) \tag{3-16}$$

上式表明，故障下 $\boldsymbol{A}$、$\boldsymbol{B}$ 矩阵都产生了参数的跳变。进一步，$\boldsymbol{B}_{\mathrm{si}}$ 阵可以描述为

$$\boldsymbol{B}_{\mathrm{si}} = \boldsymbol{B}\boldsymbol{K}_{\mathrm{g}} + \boldsymbol{B}_{\mathrm{qsi}}(\boldsymbol{I} - \boldsymbol{K}_{\mathrm{g}}) \tag{3-17}$$

式中，$\boldsymbol{B}_{\mathrm{qsi}}$ 矩阵是利用操纵面全损故障所对应的单操纵面操纵效益构成的。它描述了损伤故障下对应的正常情况的 $\boldsymbol{B}$ 矩阵，该公式表达了故障下具有结构跳变特性的操纵面有效率的变化。

操纵面损伤故障的危害比卡死故障要小，对于多操纵面布局无人机来说更是如此。目前的先进无人机都具有多操纵面气动布局，具有冗余的控制功能，有的甚至不再有关键操纵面存在。当采取了合理的控制律与操纵面分配策略后，单个操纵面损伤引起的控制力矩的减小可以由其他操纵面补偿。操纵面损伤的影响有时甚至可以作为扰动被控制系统的鲁棒容错能力克服。对于具有多操纵面布局的无人机，在准确的故障检测、定位与隔离技术和合理的控制律、控制分配策略下，可以完全补偿操纵面的卡死与损伤故障，在出现操纵面故障的情况下保证飞控系统的稳定性及合理的飞行性能，并保证飞行安全。

### 3.3.2　操纵面的故障检测技术

目前已开展研究的操纵面故障检测与定位方法大都是类似于故障检测滤波器的方法[7-9]。操纵面故障检测与诊断是无人机主动容错控制的前提和基础，而故障检测与诊断的实时性和准确性是关键，但是基于飞机模型的故障检测滤波器方法一般需要较长的检测时间，在气流和测量装置的噪声扰动下不能保证检测的精度，而当出现多操纵面并发故障时，由于仅靠测量飞机响应获得的信息对于多操纵面系统实际上不是一一对应和不完备的，很难精确、实时地进行故障定位，因此迄今为止，还没有哪个故障检测方法能够解决工程应用环境下、多操纵面并发故障下的故障定位的正确性和实时性问题。

针对上述问题，本节提出了一种基于舵机信息的故障检测方法。考虑到操

纵面卡死时会瞬时产生对于舵机的负载,造成堵转力矩,可以从执行机构输出电压信息中直接测量判断,而不必再利用飞机响应去判断,以避免从飞机外环响应中获取信息进行故障检测的各种不确定和时间延迟。另一方面,操纵面损伤时,会直接造成舵机系统的负载变化,其变化率与舵机的电枢电流成正比,因此可以通过利用测量舵机的输出电压和电枢电流来判断故障类型。由于所有的操纵面都由自己的舵机带动,因此在出现多操纵面并发故障时,可以直接由各自的舵机信息检测故障,不会发生信息混淆造成的误判。

**1) 操纵面卡死故障**

介绍两种方法并进行比较。

(1) 故障检测滤波器方法。

设飞机具有左右升降舵、左右副翼和方向舵 5 个操纵面,$m = 5$。无故障时,飞机方程为

$$\dot{x} = Ax + B\delta \cdot D \tag{3-18}$$

式中,$\boldsymbol{\delta} = (\delta_1, \cdots, \delta_m)^{\mathrm{T}}$ 为 5 个舵面偏转角,当第 $\dot{x}_i = Ax_i + B\delta_{ig} + D(x - x_i)$ $(i = 1, \cdots, 5)i$ 个舵面卡死在 $\delta_a = c$ 时:

$$\boldsymbol{\delta} = (\delta_1, \cdots, \delta_a, \cdots, \delta_m)^{\mathrm{T}} \tag{3-19}$$

为了简化讨论,设卡死故障时系统矩阵 $A$、$B$ 保持不变。利用各舵面卡死模型构成卡死故障检测滤波器组,当第 $i$ 个操纵面卡死时,其故障检测滤波器:

$$\dot{x}_i = Ax_i + B\delta_{ig} + D(x - x_i) \quad (i = 1, \cdots, 5) \tag{3-20}$$

选择使 $A - D = -\lambda I$,$\lambda$ 为正实数,表示矩阵 $A - D$ 具有负特征值。式中 $\delta_{ig}$ 取值分别如下:

$$\boldsymbol{\delta}_{1g} = (0, \delta_2, \delta_3, \delta_4, \delta_5)^{\mathrm{T}}$$

$$\boldsymbol{\delta}_{2g} = (\delta_1, 0, \delta_3, \delta_4, \delta_5)^{\mathrm{T}}$$

$$\boldsymbol{\delta}_{3g} = (\delta_1, \delta_2, 0, \delta_4, \delta_5)^{\mathrm{T}}$$

$$\boldsymbol{\delta}_{4g} = (\delta_1, \delta_2, \delta_3, 0, \delta_5)^{\mathrm{T}}$$

$$\boldsymbol{\delta}_{5g} = (\delta_1, \delta_2, \delta_3, \delta_4, 0)^{\mathrm{T}}$$

第 $i$ 个卡死故障检测滤波器的残差方程:

$$\dot{\xi}_i = \dot{x} - \dot{x}_i = (A - D)\xi_i + B(\delta - \delta_{ig}) = (A - D)\xi_i + b_{i\_i}\delta_a \tag{3-21}$$

式中,$b_{i\_i}$为$\boldsymbol{B}$的第$i$列。可以看出残差与卡死舵面$\delta_a$有直接关系。进一步,残差的解为

$$
\begin{aligned}
\xi_i(t) &= \mathrm{e}^{(\boldsymbol{A}-\boldsymbol{D})(t-t_f)}\xi_i(t_f) + \int_{t_f}^{t}\mathrm{e}^{(\boldsymbol{A}-\boldsymbol{D})(t-\tau)}b_{i\_i}\delta_a\mathrm{d}\tau \\
&= \mathrm{e}^{(\boldsymbol{A}-\boldsymbol{D})(t-t_f)}\xi_i(t_f) + \int_{t_f}^{t}\mathrm{e}^{(\boldsymbol{A}-\boldsymbol{D})(t-\tau)}\mathrm{d}\tau\, b_{i\_i}\delta_a \\
&= \mathrm{e}^{-\lambda\boldsymbol{I}(t-t_f)}\xi_i(t_f) + \lambda(\boldsymbol{I}-\mathrm{e}^{-\lambda\boldsymbol{I}(t-t_f)})b_{i\_i}\delta_a \\
&= \mathrm{e}^{-\lambda\boldsymbol{I}(t-t_f)}(\xi_i(t_f)-\lambda b_{i\_i}\delta_a) + \lambda b_{i\_i}\delta_a
\end{aligned} \tag{3-22}
$$

如果设计$\boldsymbol{L}$矩阵满足$\boldsymbol{A}_i-\boldsymbol{L}_i=-\lambda\boldsymbol{I}$,式中第一项很快衰减为零,残差的稳态值为$\bar{\xi}_i(t)=\lambda b_{i\_i}\delta_a$。

因此,故障$\lambda b_{i\_i}$检测模块检测到故障以后,卡死故障诊断模块中计算$\dfrac{\bar{\xi}_i(t)}{\lambda b_{i\_i}}$($i=1,\cdots,5$),式中:$b_{i\_i}$为$\boldsymbol{B}$的第$i$列,$\dfrac{\bar{\xi}_i(t)}{\lambda b_{i\_i}}$为向量,其元素为$\bar{\xi}_i(t)$各元素与各元素之比。当且仅当第$i$个舵面卡死时,$\dfrac{\bar{\xi}_i(t)}{\lambda b_{i\_i}}$各元素相等且恒为一常数,该常数即为卡死角度。容易证明,其他的$\dfrac{\bar{\xi}_j(t)}{\lambda b_{j\_j}}$($j=1,\cdots,5,\ j\neq i$)各元素随飞机的状态及舵偏角变化,不可能恒等于同一常数。

以某型无人机的五阶小扰动线性模型进行仿真验证。故障类型为左、右平尾卡死:$5°,-10°$;左、右副翼卡死:$10°,-20°$。以高度为$0,Ma$数为$0.3$的飞行条件为例进行仿真研究。在每个操纵面的上述每个故障下,各进行$100$次仿真并记录数据。仿真中对迎角、侧滑角及角速率信号加入最大$0.1((°)/s)$的扰动白噪声。检测结果如表$3-4$所示,所有的卡死故障都可以正确地检测出来,且卡死角度误差全部小于$10\%$。

表 3-4    卡死故障检测结果

| $H=0,Ma=0.3$ | 误差$>10\%$ | 误差$>5\%$ | $(\Delta\%)_{max}$ |
|---|---|---|---|
| 右副翼卡死 $10°\sim20°$ | 0<br>0 | 10<br>0 | 6.26<br>3.578 |
| 左副翼卡死 $10°\sim20°$ | 0<br>0 | 6<br>0 | 7.68<br>3.34 |

| $H=0, Ma=0.3$ | 误差＞10% | 误差＞5% | $(\Delta\%)_{max}$ |
|---|---|---|---|
| 右平尾卡死 $5°\sim10°$ | 0 <br> 0 | 0 <br> 0 | 3.03 <br> 1.61 |
| 左平尾卡死 $5°-10°$ | 0 <br> 0 | 0 <br> 0 | 3.357 <br> 1.898 |

仿真结果表明，采用故障检测滤波器的方法，原理上可以检测出卡死故障和卡死角。

由于操纵面的卡死故障会瞬时产生附加的、可能是很大的干扰力矩，对安全飞行产生巨大的威胁，因此，对于卡死故障的检测时间要求极高。由于故障检测滤波器的方法是利用残差的稳态值来确认故障和获得卡死角的，因此不可避免地需要一定的衰减时间，其检测过程较长，很难满足实时性和安全性要求，说明故障检测滤波器方法基本不具备工程可应用性。

下面提出了一种基于舵机信息的直接测量方法，可以快速、准确地完成故障检测、定位和确认卡死角。

（2）基于舵机信息的方法。

卡死故障现象为操纵面和舵机输出轴卡死在固定位置，不受指令控制，此现象可由下式描述[10]：

$$\begin{cases} \dfrac{\mathrm{d}\Delta\omega}{\mathrm{d}t}=0 \\ \Delta\omega=0 \\ \delta=\delta_0 \end{cases} \qquad (3-23)$$

操纵面发生卡死故障后，无论舵回路输出多大力矩，都会得到一个等值反相的铰链力矩与之平衡，造成舵回路无法驱动操纵面发生偏转。操纵面的气动力所产生的负载力矩不能够正常反馈给舵回路，此时操纵面的铰链力矩与操纵面偏角和飞行器飞行状态无关，仅由舵回路输出的力矩决定。

当卡死故障发生时，考虑到 $\Delta\omega=0$，$\delta=\delta_0$，舵回路系统结构如图 3-35 所示。

进一步简化可以得到图 3-36。

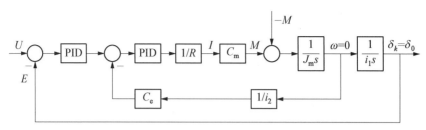

**图 3 - 35　舵回路卡死故障时的简化结构**

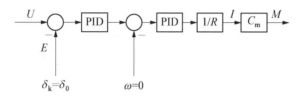

**图 3 - 36　卡死故障时舵回路的等效结构**

从图 3 - 36 可以看出,在操纵面的卡死故障下,舵回路的电枢电流及输出力矩变化情况相当于常值干扰下的开环舵机,还可以得到如下表达式:

$$I = P_\delta P_{\dot\delta}' / R \times (u - \delta_0)$$

式中,$P_\delta$、$P_{\dot\delta}'$ 分别为位置控制器和速度控制器的控制律。

飞行中发生操纵面卡死故障时,控制指令 $u$ 发生变化,而操纵面保持卡死角度不变,造成 $u - \delta_0 \neq 0$,电枢电流会迅速发生异常的增大,因此,在操纵面卡死故障下,舵机的输出电压保持不变,而电枢电流则急剧增大,产生堵转电流,严重时甚至会烧毁舵机。

利用舵机信息,卡死故障的故障特征为:操纵面卡死时,舵面反馈与输入指令不同,且保持常值。即

$$t \geq t_g : |\delta_d - \delta| > \varepsilon_1, \quad \delta_d = 常值 \tag{3-24}$$

式中,$t_g$ 为故障发生时间;$\delta$ 为舵偏角指令信号;$\delta_d$ 为舵偏角反馈的测量信号。

实际检测中,当上式的条件满足时,通过检测舵机输出角 $\delta_d$ 即检测出故障的残差,这时如果电枢电流急剧增加则进一步验证了该操纵面发生了卡死故障。当该残差连续保持五个采样周期或以上,即可诊断为卡死故障,卡死角和故障发生时间为当前的舵偏角 $\delta_d$ 和时间 $t$。

依据上述算法进行操纵面卡死故障检测。仿真采用的模型为飞机线性模

型,具有 5 个常规操纵面,左右升降舵、左右副翼和方向舵。设一个升降舵在第 5 s 发生卡死故障,卡死前角度为 $-8°$,卡死 $-15°$,得到如图 3-37 所示结果。

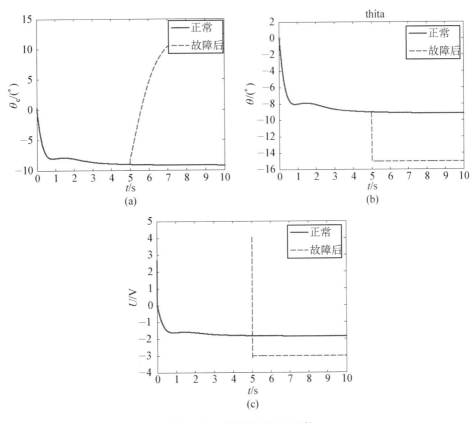

**图 3-37　故障前后信号比较**

(a) 舵机输入角　(b) 舵面偏角　(c) 舵机输出电压

由以上 3 个分图可知,发生升降舵卡死故障时,舵机控制输入仍然会发生改变,但对应的舵面偏角及与其成比例的舵机输出电压值自故障发生后 $(t=5 \text{ s})$ 维持不变。因此,当舵机输出电压始终保持不变,与输入电压有大幅度偏差时,可以确认是操纵面卡死故障,卡死角与舵机输出电压成比例。这种方法可以得到很高的检测精度和卡死角参数,且故障漏报率和误报率都几乎为零。

该故障检测方法与飞行状态无关,具有极好的检测鲁棒性。故障检测与定位所用时间为 5~10 个采用周期,对于长航时无人机,采样周期为 20 ms,5 个采样周期是 0.1 s,可以很快定位卡死故障及参数(卡死角)。

### 2) 操纵面损伤故障

飞行中某个操纵面发生松浮、全部或部分失效故障会影响到该操纵面对飞机的控制能力,使得飞行控制部分失效,飞机响应产生相应不期望的变化。与卡死故障相比,损伤故障的影响不会直接产生大的干扰力矩,因此损伤故障对飞行安全的影响较卡死故障小一些。但依据飞机响应诊断故障的难度会更大,当有噪声影响或多操纵面并发故障时,要准确地进行故障操纵面定位需要更多的时间,这会影响到控制重构的效果。可以说,操纵面损伤故障的故障检测、精确定位和诊断故障参数(损失率)比诊断卡死故障难度大得多,会受到飞机建模误差、飞机响应测量误差等因素的影响。当多操纵面并发故障时,误报或漏报率都会增加,甚至得出错误的结论。

考虑上述问题,本节提出了一种基于舵机电枢电流的信息进行诊断的方法,直接测量舵机信息进行故障诊断,避免受到飞机建模误差和飞机响应测量的影响,可以解决故障检测定位的实时性和准确率的问题。针对操纵面损伤故障,下面也进行了两种方法的故障检测结果对比。

(1) 基于故障检测滤波器的操纵面损伤故障检测方法[11]。

检测操纵面损伤故障的故障检测滤波器:

$$\begin{cases} \dot{x} = Ax + Bu - B(I - K)u \\ y = Cx \end{cases} \tag{3-25}$$

式中,$K$ 为 舵 面 气 动 效 率 矩 阵,$m$ 个 操 纵 面 的 操 纵 效 益 满 足 $K = \mathrm{diag}(k_1, k_2, \cdots, k_m)$,其中 $k_1, k_2, \cdots, k_m$ 为各个舵面的残存有效率。飞机正常时,$k_1, k_2, \cdots, k_m$ 均为 1,当一个或几个操纵面发生故障时,$0 \leqslant k_1, k_2, \cdots, k_m < 1$,即式中对应的一个或几个参数 $k_i$ 小于 1。$k_1, k_2, \cdots, k_m$ 为需检测的参数。

故障检测滤波器的设计前提条件为:

a. $(A, C)$ 可观测;

b. $CF = C[f_1, f_2, \cdots, f_r] = [Cf_1, Cf_2, \cdots, Cf_r]$ 的秩为 $r$;

c. $r = m$;

d. $(A - DC)$ 的闭环特征值为 $(i = 1, 2, \cdots, n)$ 各不相同,且 $(A - DC)$ 所有极点位于 $s$ 平面的左半平面。

满足上述设计条件的故障检测滤波器如图 3-38 所示。

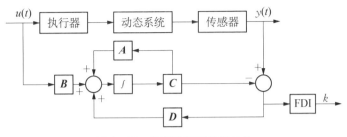

图 3-38 故障检测滤波器结构

由飞机在发生故障时的状态方程式与故障检测滤波器表达式,可得

$$\dot{\boldsymbol{\varepsilon}} = (\boldsymbol{A} - \boldsymbol{DC})\boldsymbol{\varepsilon} - \boldsymbol{B}(\boldsymbol{I} - \boldsymbol{K})\boldsymbol{u} \qquad (3-26)$$

由于稳态时为零,则 $\boldsymbol{\varepsilon}_s = (\boldsymbol{A} - \boldsymbol{DC})^{-1}\boldsymbol{B}(\boldsymbol{I} - \boldsymbol{K})\boldsymbol{u}$

可推出 $\qquad \boldsymbol{e}_s = \boldsymbol{C}\boldsymbol{\varepsilon}_s = \boldsymbol{C}(\boldsymbol{A} - \boldsymbol{DC})^{-1}\boldsymbol{B}(\boldsymbol{I} - \boldsymbol{K})\boldsymbol{u} \qquad (3-27)$

由此,据上式可利用稳态误差对舵面气动效率 $\boldsymbol{K}$ 进行解算,解算过程利用了飞机方程和参数。

(2) 基于舵机信息的操纵面损伤故障检测方法。

飞行中舵机的负载就是铰链力矩,铰链力矩定义为操纵面上的气动力对操纵面的转轴产生的力矩,即指流过舵面的气流对舵轴形成的空气力矩。执行机构一般是通过机械传递控制舵面的偏转,为了使舵面偏转到需要的位置,必须克服作用在舵轴上的铰链力矩。操纵面通过铰链与舵机链接,铰链是机械结构,其故障情况可以和操纵面联系起来考虑。

飞行中当操纵面全损或松浮时,舵面上的气动力骤然消失,作用在舵机上的负载力矩也就消失了,负载力矩的消失会形成电动舵机的电枢电流大幅度减小;同理,如果操纵面损伤 50%,作用在舵面上的气动力也会相应减小相同的幅度,影响到铰链力矩和舵机的负载力矩也会相应减小相同的比例,舵机的电枢电流同样减小。所以,电枢电流成为评估舵机负载力矩、铰链力矩和操纵面操纵效益的一个重要指标。

以电动舵机为例,舵回路系统结构如图 3-39 所示。

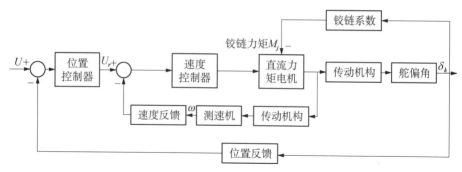

图 3‐39　舵回路系统结构图

忽略摩擦力矩的影响,其运动方程可描述为[12]

$$\begin{cases} \Delta U = L\dfrac{\mathrm{d}\Delta I}{\mathrm{d}\Delta t} + \Delta IR \\[2mm] \Delta M = C_{\mathrm{m}}\Delta I \\[2mm] \Delta M = J\dfrac{\mathrm{d}\Delta\omega}{\mathrm{d}t} + \dfrac{\Delta M_j}{i_2} \\[2mm] \Delta M_j = M_j^{\delta}\Delta\delta_j \end{cases} \qquad (3\text{-}28)$$

式中,$\Delta$ 为增量;$U$ 为加到电机两端的电压;$I$ 为电枢电流;$R$ 为电枢回路总电阻;$L$ 为电枢回路总电感;$M$ 为电机力矩;$C_{\mathrm{m}}$ 为电机的力矩系数;$J$ 为电机电枢的转动惯量;$\omega$ 为电机角速度;$M_j$ 为铰链力矩;$i_2$ 为传递系数;$\delta_j$ 为舵偏角;$M_j^{\delta}$ 为负载系数。

操纵面发生损伤故障后,负载力矩(即铰链力矩 $M_j$)迅速减小,回路内部由于引入了反馈,故当 $M_j$ 迅速减小时,$(M-M_j)$ 值迅速变大,使得舵机转速迅速变大,反馈电压迅速增大。由上式可得 $\Delta I = \dfrac{1}{C_{\mathrm{m}}}\left(J\dfrac{\mathrm{d}\Delta\omega}{\mathrm{d}t} + \dfrac{\Delta M_j}{i}\right)$,当稳态时,$\dfrac{\mathrm{d}\Delta\omega}{\mathrm{d}t}=0$,即 $\Delta I = \dfrac{1}{C_{\mathrm{m}}}\dfrac{\Delta M_j}{i} \Rightarrow \Delta I \propto \Delta M_j$。可见直流力矩电机的电枢电流迅速减小,且其值与铰链力矩数值变化率相同,即 $I = k_i I_0$($I_0$、$I$ 分别为损伤/松浮故障发生前后的电枢电流,$k_i$,$0 \leqslant k_i \leqslant 1$ 为损伤率,当 $k_i = 0$,表示发生了松浮故障)。因此,可以通过检测电枢电流来进行操纵面损伤故障检测。

在损伤故障的情况下,由于舵面发生故障,故负载力矩(即铰链力矩 $M_j$)迅速减小,回路内部由于引入了反馈,故当 $M_j$ 迅速减小时,$(M-M_j)$ 值迅速变大,使得舵机转速迅速变大,反馈电压迅速增大,从而使直流力矩电机的电枢电流迅速减小且其值与铰链力矩数值变化率相同。因此,可以通过检测电枢电流来进行操纵面损伤故障检测。

设单舵回路损伤故障仿真图如图 3-40 所示,建立了负载跳变模型,仿真操纵面损伤故障[11]。

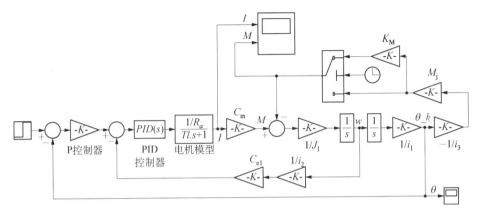

**图 3-40 单舵回路损伤故障仿真图**

仿真图中各参数为:电枢电阻 $R_a = 4.49\,\Omega$,调节时间 $T_1 = 0.000\,127\,6\,s$;力矩系数 $C_m = 0.048\,6\,N \cdot m/A$,反电势系数 $C_e = 0.048\,5\,V/(rad/s)$,电机转动惯量 $1/J_m = 456\,621.004\,6\,kg \cdot m^2$,电机输出与舵回路偏转角输出间的传动比 $i_1 = 5$;电机与测速机间的传动比 $i_2 = 0.055\,9$;因为通常舵面转轴的位置设置在压力中心的前面,即 $M_j^\theta < 0$,故模型中存在反相传动比 $-1/i_3$,其中 $i_3 = 40$;铰链力矩系数 $M_j^\theta = -200$。

仿真中假设舵面损伤 50%,则舵面残存率 $k = 0.5$。根据算法分析,直流力矩电机中的电枢电流将发生突变至原值的 0.5。仿真结果如图 3-41 所示,铰链力矩与电枢电流均突变到原来的 0.5。该结果说明,基于舵机信息的操纵面损伤故障检测方法原理是正确的。

(3) 两种方法的比较。

同样以无人机线性模型飞控系统为例,对基于舵机信息的方法和故障检测滤波器方法进行仿真比较。设飞机的 5 个操纵面均发生损伤故障,损伤后有效率分别为 0.4,0.35,0.3,0.25,0.2。

两种方法的仿真结果如图 3-42 所示。在模型准确且没有测量噪声的情况下,两种方法都可以实现多操纵面并发损伤故障的检测,故障检测滤波器方法检测过程中有较大的振荡,需要的检测时间较长。

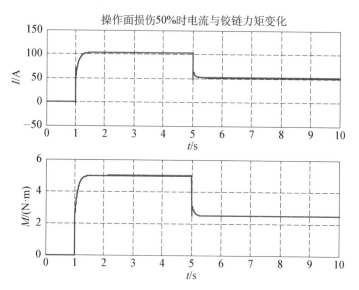

图 3-41 损伤故障发生时的电枢电流与铰链力矩

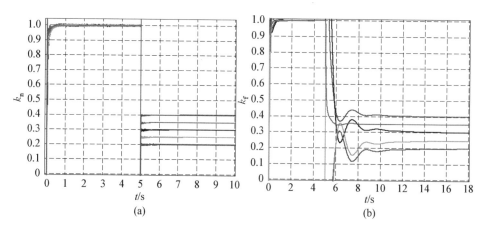

图 3-42 两种检测方法结果比较

（a）基于舵机信息的检测方法结果 （b）故障检测滤波器方法结果

考虑噪声扰动情况，系统中加入零均值、方差 0.01 的白噪声，飞机响应如图 3-43 所示，飞机响应中产生了噪声扰动。

在该噪声影响下设置双操纵面损伤故障模式，设左升降舵发生损伤 80% 的故障，同时右副翼发生损伤 70% 的故障，两种方法的检测结果如图 3-44 所示。

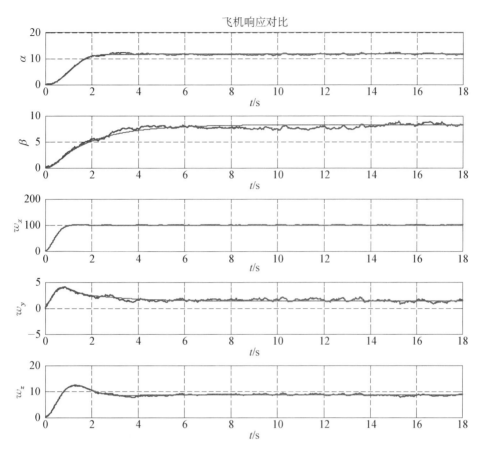

图 3-43 受飞机建模误差及传感器噪声影响的飞机响应

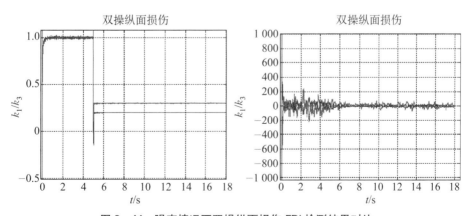

图 3-44 噪声情况下双操纵面损伤 FDI 检测结果对比

由图 3-44 可知,在此种噪声下,只有基于舵机信息的操纵面 FDI 方法(左图)可准确检测出两个操纵面故障时操纵面效益的残存率,故障检测滤波器法(右图)为幅值较大的噪声信号,可见此种滤波器方法已无法检测此时的故障。左图的方法除具备很好的准确性之外,依然具有很好的快速性。

比较上述两种方法,可以得出结论:

(1) 基于舵机信息的方法由于仅涉及舵机输出的电压电流信号,而每个舵机的输出仅与自己操纵的舵面链接,因此检查出的故障仅为自己通道的故障,与其他操纵面无关。

(2) 舵机输出电压中的信号噪声远远小于飞机响应中的信号噪声,因此其受噪声扰动影响远远小于滤波器方法。

(3) 舵机输出信息中不包含飞机响应信息,因此检测结果也不受飞机响应影响,避免了多操纵面故障并发时,飞机响应中多故障信息融合造成的解的不唯一性和飞机响应中受到气流扰动时的信息不确定性造成的误报或漏报。

因此,采用基于舵机信息的方法进行操纵面卡死故障检测的检测结果是可靠的、稳定的和面向多故障并发的。由于其测量信息简单,因此工程实现是很容易的。

(4) 操纵面损伤故障的蒙特卡洛仿真验证。

由于操纵面卡死故障检测较为直接和简单,仅就操纵面损伤故障进程故障检测的蒙特卡洛仿真验证[13]。

设某型具有 V 形尾翼的无人机飞控系统的俯仰角指令为正弦指令,幅值为 $10°$,频率为 0.062 5 Hz。损伤舵面为用于控制俯仰机动的左侧 V 尾。舵面损伤残存率在(0.2, 0.6)范围内随机分布,损伤时刻 $t$ 在 2~6 s 内随机分布,舵机参数不确定性设置如表 3-5 所示,仿真 100 次。

表 3-5　蒙特卡洛仿真参数不确定性设置

| 名称 | 符号表示 | 取值范围 |
| --- | --- | --- |
| 电枢电阻 | $R_a$ | $[0.9, 1.1]R_a$ |
| 反电势系数 | $C_e$ | $[0.9, 1.1]C_e$ |
| 力矩系数 | $C_m$ | $[0.9, 1.1]C_m$ |
| 电机转动惯量 | $J_m$ | $[0.9, 1.1]J_m$ |

得到舵面损伤故障电流比值如图 3-45 曲线所示;检测后得到舵面残存率

输出结果及检测耗时分布也在图 3‑46 和图 3‑47 中给出。

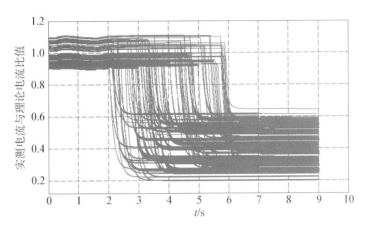

图 3‑45 舵面损伤故障电流比值

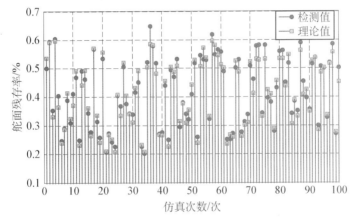

图 3‑46 舵面残存率检测结果

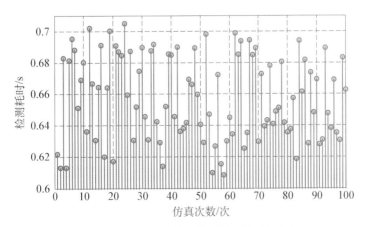

图 3‑47 舵面损伤故障检测需要的时间分布

　　检测结果为：检测模块上报 100 次舵面损伤故障，不存在漏报和误报现象；由于舵机参数存在误差，仿真得到的舵面残存率检测结果和理论值有所差别，但都比较接近，检测误差在 0.1 以内；从舵面损伤故障检测时间分布图可以看出，故障检测耗时在 0.6~0.7 s 之间，小于 0.8 s，检测时间主要受损伤率值的影响，基本不受舵机参数误差的影响。

　　表 3-6 给出了参数偏差在 10%、20% 和 30% 时的故障检测结果。它表明，当舵机参数误差增大到 20%，故障检测模块的误报率和漏报率仍为 0，可见基于舵机信息的电流检测法检测操纵面损伤故障的可信度很高。当舵机参数误差增大到 30% 时，检测模块开始出现误报现象，且检测精度变得较差。检测耗时主要取决于不同损伤率下电机电流调节过程，与舵机参数精度相关性不大。

表 3-6　误报率、漏报率与检测误差表

| 模型误差/% | 漏报率/% | 误报率/% | 最大检测误差值 |
| --- | --- | --- | --- |
| 10 | 0 | 0 | 0.06 |
| 20 | 0 | 0 | 0.1 |
| 30 | 0 | 2 | 0.3 |

　　蒙特卡洛仿真验证表明，基于舵机电枢电流检测获得的操纵面损伤率精度较高，检测时间均在 0.8 s 以下，在模型误差 ±20% 之内，没有误报和漏报。

### 3.3.3　操纵面故障检测的半物理试验

　　为了验证基于舵机信息的故障检测方法的工程可实现性，设计和搭建了舵机-操纵面故障检测系统的半物理试验系统，利用直流力矩电机加载与卸载试验来模拟舵机-操纵面系统进行相关故障检测技术的实验测试。设计了半物理试验系统结构、连接与通信方式、显示系统和测试方法、测试项目等，由于使用的实际物理系统存在较大的死区、非线性区域限制和与飞行控制律的衔接等问题，进行了繁复的系统调试和改造过程。

　　半物理试验系统原理结构如图 3-48 所示。

　　如图 3-48 所示，在计算机内实现舵回路控制。舵机硬件系统由力矩电机本体、测速机和电位计组成，这三个部件已组装成一个整体，三者用联轴节均同轴连接。负载模拟器电机系统的作用是给舵机输入负载力矩，模拟飞行中的铰链力矩变化。负载模拟器的输入电压决定了给予舵机的力矩大小，当操纵面发

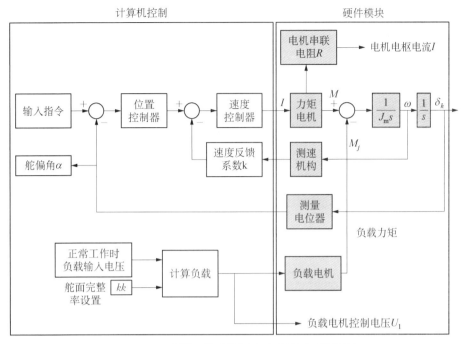

**图 3‑48　操纵面故障检测试验系统原理结构图**

生损伤时,这一电压值会随着操纵面的损伤率成比例变化,可以描述操纵面损伤故障的情况。试验中依据故障率的设置,计算负载驱动负载电机给舵机加载,实现与故障率对应的铰链力矩变化。

舵机与飞控系统组成的半物理试验系统如图 3‑49 所示。

**图 3‑49　试验系统总体结构**

试验时在负载模拟器的输入部分设置了舵面完整率 $K$ 的输入值,在 $0\sim1$ 之间变化,$K$ 值与正常时的仿真输入电压相乘,获得的仿真输入电压在正常输入电压和 0 之间变化。

1) 损伤故障检测试验

损伤故障检测时,输入飞控系统给舵机的输入电压,测量负载电机输入电压 $U_1$,模拟由于操纵面损伤故障形成的负载变化;测量舵机电枢串联电阻 $R$ 两端的电压 $U_2$,计算舵机的电枢电流,从而获得操纵面的损伤率;同时测量舵机位置反馈电压 $U_3$,观察损伤或卡死故障时舵机角度变化。

故障检测仿真结果如下:

(1) 舵面完整率由 1 变为 0.5 时(舵面损伤一半)。

试验数据如图 3-50 所示。

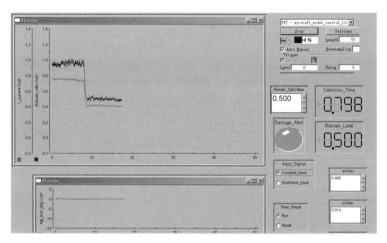

**图 3-50 舵面完整率由 1 变为 0.5 时的试验数据图**

图 3-50 表明,舵面损伤 50% 时,负载电压减半,电枢电流减半,舵机输出角度不变。检测时间为 0.798 s,检测的损伤率为 0.5,与设置一致。

(2) 舵面完整率由 1 变为 0 时。

试验数据如图 3-51 所示。

这时,负载电压降为 0,舵机电枢电流降为 0,舵机输出角度不变。故障检测时间为 0.778 s,舵面完整率为 0.1,接近真实损伤情况。

(3) 舵面完整率由 1 变为 0.5(指令信号为正弦,舵面损伤一半)。

试验数据如图 3-52 所示。

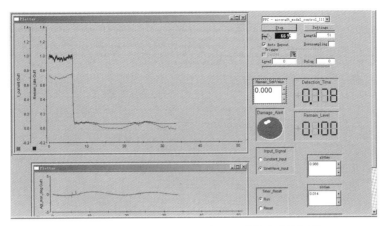

图 3‒51　舵面完整率由 1 变为 0 时的试验数据图

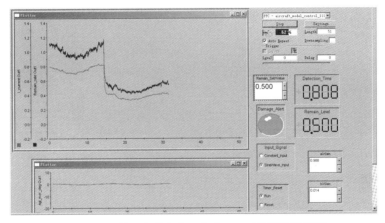

图 3‒52　舵面完整率由 1 变为 0.5 时的试验数据图

图 3‒52 表明,舵面损伤 50% 时,电枢电流减少,舵机输出角度在经历振荡后恢复初始值。检测时间为 0.808 s,检测结果处于 0.5 等级档位。

试验结果说明,舵面全损伤时,电枢电流回零的时间短,判断全损伤的精度高。

2) 卡死故障仿真结果

卡死故障检测系统与上面的系统一致。卡死故障检测设置,是在舵机偏转到某个角度时用手固定住,或者人为地将舵机角度偏转到某个角度,不让舵机输出角度再随着输入信号偏转,这时检测舵机的输入输出电压变化和电枢电流变化,由于处于舵机堵转状态,舵机的电枢电流应是不断增加的,过大会烧坏舵机;

输出电压应该保持在堵转角度上不变。

试验数据曲线如图 3‐53 所示(图中第一个为舵机的电枢电流,第二个为舵偏角,第三个为卡死故障指示信号,0 表示未发生卡死故障,1 表示发生卡死故障,第四个为舵机输入指令,右侧时间为卡死故障诊断时间)。

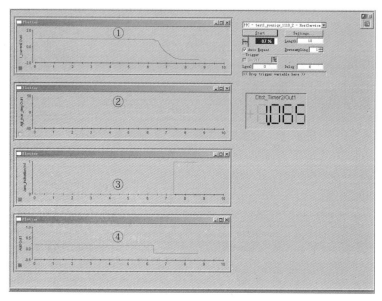

图 3‐53    舵机卡死故障时试验数据曲线图

输入信号为方波信号,正常情况下舵偏角从约−10°变到 10°。由图中可以看出,大概在 6.2 s 左右,输入指令发生改变,但此时通过故障设置使得卡死角度未达到−10°,实际舵机偏转角变化如图 3‐53 中②号曲线所示。此时负载电压不变,电流将会迅速增至−1.8 A 左右,然后保持稳定。卡死故障检测时间为1.065 s。

操纵面故障检测的虚拟样机试验中含有舵机本身的非线性特性:死区、饱和、电磁滞环等影响,因此更接近于工程实际系统,所提出的算法的验证也更接近于工程应用。虚拟样机试验表明,操纵面故障检测算法具有较高的技术成熟度,可以进一步进行无人机应用研究。

## 3.4    操纵面故障下的控制重构

在操纵面发生故障时,利用飞机气动操纵面本身具有的气动冗余,可以进行控制律重构,补偿故障操纵面影响,并实现一定的机动。下面以某型无人机为例,介绍操纵面故障控制重构设计方法。

### 3.4.1　无人机控制冗余能力分析

#### 1) 原型飞机控制冗余能力分析

要实现飞机操纵面故障的重构,飞机应该是多操纵面布局,并且具备一定的控制冗余。

某型无人机采用 V 尾布局,每侧 V 尾由两余度舵机驱动,加上副翼共有四个操纵面。四个操纵面控制三轴力矩,理论上具有一定的控制冗余,在操纵面故障时是否具备重构能力则需要进行控制冗余能力分析。

控制分配理论中的目标力矩可达集合是操纵面组合可能产生的力矩矢量的集合,体现了飞机操纵面的最大控制能力。包含机身力矩的目标可达集多面体可以直观地反映出飞机的静态平衡能力:当坐标原点位于多面体内部时,飞机可以实现三轴力矩平衡,可以保持该状态平飞;坐标原点距离多面体表面的距离反映了平衡状态下的剩余力矩控制能力。

图 3 - 54 所示为某飞行状态(高度、速度、配平迎角)下,所有操纵面任意偏转所能实现的力矩可达集,反映的是正常状态下飞机的操纵能力。

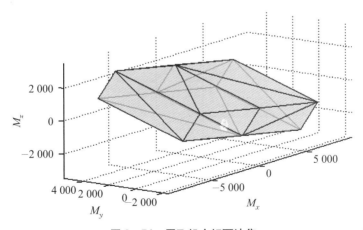

**图 3 - 54　原飞机力矩可达集**

故障后的飞机控制力矩可达集可以直观地表示飞机的剩余操纵能力,坐标原点相对力矩可达集的位置直观地表示故障后的平衡能力和剩余操纵能力。坐标原点在力矩可达集内部表示故障可配平,坐标原点到力矩可达集表面的距离表示该方向剩余的最大力矩控制能力。进行分析时应该在三维空间中进行,必须是三轴力矩可同时配平才表明飞机具有故障平衡能力。力矩可达集的形状由各操纵面效率及偏转范围确定,当某操纵面失效时相当于该操纵面舵效为0,某操纵面卡死时相当于该操纵面偏转范围为0。因此某操纵面发生失效或卡死故障时,与无故障情况相比力矩可达集的体积有所减小。操纵面卡死在0°与操纵面失效的效果相同,都只是使力矩可达集的范围减小。当卡死操纵面卡死在非0位置时,卡死操纵面产生的干扰力矩使力矩可达集整体向对应的力矩矢量方向平移。

右侧V尾卡死在0°时飞机的控制力矩可达集如图3-55所示。可以看到飞机控制力矩可达集非常小。这是因为剩余的单侧V尾产生的俯仰与偏航力矩之间的比例是固定的,而副翼能产生的俯仰与偏航控制能力较低。因此V尾卡死情况下飞机无法配平,即使卡死角度可以恰好使飞机配平,也没有剩余操纵能力进行机动飞行。因此原飞机V尾卡死情况下不具备配平及重构能力。V尾全失效时控制力矩可达集合与卡死在0°时相同,因此单侧V尾全失效时飞机也不具备配平及重构能力。

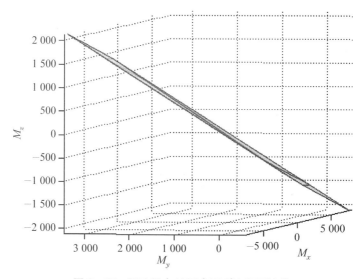

图 3-55　原飞机右 V 尾卡死 0°力矩可达集

当右副翼卡死在15°时,飞机的控制力矩可达集如图3-56所示,此时飞机可以配平,但原点已经接近控制力矩可达集的表面,说明基本不具备剩余操纵能力,故障后基本只能平飞。而当右副翼卡死在−15°时,飞机已经无法配平。

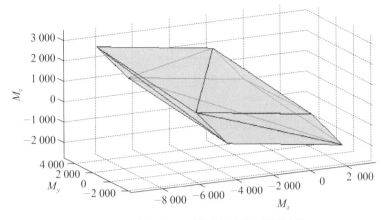

图 3-56　原飞机右副翼卡死 15° 力矩可达集

根据以上分析,原飞机 V 尾卡死与全失效故障下飞机不具备配平与重构能力。原飞机单侧副翼卡死在一定范围内,飞机具有配平能力;单侧副翼失效时,飞机具有配平能力,且具有一定的剩余操纵能力。

2) 操纵面分片处理后控制冗余能力分析

为提高飞机的安全性与可靠性,对前述飞机的 V 尾操纵面进行分片处理,将每侧 V 尾分成内侧/外侧(下方/上方)两片,每片舵面由一个舵机进行控制。

图 3-57 为分片后飞机的控制力矩可达集,由于分片的两段平尾可以独立偏转,操纵面组合可以更加灵活,控制力矩可达集大于原型飞机。

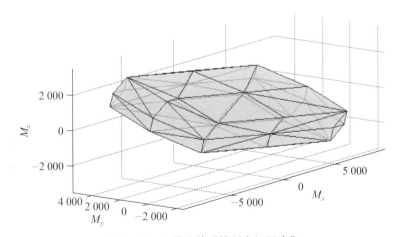

图 3-57　V 尾分片后控制力矩可达集

V 尾分片后,单片 V 尾故障的影响变小,而剩余 V 尾的控制能力相对较大,提高了故障下的控制能力。下面以右外侧 V 尾卡死在下偏 15°为例进行控制能力分析。

右外侧 V 尾卡死在下偏 15°时飞机控制力矩可达集如图 3-58 所示。由图 3-58 中可以看到,与无故障相比力矩可达集变小,而坐标原点仍然在力矩可达集内部,表明该故障下飞机仍然是可以配平的。

图 3-58(b)是俯仰力矩方向的投影,主要反映滚转力矩与偏航力矩的剩余控制能力。由于卡死操纵面产生负的滚转力矩和正的偏航力矩,目标可达集向负的滚转力矩和正的偏航力矩方向平移,使得最大负偏航力矩和最大正滚转力矩减小。

图 3-58(c)是偏航力矩方向的投影,主要反映滚转力矩与俯仰力矩的剩余控制能力。由于卡死操纵面产生负的滚转力矩和负的俯仰力矩,目标可达集向负的俯仰力矩和负的滚转力矩方向平移,使得最大正俯仰力矩和最大正滚转力矩减小。由于操纵面故障产生的俯仰力矩与配平机身所需力矩方向相同,因此俯仰力矩配平能力没有明显减弱,只是最大正俯仰力矩控制能力减小。

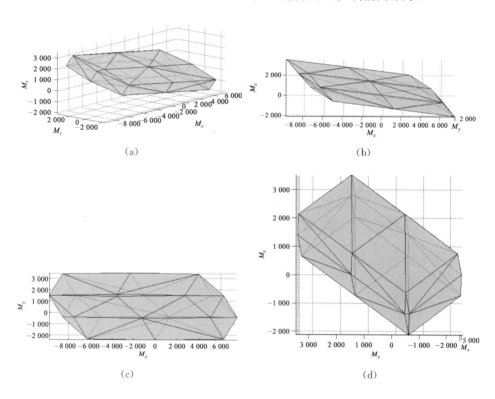

(a)

(b)

(c)

(d)

图 3-58    右外侧 V 尾卡死在下偏 15°时飞机控制力矩可达集

图 3 - 58(d)是滚转力矩方向的投影,主要反映俯仰力矩与偏航力矩的剩余控制能力。由于单片 V 尾舵面产生大小相近方向相反的俯仰与偏航力矩,故障后的力矩可达集在接近 45°的方向少了一个舵面的自由度,目标可达集的体积有所减小。

用同样方法对不同操纵面失效及卡死在极限位置的剩余控制能力进行分析。

外侧 V 尾卡死在上偏极限位置时,由于故障产生的俯仰力矩与配平机身所需力矩方向相反,因此降低了俯仰力矩的配平能力,使得飞机无法配平。外侧 V 尾卡死在上偏 10°位置时,由于故障带来的不平衡力矩降低,飞机可以配平。

根据所用气动数据,与外侧 V 尾相比,内侧 V 尾只是滚转力矩控制效率有所下降,俯仰与偏航控制能力基本相同。由于影响 V 尾故障配平能力的主要是俯仰和偏航力矩,因此内侧 V 尾故障的可配平情况与外侧相同。卡死在负极限位置时不可配平,卡死在 -10°到正极限位置时可配平。

副翼卡死在上偏极限位置时可以配平,但坐标原点已经比较接近力矩可达集的表面,在特定的滚转力矩和偏航力矩组合方向的剩余操纵能力较小。

副翼卡死在下偏极限位置时可以配平,剩余力矩控制能力好于卡死在上偏极限位置的情况,这是由于卡死正角度对配平机身俯仰力矩有利,因此有了更多的剩余操纵能力。

在操纵面失效情况下,飞机控制力矩可达集的形状与对应卡死情况相同,由于不需要平移操纵面卡死产生的力矩,所有故障下左边原点都在力矩可达集内且距边界有一定的距离,因此单个操纵面失效情况下飞机不仅具有配平能力,而且还具有一定的剩余操纵能力。

根据以上分析,在 V 尾分片独立控制后:对于单个副翼卡死在使用范围内的故障飞机具有配平能力;任意单个 V 尾舵面卡死在 -10~15°的范围内,飞机具有配平能力;单个操纵面失效的情况下,飞机具有配平能力并具有一定的剩余操纵能力。

### 3.4.2　操纵面故障控制重构系统设计

根据控制冗余能力分析结果,操纵面分片后的无人机对于大部分操纵面故障具有控制重构能力,因此可以进行操纵面故障重构系统的设计。

#### 1) 操纵面故障控制重构系统结构

操纵面故障的控制律重构系统结构如图 3 - 59 所示。在飞控系统中增加故障检测与诊断计算机或功能模块,依据舵机系统输入输出信息完成损伤、卡死故障检测,输出故障检测信息给飞控计算机的控制律模块。控制律模块中在常规控制律输出端增加控制分配模块,实现故障下的控制重构。

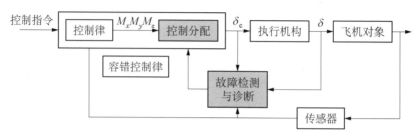

图 3-59　飞控系统控制律重构系统结构

控制分配模块采用本书 2.3 节提出的逐步饱和伪逆法,应用时考虑了舵机速率约束和舵机动态,可避免舵机达到最大约束,进入深饱和区。针对新型无人机 V 尾布局的特点,在正常情况下操纵面指令也通过控制分配模块分配,实现力矩解耦控制。故障时依据故障检测结果更新控制效率矩阵及控制约束进行故障下的实时分配,使故障后的操纵面组合能够产生所需的控制力矩。

2) 操纵面故障控制重构策略

在故障检测与诊断信息准确的情况下,利用控制分配方法可以实现精确的控制力矩重构。对于漏检情况或可检测不可准确诊断的情况,可参考图 3-60 的重构策略流程。

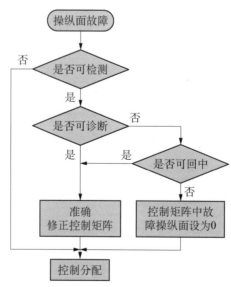

图 3-60　重构策略流程图

当操纵面失效时,若故障可检测可诊断,则可以获得故障操纵面的真实控制效率,从而通过控制分配实现精确的控制重构;若故障可检测,但无法诊断,但可以令操纵面主动回中,则控制分配时不使用该操纵面,同样可以实现精确的重构;若不可诊断且不可回中,则控制分配时同样不使用该操纵面,以避免对该不可控操纵面的控制指令;对于不可检测的故障,则可以直接使用原效率矩阵进行控制分配,利用控制分配方法综合使用全部操纵面实现三维力矩的特性,减小单独操纵面的故障影响,提高控制鲁棒性。

对于操纵面失效故障,可能的情况有三种：可检测可诊断、可检测不可诊断可回中、不可检测。前两种可以精确重构,第三种靠控制分配方法和控制律的鲁棒性实现容错。

对于操纵面卡死故障,一般都是可检测可诊断的,可实现精确重构;对于同时出现舵面传感器故障的情况,属于可检测不可诊断不可回中情况,依靠控制分配方法和控制律的鲁棒性实现容错。

### 3.4.3　无人机操纵面故障控制重构仿真验证

无人机控制重构仿真验证针对分片处理后的无人机模型,采用常规控制律加控制分配器的方式实现控制律重构。由于研究对象为无人机,仿真时自动驾驶模态始终起作用,在故障前为高度保持和机翼水平模态,在故障后加入盘旋及爬升模态指令以验证重构后的机动能力。

**1) 操纵面卡死故障仿真**

在无人机处于平飞状态时向舵机注入卡死故障,控制律中的控制分配模块根据故障检测结果在线修改操纵面偏转约束(卡死操纵面的上下限均改为卡死角度),控制分配模块根据更新后的约束进行求解,使用剩余正常操纵面实现控制律提出的力矩需求。

下面给出外侧 V 尾卡死故障的仿真结果,内侧 V 尾及副翼卡死故障的影响更小,相应的重构效果更好。

(1) 右外侧 V 尾卡死在下偏 15°故障。

右外侧 V 尾卡死在最大角度 15°时仿真情况如图 3 - 61 所示,可以看到故障发生时产生了一定的俯仰角速率和滚转角速率扰动,但很快恢复平衡状态。仿真试验中设置故障时直接将舵面设置到故障位置,因此对飞机有较大扰动。如果设置卡死在当前位置或以一定速率偏转到卡死位置,则产生的扰动会小很多。

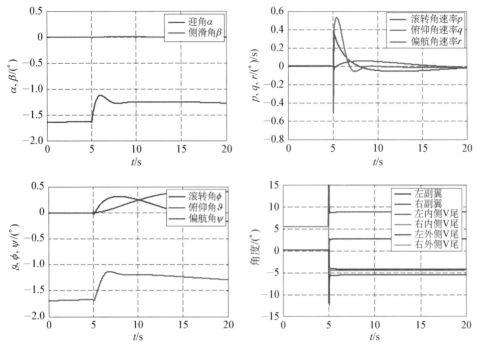

图 3-61    右外侧 V 尾卡死在下偏 15°后的响应

　　为对故障重构后飞机的机动能力进行仿真验证。在故障后 10 s(曲线中第 15 s)加入机动指令。图 3-62 所示为故障后加入向左盘旋指令,指令飞机以 −20°滚转角飞行并保持高度,由图中可以看到飞机很好地执行了指令。图 3-63 是加入右盘旋指令的结果,同样有很好的响应。图 3-64 所示为故障后加入爬升指令,指令飞机以稳定的航迹角向更高的高度爬升,由图中可以看到飞机进入了稳态的爬升。图 3-65 是加入下降指令的结构,同样进入了稳定下降状态。

　　(2) 右外侧 V 尾卡死在上偏角度故障。

　　根据控制冗余能力分析的结果,单片 V 尾卡死在负极限位置时飞机不具备配平能力,仿真结果也证明了这一点,故障后飞机无法稳定飞行。因此,将卡死角度设置为较小值进行仿真。

　　卡死角度设置为 −8°时,经过较长的调整时间后,飞机能够恢复平衡状态。在故障后给出机动指令,分别为加入右盘旋和左盘旋指令的情况,由于舵面饱和,飞机响应不够理想,滚转角速率无法达到控制律的要求,但仍然能缓慢地建立稳态滚转角。进行爬升和下降机动时,舵面饱和引起的响应则不可接受。

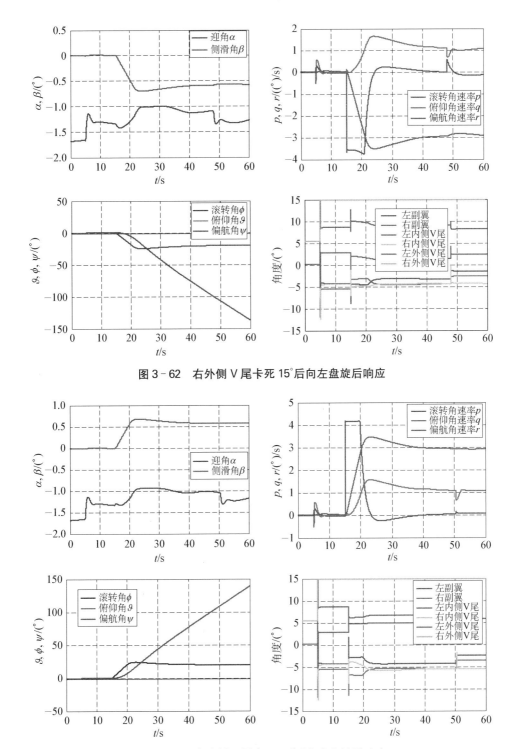

图 3-62　右外侧 V 尾卡死 15°后向左盘旋后响应

图 3-63　右外侧 V 尾卡死 15°后向右盘旋后响应

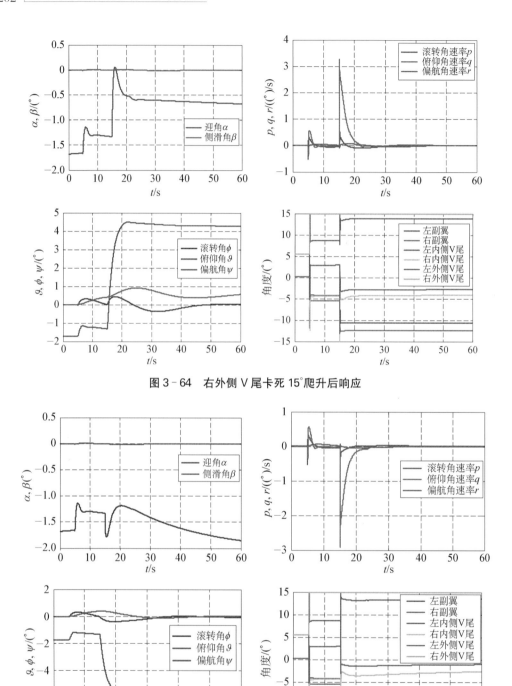

图 3-64　右外侧 V 尾卡死 15°爬升后响应

图 3-65　右外侧 V 尾卡死 15°下降后响应

进一步将卡死角度设置为−5°进行仿真。图 3-66 和图 3-67 分别为加入右盘旋和左盘旋指令的情况,由于剩余操纵能力较大,飞机响应优于卡死−8°的情况,其中左盘旋时没出现舵面饱和,飞机响应接近无故障情况。图 3-68 和图 3-69 分别为对爬升指令和下降指令的响应情况,由于故障后具有剩余操纵能力,可以进入稳定的爬升和下降状态。

以上仿真是在常规控制律参数条件下进行的,如果针对故障情况专门进行设计,根据剩余操纵能力降低系统增益,则可以在更大的负角度实现无人机卡死故障重构后的机动飞行。

**2) 操纵面失效故障仿真**

在设计的操纵面故障控制律重构方案中,对操纵面失效故障,可以实现基于故障检测信息的主动重构,也可以实现不利用故障信息的被动重构。

(1) 操纵面失效故障主动重构。

操纵面失效时气动操纵效益为 0,对于所用的飞机模型,这与该操纵面卡死在 0°时对飞机的影响完全相同。根据卡死故障仿真分析的结果,对所研究的无人机,任意一个操纵面卡死在 0°时飞机都具有较高的剩余操纵能力,故障后飞机对常规指令的响应与无故障飞机基本相同。下面仅给出右外侧 V 尾全失效并进行主动重构的仿真结果。

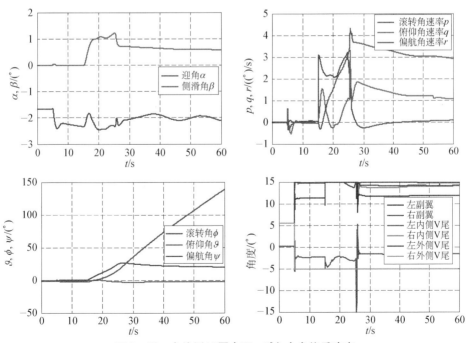

**图 3-66　右外侧 V 尾卡死−5°向右盘旋后响应**

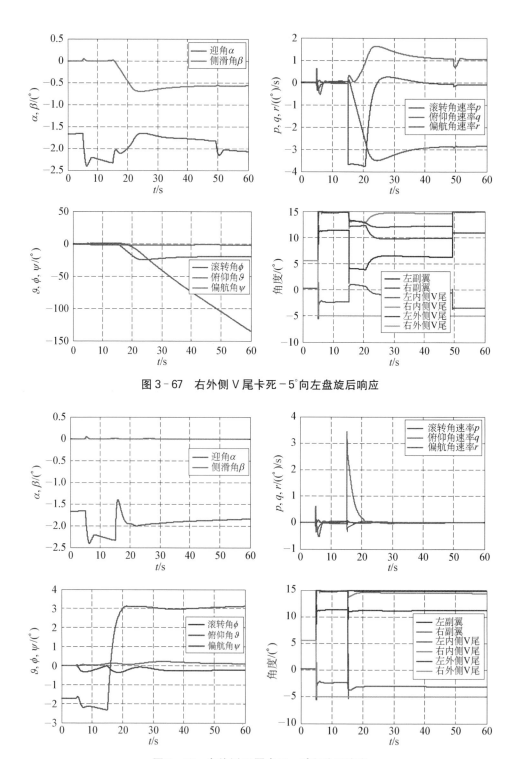

图 3‑67　右外侧 V 尾卡死 −5°向左盘旋后响应

图 3‑68　右外侧 V 尾卡死 −5°爬升后响应

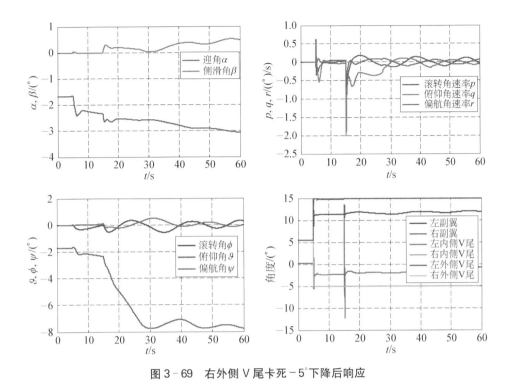

**图 3-69 右外侧 V 尾卡死 -5° 下降后响应**

图 3-70 是右外侧 V 尾全失效并进行主动重构的响应曲线,可以看到故障引起的角速率扰动很小。

图 3-71～图 3-74 分别是右外侧 V 尾全失效并进行主动重构后加入机动指令的响应,依次是左盘旋、右盘旋、爬升、下降,可以看到飞机很好地适应了指令。

(2) 操纵面失效故障被动重构。

由于操纵面失效故障检测方法主要是基于模型的,因此存在漏检的可能性,这种情况下需要依靠控制系统的鲁棒性实现被动容错。控制系统方案在正常情况下也是用控制分配模块实现力矩分配的,控制分配方法综合使用全部操纵面实现了三维力矩的特性,减小了单独操纵面的故障影响,提高了控制鲁棒性。

下面给出外侧 V 尾失效时的仿真情况。内侧 V 尾及副翼失效故障的影响更小,相应的控制效果更好。

右外侧 V 尾全失效故障时仿真情况如图 3-75 所示,可以看到由于处于配平位置的操纵面突然失去控制效能,飞机出现不平衡力矩,产生了一定的滚转角速率、俯仰角速率和偏航角速率。在控制律的作用下,角速率逐渐回零。

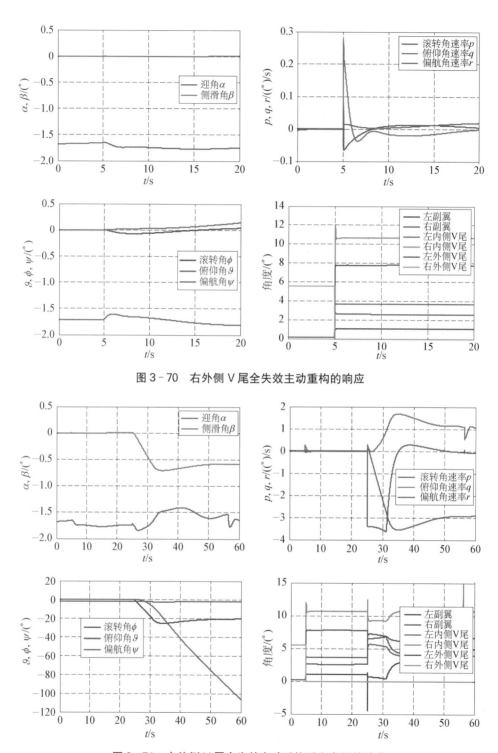

图 3-70　右外侧 V 尾全失效主动重构的响应

图 3-71　右外侧 V 尾全失效主动重构后左盘旋的响应

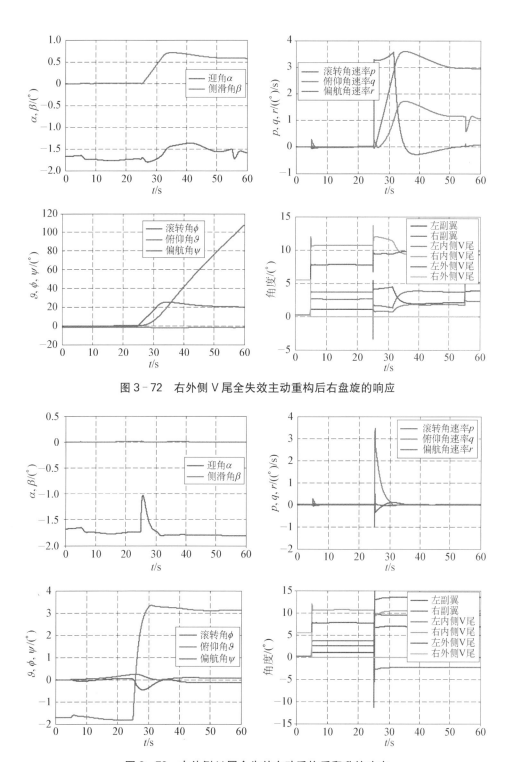

图 3-72　右外侧 V 尾全失效主动重构后右盘旋的响应

图 3-73　右外侧 V 尾全失效主动重构后爬升的响应

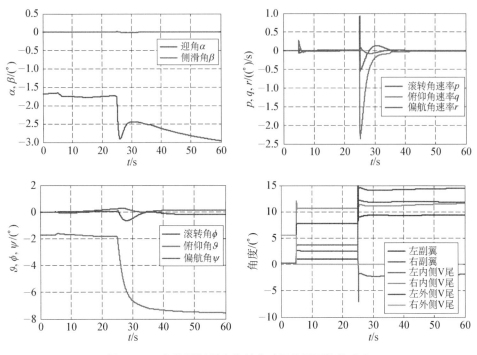

图 3‑74  右外侧 V 尾全失效主动重构后下降的响应

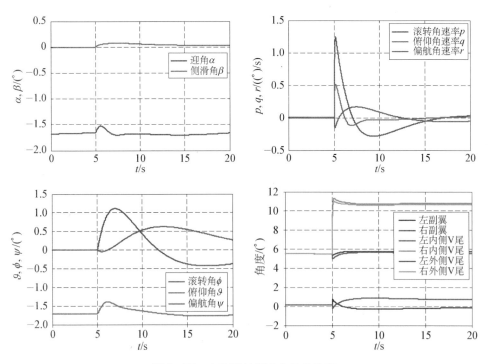

图 3‑75  右外侧 V 尾全失效的响应

对故障后飞机的机动能力进行仿真验证。由于不采用主动重构,飞机回到平衡状态较慢,在故障后 20 s(曲线中第 25 s)再加入机动指令。

图 3 - 76 和图 3 - 77 分别为故障后加右盘旋和左盘旋指令的响应。加入机动指令时,由于右外侧 V 尾没能产生期望的力矩,造成飞机响应偏离理想状态。右盘旋时加快了滚转角速率的建立,左盘旋时减慢了滚转角速率的建立,但在控制律的作用下都能进入稳态的盘旋状态。

图 3 - 78 和图 3 - 79 分别为故障后加入爬升指令和下降指令的响应,同样在加入指令后故障操纵面造成了力矩扰动,产生了不期望的角速率,但在控制律的作用下,角速率逐渐回到零,建立起稳定的爬升或下降航迹。

所有仿真结果都表明了,在操纵面故障下,通过控制重构可以保证飞行稳定、安全和适当的飞行品质。

## 3.5　结语

本章论证给出了飞控系统传感器和操纵面的故障检测方法,故障传感器的

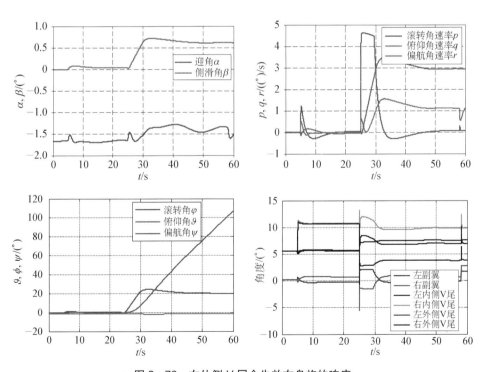

**图 3 - 76　右外侧 V 尾全失效右盘旋的响应**

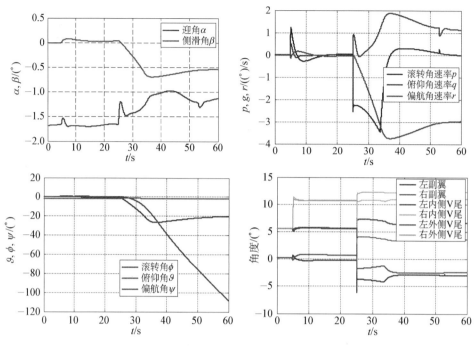

图 3‑77　右外侧 V 尾全失效左盘旋的响应

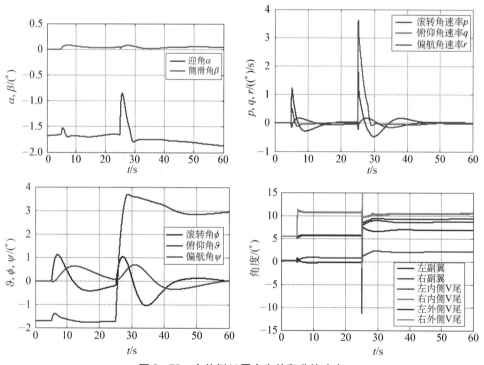

图 3‑78　右外侧 V 尾全失效爬升的响应

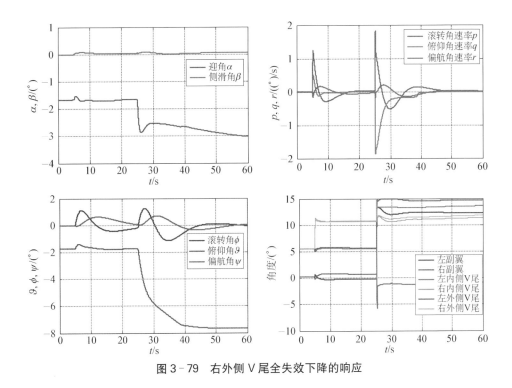

图 3‒79    右外侧 V 尾全失效下降的响应

信息重构方法和操纵面故障下的控制重构方法。传感器重点以飞控系统的角速率传感器为例，利用观测器产生正常信号与故障信号的偏差，可以第一时间发现故障，进行故障定位；再利用故障模式匹配方法确定故障类型和故障参数，所采用的综合检测方法取得了很好的检测结果。传感器信号的重构方法采用直接解析方法和观测器重构方法重构俯仰角速率信号和滚转角速率信号。操纵面的故障检测采用一种基于舵机的电枢电流和输出电压的方法检测操纵面的损伤和卡死故障，由于这些舵机信息直接与故障相关，因此检测精度高，检测时间短。操纵面故障下的控制重构采用了控制分配方法，在论证了飞控系统具有足够的控制冗余的基础上，利用实时控制分配方法实现某个操纵面故障下的控制重构，重构效果较好，证明了在飞行中如果出现操纵面故障，可以利用控制分配技术实现在线重构控制，保证飞行安全和在故障情况下的控制任务继续执行。以上所提出的各种容错概念和方法都可以直接应用于飞控系统。

**参|考|文|献** ● ● ● ● ● ● ● ● ● ● ● ● ● ● ● ● ● ●

[ 1 ] 李雄杰，周东华，陈良光. 一种非线性时滞过程的传感器主动容错控制[J]. 传感器技术学

报,2007,20(5)：980 – 984.

[ 2 ] Edwards C，Spurgeon S K. Sliding mode observers for fault detection and isolation [J]. Automatica，2000(36)：541 – 553.

[ 3 ] Edwards C，Tan C P. Fault tolerant control using sliding mode observers [C]. IEEE Conference on Decision and Control，2004.

[ 4 ] Yan X G，Edwards C. Nonlinear robust fault reconstruction and estimation using a sliding mode observer [J]. Automatica，2007，43(9)：1605 – 1614.

[ 5 ] Anzurez M J，Pitalua D N，Cuevas S O，et al. Unknown input observers design for fault detection in a two-tank hydraulic system [C]. Roboticsand Automotive Mechanics Conference，2008.

[ 6 ] 蔺君. 飞控系统关键传感器的主动容错技术研究[D]. 北京：北京航空航天大学,2016.

[ 7 ] 吴彬. 基于模型的故障诊断技术及其在电动舵机上的应用[D]. 湘潭：湘潭大学,2008.

[ 8 ] 史岩,齐晓慧. 基于故障检测滤波器法的飞行控制系统故障检测[J]. 武器装备自动化,2007,26(1)：5 - 7.

[ 9 ] 贾明兴,王福利,毛志忠. 基于自适应观测器的一类非线性系统鲁棒故障诊断[J]. 自动化学报,2004,30(4)：601 – 606.

[10] 时子房. 无人机操纵面故障诊断方法研究[D]. 北京：北京航空航天大学,2014.

[11] 李玥. 无人机操纵面并发损伤故障的检测算法研究[D]. 北京：北京航空航天大学,2012.

[12] 熊笑. 大型民机建模故障诊断及可靠性一体化研究[D]. 北京：北京航空航天大学,2013.

[13] 欧阳光. 主动容错飞控系统的故障检测技术研究[R]. 北京航空航天大学技术报告,2015.

[14] 余度系统可靠性技术建模与分析方法与软件文档[R]. 北京航空航天大学技术报告,2009.

# 4　无人机对环境和态势
# 的自主感知与评估

　　无人机自主控制本质上是一种对平台内/外事件或突发事件或突发情况（简称突情）感知的基础上的决策、规划与调度过程。这就需要利用机载传感器、地面控制站、编队中的友机或 C4ISR 系统等提供的平台内部以及战场环境的各种信息，通过智能化的信息融合处理技术，获得正确及时的与任务规划和飞行安全有关的平台状况和战场态势等信息。在突情建模基础上，对影响任务规划和飞行安全的冲突事件进行检测、处理和评估，实现对战场威胁类型及级别（如突发的导弹威胁、恶劣气象、障碍等）、随遇目标的出现或消失等造成任务的改变、平台故障及性能降级等意外突发事件的检测与评估。这是无人机自主决策以及任务动态调度与重规划的前提和基础。因此，无人机对环境和态势的自主感知与评估针对飞行安全和作战任务需求，研究意外或冲突事件的检测、处理与评估技术，并对可能出现的并发冲突或意外事件进行优先级评估。

　　本章主要针对典型突发事件类型和突情处理过程，介绍无人机对环境和态势的自主感知与评估技术，包括恶劣气象评估、地面威胁评估、平台状况评估、目标优先级评估等[1, 12, 14, 20]。

　　本章主要内容对应于第 1 章图 1 - 7"无人机自主控制系统功能模块组成"的"决策性行为层-任务管理系统"中的态势评估、任务/路径规划、任务载荷规划与决策支持；"程序性行为层-飞行管理系统"中的导航定位、航路点管理、机动性管理、性能管理、健康管理、资源管理和"反射性行为层-控制执行系统"中的侦察系统、发动机系统、飞行控制系统等主要模块。

## 4.1　基于态势感知的自主控制系统结构及描述

### 4.1.1　突情主要类型及特性

常见的突情类型包括威胁源、随遇或时敏目标、平台状况等,突情主要类型如图4-1所示。其中威胁源分为障碍物和敌方威胁两类。障碍物包括恶劣气象条件、飞机(编队内飞机、友机或非计划飞行器)等;敌方威胁包括地面威胁(如地空导弹、高炮、雷达等)和空中威胁,造成目标优先级变化的随遇目标和时敏目标。平台状况指战斗损伤情况、通信状况等。

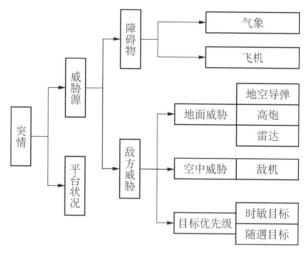

图4-1　突情主要类型

上述类型均为突发的,其中威胁源又可划分为静态和动态两种类型。地面威胁的中低空导弹和高炮为火力威胁,雷达为探测威胁。下面对几种典型的突情进行特性分析。

**1) 恶劣气象条件**

影响无人机飞行安全的恶劣气象条件主要有风切变、雷暴、湍流、闪电、暴雨、冰雹、龙卷风等。其中风切变、雷暴和湍流的影响最具代表性。突发的恶劣气象,特别是中小尺度的,其变化速度快,预报难度较大。如果不能及时探测和感知,无人机的飞行安全会受到严重威胁。此外如果突发的恶劣气象出现在重要的任务点和航路点附近,或者存在于起飞和着陆阶段,则会对整体的任务执行产生重要影响。典型的恶劣气象特性如下[1]:

（1）风切变。

风切变是在水平或垂直方向短距离内风向和风速都在变化的一种危险的湍流现象。尤其在 600 m 以下的低空风切变是航空界公认的飞机在起飞和着陆阶段的"杀手"。低空风切变具有时间短、尺度小、强度大等特点，飞机常因飞行高度比较低，缺乏足够的空间进行机动而发生事故。

对付低空风切变最好的办法就是避开。目前一般通过机载风切变探测系统和安装在机场范围内的地面风切变预警系统来探测，如终端多普勒风切变雷达低空风切变预警系统等。

（2）雷暴。

雷暴是夏季常见的天气现象，由对流旺盛的积雨云所产生。雷暴包含了各式各样的危及飞行安全的天气现象，如湍流、颠簸、积冰、闪电、暴雨，有时还伴有冰雹、龙卷风、下击暴流和低空风切变。云中气流的强烈垂直运动，可使飞机失去控制；云中的过冷水滴，可造成飞机严重的结冰；冰雹可打坏飞机；闪电对无线电罗盘和通信设备造成干扰和破坏；雷击能损伤飞机的蒙皮。因此雷暴区历来被视为"空中禁区"，禁止飞机穿越。据美国空军对气象原因引发的飞行事故的统计分析，雷暴原因占 $55\%\sim60\%$。目前主要通过地面和机载气象雷达进行探测和预报。

（3）湍流。

湍流是指发生在一定空域中的急速并且多变的运动气流。其主要特征是在一个较小的空域中的不同位置处，气流运动速度向量之间存在很大的差异，且变化急剧。飞机一旦进入这样的区域，不但会产生急剧的颠簸，导致操纵困难，而且飞机不同位置处会承受巨大的应力，严重的甚至会造成对飞机结构强度的破坏。气象学研究表明，湍流往往存在于雷暴区域附近。

对付恶劣气象条件，最好的办法是及时规避，但根据实际情况的不同，涉及主动绕飞或被动逃避的问题。根据无人机任务要求、恶劣气象强度以及相对位置关系等要素，判断、分析得到具体的规避策略，依照策略规划出合理的航路。

**2）地面威胁**

突发的地面威胁按照是否具有对抗能力分为具有对抗能力的威胁（如地空导弹、高炮等）和不具有对抗能力的威胁（如雷达、移动指挥站等）。

突发地面威胁的信息获取途径包括：

（1）利用机载探测设备感知。

（2）接收来自友机的信息援助。

（3）接收指挥控制站的告警信息。

无人机在飞行过程中遇到突发的地面威胁,需根据威胁属性,参考平台健康状况、机动能力和位置关系等信息进行威胁等级的评估,再通过决策系统判断采取攻击或规避的策略。若攻击则应在对敌方防御体系最大获悉的基础上,考虑我方参战兵力自身生存力和攻击效能,制订突防战术;结合目标防御、易损特性以及自身性能和敌我态势,灵活运用恰当的攻击战术对目标实施打击,形成具体的攻击方案和动作序列。若规避则应根据整体态势和预规划航路,进行实时航路重规划,以有效避开威胁。规避过程中还要考虑合理利用地形、气象等自然条件,掩护无人机飞行。

无人机应对突发地面威胁的策略需要经过调研、对战术文献和战例进行分析总结,得到该领域长期积累的经验和知识。由知识工程师与专家系统的知识获取机构共同构建相应的知识库,知识库应具备自学习和自适应能力。

### 3）空中碰撞

空中碰撞问题分为两类：第一类是处理编队内无人机的避碰问题,第二类是解决空中突发威胁的回避问题。

无人机编队防撞问题是多架无人机协同作战中的关键技术之一。它在无人机单机航路规划的基础上,根据环境信息,综合考虑无人机导航精度和机动能力的限制,为无人机设计出既满足团队协同的要求,又使得整体生存概率最大的飞行轨迹。即使预规划时已经对无人机间的冲突进行了考虑,实际飞行中冲突的危险依然存在。由于态势环境多变,编队内无人机均有可能采取机动动作,因此各平台并不总在预定的航线上。

空中突发威胁时时存在,无人机有一个虚拟的"安全圈",其他运动体是不允许进入的。因此,当一个运动体被预测到将在未来的某个时刻进入安全圈,则认定为突发威胁存在,必须进行机动以避免碰撞。回避机动的策略包括改变航向、速度和高度三种方式。

无人机防撞处理首先要通过机载防撞或用其他传感器进行探测,另外需要配备相应的防撞规划算法,共同构成自动防撞系统。只要处于飞行过程中,自动防撞系统就一直处于工作状态。

由于无人机自身存在的各种性能约束（最小转弯半径等）和任务约束（目的地、飞行路径、战术要求等）,还要考虑决策算法的实时性,这些都给飞机自动防撞系统的研究带来了巨大的挑战。

现代空战日趋激烈,要求无人机具备典型问题的自动处理能力。无人机自动防撞系统的应用能够有效地增强其作战生存性和执行任务的有效性。

**4) 目标优先级**

由于战场的动态不确定性,可能会出现随遇目标,或者目标的消失或增加,也可能是时敏目标,进而引起目标优先级的改变及任务的动态调度和重规划。对任务或目标优先级的评估以及出现随遇目标或时敏目标时的目标优先级动态评估是态势评估的重要内容,也是有限资源和不同优先级的无人机任务/资源动态调度问题的重要基础。通过对不同重要程度的任务或目标进行分层调度,在满足实时性要求下得到满意的任务/资源调度结果。

在进行任务/资源动态调度时需要考虑:执行任务是否有资源限制,任务是否有不同的重要程度,任务执行是否有顺序要求,任务执行是否有时间要求,允许任务执行的代价为多少。根据这些因素对冲突或任务优先级进行评估,基于优先级实现多任务/资源调度与冲突消解。显然,目标优先级或重要程度评估是前提和基础。

**5) 平台健康状况**

平台健康状况包括出现平台故障、战斗损伤和通信链路状态等。

无人机在飞行、作战、任务执行过程中,受到多重因素的影响,可能会出现机体受损、系统或操纵面故障等问题。无人机需采取及时的故障诊断、控制律重构等措施加以修复,或者采用自毁、返航等战术策略[25],以最大限度地减小损失。

现代化的作战环境,敌我双方均处于由空、天、地、海、电磁构成的五维空间中。现代化的通信网是由太空中的卫星、空中的预警机、地面雷达站和指挥控制站等组成的。在任务执行过程中,既要保持无人机机群和指挥中心的良好通信,又要保持无人机机群自身之间的通信。但面对复杂的态势环境和敌方防空体系,通信状况有可能会出现故障,造成通信中断、数据链不畅等,使得无人机的任务执行和自身安全受到严重威胁。

## 4.1.2　自主控制系统的递阶混合结构

突情是目前无人机自主性研究最直接的对象之一。突情具有复杂性、时变性和动态不确定性等特点。研究专门的智能自主控制模型就必须完成两个重要内容:突情自主感知和突情智能处理。两个模块串联形成自主控制系统的主体,其功能模型如图4-2所示。

突情自主感知模块是通过自主的信息获取,识别对象信息,判断对象关系,

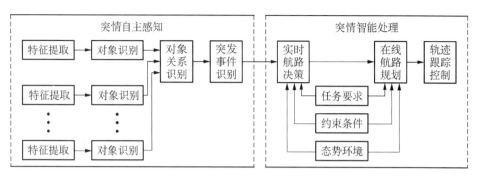

图 4-2    无人机智能自主控制系统功能模型

进而检测态势突发事件(突情)的存在。突情感知的基本原理是从最初的个体对象的识别到对象关系的识别,进而到突发事件识别。

突情智能处理模块是基于感知到的突情信息,完成实时的航路决策和在线的航路规划,并控制无人机跟踪重规划航路。该模块的角色与有人机的驾驶员类似,因此需采用人工智能理论,根据驾驶员或专家所提供的知识和经验进行推理和判断,模拟他们的决策过程。

从功能模型可以看出:系统从信息获取到信息处理的整个过程都是自主的,因此是完全意义上的自主控制。整个过程涉及的关键技术是相互衔接、相互关联的,因此是一体化的自主控制技术。

一体化的自主控制技术表现为:态势信息的获取是前提,通过考察态势信息与无人机平台的关系可以确定突情的存在;评估突情的威胁度可以为在线的航路决策提供重要参考,无人机自主地综合各类条件和信息,判断是否需要改变原有航路,如果需要则进行实时的航路重规划;无人机执行新的航路,控制层实现对新航路的跟踪。

不同类别和不同等级的突情,其处理难度和处理流程是不同的,因此智能自主控制系统应具备分级处理的结构特点。分层递阶的混合系统结构是自主控制系统的基本结构框架。

首先设计无人机突情感知与处理智能自主控制系统的初步结构框架,采用三层递阶混合控制结构:决策管理层、评估规划层和执行处理层,智能程度逐级降低,控制精度逐级增加,无人机智能自主控制系统结构如图 4-3 所示。这种结构在传统的分层递阶结构的基础上,增加了多级循环机制,使不同级别的循环完成不同智能等级的任务,解决不同类型的突情。

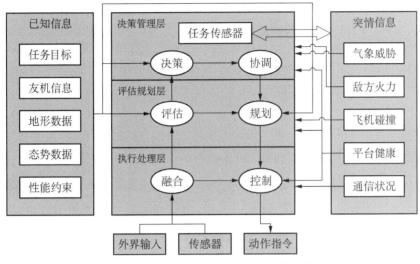

图 4-3　无人机智能自主控制系统结构

1) **决策管理层**

决策管理层是整个智能自主控制系统的最高层,是人工智能起支配作用的基于知识的系统层。具有学习和决策能力,负责战术决策和协调以及各种任务传感器的管理,包含了整体任务目标,原有态势信息和约束条件等。这些数据与评估规划层得到的平台状态信息一起综合得到恰当的决策结果,以满足自身安全性的要求并且完成既定任务,决策结果向下传给评估规划层完成进一步的处理。

2) **评估规划层**

评估规划层由人工智能和运筹学共同作用。该层完成两个任务:上行阶段,负责平台状态数据的监视与评估;下行阶段,接受上层的指令,完成航路的重规划。具体来讲,上行阶段,接收执行处理层传来的传感器信息初步融合的结果,结合预规划情况,利用某种评估算法给出状态评估结果;下行阶段,在预规划航路的基础上进行在线重规划,生成可供执行层执行的子任务序列。评估规划层需要的信息包括各种约束条件、任务目标和原有态势信息等。

3) **执行处理层**

执行处理层是系统的底层,具有较高的控制精度和较低的智能。其主要作用是直接控制局部过程并实现子任务目标。该层也要处理两类任务,上行阶段负责获取传感器的信息和外界援助信息,进行初步的信息融合处理;下行阶段,进行自检评估,完成轨迹跟踪控制或飞行容错控制,生成指令信息,有效地控制无人机自主飞行。

4) 突情信息

突情信息是由决策管理层中的任务传感器信息和执行处理层中的平台状态信息经过融合、比较和评估而产生。

5) 已知信息

已知信息包含基本的数据、条件和外界信息链,包括任务目标、友机信息、地形数据、态势数据和性能约束等。已知信息用来支持不同层次的使用需求。

上述具有三层递阶结构的智能自主控制系统包括三个级别的循环回路,无人机自主控制系统三层回路如图 4-4 所示,不同回路代表不同的突情处理等级,包括高级协商级、中级合成级和低级反应级。

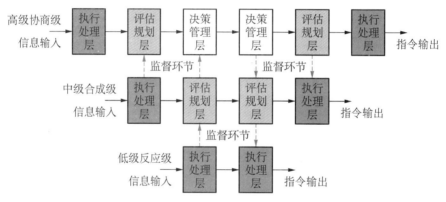

图 4-4　无人机自主控制系统三层回路

高级协商级实现具有较高智能水平的自主行为,是一个相对完整的智能自主控制过程。例如,在遇到突发恶劣气象条件、敌方火力威胁等突情时,由于其对无人机任务的执行一般会产生严重影响,且需要综合考虑各种因素来进行实时的决策规划,因此需要执行高级协商等级的回路。

中级合成级主要针对一些比较简单的突情,如飞机防撞。这类突情一般不需要进行复杂的决策,在判断飞行包络区域的位置关系后,根据具体的环境直接规划可飞航路。

低级反应级一般处理诸如平台自身检测、损伤评估等突情,通过自诊断和自修复技术加以解决。

各个级别之间还设有监督环节,以实现各级别之间的交互,必要时变换不同级别的智能回路。与递阶式自主控制结构相对应,反馈式无人机自主控制系统的结构如图4-5所示。

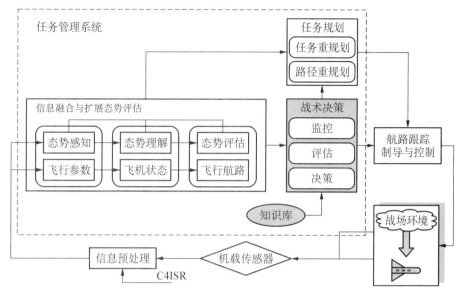

图4-5　反馈式无人机自主控制系统的结构

### 4.1.3　无人机自主控制过程建模

以恶劣气象的突情处理为例,简述无人机自主控制过程及描述。任务预规划阶段通过专业气象探测设备获取到的气象信息并不完全,无人机在飞行过程中很可能遭遇到突发的恶劣气象。典型的恶劣气象中对无人机影响较大的有微下击暴流、雷暴、积冰,强烈的湍流等。这些气象条件会对无人机的任务执行产生严重影响,甚至使无人机自身的安全受到巨大威胁。因此,当遭遇到这种气象条件时,必须能够提前感知到它的存在、强度和发展趋势,进而及时进行航路决策与规划,以有效地避开恶劣气象的影响范围。

无人机应对突发恶劣气象的自主控制过程模型包括气象突情识别模块、决策模块、规划模块、航路跟踪控制模块和无人机平台。无人机利用机载传感器获取气象信息,完成气象感知、理解和评估的突情识别过程。决策模块通过监控突情信息和评估突情威胁度,完成航路决策。规划模块调用相关算法实现航路重规划。航路跟踪控制模块负责生成制导律,控制无人机正确飞行。

#### 1) Petri 网建模方法

Petri 网模型是德国科学家 C. A. Petri 于 1962 年首先提出来的。Petri 网是一种可用图形表示的组合模型,它能以网图的形式简洁地表示系统中的并行、同步、冲突和因果等关系,并广泛应用于对离散事件系统的建模和分析中。与其他系统模型相比较,对并发的确切描述是 Petri 网的独特优势。作为一种系统模型,Petri 网既有直观的图形表示,又可以引入许多数学方法对其性质进行分析,Petri 网理论的发展为其他许多学科奠定了坚实的理论基础。

一个 Petri 网的结构元素包括库所(place)、变迁(transition)和弧(arc)。库所用于描述可能的系统局部状态,变迁用于描述修改系统状态的事件,弧通过其指向来规定局部状态和事件之间的关系。

下面给出 Petri 网的形式化定义[2]:

**定义 4-1**    基本的 Petri 网是一个三元组 $N = \{S, T, F\}$,其中 $S$ 称为网 $N$ 的库所集合,$T$ 称为网 $N$ 的变迁集合,$F$ 称为网 $N$ 的流关系。

Petri 网是一个有向网,它必须满足下列条件:

$$S \bigcup T \neq \varnothing$$
$$S \bigcap T = \varnothing$$
$$F \subseteq S \times T \bigcup T \times S$$
$$\mathrm{dom}(F) \bigcup \mathrm{cod}(F) = S \bigcup T$$

式中,"$\varnothing$"表示空集合,"$\times$"是两集合的笛卡尔乘积,$F$ 是由一个 $S$ 元素和一个 $T$ 元素组成的有序偶集合,$\mathrm{dom}(F)$ 与 $\mathrm{cod}(F)$ 的含义为

$$\mathrm{dom}(F) = \{x \mid \exists y: (x, y) \in F\}$$
$$\mathrm{cod}(F) = \{x \mid \exists y: (y, x) \in F\}$$

定义 4-1 中,$S \bigcup T \neq \varnothing$ 表示 $N$ 至少有一个元素;$S \bigcap T = \varnothing$ 则表示库所和变迁是不同的两类元素;$\mathrm{dom}(F) \bigcup \mathrm{cod}(F) = S \bigcup T$ 则意味着网 $N$ 不能有孤立的元素,也即 $S$,$T$,$F$ 均不能为空集。

用 Petri 网描述系统时,库所通常表示条件或系统的资源,而变迁则模拟系统的活动或处理过程。

利用 Petri 网建模,归纳起来具有以下优点:

(1) 从控制和管理的角度模拟系统,不涉及系统所依赖的物理化学原理,这样可以简化某些细节,易于理解。

(2) 精确描述系统中事件的依赖关系和非依赖关系,这是事件之间存在的不依赖于观察的关系。

（3）具有统一的语言描述系统结构和行为，方便建模仿真，从而起到沟通不同子系统间桥梁的作用。

（4）与顺序模型不同，Petri 网系统比其他图形建模工具更适于描述同步并发系统，并为解决一些问题提供了新途径，如属于不同系统的事件之间的并发问题，局部目标和全局目标之间的冲突问题，资源有限带来的限制问题，不同类型信息流的统一描述问题，不同机器和不同用户之间的不同类型接口问题等。

**2）基于 Petri 网的自主控制过程描述**

从探测感知突发恶劣气象到进行智能自主控制的整个过程需要通过高级协商级的自主控制来实现具有较高智能水平的自主行为。按照三层混合控制结构的智能自主控制系统设计思路，采用 Petri 网模型对无人机应对突发恶劣气象的智能自主控制过程进行描述，其结构如图 4-6 所示。

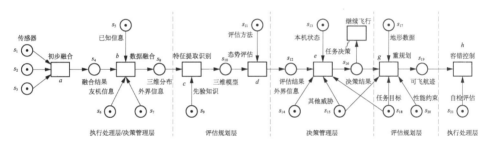

**图 4-6　基于 Petri 网模型的无人机智能自主控制过程描述**

定义 Petri 网三元组 $N = \{S, T; F\}$，其中 $S$ 和 $T$ 分别称为 $N$ 的库所集和变迁集，$F$ 为流关系。

（1）库所（$S$）：

*$s_1$→传感器 1　　*$s_2$→传感器 2　　*$s_3$→传感器 3　　*$s_4$→融合结果

*$s_5$→已知信息　　*$s_6$→友机信息　　*$s_7$→外界信息　　$s_8$→三维分布

*$s_9$→先验知识　　$s_{10}$→三维模型　　*$s_{11}$→评估方法　　$s_{12}$→评估结果

*$s_{13}$→本机状态　　*$s_{14}$→外界信息　　*$s_{15}$→其他威胁　　$s_{16}$→决策结果

*$s_{17}$→地形数据　　*$s_{18}$→任务目标　　$s_{19}$→可飞航迹　　*$s_{20}$→性能约束

*$s_{21}$→自检评估

**注**：其中"*"表示带托肯的库所。

（2）变迁（$T$）：

$a$→初步融合　　　$b$→数据融合　　　$c$→特征提取识别　　　$d$→态势评估

$e \rightarrow$航路决策　　$f \rightarrow$继续飞行　　$g \rightarrow$重规划　　$h \rightarrow$容错控制

**注**：变迁内容即为自主控制系统的主要功能。

（3）流关系($F$)：

$$F = \{(s_1, a), (s_2, a), (s_3, a), (a, s_4), (s_4, b), (s_5, b), (s_6, b), (s_7, b),$$
$$(b, s_8), (s_8, c), (s_9, c), (c, s_{10}), (s_{10}, d), (s_{11}, d), (d, s_{12}), (s_{12}, e),$$
$$(s_{13}, e), (s_{14}, e), (s_{15}, e), (s_{18}, e), (e, s_{16}), (s_{16}, f), (s_{15}, g), (s_{16},$$
$$g), (s_{17}, g), (s_{18}, g), (s_{20}, g), (g, s_{19}), (s_{19}, h), (s_{21}, h)\}$$

图 4-6 给出了高级协商级的自主控制过程，是最高级别的循环回路。它涵盖决策管理层、评估规划层和执行处理层三个层次，整个过程划分成五个部分。

第一部分是由执行处理层和决策管理层共同完成态势目标的探测和建模。研究恶劣气象信息的获取，给出无人机自主探测恶劣气象条件的方案。

第二部分是由评估规划层实现突情的感知与评估。提出无人机突情监测体系结构，并研究基于模糊贝叶斯网络的突情威胁度评估方法。

第三部分是由决策管理层协调各类信息，完成航路决策。提出多层模糊 Petri 网和神经网络专家系统两种智能决策方法。

第四部分是由评估规划层实施在线的航路重规划。提出模糊虚拟力的概念，研究高效的航路重规划方法。

第五部分对应控制层，实现对规划航路的跟踪控制。

整个自主控制系统完成了从气象态势感知、突情识别评估、航路决策重规划到航路跟踪的过程，系统设计将各关键技术融合形成自主控制一体化技术框架。

## 4.2　基于多传感器信息融合的态势感知系统

无人机自主控制本质上是一种对平台内/外态势感知的基础上的决策、规划与调度过程，或者说是一种获得信息、利用信息和完成任务的过程。因此，如何利用机载传感器、地面控制站、编队中的友机或 C4ISR 系统等提供的平台内部以及战场环境的各种信息，通过信息共享与智能化的信息融合技术，从大量数据中提取面向态势感知的平台内/外相关信息。例如，通过机载传感器或跨平台信息共享等方法，获得有关威胁、气象、障碍、平台能力和健康状况等态势信息，并从相关信息中提取与任务规划和飞行安全有关的信息和知识，进而解决面向任务规划和飞行安全的战场态势和平台能力的评估技术。例如，威胁程度、天气状况、平台行为能力等级等进行感知,并对目标进行优先级排序,以提供任务重规划的基础和依据。

突发恶劣气象作为突情的一种,严重影响无人机的飞行安全和任务执行,因此恶劣气象信息的获取环节极其重要。由于突发恶劣气象一般为中小尺度,变化快,迫切需要在线的探测或信息援助,以保证数据的及时和准确。另外,无人机自主处理突情,只感知恶劣气象的存在往往是不够的,还需要知道其位置、强度和范围等信息,以便于进行威胁评估和航路规划。因此,以恶劣气象信息的获取与评估为例,分析基于多传感器信息融合的态势感知系统方案和原理。给出无人机利用机载任务传感器间接获取气象信息的方案,并以微下击暴流为重点研究对象,讨论其数学模型的建立方法。

### 4.2.1　恶劣气象的特征、发展过程及简化模型

无人机系统的气象信息一般利用地面控制站来获取,指挥机、预警机等通过气象雷达、气象卫星或专用无人机来获取。由于目前多数无人机不会专门装备气象雷达等专业探测设备,因此无人机获取气象信息有两种渠道,第一种是接收地面控制站、预警机、友机等传输的信息;第二种是从机载任务传感器数据中通过信息处理提取必要的气象信息。第二种渠道有助于无人机自主性的提高,本节将重点介绍第二种信息获取方式。

影响无人机飞行的恶劣气象条件包括风切变、湍流、雷电、冰雹、强降雨等。这些气象大多都包含在微下击暴流中,它具有强度大、尺度小、变化快、探测难等特点。因此把微下击暴流作为重点研究对象,分析其风场分布特性、发展过程及简化模型。

微下击暴流有干、湿两种类别,一般是由具有强对流特性的雷暴云引发的,具有强烈的下冲气流、低空风切变和湍流,其形态大致如图 4-7 所示。

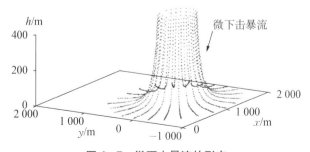

图 4-7　微下击暴流的形态

微下击暴流的形成过程一般分四个阶段。首先是雷暴云中的冰雹、雨滴等气溶胶积累到一定程度产生强下沉气流,温度不断下降,这一过程中可能会夹杂着雷电等现象。第二步是下沉气流接触到地面形成冷的辐散外流,且强度逐渐增大,此时如有降雨则雨量比较大。第三步,外流加剧形成暴流,气压梯度增加,风速增大,温度继续降低,低空风切变强烈。最后,下沉气流能量被耗尽,但水平风场保持不变,暴流的运动出现卷曲向后的特征,如图 4-8 所示。气流下沉的动力主要来自冰雹、雨滴的拖拽作用和融化蒸发所产生的负浮力[3]。

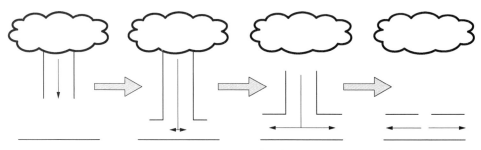

图 4-8    微下击暴流的形成发展过程

微下击暴流的尺度比较小,直径在 4~8 km,暴流产生的高度一般出现在 300 m 以下,空间分布具有一定的轴对称特性。简化的包络模型如图 4-9 所示,按照发展阶段分为三种类型,第一种对应气流下冲阶段,第二种对应暴流成型阶段,第三种为消散阶段,下沉气流耗尽。

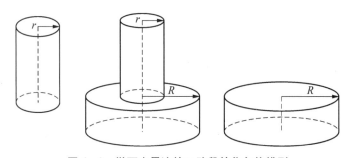

图 4-9    微下击暴流的三阶段简化包络模型

由上述分析可知,微下击暴流的不同阶段所产生的影响范围和强度各有不同,因此无人机依照所处位置和速度方向所受到的威胁程度也不同。

以上讨论针对微下击暴流的单体,但实际的气象过程往往由多个单体共同作用形成,而且可能在一定范围内连续出现暴流。不同位置、不同时序出现的微下击暴流之间的相互作用是很复杂的,这里只研究一个单体的情况。如果是两个单体共同作用,则其简化模型视为将图4-9的结构组合在一起。

雷暴产生的必要条件是:大量的不稳定能量、充沛的水汽和足够的冲击力。大气中的冲击力主要有:锋面的抬升运动和气旋、槽线、低涡等天气系统所引起的复合抬升运动,还有地形抬升运动和地表受热不均等。雷暴的种类主要有:锋面雷暴、冷涡雷暴、高空槽和切变线雷暴、热带气旋雷暴和热力性雷暴等。

雷暴中包含了各式各样的危及飞行安全的天气现象,其中以强降水和雷电为主。雷暴的分布形状一般不太规则,因此难以通过形状规则的几何体进行模拟。只能通过机载传感器获得降水强度和降水分布的数据,然后采用占据网格技术进行填充来建模,网格点数据采用三维Cressman距离权重插值的方法计算。

从典型恶劣气象条件的特性可知,要想保证无人机的安全则当遭遇到突发的恶劣气象威胁时,必须能够做到提前感知,及时进行航路重规划。

广义的气象探测分为两种:一是预警探测(remotely),即在未进入气象区域时就能预报其存在,这种方式为粗略探测,根据传感器信息推断气象的具体类型和强度分布;二是实地探测(in-situ),也即进入到气象区域中进行风速、雨量、温度、湿度和气压等的测量,这种方式的探测更加准确,适用于专用的气象无人机或为友机提供气象信息。这里重点讨论第一种类型,以提高无人机的自主性。

一般的有源气象探测设备是通过气象目标对雷达辐射的微波信号的反射来探测目标的,而无源设备则主要采用获取热能信号进行换算的方式。具体来说大致分成三类:

(1) 回波强度。

水是可以被极化的,因此包含有较大雨滴的空中降雨区域,能够对探测设备发射的电磁波(一般为X波段)产生一定程度的反射,从而被探测设备的接收装置接收。

(2) 回波多普勒特性。

利用水滴或微粒反射雷达波时产生的多普勒效应,通过考察多普勒频谱信息,检测湍流或风切变的存在情况。

(3) 温度特征。

由于风速与温度梯度存在定量的关系,因此利用红外探测设备可以感知温度场的分布状况。适当调整红外探测波段,可以探测"干"性和"湿"性的风切变。

### 4.2.2　利用机载任务传感器获取气象信息的方案

由于无人机不可能装备技术先进、体积庞大且价格昂贵的专业气象雷达等探测设备,因此只能从机载任务传感器的信息中提取出有用的气象信息。

机载传感器获取气象信息的原理主要是利用光电传感器和无线电传感器考察气象条件的一些重要特征,一般也分为三种类型:

(1) 有源探测气象的回波强度。

(2) 有源探测气溶胶的速度场分布。

(3) 被动探测气象的温度特征。

目前无人机上装备的任务传感器中可以利用的有合成孔径雷达(synthetic aperture radar,SAR)、前视红外辐射叶(forward looking infrared radiometer,FLIR)和光探测测距(light detection and ranging,Lidar)。这些传感器一般是用来对空中、地面目标成像和测距瞄准的,但由于其具有一定的获取气象信息的能力,且各自有其特点,因此可以通过协调加以利用。这种间接获取的方法需要满足的前提条件是不影响传感器正常的任务执行。

1) FLIR

大气中的下沉气流会导致环境温度的下降,这一温度差会体现在红外成像的背景上。气流速度越大,温降特征越明显。FLIR 实际测得的数据是大气的红外辐射,通过反演可以得到温度场分布。由于风速和温降之间存在定量的关系[4],因此可以计算出风速值。

$$W_x = 3.5 - 2.47\Delta T - 0.012\Delta T^2 + 8.3 \times 10^{-3}\Delta T^3 \qquad (4-1)$$

$$W_h = -\xi\Delta T \qquad (4-2)$$

式中,$W_x$ 为水平风速;$W_h$ 为垂直风速;$\Delta T$ 为温度降幅;$\xi$ 为比例系数。相对而言,垂直风速的测定更准确些,与温降近似呈线性关系。

目前的 FLIR 大多向非制冷焦平面成像发展,主要性能参数如下:探测距离一般为 5~10 km,视场角为 $24° \times 18°$,空间分辨率为 1.3 mrad,测温范围为 $-40 \sim 500℃$,波长范围以中、长波为主,为满足探测气流温度需要,选取 12~16 $\mu$m 探测波段以避开 $H_2O$ 红外吸收的影响。

2) Lidar

Lidar 具备对水平风切变的探测能力。它利用 $f_d = \dfrac{2v}{\lambda}$ 多普勒原理探测大气中微粒(如雨滴、溶胶等)的水平速度间接得到风速,从而获得整个水平风场的信息。

多普勒原理,即波源与观察点存在相对运动时,接收到的频率不等于波源频率。当两者相向运动时,接收频率高于波源频率;反之,接收频率低于波源频率。而且,相对速度越大,频率相差越大[5]。多普勒频移与相对速度的关系式为

$$f_{\mathrm{d}} = \frac{2v}{\lambda} \tag{4-3}$$

式中,$f_{\mathrm{d}}$ 为多普勒频移;$v$ 为相对速度;$\lambda$ 为信号波长。测得 $f_{\mathrm{d}}$ 即可得到水平相对速度,即空速,经换算可得到绝对水平风速的数值。

**3) SAR**

SAR 具有和 Lidar 相似的风场探测功能,只是波长相对较长,对大尺度的微粒探测更为有效,尤其是湿性气流。此外,它具有探测降水强度的能力,可通过回波强度的分析考察降水分布状况。SAR 是一种先进的微波观测设备,具有全天候、全天时工作的特点。SAR 利用雷达载体与目标之间相对运动产生的多普勒频移,将在不同位置接收的回波进行相干处理,获得高的方位分辨率,相当于把许多小孔径天线合并为一个大孔径天线。距离分辨率由脉冲压缩技术保证。

从 SAR 的原理可知,虽然它一般处理地面静止或运动目标的成像问题,但具备了回波的多普勒频率分析能力,且一般工作在 X 波段。合理的脉冲宽度和天线带宽使其满足了气象雷达的气象探测要求。SAR 采用了相控阵技术实现电子扫描,使扫描速度比普通气象雷达提高了几十倍,这保证了充足的气象数据来完成数据分析。因此,若想利用 SAR 实现对气象的探测,只需在原有基础上增加一个合理的气象数据处理器,并且增加对空前视扫描功能,就可实现在不影响 SAR 预订任务的前提下获取气象信息。

## 4.2.3　恶劣气象信息获取的多传感器信息融合方案

对于恶劣气象威胁,如果只利用单机的传感器进行探测,由于受到时空限制,难以进行三维感知,必须有编队内友机的信息支援,而单架无人机一般不会同时装备所有类型的任务传感器。这里提出的方案是以无人机本机为主的协同探测,并完成多传感器的信息融合。

**1) 多传感器气象探测信息融合方案**

FLIR 可以获得视点角度的温度场的垂直分布情况,但由于是二维的图像,

从光心到场景中的线条上所有的点都被映射成了一个单独的图像点。因此深度信息必须通过机体的运动进而对温度场不断反演获得,而且水平风速的探测误差比较大。

Lidar 通过扫描得到入射角度的恶劣气象水平截面的强度分布情况,然而由于时间短暂,不能获取每个高度水平截面的数据,也不能获得其他角度的水平截面强度信息。另外 Lidar 对湿性的气象探测能力相对较弱。

SAR 对湿性气象的比较有效,但也只能得到单一视角的强度分布图像,同时这种水平探测方式为了不会影响到其正常的对地观测任务的执行,只能采用分时方式进行。

三种传感器虽然都能获取到一定的气象图像数据或其他形式的数据,但都是局部的,且各有缺陷,而三种传感器之间又存在一定的互补性,因此考虑可将三种传感器的信息进行融合处理,获取气象信息。

考虑到 FLIR 成本相对较低,装备数量多于另外两种传感器,因此采用的传感器信息融合组合方式为 FLIR&FLIR、FLIR&Lidar、FLIR&SAR。

利用多传感器信息融合获取气象信息需要得到:类型 S、距离 L、强度 Q 和分布 T 四方面信息。

(1) 类型:对 FLIR、Lidar 和 SAR 探测的图像数据进行图像分割和特征提取,判断气象类型。如果是微下击暴流,则利用 D‐S 证据理论融合方法判断微下击暴流的发展阶段。

(2) 距离:利用 Lidar 或 SAR 获取的距离数据和两个 FLIR 通过双目视觉方法获取的距离数据进行加权平均融合得到。

(3) 强度:利用 FLIR、Lidar 和 SAR 实测数据估计恶劣气象条件经验模型的参数或利用 SAR 的回波强度插值填充网格。

(4) 分布:按照经验模型特征和传感器实测数据进行恶劣气象影响范围的划定。

气象态势感知的过程如图 4‐10 所示。首先用 FLIR 成像,满足特定条件后,触发基于信息融合技术的气象态势感知过程,用多机的 FLIR、SAR 和 Lidar 照射,区分出气象条件的类型和发展阶段。如果是微下击暴流则进一步获取其距离、强度和分布信息;如果是雷暴则根据多机的 FLIR 和 SAR 数据完成建模过程。

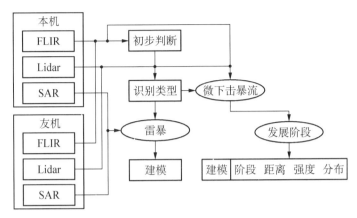

图 4 - 10　多传感器信息融合获取气象信息的流程图

**2) 基于 D - S 证据理论的气象信息融合**

D - S 证据理论又称 Dempster-Shafer 证据推理方法或信任函数理论,其基本策略就是将证据集合划分成两个或多个不相关的部分,并利用它们分别对辨识框架独立进行判断,然后用 Dempster 组合规则,将它们组合起来。Dempster-Shafer 证据组合规则是证据理论的核心内容,是在证据积累的过程中计算多个证据作用下假设成立的综合信任度的方法,是从多角度综合多方面的证据对同一问题进行信息融合的手段[6]。

D - S 证据理论是一种不确定性推理方法,能区分"不确定性"和"无知",不需要先验概率,并提供了非常有用的组合规则,因此被广泛用于信息融合中。应用 D - S 证据理论进行信息融合时,各成像器获得的相关系数即为证据理论中的证据,这些证据构成代表每一目标假设的信任程度的质量函数。通过 D - S 证据组合规则,$\theta$ 可获得融合后的质量函数,利用基于质量函数的决策进行分类。

(1) D - S 证据理论的基本概念。

设为辨识框架,框架内的命题都可以用 $\theta$ 的子集表示。

**定义 4 - 2**　设函数 $m: 2^{\theta} \rightarrow [0, 1]$,且满足

$$m(\varnothing) = 0; \quad \sum_{A \in 2^{\theta}} m(A) = 1 \qquad (4 - 4)$$

则称 $m$ 为 $2^{\theta}$ 上的概率分配函数,称 $m(A)$ 为命题 $A$ 的基本概率赋值,表示对 $A$ 的支持程度,$\varnothing$ 为空集。

**定义 4-3** 命题的信任函数 $Bel: 2^\theta \rightarrow [0, 1]$，如果满足如下条件：

$$Bel(\varnothing) = 0; \ Bel(\theta) = 1; \ Bel(A) = \sum_{B \subset A} m(B), \ \forall A \subseteq \theta \quad (4-5)$$

则称 $Bel$ 为信任函数，表示对命题 $A$ 总的信任度。基本概率赋值可表示为

$$m(A) = \sum_{B \subseteq A} (-1)^{|A-B|} Bel(B), \ \forall A \subseteq \theta \quad (4-6)$$

**定义 4-4** 若辨识框架 $\theta$ 的一个子集为 $A$，且 $m(A) > 0$，则称 $A$ 为信任函数 $Bel$ 的焦元，所有焦元的并集成为核。

**定义 4-5** 设 $\theta$ 为辨识框架，定义 $Pl: 2^\theta \rightarrow [0, 1]$，如果满足如下条件：

$$Pl(A) = 1 - Bel(\overline{A}); \ Pl(A) = \sum_{A \cap B = \varnothing} m(B), \ \forall A \subseteq \theta \quad (4-7)$$

则称 $Pl$ 为似真函数，$Pl(A)$ 为命题 $A$ 的似真度。

**定义 4-6** $[Bel(A), Pl(A)]$ 称为焦元 $A$ 的信任区间。$Pl(A) - Bel(A)$ 描述了 $A$ 的不确定性，称为焦元的不确定度，$Pl(A)$ 对应于 Dempster 定义上的概率度量，$Bel(A)$ 对应于下概率度量。

（2）Dempster 合并规则。

假设 $Bel_1$，$Bel_2$ 是同一识别框架 $\theta$ 上的两个信任函数，$m_1$，$m_2$ 分别是其对应的基本置信度，相应的焦元为 $A_1$，$A_2$，$\cdots$ 和 $B_1$，$B_2$，$\cdots$，应用正交和规则，合并后输出：

$$m(A) = m_1(A) \oplus m_2(A) = \frac{\displaystyle\sum_{A_i \cap B_j = A} m_1(A_i) m_2(B_j)}{1 - \displaystyle\sum_{A_i \cap B_j = \varnothing} m_1(A_i) m_2(B_j)} \quad (4-8)$$

根据递推原理，对于多个基本置信度分配，则合并后的总体基本置信度分配为

$$m(A) = \frac{\displaystyle\sum_{\cap A_i = A} \bigcap_{1 \leqslant i \leqslant n} m(A_i)}{1 - \displaystyle\sum_{\cap A_i = \varnothing} \bigcap_{1 \leqslant i \leqslant n} m(A_i)}, \quad A \neq \varnothing \quad (4-9)$$

**3）气象类型、发展阶段的识别**

气象类型的判断依赖于 FLIR、Lidar 和 SAR 的图像特征，FLIR 图像用于触发气象态势感知过程，Lidar 和 SAR 的回波强度图像和 $F$ 因子图像用于判断气象类型。具体的规则如表 4-1 所示。如果气象类型为微下击暴流，则利用

D-S证据理论的方法,判断其发展阶段。分布在无人机平台的不同类型、不同精度的传感器,由于所在位置、使用频段的不同,即使是对同一个气象条件进行观测,各传感器所得到的特征参数也会有很大差别,致使气象类型识别误差变大。故利用多传感器的协调和联合运行的特点,通过 D-S 证据理论的有关知识融合多传感器信息,可以达到准确识别气象发展阶段的目的。

表 4-1　气象类型判别规则

| 序号 | Lidar/SAR 回波强度图像 | Lidar/SAR $F$ 因子图像 | 结果 |
|------|--------------------|--------------------|------|
| 1 | 有 | 有 | 微下击暴流和雷暴 |
| 2 | 有 | 无 | 雷暴 |
| 3 | 无 | 有 | 微下击暴流 |
| 4 | 无 | 无 | 不确定 |

应用D-S证据理论进行气象目标的识别分三步完成,第一步是计算置信度,第二步是置信度合成,第三步是D-S决策。

第一步:置信度形成算法。

置信度的形成即为相关系数的求解,相关系数的计算依赖于对目标特征的理解,例如气象的空间形状、强度分布、回波特性等。掌握了这些先验知识后,即可与实际探测的重要特征进行比对,从而获取相关系数。

设影响目标识别的因素集为 $X = \{d^{\mathrm{IR}}, r^{\mathrm{RADAR}}\} = \{$目标红外成像宽度,目标雷达最大反射率尺度$\}$。目标识别框架(目标论域)$A = \{A_1, A_2, A_3\} = \{$阶段1,阶段2,阶段3$\}$。令目标 $A_i$ 的典型参数为 $X_i = \{d_i^{\mathrm{IR}}, r_i^{\mathrm{RADAR}}\}$,某时刻实际状态 $T_k = \{d_k^{\mathrm{IR}}, r_k^{\mathrm{RADAR}}\}$,构造隶属度函数:

$$A_i : \mu_i(d^{\mathrm{IR}}) = \exp\left[-\left(\frac{d_k^{\mathrm{IR}} - d_i^{\mathrm{IR}}}{b_1}\right)^2\right], \ \mu_i(r^{\mathrm{RADAR}}) = \exp\left[-\left(\frac{r_k^{\mathrm{RADAR}} - r_i^{\mathrm{RADAR}}}{b_2}\right)^2\right]$$

$$(4-10)$$

式中,$b_1$、$b_2$ 为隶属度函数的比例系数;$\mu_i(\cdot)$ 为隶属度。对隶属度进行归一化处理,归一化公式为

$$m(j) = \frac{\mu_i}{\sum_{i=1}^{N_s} \mu_i} \qquad (4-11)$$

式中，$N_s$ 为传感器的个数；$m(\cdot)$ 为基本概率赋值，即置信度。

第二步：置信度合成算法。

利用 Dempster 合并规则，可将独立的相关系数进行融合。融合后每个目标类 $j$ 的置信度为

$$m(j) = m_1(j) \oplus m_2(j) \oplus \cdots \oplus m_{N_s}(j) = \frac{\sum\limits_{\cap u_i = j} \bigcap\limits_{1 \leqslant i \leqslant N_s} m(u_i)}{1 - \sum\limits_{\cap u_i = \varnothing} \bigcap\limits_{1 \leqslant i \leqslant N_s} m(u_i)} \quad (4-12)$$

第三步：D-S 决策。

完成 D-S 决策过程需要制定其决策规则，最常用的方法是假设某目标类别具有最大的可信度。取定阈值 $\varepsilon_1$，若目标类别的可信度值与其他类别的可信度值的差大于 $\varepsilon_1$，同时不确定性区间长度小于另一取定阈值 $\varepsilon_2$，且目标类别的可信度值大于不确定性区间长度，则可判断即为该目标类型。其数学表达式表示如下：

$$\begin{cases} m(j) - m(u_i) > \varepsilon_1 \\ m(\theta) < \varepsilon_2 \\ m(j) > m(\theta) \end{cases} \quad (4-13)$$

式中，$1 \leqslant i \leqslant N_s$ 且 $u_i \neq j$，则 $j$ 为识别结果；$\varepsilon_1$、$\varepsilon_2$ 为预先设定的阈值；$\theta$ 为辨识框架。利用以上 D-S 证据理论，可以识别出微下击暴流的发展阶段。

**4) 气象距离信息的融合**

距离数据融合的数据来源有两个，第一个来源是两个（或两个以上）FLIR，第二个来源是 SAR 或 Lidar。

根据双目视觉原理，同一目标 $P$ 在两个不同 FLIR 中成像位置的差异可以反推出目标的空间位置，如图 4-11 所示。对气象目标而言，这一偏差 $P_1 - P_2$ 为气象特征在 FLIR 中的成像中心位置偏差，再利用焦距 $f$ 和两个 FLIR 的位置差 $2h$ 等信息推算出气象目标 $P$ 中心和无人机 $C_1$、$C_2$ 的垂直距离 $L_1$。则有

$$L_1 = \frac{2hf}{P_1 - P_2}$$

而 SAR 和 Lidar 利用雷达的测距基本原理也可以测出距气象目标中心的距离信息，假设为 $L_2$。两个数据源得到的距离进行特征级的融合，融合方法可采用最直接的冗余信息加权，即 $L = f(L_1, L_2)$。$L$ 表征了恶劣气象分布的中心与无

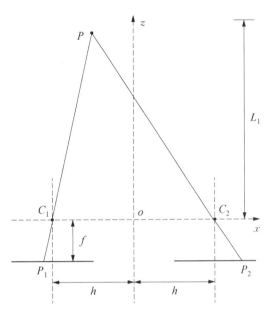

**图 4 - 11　基于双目视觉的气象威胁距离探测原理**

人机平台的距离。因此可将其看作是无人机对恶劣气象预警时间的度量,这一信息为战术决策与重规划提供了重要的依据。

5) **强度表示及分布状况**

对微下击暴流的强度进行建模,采用基于传感器实测数据的经验模型参数估计的方法,雷暴这种含强降水的天气类型用 SAR 测定降水强度和分布信息。雷暴的模型可以利用占据网格技术进行填充建立,网格点数据用三维 Cressman 距离权重插值方法[7]计算。其中任一网格点上的物理量 $F_{\mathrm{grid}}$:

$$F_{\mathrm{grid}} = \frac{\sum \omega_i f_i}{\sum \omega_i} \tag{4-14}$$

式中,$f_i$ 是第 $i$ 个观测点的值;$\omega_i$ 是第 $i$ 个观测点与网格点的距离权重系数,有下面关系定义:

$$\omega_i = \begin{cases} \dfrac{R_i^2 - D_i^2}{R_i^2 + D_i^2}, & D_i \leqslant R_i \\ 0, & D_i > R_i \end{cases} \tag{4-15}$$

式中,$D_i$ 为网格点与观测点的距离;$R_i$ 是影响半径。

$$R_i = \frac{R_H R_Z}{(R_H^2 \sin^2 \Psi_i + R_Z^2 \cos^2 \Psi_i)^{\frac{1}{2}}} \tag{4-16}$$

$$\Psi_i = \arctan\left[\frac{z_i}{(x_i^2 + y_i^2)^{\frac{1}{2}}}\right] \tag{4-17}$$

式中，$R_H$ 和 $R_Z$ 分别是水平半径和垂直半径；$(x_i, y_i, z_i)$ 是观测点相对于网格点的笛卡尔坐标；$\Psi_i$ 表示观测点相对于网格点的仰角。

采用自上向下的方法，即基于简化模型的方法。如微下击暴流，根据前面求得的数据，采用简化模型进行边界包络、表征空间分布；而雷暴天气则直接利用占据网格方法，通过填充得到空间分布的模型。

以上讨论假设微下击暴流是理想的轴对称分布，然而现实情况可能受固有风速、冷暖气流和地形等的作用而形成非对称的分布，这就需要进一步研究基于多传感器融合的气象条件空间分布获取方法。

### 4.2.4　微下击暴流的建模

以上利用机载传感器间接获取气象信息的通用化方案。下面以微下击暴流为例，讨论其数学模型的建立方法。识别微下击暴流的存在只是气象感知的第一步，更重要的是获取其位置、强度、范围等信息，以便进行威胁评估和航路规划。采用基于模型的数据融合方法将多传感器的信息进行融合处理，通过参数估计得到微下击暴流的数学模型，从而进行强度评估。

对微下击暴流的感知，必须借鉴经验模型的知识，利用测到的数据来估计工程化模型的参数，以实现建立微下击暴流数学模型的目的。这种利用经验模型的方法有两个优点：一是利用实测的有限数据拟合模型参数，方法简单易于操作；二是利用直接测量的数据可以推算不能测量的数据，并满足流体动力学的基本原理。

#### 1) 微下击暴流的数学模型

OBV 模型[8] 是微下击暴流经验模型中最典型的一种。它能描述风切变现象最本质的机理及运动过程，反映出轴对称结构的微下击暴流的风场分布，且模型简单灵活，使用方便，又具有较好的真实性。

$$u = \frac{\lambda \tilde{x}}{2}\left[e^{C_1(z/z_m)} - e^{C_2(z/z_m)}\right]e^{\left[\frac{2-(\tilde{x}^2+\tilde{y}^2)^a/r_p^{2a}}{2a}\right]} \tag{4-18}$$

$$v = \frac{\lambda \tilde{y}}{2}\left[e^{C_1(z/z_m)} - e^{C_2(z/z_m)}\right]e^{\left[\frac{2-(\tilde{x}^2+\tilde{y}^2)^a/r_p^{2a}}{2a}\right]} \tag{4-19}$$

$$w = -\lambda\left\{\frac{z_m}{C_1}\left[e^{C_1(z/z_m)}-1\right]-\frac{z_m}{C_2}\left[e^{C_2(z/z_m)}-1\right]\right\}\times\left[1-\frac{(\tilde{x}^2+\tilde{y}^2)^\alpha}{2r_p^{2\alpha}}\right]e^{\left[\frac{2-(\tilde{x}^2+\tilde{y}^2)^\alpha/r_p^{2\alpha}}{2\alpha}\right]}$$

$$(4-20)$$

式(4-18)、式(4-19)为空间坐标点$(x, y, z)$处的水平风速;式(4-20)为其垂直风速;$r_p$和$z_m$分别为最大出流速度点对应的半径和高度;$C_1$和$C_2$为常数;$\alpha$为形状参数。

位置偏移定义为

$$\tilde{x} = x - x_0 \qquad (4-21)$$

$$\tilde{y} = y - y_0 \qquad (4-22)$$

式中,$(x_0, y_0)$为微下击暴流中心的坐标。尺度因子$\lambda$定义为

$$\lambda = \frac{2u_m}{r_p(e^{C_1}-e^{C_2})e^{(1/2\alpha)}} \qquad (4-23)$$

$u_m$为最大出流速度,其他常数的经验值为$C_1 = -0.15$,$C_2 = -3.2175$,形状参数一般设定成$\alpha = 2.0$。

改变$r_p$、$z_m$和$u_m$的大小,可以得到强度不同,作用范围不同的微下击暴流。

如图4-12所示,恒定高度为300 m,最大出流速度为10 m/s,微下击暴流半径为1 500 m,沿$y = 0$方向穿越微下击暴流中心风场的水平风速和垂直风速的分布情况。

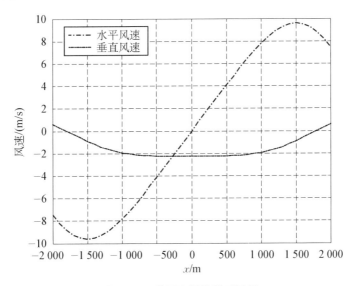

**图4-12 微下击暴流模型风场**

　　水平风速曲线表现出了典型的微下击暴流先逆风、后顺风的特点。垂直风速曲线在微下击暴流中心附近有明显的下冲风,而在两端有小幅的上升风。该模型有效地描述出了微下击暴流的主要特征。

**2) 微下击暴流建模参数的估计**

　　选取了合适的微下击暴流模型后,数据融合的问题可归结为利用有效的风场信息估计最佳的模型参数,进而针对模型评估出微下击暴流的强度。

　　模型参数估计方案必须满足如下条件:

　　(1) 由于传感器测量数据并非同时到达,因此估计算法必须是递归的,以便处理新的测量数据。

　　(2) 估计算法能够处理模型参数的时变问题,因为微下击暴流是动态变化的,具有一定的周期性,寿命一般为 $15\sim20$ min。

　　(3) 估计算法满足概率论,以便充分利用微下击暴流的统计特性经验。

　　选用卡尔曼滤波的方法,用 FLIR 和 Lidar 测定的风场数据拟合辨识出模型参数。将微下击暴流的模型参数作为滤波器的状态变量 $x(t)$。

$$x = \begin{bmatrix} x_0 & y_0 & u_m & r_p & z_m \end{bmatrix}^T \tag{4-24}$$

　　状态变量中各分量的定义同前。微下击暴流是一种中小尺度的恶劣气象条件。由于飞机速度相对较快,微下击暴流在被飞机穿越的短暂时间区间内,可以表示为如下线性、时不变的连续系统:

$$\dot{x}(t) = Ax(t) + Bu(t) + Lw(t) \tag{4-25}$$

式中,$A$、$B$、$L$ 是动态模型矩阵;$u(t)$ 为系统输入;$w(t)$ 是高斯白噪声。非线性离散量测方程为

$$z_k = h_k(x(t_k)) + v_k \tag{4-26}$$

式中,$z_k$ 为量测输出,$h_k$ 表示微下击暴流的模型方程;$v_k$ 是量测噪声。

　　协方差矩阵 $P$ 定义为

$$P = E\big[(x - \hat{x})(x - \hat{x})^T\big] \tag{4-27}$$

$\hat{x}$ 为参数估计值。系统噪声 $w(t)$ 和量测噪声 $v_k$ 满足:

$$E\big[(Lw(t))(Lw(t))^T\big] = LQ(t)L^T\delta(t-\tau) \tag{4-28}$$

$$E\big[v_k v_k^T\big] = R_k \tag{4-29}$$

卡尔曼滤波的目标是得到合适的 $\hat{x}$,使得协方差矩阵 $\boldsymbol{P}$ 最小。由于量测方程(4-29)是非线性的,因此需采用扩展卡尔曼滤波方法(extended Kalman filter)加以解决,通过迭代计算获得模型的参数。

选用迭代的估计算法,可以有效地实现数据融合过程。在 $t_k$ 时刻,获取到新数据,此时对 $i$ 执行迭代,则 $i^{th}$ 参数估计 $\hat{x}_{k,i}$ 被更新为如下形式:

$$\hat{x}^+_{k,i+1} = \hat{x}^-_k + \boldsymbol{K}_{k,i}[z_k - \boldsymbol{h}_k(\hat{x}^+_{k,i}) - \boldsymbol{H}_k(\hat{x}^+_{k,i})(\hat{x}^-_k - \hat{x}^+_{k,i})] \quad (4-30)$$

$$\hat{x}_{k,0} = \hat{x}^-_k (i=0, 1, \cdots) \quad (4-31)$$

卡尔曼增益矩阵按照下式计算:

$$\boldsymbol{K}_{k,i} = \boldsymbol{P}^-_k \boldsymbol{H}^{\mathrm{T}}_k(\hat{x}^+_{k,i})[\boldsymbol{H}_k(\hat{x}^+_{k,i})\boldsymbol{P}^-_k \boldsymbol{H}^{\mathrm{T}}_k(\hat{x}^+_{k,i}) + \boldsymbol{R}_k]^{-1} \quad (4-32)$$

$\boldsymbol{H}_k$ 表示线性化测量矩阵:

$$\boldsymbol{H}_k(\hat{x}) = \left[\frac{\partial h_k(x)}{\partial x}\right]_{x=\hat{x}} \quad (4-33)$$

以上过程迭代执行到状态变量 $x(t)$ 基本不变为止。等新数据到达,利用最后一步迭代数据重新计算协方差矩阵:

$$\boldsymbol{P}^+_k = [\boldsymbol{I} - \boldsymbol{K}_{k,i}\boldsymbol{H}_k(\hat{x}^+_{k,i})]\boldsymbol{P}^-_k \quad (4-34)$$

这种迭代算法的主要缺点是计算量较大。式(4-32)中矩阵求逆运算,其计算量为 $O(r^3)$,其中 $r$ 为测量值组数。因此对增益矩阵和协方差矩阵的计算形式进行如下改进:

$$(\boldsymbol{P}^{-1}_k)^+ = (\boldsymbol{P}^{-1}_k)^- + \boldsymbol{H}^{\mathrm{T}}_k \boldsymbol{R}^{-1}_k \boldsymbol{H}_k \quad (4-35)$$

$$\boldsymbol{K}_k = (\boldsymbol{P}^{-1}_k) + \boldsymbol{H}^{\mathrm{T}}_k \boldsymbol{R}^{-1}_k \quad (4-36)$$

改进后的计算式只需要对 $n \times n$ 阶矩阵求逆,$n$ 为状态变量个数。由于在实际应用过程中,量测数据组数 $r$ 一般远远大于待估计参数的个数 $n$,因此这种改进的迭代计算策略可以有效地降低计算量,提高感知的效率,从而为无人机提供更为充足的恶劣气象预警时间。

### 4.2.5 微下击暴流的强度评估

微下击暴流的强度评估采用 $F$ 因子法。基于建好的数学模型求解 $F$ 值分布,判断预规划航线上 $F$ 的最大值,并与门限值进行比较,判断威胁等级。

$F$ 因子是基于飞行力学和已知的微下击暴流知识提出的[9]。微下击暴流风场对无人机爬升率能量的影响，也即潜在威胁程度定量描述如下：

$$F = \frac{\dot{W}_x}{g} - \frac{W_h}{V_a} \tag{4-37}$$

式中，$W_x$ 是相对于水平飞行航线风切变水平风速分量；$\dot{W}_x$ 是 $W_x$ 的变化率；$W_h$ 是垂直风速分量；$g$ 是重力加速度；$V_a$ 是飞机真空速。

$F$ 因子可以理解为由下冲气流和水平风切变共同作用下损失或获得的可用推重比。正的 $F$ 表示微下击暴流使飞机的性能下降，负的 $F$ 表明性能上升。根据飞行高度的不同，$F$ 的阈值的变化范围为 $0.1 \sim 0.15$。如果微下击暴流 $F$ 因子的最大值超过这一范围，则认为其对飞行安全构成严重威胁，$F$ 越大，则强度越大。

## 4.2.6　恶劣气象的评估实例及分析

验证提出的气象信息获取方法及其建模方案。仿真所需的风场数据来源于某机场附近的实测数据，传感器数据由模型直接生成。按照上述方案，首先判断气象的存在和类型。通过 FLIR、Lidar 和 SAR 三种传感器的数据分析得到，FLIR 数据显示有气象条件存在，Lidar 和 SAR 的回波强度无明显特征，Lidar 和 SAR 的 $F$ 因子有典型特征，因此气象类型为微下击暴流。

确认为微下击暴流后，根据 FLIR 和 Lidar 的数据进行详细分析，气象建模仿真过程分两个步骤进行：

（1）分别将两种传感器数据应用到扩展卡尔曼滤波算法中，验证该算法估计参数的有效性。

（2）将 FLIR 的数据对扩展卡尔曼滤波器进行初始化，然后用 Lidar 数据进行更新迭代，实现 FLIR 和 Lidar 的数据融合，验证融合处理的优势。

依照对实测风场数据求取 $F$ 因子分布情况。如图 4-13 所示，为沿 $y = 0$ 方向，高度 300 m 的 $F$ 因子曲线。由图 4-13 可知，$F$ 因子的最大值达到 0.180，超过了此高度对应的阈值（0.130），因此无人机如果穿越此微下击暴流区域是十分危险的。

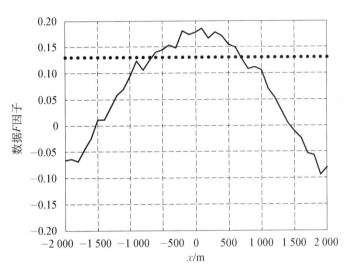

图 4-13 实测数据的 $F$ 因子图

1) FLIR

FLIR 的实测数据为垂直风,采用扩展卡尔曼滤波方法估计微下击暴流模型的参数。给定滤波器状态变量的初值为 $x = \begin{bmatrix} 100 & -200 & 15 & 1\,200 & 200 \end{bmatrix}^{\mathrm{T}}$。经过计算,300 m 高度的水平风速和垂直风速的分布情况如图 4-14 所示,其中实线为模型曲线,圆点表示实测的数据。易知,垂直风速的估计值相对更准确些,但水平风速的误差较大。

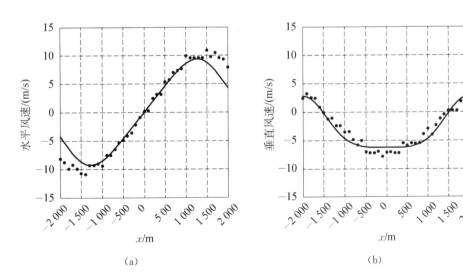

(a)　　　　　　　　　　　　　　　　(b)

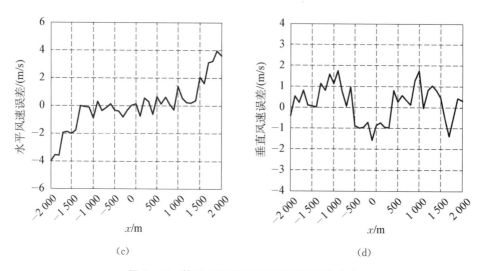

(c)                                                  (d)

**图 4 - 14    基于 FLIR 数据所建模型的速度分布**

(a) 水平风速    (b) 垂直风速    (c) 水平风速误差    (d) 垂直风速误差

依据模型评估得到 $F$ 因子的最大值为 0.16(高度为 300 m)(见图 4 - 15)，超出预警阈值但略小于实际值。这是由于 $F$ 因子的水平分量与水平风速的一阶导数成正比，由图 4 - 14(a)可知水平风速估计值在$[-1\,000,1\,000]$区间内的斜率小于实际值。从模型的预测效果看，基于扩展卡尔曼滤波的参数估计方法基本满足要求，但估计误差较大。

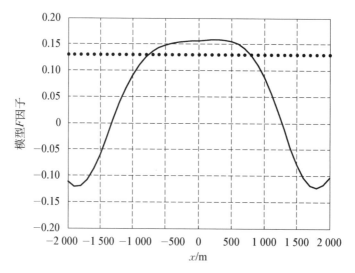

**图 4 - 15    基于 FLIR 数据所建模型的 $F$ 因子分布**

2) Lidar

Lidar 的实测数据为水平风速,给定初值并建立模型后,300 m 高度的水平风速和垂直风速的分布情况如图 4 – 16 所示。可知,水平风速的估计值非常接近真实的数据,但垂直风速误差相对较大。依据模型进行强度评估,得到 $F$ 因子的最大值为 0.155,虽超出预警阈值但仍小于实际值,如图 4 – 17 所示。

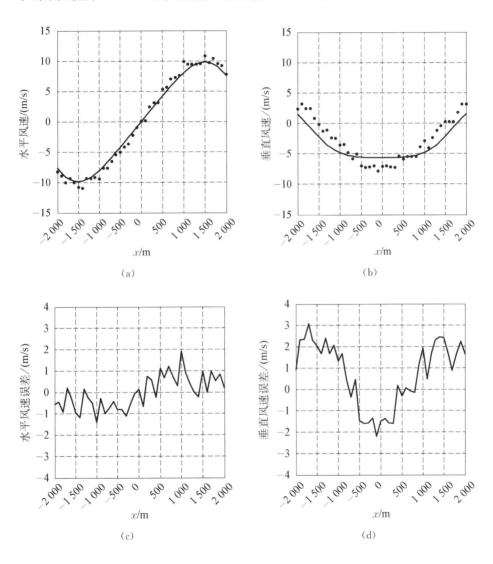

**图 4 – 16 基于 Lidar 数据所建模型的速度分布**

(a) 水平风速 (b) 垂直风速 (c) 水平风速误差 (d) 垂直风速误差

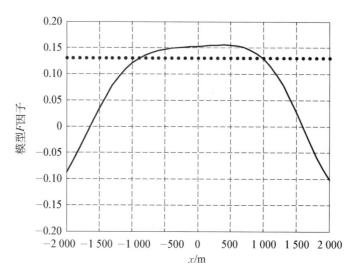

图 4-17　基于 Lidar 数据所建模型的 F 因子分布

基于 Lidar 的估计结果 F 因子超出阈值的范围变大,这就意味着此估计在预警范围上是保守的。导致此结果的原因是 Lidar 的垂直风速估计误差较大,如图 4-16(d) 所示。由图 4-16(b) 可知,垂直风速估计值的影响半径大于实际情况,因此 F 因子的预警范围变大。

3) FLIR 和 Lidar 的融合

将 FLIR 和 Lidar 数据进行融合处理的具体操作过程是:给定状态变量初值,先用 FLIR 的数据进行初始化,估计初步的模型参数,再将 Lidar 的数据作为新数据进行更新处理,迭代直至得到结果,如图 4-18 所示。由于采用的滤波算法采用全状态估计,从估计效果上看,水平风速的误差比单一 Lidar 的小,垂直风速估计结果好于 FLIR,F 因子的估计值也更优。

由图 4-19 可知,融合后的结果与原始数据更加吻合,模型的 F 因子最大值为 0.181,与实际值基本相等。水平风速估计值在 [−1 000,1 000] 区间内的斜率大于 Lidar 估计结果,这使得 F 因子最大值更接近实际值。由于垂直风速估计准确度很高,因此 F 因子超出阈值的范围与实际情况也相符。因此,将两种传感器的数据进行融合处理的结果对微下击暴流模型及其强度的估计更为准确。

在实际应用中,准确的威胁感知与强度估计对飞行安全是有利的。尤其在临界情况下,使用单一传感器数据很可能错误地估计微下击暴流的强度,造成虚警率或漏警率大大提高,严重影响无人机的正常飞行和任务执行。

　　建立较为准确的微下击暴流数学模型,不仅可以准确评估其强度,还可以获得精确的位置、范围等重要信息,利于无人机进行在线的航路决策和路径规划,以减小不良影响,保证安全并完成预定任务。

　　仿真实例中选用 FLIR 和 Lidar 的探测数据,对方案进行验证,并计算 F 因子,评估其强度。仿真结果表明数据融合后的结果更符合实际情况,评估结果更加合理,因此提出的方法有效且可行,对提高无人机的自主性具有重要的意义。

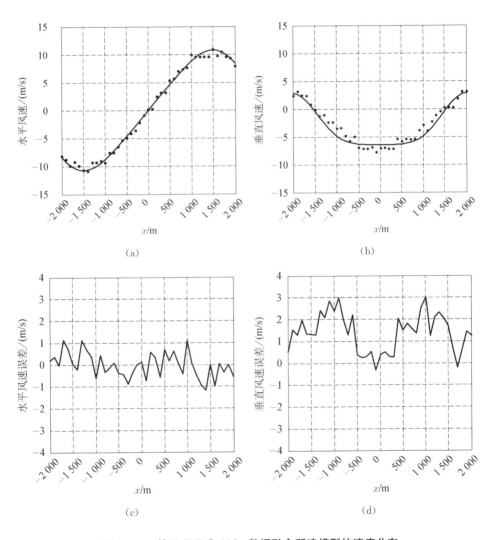

**图 4-18　基于 FLIR 和 Lidar 数据融合所建模型的速度分布**

(a) 水平风速　(b) 垂直风速　(c) 水平风速误差　(d) 垂直风速误差

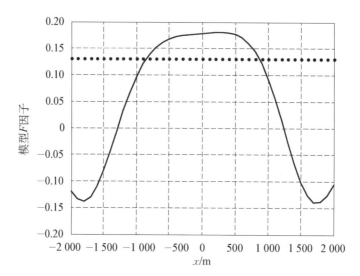

图 4‑19 基于 FLIR 和 Lidar 数据融合所建模型的 F 因子分布

无人机可根据微下击暴流的模型和强度评估值进行后续的突情监测,确定其对无人机平台的威胁度。

## 4.3 基于模糊贝叶斯网络的态势评估

前面给出了利用机载传感器获取目标对象信息的方案,设计了微下击暴流的建模方法。但是突情的认定,除了对目标对象信息进行获取和建模外,还需要评估其对无人机的威胁度,以真正实现对突情的监测。实现突情的监测与评估,首先要建立可行的体系结构,然后研究具体的评估方法。

### 4.3.1 突情监测与评估内容和流程

突情监测与评估的过程分成五个步骤:一是目标对象的识别,这一步骤是对目标个体而言的,即感知对象的特征和属性,如类型、范围、强度、速度等,识别方法多是基于对象的几何特性、运动特性等;二是目标对象的变化监测,用于判断目标对象的状态是否发生变化,以便触发进行关系识别过程;三是目标对象关系的识别也即态势关联评估,也相当于更高级别的数据融合过程,目的在于获取对象与对象、对象与其他数据之间的关系,以便更加准确地描述态势情况;四是突情事件的识别,在对象关系识别的基础上,根据经验和知识,判断突情事件是否存在;五是突情威胁度评估,通过定量的方式衡量突情威胁大小。其中目标对象的识别已经在前面介绍,这里重点讨论目标对象的变化监测、关系识别、突情事件的识别和突情威胁度评估。

在突情的监测与评估中,由于每类突情的识别或每个特定问题的评估所需要的知识、规则和结构可能完全不同,例如,威胁级别评估、目标态势评估、平台健康状况评估、平台能力评估等。因此难以构造统一的评估策略,而是需要开发不同类别的评估单元。我们将突情监测与态势评估的每个特定问题域分配一个评估模块,每个模块都是针对一个特定问题域的推理系统,专门处理不确定性问题。

突情监测与评估体系结构如图 4‑20 所示。该系统结构由信息获取模块、对象变化监测模块、评估模块组、数据库模块和方法库模块组成,具有良好可扩展性。模块功能如下。

(1)对象变化监测模块:监测模块用于判断目标对象的变化,从而判断是否触发评估模块组工作。

(2)评估模块组:负责收集所需数据,采用适当的评估方法得出当前突发态势或威胁的评估结果。不同的模块完成不同的特定任务。

(3)数据库:数据库包含了系统推理所需的全部知识信息,如平台状态数据、航路信息等,此外还能不断存储已有的态势数据信息,更好地为态势评估提供支持。

(4)方法库:方法库包括了用于评估计算的各类智能方法,如模糊逻辑、贝叶斯网络、神经网络、专家系统或混合方法等进行推理。

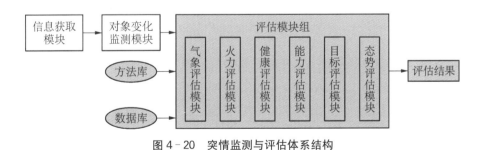

**图 4‑20　突情监测与评估体系结构**

突情监测与评估系统工作原理和流程如下:

(1)由信息获取模块通过数据融合等过程将对象的重要特征信息传给对象变化监测模块。

（2）对象变化监测模块对当前数据和以往数据进行比较，如果有变化则存储新的数据，并触发评估模块组。

（3）评估模块组判断被调用的特定评估模块，并从数据库中读取所需的知识和数据，从方法库中选择评估方法。特定评估模块通过推理和态势关联等实现最终的突发态势监测与评估。

### 4.3.2 基于模糊贝叶斯网络的突情监测与评估

考虑到态势环境的不确定性、随机性、定性和定量并存，而贝叶斯网络和模糊逻辑等人工智能技术具有与人类相似和透明的诊断和推理过程，都能够较好地处理不确定性和不精确性信息，非常适用于不确定性环境的突情监测与评估。

#### 1）贝叶斯网络推理

贝叶斯网络以贝叶斯原理为基础，以网络拓扑为工具，是一种知识表示和进行概率推理的框架。贝叶斯网络技术的优点在于它是神经网络与贝叶斯推理的结合，使用了具有语意性的贝叶斯推理逻辑，因此比同样用节点和弧来表示域知识的神经网络更能揭示推理的本质过程。用贝叶斯网络来模拟态势评估过程的行为是以人类在不确定知识条件下的推理为中心的，为不确定知识条件下的推理提供了一致连续的解决方法。

贝叶斯网络是一种因果推理网络[10]，通常定义为二元组 $B = \{G, P\}$，其中网络结构 $G = \{V, A\}$ 是一个有向非循环图，$V = \{V_1, V_2, \cdots, V_n\}$ $(n \geqslant 1)$ 表示所有节点，$A$ 是弧的集合。网络参数 $P$ 中的第 $i$ 个元素代表节点 $V_i$ 的条件概率密度，有

$$P(V) = P(V_1, V_2, \cdots, V_n) = \prod_{i=1}^{n} P(V_i \mid V_1, V_2, \cdots, V_{i-1})$$

在独立性假设的前提下，对于网络结构中的任意节点，必可找到与其条件不独立的最小子集 $U_i \subseteq \{V_1, V_2, \cdots, V_{i-1}\}$，使得

$$P(V) = \prod_{i=1}^{n} P(V_i \mid U_i)$$

贝叶斯网络适合用于态势评估过程，具有以下优点：

（1）语义性便于理解和运用，推理方法揭示了态势评估的本质原理。

（2）定量化运算便于评估结果的进一步使用。

（3）评估的连续性和累积性使评估结果不断准确化、客观化，且使知识得到

积累。

（4）数学上的稳定性保证了推理的收敛。

贝叶斯网络的理论基础是概率分析和图论，利用贝叶斯网络进行推理实现态势监测与评估的核心是贝叶斯公式[10]，也叫后验概率公式。

$$P(B_i \mid A_j) = \frac{P(A_j B_i)}{P(A_j)} = \frac{P(B_i)P(A_j \mid B_i)}{\sum_{i=1}^{n} P(B_i)P(A_j \mid B_i)} \qquad (4-38)$$

式中，$i = 1, 2, \cdots, n$；$j = 1, 2, \cdots, m$；$A$ 和 $B$ 表示事件，在推理系统中，一般认为 $B$ 为结果，$A$ 为现象；$P(B_i)$ 为先验知识，而 $P(A_j|B_i)$ 是指在给定 $B_i$ 条件下的 $A_j$ 的条件概率。利用上式可以求出 $A_j$ 为前提下的 $B_i$ 的条件概率 $P(B_i|A_j)$，因此可综合 $A_j$ 的实际信息进而得到 $B_i$ 的概率分布情况，也即推理结果。

根据贝叶斯推理的原理，给出贝叶斯网络评估算法的流程描述。设贝叶斯网络中，节点 $Z$ 有 $q$ 个子节点 $Y_1, Y_2, \cdots, Y_q$ 和一个父节点 $U$。给出如下定义。

（1）$Bel$：节点 $Z$ 的信度值，即后验概率分布。

（2）$\lambda$：来自子节点的诊断概率，即结果事件的出现对待诊断原因的影响。

（3）$\pi$：因果概率，反映了来自父节点以及兄弟节点的因果影响。

（4）$M_{Z|U} = P(Z \mid U)$ 是在给定父节点 $U$ 前提下，子节点 $Z$ 的条件概率。

网络受新的事件信息或先验知识触发，按照如下三个步骤进行更新。

第一步，根据新获取的信息更新本节点的信度：

$$Bel(z) = \sigma\lambda(z)\pi(z)$$
$$\lambda(z) = \prod_i \lambda_{Y_i}(z)$$
$$\pi(u) = \pi_Z(u) \times M_{Z|U} \qquad (4-39)$$

第二步，自下向上的传播：

$$\lambda_Z(u) = \lambda(z) \times M_{Z|U} \qquad (4-40)$$

第三步，自上向下的更新：

$$\pi_{Y_i}(z) = \sigma\pi(z) \prod_{j \neq i} \lambda_{Y_j}(z) \qquad (4-41)$$

式中，$\pi_Z(u)$ 为从节点 $U$ 到 $Z$ 的因果预测概率；$\lambda_{Y_i}(z)$ 为从子节点 $Y_i$ 到 $Z$ 的事件诊断概率；归一化算子 $\sigma$ 保证 $\sum_z Bel(z) = 1$。

网络更新算法采用数据触发，局部节点并行计算，贝叶斯网络的结构和算法保证了其数学收敛性,使网络最终达到平衡。新信息的注入以及网络更新的过程从本质上揭示了不断捕获外界信息,更新知识,对某事件不断做出更加客观和准确的估计结果。

然而,贝叶斯网络无法接受连续的输入且难以描述离散的模糊事件。模糊逻辑则可方便地将连续的输入模糊离散化,并作为贝叶斯网络的输入;另外对贝叶斯网络的输出采用适当的解模糊技术可以得到更加直观的定量评估结果。两者结合具有很强的优化功能和突出的特点。

**2) 模糊贝叶斯网络**

上述贝叶斯网络推理过程限于离散事件推理,且事件 $A$ 和 $B$ 本身的划分是精确的。但实际应用中往往是连续的输入,且大多数事件本身都是模糊的,因此有必要将贝叶斯网络的清晰节点变量推广到模糊节点变量。在推理之前将事件节点模糊化,推理结束后再将结果解模糊处理。

(1) 模糊化和模糊贝叶斯推理。

按照 L. A. Zadeh 模糊理论定义模糊集,给定论域 $U$,$U$ 到[0,1]闭区间的任一映射 $\mu_{\widetilde{A}}(\mu_{\widetilde{A}}:U \to [0,1])$,其中 $\mu_{\widetilde{A}}$ 称为模糊集合 $A$ 的隶属函数。将模糊理论应用到贝叶斯推理过程中,考虑将事件 $A$ 模糊化,则有

$$P(B_i \mid \widetilde{A}) = \frac{\sum\limits_{j \in J} \mu_{\widetilde{A}}(A_j)P(B_i)P(A_j \mid B_i)}{P(\widetilde{A})} \qquad (4-42)$$

$$P(\widetilde{A}) = \sum\limits_{j \in J} \mu_{\widetilde{A}}(A_j)P(A_j) \qquad (4-43)$$

这样经过计算得到的推理结果可以定量描述对某态势的估计和预测。但这一描述是概率向量形式的,也不便于自主决策和规划使用,因此必须解模糊化。利用模糊语言和规则的形式引入专家经验,基于概率向量给出了单值评估结果 $q$,客观反映态势,大大增加了突情监测与评估的智能化程度和工程实用性。

(2) 解模糊策略。

解模糊过程可以使用三角形隶属函数,采用的规则一般形式为

如果评估级别是高,那么 $q$ 大小为高;

如果评估级别是中,那么 $q$ 大小是中;

如果评估级别是低,那么 $q$ 大小是低。

解模糊过程为用每条规则条件部分的隶属度对规则结论部分中每个模糊变

量的成员函数分别进行裁剪。将所有规则中同一加权因子经过裁剪以后的成员函数分别叠加起来,然后分别求出叠加以后所形成的阴影部分的质心位置 $q^C$ 和面积 $A$,如图 4-21 所示。采用质心解模糊方法得到表征评估结果重要性程度的模糊权值,将这个模糊权值 $q$ 进行必要的处理用于下一步战术决策过程。

$$q = q^C \times A \tag{4-44}$$

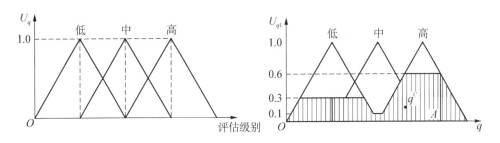

图 4-21  解模糊过程

(3) 模糊贝叶斯网络的推理过程。

将上述几个阶段综合到一起,即可构成模糊贝叶斯网络推理的整个过程,如图 4-22 所示。通过前面分析可知,贝叶斯网络的推理过程即为目标对象关系识别,例如突发威胁与无人机之间是否存在关联,而解模糊过程即为突情事件的识别,根据解模糊的结果判断是否出现突发态势事件,并给出威胁度评估结果。

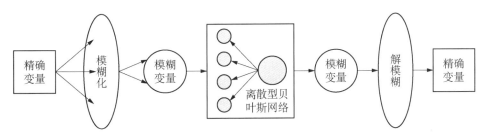

图 4-22  模糊贝叶斯网络推理过程图

以突发恶劣气象和地面威胁为例,分别设计评估模块,验证基于模糊贝叶斯网络的突发威胁评估方法。假定突发威胁的探测和建模过程已经完成,强度信息已知。

### 4.3.3 恶劣气象威胁等级评估

#### 1) 威胁度评估要素及模型

前面内容给出了恶劣气象的强度（W Intensity）的评估，但这一评估属于对象个体的评估，因此必须以此为基础考察其对无人机平台的威胁度。这一威胁度大小除了与恶劣气象本身的强度有关外，还与以下几个要素直接相关：

（1）恶劣气象的预警距离（W Distance）。

（2）恶劣气象的距地高度（W Altitude）。

（3）无人机的健康状况（U Healthy）。

（4）恶劣气象条件的类型（W Type）。

完成要素分析后，按照上节的方法建立一个模糊贝叶斯网络模型来描述恶劣气象的威胁度评估过程，如图 4 - 23 所示。

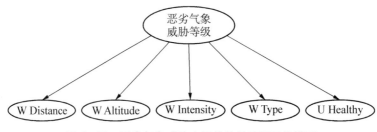

图 4 - 23　恶劣气象威胁度评估的贝叶斯网络模型

网络模型中各节点的状态集合分别定义为

Weather Threat＝{强,中,弱}

W Distance＝{远,中,近}

W Altitude＝{高,中,低}

W Intensity＝{大,中,小}

W Type＝{微下击暴流,雷暴}

U Healthy＝{健康,故障,损坏}

网络模型中，气象强度、类型、预警距离和距地高度可通过第 3 章的建模过程获取，无人机的健康状况通过平台自检测系统得到。

五个影响要素需要进行模糊化处理，由于实际的要素本身往往具有随机不确定性，因此在模糊化过程中需要加以考虑。假定随机变量满足高斯分布，为了便于模糊化计算把隶属度函数用三角形分布替代高斯分布，这一近似替代可以覆盖 95％的置信区间[11]，如图 4‐24 所示，虚线为高斯分布曲线。

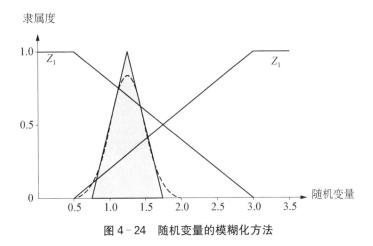

**图 4‐24　随机变量的模糊化方法**

**2）网络条件概率矩阵**

条件概率矩阵反映的是领域专家对网络中关联节点之间因果关系的看法，是一种专家知识。根据专家经验初步设定，由 W Distance，W Altitude，W Intensity，W Type，U Healthy 推理 Weather Threat 的规则采用如下概率方式描述。

（1）如果 Weather Threat 强，则 W Intensity 为大、中、小的可能性分别为 70％、20％和 10％；如果 Weather Threat 中，则 W Intensity 为大、中、小的可能性分别为 20％、60％和 20％；如果 Weather Threat 弱，则 W Intensity 为大、中、小的可能性分别为 10％、20％和 70％。

（2）如果 Weather Threat 强，则 W Distance 为远、中、近的可能性分别为 20％、20％和 60％；如果 Weather Threat 中，则 W Distance 为远、中、近的可能性分别为 20％、60％和 20％；如果 Weather Threat 弱，则 W Distance 为远、中、近的可能性分别为 60％、20％和 20％。

（3）如果 Weather Threat 强，则 W Altitude 为高、中、低的可能性分别为 5％、10％和 85％；如果 Weather Threat 中，则 W Altitude 为高、中、低的可能性分别为 10％、70％和 20％；如果 Weather Threat 弱，则 W Altitude 为高、中、低的可能性分别为 85％、10％和 5％。

（4）如果 Weather Threat 强，则 W Type 为微下击暴流、雷暴的可能性分别为 60% 和 40%；如果 Weather Threat 中，则 W Type 为微下击暴流、雷暴的可能性分别为 50% 和 50%；如果 Weather Threat 弱，则 W Type 为微下击暴流、雷暴的可能性分别为 40% 和 60%。

（5）如果 Weather Threat 强，则 U Healthy 为健康、故障、损坏的可能性分别为 10%、30% 和 60%；如果 Weather Threat 中，则 U Healthy 为健康、故障、损坏的可能性分别为 20%、60% 和 20%；如果 Weather Threat 弱，则 U Healthy 为健康、故障、损坏的可能性分别为 60%、30% 和 10%。

归结出网络条件概率矩阵如表 4-2 所示。由于条件概率矩阵是一种专家知识，因此存在一定的主观性。可以采用样本数据反复调试的方法，对矩阵数据进行学习，以提高评估结果的可信性。最后利用模糊贝叶斯网络进行推理即可得到恶劣气象威胁度的评估结果。

表 4-2  条件概率矩阵

| 威胁度 | $P$(W Intensity \| Weather Threat) | $P$(W Distance\| Weather Threat) | $P$(W Altitude\| Weather Threat) | $P$(W Type \| Weather Threat) | $P$(U Healthy\| Weather Threat) |
|---|---|---|---|---|---|
| | ⟨大，中，小⟩ | ⟨远，中，近⟩ | ⟨高，中，低⟩ | ⟨暴流，雷暴⟩ | ⟨健康，故障，损坏⟩ |
| 强中弱 | $\begin{bmatrix} 0.7 & 0.2 & 0.1 \\ 0.2 & 0.6 & 0.2 \\ 0.1 & 0.2 & 0.7 \end{bmatrix}$ | $\begin{bmatrix} 0.2 & 0.2 & 0.6 \\ 0.2 & 0.6 & 0.2 \\ 0.6 & 0.2 & 0.2 \end{bmatrix}$ | $\begin{bmatrix} 0.05 & 0.1 & 0.85 \\ 0.1 & 0.7 & 0.2 \\ 0.85 & 0.1 & 0.05 \end{bmatrix}$ | $\begin{bmatrix} 0.6 & 0.4 \\ 0.5 & 0.5 \\ 0.4 & 0.6 \end{bmatrix}$ | $\begin{bmatrix} 0.1 & 0.3 & 0.6 \\ 0.2 & 0.6 & 0.2 \\ 0.1 & 0.3 & 0.6 \end{bmatrix}$ |

### 3）气象威胁等级评估结果

假设预先没有任何情报信息，设定某突发恶劣气象的威胁级别的先验信息为 π(Weather Threat)＝[0.3，0.4，0.3]，这反映出由于信息匮乏导致对可能性估计不充分，认为各种情况的可能性比较接近。采用同样的方法设置叶节点 λ 的数据。

初始化后，评估系统准备完毕，进入等待。当系统得到新的情报信息，即网络的叶节点信息更新，则触发网络推理，更新整个网络节点状态的概率分布，最终获取根节点状态的概率分布情况。威胁等级评估完毕，得到的结果为根据 W Intensity、W Distance、W Altitude、W Type 和 U Healthy 状态变化得到的恶劣气象威胁等级。第一组仿真结果如表 4-3 所示。

表 4-3 第一组仿真结果

| 序号 | $\lambda$ | Bel | $q$ |
|---|---|---|---|
| 1 | $\lambda_{\text{W Intensity}}=[0.8, 0.1, 0.1]$ <br> $\lambda_{\text{W Distance}}=[0.1, 0.1, 0.8]$ <br> $\lambda_{\text{W Altitude}}=[0.1, 0.2, 0.7]$ <br> $\lambda_{\text{W Type}}=[0.9, 0.1]$ <br> $\lambda_{\text{U Healthy}}=[0.8, 0.1, 0.1]$ | $[0.932, 0.057, 0.011]$ | 0.95 |
| 2 | $\lambda_{\text{W Intensity}}=[0.1, 0.1, 0.8]$ <br> $\lambda_{\text{W Distance}}=[0.7, 0.2, 0.1]$ <br> $\lambda_{\text{W Altitude}}=[0.8, 0.1, 0.1]$ <br> $\lambda_{\text{W Type}}=[0.5, 0.5]$ <br> $\lambda_{\text{U Healthy}}=[0.9, 0.1, 0]$ | $[0.007, 0.118, 0.875]$ | 0.14 |
| 3 | $\lambda_{\text{W Intensity}}=[0.4, 0.3, 0.3]$ <br> $\lambda_{\text{W Distance}}=[0.3, 0.4, 0.3]$ <br> $\lambda_{\text{W Altitude}}=[0.3, 0.4, 0.3]$ <br> $\lambda_{\text{W Type}}=[0.7, 0.3]$ <br> $\lambda_{\text{U Healthy}}=[0.1, 0.1, 0.8]$ | $[0.874, 0.111, 0.015]$ | 0.90 |

仿真结果表明：

（1）当恶劣气象强度较大、预警距离较近、距地高度较低时,恶劣气象威胁等级高的概率远大于等级低的概率,解模糊结果说明,威胁度强。

（2）当恶劣气象强度较小、预警距离较远、距地高度较高时,评估结果中威胁等级低的可能性更大些,也即威胁度弱。

（3）当恶劣气象强度中等,但无人机健康状况很差时,无人机受到的威胁则很强。

先验信息有两方面的含义：一是在算法的初始化阶段,为了算法的启动,必须根据专家知识设定先验信息；二是在算法的运行阶段,先验信息为上一次的评估结果。

改变先验信息为 $\pi(\text{Weather Threat})=[0.8, 0.1, 0.1]$,可以得到第二组仿真结果如表 4-4 所示。

表 4-4 第二组仿真结果

| 序号 | $\lambda$ | $Bel$ | $q$ |
|---|---|---|---|
| 1 | $\lambda_{\text{W Intensity}}=[0.8, 0.1, 0.1]$ <br> $\lambda_{\text{W Distance}}=[0.1, 0.1, 0.8]$ <br> $\lambda_{\text{W Altitude}}=[0.1, 0.2, 0.7]$ <br> $\lambda_{\text{W Type}}=[0.9, 0.1]$ <br> $\lambda_{\text{U Healthy}}=[0.8, 0.1, 0.1]$ | $[0.974, 0.017, 0.009]$ | 0.98 |
| 2 | $\lambda_{\text{W Intensity}}=[0.1, 0.1, 0.8]$ <br> $\lambda_{\text{W Distance}}=[0.7, 0.2, 0.1]$ <br> $\lambda_{\text{W Altitude}}=[0.8, 0.1, 0.1]$ <br> $\lambda_{\text{W Type}}=[0.5, 0.5]$ <br> $\lambda_{\text{U Healthy}}=[0.9, 0.1, 0]$ | $[0.014, 0.227, 0.759]$ | 0.25 |
| 3 | $\lambda_{\text{W Intensity}}=[0.4, 0.3, 0.3]$ <br> $\lambda_{\text{W Distance}}=[0.3, 0.4, 0.3]$ <br> $\lambda_{\text{W Altitude}}=[0.3, 0.4, 0.3]$ <br> $\lambda_{\text{W Type}}=[0.7, 0.3]$ <br> $\lambda_{\text{U Healthy}}=[0.1, 0.1, 0.8]$ | $[0.902, 0.075, 0.023]$ | 0.94 |

　　对比两组仿真结果,可知先验信息的变化与评估结果的关系。对于相同的子节点输入的信息,由于先验信息不同,即历史的评估结果不同,最终的评估结果会有所区别。如第一组仿真数据 $\pi(\text{Weather Threat})=[0.3, 0.4, 0.3]$,评估结果为 0.95 威胁度强,且远大于另一种可能性;第二组仿真数据 $\pi(\text{Weather Threat})=[0.8, 0.1, 0.1]$,先验信息体现了威胁度强的概率较大,因此评估结果表明威胁度进一步增强,为 0.98。

　　上述分析可知,历史的评估结果对于当前的评估结果有非常明显的影响,也即评估结果不仅综合了最新的输入信息;还考虑了历史信息,评估方法具有信息累积能力。仿真结果表明,采用贝叶斯网络对突发恶劣气象威胁等级进行评估的结果与人类专家的评估结果是相当吻合的。这说明该评估方法不仅是一种科学合理的推理算法,也是一种可以良好应用人类知识的专家系统。

### 4.3.4 地面威胁源威胁等级评估

**1）威胁等级评估要素及模型**

对突发的地面威胁进行威胁度 TL(threat level)评估,考察的因素包括:

（1）威胁源的类型 ID(threat identification)。

（2）飞机对抗地面威胁的能力 Atc(ability to counter)。

（3）武器的有效区域与飞机位置的关系 Wez(weapon employment zone)。

威胁等级评估的贝叶斯网络模型如图 4-25 所示,网络模型中各节点的状态集合分别定义为

TL＝{高,中,低}；

ID＝{雷达,导弹,高炮}；

Atc ＝{好,中,差}；

Wez ＝{范围内,边缘,范围外,只存在方位关系}。

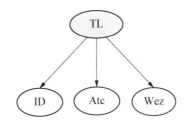

**图 4-25　地面威胁评估的贝叶斯网络模型**

网络模型中,地面威胁的类型和飞机的对抗能力可通过己方的侦察数据和飞机参数构造新的贝叶斯网络推理得到,其结果采用概率形式描述。飞机与地面威胁的位置关系 Wez 取决于威胁源的状态（如位置、作用范围等）和飞机的导航状态（如位置、高度、方向等）,可通过具体的数学方法计算获得。

根据专家知识,构造网络条件概率矩阵,如表 4-5 所示。

**表 4-5　网络条件概率矩阵**

| 威胁度 | $P(\text{ID}\mid\text{TL})$ | $P(\text{Atc}\mid\text{TL})$ | $P(\text{Wez}\mid\text{TL})$ |
|---|---|---|---|
| | {雷达,导弹,高炮} | {好,中,差} | {内,外,边,方位} |
| 强中弱 | $\begin{bmatrix} 0.1 & 0.3 & 0.6 \\ 0.4 & 0.4 & 0.2 \\ 0.6 & 0.3 & 0.1 \end{bmatrix}$ | $\begin{bmatrix} 0.1 & 0.5 & 0.4 \\ 0.4 & 0.3 & 0.3 \\ 0.6 & 0.2 & 0.2 \end{bmatrix}$ | $\begin{bmatrix} 0.8 & 0.1 & 0.1 & 0 \\ 0.6 & 0.2 & 0.1 & 0.1 \\ 0 & 0.1 & 0.45 & 0.45 \end{bmatrix}$ |

2) 威胁源威胁等级评估结果

设定突发地面威胁的威胁级别的先验信息为 $\pi(TL) = [0.3, 0.4, 0.3]$。初始化后,评估系统准备完毕,进入等待。当新的情报信息到达时,触发网络推理,更新整个网络节点状态的概率分布,最终获取根节点状态的概率分布情况,完成对威胁等级的评估。

仿真结果如表 4-6 所示,由结果可以看出:

(1) 当敌方威胁为导弹,杀伤力较高,我机对抗能力较差又处于其攻击范围之内,评估结果表示威胁程度高的概率远大于另外两种状态的概率,根据最大概率法来判断威胁程度,评估威胁程度为高。

(2) 我机的对抗能力不足,各种状态可能性基本相同,敌方地面威胁很可能为雷达,因此,虽然我机处于威胁范围之内,但评价结果中威胁程度为中的可能性更大一些。

(3) 敌方威胁为高炮,我方对抗能力中等,但我方与威胁之间仅存在方位关系,评估结果为威胁程度极低。

表 4-6　威胁级别评估结果

| 序号 | $\lambda$ | | $q$ |
|---|---|---|---|
| 1 | $\lambda_{Atc} = [0, 0, 1]$ <br> $\lambda_{ID} = [0, 1, 0]Bel$ <br> $\lambda_{Wez} = [1, 0, 0, 0]$ | $[0.833, 0.167, 0]$ | 0.92 |
| 2 | $\lambda_{Atc} = [0.3, 0.4, 0.3]$ <br> $\lambda_{ID} = [0.8, 0.1, 0.1]$ <br> $\lambda_{Wez} = [1, 0, 0, 0]$ | $[0.303, 0.697, 0]$ | 0.67 |
| 3 | $\lambda_{Atc} = [0.1, 0.8, 0.1]$ <br> $\lambda_{ID} = [0, 0.2, 0.8]$ <br> $\lambda_{Wez} = [0, 0, 0, 1]$ | $[0, 0.047, 0.953]$ | 0.07 |

图 4-26 和图 4-27 给出了动态评估中各威胁源威胁级别与飞行器轨迹的关系。图中圆形区域表示威胁范围,由贝叶斯网络和模糊推理得到各威胁源对飞机威胁程度的连续动态评估结果如图 4-27 所示,显然,各威胁源相对飞机的威胁重要性程度是随飞机运动而动态变化的,这反映了战场态势的变化过程。

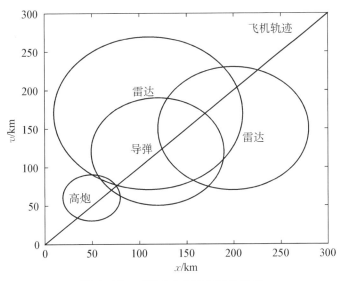

图 4-26　威胁分布与飞机运动轨迹

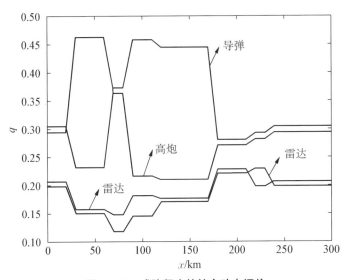

图 4-27　威胁程度的综合动态评价

仿真算例表明,所建立的突发态势威胁评估模型反映出威胁等级评估的主要因素。基于模糊贝叶斯网络的态势评估方法能够给出合理、有效的评估结果,与专家经验和常识相符合。模糊逻辑的引入既客观地描述了输入量不确定性,又使得评估结果更加直观,实现了真正意义的突情监测。评估结果便于比较和理解,可以继续在航路决策和规划中使用。

采用模糊贝叶斯网络评估方法,有效结合模糊逻辑和贝叶斯网络的各自优势,解决了突情的威胁度估计问题。针对突发恶劣气象和地面威胁的评估实例表明,模糊贝叶斯网络评估方法有效地综合了各类态势不确定因素和平台状态,能够给出合理有效的评估结果。

采用模糊逻辑和贝叶斯网络有机结合的方法,在贝叶斯网络的输入和输出端均引入模糊逻辑,以应对态势环境的不确定性、随机性、定性和定量并存的特点。突情的自主感知是无人机自主性的重要特征,突情的监测和评估为无人机实现自主控制提供了必备的条件。

### 4.3.5　平台行为能力等级评估

#### 1) 行为能力等级评估要素及模型

行为能力等级评估即要根据平台状态、武器状态等输入信息对飞行器的健康状态和行为能力进行定量的感知、理解和预测。按照 BBN 建模步骤,分析可知,影响平台 PCL 的主要因素包括:推进及发动机状态,机体与控制面状态,燃油,武器状态,航电设备状态和通信状态等,这些事件用随机向量表示并定义其详细状态。例如,PCL 节点可以用三个状态来描述:健康作战级别,规避或返回级别和严重故障自毁级别。记为 $PCL = \{HCC, ERC, SD\}$ 或{高,中,低}。

PCL 评估的 BBN 模型如图 4-28 所示,表 4-7 给出了对应各节点的状态定义[12]。节点间的依赖矩阵根据专家经验或相应数据给定,在实际评估中,可通过 BBN 自学习算法进行调整。

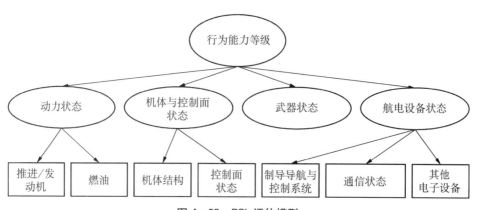

图 4-28　PCL 评估模型

表 4-7　PCL 评估模型节点定义

| 节点随机变量 | 状 态 定 义 |
|---|---|
| PCL | 高,中,低 |
| 动力状态 | 好,中,差 |
| 推进/发动机 | 正常、部分工作、无效 |
| 燃油 | ~80%,80%~50%,50%~20%,20%~ |
| 机体与控制面 | 正常、部分损坏、严重损坏 |
| 机体结构 | 正常、部分损坏、严重损坏 |
| 控制面状态 | 正常、部分工作、严重损坏 |
| 武器状态 | ~80%,80%~50%,50%~20%,20%~ |
| 航电设备状态 | 正常、部分工作、无效 |
| 制导导航与控制系统 | 正常、部分工作、无效 |
| 通信状态 | 正常、部分工作、无效 |
| 其他电子设备 | 正常、部分工作、无效 |

基于 BBN 的态势评估给出了概率向量形式的评估结果,定量描述了对某态势的估计和预测,但概率形式的结果不便于进行比较,也不便于自主决策和规划使用。利用模糊逻辑对评估算法进行改进,以模糊语言和规则的形式引入专家经验,基于概率向量给出单值评估结果 $q(0 \leqslant q \leqslant 1)$,客观反映平台不同时刻的行为能力等级,增加评估的智能化程度和工程实用性。

2) 行为能力等级评估结果

假设对平台能力等级的先验估计为 $\pi = [0.3, 0.4, 0.3]$,即各种可能几乎等概率,表示缺乏对 PCL 的了解。对应于 PCL 评估的 BBN 模型,表 4-8 和表 4-9 分别给出了在不同输入下的评估结果。$\lambda$ 为来自各叶节点的诊断概率,即叶节点各事件状态发生的概率,例如,$\lambda_{PE} = [0.7, 0.2, 0.1]$ 表示推进和发动机系统处于正常状态的概率为 70%,部分异常和完全无效的概率分别为 20% 和 10%。其他输入 $\lambda_F$、$\lambda_{AS}$、$\lambda_{CS}$、$\lambda_{GNC}$、$\lambda_{WS}$、$\lambda_{COM}$、$\lambda_{OV}$ 的含义与之类似,表 4-8 中的输入表明,平台各部分均以较高概率处于健康、正常状态,因此,平台当前状态应当好并具有很好的攻击能力。表中给出的结果与分析一致,$Bel(PCL) = [0.911, 0.083, 0.006]$,即平台以 91.1% 的高概率处于良好攻击状态;同时,单值指标 $q = 0.95$,在其值域 $[0, 1]$ 中也处于高取值水平,与专家经验和常识相吻合。

表4-9的算例给出了能力下降后的情形,显然,推进及发动机系统、燃油、武器等均以较高概率处于异常、无效或缺乏的状态,其中部分为平台安全的关键指标,因此,平台能力应该处于较低水平。此时,$Bel(PCL) = [0.035, 0.275, 0.690]$ 和 $q = 0.17$ 均表明,飞行器平台以极度不安全,已经到了无法返回、无法规避甚至只能自毁的状态。

表4-8　PCL评估结果-1

| 输入诊断概率 λ | PCL 信度 | $q$ |
|---|---|---|
| $\lambda_{PE} = [0.7, 0.2, 0.1]$ | | |
| $\lambda_{F} = [0.5, 0.3, 0.1, 0.1]$ | | |
| $\lambda_{AS} = [0.8, 0.1, 0.1]$ | | |
| $\lambda_{CS} = [0.7, 0.2, 0.1]$ | | |
| $\lambda_{WS} = [0.5, 0.3, 0.1, 0.1]$ | $[0.911, 0.083, 0.006]$ | $0.95$ |
| $\lambda_{GNC} = [0.7, 0.2, 0.1]$ | | |
| $\lambda_{COM} = [0.6, 0.3, 0.1]$ | | |
| $\lambda_{OV} = [0.5, 0.3, 0.2]$ | | |

表4-9　PCL评估结果-2

| 输入诊断概率 λ | PCL 信度 | $q$ |
|---|---|---|
| $\lambda_{PE} = [0.1, 0.2, 0.7]$ | | |
| $\lambda_{F} = [0.1, 0.1, 0.2, 0.6]$ | | |
| $\lambda_{AS} = [0.5, 0.4, 0.1]$ | | |
| $\lambda_{CS} = [0.2, 0.2, 0.6]$ | | |
| $\lambda_{WS} = [0.1, 0.1, 0.1, 0.7]$ | $[0.035, 0.275, 0.690]$ | $0.17$ |
| $\lambda_{GNC} = [0.1, 0.4, 0.5]$ | | |
| $\lambda_{COM} = [0.2, 0.5, 0.3]$ | | |
| $\lambda_{OV} = [0.5, 0.3, 0.2]$ | | |

## 4.4　面向对象概率关系模型及威胁评估

### 4.4.1　贝叶斯网络建模存在的问题

贝叶斯网络(Bayesian network,BN)具有坚实的理论基础,能处理知识的不确定性表达和推理问题。然而,由于贝叶斯网络模型中缺少对象的概念,不能利用问题的结构特性,在大规模、复杂领域中,贝叶斯网络的知识表示能力十分有限。尤其对复杂多变的军事战场进行威胁评估时,对存在的关系不确定性、结构不确定性等问题,预先设计好的网络模型很可能不能把握当前环境的特点。例如恶劣气象、地面威胁、平台行为能力等评估模型是预先设计固定的,不能随战场环境的改变而改变,因此不能有效地体现当前威胁特点。需要考虑不同战场的场景,利用面向对象的概率关系模型设计威胁模型,并进行特定场景下不同评估网络的构造,实现包含当前威胁特点的威胁级别评估。

### 4.4.2　面向对象概率关系模型及推理

#### 1) 面向对象概率关系模型

为解决贝叶斯网络对复杂系统的建模问题,近年来,出现将面向对象的概念引入贝叶斯网络模型中而构成的面向对象的概率关系模型(object-oriented probabilistic relational model，OPRM)。OPRM 将关系模型对大规模复杂结构数据的表达能力与贝叶斯网络对不确定性问题的处理能力相结合,有效地解决贝叶斯网络的建模问题。

面向对象的概率关系模型 $\Xi$ 由关系模型 $RC$ 和概率模型 $PC$ 组成[13],其中关系模型包括:

(1) 一组类 $C = \{C_1, C_2, \cdots, C_n\}$,抽象了领域中具有相同属性的个体和关系。

(2) 一组命名的实例 $I = \{I_1, I_2, \cdots, I_m\}$,表示类的实例化。

(3) 对每个属于类 $C$ 的成员,存在一组简单属性 $\Delta_C = \{\delta_1, \delta_2, \cdots, \delta_k\}$。类 $C_i$ 的简单属性 $\delta_j$ 表示为 $C_i \cdot \delta_j$,简单属性描述了类自身所具有的特性。每个简单属性 $\delta_j$ 都有域 $\mathrm{dom}[\delta_j] \in C$ 和范围 $\mathrm{Range}[\delta_j] = \mathrm{Val}[\delta_j]$,其中 $\mathrm{Val}[\delta_j]$ 是预先定义的枚举类型,表示属性的状态取值。

(4) 对每个属于类 $C$ 的成员,存在一组复杂属性 $\Phi_C = \{\phi_1, \phi_2, \cdots, \phi_l\}$。类 $C_i$ 的复杂属性 $\phi_j$ 表示为 $C_i \cdot \phi_j$,复杂属性描述了类之间的连接关系,每个复杂属性 $\phi_j$ 都有域 $\mathrm{dom}[\phi_j] \in C$ 和范围 $\mathrm{Range}[\phi_j] \in C$,区别于简单属性,复杂属性的取值范围是类集合中的元素。

OPRM 的概率模型包括:

对于每个简单属性 $\delta_j \in \Delta_C$,都定义条件概率模型 $P(\delta_j \mid Pa(\delta_j))$,其中 $Pa(\delta_j) = \{Pa_1, Pa_2, \cdots, Pa_n\}$ 是 $\delta_j$ 的父节点。复杂属性没有条件概率。

OPRM 的关系模型可以利用框架(frame)表示法存储,其中,类被抽象成框架,类的属性对应于框架的槽(slot),属性的域和范围各自对应于槽的侧面(facet)。为融入概率模型,每个简单属性增加概率侧面和父节点侧面,分别记录简单属性所对应的条件概率表和父节点集合;每个复杂属性增加输入侧面,记录类连接关系中所对应的属性信息。

考虑图 4-29 中的 OPRM 战机类,有武器、机动、雷达和战斗力几个属性,其中只有武器属性是复杂属性,它连接的是另外一个名为导弹的类,并引入其杀伤力属性供战机类自身属性使用(如作为战斗力属性的父节点)。对有父节点的属性设置条件概率,没有父节点的设置先验概率。

| 属性 | 战机 | |
|---|---|---|
| 武器 | 域 | 战机 |
| | 范围 | 导弹 |
| | 输入 | 杀伤力 |
| 机动 | 域 | 战机 |
| | 范围 | 高/中/低 |
| | 父节点 | |
| | 分布 | [0.5 0.2…] |
| 雷达 | 域 | 战机 |
| | 范围 | 远/中/近 |
| | 父节点 | |
| | 分布 | [0.7 0.2…] |
| 战斗力 | 域 | 战机 |
| | 范围 | 强/中/弱 |
| | 父节点 | 机动,雷达,武器,杀伤力 |
| | 分布 | [0.3 0.1…] |

图 4-29　OPRM 战机类框架

利用 OPRM 对问题建模时,由领域专家提取该领域的实体及连接关系,将多个具有共同属性的实体抽象成 OPRM 中的类,并利用上述框架表示法进行存储。当环境中一个或多个实体被发现时,根据存储的类生成其对应的实例和连接关系,并由类、实例和连接关系共同组成 OPRM 知识库,完成对问题的建模。

### 2）面向对象概率关系模型推理

OPRM 的推理过程是根据 OPRM 知识库中的信息动态构建等价的贝叶斯网络，进而在贝叶斯网络上实现概率推理。每个表示实例或者类的框架都可以表示成相应的面向对象贝叶斯网络[5]（OOBN），其中，简单属性对应 OOBN 封装的内部节点，所需节点设置信息由相应概率侧面和父节点侧面提供；复杂属性表示连接关系，提供接口信息，给出可引用的其他 OOBN 节点，将多个 OOBN 组合生成一个 BN 网络。最后应用联结树等推理算法在生成的 BN 网上完成推理。因此 OPRM 中的简单属性对应普通 BN 网中的节点，复杂属性描述更灵活的节点连接关系。图 4 - 30 给出前文所述战机类对应的 OOBN。

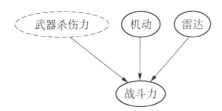

图 4 - 30　战机类对应的 OOBN

## 4.4.3　贝叶斯网络的生成

### 1）OPRM 的特殊关系

实例之间的关系是一对多、多对多情况时，对表示多值关系的每个复杂属性都增加聚合属性 Aggregate($\phi$)，该属性与简单属性性质相同，对应 BN 网中的节点，其父节点侧面取所有由多值复杂属性引入的属性，概率侧面根据融合要求动态设置。简单属性通过聚合属性来间接地依赖多值复杂属性，实现一对多、多对多关系。

实例之间的关系还存在不确定性，主要包括：

（1）多值复杂属性取值数量的不确定。增加数量属性 Num($\phi$)，范围取 $\{1, \cdots, \max(\text{Num}(\phi))\}$，$\max(\text{Num}(\phi))$ 表示多值复杂属性可取值的上界。数量属性与简单属性性质相同。当存在数量不确定性时，聚合属性节点同时依赖于引入的多个其他实例的属性节点和数量属性节点。

（2）复杂属性的取值不确定，即不能确定关联的实例。增加选择器属性 Sel($\phi$)，范围为可能关联的实例的枚举；增加 Multiplexer 属性，范围与复杂属性的引入属性状态一致，父节点为选择器属性及所有可能关联的实例属性。他们都与简单属性性质相同。Multiplexer 节点的特殊性,使其可利用选择器属性的状态概率值,从可能关联的多个外部实例属性状态值中选出一组作为自己的状态取值,实现多选一功能。其余简单属性节点直接依赖 Multiplexer 节点。

在实际问题中有选择性地将上述特殊属性引入 OPRM 模型中,可以方便建模并扩展其应用范围。

### 2) 贝叶斯网络生成算法

利用 OPRM 知识库生成 BN 网时,提取每个实例的简单属性及其父节点和条件概率表,保存到指定数组。对上节处理特殊关系的节点,先找到其对应的所有父节点后再存储。最终根据存储结果生成网络,生成算法流程如图 4 - 31 所示。

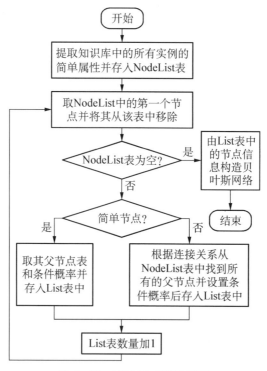

图 4 - 31　BN 网生成算法流程

### 4.4.4　战场威胁评估模型

在执行任务时,无人机面临的威胁主要是雷达和武器两类。地面雷达是对飞机的主要探测手段,描述雷达威胁的主要参数是发现概率,从雷达来说,发现概率主要受信噪比影响,模型表示为

$$S = S_o \left( \frac{R_0}{R} \right)^4 \frac{\sigma}{\sigma_0} \frac{F^4/L_a}{F_0^4/L_{a0}} \qquad (4-45)$$

式中：$S$ 是目标信噪比；$R$ 是雷达与目标之间的距离；$\sigma$ 是目标的雷达散射截面积 RCS；$L_a$ 为大气损耗，其余参数为雷达特征探测性能参数。从式中可以得出，影响雷达发现概率的主要因素是雷达与目标的距离及目标的 RCS 值。此外，无人机通过电子干扰功能（ECM）影响雷达的参数，也能对发现概率产生影响。

但对无人机来说，要精确获知敌雷达的性能参数是有困难的，而且现代雷达又多采用一定的伪装技术，使对参数的获取更不易。因此，在多种不确定性因素存在的情况下，利用贝叶斯推理技术估计雷达发现概率可以提高无人机对雷达威胁的理解。

无人机对于敌雷达的探测可通过机载雷达告警器获取。现代机载雷达告警通过测量和分析照射到载机上的雷达信号而获取相关雷达威胁信息，包括雷达的方位、类型、工作状态等。用于对发现概率估计模型中的有用信息主要包括雷达信号的强度及雷达的扫描频率，他们可分别提供关于雷达相对距离的信息和工作状态信息。综合以上内容，设计雷达威胁的 OPRM 类如图 4-32(a)所示。

地面武器威胁主要分为导弹和高射炮两种。传统的威胁评估网络总是将雷达与武器看作两个互斥实体，而实际战场中，无论是高射炮还是地对空导弹，都有对应的火控雷达对其进行指挥，因此防空武器的威胁必须考虑雷达的影响因素。前文中建立的雷达模型可以通过 OPRM 的关系概念与武器相关联。

通过对雷达信号的识别可以估计武器的类型，而武器的位置和攻击范围是不确定的，为了描述武器的威胁能力，引入一个存在节点 *IsIn* 用来表示无人机与武器的位置关系是否存在。综上设计武器 OPRM 类模型如图 4-32(b)所示。

为综合评估威胁级别而设计信息综合类，并在该类中设计 Aggregate 威胁聚合属性来综合处理多个威胁的信息，这在实际中是有用的，如现代雷达警戒网往往利用雷达组网技术产生雷达叠置区，目的在于提高对目标的发现概率。普通的贝叶斯网络没有处理雷达叠置的能力，实际情况中，当无人机被多部雷达同时照射时，被发现的概率将会大大增加。这里设计成当大于两部的雷达发现概率为高时，聚合节点取状态 True，即认为此时雷达威胁为高。信息综合 OPRM 类如图 4-33 所示。

建立无人机类，用以提供威胁评估及雷达发现概率评估所需的无人机信息，主要属性包括 RCS、ECM、武器状态、导航系统状态、推进系统状态、行为能力等。

设计的威胁评估模型中类之间的连接关系如图 4-34 所示。

| 属性 | 雷达 | |
|---|---|---|
| 飞机信息 | 域 | 雷达 |
| | 范围 | 飞机 |
| | 输入 | RCM,ECM |
| 信号强度 | 域 | 雷达 |
| | 范围 | 强/中/弱 |
| | 父节点 | |
| | 分布 | [0.5 0.4…] |
| 相对距离 | 域 | 雷达 |
| | 范围 | 远/中/近 |
| | 父节点 | 信号强度 |
| | 分布 | [0.7 0.2…] |
| 扫描频率 | 域 | 雷达 |
| | 范围 | 高/中/低 |
| | 父节点 | |
| | 分布 | [0.3 0.4 0.3] |
| 发现概率 | 域 | 雷达 |
| | 范围 | 高/中/低 |
| | 父节点 | RCS,ECM,相对距离 |
| | 分布 | [0.3 0.1…] |
| 工作状态 | 域 | 雷达 |
| | 范围 | 搜索/跟踪 |
| | 父节点 | 发现概率,扫描频率 |
| | 分布 | [0.8 0.1…] |

(a)

| 属性 | 防空武器 | |
|---|---|---|
| 火控雷达 | 域 | 防空武器 |
| | 范围 | 雷达 |
| | 输入 | 工作状态 |
| 武器类型 | 域 | 防空武器 |
| | 范围 | SAM/AAG |
| | 父节点 | |
| | 分布 | [0.5 0.5] |
| 杀伤距离 | 域 | 防空武器 |
| | 范围 | 远/中/近 |
| | 父节点 | 武器类型 |
| | 分布 | [0.5 0.2…] |
| 相对距离 | 域 | 防空武器 |
| | 范围 | 远/中/近 |
| | 父节点 | |
| | 分布 | [0.5 0.2…] |
| IsIn | 域 | 防空武器 |
| | 范围 | True/False |
| | 父节点 | 杀伤距离,相对距离 |
| | 分布 | [0.3 0.6…] |
| 杀伤能力 | 域 | 防空武器 |
| | 范围 | 高/中/低 |
| | 父节点 | 武器类型,IsIn,工作状态 |
| | 分布 | [0.8 0.1…] |

(b)

图 4-32 威 胁 类

(a)雷达威胁类 (b)武器威胁类

| 属性 | 信息综合 | |
|---|---|---|
| 飞机信息 | 域 | 信息综合 |
| | 范围 | 飞机 |
| | 输入 | 行为能力 |
| 威胁信息 | 域 | 信息综合 |
| | 范围 | 雷达，武器 |
| | 父节点 | 发现概率，杀伤能力 |
| 威胁聚合属性 | 域 | 信息综合 |
| | 范围 | True/False |
| | 父节点 | 发现概率，杀伤能力 |
| | 分布 | [1 0⋯] |
| 威胁级别 | 域 | 信息综合 |
| | 范围 | 高/中/低 |
| | 父节点 | 聚合节点，行为能力 |
| | 分布 | [0.8 0.2⋯] |

图 4-33　信息综合类

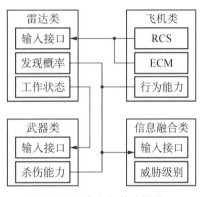

图 4-34　类之间的连接关系

## 4.4.5　威胁评估结果与分析

为体现 OPRM 动态构建评估网络的能力，仿真采用两个不同的战场环境，贝叶斯网络推理利用 BNT 工具箱的联结树算法进行，雷达和武器作用范围分别简化成圆形。

想定一：考虑无人机按某预定的航线通过敌警戒雷达网。该雷达网由三部雷达组成，并且存在叠置区，如图 4-35 所示。根据上述信息组建 OPRM 知识库，由雷达类生成 R1、R2、R3 三个实例，同时创建无人机类实例和信息融合类实例，并根据类连接关系创建实例连接，利用 BN 网生成算法可以得到 BN 评估网络，如图 4-36 所示。

假设无人机的 RCS 值较高，没有电子干扰，各部件工作较正常，对雷达发现概率为高的评估状态值随路径点的变化如图 4-37 所示。可以看到当有多部雷达发现概率为高时，聚合节点为真的概率变大。

　　无人机全路径点受到的威胁级别为高的概率曲线如图 4 - 38 所示,当处于雷达叠置区时,受到的威胁级别为高的概率会变得很大,也就是说被雷达发现的概率很大,相比传统的贝叶斯评估网络,这里融合了多部雷达的威胁,更符合实际威胁情况。

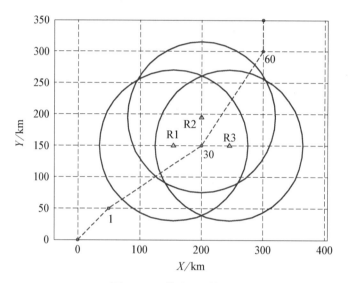

图 4 - 35　战 场 环 境 一

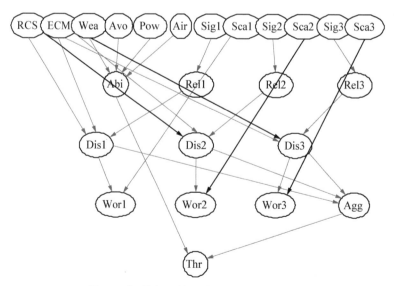

图 4 - 36　战场环境一的威胁评估网络模型

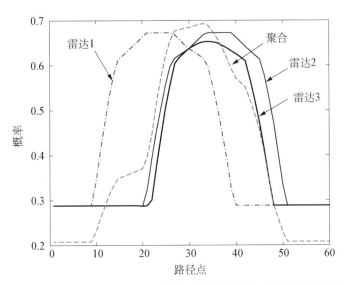

图 4-37 各雷达发现概率为高的概率值及综合概率为真的概率值

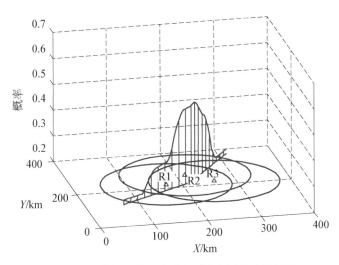

图 4-38 战场环境—全路径威胁级别为高的概率

想定二：无人机穿越敌防空阵地网,该防空阵地包含两部雷达,分别指挥两处防空导弹和一处高炮,如图 4-39 所示。根据雷达类和武器类生成 R1、R2 雷达实例和 SAM1、SAM2、AAG 武器实例,在生成类实例的同时,利用复杂属性将防空导弹 SAM1 和 SAM2 与雷达 R1 相关联,高炮 AAG 与雷达 R2 相关联,使得雷达的工作状态会影响对武器威胁的理解,根据战场环境生成威胁评估用 BN 网如图 4-40 所示。

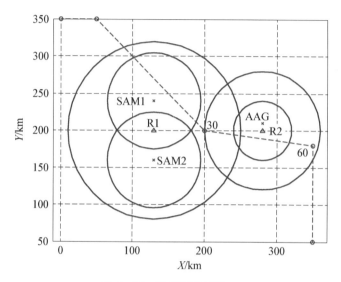

图 4‑39　战场环境示例二

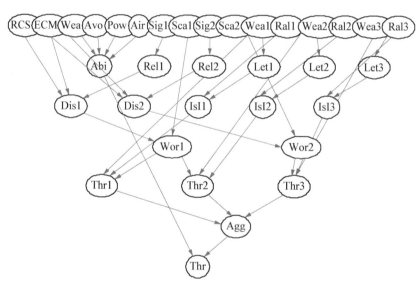

图 4‑40　战场环境二威胁评估网络

　　假设在路径点 A 和 B 之间雷达告警接收信号显示雷达的扫描频率变大,则雷达处于跟踪状态的概率变大,也就意味着此时导弹可能将锁定无人机,因此威胁评估为高的概率变大。同样,当无人机进入雷达作用范围但不处于武器攻击范围时,其威胁要小于同时处于两者范围内,整个路径上的威胁级别评估如图4‑41所示。

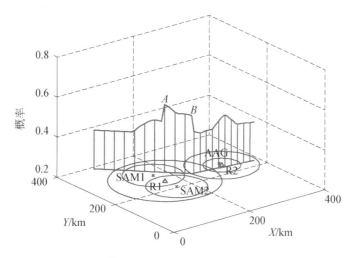

图4-41 战场环境二全路径威胁级别为高的概率

从仿真结果可以看到,采用OPRM,可以根据不同战场情况搭建适合当前环境的贝叶斯评估网络,具有比固定贝叶斯网络更好的建模能力,且能给出合理的评估结果。

由此可见,利用面向对象的概率关系模型及其对关系的处理方法,可以有效地解决传统贝叶斯网络对复杂对象建模存在的不足。根据其设计的无人机威胁评估模型,可以随战场环境的改变动态构造贝叶斯评估网络,相比传统的固定贝叶斯网络能更好地反映战场环境的特点,并给出合理的威胁级别评估结果。但该方法需要专家知识来建立类模型并设置条件概率表,如何利用学习获取相应的模型和参数则需要进一步的研究和讨论。

## 4.5 多任务优先级/重要性评估

任务优先级和重要性评估也称为任务调度。战场态势和任务的动态不确定性,决定了无人机自主控制系统必须具备任务的动态调度与实时重规划的能力。如何根据意外或冲突事件的实时检测与评估结果,实现任务的动态调度与实时重规划,将是复杂环境下无人机自主能力的重要体现和关键技术需求。例如,当检测到随遇目标等意外突发事件时,自主系统需要根据可能的任务改变和优先级评估结果对任务进行重新调度和航路实时重规划。

实际中影响无人机任务动态调度与重规划的事件可能有多种,甚至可能出现并发的意外事件。需要对任务/资源进行动态实时调度,以适应动态变化的事件及其消解。任务/资源动态调度与冲突消解将优先考虑以下原则:

(1) 尽量满足高优先级任务的执行需求。

(2) 尽量减少对原调度方案的调整。

(3) 调度的性能要求与调度的实时性要求并重情况下,尽量满足实时性要求。

在进行任务/资源动态调度时还应考虑:执行任务是否有资源限制,任务是否有不同的重要程度,任务执行是否有顺序要求,任务执行是否有时间要求,允许任务执行的代价为多少。根据这些因素对冲突或任务优先级进行评估,基于优先级实现多任务/资源调度与冲突消解。

分别介绍两种多任务优先级评估(任务调度)算法:

(1) 基于快速启发式和禁忌搜索的任务调度方法。

结合人的启发式直觉推理逻辑,采用启发式和禁忌搜索技术,解决不同优先级的无人机任务动态调度问题。通过对不同重要程度的任务进行分层调度,在满足实时性要求下得到满意的任务调度结果。该算法具有搜索空间小,求解速度快的优点,适合于意外事件下动态实时任务/资源调度与冲突事件的消解。

(2) 基于层次分析法和模糊优选理论的任务调度方法。

采用层次分析法(analytic hierarchy process,AHP)对任务调度的关键影响因素进行分析和权重确定,原理是根据专家经验,对定性描述的各种关键影响因素进行权重计算;最后利用模糊优选理论完成任务的优化调度。该方法简单且计算效率高,由于考虑了各种关键影响因素及其相对影响权重,并结合了模糊专家推理思想,因此调度结果比较合理可行。

## 4.5.1　层次分析和模糊优选评估原理

### 1) 任务优先级关键影响因素分析

影响任务优先级的因素很多,而时敏目标打击作战时间和效果均有特殊的要求,在空中进攻作战中,应根据突出重点及力避风险等原则进行目标优先级排序。同时,时敏目标打击作战要在极短的时间内完成决策,需根据有限的情报系统的信息和平时掌握的敌方信息进行判断,由于许多因素的不确定性,只能考虑其中可获得的一些关键影响因素,主要包括以下几个:

(1) 目标类型。

目标类型直接反映了目标的价值和重要程度,以及其被摧毁后所产生的军事、政治影响大小,是决定目标优先级排序的一个重要影响因素。这里考虑的目标类型主要包括:指挥系统/防空系统,重要军事力量设施,基地/港口/交通,经济生活目标,作战部队。

(2) 目标易损度。

对目标的打击效果与目标易损程度直接相关,对非易损的目标,需要部署足够多或打击能力足够强的攻击平台,对等的打击力量对非易损目标的打击可能达不到预计的打击效果,从而需要再次实施打击,造成作战资源的浪费,也贻误了战机。而同等条件下,针对易损目标进行打击,可以充分利用有限作战资源,有效获得作战收益,因此应该予以优先考虑。

(3) 突防代价。

无人机携带武器系统执行对地任务时,往往需要穿越敌防线,深入敌纵深区域后对目标发起攻击。一方面,无人机可能面临来自敌地面警戒雷达的搜索威胁和敌防空火力的打击威胁;另一方面,随目标距离的增大,也对无人机自身油耗、导航等系统提出了更高的要求。显然,地面威胁小并且距离相对近的目标具有更小的突防代价,也应该具有更高的打击优先级。由于在启发式航路规划算法中全面地考虑了威胁代价和路径代价,因此本书中采用无人机航路规划代价值综合表示突防代价。

(4) 时间限制。

时敏目标的攻击窗口是指从对时敏目标可以实施攻击到必须完成攻击的时间,对时敏目标的打击必须在攻击窗口内完成,延误攻击将给己方带来损失或失去打击价值。因此,时敏目标的时限特点决定了目标打击优先排序时,必须考虑目标的时间限制:时间限制短,说明目标打击的紧迫程度高,需要优先考虑;时间限制长,则目标可以稍后执行。

综合以上分析,任务优先级影响因素如图 4-42 所示。

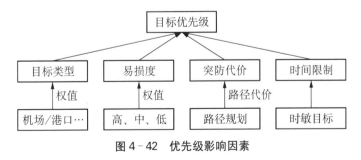

图 4-42　优先级影响因素

**2) 基于层次分析法的权重确定**

目标类型、易损度影响因素采用了语义描述,需要进行定量的转换,采用层次分析法(analytic hierarchy process,AHP)对各关键影响因素进行权重确定。层次分析法是一种实用的多准则决策方法,该方法以其定性和定量相结合处理各种决策因素的特点,以及系统、灵活、简洁的优点,得到广泛的应用[25-26]。

(1) 层次分析法基本思想。

AHP 把复杂问题分解成各个组成因素,又将这些因素按支配关系分组形成递阶层次结构,通过两两比较的方式确定同一层中诸因素的相对重要性,然后结合决策者的判断,确定候选方案相对重要性的总排序。

AHP 又是一种定性与定量相结合、将人的主观判断用数量形式表达和处理的方法,具体应用时包括以下 4 个步骤:

a. 分析系统中各个因素之间的关系,建立系统的层次结构;

b. 对同一层次的各元素关于上一层次中的某一准侧的重要性进行两两比较,构造两两比较判断矩阵;

c. 由判断矩阵计算被比较元素对于该准则的相对权重;

d. 计算各层元素对系统总目标的合成权重,并进行排序。

(2) AHP 的计算方法。

AHP 法首先需要将问题对象各指标进行比较得到量化的判断矩阵,引入 1~9 标度,AHP 法指标权重标度如表 4-10 所示。设计好评价指标后,根据专家经验,参考权重标度表即可获得判断矩阵:

$$A = \begin{bmatrix} a_{11} & a_{12} & \cdots & a_{1n} \\ a_{21} & a_{22} & \cdots & a_{2n} \\ \vdots & \vdots & \cdots & \vdots \\ a_{n1} & a_{n2} & \cdots & a_{nn} \end{bmatrix}$$

式中,$a_{ij}$ 表示指标 $a_i$ 相对于指标 $a_j$ 的相对权重。当判断矩阵

$$a_{ij} \times a_{jk} = a_{ik} \quad (\forall i, j, k \in \mathbf{N}) \tag{4-46}$$

满足时,称判断矩阵 $A$ 为完全一致性矩阵。

表 4 - 10 AHP 法指标权重标度

| 量化值 | 两两比较的重要性等级 |
|---|---|
| 1 | 表示两个元素比较,具有同等的重要性 |
| 3 | 表示两个元素比较,前者比后者稍微重要 |
| 5 | 表示两个元素比较,前者比后者明显重要 |
| 7 | 表示两个元素比较,前者比后者强烈重要 |
| 9 | 表示两个元素比较,前者比后者极端重要 |

注:2,4,6,8 是可以使用的其他中间值;
若指标 $i$ 不如指标 $j$ 重要,取值为 $1/v$, $v$ 为 1~9。

获得判断矩阵后,层次分析法的指标权重计算问题,可归结为判断矩阵的特征向量和最大特征值的计算,主要方法有方根法、和法、幂法等,以下对方根法、和法分别进行说明。

a. "和法"计算步骤。

将判断矩阵 $A = (a_{ij})_{n \times n}$ 按列归一化,即

$$(\bar{a}_{ij})_{n \times n} = \left[ \frac{a_{ij}}{\sum_{i=1}^{n} a_{ij}} \right]_{n \times n} \tag{4-47}$$

将归一化后的矩阵按行加总:

$$\sum_{j=1}^{n} \bar{a}_{ij} = \bar{\omega}_i \quad (i \in N) \tag{4-48}$$

再归一化即得各个权重系数:

$$\omega_i = \frac{\bar{\omega}_i}{\sum_{i=1}^{n} \bar{\omega}_i} \tag{4-49}$$

b. "方根法"计算步骤。

计算判断矩阵 $A$ 的每一行元素的乘积:

$$M_i = \prod_{j=1}^{n} a_{ij} \quad (i = 1, 2, \cdots, n) \tag{4-50}$$

计算 $M_i$ 的 $n$ 次方根:

$$\bar{\omega}_i = (M_i)^{\frac{1}{n}} \quad (i = 1, 2, \cdots, n) \tag{4-51}$$

对$\bar{\omega}_i$进行归一化处理,即

$$\omega_i = \frac{\bar{\omega}_i}{\sum\limits_{i=1}^{n} \bar{\omega}_i} \quad (i = 1, 2, \cdots, n) \tag{4-52}$$

完成以上计算后即可得权向量$\boldsymbol{W} = \{\omega_1, \omega_2, \cdots, \omega_n\}$。

由于人们对复杂事物的各因素采用两两比较时,不可能做到完全一致的度量,存在一定的误差,因此,为了提高权重评价的可靠性,需要对判断矩阵做一致性检验。

进行一致性检验时,首先需要计算判断矩阵$\boldsymbol{A}$的最大特征值$\lambda_{\max}$:

$$\lambda_{\max} = \sum_{i=1}^{n} \frac{[\boldsymbol{A\omega}]_i}{n\omega_i} \tag{4-53}$$

式中,$[\boldsymbol{A\omega}]_i$是$\boldsymbol{A} \cdot \boldsymbol{\omega}$向量中的第$i$个元素。一致性检验的算法为

$$CI = \frac{\lambda_{\max} - n}{n - 1} \tag{4-54}$$

式中,$n$等于矩阵的维数,实际为同一矩阵指标的个数。当矩阵维数较大时,一致性指标还需要加以修正,其算子为

$$CR = \frac{CI}{RI} \tag{4-55}$$

式中,$RI$为修正因子,针对不同维数,其取值如表4-11所示。当指标维数小于三维时,判断矩阵很容易就做到完全一致,故一般不需要计算一致性指标,通常情况下,当$CR < 0.1$时,认为该矩阵满足一致性要求。

表4-11  修正函数表

| 维数 | 1 | 2 | 3 | 4 | 5 | 6 | 7 | 8 | 9 |
|---|---|---|---|---|---|---|---|---|---|
| $RI$ | 0 | 0 | 0.58 | 0.96 | 1.12 | 1.24 | 1.32 | 1.41 | 1.45 |

### 3) 模糊优选原理及计算模型

(1) 模糊优选基本原理。

针对多目标多属性排序问题,模糊优选理论是一种常用且有效的方法。设系统中有待优选的$n$个评判对象组成系统的方案集,又有评判方案优序程度的$m$个评价因素组成系统的评价因素集,研究系统方案集的模糊优序评价,对待优选的$n$个方案,根据$m$个评价因素的特征值;对于优选的隶属度,则有系统模糊

矩阵或称为特征值指标优属度矩阵：

$$\boldsymbol{R}_{m \times n} = \begin{bmatrix} r_{11} & r_{12} & \cdots & r_{1n} \\ r_{21} & r_{22} & \cdots & r_{2n} \\ \vdots & \vdots & \vdots & \vdots \\ r_{m1} & r_{m2} & \cdots & r_{mn} \end{bmatrix} = (r_{ij}) \tag{4-56}$$

$r_{ij}(i = 1, 2, \cdots, m; j = 1, 2, \cdots, n)$ 为系统中第 $j$ 个方案第 $i$ 个评价因素的优属度。

由于从 $n$ 个方案中选优或进行按优排序具有比较上的相对性，故可有如下定义。

**定义 4-7** 设系统有指标优属度矩阵式(4-56)，若有

$$\boldsymbol{G} = (g_1, g_2, \cdots, g_m)$$
$$= (r_{11} \bigvee r_{12} \bigvee \cdots \bigvee r_{1n}, r_{21} \bigvee r_{22} \bigvee \cdots \bigvee r_{2n}, \cdots, r_{m1} \bigvee r_{m2} \bigvee \cdots \bigvee r_{mn})$$
$$\tag{4-57}$$

式中，$\bigvee$ 表示求并集，即求两者的最大值。则称 $\boldsymbol{G}$ 为系统的相对优等方案，称优等方案。

**定义 4-8** 设系统有指标优属度矩阵式(4-56)，若有

$$\boldsymbol{B} = (b_1, b_2, \cdots, b_m)$$
$$= (r_{11} \bigwedge r_{12} \bigwedge \cdots \bigwedge r_{1n}, r_{21} \bigwedge r_{22} \bigwedge \cdots \bigwedge r_{2n}, \cdots, r_{m1} \bigwedge r_{m2} \bigwedge \cdots \bigwedge r_{mn})$$
$$\tag{4-58}$$

式中，$\bigwedge$ 表示求交集，即求两者的最小值。则称 $\boldsymbol{B}$ 为系统的相对劣等方案，称劣等方案。

系统中的 $n$ 个方案，对每一个方案，都以一定的隶属度分别隶属于优等方案和劣等方案，则有模糊分划矩阵 $(k = 1, 2; j = 1, 2, \cdots, n)$：

$$\boldsymbol{U}_{2 \times n} = \begin{bmatrix} u_{11} & u_{12} & \cdots & u_{1n} \\ u_{21} & u_{22} & \cdots & u_{2n} \end{bmatrix} = (u_{ij}) \tag{4-59}$$

满足约束条件：

$$\begin{cases} 0 \leqslant u_{kj} \leqslant 1 & (k = 1, 2; j = 1, 2, \cdots, n) \\ \sum_{k=1}^{2} u_{kj} = 1 & (j = 1, 2, \cdots, n) \\ \sum_{j=1}^{n} u_{kj} > 0 & (k = 1, 2) \end{cases} \tag{4-60}$$

根据不同因素的重要性,系统中的 $m$ 个因素有不同的权重,用权向量表示为

$$W = (\omega_1, \omega_2, \cdots, \omega_m)$$

满足 $\sum_{i=1}^{m} \omega_i = 1$,$\omega_i$ 为系统的第 $i$ 个评价因素的权重。

为求解最优模糊分划矩阵式(4-59),需根据一定的优化准则,为此引入定义:

**定义 4-9**　系统有指标优属度矩阵式(4-56),而

$$\boldsymbol{R}_j = (r_{1j}, r_{2j}, \cdots, r_{mj})$$

若

$$\mathrm{d}(\boldsymbol{R}_j, \boldsymbol{G}) = \Big[\sum_{i=1}^{m} (\omega_i (r_{ij} - g_i))^2\Big]^{\frac{1}{2}} \tag{4-61}$$

则称 $\mathrm{d}(\boldsymbol{R}_j, \boldsymbol{G})$ 为系统第 $j$ 个方案的异优度。

**定义 4-10**　系统有指标优属度矩阵式(4-59),若

$$\mathrm{d}(\boldsymbol{R}_j, \boldsymbol{B}) = \Big[\sum_{i=1}^{m} (\omega_i (r_{ij} - b_i))^2\Big]^{\frac{1}{2}} \tag{4-62}$$

则称 $\mathrm{d}(\boldsymbol{R}_j, \boldsymbol{G})$ 为系统第 $j$ 个方案的异劣度。

由模糊分划矩阵式(4-59)可知,系统中第 $j$ 个方案以隶属度 $u_{1j}$ 隶属于优等方案,同时,以隶属度 $u_{2j} = 1 - u_{1j}$ 隶属于劣等方案。这样隶属度可以看成是一种权重,故有如下定义。

**定义 4-11**　系统有模糊分划矩阵式(4-59),若

$$D(\boldsymbol{R}_j, \boldsymbol{G}) = u_{1j} \mathrm{d}(\boldsymbol{R}_j, \boldsymbol{G}) \tag{4-63}$$

称 $D(\boldsymbol{R}_j, \boldsymbol{G})$ 为系统第 $j$ 个方案的权异优度。

**定义 4-12**　系统有模糊分划矩阵式(4-59),若

$$D(\boldsymbol{R}_j, \boldsymbol{B}) = u_{2j} \mathrm{d}(\boldsymbol{R}_j, \boldsymbol{B}) \tag{4-64}$$

称 $D(\boldsymbol{R}_j, \boldsymbol{B})$ 为系统第 $j$ 个方案的权异劣度。

为了求解出最优模糊分划矩阵式(4-59),设置以下目标函数:

$$\min\Big\{F(u_{1j}) = \sum_{j=1}^{n} \big[(D(\boldsymbol{R}_j, \boldsymbol{G}))^2 + (D(\boldsymbol{R}_j, \boldsymbol{B}))^2\big]\Big\} \tag{4-65}$$

即系统中 $n$ 个方案的权异优度平方与权异劣度平方之和最小,特殊地,当 $u_{1j} = 1$,其中 $j = 1, \cdots, n$,则 $u_{2j} = 0$,上式与最小二乘方优化准则一致。

考虑约束式(4-60)中的约束等式,则

$$\min\left\{F(u_{1j}) = \sum_{j=1}^{n}\left[u_{1j}^2\left(\sum_{i=1}^{m}(\omega_i(r_{ij} - g_i))^2\right) + (1 - u_{1j})^2\left(\sum_{i=1}^{m}(\omega_i(r_{ij} - b_i))^2\right)\right]\right\}$$

$$(4-66)$$

求解

$$\frac{\mathrm{d}F(u_{1j})}{\mathrm{d}u_{1j}} = 0$$

则得最优模糊分化矩阵方案优属度(对优等方案的隶属度)行向量各元素的计算模型:

$$u_{1j} = \cfrac{1}{1 + \left[\cfrac{\sum\limits_{i=1}^{m}(\omega_i(r_{ij} - g_i))^2}{\sum\limits_{i=1}^{m}(\omega_i(r_{ij} - b_i))^2}\right]} = \cfrac{1}{1 + \left[\cfrac{\mathrm{d}(\boldsymbol{R}_j, \boldsymbol{G})}{\mathrm{d}(\boldsymbol{R}_j, \boldsymbol{B})}\right]^2} \qquad (4-67)$$

式中,$(i = 1, 2, \cdots, m; j = 1, 2, \cdots, n)$。式(4-67)即为系统模糊优选模型,利用此式计算系统中每一个方案隶属于优等方案的隶属度,即方案优属度。由 $n$ 个方案的优属度,按照隶属度最大的原则,便可以确定系统中的最优方案或方案的最优排序。

(2) 范化处理。

根据以上分析,首先确定影响目标排序的关键因素,再利用 AHP 法确定各个因素的权重,对所有待排序目标提取关键因素的取值,将 $n$ 个目标及其 $m$ 个取值构建矩阵:

$$\boldsymbol{A} = \begin{bmatrix} a_{11} & a_{12} & \cdots & a_{1m} \\ a_{21} & a_{22} & \cdots & a_{2m} \\ \vdots & \vdots & \vdots & \vdots \\ a_{n1} & a_{n2} & \cdots & a_{nm} \end{bmatrix}$$

由于影响因素可以分为收益型和损失型,例如,目标类型(如目标重要性)的值越大,其优先级越高,相反时间限制越小,其优先级越低,对不同的因素做不同的归一化处理。收益型影响因素:

$$r_{ij} = \frac{a_{ij} - \min\limits_{j} a_{ij}}{\max\limits_{j} a_{ij} - \min\limits_{j} a_{ij}} \tag{4-68}$$

损失型影响因素：

$$r_{ij} = \frac{\max\limits_{j} a_{ij} - a_{ij}}{\max\limits_{j} a_{ij} - \min\limits_{j} a_{ij}} \tag{4-69}$$

于是可以获得规范化后的矩阵：

$$\boldsymbol{R}_{m \times n} = \begin{bmatrix} r_{11} & r_{12} & \cdots & r_{1n} \\ r_{21} & r_{22} & \cdots & r_{2n} \\ \vdots & \vdots & \vdots & \vdots \\ r_{m1} & r_{m2} & \cdots & r_{mn} \end{bmatrix} = (r_{ij})$$

再根据前面的模糊优化理论的方法，计算每一个目标隶属于优等方案的隶属度，再按大小进行排序可以得到排序结果。

4) 任务优先级评估结果

利用 AHP 法对各权重因素进行确定，包括目标打击排序影响因素中的目标类型、目标易损度，以及利用模糊优选理论时，对不同因素进行加权时的权重值。通过建立目标优先排序单层指标体系完成权重确定。

首先，计算目标类型的权重确定，目标类型包括指挥系统/防空系统、重要军事力量设施、基地/港口/交通、重要经济目标、敌作战部队共五种类型，分别表示为 $T_1 \sim T_5$，根据专家建议给出目标类型判断矩阵，如表 4-12 所示。

表 4-12    目标类型判断矩阵

| $C$ | $T_1$ | $T_2$ | $T_3$ | $T_4$ | $T_5$ |
|------|-------|-------|-------|-------|-------|
| $T_1$ | 1 | 3 | 5 | 5 | 7 |
| $T_2$ | 1/3 | 1 | 3 | 5 | 3 |
| $T_3$ | 1/5 | 1/3 | 1 | 3 | 3 |
| $T_4$ | 1/5 | 1/5 | 1/3 | 1 | 3 |
| $T_5$ | 1/7 | 1/3 | 1/3 | 1/3 | 1 |

利用和法求得权值为 $\boldsymbol{\omega}_{\mathrm{T}} = (0.4855, 0.2438, 0.1329, 0.0857, 0.0522)$，同时求取判断矩阵特征根为 $\lambda = 5.3984$，$RI = 1.12$，一致性指标 $CI = 0.0996$，

一致性比例 $CR = 0.0889 < 0.1$，符合一致性要求，权值合理。

此外，分别计算目标易损度权重和各影响因素权重，目标易损度包括高、中、低三个级别，分别表示为 $(H, M, L)$，而排序影响因素分别包括目标类型、目标易损度、突防代价和时间限制，分别表示为 $(LX, YS, TF, SJ)$，各自的判断矩阵及计算结果如表 4-13 所示。

表 4-13 目标易损度判断矩阵及计算结果

| $C$ | $H$ | $M$ | $L$ |
|-----|-----|-----|-----|
| $H$ | 1 | 4 | 8 |
| $M$ | 1/4 | 1 | 4 |
| $L$ | 1/8 | 1/4 | 1 |

权重值 $\omega_T = (0.7015, 0.2267, 0.0718)$，判断矩阵特征根 $\lambda = 3.0542$，一致性指标 $CI = 0.0271$，$RI = 0.58$，一致性比例 $CR = 0.0476 < 0.1$，符合一致性要求，权值合理。

权重值 $\omega_Y = (0.3238, 0.1522, 0.0680, 0.4560)$，判断矩阵特征根 $\lambda = 4.1048$，一致性指标 $CI = 0.0349$，$RI = 0.96$，一致性比例 $CR = 0.0346 < 0.1$，符合一致性要求。各影响因素权重判断矩阵如表 4-14 所示。

表 4-14 各影响因素权重判断矩阵

| $C$ | $LX$ | $YS$ | $TF$ | $SJ$ |
|-----|------|------|------|------|
| $LX$ | 1 | 3 | 5 | 1/2 |
| $YS$ | 1/3 | 1 | 3 | 1/3 |
| $TF$ | 1/5 | 1/3 | 1 | 1/5 |
| $SJ$ | 2 | 3 | 5 | 1 |

获得各有效权值后，采用模糊优选理论对各目标进行打击排序，假设作战任务中包含 5 个不同类型的目标，分别为指挥/防空系统、作战部队等，各目标具有不同的时间限制要求、易损程度等属性，则时敏目标打击排序的结果如表 4-15 所示。

表 4-15　时敏目标打击排序结果

| 序号 | 目标类型 | 易损度 | 攻击时限 | 突防代价 | 优先级 |
|------|----------|--------|----------|----------|--------|
| 1 | 指挥系统/防空系统 | 中 | 3 000 | 200 | 0.781 395 |
| 2 | 重要军事力量与设施 | 高 | 3 500 | 220 | 0.876 872 |
| 3 | 基地/港口/交通枢纽 | 低 | 4 000 | 180 | 0.431 262 |
| 4 | 经济生活目标 | 高 | 8 000 | 130 | 0.536 931 |
| 5 | 敌作战部队 | 低 | 5 000 | 350 | 0.102 273 |

根据 AHP 法获得的权重值可知,表中目标类型由上至下,重要程度依次递减。根据排序结果可以看出,目标 2 重要程度较高且容易击毁,时间限制较紧,突防代价一般,与其他目标相比,它最有意义被优先打击;其次是目标 1,重要程度很高,但易损性较目标 2 低,突防代价略小于目标 1,被排在第二位执行;而目标 5 的价值较低,在突防过程中会遭遇到很大的威胁且不容易被击毁,对时间限制要求相对最低,因此被排在最后一位执行。其余依次类推。可以看到,排序结果较合理,符合一般的逻辑判断。

层次分析和模糊优选评估方法的过程概述如下:首先,分析目标排序主要影响因素;其次,采用 AHP 法,根据专家经验,对定性描述的影响因素进行权重计算;最后,利用模糊优选理论完成目标排序。该方法简洁且计算效率高,排序结果合理。目标排序结果将应用于无人机的航路规划系统。

## 4.5.2　启发式禁忌搜索算法及评估原理

### 1) 启发式禁忌搜索评估原则和要求

采用启发式和禁忌搜索技术,并通过对不同重要程度的任务进行分层调度,实现有限资源和不同优先级的任务动态实时调度。由于执行任务所需的资源有限,空间分布的多个任务目标又具有不同程度的重要性,因此,任务链的规划需要同时满足重要性和可行性要求。总原则是在可行性的前提下,尽可能满足重要性优先[20]。

已知任务领域空间分布有多个任务点,这些任务点均具有不同的重要程度,任务执行者需要从某个给定的点出发,利用给定的有限资源,执行任务集合中的某些任务,最后要到达某个给定点。希望任务执行者在所给的资源条件下,尽可能完成重要性最大的任务,尽可能多地执行任务。由此可以看出,调度问题是一个带限制、多目标要求的任务路径规划问题。

禁忌搜索(Tabu Search)是对局部邻域搜索的一种扩展,是对人类智力过程的一种模拟。它通过引入一个灵活的存储结构和响应的禁忌准则类避免迂回搜索,并通过藐视原则来赦免一些被禁忌的优良状态,进而保证多样化的有效探索以及最终实现全局的优化。禁忌算法在组合优化、生产调度等邻域已经有了很多成功应用的例子。

基于可行性和重要性原则,我们可以将任务按照重要性的程度进行分层:最重要的在第一层,次重要的在第二层,……

从某种程度上而言,将任务分层可以认为是一种指导调度决策的启发信息。根据该启发信息,选择一部分最有可能参与执行的任务,以避免组合爆炸,是一种有效缩小搜索空间的方法。

在对任务进行分层后,先采用资源的限制条件进行启发式插入(insert)操作算法,将最重要的任务加入起点为 $S$、终点为 $T$ 的任务组合中,得到任务路径的初始解。然后采用互换(swap)操作的禁忌搜索算法对该解所对应的任务进行重新组合排序,使解的资源代价得到进一步减少。再采用启发式插入(insert)操作的禁忌搜索算法,将次重要的任务加入已经得到的任务组合中。插入操作必须满足资源限制要求。互换操作和插入操作的禁忌搜索算法反复交替使用,就可以找到该问题较满意的优化解。

记任务需求点的空间位置集为 $A = \{A_i\}_n$,任务代价集为 $C = \{C_{ij}\}_{n \times n}$,给定资源限制为 LIMIT0,任务的重要程度为 $W = \{W_i\}_n$,给定起点为 $S$、终点为 $T$。

按照任务的重要程度进行分层,得到第一层的任务集为 $A_1 = \{A_{1i}\}_{n1}$、第二层的任务集 $A_2 = \{A_{2i}\}_{n2}$,……,第 $m$ 层的任务集为 $A_m = \{A_{mi}\}_{nn}$。

本算法主要由两部分操作构成:启发式插入操作和禁忌搜索互换操作。

**2) 启发式插入操作算法**

插入操作是在已经拥有的任务路径的基础上,针对目前某个给定的搜索邻域集,进行任务加入任务路径的操作过程。

最开始的任务路径取为 $PATH = \{S, T\}$,搜索邻域集取为最重要的任务集。

不失一般性,记初始路径的任务路径为 $PATH = \{S, P1, P2, \cdots, P_p, T\}$,路径代价为 COST,给定资源限制为 LIMIT0,剩余代价为 $CL = LIMIT0 - COST$。

针对搜索邻域集 $SA$,启发式插入操作步骤如下:

(1) 随机取路径 $PATH$ 表中相邻的两点 $P_i$,$P_j$,这两点间的代价为 $CP_iP_j$。

(2) 若搜索邻域集 $SA$ 已经为空,则插入过程结束。

(3) 若搜索邻域集 $SA$ 非空,取搜索邻域集 $SA$ 中的点 $A_k$,$P_i$ 到 $A_k$ 和 $A_k$ 到 $P_j$ 的代价分别为 $CP_iA_k$ 和 $CA_kP_j$,则加入 $A_k$ 后,任务路径剩余代价为 $CL(A_k) = CL + CP_iP_j - CP_iA_k - CA_kP_j$。

(4) 令 $CL_{\min} = \min\{\, CL(A_k)\,\}$,$A_k \in SA$。

(5) 若 $CL_{\min} < 0$,表明插入该任务点后不满足资源要求,插入过程结束。

(6) 若 $CL_{\min} \geqslant 0$,将 $A_k$ 插入到相应的任务路径中,从搜索邻域集 $SA$ 中去掉点 $A_k$,重新取剩余代价 $CL_{\min} \to CL$。转步骤(2)。

一次插入过程结束,可以得到一条满足限制条件,包含初始路径上所有任务,并添加了所给搜索邻域集内任务的新任务路径。

**3) 互换操作的禁忌搜索算法**

**定义 4-13**　邻域搜索结构的互换操作定义为先切断某路径两端与前后连接任务的路径连接,将这段路径整个掉头后,再与原来相应的前后任务连接的操作。

例如,原任务路径为 $\{S, A_1, A_2, A_3, A_4, A_5, A_6, T\}$,则 $\{S, A_1, A_5, A_4, A_3, A_2, A_6, T\}$ 为这条任务路径的一个邻域搜索结构的互换操作。

注意:对两个任务进行互换操作时,以这两个任务为端点的路径代价并没有发生变化,只是连接两端的任务路径发生改变,所以计算互换操作引起的代价变化值,只需计算由于连接这两端任务改变而带来的代价的改变即可。

**定义 4-14**　任务路径的一个邻域搜索结构的互换操作定义为一次移动。

设初始解的任务路径中除了出发点和结束点外,还有 $n$ 个任务点。高效的搜索不应当重复搜索过去的解答,为防止迂回搜索,采用 $(n+2) \times (n+2)$ 维的矩阵 $TL = \{L_{ij}\}$ 作为禁忌表阵,禁忌表元素 $L_{ij}$ 记录以任务 $i$ 和任务 $j$ 为两端点的任务段进行交换移动的禁忌值。最大设置的禁忌值为禁忌长度。若禁忌值为 5,则表示本次移动在以下 5 步搜索中将被视为禁忌对象。

采用一个存储区记录每一个状态相应邻域解中最优的若干次移动,以作为下一次移动的候选解。

禁忌搜索算法的两个原则为如下。

(1) 决策原则:代价减少大且非禁忌(禁忌值为 0)的移动优先采用。

若最优候选解对应的移动不在禁忌范围内，则采纳该移动为当前的选择。

（2）藐视原则：若禁忌对象移动对应的代价减少值大于"best so far"状态，则无视其禁忌属性而仍采纳其为当前的选择。

藐视原则的制定是为了不失掉问题的优化解。

选择某个移动后，应将禁忌表中的所有移动的非零禁忌值减少1，并将当前选择的移动所对应的禁忌表元素设定为禁忌长度值。

互换（swap）操作的禁忌搜索算法执行步骤：

（1）初始化数据结构、向量和参数（迭代数、禁忌长度等），输入初始路径解，计算相应的路径代价并存储。

（2）随机取初始解任务集中的任意两个任务，计算由于对这两个任务进行互换操作所减少的代价值。将最好的几个代价减少所对应的移动存放在候选解表中。

（3）依据候选解表，检查禁忌表阵。依据决策原则和藐视原则，取相应的候选移动为当前移动，刷新禁忌表。如果当前迭代数小于最大迭代数，返回步骤（2）。

（4）互换操作的禁忌搜索算法结束。

### 4）搜索邻域集的确定

采用互换操作的禁忌搜索算法，必然使得到的问题的解趋近于优化解，使任务路径的代价有所减少，剩余代价增加。由于问题的要求是在资源限制条件下，尽可能完成最重要的任务。当剩余代价允许的情况下，因当考虑将任务路径外的其他任务加入任务路径中。因此，应当继续采用启发式插入操作的禁忌算法。

插入操作中采用的搜索邻域集有针对目前已有搜索邻域集和扩展下一层任务集的搜索邻域集两种。

出于重要性大的任务优先考虑的原则，首先考虑针对当前搜索邻域集的插入，然后再考虑针对扩展下一层任务集的搜索邻域集的插入。

### 5）算法流程和评估结果

多任务调度算法的流程如图 4 - 43 所示。给定不同距离或代价限制对多任务优先级进行评估（也称为任务调度）。设任务的出发点 $S$ 为(220,460)，任务的结束点 $T$ 为(190, 470)，且飞行任务的空间位置向量为 $\boldsymbol{P}=\{(185, 420)，(270, 335)，(125, 310)，(35, 320)，(50, 450)，(340, 290)，(355, 220)，(340, 310)，(415, 345)，(320, 250)，(90, 270)，(110, 300)，(415, 230)，(455,

190），(125，190)，(120，210)，(290，345)，(355，355)，(370，390)，(435，380)，(90，200)，(65，200)，(410，35)，(310，160)，(290，175)，(225，105)，(205，130)，(220，175)，(20，250)}，单位可以为 km。任务的重要性向量为 $C$= {1，1，1，1，1，1，1，1，1，1，0.5，1，0.5，1，0.5，0.5，0.5，1，0.5，0.5，0.5，0.5，0.5，0.5，0.5，0.5，0.5，0.5，0.5}。

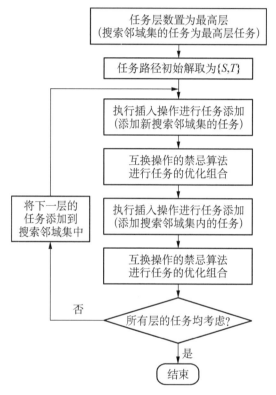

**图 4‑43　多任务分层任务调度算法流程**

采用启发式调度算法,将任务分为两层。不妨取路径代价为两点间的欧几里得距离。可以得到预规划如图 4‑44 所示,预飞行路径代价为 1 968.477 km。在仿真图中,"■"表示重要性为"1"的任务,"□"表示重要性为"0.5"的任务。

当飞机实际飞行时,由于受到飞行环境发生变化,会导致飞行可用资源产生短缺。因此,当资源出现短缺时,就要牺牲对某些重要性比较低的任务的执行,并有可能重新安排任务的执行顺序,即需要进行任务链的重规划。

例如,当飞机飞行到预规划的近第 5 个任务时,出现了可用资源短缺现象,针对可用资源短缺 10%、30%的情况,采用本算法程序,可以得到重规划的结果

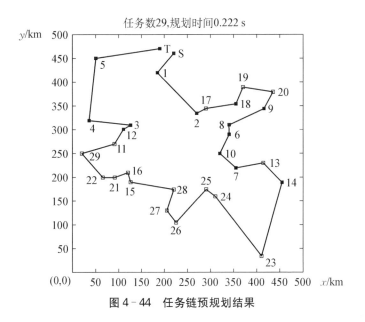

**图 4-44　任务链预规划结果**

如图 4-45 和图 4-46 所示。其中图 4-45 是飞机可用资源短缺 10% 时的重规划结果,图 4-46 是飞机可用资源短缺 30% 时的重规划结果。图中的实线表示预规划路径,虚线表示再规划的路径。从规划的结果可以看出,由于资源的短缺,使得飞机执行的任务数,从预规划的 29,分别下降到了 22、17。显见,由于资源的短缺,使得飞机只能保证完成重要任务,牺牲一些次要任务。

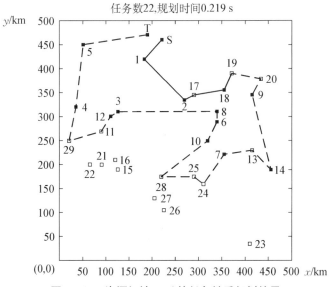

**图 4-45　资源短缺 10% 的任务链重规划结果**

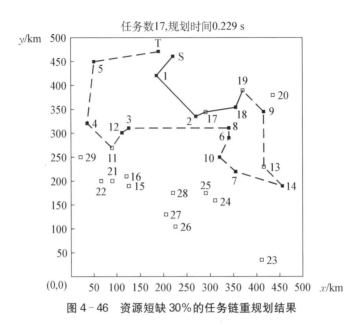

图 4 - 46  资源短缺 30% 的任务链重规划结果

从仿真规划结果图 4 - 44～图 4 - 46 可以看出,针对不同的代价限制,采用本算法规划的结果均满足规划任务要求,且规划时间不超过 0.5 s,可满足一般多任务调度的实时性要求。

## 4.6  结语

自主性是无人机主要特征,而无人机对环境和态势的自主感知与评估是无人机实现自主性的前提和基础,需要针对飞行安全和作战任务需求,研究意外或冲突事件的检测、处理与评估技术,并对可能出现的并发冲突或意外事件进行优先级评估。事实上,无人机自主控制本质上是对各种突情感知基础上的决策、规划与调度过程。通过智能化的信息融合处理技术,获得正确及时的与任务规划和飞行安全有关的战场态势和平台状况等信息,在突情建模基础上,对影响任务规划和飞行安全的冲突事件进行检测、处理和评估,实现对平台状况和能力等级的评估、环境障碍和恶劣气象的评估、战场各种威胁源威胁级别的评估,以及目标重要性或优先级的评估等,这是无人机自主决策以及任务重规划的前提和基础。

本章主要针对典型突发事件类型和突情处理过程,分析无人机对环境和态势的自主感知与评估技术,包括恶劣气象评估、地面威胁评估、平台状况评估、目标优先级评估等,为无人机的自主决策与任务重规划提供了基础。

## 参│考│文│献 ·····················

[ 1 ] 董卓宁. 无人机突情感知与突情处理智能自主控制技术研究[D]. 北京:北京航空航天大学,2010.

[ 2 ] 袁崇义. Petri 网原理与应用[M]. 北京:电子工业出版社,2005.

[ 3 ] 刘洪恩. 微下击暴流的特征及其数值模拟[J]. 气象学报,2001,59(2):183 - 195.

[ 4 ] 丁贤成,王永生,高航. 低空风切变和晴空湍流机载红外遥测技术[J]. 电光与控制,1995(1):49 - 58.

[ 5 ] Robert M,Liao L,Steven W B,et al. On the feasibility of a doppler weather radar for estimates of drop size distribution using two closely spaced frequencies [J]. IEEE Transactions on Geoscience and Remote Sensing,2001,39(10):2203 - 2216.

[ 6 ] Takashi M. Belief formation from observation and belief integration using virtual belief space in Dempster-Shafer probability model [C]. Proceedings of the 1994 IEEE International Conference on Multisensor Fusion and Integration for Intelligent Systems,Las Vegas,1994.

[ 7 ] Zhou H G,Zhang P Y. Study on retrieving three-dimensional wind using simulated dual-doppler radar data in the cartesian space [R]. ACTA METEOROLOGIC A SINICA,2002.

[ 8 ] Chay M T,Albermani F. A Review of downburst wind models for dynamic analysis of lattice structures [C]. Proceeding of the 18th Australasian Conference on the Mechanics of Structures and Materials,2004.

[ 9 ] Elferink K,Visser H G. Optimal and near-optimal take-off maneuvers in the presence of windshear [J]. Journal of Aerospace Engineering(S0954 - 4100),2001,215(5):257 -268.

[10] Pearl J. Probabilistic Reasoning in Intelligent Systems:Networks of Plausible Inference [M]. San Mateo,CA:Morgan Kaufmann,1988.

[11] Johan I. Situation assessment in a stochastic environment using bayesian networks [D]. Division of Automatic Control Department of Electrical Engineering Linköping University,2002.

[12] 池沛,陈宗基,周锐. 自主飞行器扩展态势评估方法研究[J]. 系统仿真学报,2007,19(10):2200 - 2205.

[13] Howard C,Stumptner M. Automated compilation of object-oriented probabilistic relational models [J]. International Journal of Approximate Reasoning,2009,50(2009):1369 - 1398.

[14] 姚臣. 无人机智能自主控制关键技术研究[D]. 北京:北京航空航天大学,2011,12.

[15] 金宏,周武,李北林. 时敏目标的优先级打击顺序设计[J]. 指挥控制与仿真,2009,31(5):

90-92.

[16] 王俊,梁维泰,董允强,等.基于时敏目标打击的优先级排序模型研究[J].军械工程学院学报,2009,21(2):16-19.

[17] 陈守煜,赵瑛琪.模糊优选理论与模型[J].模糊系统与数学,1990,4(2):87-90.

[18] Pearl J. Fusion, propagation and structuring in belief networks [J]. Artificial Intelligence,1986,29(1986):241-288.

[19] Hanson M, Sullivan O, Harper K. On-line situation assessment for unmanned air vehicles [C]. Proceedings of the Florida Artificial Intelligence and Research Society (FLAIRS) Conference. Key West,Florida,2001.

[20] 夏洁.战术飞行管理系统关键技术研究[D].北京:北京航空航天大学,2003,9.

[21] 赵炤.时敏目标打击体系建模与评估方法研究[D].长沙:国防科技大学,2009.

[22] 李北林,刘玉洁,李安兴.火力打击时敏目标的方案实时制作设想[J].火力指挥与控制,2008,33(10):5-8.

[23] 崔乃刚,殷志宏,杨玉奎.基于效能的时间敏感目标打击策略问题研究[J].控制与决策,2008,23(5):563-566.

[24] 刘小刚.自主式飞行控制关键技术研究[D].西安:西北工业大学.

[25] 张杰,唐宏,苏凯,等.效能评估方法研究[M].北京:国防工业出版社,2009:23-26.

[26] 蔡自兴,姚莉.人工智能及其在决策系统中的应用[M].长沙:国防科技大学出版社,2006:173-176.

# 5 基于态势感知的无人机自主决策

　　自主决策是无人机自主控制的高级智能行为。无人机机载任务管理系统一旦监测到影响安全和任务的突发事件,就需要对其进行在线的态势评估,并根据态势评估结果进行战术决策,进而协调任务要求以及其他约束条件,自主地完成在线任务和航路重规划决策,进而确定是否改变原有任务及航路。无人机在复杂的态势环境中飞行和作战要求决策过程具有很高的实时性和逻辑推理能力,能够模拟人在面对不确定环境和任务时的推理和智能行为。

　　模糊专家推理系统利用专家规则和知识进行推理,具有与人类相似和透明的诊断和推理过程,能较好地处理不确定性和不精确信息的表达与推理。用于模糊推理的 Petri 网(fuzzy Petri reasoning nets, FRPNs)是 Petri 网的重要分支,适用于知识表示和人工智能。Petri 网的图形化本质使规则表述更直观清晰,其数学基础便于用代数形式表达系统的动态行为,矩阵运算便于算法的实现和复杂度、收敛性的研究,具有较好的实时性。

　　本章主要阐述无人机在态势评估基础上的战术决策问题,介绍基于模糊专家系统以及模糊推理 Petri 网的智能决策方法[1],以及基于粗糙集和神经网络的规则库的精炼和学习问题[2-3]。

　　本章主要内容对应于第 1 章图 1 - 7"无人机自主控制系统功能模块组成"的"决策性行为层-任务管理系统"中的态势评估、任务/路径规划、任务载荷规划、任务链管理、任务逻辑管理与决策支持等主要模块。

## 5.1　决策方法与知识库构建

　　人工智能是建立模拟人类智能行为的程序系统,用以探索人类思维的普遍规律。开始是以搜索策略为中心的,这就需要从人类专家那里获取知识,并且保证知识之间的一致性,且必须以适当的形式在计算机中储存、检索、修改和应用。随着专家系统的发展和应用,人工智能转为以处理知识为中心任务,包括知识获取、知识表示和知识利用等。

常规的决策方法与技术,如专家系统、Agent 技术等对定性问题、非结构化问题和不确定性问题的支持力度较弱,难以有效地实现复杂问题的决策支持。模糊逻辑推理、神经网络、遗传算法、贝叶斯网络等及其与其他模型方法的结合得到了广泛的研究和应用。

### 5.1.1　决策方法的选择

#### 1) 分层模糊 Petri 网

近年来,Petri 网模型在知识表达和推理领域得到长足发展[4-5]。模糊 Petri 网(fuzzy Petri net, FPN)更是将模糊逻辑的概念引入推理过程,结合了模糊推理技术和 Petri 网图形表示的各自优势,更有利于知识表达和逻辑推理功能的完善。

采用 FPN 进行决策推理有如下优势:

(1) 基于规则的推理模型更加清晰且易于理解。

(2) 推理过程通过矩阵计算实现,能够有效地解决规则冲突问题。

(3) 模糊逻辑的引入大大提高了系统应对不确定性的能力。

然而,FPN 方法在面对复杂知识结构时也存在诸多缺点:

(1) 随着知识库复杂程度的提高,其对应的 Petri 网模型的规模将过于庞大且难以理解。

(2) 模糊 Petri 网在解决知识库的扩展和更新问题上非常复杂。

(3) 在复杂知识库的分析和建模中,很多成熟结构化理论和方法难以得到广泛应用。

多层模糊 Petri 网(hierarchical fuzzy Petri reasoning net, HFPN)的方法可以充分利用抽象"库所"和抽象"变迁"的概念,适合解决复杂知识的分析和建模;可以有效地适应知识库的扩展和更新,具有更为广阔的应用和发展空间。将 HFPN 应用于无人机的航路决策过程,处理突发态势,能够很好地综合各类约束,模拟人的智能行为,合理地利用领域专家的知识。

#### 2) 神经网络专家系统

(1) 经典专家系统。

专家系统是一个(或一组)能在某特殊领域内,以人类专家的水平去解决该领域中困难问题的计算机程序。这个程序系统的内部具有大量专家的领域知识与经验,它能利用人类专家可用的知识和推理方法来解决这些问题,并得到与专家相同的结论。专家系统的特征有:启发性,透明性,灵活性,扩充性。

专家系统是基于知识的系统,一般由 5 个部分组成(知识库,数据库,推理机,人机接口和知识获取)。随着专家系统应用中所面对问题的难度和复杂度的不断增加,出现了若干不足之处,亟待加以解决[6]:

a. 知识获取上遇到瓶颈问题;

b. 效率较低;

c. 处理大型复杂问题难度大;

d. 处理不确定性问题能力差;

e. 适应能力不高。

(2) 神经网络。

神经网络是一个并行和分布式的信息处理网络结构。该网络结构一般由许多个神经元组成,每个神经元有一个单元的输出。它可以连接到很多其他的神经元,其输入有多个连接通路,每个连接通路对应一个连接权系数。

神经网络模型的种类有很多,常见的主要有 BP 网络、Hopfield 网络、感知器、自组织映射(SOM)、细胞神经网络(CNN)等[7]。其中 BP 网络是使用最为广泛的类型,属于前馈型、多层映射神经网络。该网络采用最小均方差的学习方式。

神经网络具有下列特点:

a. 能自动对系统的逻辑输入产生逻辑输出;

b. 具有自我完善能力,可通过增加学习样本进一步学习直至获得新情况的感知;

c. 推理时具有对不精确模型的自然处理能力;

d. 具有外部接口的逻辑性与专家系统的其余知识逻辑块完全一致,使系统易于控制。

神经网络是基于输入输出的一种直觉性反射,适用于进行浅层次的经验推理,其突出特点是通过数值计算实现推理。专家系统是基于知识匹配的逻辑推理,是深层次的符号推理。因此可将两种方法有机结合在一起,取长补短,形成神经网络专家系统(NN - ES),用于推理决策过程。

### 5.1.2　知识的获取

知识获取是指在人工智能和知识工程系统中机器如何获取知识的问题,是目前知识工程的"瓶颈"问题。知识工程师必须在领域专家的指导下,查阅大量资料,从中摘取有关的领域共性知识。还要花费大量时间和精力与专家紧密配合,获取属于专家个人的启发性知识。

知识获取方法按照所要解决的问题,可分为手工知识获取、智能知识编辑、知识发现系统和神经网络知识获取等 4 种方式。

1) 手工知识获取

这是一种通过知识工程师与领域专家长时间接触和多次交谈,直接从领域专家的经验中,或者在领域专家的指导下从其他知识源中提取知识的方法。此外,对获取的知识也需要知识工程师采用某种合适的知识表示形式将它们输入知识库。

2) 智能知识编辑

这种方法是建立一个智能知识编辑器,让拥有领域知识的专家通过智能知识编辑器直接与智能系统打交道,并由智能知识编辑器自动生成知识库。所谓智能知识编辑器是指那种具有关于知识库结构的知识和会话能力的知识获取机构。

3) 知识发现系统

这种方法是建立一个带有归纳、类比或其他高级功能的知识发现系统。它是指通过实例或实际问题来总结、发现一些尚未为决策系统掌握或认识的新知识,将其装入知识库,使知识库的知识不断完善。

4) 粗糙集知识约简

粗糙集理论仅利用数据本身提供的信息,无须任何先验知识,能够有效地处理不完整、不确定知识的表达、学习、归纳和推理,并已广泛应用于模式识别、机器学习、决策分析、知识获取、知识发现等领域中。在前决策因素与决策内容的划分基础上,可以归纳出"决策因素→决策内容"的规则形式,但是,这种规则描述方法并不是最简的知识表示方法,具有很大的冗余性,有必要使用粗糙集的理论,在保护知识库分类能力不变的基础上,对知识进行约简,剔除不必要的属性,对属性值空间进行合理划分,以简化整个系统的复杂性,建立模糊规则库。

5) 神经网络知识获取

神经网络是一种具有学习、联想和自组织能力的智能系统。在决策系统中,可利用神经网络的学习、联想、并行分布式处理等功能解决专家系统开发中的知识获取、表达和并行推理等问题。建立神经网络专家系统不需要组织大量的规则,也不需要进行树的搜索。而且,通过神经网络可使机器进行自组织、自学习,不断地充实、丰富决策系统中原有的知识库,使专家系统中最困难的知识获取问题得到很好的解决。

### 5.1.3 知识的表示

一个好的知识表示方式不仅能把有用的知识方便地存储在计算机中,而且便于管理和处理。常见的知识表示方法主要有规则表示法、神经网络表示法、状态空间表示法、逻辑表示法、语义网络表示法、框架表示法、过程表示法、剧本表示法和面向对象表示法等。由于规则表示法是知识表示的最基本方法,而神经网络表示法具有很好的适应性,结合所选取的决策方法,这里重点介绍规则表示法和神经网络表示法。

**1) 规则表示法**

产生式系统最早作为通用计算形式体系提出,后作为一种知识模型引入到人工智能领域。产生式系统使用的知识表示方式即为产生式规则。产生式规则主要以(IF - THEN)形式的语句来表示,其中 IF 部分是规则的条件部分、前项、前件、前提或产生式的左边,各个条件由逻辑连接词(合取、析取等)形成不同的组合,只有这一项的条件满足时才能有动作部分被执行。THEN 部分是操作部分、结果部分或后项、后件或产生式的右边,一般形式如下:

$$\text{IF } A_1 \text{ and } A_2 \text{ and } \cdots \text{ and } A_n \text{ THEN } C$$

**2) 神经网络表示方法**

采用神经网络表示知识的过程即为神经网络的学习过程,将知识隐式地分散存储在神经网络的各项连接权值和阈值中。具体表示方法如下:

(1) 根据应用选择和确定神经网络的基本结构。

(2) 选择学习算法。

(3) 对求解问题的有关样本进行训练。

训练样本是知识工程师总结的以规则形式表示的领域知识,选择的训练样本个数和网络的层数以及节点数(或权值数)粗略遵循一定的比例。通过训练最终确定具体结构,调整神经网络系统的权值,完成知识的自动获取,分布式地存储在神经网络中,成为神经网络知识处理系统的知识库。

关于神经网络模型的选取,可以是自组织神经网络模型,也可以是多层前馈神经网络模型。前者根据学习算法和训练样本集,确定神经网络的权值;后者在学习过程中,对整个训练实例集根据神经网络的实际输出模式与理想输出模式的误差调整权值,直到达到最大训练次数为止,这时神经网络的权值矩阵就隐含了所获取的分类型知识。神经网络这种独特的知识表示方式可以有效地解决传统知识表示在运行过程中出现的知识容量和运行速度的矛盾。

## 5.2　突发恶劣气象决策知识库

### 5.2.1　恶劣气象规避策略

考虑微下击暴流和雷暴两种典型恶劣气象作为研究对象[1]。由于这两种属于中尺度气象类型,持续时间较短,一般属于突发类威胁,需要无人机实施在线的智能决策。按照知识获取和表示方法,归纳出恶劣气象的规避策略,并通过约简等加工处理形成初步的知识库形式。

**1) 微下击暴流**

规避微下击暴流,最好的方法是绕飞,尤其是在飞行高度较低时,但根据任务点位置和任务要求的不同,也可以采取适当的被动逃避方法。根据条件不同,有以下几种策略:

(1) 处于途中时,距离微下击暴流距离较远时,可及时选择绕飞。

(2) 采用上面绕飞还是侧面绕飞,取决于微下击暴流和飞机的相对高度,微下击暴流的发展阶段,以及其他威胁和任务约束。

(3) 处于途中时,如果距离微下击暴流很近但尚未进入该区域时,可选择横侧向逃避策略,尽快远离该区域。

(4) 处于途中时,如果已经处于微下击暴流区域中,则选择纵向逃避策略,通过控制保证飞机安全。

(5) 处于着陆阶段时,如果微下击暴流强度很大,最好选择备用机场,否则需要通过控制实现平稳着陆。

(6) 两相邻微下击暴流单体之间不允许穿越。

(7) 任何时候不允许从微下击暴流下面绕飞。

(8) 纵向逃避策略:俯仰角引导策略,俯冲引导策略,高度引导策略。

(9) 横侧向逃避策略:采用适当的倾侧角进行转弯机动,倾侧角的大小取决于无人机进入恶劣气象区域的深度,深度越大,选取的倾侧角越小;当深度足够大时,放弃横侧向逃避策略,改用纵向逃避策略。

2) 雷暴

由于雷暴气象通常伴有闪电、强降雨、冰雹和风切变等极端危险的气象要素,因此通常不允许穿越雷暴区,但还需综合考虑任务要求和其他约束条件。根据条件不同,可有以下几种策略:

(1) 处于途中时,如果未进入雷暴影响区内且雷暴强度较大,可选择从雷暴区上面或侧面绕飞。

(2) 从上面绕飞时需考察雷暴区和飞机的相对高度。

(3) 从侧面绕飞时需提防进入其他雷暴区内。

(4) 处于途中时,如果已经处于雷暴影响区或雷暴强度不大,可穿越雷暴区。

(5) 处于着陆阶段时,如果雷暴强度不大,可选择穿越,否则选择飞往备用机场。

(6) 任何时候都不建议从雷暴区的下面绕飞。

在条件允许的情况下,首选绕飞策略。之所以会有被动逃避的策略主要是由于早期的机载探测能力有限,往往飞到恶劣气象影响区域或核心区域才发觉,只能采取一些被动的措施,但这些措施在一定条件下能够有效地减轻恶劣气象对飞行的影响。目前机载探测能力大大提高,配合地面和空中的信息援助,一般都能够提前感知恶劣气象的存在。然而态势环境复杂多变,做出合理的战术决策需要综合考虑各种因素尤其是作战任务的要求,所以即便有充足的预警时间用于绕飞,也不可避免在特殊情况下采取被动逃避的策略保证任务的执行。

归纳以上策略,规避可分为安全策略和风险策略,如图 5-1 所示,具体采用哪一种策略要视任务要求而定。以途中飞行阶段为例,恶劣气象规避策略如图5-2 所示。

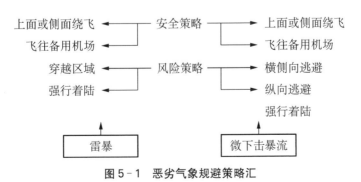

图 5-1　恶劣气象规避策略汇

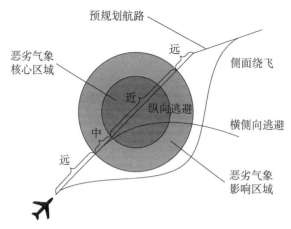

图 5-2　飞行中恶劣气象规避策略示意图

### 5.2.2　恶劣气象战术决策

在分析和总结规避策略的基础上需要对战术决策中的要素进行分析和选取,进而构建专门的知识库。参照有人机在恶劣气象条件下的决策影响因素和决策过程以及无人机的常规战术任务,归纳出影响无人机飞行和作战的重要战术决策因素。

恶劣气象条件下的无人机战术决策因素包括:气象条件威胁度,气象类型,气象威胁预警距离,平台健康状况,任务点位置,任务要求等级,剩余油量情况和飞行阶段等。这些因素与无人机的战术决策之间没有确切的数学模型,因此将这些信息进行融合给出战术决策结果是一个半结构化或非结构化的决策问题。

**1）决策要素分析**

（1）气象条件威胁度（WTL）。

气象条件威胁度反映的是其对无人机完成预定任务的影响程度,与气象本身的类型、强度以及所处位置等有关。例如微下击暴流类型的恶劣气象,直径一般在 4~8 km,多发于中、低空,强度大,变化快,且包括雷雨、闪电、飓风等多种天气现象。如果该气象正好处于无人机预规划飞行航路上,特别是在重要的任务点附近或机场跑道附近,无人机就必须融合各类因素做出正确决策。

（2）气象类型（WT）。

由恶劣气象规避策略可知,不同气象类型的具体策略有所不同,本节主要考虑微下击暴流和雷暴两种典型气象类型。

（3）气象预警距离（WD，已在态势评估阶段给予考虑）。

无人机探测气象条件的能力是有限的，如探测距离和探测范围等是与无人机本身的设备情况、编队内无人机间的协同程度、气象类型、航路与气象之间的分布情况等因素有直接的关系。因此很可能在识别到之后已经距离很近了，这是就涉及是否还来得及采取机动措施的问题。

（4）平台健康状况（HS，已在态势评估阶段给予考虑）。

平台健康状况反映了无人机自身的故障程度，只有足够健康才可能顺利完成预定任务或实现机动，如果故障非常严重则需采取必要措施。

（5）任务点位置（MPL）。

任务点位置是指任务点与恶劣气象的相对位置关系，该要素表征了任务点的执行难度。视任务要求等级，可选择执行或放弃该任务点、采用何种策略规避等。

（6）任务要求等级（ML）。

任务要求有很多种类型，例如攻击敌方某目标，预先选定好攻击点并规划航路飞过该点，执行作战任务；要求在某个机场或特殊地点实施降落等。任务要求等级则反映了执行该任务的必要程度，任务要求高则不管外界环境如何，自身状态如何，都必须首先满足任务要求；反之则需根据实际情况决策，必要时可放弃当前任务点。

（7）剩余油量情况（RO）。

剩余油量情况非常重要，如果油量不足则无法完成任务，甚至无法完成大范围绕飞或返航等操作，只能采取冒险穿越、就近着陆或其他战术。

（8）飞行阶段（FP）。

飞行阶段对战术决策的影响也是巨大的。本文未考虑起飞阶段，主要原因是一般起飞过程会有充足的准备过程，突发事件可不列入自主控制范围内，而途中和着陆阶段则应分开加以考虑。

还有一些决策因素和细化的战术，如平台的机动性能约束、采用爬升规避或侧面绕飞的方法等，都将在航路重规划算法中加以综合考虑。

**2）战术分析**

在实际的环境中，根据气象态势信息、自身状态和任务要求等可以给出以下几种战术决策：

（1）执行原有任务和飞行航线战术（OP）。

当气象威胁弱，对无人机正常飞行和任务执行不构成威胁时，只要平台健康就按照原有航线执行作战任务。

（2）改变飞行航路（WA）。

当气象威胁强时，不管其他要素如何，都必须改变预规划航路。

（3）改变飞行航路，从上面或侧向绕飞（GA）。

当气象威胁强，飞行阶段为途中，任务要求等级低时或者任务要求等级高但任务点离威胁较远时，在线规划出新航路，有效避开气象威胁的影响。

（4）改变飞行航路，采用纵向逃避策略（LOE）。

当气象威胁强，飞行阶段处于途中状态，任务要求高且任务点在威胁核心区域内时，需要采取纵向规避策略。

（5）改变飞行航路，采用横侧向逃避策略（LAE）。

当气象威胁强，飞行阶段处于途中状态，任务要求高且任务点在威胁影响区域内时，需要采取横侧向规避策略。

（6）强行着陆战术（FL）。

当气象威胁强，飞行阶段为着陆时，如果油量不足则只能强行着陆。

（7）飞往备用机场战术（ALA）。

当气象威胁强，飞行阶段为着陆时，如果任务要求不高，且油量充足可执行飞往备用机场战术。

（8）返航战术（RT）。

当无人机平台出现严重故障或者是油量不足且处在途中阶段则采取返航战术。

### 5.2.3　知识库的构建与简约

在总结出恶劣气象条件下影响战术决策的主要因素和决策的主要内容基础上，归纳出"决策因素-决策结果"的规则形式，即常用的（IF - THEN）形式。以此规则形式按照飞行阶段的不同分别构建初步的知识库。上述规则表示方法并不是最简表示方法，具有很大的冗余性，所以有必要在保护知识库分类能力不变的基础上，对规则进行简约，剔除不必要的属性。依据前面的战术分析，简约的思路是：知识库分为两个层次，首先根据平台健康状况和气象威胁度决定是否改变现有航路及任务，然后根据其他决策要素细化规则。简约后的知识库如表 5-1 和表 5-2 所示。

表 5-1  飞行阶段战术决策知识库

| 规则编号 | 说　明 | 可信度 |
|---|---|---|
| $R_1$ | If HS is bad then MD(FD) is RT | 1.0 |
| $R_2$ | If HS is good and WTL is small then MD(FD) is OP | 1.0 |
| $R_3$ | If HS is good and WTL is big then MD is WA | 1.0 |
| $R_4$ | If MD is WA and RO is much and ML is low then FD is GA | 0.9 |
| $R_5$ | If MD is WA and RO is much and ML is high and MPL is far then FD is GA | 0.9 |
| $R_6$ | If MD is WA and RO is much and ML is high and MPL is moderate and WT is mb then FD is LAE | 0.9 |
| $R_7$ | If MD is WA and RO is much and ML is high and MPL is moderate and WT is ts then FD is LOE | 0.8 |
| $R_8$ | If MD is WA and RO is much and ML is high and MPL is near then FD is LOE | 0.8 |
| $R_9$ | If MD is WA and RO is little and WT is ts then FD is LOE | 0.7 |
| $R_{10}$ | If MD is WA and RO is little and MPL is far and WT is mb then FD is LAE | 0.6 |
| $R_{11}$ | If MD is WA and RO is little and MPL is moderate and WT is mb then FD is LAE | 0.6 |
| $R_{12}$ | If MD is WA and RO is little and MPL is near and WT is mb then FD is LOE | 0.7 |

注：MD——Middle decision，FD——Final decision，mb——microburst，ts——thunderstorm。其余英文缩写正文中均有说明。
$R_1$　若平台健康状况差,则采用返航战术(RT)；
$R_2$　若平台健康状况好,且气象威胁等级小,则执行原有任务和飞行航线(OP)；
$R_3$　若平台健康状况好,且气象威胁等级高,则飞行中采用改变航线战术(WA)；
$R_4$　若飞行中决策是采用改变航线战术,且燃油足够,任务级别较低,则采用 GA 战术。

表 5-2  着陆阶段战术决策知识库

| 规则编号 | 说　明 | 可信度 |
|---|---|---|
| $R_1$ | If HS is bad then MD(FD) is RT | 1.0 |
| $R_2$ | If HS is good and WTL is small then MD(FD) is OP | 1.0 |
| $R_3$ | If HS is good and WTL is big then MD is WA | 1.0 |
| $R_4$ | If MD is WA and ML is big then FD is FL | 0.8 |
| $R_5$ | If MD is WA and RO is much and ML is low then FD is ALA | 0.9 |
| $R_6$ | If MD is WA and RO is little and ML is low then FD is FL | 0.7 |

## 5.3 突发地面威胁决策知识库

### 5.3.1 突发地面威胁战术分析

无人机应对突发地面威胁与恶劣气象相比更侧重于根据威胁类型和威胁方式进行规避机动和攻击战术的选择,而对整体战术的选择比较宏观,只考虑威胁程度和自身的状态,不考虑任务点的位置和要求。这里暂不研究无人机对地攻击的战术决策。

影响战术决策的主要因素有 5 个:地面威胁程度,地面威胁类型,地面威胁方式,平台健康状况,剩余油量情况。无人机应对突发地面威胁所需的战术决策结果主要有以下 3 方面的内容:可信度、执行动作和机动方式,如表 5-3 所示。

(1) 平台健康状况中"故障"指机体或机载设备非正常运行,但未对正常飞行构成严重影响,可通过必要的措施加以修复或补偿;"损坏"指受到战斗损伤或其他影响,其核心系统或部件遭到严重破坏或失灵,但还具备基本的飞行能力。

(2) 执行动作中,"不变"是指按原计划执行,"改变"则指需要采取适当的机动动作并规划新航路以应对突情,"返航"则表示无人机无法完成预定任务,任务执行失败,返回起飞机场。

(3) 机动方式中,蛇形机动可增加雷达跟踪误差,增大高炮的前置量计算误差,使得来袭武器射击效果大大降低,急转机动的原理类似,而反指挥引导重点是干扰武器威胁的雷达特征,抑制敌方做出攻击决策。

表 5-3    无人机应对突发地面威胁战术分析

| | 地面威胁类型 | 高炮/地空导弹 |
|---|---|---|
| | 地面威胁方式 | 被攻击/被雷达照射 |
| 决策因素 | 地面威胁程度 | 强/弱 |
| | 平台健康状况 | 健康/故障/损坏 |
| | 剩余油量情况 | 多/少 |
| | 可信度 | 0~1 的数字 |
| 决策结果 | 执行动作 | 不变/返航/改变 |
| | 机动方式 | 蛇形机动/急转机动/反指挥引导机动 |

在上述决策因素与决策结果的划分基础上,可以归纳出"决策因素-决策

结果"的规则形式,分为两级决策,包含战术规则库和机动规则库。模板如下所示。

（1）战术规则库规则模板：

**如果**

平台健康状况（0～1）

　　地面威胁程度（0～1）

　　剩余油量情况（0～1）

**那么**

　　执行动作（XXX）

（2）机动规则库规则模板：

**如果**

执行动作（改变）

地面威胁类型（0～1）

地面威胁方式（0～1）

**那么**

机动方式（XXX）

### 5.3.2　知识库的构建

按照规则模板,构建知识库,具体规则如下所示。

**第一级**

（1）规则 1(可信度 1)：

| 如果 | 平台健康状况 | 损坏 |
|------|------------|------|
|      | 地面威胁程度 | 任意 |
|      | 剩余油量情况 | 任意 |
| 那么 | 执行动作 | 返航 |

（2）规则 2(可信度 0.9)：

| 如果 | 平台健康状况 | 故障 |
|------|------------|------|
|      | 地面威胁程度 | 任意 |
|      | 剩余油量情况 | 少 |
| 那么 | 执行动作 | 返航 |

（3）规则 3(可信度 0.85)：

| 如果 | 平台健康状况 | 故障 |
|------|------------|------|

| 地面威胁程度 | 强 |
| 剩余油量情况 | 多 |

那么　　执行动作　　　　改变

(4) 规则 4(可信度 0.8):

| 如果　　平台健康状况 | 故障 |
| 地面威胁程度 | 弱 |
| 剩余油量情况 | 多 |

那么　　执行动作　　　　不变

(5) 规则 5(可信度 0.8):

| 如果　　平台健康状况 | 健康 |
| 地面威胁程度 | 强 |
| 剩余油量情况 | 少 |

那么　　执行动作　　　　返航

(6) 规则 6(可信度 0.95):

| 如果　　平台健康状况 | 健康 |
| 地面威胁程度 | 强 |
| 剩余油量情况 | 多 |

那么　　执行动作　　　　改变

(7) 规则 7(可信度 0.8):

| 如果　　平台健康状况 | 健康 |
| 地面威胁程度 | 弱 |
| 剩余油量情况 | 任意 |

那么　　执行动作　　　　不变

## 第二级

(1) 规则 8(可信度 0.9):

| 如果　　地面威胁类型 | 高炮 |
| 地面威胁方式 | 被攻击 |

那么　　机动方式　　　　蛇形机动

(2) 规则 9(可信度 0.8):

| 如果　　地面威胁类型 | 地空导弹 |
| 地面威胁方式 | 被攻击 |

那么　　机动方式　　　　急转机动

（3）规则 10(可信度 0.8)：

如果　　　地面威胁类型　　　　高炮

　　　　　地面威胁方式　　　　被雷达照射

那么　　　机动方式　　　　　　反指挥引导机动

（4）规则 11(可信度 0.9)：

如果　　　地面威胁类型　　　　地空导弹

　　　　　地面威胁方式　　　　被雷达照射

那么　　　机动方式　　　　　　反指挥引导机动

## 5.4　基于模糊 Petri 网的战术决策

采用递阶模糊 Petri 网对战术决策过程进行建模和仿真,并对 Petri 网建模进行有效改进。充分利用抽象"库所"和抽象"变迁"的概念解决复杂知识的分析和建模,有效地适应知识库的扩展和更新。采用以下两个途径对常规的 Petri 网模型进行优化,更有利于工程实践的应用。

（1）采用模块合并法,减小 Petri 网的层数,降低推理过程的复杂性。

（2）引入"补弧"的概念,减少库所的数量,进而减小各推理矩阵的规模,降低推理过程中的计算量。

### 5.4.1　基于 HFPN 的知识库建模

#### 1) HFPN 的建模流程及定义

HFPN 由一组子网构成,每个子网都能够退化成普通的 FPN 网。基于 HFPN 的知识库分析与建模过程是增量迭代的过程,如图 5 - 3 所示。

（1）分析知识库,明确知识层次。

（2）建立初始的 HFPN 模型,系统状态和行为分别采用"抽象库所"和"抽象变迁"(AT)来表示。

（3）细化抽象库所和抽象变迁,得到对应的子网结构。

（4）整合各子网,检验知识库行为,判断建模过程是否结束,没有则重复第(3)步。

（5）模型化简,采用模块合并和"补弧"概念分别减少 HFPN 层数和库所数量,降低运算量。

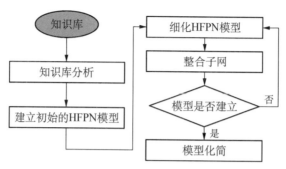

图 5-3　HFPN 建模过程

FPN 结构可用如下的八元组来表示，即采用向量和矩阵的表示形式[8]：

$$\boldsymbol{FPN} = (P, R, I, O, H, \theta, \gamma, C)$$

式中，

$P = \{p_1, p_2, \cdots, p_n\}$ 是一个有限库所集合；

$R = \{r_1, r_2, \cdots, r_m\}$ 是变迁或规则集合；

$\boldsymbol{I}: P \times R \rightarrow \{0, 1\}$ 为 $n \times m$ 输入矩阵，其数据元素 $I(p_i, r_j)$ 满足

$$I(p_i, r_j) = \begin{cases} 1, & p_i \text{ 是 } r_j \text{ 的输入} \\ 0, & p_i \text{ 不是 } r_j \text{ 的输入} \end{cases};$$

$\boldsymbol{O}: P \times R \rightarrow \{0, 1\}$ 为 $n \times m$ 输出矩阵，其数据元素 $O(p_i, r_j)$ 满足

$$O(p_i, r_j) = \begin{cases} 1, & p_i \text{ 是 } r_j \text{ 的输出} \\ 0, & p_i \text{ 不是 } r_j \text{ 的输出} \end{cases};$$

$\boldsymbol{H}: P \times R \rightarrow \{0, 1\}$ 为 $n \times m$ 阶的从库所到变迁的补弧集合，即补弧矩阵，且满足 $\boldsymbol{I}^{\mathrm{T}} \cdot \boldsymbol{H} = 0$，补弧即代表了对某个库所的逻辑非运算，充分利用了现有的库所；

$\boldsymbol{\theta}: P \rightarrow [0, 1]$ 为 $P$ 的一个关联函数，它表示 $P$ 与 $[0, 1]$ 实数的映射，初始可信度向量记作 $\boldsymbol{\theta}^0$；

$\boldsymbol{\gamma}: P \rightarrow [0, 1]$ 是托肯的标识向量，它表示库所中托肯的状态，初始记作 $\boldsymbol{\gamma}^0$；

$\boldsymbol{C} = \mathrm{diag}\{c_1, c_2, \cdots, c_m\}$ 是规则可信度矩阵。

2) FPN 的模糊推理算法

FPN 的模糊推理过程如下，该推理过程实质上为矩阵计算的过程。

第 1 步：读取 FPN 初始输入 $\boldsymbol{I}, \boldsymbol{O}, \boldsymbol{H}, \boldsymbol{C}, \boldsymbol{\gamma}^0, \boldsymbol{\theta}^0$；

第 2 步：取 $k = 0$；

第 3 步：(1) 按照下式计算第 $k$ 步变迁的先验可信度 $\rho^k$：

$$\rho^k = \overline{(\boldsymbol{I}^{\mathrm{T}} \otimes (\overline{\boldsymbol{\gamma}^k} \oplus \overline{\boldsymbol{\theta}^k})) \oplus (\boldsymbol{H}^{\mathrm{T}} \otimes (\boldsymbol{\gamma}^{\overline{k}} \oplus \boldsymbol{\theta}^k))} \tag{5-1}$$

(2) 从 $\boldsymbol{\theta}^k$ 按照下式迭代计算 $\boldsymbol{\theta}^{k+1}$:

$$\boldsymbol{\theta}^{k+1} = \boldsymbol{\theta}^k \oplus [(\boldsymbol{O} \cdot \boldsymbol{C}) \otimes \rho^k] \tag{5-2}$$

(3) 从 $\boldsymbol{\gamma}^k$ 按照下式迭代计算 $\boldsymbol{\gamma}^{k+1}$:

$$\boldsymbol{\gamma}^{k+1} = \boldsymbol{\gamma}^k \oplus [\boldsymbol{O} \otimes \overline{(\boldsymbol{I}+\boldsymbol{H})^{\mathrm{T}} \otimes \overline{\boldsymbol{\gamma}^k}}] \tag{5-3}$$

第 4 步: 如果 $\boldsymbol{\theta}^{k+1} \neq \boldsymbol{\theta}^k$ 或者 $\boldsymbol{\gamma}^{k+1} = \boldsymbol{\gamma}^k$, 则令 $k = k+1$ 转第 3 步, 否则推理结束。

上述算法中, 各符号说明如下:

(1) 向量上的横线表示逻辑"补"运算。

(2) $\oplus$: $\boldsymbol{A} \oplus \boldsymbol{B} = \boldsymbol{C}$, $\boldsymbol{A}$、$\boldsymbol{B}$、$\boldsymbol{C}$ 均为 $m \times n$ 矩阵, $c_{ij} = \max\{a_{ij}, b_{ij}\}$。

(3) $\otimes$: $\boldsymbol{A} \otimes \boldsymbol{B} = \boldsymbol{C}$, $\boldsymbol{A}$、$\boldsymbol{B}$、$\boldsymbol{C}$ 分别为 $m \times p$, $p \times n$, $m \times n$ 的矩阵, $c_{ij} = \max_{1 \leqslant k \leqslant p}(a_{ik} \cdot b_{kj})$。

### 5.4.2 基于 HFPN 的战术决策建模

#### 1) 知识库的建模及模糊化

基于 HFPN 对知识库进行建模, 按照 HFPN 建模流程, 对 FP 为飞行中遭遇突发恶劣气象的知识库(见表 5-1)建模, 如图 5-4(a)~(e)所示。

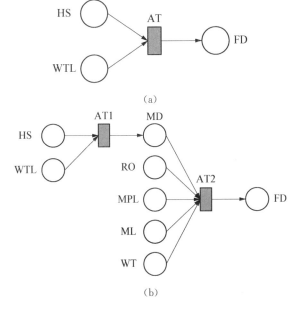

(a)

(b)

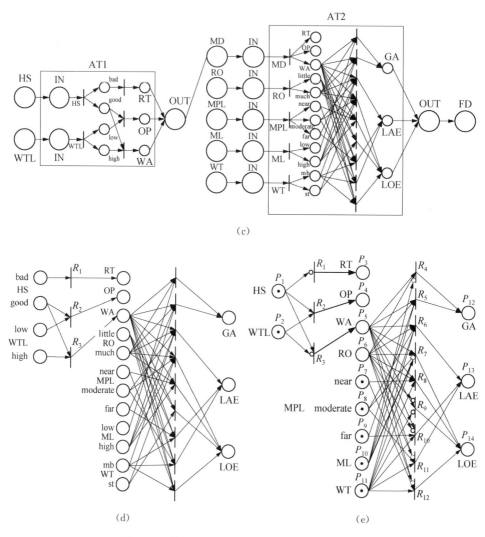

图 5-4　基于 HFPN 的飞行阶段知识库建模过程

(a) 初始 HFPN 模型　(b) 细化知识库模型　(c) 知识库完整模型
(d) 模块合并的优化结果　(e) 利用补弧概念进行模型优化

　　FP 为着陆阶段的知识库(见表 5-2)建模过程与途中飞行阶段类似,其 HFPN 模型表示如图 5-5 所示。

　　按照表 5-1 和表 5-2,各决策要素的模糊语言变量取值为 $L$、$S$,其隶属度函数选定为三角形函数,如图 5-6 所示。

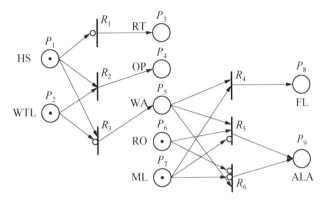

图 5-5 基于 HFPN 的着陆阶段知识库建模

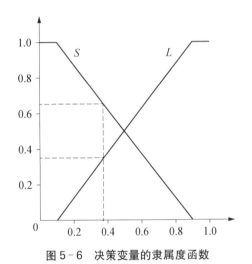

图 5-6 决策变量的隶属度函数

## 2) HFPN 的建模方法特点

通过推理计算,向量 $\theta$ 收敛于固定值,其中元素为各库所的可信度稳态值。对应于规则库的各推理结论,取可信度最大的作为推理结果。采用解模糊策略可以得到归一化的模糊权值 $q_{\text{decision-plan}}$,作为规划参数用于航路规划过程。该规划参数确保航路规划结果符合航路决策结果,将航路决策结果与航路规划有机结合起来。

基于 HFPN 的建模过程中所提出的模块合并法和"补弧"概念,可以大大简化推理计算的规模。以途中飞行为例,从图 5-4(e)中可以看出,该 Petri 网模型的战术决策过程分为两个层次的推理。共包括 14 个库所 $P_i(i=1,\cdots,14)$,对应 8 个决策要素、1 个中间状态和 5 个结果要素;12 个变迁对应 12 条推理规则

$R_j (j = 1, \cdots, 12)$。"补弧"概念的引入，使得库所 $P_i$ 数量由 19 个减小到 14 个。

基于 HFPN 的决策推理方法不仅继承了 FPN 的所有优势，更具备了处理复杂知识的能力，便于扩展、更新和理解。该方法能够很好地利用先验知识和专家知识进行多准则推理，推理过程的图形化表示直观形象，并且将推理过程转化为矩阵运算的方式。改进的优化模型设计思路使得推理的实时性要求得以保证，便于工程验证和应用。

### 5.4.3 基于 HFPN 的恶劣气象决策

根据图 5-4 所示的 HFPN 模型，每个库所对应于决策要素，决策推理过程如前所述。以途中飞行为例，输入矩阵 $\boldsymbol{I}$、输出矩阵 $\boldsymbol{Q}$ 和补弧矩阵 $\boldsymbol{H}$ 的具体形式可以通过知识库获取。设定知识库的规则可信度矩阵

$$\boldsymbol{C} = \mathrm{diag}(1.0\ 1.0\ 1.0\ 0.9\ 0.9\ 0.9\ 0.8\ 0.8\ 0.7\ 0.6\ 0.6\ 0.7)$$

由规则可知，初始的托肯状态

$$\boldsymbol{\gamma}^0 = (1\ 1\ 0\ 0\ 0\ 1\ 1\ 1\ 1\ 1\ 1\ 0\ 0\ 0)^{\mathrm{T}}$$

给出不同想定的输入条件，按照前面提出的推理算法可计算得到最终的推理结果。

开发了 HFPN 推理算法软件，验证其在无人机遭遇突发恶劣气象条件下的航路决策效果。下面给出两个典型的想定。

（1）想定一。

给定初始数据，并对数据进行模糊化处理（托肯为 1 的库所）：

| | | |
|---|---|---|
| HS | | 1.0 |
| WTL | | 0.2 |
| RO | | 0.8 |
| MPL | （远） | 0.1 |
| MPL | （中） | 0.2 |
| MPL | （近） | 0.7 |
| ML | | 0.8 |
| WT | | 0.9 |

对应的初始可信度向量：

$$\boldsymbol{\theta}^0 = (1.0\ 0.2\ 0.0\ 0.0\ 0.0\ 0.8\ 0.1\ 0.2\ 0.7\ 0.8\ 0.9\ 0.0\ 0.0\ 0.0)^{\mathrm{T}}$$

在给定的 $\gamma^0$ 和 $\theta^0$ 下,经过推理计算,最终的可信度向量:

$$\boldsymbol{\theta} = (1.0\ 0.2\ 0.0\ 0.2\ 0.8\ 0.8\ 0.1\ 0.2\ 0.7\ 0.8\ 0.9\ 0.63\ 0.18\ 0.08)^T$$

其中包括了所有推理结果的概率值。可以看出,与另两个结果相比较,GA 具有较高的数值。因此,最终的战术决策结果为"绕飞规避策略",可信度为 0.63。求解 $q_{\text{decision-plan}}$ 为 0.72,在后续的航路规划中,此参数用于保证重规划航路符合 GA 要求。

结果说明:当平台健康状况良好、气象威胁度较大、剩余油量充足、任务点距离较远、任务要求等级较高、气象类型为微下击暴流时,给出的战术决策结果为绕飞规避恶劣气象。这时由于气象威胁度较大且任务点距离较远,无人机有机会完成较远距离的绕飞而不影响任务的执行,结果符合实际情况。

(2) 想定二。

给定初始数据,经过模糊化处理:

| | | |
|---|---|---|
| HS | | 1.0 |
| WTL | | 0.2 |
| RO | | 0.3 |
| MPL | (远) | 0.1 |
| MPL | (中) | 0.8 |
| MPL | (近) | 0.1 |
| ML | | 0.8 |
| WT | | 0.9 |

对应的初始可信度向量:

$$\boldsymbol{\theta}^0 = (1.0\ 0.2\ 0.0\ 0.0\ 0.0\ 0.3\ 0.1\ 0.8\ 0.1\ 0.8\ 0.9\ 0.0\ 0.0\ 0.0)^T$$

在给定的 $\gamma^0$ 和 $\theta^0$ 下,经过推理计算,最终的可信度向量:

$$\boldsymbol{\theta} = (1.0\ 0.2\ 0.0\ 0.2\ 0.8\ 0.3\ 0.1\ 0.8\ 0.1\ 0.8\ 0.9\ 0.16\ 0.66\ 0.18)^T$$

其中包括了所有推理结果的概率值。可以看出,与另两个结果相比较,LAE 具有较高的数值。因此,最终的战术决策结果为"侧向逃逸策略",可信度为 0.66。求解 $q_{\text{decision-plan}}$ 为 0.44,在后续的航路规划中,此参数用于保证重规划航路符合 LAE 要求。

结果说明:当平台健康状况良好、气象威胁度较大、剩余油量不足、任务点距离中等、任务要求等级较高、气象类型为微下击暴流时,给出的战术决策结果为横侧向逃避策略。无人机必须完成任务,但又没有足够的空间完成绕飞规避,只能选择被动的横侧向逃避,但还是具有很强的生存概率的,比较符合实际情况。

仿真结果表明:基于HFPN的战术决策方法,适用于无人机应对突发恶劣气象突情。推理结果客观反映出领域知识,因此该方法可行有效。

## 5.5  基于专家系统和神经网络的战术决策

### 5.5.1  神经网络-专家系统-粗糙集特点

人工智能研究的两种主要方法是符号逻辑方法和连接机制方法,分别以专家系统和神经网络为代表,智能混合系统是符号逻辑方法和连接机制方法的结合,常用的是专家系统和神经网络(neural network-expert system,NN - ES)混合决策系统。实际上,人类的智能活动既有感知活动,又有认知活动,两者是密切相关的,而神经网络计算和专家系统逻辑推理恰好分别反映人的这两种活动的特性,因此研究智能混合系统是人工智能的一个重要发展趋势。

多智能混合系统是利用各种知识表达模型的不同特性,综合多种智能系统来对同一个事物进行多方面描述,以提高人工智能系统的性能,利用多维知识表达处理模型的思想来模拟人类智能行为。根据知识处理的对象和方法的不同,神经网络与专家系统及其智能混合系统可以与模糊系统、粗糙集系统等相结合。有些文献提出了一种基于多维知识表达处理的集成智能系统模型,以实现包括神经网络、专家系统和模糊系统的多智能混合系统,有些文献提出了神经网络、粗糙集系统和模糊系统的智能混合系统模型。不同的智能系统模型,在功能上既存在一定的差异,又存在很大的共性,都能以各自的方式解决人类智能问题,同样,它们在实现技术上也既有不同之处,又有共同之处,都要表达、实现人类知识,并应用这些知识来实现智能推理。任何知识表示处理方法,对于同一描述对象都具有共同的知识基础,即对象本身所固有的本质特征,在不同程度上体现上述几个方面的内容,但又有各自的侧重和不同,从不同侧面对事物进行描述。因此,基于它们共同的知识基础研究知识表达处理模型的知识机理及其相互之间的本质关系,可以建立一个多维知识综合表达处理模型,以提高系统描述能力的适应性、准确性,优化模型设计、选取解决具体问题的合适方法,或者对问题进行自动分解和综合求解。因此多智能混合系统的理论和实现技术,应是实用性智能混合系统的主要内容。

神经网络利用非线性映射的思想和并行处理的方法,用神经网络本身结构表达输入与输出关联知识的隐函数编码,输入空间与输出空间的映射关系是通过网络结构不断学习、调整,最后以网络的特定结构表达;人们利用神经网络的学习功能、联想记忆功能、分布式并行信息处理功能,已在不同的领域中取得了相当成功的应用。但神经网络有明显的缺点,例如,神经网络的推理过程是一个黑盒子,人们只能看到输入和输出,中间推理步骤是无法解释的。神经网络的知识是以固定联结结构存储的,不易修改和补充。神经网络一般不能处理具有语义形式的输入,可以实现无导师聚类学习,但不能确定哪些知识是冗余的,哪些知识是有用的等。

专家系统采用推理规则实现符号计算,优点是具有独立的知识库,知识维护十分方便,推理过程简单,便于解释。几十年来专家系统的理论和应用取得了重大进展,但其立足的符号信息处理机制的固有缺陷导致传统专家系统存在许多问题,主要有知识获取的瓶颈问题、知识脆弱性、推理单调性等。

专家系统和神经网络的出发点和目标是一致的,它们都希望通过模拟人的推理过程,以获取具有近似人的智能的机器系统,但其实现手段却截然不同。神经网络和专家系统是人工智能的两个方面,具有优势互补的特点。两种技术的特性的比较如表 5-4 所示[2]。

表 5-4 专家系统与神经网络特性比较

| 特　性 | 专家系统 | 神经网络 |
| --- | --- | --- |
| 学习能力 | 无 | 有 |
| 自适应能力 | 无 | 有 |
| 容错能力 | 无 | 有 |
| 模糊数据处理能力 | 通常无 | 有 |
| 编程量 | 大 | 小 |
| 维护量 | 大 | 小 |
| 解释能力 | 强 | 弱 |
| 数据存储能力 | 强 | 弱 |
| 计算 | 单一,一致 | 复杂,多变 |
| 逻辑 | 通常二值逻辑 | 模糊逻辑 |
| 推理 | 关键 | 非关键 |
| 领域 | 特定 | 自由 |

粗糙集(rough set，RS)理论是一种刻画不完整性和不确定性的数学工具，能有效地分析和处理不精确、不一致、不完整等各种不完备信息，并从中发现隐含的知识，揭示潜在的规律。粗糙集方法模拟人类的抽象逻辑思维。它基于不可分辨性的思想和知识约简的方法，把数据中推理逻辑规则作为知识系统的模型，可以输入定性、定量或者混合性信息；定义条件属性和决策属性间的依赖关系，即输入空间与输出空间的映射关系是通过简单的决策表约简得到的，而且通过去掉冗余属性，可以大大简化知识的表达空间维数，可以描绘知识表达中不同属性的重要性，进行知识表达空间简化，从训练数据中获得推理规则。

粗糙集理论的知识约简方法可以利用并行算法实现，神经网络的最大特点之一就是无须现实函数表达而完成并行处理，且有容错和抗干扰的能力。

将专家系统和神经网络方法的优点结合在一起，建立混合系统。神经网络的大规模并行分布处理和知识获取自动化，克服"组合爆炸""推理的复杂性"及"无穷递归"等专家系统的困难，实现了并行联想和自适应推理，提高了专家系统的智能水平，系统具有实时处理能力和较高的稳定性。

## 5.5.2　神经网络和专家系统决策原理

有关神经网络与专家系统相结合的智能决策支持系统的研究日益受到重视，神经网络与专家系统结合可以充分发挥专家系统逻辑推理能力强和神经网络鲁棒性好、学习功能强等优点，克服专家系统学习能力弱和容错能力差的缺点。两者结合的方法也有很多，有将专家系统嵌入神经网络，用神经网络的计算方法描述专家系统的推理机，还有将神经网络嵌入专家系统形成专家网络，按上述两种方法搭建的系统，在自适应学习方面效果并不是非常令人满意。

智能决策支持系统是一个双重系统，如图 5 - 7 所示，专家系统部分与神经网络部分独立进行推理[9]。当专家系统没有足够的规则对所提出的问题进行推理的时候，专家系统将问题与当前的状态提交给神经网络，由神经网络进行推理。

由于无人机的战场环境复杂，并不能完全被合理数量的规则所表示，只能选择一个规则子集来表示这个领域。这样规则的不完整性将影响专家系统的推理，相比之下，人类专家却能够感觉到领域中规则与规则间的微妙关系。如果一个专家系统能够学习该领域中规则与知识的潜在的联系，那么专家系统能在面对复杂问题时能够做出良好的预测。人类专家做出预测是使用基于实例的定性推理，或者是来自经验的定量推理。而神经网络能够通过学习过去的经验来识

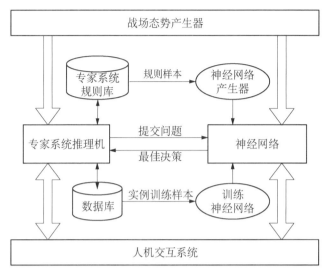

图 5-7　神经网络与专家系统的混合智能决策系统

别规则与知识间的隐藏关系。

考虑粗糙集(RS)理论特点,构造粗糙集-神经网络-专家系统混合决策系统,流程如图 5-8 所示。原理和过程简述如下[2]：

(1) 学习样本集的输入。

从收集的原始数据中产生,数据的多少取决于许多因素,如神经网络的大小、测试的需要及输入输出的分布等。其中网络大小最为关键,通常较大的网络需要较多的训练数据;对数据预先加以分类可以减少所需的数据量;数据稀薄不匀甚至相互覆盖则势必要增加数据量。

(2) 连续属性值离散化。

粗糙集方法是一类符号化分析方法,所有的属性值均看成定性数据,若定量数据要和定性数据综合处理,则需将定量数据转换成定性数据。因此对连续属性值离散化是粗糙集理论应用的关键问题之一。用神经网络对连续属性量化是一种有效的方法。

(3) 输入样本的约简。

用粗糙集理论对神经网络输入端的样本约简,寻找属性关系,简化神经网络输入端,主要包括：构造决策表和决策表约简。

(4) 神经网络分类器构造。

用约简后形成的学习样本对神经网络进行学习和训练。由于在模式分类、

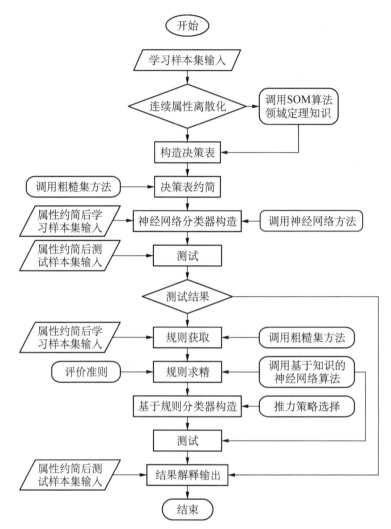

图 5-8　粗糙集-神经网络-专家系统混合决策系统的流程图

特征提取等应用中,神经网络主要作用是函数映射,因此可以选用径向基函数网络。

（5）测试。

可以用保留方法或交叉纠错方法,若测试结果不能满足需求就采用规则推理方法。

（6）自动规则获取。

用粗糙集理论进行自动规则获取:用粗糙集从约简后的训练样本中生成决策规则。

（7）规则知识求精。

规则知识求精是知识获取必不可少的步骤，一般来说，得到的初始知识库常有些问题，如知识不完全、知识之间不一致、有的知识不正确等，因此需要调试、修改和补充。可用基于神经网络结构学习的知识求精方法，然后进行规则约简与合并。

## 5.6　决策推理系统中知识表示

### 5.6.1　专家系统知识表示

系统的专家知识主要包括威胁判断、目标识别、规避机动、火力分配等方面的知识[2]，一般都是用产生式（IF - THEN）来表示的。其形式如下：

$$\text{IF } A_1(t_1, f_1) \text{ and } A_2(t_2, f_2) \text{ and } \cdots \text{ and } A_n(t_n, f_n) \text{ THEN } C(CF_r, \lambda)$$

其中，$A_1$，$A_2$，$\cdots$，$A_n$ 是规则的条件；$t_1$，$t_2$，$\cdots$，$t_n$ 是条件的置信度；$f_1$，$f_2$，$\cdots$，$f_n$ 是条件的隶属度；$C$ 是结论；$\lambda$ 是规则执行的阈值；$CF_r$ 是规则的置信度（$0 < CF_r \leqslant 1$），它可以由模糊语言集来表示。

推理就是针对知识的推理。为了提高搜索速度和推理效率，将这些知识分布在各个规则库中，建立分布式规则库，实现对知识的分级分类管理，提高对规则的高效管理和推理。

### 5.6.2　神经网络知识表示

首先根据应用选择和确定神经网络结构，再选择学习算法，对求解问题的有关样本进行学习。学习样本可以是知识工程师总结的以规则形式表示的领域知识，也可以是未经整理的以输入-输出模式对形式表示的实例集。通过学习调整神经网络系统的连接值，完成知识的自动获取，分布式地存储在神经网络中，成为神经网络知识处理系统的知识库。关于神经网络模型的选取，可以是自组织神经网络模型，也可以是多层前馈神经网络模型，前者根据学习算法和训练样本集，确定神经网络的权值；后者在学习过程中，对整个训练实例集根据神经网络的实际输出模式与理想输出模式的误差调整权值，直到达到最大训练次数为止，这时神经网络的权值矩阵就隐含了所获取的分类型知识。

与传统的基于逻辑符号操作的推理机制不同，它赋予了"推理"这一概念新的含义，神经网络的推理过程为一数值计算过程。它按照一定的算法通过神经网络所含的知识之间的关系,不断地在问题求解空间进行并行"搜索",直至得出最终满意的解,此时便相应于一个稳定的神经网络输出。神经网络内部状态演变的轨迹与推理过程相对应,神经网络状态演变的结束也就相应于推理过程的结束。由于神经网络推理的并行数学计算过程取代了传统人工智能符号处理中的匹配搜索、回溯等过程,因而具有更高的推理效率。

在神经网络知识处理中,当问题求解的输入模式与训练实例集的某个实例的输入模式相同时,神经网络经过推理得到的结果,就是与该训练实例相对应的输出模式,当问题求解的输入模式与训练实例集中所有的实例的输入模式不完全相一致时,往往也能得到推理结果。即得到与其最相近的训练实例的输入模式。这个特点表明了神经网络在处理知识不全、不精确推理的优势;当问题求解的输入模式与训练实例集所有的样本相差较远时,就不能等到推理结果,这时可以把这一实例作为新的训练样本,经过学习调整系统权值,使神经网络获取新的知识,并储存在神经网络中,因此系统具有学习能力。

## 5.7 决策系统推理机

### 5.7.1 专家系统推理机

专家系统有 3 种推理方式,前向推理、后向推理、混合推理。常用的是前向推理,即由已知的事实推出结论。获取战场环境的原始信息后,使用模糊数学的方法进行模糊化处理,得到模糊规则的条件,然后与知识库中模糊规则的前件。如果匹配成功,匹配所获得的结果将作为临时结果继续进行匹配,直到问题解决。如果在匹配过程中,有多条模糊规则被触发,将根据规则的优先级别和规则的置信度选择最优的策略。

在决策过程中,由于战场环境复杂和专家知识的模糊与不确定性,所以专家系统采用不确定推理方法进行推理,不确定推理模糊匹配知识库中的条件。模糊推理采用模糊匹配方程,模糊规则中条件匹配的程度取决于匹配函数,然而,结论的置信度是由条件的置信度所决定的。

$$\text{if } A_1 \text{ and } A_2 \text{ and } \cdots \text{ and } A_n \text{ then } C \, CF_r$$
$$A_1' \text{ and } A_2' \text{ and } \cdots \text{ and } A_n' \qquad CF_f$$
$$C' \, CF_c$$

式中,$A_1$, $A_2$, $\cdots$, $A_n$ 是规则的条件;$A_1'$, $A_2'$, $\cdots$, $A_n'$ 是匹配的事实;$C$ 是规则

的结论部分;$C'$是推理出的结论;$CF_r$为规则的可信度因子;$CF_f$为事实的可信度因子;$CF_c$为结论的可信度因子。

初始事实 $A'_1(t'_1)$, $A'_2(t'_2)$, $\cdots$, $A'_n(t'_n)$ 中,$t'_i$ 是事实的置信度,如果事实的置信度满足 $\max\{0, t_1 - t'_1\} \leqslant \lambda_1$, $\max\{0, t_2 - t'_2\} \leqslant \lambda_2$, $\cdots$, $\max\{0, t_n - t'_n\} \leqslant \lambda_n$,那么就匹配以上规则,其中,$\lambda_i (i = 1, 2, 3, \cdots, n)$ 是不同的条件的阈值。阈值机制的使用可以有效地防止在推理过程中产生大量的可信度极低的结论,同时也会加速推理过程。

事实的可信度因子为

$$CF_f = b_1 \wedge b_2 \wedge \cdots \wedge b_n = \min(b_1, b_2, \cdots, b_n)$$

式中,

$$b_1 = 1 - \max\{0, t_1 - t'_1\}$$
$$b_2 = 1 - \max\{0, t_2 - t'_2\}$$
$$\cdots\cdots$$
$$b_n = 1 - \max\{0, t_n - t'_n\}$$

专家系统存在两种形式的模糊规则:精确型和模糊-精确型。如果规则的条件中不包含模糊语言,那么不论结论中是否含有模糊事实,这种类型的规则都称为精确型。如果只有条件中包含模糊事实,那么这种类型的规则称为模糊-精确型。如果规则的条件和结论中都包含模糊事实,这种类型的规则称为模糊-模糊型规则,不同类型的规则对可信度的计算式是不同的,如果规则中出现模糊语言,模糊隶属度要参与可信度的计算。

如果规则是精确型的,那么在规则前提和事实匹配时,没有模糊集合之间的运算,必须在 $A'$ 和 $A$ 相等的时候才会激活规则。在这种情况下,结论 $C'$ 等于 $C$,结论的可信度 $CF_c$ 可计算如下:

$$CF_c = CF_r \times CF_f$$

如果规则是模糊-精确型的,即 $A$ 是模糊集合,那么 $A'$ 必须与 $A$ 中模糊集合同属于一个模糊模板。模糊变量 $A$ 和 $A'$ 的值分别由模糊集合 $F_a$ 和 $F'_a$ 表示,模糊变量 $A$ 和 $A'$ 的值不相等时,两者必须相交。

对于模糊-精确型规则,结论 $C'$ 等于 $C$,并确结论 $CF_c$ 的置信度由以下公式得到

$$CF_c = CF_r \times CF_f \times S$$

式中,$S$ 是模糊集合 $F_a$ 和 $F_a'$ 的相似程度的度量。相似程度的度量是建立在可能性度量 $P$ 和必要性度量 $N$ 的基础上。$S$ 值可根据如下公式计算:

$$
\begin{cases}
S = P(F_a \mid F_a') & N(F_a \mid F_a') > 0.5 \\
S = (N(F_a \mid F_a') + 0.5) \times P(F_a \mid F_a') & N(F_a \mid F_a') \leqslant 0.5
\end{cases}
$$

式中,

$$
P(F_a \mid F_a') = \max(\min(\mu_{F_a}(u), \mu_{F_a'}(u))) \quad (\forall u \in U)
$$

$$
\overline{F_a} S \quad F_a CF_c = CF_r \times CF_f \quad N(F_a \mid F_a') = 1 - P(\overline{F_a} \mid F_a')
$$

其中是由以下隶属度函数定义的补集:

$$
\mu_{\overline{F_a}}(u) = 1 - u_{F_a}(u) \quad (\forall u \in U)
$$

因此,与模糊模式 $A$ 相关的模糊集和匹配事实 $A'$ 的相似度越高,则结论的可信度因子越接近于 $CF_c = CF_r \times CF_f$(因为 $S$ 接近于1)。如果模糊集相同,则 $S = 1$,结论的可信度因子等于 $CF_c = CF_r \times CF_f$。相应地,如果匹配程度很低,结论的可信度可能也会很小。如果模糊集不相交,结论的可信度等于 0,这时规则不会被激活。

上述模糊推理算法可以通过专家系统开发语言 CLIPS 编程实现,在符合 CLIPS 表示标准的事实命题的基础上再加上该事实命题的可信度,CLIPS 事实表示形式如下:

(事实命题[$CF$ 可信度])

式中,$CF$ 最为事实命题与事实可信度的分隔符,[ ]表示为一个可选项,可信度的描述可以出现在规则的各个部分中。

### 5.7.2　神经网络推理机

神经网络主要包括三个部分:输入转换器、神经网络、输出转换器,其基本结构如图 5-9 所示[2]。由于神经网络算法是一种数值计算过程,它的输入和输出都是数值向量,所以神经网络必须通过转换才能和外界通信。输入转换器的功能是将实际问题的逻辑信息转换为数字信息,使之能够被神经网络处理;输出转换器是将神经网络输出的数字信息转换为外界能够识别和利用的逻辑信息。只要能制订出适当的输入转换模式和输出转换模式,通过运行神经网络模型,上述三部分就可作为一个具有独立功能的神经网络模块,应用到混合系统的构造中。

神经网络模块具有下列特点:

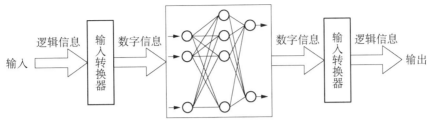

图5-9　神经网络模块结构

（1）能自动对系统的逻辑输入产生逻辑输出。

（2）具有自我完善能力,通过增加学习样本进一步学习直至获得新情况的感知。

（3）推理时具有对不精确模型的自然处理。

（4）具有外部接口的逻辑性与专家系统其余知识逻辑块完全一致,使系统易于控制。

当专家系统没有可选择的推理来解决提出的问题,那么专家系统将使用神经网络来进行决策。这种情况下,专家系统将目前的状态和专家系统的问题集合提交给神经网络。目前状态包括领域中的所有元素的值。神经网络将对每一个问题依次进行分析,并给出每一个问题的预测结果。

与传统的基于逻辑符号操作的推理机制不同,它赋予了“推理”这一概念新的含义,神经网络的推理过程为一数值计算过程。它按照一定的算法通过神经网络所含的知识之间的关系,不断地在问题求解空间进行并行搜索,直至得出最终满意的解,此时便相应于一个稳定的神经网络输出。神经网络内部状态演变的轨迹与推理过程相对应,神经网络状态演变的结束也就相应于推理过程的结束。由于神经网络推理的并行数学计算过程取代了传统人工智能符号处理中的匹配搜索、回溯等过程,因而具有更高的推理效率。

在神经网络知识处理中,当问题求解的输入模式与训练实例集的某个实例的输入模式相同时,神经网络经过推理得到的结果,就是与该训练实例相对应的输出模式,当问题求解的输入模式与训练实例集中所有的实例的输入模式不完全相一致时,往往也能得到推理结果。即得到与其最相近的训练实例的输入模式。这个特点表明了神经网络在处理知识不全、不精确推理的优势;当问题求解的输入模式与训练实例集所有的样本相差较远时,就不能等到推理结果,这时可以把这一实例作为新的训练样本,经过学习调整系统权值,使神经网络获取新的知识,并储存在神经网络中,因此系统具有学习能力。

基于神经网络的知识库的建模就是确定神经网络的各个输入神经元、隐含神经元和输出神经元的权值和阈值。具体的步骤如下:

(1) 根据输入输出的参数要求及训练样本数目确定神经网络的结构。

(2) 如果系统规模较大,则将神经网络分成几个子网络单独处理。

(3) 确定最终使用的训练样本。

(4) 进行训练,学习得到连接权值和阈值。

(5) 建立数据文件存储权值和阈值,形成知识库。

不妨设神经网络的第一层为输入层,第 $Q$ 层为输出层,中间各层为隐含层。第 $q$ 层 $(q=1, 2, \cdots, Q)$ 的神经元个数为 $n_q$,输入到第 $q$ 层的第 $i$ 个神经元的连接权值记为 $w_{ij}^{(q)}$ $(i=1, 2, \cdots, n_q; j=1, 2, \cdots, n_{q-1})$。该网络的输入输出变换关系为

$$s_i^{(q)} = \sum_{j=0}^{n_{q-1}} w_{ij}^{(q)} x_j^{(q-1)} \quad (x_0^{(q-1)} = \theta_i^{(q)}, \ w_{i0}^{(q)} = -1)$$

$$x_i^{(q)} = f(s_i^{(q)}) = \frac{1}{1 + e^{-\mu s_i^{(q)}}}$$

给定 $P$ 组输入输出学习样本 $\boldsymbol{x}_p^{(0)} = [x_{p1}^{(0)}, x_{p2}^{(0)}, \cdots, x_{p, n_0}^{(0)}]^{\mathrm{T}}$, $\boldsymbol{d}_p = [d_{p1}, d_{p2}, \cdots, d_{p, n_Q}]^{\mathrm{T}}$,其中 $p=1, 2, \cdots, P$。利用该样本集对网络进行训练,调整网络连接权值,实现给定的输入输出映射关系。

设拟合误差的代价函数为

$$E = \frac{1}{2} \sum_{p=1}^{P} \sum_{i=1}^{n_Q} (d_{pi} - x_{pi}^{(Q)})^2$$

学习的目标是通过调整连接权值,使得代价函数 $E$ 最小。典型的优化算法如最速下降法[7],其优化学习算法如下:

$$W_{ij}^{(q)}(k+1) = w_{ij}^{(q)}(k) + \alpha D_{ij}^{(q)}(k) \quad \alpha > 0$$

$$D_{ij}^{(q)} = \sum_{p=1}^{P} \delta_{pi}^{(q)} x_{pj}^{(q-1)}$$

$$\delta_{pi}^{(q)} = \left(\sum_{k=1}^{n_{q+1}} \delta_{pk}^{(q+1)} w_{ki}^{(q+1)}\right) \mu x_{pi}^{(q)} (1 - x_{pi}^{(q)})$$

$$\delta_{pi}^{(Q)} = (d_{pi} - x_{pi}^{(Q)}) \mu x_{pi}^{(Q)} (1 - x_{pi}^{(Q)})$$

$$q = Q, Q-1, \cdots, 1$$

采用 NN‐ES 建模与推理的优点是：只要有足够多的隐含层和隐含层节点，可以逼近任意的非线性映射关系；由于采用的是全局逼近算法，因此具有较好的泛化能力。

## 5.8  专家系统规则自动提取

当专家系统没有足够规则，或者没有获取足够的信息进行推理的时候，专家系统将问题与当前的状态提交给神经网络，由神经网络进行推理。这时，神经网络的推理结果将作为专家系统学习的样本。当神经网络经过一段时间的训练学习后，会变得比专家系统更聪明，这时候应该从神经网络中提取规则供专家系统学习。

通过神经网络获取（或求精）的知识是隐式的、分布式的，难于理解，因此从神经网络中提取规则具有重要的意义。一种用神经网络获取规则知识的方法及过程简述如下[2,9]：

首先用如图 5‐10 所示的三层 BP 神经网络（将输出层神经元节点也作为附加输入节点放到网络输入层中）来学习训练样本，算取输出节点 $b$ 和输入节点 $a$ 之间的逻辑相关程度度量 $SSE_{ab}$（$SSE_{ab}$ 越小，$a$ 和 $b$ 之间的相关程度越大）。

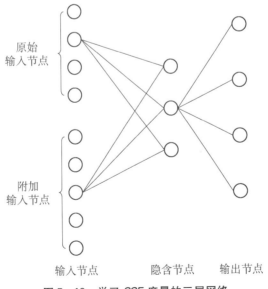

图 5‐10  学习 $SSE$ 度量的三层网络

$$SSE_{ab} = \sum_{j=1}^{k} (W_{aj} - W_{bj})$$

式中，$W_{aj}$ 为原始输入节点 $a$ 和隐含层节点 $j$ 之间的连接权值；$W_{bj}$ 为附加输入节点 $b$（对应于某个输出节点）和隐含层节点 $j$ 之间的连接权值。

然后用一个单层的神经网络（用 Hebb 学习规则训练）对样本进行学习，获取输出节点 $b$ 和输入节点 $a$ 之间的逻辑无关程度 $Weight_{ab}$（$Weight_{ab}$ 是网络输入节点 $a$ 和输出节点 $b$ 之间的连接权值，$Weight_{ab}$ 值越小，说明 $a$ 和 $b$ 之间的无关程度越小，相关程度越大）；最后将 $Weight_{ab}$ 和 $SSE_{ab}$ 的乘积 $Product_{ab}$（$Product_{ab} = Weight_{ab} \times SSE_{ab}$）作为 $a$ 和 $b$ 之间的因果关系量度。若 $Product_{ab}$ 接近 $0$，则 $a$ 是 $b$ 的逻辑前提，将 $b$ 的所有逻辑前提 $a_i$ 进行"逻辑与"得到如下逻辑规则：

IF $a_1$ and $a_2$ and $\cdots$ and $a_n$    THEN $b$

这种方法试图通过分析三层 BP 神经网络输入层之间的连接权值矩阵，得到原始输入概念节点与附加输入概念输入节点（对应于结论概念）之间的逻辑相关程度度量。但这种方法忽略了概念之间的组合情况，即如果原始输入概念节点 $c$、$d$ 单独与附加输入节点 $b$ 之间没有相关性，而 $c$ 和 $d$ 的组合与 $b$ 有相关性，该方法无法对这种情况进行分析，对于无关程度度量的分析也存在同样的问题，这实际上是忽略了 BP 神经网络隐含层中的非线性变换所带来的问题。因此，这种方法还有待于进一步研究和完善。

## 5.9 基于神经网络-专家系统突发威胁决策

假定系统的输入如平台状态信息和突发态势评估结果等为已知。首先将突发地面威胁决策知识库中的规则细化，列出所有隐含规则作为训练样本，接下来对所有输入输出量进行编码，然后构建一个 BP 网络。设置层数为三层（输入层，隐含层和输出层），输入层节点四个，隐含层节点初定为四个，输出层节点一个。再将所有样本的输入、输出数据导入。设置隐含层和输出层的激励函数分别为 S 型激活函数 tansig 和线性激活函数 purelin，设置训练的最大循环次数 max-epoch，期望误差的最小值 err-goal，修正权值的学习率 lr。学习算法采用 Levenberg-Marquardt 算法，用函数 trainlm 实现。神经网络训练以后导出网络的所有权值、阈值等数据[1]。

(1) 想定一。

初始数据为

| | |
|---|---|
| 平台健康状况 | 故障（0.4） |
| 地面威胁程度 | 强（0.9） |
| 剩余油量情况 | 少（0.2） |
| 地面威胁类型 | 地空导弹（0.8） |
| 地面威胁方式 | 被雷达照射（0.7） |

规则 2 被触发,根据神经网络-专家系统推理机的数值计算,得到的结果为 0.5,对应的结果为"返航"。可知第二级推理没有进行,推理结果符合实际情况。

(2) 想定二。

初始数据为

| | |
|---|---|
| 平台健康状况 | 健康（0.9） |
| 地面威胁程度 | 强（0.8） |
| 剩余油量情况 | 多（0.95） |
| 地面威胁类型 | 高炮（0.1） |
| 地面威胁方式 | 被攻击（0.3） |

两级推理分别触发规则 6 和规则 9,根据验证平台神经网络-专家系统推理计算的结果 0.8,可知对应的机动方式为"蛇形机动",而推理的中间结果为"改变"。可以看出,推理结果符合实际专家知识。

两个想定分别给出了不同已知条件下的决策结果。分析可知,基于神经网络-专家系统的方法综合考察了主要的约束条件和态势信息,做出了符合常识的正确决策。但篇幅和领域知识所限,决策案例中的想定和规则较为简单,距离实战有一定距离,但模型和算法的通用性使得决策水平可以随着专家经验的丰富与系统自学习水平的提升而不断提高。

## 5.10 基于粗糙集的决策系统知识约简

基于粗糙集理论的决策系统知识获取是对战术任务信息进行分析,删除任务执行数据库中的冗余信息,处理来自不同专家经验的矛盾,约简对任务执行没有影响的属性,最终得到完备的、一致的、精炼的战术任务决策规则。

### 5.10.1 粗糙集的基本概念

粗糙集（rough set）理论是波兰华沙理工大学的 Z. Pawlak 教授等一批科学家于 1982 年提出的一种数据分析理论[10]。但是由于最初关于粗糙集的研究主要集中在波兰，因此当时并没有引起国际数学界的重视。直到 1990 年前后，由于该理论在数据的决策与分析、模式识别、机器学习与知识发现等领域的成功应用，才逐渐引起了世界各国学者的广泛关注。粗糙集能够有效地处理不完整、不确定知识的表达、学习、归纳和推理。这套方法是与统计方法处理不确定问题完全不同的，与这一领域传统的模糊集合论处理不精确数据的方法也不同。统计方法采用概率来描述数据的不确定性，模糊集方法则需要一些数据的附加信息或先验知识，而粗糙集理论仅利用数据本身提供的信息，无须任何先验知识。因此将粗糙集理论引入战术决策具有广泛的应用前景。

粗糙集领域的研究主要集中在约简的优化算法、粗糙集理论和模糊理论、粗糙集理论同神经网络理论等其他人工智能技术的结合、粗糙逻辑等问题研究。

关于粗糙集理论的有关概念及原理简述如下[11]：

**1）知识库与分类**

设 $U$ 是一个论域，$R$ 是 $U$ 上的一个等价关系，$U/R$ 表示 $U$ 上由 $R$ 导出的所有等价类。$[x]_R$ 表示包含元素 $x$ 的 $R$ 等价类，$x \in U$。一个知识库就是一个关系系统 $K = \{U, P\}$，其中 $U$ 是论域，$P$ 是 $U$ 上的一个等价关系簇。这样，知识库表达了一个或一组智能机构的各种基本分类方式，构成该所需的定义与环境或其本身关系的基础构件。

如果 $Q \subseteq P$ 且 $Q \neq \varnothing$，则 $\bigcap Q$（$Q$ 的所有等价关系的交）也是一个等价关系，记作 $IND(Q)$。

**2）信息表与决策表**

在知识工程中，常用的知识表示方法有逻辑模式、框架、语意网络、产生式规则、状态空间、剧本等。Rough 集理论采用基于信息表的知识表达形式，它是 rough 集中对知识进行表达和处理的基本工具。

一个实例（现实世界中的一个对象、个体）经常使用属性-值对的集合来表示，实例集就是这样的实例集合，记为 $U$。$U$ 可被划分为有限个类 $X_1$，$X_2$，$\cdots$，$X_n$，使得

$$X_i \subseteq U, \; X_i \neq \varnothing \; X_i \bigcap X_j = \varnothing (i \neq j) \; (i, j = 1, 2, \cdots, n \text{ 且 } \bigcup X_i = U)$$

信息表知识表达系统的基本成分是研究对象的集合,关于这些对象的知识是通过指定对象的属性(特征)和他们的属性值(特征值)来描述的。一般地,一个知识表信息表达系统 $S$ 可以表示为

$$S = \langle U, R, V, F \rangle$$

这里,$U$ 是对象的集合,也称为论域,$R = C \cup D$ 是属性集合,子集 $C$ 和 $D$ 分别称为条件属性集合结果属性集,$V = \bigcup_{r \in R} V_r$ 是属性值的集合,$V_r$ 表示属性值 $r \in R$ 的属性值范围,即属性 $r$ 的值域,$f: U \times R \to V$ 是一个信息函数,它指定 $U$ 中每一个对象 $x$ 的属性值。

为了直观方便,$U$ 也可以写成一个表,纵轴表示实例标记,横轴表示实例属性,实例标记与属性的交会点就是这个实例在这个属性的值。这个表称为信息表,是表达描述知识的数据表格。

对每个属性子集 $B \subseteq R$,定义一个不可分辨二元关系(不分明关系)$IND(B)$,即

$$IND(B) = \{(x, y) \mid (x, y) \subseteq U^2, \forall b \in B(b(x) = b(y))\}$$

显然,$IND(B)$ 是一个等价关系,且

$$IND(B) = \bigcap_{b \in B} IND(\{b\})$$

每个子集 $B \subseteq R$ 也可称为一个属性,当 $B$ 是单元素集时,称 $B$ 为原始的,否则称 $B$ 为复合的。属性 $B$ 可以认为是用等价关系(在该属性上的取值相等)表示的知识的一个名称,称为标识属性。一个表可以看作是定义的一个等价关系簇,即知识库。

决策表是一类特殊而重要的知识表达系统,也是一种特殊的信息表,它表示当满足某些条件行为时,决策(行为、操作、控制)应当如何进行。决策表的定义如下:一个决策表是一个信息表知识表达系统 $S = \langle U, R, V, F \rangle$,$R = C \cup D$ 是属性集合,子集 $C$ 和 $D$ 分别称为条件属性集和结果属性集,$D \neq \varnothing$。

条件属性 $C$ 和结果属性 $D$ 的等价关系 $IND(C)$ 和 $IND(D)$ 的等价类分别称作条件类和决策类。

一个决策表中的结果属性有时是唯一的,称为单一决策;有时是不唯一的,称为多决策。对于具有多个结果属性的决策表,将其变换成为单一决策的决策表。在战术任务决策中,决策的属性仅限于"攻击""返航"等互斥结果,因此本节仅研究单一决策。

### 3) 粗糙集

**定义 5 - 1** 令 $X \subseteq U$，当 $X$ 能用属性子集 $B$ 确切地描述（即是属性子集 $B$ 所确定的 $U$ 上的不分明集的并）时，称 $X$ 是 $B$ 可定义的，否则称 $X$ 是 $B$ 不可定义的。$B$ 可定义集也称作 $B$ 精确集，$B$ 不可定义集也称为 $B$ 非精确集或 $B$ 粗糙（rough）集。在不发生混淆的情况下也简称 rough 集。

**定义 5 - 2** 对每个概念 $X$（样例子集）和不分明关系 $B$，包含于 $X$ 中的最大可定义集和包含 $X$ 的最小可定义集，都是根据 $B$ 能够确定的，前者称为 $X$ 的下近似集 $B\_(X)$，后者称为 $X$ 的上近似集 $B^-(X)$。

对于给定的知识表达系统 $S = \langle U, R, V, F \rangle$，每个子集 $X \subseteq U$ 和不分明关系 $B$，$X$ 的上近似集和下近似集分别可以由 $B$ 的基本集定义如下：

$$B\_(X) = \bigcup \{Y_i \mid (Y_i \in U \mid IND(B) \wedge Y_i \subseteq X)\}$$

$$B^-(X) = \bigcup \{Y_i \in U \mid (IND(B) \wedge Y_i \bigcap X \neq \varnothing)\}$$

上近似集和下近似集的概念也可以通过集合来定义，具体请参见粗糙集理论的专门文献。

集合 $BN_B(X) = B^-(X) \backslash B\_(X)$ 称为 $X$ 的 $B$ 边界；$POS_B(X) = B\_(X)$ 称为 $X$ 的 $B$ 正域；$NEG_B(X) = U \backslash B\_(X)$ 称为 $X$ 的 $B$ 负域。

$B\_(X)$ 是根据知识 $B$（属性子集），$U$ 中所有一定能归入集合 $X$ 的元素构成的集合，$B^-(X)$ 是根据知识 $B$，$U$ 中所有一定能和可能能归入集合 $X$ 的元素构成的集合。正域 $POS_B(X)$ 是根据知识 $B$，$U$ 中所有一定能归入集合 $X$ 的元素构成的集合，负域 $NEG_B(X)$ 是根据知识 $B$，$U$ 中所有不能确定一定归入集合 $X$ 的元素的集合，边界域 $BN_B(X)$ 是某种意义上论域的不确定域，边界域中的元素既不能肯定地属于 $X$，也不能肯定地属于 $\overline{X}$。

可见。初等集合论中的概念和 rough 集中的概念是有很大差别的，rough 集是用上近似集和下近似集来描述集合的不确定性，而上近似集和下近似集却是边界域为空的精确集。

rough 集如图 5 - 11 所示，图中，椭圆表示集合 $X$。根据上近似集、下近似集的定义，可得如下命题：

当且仅当 $B\_(X) = B^-(X)$ 时，称集合 $X$ 是 $B$ 可定义集；

当且仅当 $B\_(X) \neq B^-(X)$ 时，称集合 $X$ 是 $B$ rough 集。

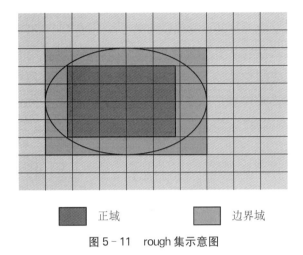

正域          边界域

图 5-11   rough 集示意图

### 5.10.2   决策表与属性约简

知识是人类通过实践认识到的客观世界的规律性的东西,是人类实践经验的总结和提炼,具有抽象和普遍的特性[12]。知识是信息经过加工处理、解释、挑选和改造而形成的。知识是命题、规则等的集合。知识一般可分为说明性知识、过程性知识和控制性知识。说明性知识提供概念和事实,过程性知识用规则表示问题,控制性知识则是用控制策略表示问题的知识。控制性知识包含有关各种处理过程、策略和结构的知识,常用来协调整个问题求解的过程。

从认知科学的一些观点来看,可以认为知识来源于人类以及其他物种的分类能力。rough 集理论认为知识即是将对象进行分类的能力。由此,前文所述的说明性知识可以认为是对现实世界客观个体的描述,即是区分客观个体的知识。过程性知识实质上是通过利用说明性知识对客观个体进行分类的知识。而控制性知识则是关于如何利用过程性知识实现对客观个体进行分类的知识,也可以认为是关于对过程性知识的分类。

所谓知识获取,就是要从大量的原始数据信息中分析发现有用的规律信息,即是将知识从一种原来的表达形式(原始数据表达形式)转换为一种新的目标表达形式,即人类或者计算机便于处理的形式,例如逻辑规则。

在知识工程领域,知识获取方法大多是基于机器学习、模式识别以及统计学等。例如,决策树方法,主要是对数据库中的某类数据寻找出关于该类数据的描述和模型;聚类分析方法,根据识别出的一组聚类规则,将数据分成若干类,其主要采用可能性稠密度估计法;变化和偏差分析方法,偏差包括很大一类潜在有用的知识,如分类中的异常实例、模式例外等,观察结果对期望的偏离以及量值随时间的变化等,其基本思想是寻找观察结果与参照量之间的有意义的差别。

目前,众多知识获取方法的研究主要专注于知识获取算法的选择和实施方面,这些算法大多应用和发展了机器学习理论。就知识获取过程整体而言,包括目标数据库的创建、数据整理和预处理、数据的约简和投影等方面,尚缺乏坚实的理论基础和深入的研究。

rough 集理论可支持知识获取的多个步骤,如数据预处理、数据约简、数据依赖关系获取等。由于在模糊和不完全知识的处理方面比较出色,rough 集已成为数据库知识获取研究中的有力工具。

在基于 rough 集理论的知识获取研究中,主要是通过归纳式学习和观察发现式学习来得到知识的。归纳式学习是通过对大量的实例进行推理归纳和对共性的分析,抽象出一般的概念和规则,使这些新概念和新规则能蕴涵所有实例。这种学习所接受的实例中,不仅有正例,还可能有反例。这些反例是已被告知的,不属于噪声或矛盾,它们对学习的作用,甚至可能比正例还重要。观察发现式学习属于更高的层次,实例中包含噪声和矛盾,需要对它们进行鉴别和甄选,分析实例间的相互联系,实现概念聚类或发现新的概念和定律。

在 rough 集基本概念中,信息表这种数据表格形式的知识表达系统是对客观对象的描述和罗列,表达的是属于说明性的知识。当信息表包含的数据足以反映论域的时候,通过属性所对应的等价关系就可以体现论域中的过程知识,即概念之间的逻辑关系和规则知识。从信息表所表达的说明性知识中发现过程性知识即知识获取。

另外,对知识和知识获取的研究离不开对知识表示方法的探索。知识表示就是要研究用机器表示知识的可行的、有效的、通用的原则和方法。常用的知识表示方法有逻辑模式、框架、语义网络、产生式系统、状态空间、剧本等。在rough 集的信息表中,采用产生式系统来进行知识表示。产生式系统用"IF - THAN"的规则形式捕获人类问题求解的行为特征,并通过认识-行动循环过程求解问题,其表现形式单一、直观,有利于知识的获取和形式化。关于产生式系统的详细论述,可参见文献[12]。

基于 rough 集理论的知识获取,主要是通过对原始决策表的约简,在保持决策表决策属性和条件属性之间的依赖关系不发生变化的前提下对决策表进行约简,包括属性约简和值约简[13]。

一个决策表就是一个决策信息系统,表中包含了大量领域样本(实例)的信息。决策表中的一个样本就代表一条基本决策规则,如果我们把这样所有的基本决策规则罗列出来,就可以得到一个决策规则集合。但是,这样的决策规则集合是没有什么用处的。因为其中的基本决策规则没有适应性,只是机械地记录了一个样本的情况,不能适应新的、其他的情况。为了从决策表中抽取得到适应度大的规则,我们需要对决策表进行约简,使得经过约简处理的决策表中的一条记录就代表一类具有相同规律特性的样本,这样得到的决策规则就具有较高的适应性。

首先定义属性的必要性和约简算法:

**定义 5 - 3** 设 $U$ 是一个论域,$P$ 是定义在 $U$ 上的一个等价关系簇,$R \in P$。如果 $IND(P\backslash\{R\}) = IND(P)$,则称关系 $R$ 在 $P$ 中是绝对不必要的(多余的);否则,称 $R$ 在 $P$ 中是绝对必要的。

绝对不必要的关系在知识库中是多余的,如果将它们从知识库中去掉,不会改变该知识库的分类能力。相反,若知识库中去掉一个绝对必要的关系,则一定改变知识库的分类能力。

**定义 5 - 4** 设 $U$ 为一个论域,$P$ 为定义在 $U$ 上的一个等价关系簇,$R \in P$。如果每个关系 $R \in P$ 在 $P$ 中都是绝对必要的,称关系簇 $P$ 是独立的,否则称 $P$ 是相互依赖的。

对于相互依赖的关系簇来说,其中包含有冗余关系,可以对其约简;而对于独立的关系簇,去掉其中任何一个关系都将破坏知识库的分类能力。

**定义 5 - 5** 设 $U$ 为一个论域,$P$ 为定义在 $U$ 上的一个等价关系簇,$P$ 中所有绝对必要关系组成的集合称为关系簇 $P$ 的绝对核,记作 $CORE(P)$。

**定义 5 - 6** 设 $U$ 为一个论域,$P$ 和 $Q$ 为定义在 $U$ 上的两个等价关系簇且 $Q \subseteq P$。如果

(1) $IND(Q) = IND(P)$;

(2) $Q$ 是独立的;

则称 $Q$ 是 $P$ 的一个绝对约简。

如果知识 $Q$ 是知识 $P$ 的绝对约简,那么 $U$ 中通过知识 $P$ 可以区分的对象,同样可以用知识 $Q$ 来区分。

在讨论决策表信息系统约简的时候,一个条件属性 $A$ 就对应着一个等价关系(即不分明关系),即在属性 $A$ 上取值的相等关系,它对论域 $U$ 形成一个划分 $U/A$。决策表的所有条件属性形成条件属性集合 $P$ 对论域 $U$ 的划分 $U/P$,同时,决策属性集合 $D = \{d\}$ 也对论域形成一个划分 $U/D$。这两个划分形成了条

件属性和决策属性在对论域样本分类上的知识。属性约简的目标就是要从条件属性集合中发现部分必要的条件属性,使得根据这部分条件属性形成的相对于决策属性的分类和所有条件属性形成的相对于决策属性的分类一致,即和所有条件属性相对于决策属性 $D$ 有相同的分类能力。

为便于以下决策系统的决策表约简论述,再引入一个定义。

**定义 5-7** 设 $U$ 为一个论域, $P$ 和 $Q$ 为定义在 $U$ 上的两个等价关系簇, $Q$ 的 $P$ 正域记为 $POS_P(Q)$,定义为

$$POS_P(Q) = \bigcup_{X \in U/Q} P\_(X)$$

**定义 5-8** 设 $U$ 为一个论域, $P$ 和 $Q$ 为定义在 $U$ 上的两个等价关系簇,若 $POS_P(Q) = POS(P-\{r\})(Q)$,则称 $r$ 为 $P$ 中相对于 $Q$ 可省略的(不必要的),简称 $P$ 中 $Q$ 可省略的,否则,称 $r$ 为 $P$ 中相对于 $Q$ 不可省略的或必要的。

决策表属性约简的过程,就是从决策表系统的条件属性中去掉不必要(对得到决策不重要)的条件属性,从而分析所得约简中的条件属性对于决策属性的决策规则。在不同的系统中,或者在不同的条件环境下,对属性约简的要求和期望是不一致的。例如在战术决策系统中,存在一些条件属性,它们的属性值难于得到,或者测量这些属性值所需要花费的代价很高,希望将这些属性从决策表中去掉。另外,希望得到的约简结果所包含的条件数目尽可能少,或者得到的决策规则的数量最少。

在决策表属性约简的研究中,已有大量的文献就约简算法进行了研究,归纳起来,主要有以下 4 种方法:

(1) 一般属性约简算法。

该算法基于属性约简的本质特征,将决策表中的条件属性逐一去掉,然后与原决策表比对,若分类能力不变,则将该属性约去,若分类能力发生变化,则保留该属性。这种方法能够得到决策表的一个属性约简结果,但不一定能够得到一个满意的属性约简结果。为了得到所有可能的属性约简结果,实际应用中往往将其结合某种启发式的算法。

(2) 基于可辨识矩阵和逻辑运算的属性约简算法。

可辨识矩阵是 rough 集中决策表信息的一种提取,标识了决策表中不同样例在同一属性下的取值异同情况。该算法实际上是将对属性组合情况的搜索演变为逻辑公式的化简,可以得到决策表的所有属性约简结果。但是,算法所建立的析取逻辑表达式是很多的,甚至是重复的,运算量庞大。实际中往往运用属性

核将可辨识矩阵改进,从而简化运算。

（3）归纳属性约简算法。

该算法不仅考虑针对所有决策类提供条件属性的重要子集,而且利用核和约简的概念对各决策类的决策规则进行冗余属性约简,从而得到整个决策表系统的最小决策规则。这种方法是一种带启发式知识的搜索方法,能够保证得到最小属性约简。

（4）基于互信息的 MIBARK 算法。

该方法基于决策表属性约简的信息熵,利用在决策表中增加某个属性所引起的信息熵(互信息)的变化大小来度量属性重要性,进而得到属性约简。这种方法实际上也是一种启发式算法,多数情况下能得到决策表的最小属性约简。

在战术任务辅助决策过程中,由于任务的完成往往取决于多个属性的组合,对影响任务完成的关键属性缺乏启发式知识,因此,本文在战术任务决策规则发现中,采用一般属性约简算法。设原始决策表的条件属性集合为 $P = \{a_i \mid i = 1, 2, \cdots, n\}$,决策属性集合为 $D = \{d\}$。算法细化如下:

a. 得到原始决策表 $POS_P(D)$;

b. 删除属性 $a_i$,得到 $POS_{P\setminus\{a_i\}}(D)$;

c. 如果 $POS_{(P\setminus\{a_i\})}(D) = POS_P(D)$,说明属性 $a_i$ 相对于决策属性 $d$ 不必要,从决策表中删除属性 $a_i$ 所在列,否则,保留 $a_i$;

d. 将重复的行进行合并;

e. 更行 $POS_P(D)$,$i++$;

f. 跳转至步骤 b,当 $i > n$ 时,算法结束。

## 5.11 战术决策系统决策表约简

在实际战术任务的执行过程中,需要无人机决策系统的完整因素包括系统战术策略和系统行为动作两方面,例如攻击突发目标、规避前行、正常前行、返航等。影响决策的因素有目标状态、目标价值、威胁程度、武器状态、平台行为能力、燃料状态、系统任务、时间约束等。为验证基于粗糙集理论的战术决策规则提取的合理性,仅就战术任务执行过程的典型决策进行示例分析,假设决策系统初始规则如表 5-5 所示[3](注:表中某些属性值为空的规则表示该属性的取值不影响决策结果)。

表5-5 战术决策系统初始规则

| | 健康状态 | 目标价值 | 目标威胁程度 | 剩余燃料 | 决策结果 |
|---|---|---|---|---|---|
| 规则1 | 良好(P1) | 重要目标(P4) | | | 攻击(P12) |
| 规则2 | 良好(P1) | 中等重要目标(P5) | | | 攻击(P12) |
| 规则3 | 良好(P1) | 非重要目标(P6) | 低(P9) | | 攻击(P12) |
| 规则4 | 良好(P1) | 非重要目标(P6) | 高(P7) | | 规避(P13) |
| 规则5 | 良好(P1) | 非重要目标(P6) | 中等(P8) | | 规避(P13) |
| 规则6 | 中等(P2) | 重要目标(P4) | | | 攻击(P12) |
| 规则7 | 中等(P2) | 中等重要目标(P5) | 高(P7) | | 规避(P13) |
| 规则8 | 中等(P2) | 中等重要目标(P5) | 中等(P8) | | 攻击(P12) |
| 规则9 | 中等(P2) | 中等重要目标(P5) | 低(P9) | | 攻击(P12) |
| 规则10 | 差(P3) | | 高(P7) | 充足(P10) | 规避(P13) |
| 规则11 | 差(P3) | | 高(P7) | 不足(P11) | 返航(P14) |
| 规则12 | 差(P3) | | 中等(P8) | 充足(P10) | 规避(P13) |
| 规则13 | 差(P3) | | 中等(P8) | 不足(P11) | 返航(P14) |
| 规则14 | 差(P3) | 重要目标(P4) | 低(P9) | | 攻击(P12) |
| 规则15 | 差(P3) | 中等重要目标(P5) | 低(P9) | | 攻击(P12) |
| 规则16 | 差(P3) | 非重要目标(P6) | 低(P9) | 充足(P10) | 规避(P13) |
| 规则17 | 差(P3) | 非重要目标(P6) | 低(P9) | 不足(P11) | 返航(P14) |

### 5.11.1 决策表的预处理

在用决策表表示的知识系统研究中,可以对系统的实际语义、表中的取值的具体含义内容进行简化。实际上,决策表中的属性值都是从现实问题中采集得到的,是对客观对象属性的抽象描述。因此,决策表中的属性值仅当作数据来研究。不妨将系统健康状态的好、中、差分别设置为1、2、3;将目标重要程度由高到低分为1、2、3三个等级,即重要目标用1表示,其余类推;将目标威胁级别低设置为1,级别中等设置为2,级别高设置为3;将系统燃油状态设置为1-充足和2-不足。这样,将表5-5变换成数值表示的决策表,如表5-6所示(注:表5-6中的"*"标识表示样例在该属性处的取值未能得到)。

表 5-6　决策规则的数值化

| 样例编号 | 条件属性 | | | | 决策属性 |
|---|---|---|---|---|---|
| | 健康状态<br>($a_1$) | 目标重要性<br>($a_2$) | 威胁程度<br>($a_3$) | 燃油状况<br>($a_4$) | |
| 1 | 0 | 0 | * | * | 0 |
| 2 | 0 | 1 | * | * | 0 |
| 3 | 0 | 2 | 0 | * | 0 |
| 4 | 0 | 2 | 2 | * | 1 |
| 5 | 0 | 2 | 1 | * | 1 |
| 6 | 1 | 0 | * | * | 0 |
| 7 | 1 | 1 | 2 | * | 1 |
| 8 | 1 | 1 | 1 | * | 0 |
| 9 | 1 | 1 | 0 | * | 0 |
| 10 | 2 | * | 2 | 0 | 1 |
| 11 | 2 | * | 2 | 1 | 2 |
| 12 | 2 | * | 1 | 0 | 1 |
| 13 | 2 | * | 1 | 1 | 2 |
| 14 | 2 | 0 | 0 | * | 0 |
| 15 | 2 | 1 | 0 | * | 0 |
| 16 | 2 | 2 | 0 | 0 | 1 |
| 17 | 2 | 2 | 0 | 1 | 2 |

表 5-6 所示的决策表是一个不完备的信息表。对于不完备信息的理解,存在两种语义解释:遗漏语义和缺席语义。遗漏语义下,认为遗漏值(未知值)将来总是可以得到的,并可以与任意值相比较(匹配、相等);而缺席语义下,认为缺席值(未知值)是无法再得到的,不能与任一值相比较(匹配、相等)。在 rough 集理论中,有 3 种关系来处理不完备信息表:容差关系、非对称相似关系和量化容差关系。

## 5.11.2　决策表的完备化

经过对决策规则的数值化处理得到的决策表并不是一个完备的决策表。表中的某些属性值是遗漏的,这其实是决策信息系统不确定性的一个主要原因。

在战术任务数据库庞大,战术决策数据众多时,可以简单地将存在空缺属性值的实例记录删除,从而得到完备的决策表。当存在属性遗漏的实例数远小于数据库中的总实例数时,这种方法是可行的。但是,当信息表中的信息较少,存在遗漏信息的实例相对较多时,这种方法就会严重影响决策表中的信息量,不能采用这种方法。

基于统计学原理和 rough 集理论中数据不可分辨关系来对不完备信息表进行数据补齐[11]。这些方法的基本思想是使补齐后的决策表(信息表)的分类规则具有尽可能高的支持度,产生的规则尽量集中。

在战术任务决策过程中,属性的缺失可以理解为属性的取值不影响决策的结果。即无论该属性取什么值,决策结果都不会发生变化[14]。因此,基于决策规则最大化的思想,即将空缺属性值用所有可能的取值进行填充,得到完备的决策表,如表 5-7 所示。

表 5-7　完备化的决策表

| 样例编号 | 条件属性 | | | | 决策属性 |
|---|---|---|---|---|---|
| | 健康状态 $(a_1)$ | 目标重要性 $(a_2)$ | 威胁程度 $(a_3)$ | 燃油状况 $(a_4)$ | |
| 1 | 1 | 1 | 1 | 1 | 1 |
| 2 | 1 | 1 | 1 | 2 | 1 |
| 3 | 1 | 1 | 2 | 1 | 1 |
| 4 | 1 | 1 | 2 | 2 | 1 |
| 5 | 1 | 1 | 3 | 1 | 1 |
| 6 | 1 | 1 | 3 | 2 | 1 |
| 7 | 1 | 2 | 1 | 1 | 1 |
| 8 | 1 | 2 | 1 | 2 | 1 |
| 9 | 1 | 2 | 2 | 1 | 1 |
| 10 | 1 | 2 | 2 | 2 | 1 |
| 11 | 1 | 2 | 3 | 1 | 1 |
| 12 | 1 | 2 | 3 | 2 | 1 |
| 13 | 1 | 3 | 1 | 1 | 1 |
| 14 | 1 | 3 | 1 | 2 | 1 |

（续表）

| 样例编号 | 条件属性 | | | | 决策属性 |
|---|---|---|---|---|---|
| | 健康状态 ($a_1$) | 目标重要性 ($a_2$) | 威胁程度 ($a_3$) | 燃油状况 ($a_4$) | |
| 15 | 1 | 3 | 3 | 1 | 2 |
| 16 | 1 | 3 | 3 | 2 | 2 |
| 17 | 1 | 3 | 2 | 1 | 2 |
| 18 | 1 | 3 | 2 | 2 | 2 |
| 19 | 2 | 1 | 1 | 1 | 1 |
| 20 | 2 | 1 | 1 | 2 | 1 |
| 21 | 2 | 1 | 2 | 1 | 1 |
| 22 | 2 | 1 | 2 | 2 | 1 |
| 23 | 2 | 1 | 3 | 1 | 1 |
| 24 | 2 | 1 | 3 | 2 | 1 |
| 25 | 2 | 2 | 3 | 1 | 2 |
| 26 | 2 | 2 | 3 | 2 | 2 |
| 27 | 2 | 2 | 2 | 1 | 1 |
| 28 | 2 | 2 | 2 | 2 | 1 |
| 29 | 2 | 2 | 1 | 1 | 1 |
| 30 | 2 | 2 | 1 | 2 | 1 |
| 31 | 3 | 1 | 3 | 1 | 2 |
| 32 | 3 | 2 | 3 | 1 | 2 |
| 33 | 3 | 3 | 3 | 1 | 2 |
| 34 | 3 | 1 | 3 | 2 | 3 |
| 35 | 3 | 2 | 3 | 2 | 3 |
| 36 | 3 | 3 | 3 | 2 | 3 |
| 37 | 3 | 1 | 2 | 1 | 2 |
| 38 | 3 | 2 | 2 | 1 | 2 |
| 39 | 3 | 3 | 2 | 1 | 2 |
| 40 | 3 | 1 | 2 | 2 | 3 |
| 41 | 3 | 2 | 2 | 2 | 3 |

（续表）

| 样例编号 | 条件属性 | | | | 决策属性 |
|---|---|---|---|---|---|
| | 健康状态<br>($a_1$) | 目标重要性<br>($a_2$) | 威胁程度<br>($a_3$) | 燃油状况<br>($a_4$) | |
| 42 | 3 | 3 | 2 | 2 | 3 |
| 43 | 3 | 1 | 1 | 1 | 1 |
| 44 | 3 | 1 | 1 | 2 | 1 |
| 45 | 3 | 2 | 1 | 1 | 1 |
| 46 | 3 | 2 | 1 | 2 | 1 |
| 47 | 3 | 3 | 1 | 1 | 2 |
| 48 | 3 | 3 | 1 | 2 | 3 |

可见，经决策规则最大化处理的决策表，变成了具有 48 条决策规则的决策表。当采用诸如模糊 Petri 网来实现该决策表时，将得到一个 48 维的矩阵。矩阵维数的增多会严重影响到决策算法的实时性，因此，有必要对决策表中的决策规则进行约简。

### 5.11.3　决策表约简结果

为了使战术决策系统的决策表分析更具通用性，便于约简前后的决策表进行对比，根据粗糙集理论的基本数值概念，开发了基于一般属性约简和值约简算法的决策表分析系统。将已进行补齐的决策表载入。即将决策表化为计算机便于处理的矩阵形式，将矩阵的最后一列认为是决策属性，矩阵的前列认为是条件属性。系统自动计算出条件属性列和决策属性列，并将样例数给出。

决策表属性约简的结果如图 5-12 所示。通过属性约简，系统自动给出了约简后的属性，恰是矩阵的 1、2、3、4 列。这意味着表 5-7 所列的 4 个战术任务决策的条件属性皆为关键属性，不具有冗余性。换句话说，在战术任务的决策过程中，根据表 5-7 所列决策规则，我机健康状态、目标价值、敌方威胁程度、燃油剩余量都为决策的关键属性，缺一不可。

为验证算法的有效性，可再做一简单的决策想定，战术机动动作决策如表5-8 所示。根据 6 个属性的不同取值组合，战机执行不同的战术机动方式，如

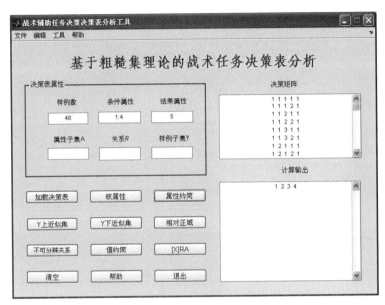

图 5 - 12　决策表属性约简结果

快速爬升、左转弯、俯冲等。将表 5 - 8 的决策数据进行属性约简,约简计算结果如图 5 - 13 所示。可见,属性约简后,条件属性只剩下了矩阵的第 1、4、5 列。这意味着仅从条件属性 $a_1$、$a_4$ 和 $a_5$ 即可作出战机机动行为的决策,其余的属性都为冗余属性,可以消去。

表 5 - 8　战术机动动作决策表

| 样例编号 | 条件属性 | | | | | | 决策属性 |
|---|---|---|---|---|---|---|---|
| | $a_1$ | $a_2$ | $a_3$ | $a_4$ | $a_5$ | $a_6$ | |
| 1 | 1 | 1 | 1 | 1 | 1 | 1 | 1 |
| 2 | 1 | 1 | 1 | 0 | 0 | 0 | 2 |
| 3 | 0 | 1 | 0 | 1 | 0 | 1 | 3 |
| 4 | 0 | 0 | 0 | 1 | 1 | 1 | 4 |
| 5 | 1 | 1 | 1 | 1 | 1 | 1 | 5 |
| 6 | 1 | 1 | 1 | 0 | 1 | 1 | 6 |
| 7 | 0 | 1 | 1 | 1 | 1 | 1 | 7 |

图 5-13　战术机动决策属性约简

在战术任务决策中,去掉冗余属性后,还需要进行值约简,即在某些样例中去掉对决策结果没有影响的属性取值,使决策表进一步简化。仍然考虑表 5-7 所示的完备的战术决策表,进行值约简后的结果如图 5-14 所示,在值约简的结果中,符号"inf"表示约去的属性值。

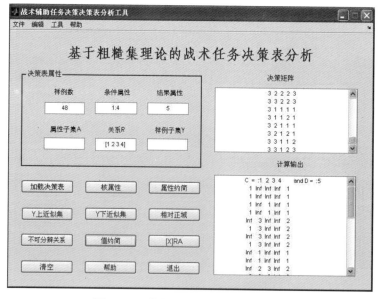

图 5-14　战术决策系统决策表值约简

战术决策表值约简结果如表 5-9 所示,表中"★"表示约去的属性值。将决策表值约简结果做进一步处理,将相同行去掉,则得到最终的约简结果如表 5-10 所示。可见,原始决策表中的 48 条规则,经过属性约简和值约简,缩减成了 13 条规则。

表 5-9　战术决策表值约简结果

| 样例编号 | 条件属性 | | | | 决策属性 |
| --- | --- | --- | --- | --- | --- |
| | 健康状态 $(a_1)$ | 目标重要性 $(a_2)$ | 威胁程度 $(a_3)$ | 燃油状况 $(a_4)$ | |
| 1 | 1 | ★ | ★ | ★ | 1 |
| 2 | 1 | ★ | ★ | ★ | 1 |
| 3 | 1 | ★ | 1 | ★ | 1 |
| 4 | 1 | ★ | 1 | ★ | 1 |
| 5 | ★ | 3 | ★ | ★ | 2 |
| 6 | 1 | 3 | ★ | ★ | 2 |
| 7 | ★ | 3 | ★ | ★ | 2 |
| 8 | 1 | 3 | ★ | ★ | 2 |
| 9 | ★ | 1 | ★ | ★ | 1 |
| 10 | ★ | 1 | ★ | ★ | 1 |
| 11 | ★ | 2 | 3 | ★ | 2 |
| 12 | 2 | 2 | 3 | ★ | 2 |
| 13 | 3 | ★ | ★ | 1 | 2 |
| 14 | ★ | ★ | ★ | 1 | 2 |
| 15 | ★ | ★ | ★ | 1 | 2 |
| 16 | 3 | ★ | ★ | 2 | 3 |
| 17 | 3 | ★ | ★ | 2 | 3 |
| 18 | 3 | ★ | ★ | 2 | 3 |
| 19 | 3 | ★ | ★ | 1 | 2 |
| 20 | 3 | ★ | ★ | 1 | 2 |
| 21 | ★ | ★ | ★ | 1 | 2 |
| 22 | 3 | ★ | ★ | 2 | 3 |

（续表）

| 样例编号 | 条件属性 | | | | 决策属性 |
|---|---|---|---|---|---|
| | 健康状态 $(a_1)$ | 目标重要性 $(a_2)$ | 威胁程度 $(a_3)$ | 燃油状况 $(a_4)$ | |
| 23 | 3 | ★ | ★ | 2 | 3 |
| 24 | 3 | ★ | ★ | 2 | 3 |
| 25 | ★ | ★ | 1 | ★ | 1 |
| 26 | ★ | ★ | 1 | ★ | 1 |
| 27 | ★ | ★ | 1 | ★ | 1 |
| 28 | ★ | ★ | 1 | ★ | 1 |
| 29 | 3 | 3 | ★ | 1 | 2 |
| 30 | 3 | 3 | ★ | 2 | 3 |

表 5-10　战术决策系统决策表最终的约简结果

| 样例编号 | 条件属性 | | | | 决策属性 |
|---|---|---|---|---|---|
| | 健康状态 $(a_1)$ | 目标重要性 $(a_2)$ | 威胁程度 $(a_3)$ | 燃油状况 $(a_4)$ | |
| 1 | 1 | ★ | ★ | ★ | 1 |
| 2 | 1 | ★ | 1 | ★ | 1 |
| 3 | ★ | 3 | ★ | ★ | 2 |
| 4 | 1 | 3 | ★ | ★ | 2 |
| 5 | ★ | 1 | ★ | ★ | 1 |
| 6 | ★ | 2 | 3 | ★ | 2 |
| 7 | 2 | 2 | 3 | ★ | 2 |
| 8 | 3 | ★ | ★ | 1 | 2 |
| 9 | ★ | ★ | ★ | 1 | 2 |
| 10 | 3 | ★ | ★ | 2 | 3 |
| 11 | ★ | ★ | 1 | ★ | 1 |
| 12 | 3 | 3 | ★ | 1 | 2 |
| 13 | 3 | 3 | ★ | 2 | 3 |

### 5.11.4 决策表约简结果分析

在上述决策表属性约简中,因为所做的决策想定比较简单,故无法删除冗余属性。在实际战术任务的执行过程中,面对的战场态势复杂多变,决策时需要考虑的因素往往很多,这时,有效的属性约简可以帮助指挥员从繁多的决策因素中甄别出对完成任务有直接或重要影响的因素,剔除冗余因素。快速做出合理有效的决策。

决策表的值约简结果中,对于被约去的属性值,可以理解为对战术决策的做出是次重要的或不重要的。在实际战术任务的执行过程中,属性值约简的结果为在不完备信息下的决策提供了一种解决方法。

将表 5-10 所示的决策规则翻译成可理解的规则语义,如表 5-11 所示。以规则 9 为例,在任务执行过程中,面对突发威胁(目标),当只知我机健康状态为低,且燃油充足,而不知目标价值和威胁等级时,决策表可以给出规避前行的决策结果。

表 5-11 约简后的战术决策规则语义

| 样例编号 | 条件属性 | | | | 决策属性 |
| --- | --- | --- | --- | --- | --- |
| | 健康状态<br>($a_1$) | 目标重要性<br>($a_2$) | 威胁程度<br>($a_3$) | 燃油状况<br>($a_4$) | 决策属性 |
| 1 | 高 | 未知 | 未知 | 未知 | 攻击 |
| 2 | 高 | 未知 | 低 | 未知 | 攻击 |
| 3 | 未知 | 低 | 未知 | 未知 | 规避前行 |
| 4 | 高 | 低 | 未知 | 未知 | 规避前行 |
| 5 | 未知 | 高 | 未知 | 未知 | 攻击 |
| 6 | 未知 | 中 | 高 | 未知 | 规避前行 |
| 7 | 中 | 中 | 高 | 未知 | 规避前行 |
| 8 | 低 | 未知 | 未知 | 充足 | 规避前行 |
| 9 | 未知 | 未知 | 未知 | 充足 | 规避前行 |
| 10 | 低 | 未知 | 未知 | 不足 | 返航 |
| 11 | 未知 | 未知 | 低 | 未知 | 攻击 |
| 12 | 低 | 低 | 未知 | 充足 | 规避前行 |
| 13 | 低 | 低 | 未知 | 不足 | 返航 |

若将表 5-11 所得的决策规则,采用模糊 Petri 网建模方法进行决策建模,并与约简前的模糊推理 Petri 网对比,如图 5-15 所示。可见,属性约简后的战术决策规则不仅得到了简化,也使规则的 Petri 网模型更加简单。当决策需要考虑的因素较多,或者决策规则本身数量比较多时,决策表约简的优点将更加明显。

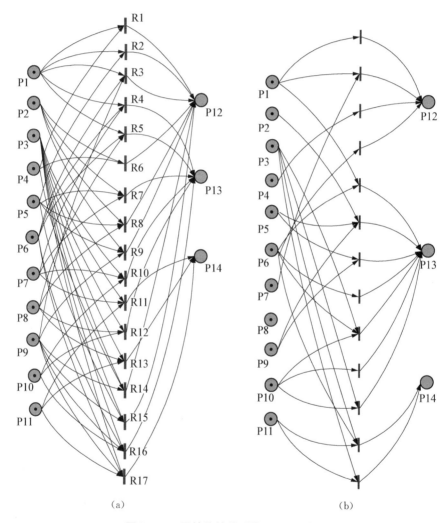

(a)  (b)

图 5-15  属性约简前后的 Petri 网对比

(a) 约简前的 Petri 网  (b) 约简后的 Petri 网

为了验证决策表约简前后推理结果是否发生了变化,进而说明粗糙集约简方法在实际决策规则获取中的可行性,表 5-12 给出了系统决策规则约简前后针对相同输入的决策推理结果。对比结果表明,约简后的推理规则保持了系统的决策和推理能力,在各种情况下都能给出符合专家经验和常识的推理结果。

表 5‒12　规则约简前后的决策推理结果对比

| 态势输入 | 约简前决策结果 | 约简后决策结果 |
|---|---|---|
| 目标威胁:$[0.6,0.3,0.1]$<br>行为能力:$[0.9,0.05,0.05]$<br>剩余燃油:80% | $[0.32,0.24,0.04]$<br>攻击 | $[0.72,0.64,0.04]$<br>攻击 |
| 目标威胁:$[0.8,0.1,0.1]$<br>行为能力:$[0.2,0.7,0.1]$<br>剩余燃油:80% | $[0.24,0.32,0.08]$<br>规避前行 | $[0.24,0.64,0.08]$<br>规避前行 |
| 目标威胁:$[0.8,0.1,0.1]$<br>行为能力:$[0.1,0.2,0.7]$<br>剩余燃油:20% | $[0.16,0.16,0.56]$<br>返航 | $[0.24,0.32,0.56]$<br>返航 |

## 5.12　结语

自主决策是无人机自主控制的高级智能行为。无人机一旦监测到影响安全和任务的突发事件需要对其进行态势评估,并根据态势评估结果进行战术决策。本章主要分析了针对突情监测与评估结果的战术决策问题。研究知识的获取和表示方法,分析了突发恶劣气象和地面威胁态势下的战术策略分析和决策示例。给出了基于多层模糊 Petri 网及神经网络‒专家系统两种方法对知识库进行建模与决策推理。通过对仿真实例的分析,两种决策方法均能给出合理的决策结果。

提出了基于多层模糊 Petri 网的决策建模和推理方法,采用模块合并法和"补弧"概念,对多层模糊 Petri 网进行改进,简化推理计算的规模;基于神经网络与专家系统的智能决策系统可以充分发挥神经网络和专家系统的优势,在解决规则不完全、信息不完整情况下的推理问题和系统的自学习问题上有良好的表现。

对决策规则的获取与精炼进行了研究。将粗糙集方法引入战术决策的约简,利用规则最大化方法得到完备决策表,并进行属性约简和值约简。约简结果表明,基于粗糙集的方法可以有效地从大量规则中提取出核心属性和规则,简化整个战术决策推理系统。利用粗糙集方法,可对实际战术任务执行中所积累的丰富决策经验做分析,从中得到潜在的规则和重要属性,促进战术决策系统不断优化。

**参|考|文|献** ●●●●●●●●●●●●●●●●●●●●●●●●●●●●●●●●●

［1］董卓宁.无人机突情感知与突情处理智能自主控制技术研究［D］.北京:北京航空航天大学,2010.

［2］祝世虎.UCAV任务控制站智能决策系统框架与实现方法［D］.北京:北京航空航天大学,2005.

［3］杨晓东.智能化战术辅助决策方法研究［D］.北京:北京航空航天大学,2010.

［4］Gao M M,Zhou M C,Tang Y. Intelligent decision making in disassembly process based on fuzzy reasoning Petri nets［J］. IEEE Transactions on Systems,Man and Cybernetics(1083 - 4419),2004,34(5):2029 - 2033.

［5］Slobodan R,Nikola P. An inheritance procedure for a knowledge representation scheme based on fuzzy Petri nets［C］. Proceedings of the 3rd International Conference on Natural Computation,2007.

［6］程伟良.广义专家系统［M］.北京:北京理工大学出版社,2005.

［7］孙增圻.智能控制理论与技术［M］.北京:清华大学出版社,1997.

［8］Gao M M,Zhou M C. Fuzzy reasoning Petri nets［J］. IEEE,2003,33(3):314 - 323.

［9］Sakchai W,Albert C E. Adaptive learning expert system［J］. IEEE 2000:445 - 448.

［10］Pawlak Z. Rough Sets［J］. International Journal of Computer and Information Science,1982,11(5):341 - 356.

［11］王国胤.Rough集理论与知识获取［M］.西安:西安交通大学出版社,2001.

［12］杨炳儒.知识工程与知识发现［M］.北京:冶金工业出版社,2000.

［13］张文修,仇国芳.基于粗糙集的不确定决策［M］.北京:清华大学出版社,2005.

［14］John W T L,Wang X Z,Wang J F. Finding reducts for ordinal decision tables［C］. Proceedings of the Forth International Conference on Macine Learning and Cybernetics,2005.

# 6 无人机自主进场着陆导航

## 6.1 引言

根据无人机使用要求,无人机应具有多架次同时起降,机场靠近应用前沿等特点,适于在无固定跑道或短距离跑道的小型机场上、带起落架的短距或垂直起降方式;而且要求能够实现自主或半自主起飞和着陆,考虑到起飞和着陆情况的一些环境不确定因素,也可采用遥控加自主相结合的方式。起飞相对于着陆来说是比较简单的,主要包括加速滑跑和离地爬升两个阶段,当起飞条件满足时,通过较简单程序控制就可以实现起飞的过程,这对系统的自主性没有很大的要求;而着陆阶段则比较复杂,需要无人机具有高精度自主/半自主定位导航、鲁棒的着陆轨迹跟踪能力,要求系统具有较高的自主性。无人机自主进场着陆导航是实现无人机的自主回收和重复使用的前提,本章主要研究无人机自主进场着陆导航的理论与方法。

在设计无人机着陆系统时,应尽量减少对外部导航设备的依赖,本章着重研究基于视觉的无人机自主着陆方案。要实现无人机基于视觉的着陆,除了采用视觉传感器外,还必须结合其他传感器系统,以及计算机视觉技术和多传感器信息融合技术。

本章主要内容对应于第1章图1-7"无人机自主控制系统功能模块组成"的"决策性行为层-任务管理系统""程序性行为层-飞行管理系统"和"反射性行为层-控制执行系统"中的主要模块。涵盖了感知、评估、决策、滤波、估计与辨识、导航、监督与管理以及飞行控制等相关功能环节。

### 6.1.1　无人机的安全回收

无人机的安全回收(着陆)是无人机研制的关键技术之一。常见的无人机回收方式包括伞降回收、中空回收、起落架滑跑着陆、拦截网回收、气垫着陆和垂直着陆等。为完成飞行任务,无人机常带有相当数量的载荷,有些无人机着陆时速度较高(100 m/s 量级)。小型、低速的无人机回收中常采用伞降回收、拦截网回收等方式;中型、大型、高速的无人机回收的主要方式是起落架滑跑着陆。

目前,在有人驾驶飞机中应用比较广泛的机场导航系统主要有仪表着陆系统(ILS)和微波着陆系统(MLS)。无人机经常会采用在无固定跑道或短距离跑道的小型机场上进行起飞和着陆。由于仪表着陆系统和微波着陆系统的导航精度问题或系统复杂性问题,很难满足无人机着陆的需要。

随着 GPS/DGPS 技术的不断发展和完善,用 GPS/DGPS 作为飞机进场着陆设备取代仪表着陆系统,已被国际民航组织(ICAO)确认为今后有人驾驶飞机机场导航系统的发展目标。但 GPS 技术容易受到干扰,而且该项技术受到国外控制,很难用于军事用途。

无人机的着陆导航方案可以分为半自主导航和自主导航两类:

1) 半自主导航

飞行器依靠自身机载设备以及部分外部设备辅助下完成的导航任务称为半自主导航。

惯性导航与 GPS 组合导航系统用于着陆导航过程,能充分发挥两者各自优点并取长补短,利用 GPS 的长期稳定性与适中的精度来弥补 INS 的误差随时间传播或增大的缺点,利用 INS 的短期高精度来弥补 GPS 接收机在受干扰时误差增大或遮挡时丢失信号等缺点,这是一种半自主组合导航方式。

为进一步提高导航系统的精度和可靠性,计算机视觉技术也被引入到 GPS/INS 组合导航系统中,形成多种 CV/GPS/INS 组合导航方案。计算机视觉技术与惯性元件组合在一起,当图像处理效率因受到高频角速度干扰而急剧下降时,惯性元件可以准确地测量这些高频角速率干扰,从而对图像处理进行补偿,以提高处理效率;而高精度、漂移小的惯性元件造价很高,考虑到图像处理可以容易地测量静态参考物,作为惯性元件漂移的补偿,可以降低对惯性元件精度的要求,从而降低系统造价。

2) 自主导航

飞行器依靠自身机载设备,完全不依赖外部设备辅助下完成的导航任务称为自主导航。

如果无人机的机载视觉系统能够从用于着陆导航的地标中得到足够多的信息,那么仅通过机载视觉系统,就可以完成无人机的自主着陆导航任务。但是在大多数情况下,由于视觉传感器分辨率的限制,导航系统的精度较低,导航系统的更新速率较低,直接影响到控制系统的性能,系统的可靠性也较低。因此,较实用的方法是将机载视觉系统与包括惯导系统在内的其他传感器相融合,得到用于自主着陆的组合导航系统。文献[1]使用 IR/IMU/气压高度表组合导航方式,通过机载红外线摄像机跟踪航空母舰上的三处红外辐射源,根据三点估计算法,同时融合惯性元件和气压高度表的测量值,得到无人机相对于航空母舰着陆跑道的位置、姿态导航值。由于使用高度表获得的是气压高度值,而非甲板跑道的高度值,因此,在无人机着陆末端,使用双目红外视觉/IMU 的导航方式,通过立体视觉的方式取代原来单目视觉方式,这样就可以得到无人机准确高度值。文献[2]提出视觉/IMU/高度表融合的自主着陆导航系统,通过机载摄像机跟踪跑道上的 6 个特征点,同时融合惯性元件、气压高度表与雷达高度表的测量值,最终得到无人机相对于跑道的位置、姿态和速度导航值。

考虑到半自主着陆方式需要外部信号辅助的局限性,本章主要研究无人机着陆过程中的自主导航问题,即飞行器依靠自身机载设备,完全不依赖外部设备辅助条件下完成导航任务。

要能够自主完成飞机进场着陆,无人机就必须具有自主导航的能力,即必须能够自主地、较准确地得到一些必要的飞机状态信息,如飞机相对机场的位置、速度以及飞机姿态等。如果只依赖常规机载传感器[如惯导系统(INS)、高度表等]信息,由于惯导系统的漂移,在长期飞行后无法得到有效的修正和校准,因而无法完成无人机自主着陆的导航,所以必须引入其他传感器设备。

计算机视觉(computer vision,CV)由于其经济、无源、信息丰富等特点,已成为无人机自主着陆中不可缺少的重要信息源。通过计算机视觉可以测量静态参考物,作为机载惯性元件漂移的补偿;当高频干扰、参考物跟踪失败等原因造成视觉失效时,惯性元件可以准确地测量干扰,并在短时间内给出准确的导航信息,引导视觉系统正确工作。

因此,基于视觉的无人机自主进场着陆组合导航方案及相关技术的研究已成为国内外相关领域研究的热点。

## 6.1.2　计算机视觉

计算机视觉(也称机器视觉)是研究用计算机来模拟生物外显和宏观视觉功

能的科学和技术。计算机视觉的首要目标是用图像创建或恢复现实世界模型，即研究如何利用二维图像恢复三维景物世界，然后认知世界。

视觉可以看作是从三维环境的图像中抽取、描述和解释信息的过程，它可以划分为六个主要部分：①感觉；②预处理；③分割；④描述；⑤识别；⑥解释。根据实现上述各种过程所涉及的方法和技术的复杂性将它们归类，可将视觉处理分为三个处理层次：低层视觉处理（感觉、预处理、分割过程）、中层视觉处理（描述、识别过程）和高层视觉处理（解释过程）[3]。

**1）图像处理**

图像处理相当于低层处理过程，主要是对输入的初始图像进行处理。低层处理过程使用了大量的图像处理技术和算法，如图像滤波、图像增强、边缘检测等，以便从图像中提取诸如角点、边缘、线条、边界以及色彩等关于场景的基本特征。

一般情况下，系统获得的原始图像由于受到种种条件限制和随机干扰，往往不能在视觉系统中直接使用，必须在视觉的早期阶段对原始图像进行灰度校正、噪声过滤等图像预处理。图像预处理技术主要有两种方法：空间域方法和频率域方法。

图像中的区域是指相互连接的具有相似特性的一组像素。由于区域可能对应场景中的物体，因此，区域的检测对于图像解释十分重要。图像分割是指将一幅图像分解为若干互不交叠区域的集合，是区域分析的重要方法。常见的图像分割方法包括基于边缘检测的分割、基于区域的分割、边缘与区域相结合的分割等。

**2）特征提取与识别**

这一阶段相当于中层视觉处理过程，主要是对低层视觉处理所生成的图像进行特征提取和标记、表示的过程，从而为进行姿态、位置估计以及运动估计提供足够的信息。

在图像处理阶段通过边缘检测得到的边缘是纹理特征提取和形状特征提取等图像分析的重要基础。把边缘连接起来就成为轮廓，轮廓可以用边缘序列表或曲线来表示，曲线通常称为轮廓的数学模型，轮廓曲线拟合通常采用内插或逼近曲线来实现。

在图像处理阶段通过区域分割得到的区域的角点或几何特征（如周长、面积、质心、矩等），可以提供充分的用于识别物体的信息，同时在状态估计中也经常使用。有些几何特征可以作为物体的描述符，而这些描述符对角运动、平移和缩放都不变。

### 3) 光流场

所谓光流,指图像中灰度模式的运动速度。物体在光源照射下,其表面的灰度呈现一定的空间分布,称之为灰度模式。当人的眼睛观察运动物体时,物体的景象在人眼的视网膜上形成一系列连续变化的图像,这一系列连续变化的信息不断"流过"视网膜(即图像平面),好像是一种光的"流",故称之为光流。

光流表达图像的变化,包含目标运动的信息,可用来确定目标的运动。定义光流以点为基础,所有光流点的集合称为光流场。

当带光学特性的物体在 3D 空间运动时,在图像平面上就形成了相应的图像运动场,或称为图像速度场。除了一些特殊情况,一般认为光流场与运动场没有区别。

光流场是一种 2D 瞬时速度场,2D 速度是物体上可见点的 3D 速度在成像平面上的投影,光流场不仅含有被观测物体的运动信息,而且含有 3D 物体结构的丰富信息。光流场作为"中间介质",是中、高层视觉算法的一个重要输入,这些视觉算法执行着诸如目标分割、识别、跟踪、导航以及形状信息恢复等重要任务。光流场计算是计算机视觉及有关研究领域中的一个重要部分。

### 4) 运动估计

运动估计阶段相当于高层处理过程,是计算机试图模拟人类认知行为的过程。在不同的应用中,其认知的目的和方法相差很多。大致可以将运动估计方法分为两类:基于特征的方法和基于光流的方法。

(1) 基于特征的方法。

基于特征的方法,主要是通过中层视觉处理过程中得到的特征,通过求解特征之间的几何关系以及特征的投影关系,得到运动估计的方法。根据特征的不同,又可以分为基于点特征的方法、基于线特征的方法和基于区域特征的方法等[4]。

三维空间中的点经过透视投影后,在像平面上会形成一个与之相对应的像点,在点位置已知的情况下,像点的位置取决于反映摄像机位置、姿态的外参数,按一定规则选取至少 4 个点,建立关于像点位置和摄像机外参数的方程组,通过求解该方程组,可获得唯一的摄像机位置、姿态参数。文献[5]使用 24 个点,如图 6 - 1(a)所示,通过最小二乘法抑制噪声,通过线性方法求出无人直升机的概要位置、姿态,再使用非线性方法对位置、姿态进行优化获得精度较高的位置、姿态估计值。文献[6]同样通过双圆确定的 21 个特征点确定无人机的位置、姿态,

如图 6-1(b)所示。文献[7]通过提取跑道和地平面上的 10 个点,如图 6-1(c)
所示,建立扩展 Kalman 滤波器,对飞机相对于跑道的位置、姿态进行估计。

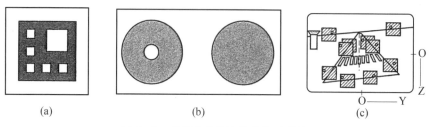

(a)　　　　　　　　　　(b)　　　　　　　　　(c)

图 6-1　基于点特征方法的运动估计

　　根据射影几何原理,空间中不平行于像面的平行线投影到像面上会相交于
一点,称为灭影点;而灭影线是平面无穷远处在像面的投影,也可以认为是该面
内不同方向平行线形成的灭影点的集合。根据灭影点在像面上的位置,可以计
算出相对于摄像机坐标系该组直线的三维方向。如果从着陆平台的图案中提取
出多组平行线及其灭影点,就可以通过对直线结构的分析,得到相对位置、姿态
的估计[8]。文献[9]使用如图 6-2 所示的跑道边缘的平行线和地平线信息,得
到飞机的位置、姿态估计,但实验证明,该方法沿跑道方向的位置估计精度很低。

图 6-2　基于线特征方法的运动估计

　　区域特征主要包括区域的面积、矩、质心、主轴方向等,它们包含了丰富的信
息,在一定的条件下,可以利用它们进行无人机的姿态位置估计。

　　在无人直升机着陆研究中,文献[10]假设机载摄像机的光轴始终与直升机
停机坪垂直,借助图像矩的概念,计算出如图 6-3(a)所示的图标质心在像面上
的坐标以及图标主轴与像面横轴的夹角,再通过坐标变换,求得无人机相对于着

陆点的位置、姿态。在无人直升机着舰研究中，文献[11]通过计算两矩形的中心位置提取无人机与舰船间的航向信息，将图 6-3(b)所示的两矩形的面积与无人机和着陆点之间的距离建立近似关系，并构造 Kalman 滤波器获得航向和距离及其导数的值，从而确定出无人直升机与舰船的相对状态。文献[12]将跑道灯光区域[见图 6-3(c)]在视平面两方向上的数字平均值、所有灯光区域距视平面原点的平均距离、绕某一指定轴的矩作为系统的测量值，并构造 Kalman 滤波器获得飞机相对于跑道的位置、速度和姿态值。

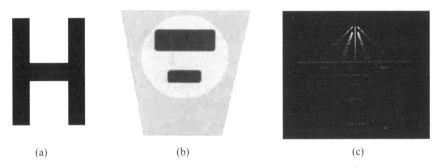

(a)　　　　　　　　(b)　　　　　　　　(c)

图 6-3　基于区域特征方法的位置、姿态以及运动估计

（2）基于光流的方法。

一般来说，3D 场景中一个刚体的运动（平移和旋转）可以用 6 个参数来表示，如果能得到来自物体不同部分的光流信息，就可以利用所获得的图像序列光流信息计算出 3D 物体运动和结构参数。

从图像序列恢复物体 3D 运动和结构是视觉运动分析中的一个主要课题，用图像序列中的特征对应可以求解 3D 运动和结构。文献[13]提出了综合视觉运动分析中的两类方法计算 3D 刚体的运动和结构参数的算法。文献[14]提出一种稳定的线性递归算法，该线性算法仅需少量的线性方程组，在长序列图像中用 Kalman 滤波器整合所得的计算值，最后得出所有未知参数的最优解，经测试，该算法可以实时处理，其结果也是可信的。可惜的是该算法尚不能得到深度的绝对值、只能给出深度值的相对量。

许多实验表明，人类视觉的第一处理级是非线性的。从图像序列中估算场景的 3D 运动和结构一般被认为是一个非线性优化问题，而扩展 Kalman 滤波器被认为是一种非常适合的非线性优化滤波器，它是以预测加修正作为其递归滤波的基本算法。使用扩展 Kalman 滤波器可以提供 3D 运动和结构参数的估算[15]。

### 6.1.3 多传感器信息融合

信息融合是利用计算机技术对按时序获得的若干传感器的观测信息在一定准则下加以自动分析、优化综合以完成所需的决策和估计任务而进行的信息处理过程。从定义可以看出,信息融合技术可以充分利用多传感器在空间和时间上的冗余或互补信息,从而取长补短,精确地反映被测对象的特征,消除信息的不确定性,提高系统的可靠性。

(1) 信息融合的层次结构。

由于信息融合是对多源信息进行阶梯状、多层次的处理过程,建立信息融合的融合层次便成为首要解决的关键问题。但由于系统复杂程度和对信息抽象程度的不同,人们对融合层次存在着不同的看法。文献[16]中采用了大家普遍接受的3层融合结构,即数据层、特征层和决策层的融合,如图 6 - 4 所示。

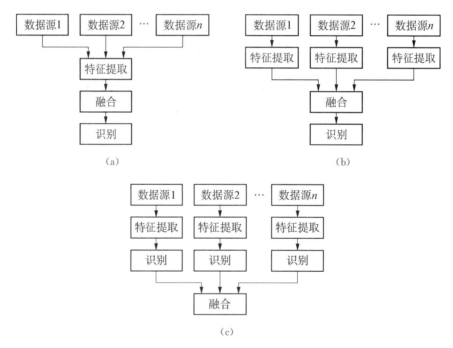

**图 6 - 4 多传感器信息融合的 3 种层次结构**

(a) 数据层融合　(b) 特征层融合　(c) 决策层融合

数据层融合如图 6 - 4(a)所示,首先将全部传感器的观测数据融合,然后从融合数据中提取特征向量,并进行判断识别。数据层融合要求传感器是同质的或相同量级的,其融合结果准确,但对系统通信带宽、处理能力要求比较高。特征层融合如图 6 - 4(b)所示,每种传感器从观测数据中提取有代表性的特征,这些特征融合成单一的特征向量,然后运用模式识别的方法进行处理。这种方法对系统通信带宽和处理能力要求较低,但由于数据的丢失使其准确性有所下降。决策层融合是指在每个传感器对目标做出识别后,将多个传感器的识别结果进行融合,如图 6 - 4(c)所示。决策层融合产生的结果相对而言最不准确,但它对系统的通信带宽和处理能力要求最低。

(2) 信息融合方法。

对于多传感器系统来说,信息具有多样性和复杂性,因此对信息融合方法的基本要求是具有鲁棒性和并行处理能力。目前信息融合方法基本上可概括为随机类和人工智能类两大类。

随机类方法有加权平均法、Kalman 滤波法、Bayes 估计法、统计决策法、小波变换法、D - S证据推理等;人工智能类则有模糊聚类理论、专家系统、神经网络等。

加权平均法。这是最简单最直观的信息融合方法,该方法是将一组冗余信息进行加权平均,并将加权平均值作为信息融合值。

Kalman 滤波法。用于实时融合动态的低层次冗余数据。如果系统具有线性的动力学模型,且系统噪声和测量噪声是高斯分布的白噪声模型,那么Kalman 滤波法为融合数据提供统计意义下的最优估计。Kalman 滤波法的递推特性使系统数据处理不需要大量的数据存储和计算。如果数据处理不稳定或系统模型线性程度的假设对融合过程会产生影响时,可采用广义 Kalman 滤波法代替常规的 Kalman 滤波法。采用分散 Kalman 滤波法实现信息融合完全分散化,每个节点单独进行预处理和估计,任何一个节点失效不会导致整个系统失效,因而分散式的结构对信息处理单元的失效有鲁棒性和容错性。其中,联邦Kalman 滤波法可以通过选定主滤波器的融合周期,从而大大减少了计算量,融合方法简单有效,并且由于信息分配因子的引入使得系统容错性得到很大改善。Kalman 滤波法在传感器子系统层可进行局部融合,在组合系统层可进行全局融合。

Bayes 估计法。这是融合静态环境中低层信息的一种常用方法,其信息描述为概率分布。Durrant-whyte 提出了信息融合的多 Bayes 估计方法,即把单个节点当作一个 Bayes 估计器,利用多 Bayes 方法,将与相应对象有关的概率分布组合成一个联合后验分布函数,然后将此联合分布的似然函数极大化,算出融合信息。

统计决策法。这是两步信息融合技术,首先将来自信息源的数据进行鲁棒假设验证,然后用一类鲁棒极大极小的决策规则将验证通过后的数据进行融合。

小波变换法。小波变换的多尺度和多分辨率特性可在信息融合中起到数据融合、特征提取的作用,近年来,小波变换在图像边缘检测、图像融合和图像分类中得到广泛的应用。

D-S证据推理。这是 Bayes 估计法的扩展,解决了一般水平的不确定性问题。根据人的推理模式,采用概率区间和不确定区间来确定多证据下假设的似然函数,还能计算任一假设为真条件下的似然函数值。D-S证据推理能融合不同层次上的属性信息,能区分不确定性信息与未知性信息,能较好地解决报告冲突,容错能力强,在信息融合技术中得到了广泛应用。

模糊聚类理论。多用于图像融合与图像边缘检测。聚类是按照一定的标准对用一组参数表示的样本群进行分类的过程。模糊聚类的过程,也就是样本中的特征参数被融合、样本按标准被分类的过程。当选定一种相似性度量、差别检验以及停止规则后,就可得到一种特定的聚类分析算法。

专家系统。对于复杂的信息融合系统,可以使用分布式专家系统。各专家系统都是某种专业知识的专家,它接受用户、外部系统和其他专家系统的信息,根据自己的专业知识进行判断和综合,得到对环境和姿态的描述,最后利用各种综合与推理的方法,形成一个统一的认识。

神经网络。各信息源所提供的环境信息都具有一定程度的不确定性,对这些不确定性信息的融合过程实际上是一个不确定性推理过程。神经网络可根据当前系统接收的样本的相似性,确定分类标准,这种确定方法主要表现在网络的权值分布上,同时可用神经网络的学习算法来获取知识,得到不确定性推理机制。

在无人机着陆研究中,主要考虑多传感器信息的融合问题,即要实现信息的数据层融合和特征层融合。文献[9][11][12][17][18]均使用广义 Kalman 滤波器对不同的信息进行融合,并估计飞机的状态。

## 6.2  无人机自主进场着陆导航系统方案

### 6.2.1  基于视觉的自主进场着陆导航方案

在无人机整个进场着陆过程中,根据无人机不同的飞行状态、不同的导航目标、不同的导航系统精度要求、不同的计算机视觉作用原理将进场过程分为惯导系统校准、进近和着陆三个阶段。

（1）惯导系统校准阶段。

惯导系统校准阶段是无人机由正常巡航阶段到着陆进近阶段的过渡阶段。在此阶段，机载导航系统需要修正较大的导航误差，使无人机进入进近操作之前，机载导航系统导航精度满足预先设定的要求：导航系统沿惯性坐标系 $Oy$ 方向的水平位置估计误差应不大于 $\pm 30$ m($2\sigma$)，沿 $Oz$ 方向的垂直位置估计误差应不大于 $\pm 30$ m($2\sigma$)，沿 $Ox$ 方向的纵向位置估计误差应不大于 $\pm 150$ m($2\sigma$)。

在惯导系统校准阶段，无人机首先下降到指定的高度，并根据机载导航系统姿态角和位置估计值，调整无人机飞行姿态、速度与飞行轨迹，引导飞机沿指定方向飞越用于惯导校准的地面合作目标，对机载惯导系统进行校准。

机载导航系统仅使用捷联惯导系统、高度表系统以及电子罗盘，而不能使用卫星导航系统等外部信号辅助。当视觉系统在无人机飞越导航系统计算给出的地面合作目标位置后仍不能找到目标时，需要通过无人机不断的机动来搜索目标。考虑到机载导航系统的累积误差一般可以预先估计，不妨假设其可能的累积误差最大值为 $R_l$，机载视觉系统采用下视方式能够有效搜索目标的宽度为 $W_V$，则无人机在以机载导航系统给出的地面合作目标为中心、以 $R_l$ 为半径的范围内，以 $W_V$ 为步长的螺旋线轨迹飞行，寻找标志点，如图 6-5 所示，$R_{\min}$ 表示无人机在进场过程中允许的最小转弯半径。

当寻找到标志点后，无人机采用沿指定方向飞越地面合作目标的方式，通过

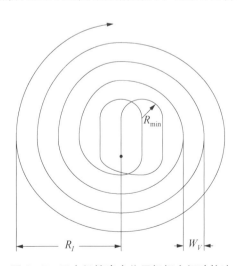

图 6-5　无人机搜索合作目标标志机动轨迹

机载视觉系统跟踪标志点,应用基于固定地面合作目标的导航方案将视觉传感器得到的地面合作目标的特征信息与捷联惯导系统、高度表系统以及电子罗盘的测量信息进行融合,对导航系统的姿态、位置、速度累计误差进行修正。当机载导航系统的误差被校准到一定范围内后,无人机进入进近阶段。

(2) 进近阶段。

进近阶段是无人机完成惯导系统校准后到进入着陆阶段的过渡阶段,在此阶段,无人机主要的操作是降低飞行高度和速度,调整飞机姿态和飞行轨迹,将飞机导引到跑道上空一定的高度、与跑道着陆点一定距离的区域中,使导航系统进入着陆状态之前,沿惯性坐标系 $Oy$ 方向的水平位置估计误差应不大于 $\pm 60$ m$(2\sigma)$,沿 $Oz$ 方向的垂直位置估计误差应不大于 $\pm 3$ m$(2\sigma)$,沿 $Ox$ 方向的纵向位置估计误差应不大于 $\pm 150$ m$(2\sigma)$。

由于在惯导系统校准阶段无人机飞行速度较快、高度较高,因此视觉信号对惯导系统的校准精度有限,而在本阶段,无人机可能由于盘旋等待等任务飞行较长时间,如果导航系统仅依赖惯导系统、高度表系统、电子罗盘等传感器进行工作,则原本很小的估计误差经过长时间累加,可能会造成无人机在进入着陆阶段时,导航系统的位置、速度估计误差较大,给着陆带来困难。

可以看出,在进近阶段,使用合理的导航方法对无人机安全进入着陆阶段十分重要。本章通过计算两帧图像间的稀疏光流场,提出基于随机地面特征的导航方案,来抑制进近阶段导航系统精度的下降。

(3) 着陆阶段。

着陆阶段是无人机飞行任务的最终阶段,也是飞行事故发生概率最大的阶段。为确保无人机着陆阶段的飞行安全,最重要的前提就是自主得到无人机相对于跑道的位置、姿态信息以及跑道是否适合着陆等状态信息。

无人机进入着陆阶段之前,机载导航系统经过惯导系统校准阶段和进近阶段的修正,其导航精度已经较高;同时无人机的飞行状态已经经过长时间的调整,可以被控制在安全的着陆范围内。

在精密进场着陆中,要求外部辅助导航设备和机载导航设备同时在水平和垂直方向对飞机进行精密引导。国际民航组织(ICAO)根据引导设备能把飞机引导到不同决策高度的精度、完好性和可用性的要求,把进场着陆分为Ⅰ级(CAT Ⅰ)、Ⅱ级(CAT Ⅱ)和Ⅲ级(CAT Ⅲ)。以 CATⅢ的导航精度为参考,提出着陆阶段无人机飞越跑道起点以及接地时,导航系统沿惯性坐标系 $Oy$ 方向的水平位置估计误差应不大于 $\pm 4.4$ m$(2\sigma)$,沿 $Oz$ 方向的垂直位置估计误差应不大于±0.6 m(2σ)。在此精度要求的基础上,本章还规定:无人机飞越跑道起点以及接地时,沿惯性坐标系 $Ox$ 方向的纵向位置误差应不大于±150 m(2σ);垂直方向速度误差应不大于±0.3 m/s(2σ);三个姿态角误差应不大于±1°(2σ)。

　　无人机进入着陆阶段时已基本对准跑道,即使需要横侧向调整,也只需小幅度的机动即可使飞机保持沿跑道中心线的飞行状态。在无人机到达预先设定的下滑线之前,飞机一直保持平飞状态,同时调整飞行速度至无人机失速速度的1.3倍。当到达下滑线后,飞机沿下滑线按照指定的下滑角下滑。当下降到指定的拉平高度后,无人机开始进行指数拉平操作。在整个着陆阶段,机载视觉系统搜索并跟踪布置在跑道上的合作目标,通过信息融合技术得到准确的位置、姿态估计值,修正飞机位置、姿态。本阶段使用的图像处理算法、信息融合算法和导航方案均与惯导系统校准阶段使用的算法和方案相同。

　　考虑到如果跑道上存在障碍物,会对着陆安全造成威胁,因此,在无人机距离跑道小于1 500 m时,视觉系统在处理跑道合作特征标志的同时,还要通过相关算法对跑道障碍物进行检测,若未发现障碍物,则经过指数拉平操作,无人机以小于2 m/s的垂直速度接地,接地后无人机开始刹车,同时根据导航系统信息沿跑道滑跑直至停止;当发现影响着陆安全的障碍物时,必须在无人机与跑道平面垂直距离大于50 m时向飞行管理系统发出复飞指令,引导无人机执行复飞操作,以保证无人机进行复飞机动时与跑道有足够的安全距离。

　　(4)进场方式选择。

　　对于常规飞机来讲,根据机场导航设备和机载导航设备的不同,主要有两种进场方式:长五边着陆方式[见图6-6(a)]和通场着陆方式[见图6-6(b)]。

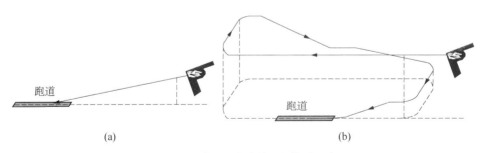

　　(a)　　　　　　　　　　　　　　　　　　　(b)

**图6-6　两种进场方式的飞行轨迹示意图**

　　对于大部分民用飞机和民用机场来说,由于装备了诸如 ILS 等着陆导航设备,所以一般采用长五边着陆方式。

　　所谓通场着陆方式是指飞机在着陆前,需要从机场跑道上空通过一次,然后进入二转弯、三转弯,进入四转弯后飞机就直接对准跑道放下起落架,并逐渐降低速度和高度以完成着陆任务的方式。对于不携带着陆导航设备的战斗机,一般采用该方式,通过通场操作建立目视,并通过建立的目视加入起落航线,不断调整速度、姿态,最终完成进场着陆任务。

对于无人机基于视觉的自主进场着陆过程来说,若机场跑道五边延长线方向上有足够的空域完成整个进场过程,同时存在合适的区域布置地面合作目标,则可以采用长五边着陆方式;否则,可使用通场着陆方式。

(5)自主导航方案。

进场前导航系统精度假设:为了限制本章的研究范围,假设当无人机进入进场着陆状态后,机载视觉系统不需要进行目标搜索操作,即可在摄像机的视场范围内找到并锁定地面合作目标。

机场环境假设:为了尽量减少对机场空域的要求,无人机采用通场着陆方式;惯导系统校准阶段和着陆阶段应用同一个地面合作目标。

在以上假设的前提下,下面给出完整的无人机自主进场着陆导航方案的示意图(见图6-7)。其中,惯导系统校准阶段对应轨迹$AB$,进近阶段对应轨迹$BC$,着陆阶段对应轨迹$CD$。轨迹上的箭头对应无人机的飞行方向。

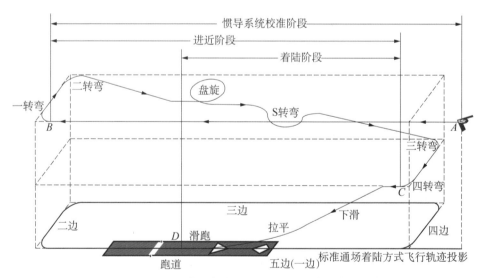

**图6-7 无人机自主进场着陆导航方案示意图**

无人机首先进入惯导系统校准阶段,根据机载导航系统的导航信息,飞控系统控制飞机在指定的高度飞越合作目标,使用基于固定地面合作目标的导航方案,对惯导系统进行校准。当无人机到达预先设定的一转弯点后,导航系统进入进近阶段,飞控系统控制飞机沿预先设定的二、三、四边飞行,同时调整飞行高度、速度和姿态,并通过机动调整着陆时间;机载导航系统使用基于随机地面特征的导航方案,抑制进近阶段导航系统精度的下降。当无人机经过四转弯重新进入五边后,导航系统进入着陆阶段,飞控系统控制无人机完成下滑、拉平、滑跑等操作,机载导航系统利用基于固定地面合作目标的导航方案,跟踪跑道上的合作目标,给出精确的导航信息;当与跑道距离小于 1 500 m 时,障碍物检测系统开始工作,若发现障碍物,则向飞行管理系统发出复飞指令,中断进场着陆过程。

### 6.2.2 信息获取及传感器建模

要实现无人机自主着陆,其自主着陆控制系统必须获取如下的关键信息:无人机在空间绝对的或对某参照物相对的精确位置、姿态和其他信息(如俯仰角速率、侧滑角等),且各信息应满足控制系统所要求的更新频率。

(1) 坐标系的定义。

首先对基于视觉的自主着陆导航系统中所使用的不同坐标系进行定义,以便建立不同传感器测量信息的相互关系。不同坐标系的定义如图 6-8 所示。

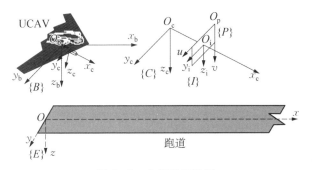

图 6-8 坐标系示意图

主要包括惯性坐标系 $\{E: O\text{-}xyz\}$,机体坐标系 $\{B: O_b\text{-}x_by_bz_b\}$,摄像机坐标系 $\{C: O_c\text{-}x_cy_cz_c\}$,图像坐标系 $\{I: O_i\text{-}y_iz_i\}$ 和像素坐标系 $\{P: O_p\text{-}uv\}$。$\{E\}$、$\{B\}$、$\{C\}$ 和 $\{I\}$ 单位为 m,$\{P\}$ 单位为像素(pixel)。

本章后续内容中,对点的坐标或特定坐标系中的向量使用如下标注方法:$\boldsymbol{P}_y^x$。其中,粗体字母 $\boldsymbol{P}$ 标示该符号为点或向量,上标 $x$ 表示该点或向量所在的坐标系,下标 $y$ 表示该点或向量对应的标号或对象。

上述坐标系的定义方法主要是为了与飞行器相关的坐标系定义及坐标系之

间的变换关系保持一致。因此，像素坐标系$\{P\}$中，设任意点$P$的坐标为$P^p=[u, v]^{\mathrm{T}}$，其齐次坐标的表示为$\bar{P}=[1, u, v]^{\mathrm{T}}$。

（2）自主进场着陆导航系统最小设备集合。

无人机根据所要完成任务的不同，可以选择性地搭载不同机载传感器设备及任务载荷。本节定义的最小设备集合是指为了能够完成自主进场着陆任务，无人机所必需的最少导航设备的总和。

a. 战术级捷联惯导系统（tactical grade stripdown INS）；

b. 带有二自由度云台的摄像机和激光测距仪（摄像机和激光测距仪共用一套光学系统）组成的机载摄像机系统以及事先布置在地面上的已知参数的合作目标；

c. 电子罗盘；

d. 气压高度表和雷达高度表经过组合得到的高度表系统。

本章主要以无人机搭载最小设备集合为前提进行导航系统设计，这并不是排除系统使用其他传感器的必要性和可能性，主要是为无人机系统提供一种在其他传感器或导航设备、方法失效或可靠性下降情况下，能安全完成进场着陆导航任务的方案。

（3）惯导系统。

惯性导航是一种自主式的导航方法。其基本工作原理是以牛顿力学定律为基础，依靠直接测量机体的加速度（惯性），经积分运算得出机体的瞬时速度、位置以及测量机体的姿态。它完全依靠机载惯性设备自主地完成导航任务，和外界不发生任何联系，因此隐蔽性好，工作不受天气条件的限制。这一独特的优点，使其成为航天、航空和航海领域中一种广泛使用的主要导航方法。

捷联式惯导系统通过固连在飞机上的三个正交安装的加速度计和三个正交的陀螺仪，测量飞机机体轴系上的加速度和角速度，惯导平台的功能通过计算机来完成，由于省略了平台是惯导系统的机械结构平台，所以具有结构简单、体积小、重量轻、成本小、可靠性高、维护方便的优点。

不过由于纯惯导系统的定位精度随时间增长而呈发散趋势，故而纯惯导系统不能长时间独立工作。由最小设备集合可知，本章使用战术级惯性器件，其精度无法感知地球自转，所以本章中的惯性坐标系不考虑地球自转影响。此外，无人机自主着陆过程中飞行区域较小，一般水平飞行范围在几十千米内，高度变化在几千米内，可以忽略地球的曲率和重力加速度的变化。

a. 捷联惯导系统的力学编排。

捷联惯导系统根据相应的数学方程对惯性器件的输出做处理从而获得导航参数,即利用陀螺仪测得的机体相对于惯性参照系的旋转角速度,计算出机体坐标系至惯性坐标系之间的坐标变换矩阵;将测量的比力(加速度计测量机体相对于惯性空间的线运动加速度)变换至惯性坐标系并通过两次积分得到所需要的导航定位信息。

根据惯导系统给出的姿态角(滚转角 $\varphi$、俯仰角 $\theta$ 和偏航角 $\psi$)确定从 $\{B\}$ 到 $\{E\}$ 的方向余弦矩阵 $\boldsymbol{C}_b^e$ 和旋转角速率变换矩阵 $\boldsymbol{E}_b^e$,如式(6-1)和式(6-2)所示。

$$\boldsymbol{C}_b^e = \begin{bmatrix} c_\psi c_\theta & c_\psi s_\theta s_\varphi - s_\psi c_\phi & c_\psi s_\theta c_\varphi + s_\psi s_\phi \\ s_\psi c_\theta & s_\psi s_\theta s_\varphi + c_\psi c_\phi & s_\psi s_\theta c_\phi - c_\psi s_\phi \\ -s_\theta & c_\theta s_\phi & c_\theta c_\phi \end{bmatrix} \tag{6-1}$$

$$\boldsymbol{E}_b^e = \begin{Bmatrix} 1 & s_\phi s_\theta / c_\theta & c_\phi s_\theta / c_\theta \\ 0 & c_\phi & -s_\phi \\ 0 & s_\varphi / c_\theta & c_\phi / c_\theta \end{Bmatrix} \tag{6-2}$$

式中,s(•)和 c(•)分别表示 sin(•)和 cos(•)。

方向余弦矩阵对应的微分方程如式(6-3)所示,其中 $[\boldsymbol{\omega}^b \times]$ 为三轴陀螺得到的沿机体轴的角加速度 $\boldsymbol{\omega}^b$ 测量值的反对称矩阵。

$$\dot{\boldsymbol{C}}_b^e = \boldsymbol{C}_b^e \cdot [\boldsymbol{\omega}^b \times] \tag{6-3}$$

然后可以得到姿态方程:

$$\dot{\boldsymbol{\psi}}^e = \boldsymbol{E}_b^e \cdot \boldsymbol{\omega}^b \tag{6-4}$$

式中,$\boldsymbol{\psi}^e = [\phi, \theta, \psi]^{\mathrm{T}}$ 表示无人机的欧拉角向量。

接着根据计算得到的方向余弦矩阵 $\boldsymbol{C}_b^e$ 和加速度计测量得到的比力 $\boldsymbol{f}^b$,建立比力方程,如式(6-5)所示,得到系统的速度方程。

$$\dot{\boldsymbol{V}}^e = \boldsymbol{C}_b^e \cdot \boldsymbol{f}^b + \boldsymbol{g}^e \tag{6-5}$$

式中,$\boldsymbol{g}^e$ 表示由重力引起的加速度,即 $\boldsymbol{g}^e = [0, 0, -g]^{\mathrm{T}}$;$\boldsymbol{V}^e = [V_x^e, V_y^e, V_z^e]^{\mathrm{T}}$ 表示无人机在惯性坐标系中的运动速度向量。

最后得到系统的位置方程:

$$\dot{\boldsymbol{P}} = \boldsymbol{V}^e \tag{6-6}$$

式中，$\boldsymbol{P}_0^e = [x_0^e, \, y_0^e, \, z_0^e]^T$ 为无人机质心在 $\{E\}$ 中的位置。

b. 捷联惯导系统建模。

SINS 中直接测量值主要来源于安装在体轴上的三个陀螺和三个加速度计，因此，对 SINS 建模主要是对陀螺和加速度计进行建模。

考虑到工程实际，假设三个陀螺或三个加速度计的误差模型相同。陀螺和加速度计的误差均主要表现为漂移误差，而确定性漂移误差可以通过事先对传感器进行标定而进行补偿，因此影响传感器精度的主要因素就是其随机漂移误差[20]。

机体坐标系三轴的角速度测量模型为

$$\boldsymbol{\omega}_{\text{INS}}^b = \boldsymbol{\omega}^b + \delta\boldsymbol{\omega}^b \tag{6-7}$$

沿机体坐标系三轴的比力测量模型为

$$\boldsymbol{f}_{\text{INS}}^b = \boldsymbol{C}_e^b \cdot (\dot{\boldsymbol{V}}^e - \boldsymbol{g}^e) + \delta\boldsymbol{f}^b = \boldsymbol{C}_e^b \cdot \boldsymbol{f}^e + \delta\boldsymbol{f}^b = \boldsymbol{f}^b + \delta\boldsymbol{f}^b \tag{6-8}$$

式中，$\delta\boldsymbol{\omega}^b = [\varepsilon_x^b, \, \varepsilon_y^b, \, \varepsilon_z^b]^T$，$\delta\boldsymbol{f}^b = [\nabla_x^b, \, \nabla_y^b, \, \nabla_z^b]^T$，$\varepsilon_i^b(i = x, \, y, \, z)$ 为每个陀螺的随机漂移误差，$\nabla_i^b(i = x, \, y, \, z)$ 为每个加速度计的随机漂移误差。

c. 捷联惯导系统的误差方程。

捷联惯导系统的误差方程描述在误差源作用下导航参数误差随时间的变化规律，它包括姿态误差方程、速度误差方程和位置误差方程。导航参数误差主要包括陀螺和加速度计的随机漂移误差。

首先定义失准角 $\delta\boldsymbol{\psi}^e$ 为欧拉角测量值 $\boldsymbol{\psi}_{\text{INS}}^e$ 与实际欧拉角 $\boldsymbol{\psi}^e$ 的差，如式 (6-9) 所示。

$$\boldsymbol{\psi}^e = \begin{Bmatrix} \delta\phi \\ \delta\vartheta \\ \delta\psi \end{Bmatrix} = \begin{Bmatrix} \phi_{\text{INS}} & -\varphi \\ \theta_{\text{INS}} & -\theta \\ \psi_{\text{INS}} & -\psi \end{Bmatrix} = \boldsymbol{\psi}_{\text{INS}}^e - \boldsymbol{\psi}^e \tag{6-9}$$

设 $(\boldsymbol{C}_b^e)_{\text{INS}}$ 为由 SINS 姿态角测量数据得到的方向余弦矩阵，则在失准角 $\delta\boldsymbol{\psi}^e$ 的情况下，式 (6-10) 成立。

$$(\boldsymbol{C}_b^e)_{\text{INS}} = (\boldsymbol{I}_{3\times3} + [\delta\boldsymbol{\psi}^e \times]) \cdot \boldsymbol{C}_b^e \tag{6-10}$$

因此，由式 (6-5)、式 (6-10)，得到捷联惯导系统的速度误差方程[21]：

$$\delta \dot{\boldsymbol{V}}^e = \dot{\boldsymbol{V}}^e_{\mathrm{INS}} - \dot{\boldsymbol{V}}^e = (\boldsymbol{C}^e_b)_{\mathrm{INS}} \cdot \boldsymbol{f}^b_{\mathrm{INS}} + \boldsymbol{g}^e - (\boldsymbol{C}^e_b \cdot \boldsymbol{f}^b + \boldsymbol{g}^e)$$

$$= \boldsymbol{C}^e_b \cdot \delta \boldsymbol{f}^b + [\delta \boldsymbol{\psi}^e \times] \cdot \boldsymbol{C}^e_b \cdot \boldsymbol{f}^b_{\mathrm{INS}} = \boldsymbol{C}^e_b \cdot \delta \boldsymbol{f}^b + [\delta \boldsymbol{\psi}^e \times] \cdot \boldsymbol{f}^e_{\mathrm{INS}} \qquad (6-11)$$

$$= -[\boldsymbol{f}^e_{\mathrm{INS}} \times] \cdot \delta \boldsymbol{\psi}^e + \boldsymbol{C}^e_b \cdot \delta \boldsymbol{f}^b$$

由式(6-10)可得

$$[\delta \boldsymbol{\psi}^e \times] = -\boldsymbol{I}_{3\times3} + (\boldsymbol{C}^e_b)_{\mathrm{INS}} \cdot \boldsymbol{C}^b_e \qquad (6-12)$$

对式(6-12)求导,同时考虑到关系式(6-3),得

$$[\delta \dot{\boldsymbol{\psi}}^e \times] = (\dot{\boldsymbol{C}}^e_b)_{\mathrm{INS}} \cdot \boldsymbol{C}^b_e + (\boldsymbol{C}^e_b)_{\mathrm{INS}} \cdot \dot{\boldsymbol{C}}^b_e = (\boldsymbol{C}^e_b)_{\mathrm{INS}} \cdot [\delta \boldsymbol{\omega}^b \times] \cdot \boldsymbol{C}^b_e$$

$$= (\boldsymbol{I}_{3\times3} + [\delta \boldsymbol{\psi}^e \times]) \cdot \boldsymbol{C}^e_b \cdot [\delta \boldsymbol{\omega}^b \times] \cdot \boldsymbol{C}^b_e \qquad (6-13)$$

$$= \boldsymbol{C}^e_b \cdot [\boldsymbol{\omega}^b \times] \cdot \boldsymbol{C}^b_e + [\delta \boldsymbol{\psi}^e \times] \cdot \boldsymbol{C}^e_b \cdot [\delta \boldsymbol{\omega}^b \times] \cdot \boldsymbol{C}^b_e$$

由于$[\delta \boldsymbol{\psi}^e \times] \cdot [\delta \boldsymbol{\omega}^b \times] = 0$,写成向量的形式,便得到捷联惯导系统的姿态误差方程[21]:

$$\delta \dot{\boldsymbol{\psi}}^e = \boldsymbol{C}^e_b \cdot \delta \boldsymbol{\omega}^b \qquad (6-14)$$

最后给出捷联惯导系统的位置误差方程如式(6-15)所示[21]。

$$\delta \dot{\boldsymbol{P}}^e_0 = \delta \boldsymbol{V}^e \qquad (6-15)$$

(4) 机载视觉系统。

机载视觉系统是基于视觉的无人机自主着陆导航系统的核心传感器系统之一,主要包括固定在无人机机体上的二自由度云台、激光测距仪和可变焦的摄像机。

a. 摄像机成像模型。

机载视觉系统的最基本组成单元是摄像机,它用来获取三维场景的二维图像信息,是自主着陆导航中主要的信息源。为了定量地描述光学成像过程,需要建立简化光学成像几何关系的摄像机模型,本章使用线性(非畸变)透视投影摄像机模型,即经典的针孔成像模型,如图6-9所示,其中,$|O_cO_i| = f$,称为摄像机的有效焦距。

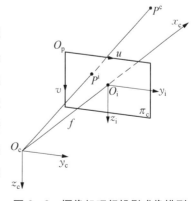

图 6-9　摄像机理想投影成像模型

首先假设无人机的质心在 $\{E\}$ 中的坐标为 $\boldsymbol{P}_0^e = [x_0^e, y_0^e, z_0^e]^T$；摄像机光心 $O_c$ 相对于无人机的质心的坐标为 $\boldsymbol{P}_0^b = [x_0^b, y_0^b, z_0^b]^T$；摄像机坐标系 $\{C\}$ 相对于 $\{B\}$ 的偏航角为 $\psi_C$，俯仰角为 $\theta_C$ 滚转角为 $0$。

定义从 $\{E\}$ 到 $\{B\}$ 的方向余弦矩阵 $\boldsymbol{C}_e^b = (\boldsymbol{C}_b^e)^T$，以及 $\{B\}$ 到 $\{C\}$ 的方向余弦矩阵 $\boldsymbol{C}_b$，则得到从 $\{E\}$ 到 $\{C\}$ 的方向余弦矩阵 $\boldsymbol{C}_e$ 以及摄像机的光心 $O_c$ 在 $\{E\}$ 中的坐标 $\boldsymbol{P}_C^e = [x_C^e, y_C^e, z_C^e]^T$，如式(6-16)所示。

$$\boldsymbol{C}_e = \boldsymbol{C}_b \cdot \boldsymbol{C}_e^b \qquad (6-16)$$

$$\boldsymbol{P}_C^e = \boldsymbol{P}_0^e + \boldsymbol{C}_b^e \cdot \boldsymbol{P}_c^b \qquad (6-17)$$

因此，惯性坐标系 $\{E\}$ 中某点 $\boldsymbol{P}_i$ 在摄像机坐标系 $\{C\}$ 中的坐标如式(6-18)所示。

$$\boldsymbol{P}_i^c = \boldsymbol{C}_e \cdot (\boldsymbol{P}_i^e - \boldsymbol{P}_C^e) \qquad (6-18)$$

则点 $\boldsymbol{P}_i$ 的空间齐次坐标 $\bar{\boldsymbol{P}}_i^I = [1, y_i^I, z_i^I]^T$ 的齐次坐标值。

$$\bar{\boldsymbol{P}}_i^p = \begin{bmatrix} 1 \\ u_i \\ v_i \end{bmatrix} = \begin{bmatrix} 1 & 0 & 0 \\ u_0 & \mathrm{d}u^{-1} & 0 \\ v_0 & s & \mathrm{d}v^{-1} \end{bmatrix} \cdot \begin{bmatrix} 1 \\ y_i^I \\ z_i^I \end{bmatrix} = \begin{bmatrix} 1 & 0 & 0 \\ u_0 & \mathrm{d}u^{-1} & 0 \\ v_0 & s & \mathrm{d}v^{-1} \end{bmatrix} \bar{\boldsymbol{P}}_i^I = \frac{1}{x_i^c} \boldsymbol{K} \cdot \boldsymbol{P}_i^c$$

$$(6-19)$$

式中，$s$ 为倾斜因子，即当计算机像素坐标系的 $O_p u$ 轴和 $O_p v$ 轴不垂直时所导致的一个系数，对于实际数字摄像机，倾斜因子都非常小，一般可以忽略不计，因此常取 $s=0$；$\mathrm{d}u$ 表示摄像机成像平面上相邻两个像元水平方向的距离；$\mathrm{d}v$ 表示摄像机成像平面上相邻两个像元竖直方向的距离；$(u_0, v_0)$ 表示摄像机的成像平面主点 $o_i$ 在像素坐标系的帧存坐标。$\boldsymbol{K}$ 为摄像机线性模型下的内参数矩阵。定义单位行向量 $e_1 = [1, 0, 0]$、$e_2 = [0, 1, 0]$、$e_3 = [0, 0, 1]$，由式(6-19)得到 $\boldsymbol{P}_i$，$\boldsymbol{P}_i$ 在像素坐标系中的坐标值为

$$\boldsymbol{P}_i^p = \begin{bmatrix} u_i \\ v_i \end{bmatrix} = \rho \begin{bmatrix} \boldsymbol{e}_2 \\ \boldsymbol{e}_3 \end{bmatrix} \boldsymbol{K} \boldsymbol{P}_i^c, \quad \rho \neq 0 \qquad (6-20)$$

$$\frac{1}{\rho} = \boldsymbol{e}_1 \boldsymbol{P}_i^c$$

考虑到 $\boldsymbol{P}_i$ 在像素坐标系中的坐标测量值 $\boldsymbol{P}_{i,C}^p$ 一般是通过图像处理的方法

得到的,不同的算法会引入不同的误差 $\varepsilon_{CV}$,一般不能简单地用零均白噪声对图像处理误差进行建模,不过误差能量有界。因此,得到特征点 $i$ 的测量方程:

$$\boldsymbol{P}_{i,\,CV}^{p}=\begin{bmatrix}u_{i,\,CV}\\v_{i,\,CV}\end{bmatrix}=\begin{bmatrix}u_{i}+\varepsilon_{i,\,u}\\v_{i}+\varepsilon_{i,\,v}\end{bmatrix}=\boldsymbol{P}_{i}^{p}+\boldsymbol{\varepsilon}_{i,\,CV} \qquad (6-21)$$

b. 云台模型与摄像机变焦策略。

为了无人机在飞行过程中能够搜索并锁定地面上感兴趣的区域,摄像机被安装在一个二自由度云台上,摄像机可以通过云台相对于机体进行俯仰和偏航运动;当机载摄像机获得的图像大小不合适时,为获得最佳的图像处理结果,应对摄像机发送变焦命令,调整焦距。

为了便于研究,不失一般性,假设云台的偏航方向转动轴与摄像机坐标系中的 $O_{c}z_{c}$ 轴重合,俯仰方向转动轴与摄像机坐标系中的 $O_{c}y_{c}$ 轴重合,云台转动中心与摄像机光学中心 $O_{c}$ 重合;平台具有快速转动能力,其每个方向的转动动态过程可以简化为一阶惯性环节。因此,不妨假设:二自由度云台偏航运动和俯仰运动环节的动态特性均为式(6-22)所示的一阶环节。

$$G_{\mathrm{yaw}}(s)=G_{\mathrm{pitch}}(s)=\frac{1}{T_{\mathrm{th}}s+1} \qquad (6-22)$$

摄像机的变焦可以采用连续变焦或步进变焦的方式。摄像机变焦后,必须进行摄像机的标定。摄像机标定是确定摄像机内外部参数的过程,标定的目的是从像素坐标信息推断出 3D 信息或从 3D 信息推断出像素坐标信息。本章假设机载摄像机系统在变焦后,支持在线自标定。考虑到步进变焦策略可以先对摄像机某些特定的焦距进行离线标定,变焦后只需经过少量的自标定操作即可以获得较高精度的摄像机内参数,因此本章采用步进变焦策略。

c. 激光测距仪。

在执行某些特殊的任务时,机载视觉系统不仅需要通过摄像机得到目标特征的二维信息,同时需要恢复其深度值,以得到特征完整的三维信息。

虽然立体视觉技术可以恢复目标特征的三维信息,但是其工作原理决定了立体视觉方法的深度估计误差随深度增加而二次增加,当目标与摄像机距离增加时位置估计精度迅速下降。为此,本章采用激光测距仪得到较为准确的目标深度信息。

对于脉冲激光测距仪,其测距原理为:在测距点向被测目标发射一束激光脉冲,光脉冲照射到目标上后其中一小部分激光反射回测距点被探测器接收,假定激光脉冲由发射点至目标来回一次所经历的时间间隔为 $\Delta T_L$，那么被测目标的距离 $R_L$ 如式（6-23）所示。

$$R_L = \frac{1}{2}c \cdot \Delta T_L \tag{6-23}$$

式中，$c$ 为大气光速，即真空中的光速与海平面或近地面的平均大气折射率的比。

影响激光测距精度的因素主要有激光测距仪各部分误差和大气传播引起的误差等，可分为系统误差和随机误差两种[22]。系统误差主要包括计数频率引入的误差、大气折射误差和电光系统延迟误差等，通过对其进行建模与修正，可以使得系统误差对距离测量的影响较小，可以忽略不计。随机误差主要包括光学修正残差、计数器频率不稳定引入的误差、频率量化误差和脉冲前沿变化误差等，由于随机误差具有随机性，不能修正，本章不妨假设 $\Delta\delta_L$ 为均方差为 $\sigma_L$ 的白噪声。综上所述，本章使用的激光测距仪的测量模型为

$$R_L = R + \Delta\delta_L \tag{6-24}$$

（5）其他传感器。

除了捷联惯导系统和机载视觉系统，为了提高自主着陆导航系统误差的稳定性和可靠性，还应充分利用已有的被动或不易被敌方探测的传感器，如电子罗盘、雷达高度表、大气数据信息等。本节分别对电子罗盘和高度表系统的建模进行论述。

a. 电子罗盘。

电子罗盘通过测量载体周围的磁场信息来确定载体在绝对坐标系中的姿态，是一种绝对测量方法。它不同于惯导系统这类航位推算系统，其测量精度不会随着时间的推移而下降。

电子罗盘通常由三维磁阻传感器、倾角传感器和微处理器构成。三维磁阻传感器测量地球磁场；倾角传感器测量罗盘的俯仰角和滚转角；微处理器处理磁阻传感器和倾角传感器的信号、进行数据输出和软硬铁补偿。电子罗盘最终可以输出航向角、俯仰角和滚转角，具有成本低、体积小、测量精度不随时间漂移、精度高等特点。

本章在参考一般三轴电子罗盘（如 HMR3000）性能参数的情况下，假设电子罗盘姿态更新速率为 20 Hz，其姿态角测量值 $\psi^f_{MG}$ 满足式（6-25）。

$$\boldsymbol{\psi}_{MG}^e = \begin{bmatrix} \phi_{MG} \\ \theta_{MG} \\ \psi_{MG} \end{bmatrix} = \begin{bmatrix} \phi + v_{\phi_{MG}} \\ \theta + v_{\theta_{MG}} \\ \psi + v_{\psi_{MG}} \end{bmatrix} = \boldsymbol{\psi}^e + \boldsymbol{v}_{MG} \qquad (6-25)$$

式中，$\boldsymbol{v}_{MG} = [v_{\phi_{MG}}, v_{\theta_{MG}}, v_{\psi_{MG}}]^T$ 为白噪声向量，即电子罗盘姿态角测量误差 $\delta\boldsymbol{\psi}_{MG}^e$。

　　b. 高度表系统。

　　无人机上常常安装了多种高度测量设备，如气压高度表、雷达高度表。它们采用不同的工作原理和工作方式，可以测量出无人机的绝对和相对高度。

　　气压高度根据标准大气的静压和高度之间的关系，测量飞机相对于海平面的绝对气压高度[24]。当飞机着陆时，更重要的是要知道飞机的离地高度，根据预先知道的机场跑道海拔高度，容易得到相对的气压高度。气压高度的测量误差比较大，在地面附近，可能达到 25 m，随高度的增加，其允许误差每 300 m 增加 3 m。由于设定的气压高度表静压基准存在误差，气压表高度对无人机相对于机场的高度测量值 $H_{bar}$ 常存在常值偏差 $B$，如式(6-26)所示。

$$H_{bar} = -z_0^e + B \qquad (6-26)$$

　　雷达高度表可以直接测量飞机到地面的相对垂直距离，主要用于飞机低高度飞行阶段，如着陆阶段、低空突防等。雷达高度表测量用的信号较弱，使用时很难被敌方探测到，符合无人机隐身特性要求。雷达高度表具有较高的测量精度。一般的雷达高度表能从几千米高度在垂直方向上判断出 0.3 m 的高度差。高精度的雷达高度表能从 1 500 m 高度在垂直方向上判断出 0.05~0.1 m 的高度差。但由于地形起伏的影响，雷达高度表给出的高度测量信息 $H_{radar}$ 常带有较大的噪声 $v_{radar}$，如式(6-27)所示。

$$H_{radar} = -z_0^e + v_{radar} \qquad (6-27)$$

　　因此，在无人机着陆阶段，可将雷达高度表和气压高度表组合使用，得到高度表系统。根据气压高度表的低频特性和雷达高度表的高频特性，利用互补滤波方法，融合不同高度表的信息，从而消除气压高度表产生的稳态误差和雷达高度表较大的测量噪声，得到高精度的高度估计[24-25]。

　　互补滤波方法可以把误差特性相反的测量传感器信号互相结合起来，用低通滤波器 $G_L(s)$ 对高噪声分量的信号进行滤波，对含有零点误差或者漂移的信号用高通滤波器 $G_H(s)$ 进行滤波。只要这两个滤波器的时间常数协调一致，就可以得到短时误差和长时误差特性的良好折中[24-25]。

高度表系统的互补滤波原理如图 6‑10 所示。将气压高度表的测量值 $H_{bar}$ 送入高通滤波器滤波,将雷达高度表的测量值 $H_{radar}$ 送入低通滤波器滤波,求其均值,得到纯化的飞行高度信号估计 $H$。

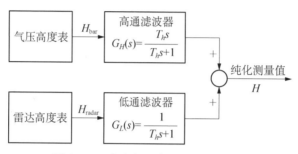

**图 6‑10　高度表系统互补滤波原理图**

在后续内容中,认为无人机的高度均由高度表系统测量,不再讨论高度融合算法,并假设:高度表系统更新速率为 20 Hz,其测量模型如式(6‑28)所示,误差模型如式(6‑29)所示。

$$H = -z_0^e + v_H \tag{6-28}$$

$$\delta H = v_H \tag{6-29}$$

式中:高度表系统测量噪声 $v_H$ 为均方差,为 $\sigma_H$ 的白噪声。

## 6.3　自主进场着陆导航中的计算机视觉

本节根据无人机自主进场着陆导航不同阶段的不同特点,对无人机自主进场着陆导航方案中各阶段对计算机视觉算法的需求进行了分析。

### 6.3.1　计算机视觉算法需求分析

本章提出的无人机自主进场着陆的导航方案,将整个进场着陆过程分为惯导系统校准、进近和着陆三个阶段。在不同的导航阶段,由于无人机的阶段目标不同,飞行状态不同,视觉环境不同,造成计算机视觉算法的作用方式有所不同。为了达到不同阶段不同的导航精度要求,需要选择适当的计算机视觉算法。

**1) 惯导系统校准阶段需求分析**

在进场着陆过程中引入了惯导系统校准阶段,主要目的是确保无人机在进入着陆阶段时导航系统能够有足够的初始精度、飞行状态满足着陆要求。

为了修正无人机相对于跑道的导航误差,需要已知的地面合作目标与机载摄像机相配合下才能完成。下面分别对地面合作目标和计算机视觉算法的需求进行说明。

(1) 地面合作目标的需求。

从无人机惯导系统校准阶段飞行过程来看,地面合作目标的特征图案应满足下列要求:

a. 相对于其周边环境,特征图案应易于识别,并且构图简单,易于视觉系统能够快速地进行图像处理。

b. 图案应包含足够的信息,如点、线或区域,以便视觉系统利用这些信息计算出无人机的位置、姿态信息。

c. 特征图案在空间上应具有非对称性,以提供无人机与跑道相对的航向信息,保证无人机有正确的机头指向。

(2) 计算机视觉算法的需求。

对地面合作目标的计算机视觉处理是惯导系统校准阶段导航方案的基础,在视觉算法的构造过程中,必须将算法的实时性、可靠性和高精度性放在首位。计算机视觉算法可以分为图像处理、特征提取与目标识别和运动视觉分析三步。

2) 进近阶段需求分析

由进近阶段的描述可知,进近阶段对导航系统最大的需求就是在没有已知地面合作目标的前提下,通过适当的计算机视觉算法,保证导航精度不下降或下降较少。由于没有已知的地面特征,比较常用的计算机视觉方法就是计算序列图像之间的光流场,通过光流场与运动场之间的关系,得到无人机的相对运动参数。

在无人机进近过程中,摄像机主要的任务是获取特定的、感兴趣的目标,而不关心整个图像的稠密光流场。考虑到角点是图像的轮廓线上局部曲率变化最大的点,它含有图像中重要的信息,同时角点具有旋转不变和不随光照条件改变而变化的优点,是用于光流场分析的可靠特征。因此,本章选用基于特征点匹配的多尺度光流估计算法,对感兴趣的特征点求取稀疏光流场。在得到两帧图像间的稀疏光流场后,需要融合其他机载传感器的测量值,才能进行有效的运动视觉分析。

3) 着陆阶段需求分析

无人机的着陆阶段,是无人机飞行任务的最终阶段。当无人机进入着陆阶段时,虽然经历了进近阶段长时间的飞行,但是此时导航系统误差与惯导系统校准阶段的误差接近,满足导航系统着陆阶段的进入需求。为了确保无人机着陆阶段的飞行安全以及最终能够降落在跑道指定的区域内,导航系统必须进一步减小无人机与跑道之间的相对位置和姿态估计误差。这就需要已知的地面合作目标与机载摄像机相配合才能完成。

无人机着陆阶段的导航算法与惯导系统校准阶段的导航算法相同。其对计算机视觉算法的需求也基本相同。在着陆阶段,无人机飞行高度低,造成摄像机光轴与地面夹角较小,使得目标成像透视投影畸变变大,部分特征点曲率过小,角点检测结果误差较大,如图6-11所示。因此,必须对着陆阶段的角点检测方法进行特殊处理。

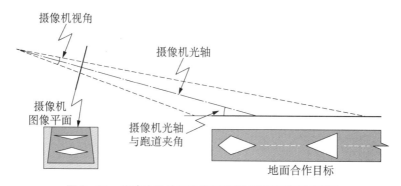

**图6-11　着陆阶段地面合作目标透视投影畸变示意图**

在着陆阶段,导航系统除了需要通过处理地面合作目标得到无人机相对于跑道的位置、姿态信息,同时还需要感知跑道是否适合着陆,即对跑道障碍物进行检测。基于视觉的跑道障碍物检测方案需要对序列图像计算稀疏光流场信息,其对光流场的计算与进近阶段光流场计算的需求相同。在得到稀疏光流场后,进一步的障碍物检测方法将在本章第5节介绍。

4) 地面合作目标布置方案

在惯导系统校准阶段或着陆阶段,如果仅使用跑道上固有的特征,如跑道边缘线、跑道标线和地平线等,可以提取到稳定的关于跑道轮廓的线特征或区域特征,但是这类特征无法避免跑道远端模糊以及近距离时丢失跑道远端特征等缺点。因此,在跑道特定位置上人为设置标志,才是比较可行的方式。

考虑到点特征使用灵活、信息量大,因此,可以选择地面合作目标的点特征作为后续工作的基础。要想通过已知点信息恢复三维场景,至少需要4个一般布局的特征点[26]。在自主进场着陆导航系统中,为减小噪声对系统的影响,提高系统的估计精度,本方案采用了 7 个特征点作为跑道特征。考虑到提取多边形区域的顶点算法成熟、鲁棒性好,而三角形和四边形的顶点曲率大,更易于顶点提取,同时跑道颜色较深,所以选取在跑道起点附近喷涂灰度值较高的(如白色)三角形与四边形组合图案的方法来布置跑道特征,如图 6-12 点 A 至 G 所示。其在 $\{E\}$ 中的坐标分别为 $\boldsymbol{P}_A^e = [30, -15, 0]^T$、$\boldsymbol{P}_B^e = [10, 0, 0]^T$、$\boldsymbol{P}_C^e = [30, 15, 0]^T$、$\boldsymbol{P}_D^e = [70, 0, 0]^T$、$\boldsymbol{P}_E^e = [200, -20, 0]^T$、$\boldsymbol{P}_F^e = [150, 0, 0]^T$ 和 $\boldsymbol{P}_G^e = [200, 20, 0]^T$。采用两个不同图形组合的方式,可以帮助无人机判断着陆方向。此外,飞机着陆阶段与跑道之间夹角较小,沿跑道方向的图案成像时会有较大的压缩,所以多边形区域沿跑道方向设计得较长。将标志布置在跑道起点附近,可以防止飞机滑跑刹车时,在标志上留下过多的刹车痕迹,影响后续无人机的识别效果;同时也可以使飞机下滑时,得到尽量大的图像。

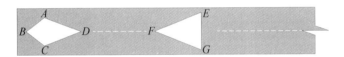

图 6-12　跑道合作特征布置方案

### 6.3.2　视觉图像处理

面向惯导系统校准阶段和着陆阶段对图像处理算法提出的实时性、可靠性和高精度的需求,以地面合作目标为研究对象,根据自主进场着陆视觉导航的实际需要,对成熟、可靠、快速的算法进行组合,用于图像处理。

一般机载摄像机系统捕捉到的图像都是彩色图像,但是为了简化运算和提高系统实时性,一般会将彩色图像转化为灰度图像进行处理。可通过式(6-30)将获取的彩色图像转化为灰度图像,或直接设置采集卡仅采集输入图像的灰度分量。

$$Y = 0.299 \times R + 0.596 \times G + 0.211 \times B \qquad (6-30)$$

式中,$R$、$G$、$B$ 分别表示图像中红、绿、蓝三种颜色的分量。

**1) 图像预处理**

图像预处理主要包括噪声抑制、灰度校正、几何校正和散焦校正等。

在无人机着陆过程中,主要影响图像质量的因素为电气噪声、大气流动及地表悬浮颗粒造成的噪声,根据其统计特性,可以使用均匀分布的椒盐噪声和白噪声对其进行描述。对于这类噪声，可以通过图像平滑操作予以抑制。

中值滤波作为一种非线性的滤波方法，在尽量保留图像边缘细节的同时，可以相当好地消除椒盐噪声和白噪声干扰。中值滤波选定一个含有奇数的像素滑动窗口，将窗口中央像素的值用窗口中所有像素的中值来代替。由于中值滤波在实际运算过程中并不需要图像的统计特性，所以比较方便，现已广泛应用于图像滤波技术中。

本章使用大小为 $5×5$ 正方形窗口的中值滤波方法对图像进行预处理操作，图 6-13 为中值滤波的效果图。其中，图(a)是数字仿真平台在无人机处于惯导系统校准阶段由图像采集卡采集到的一帧图像；图(b)是将图(a)转换为灰度图，加入高斯噪声和椒盐噪声的效果图；图(c)是对加入噪声的图(b)进行中值滤波的效果图。可以看出，经过中值滤波后的图像，噪声影响被明显抑制，同时地面合作目标的边缘等细节被完整地保留了下来。

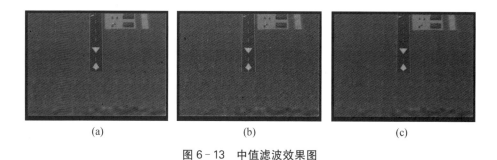

　　　　(a)　　　　　　　　　　(b)　　　　　　　　　　(c)

图 6-13　中值滤波效果图

**2) 区域分割与标记**

对经过预处理后的图像进行阈值化分割(thresholding)和区域生长与标记(region growing and labeling)，从而得到特征识别所需的候选区域。

分割的目的是将图像划分为不同的区域。用 $R$ 表示整个图像区域。图像分割可以看作是将 $R$ 分成 $n$ 不同子区域 $R_i$，$R_2$，$\cdots$，$R_n$的处理过程，使它们满足下列条件[27]：

a. $R_1 \bigcup R_2 \bigcup \cdots \bigcup R_n = R$；

b. $R_i$是一个联通的区域，其中，$i = 1, 2, \cdots, n$；

c. $R_i \bigcap R_j = \varnothing$，其中，$i, j = 1, 2, \cdots, n, i \neq j$；

d. $f(R_i) = TRUE$，其中，$i = 1, 2, \cdots, n$；

e. $f(R_i \bigcup R_j) = FALSE$，其中，$i, j = 1, 2, \cdots, n, i \neq j$；

其中,$f(R_i)$是某种区域分类准则,$\varnothing$表示空集。

条件 a 指出分割必须是完全的,即每个点都必须被分割在某区域中。条件 b 要求区域中的点应该是按预先定义好的方式连接的(如 4 连接或 8 连接)。条件 c 说明区域之间不相交。条件 d 说明分割区域中的像素点必须满足的性质(如 $R_i$ 中的像素均具有相同的灰度值)。最后条件 e 指出,所有邻近区域 $R_i$ 和 $R_j$ 在分类准则 $f$ 上的意义是不一样的。

区域生长是根据预先定义的生长准则来把像素或子区域集合成较大区域的处理方法。其基本处理方法是从一组"种子"点或区域开始来形成成长区域,即将那些预定义属性类似于种子的邻域像素的点附加到这个种子上[27]。

将灰度图经过阈值化转化为二值图,可以有效减少后续处理工作的运算量。经过对不同的阈值选取方法的实验比较,使用设置处于图像最大与最小灰度之间固定比例的灰度值作为阈值的方法进行阈值化,可以较好地适应光照变化。

经过阈值化得到的种子区域,采用区域生长的方法,得到包括完整跑道特征图案在内的待处理区域。标识就是在区域生长完成后给每个不相邻的区域标志一个唯一的整数。

图 6-14 为区域分割与标记的示意图。其中,图(a)是经过中值滤波后的一帧图像;图(b)是对图(a)进行阈值化处理后的效果图;图(c)是放大一倍显示的经过区域分割与标记后得到的 4 个地面合作目标候选联通区域,每个区域用矩形框包围,同时在矩形框上方显示各个区域的标记值。

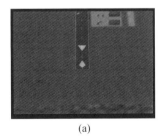 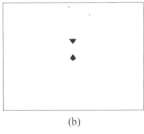 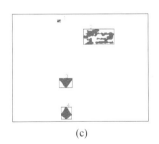

(a)　　　　　　　　(b)　　　　　　　　(c)

图 6-14　区域分割与标记示意图

**3)角点的提取**

考虑到无人机自主进场着陆导航过程中,运动视觉分析使用的是地面特征的点信息,因此需要对区域提取点特征。

图像中的角点(也称为拐点)是指图像中具有高曲率的点,它是由景物目标边缘曲率较大的地方或两条、多条边缘相交所形成。

现在较常用的有 SUSAN(smallest univalue segment assimilating nucleus) 角点边缘检测法[28]和经典的 Harris-Plessey 角点检测(简称 Harris 角点检测, Harris comer detection)法[29]。考虑到 Harris 检测算子具有很好的定位性能和鲁棒性,因此本章使用 Harris 角点检测方法[30,31]。

(1) Harris 角点检测方法[29]。

对于一幅图像,角点与自相关函数的曲率特性有关。其检测原理是将所处理的图像窗口 $w$ 向任意方向移动$(\Delta u, \Delta v)$,则其灰度改变量可用自相关函数定义为

$$E(u, v) = \sum_{\Delta u, \Delta v} w(\Delta u, \Delta v)[I(u + \Delta u, v + \Delta v) - I(u, v)]^2 \quad (6-31)$$

式中,$I$ 代表图像灰度。在角点处,图像窗口的偏移将造成 $E(u, v)$ 的显著变化。

图 6-15 是灰度图像的 Harris 响应示意图。其中,黑色部分是经过区域分割与标记的某个区域。对该区域进行 Harris 角点检测,其 Harris 响应表现为图中的 4 个单峰曲面。最终所需要的角点,就应该在每个曲面的峰值处。需要指出,图中 Harris 响应的数值是相对值,仅在图像局部有意义。

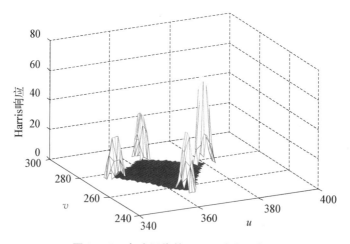

图 6-15 灰度图像的 Harris 响应示意图

Harris 角点检测的精度是像素级的。为了提高后续算法的精度,需要得到精确的子像素级位置,一个较简单的方法就是插值。图 6-16 给出了子像素角点检测的示意图。图中每个整数坐标对应的星点给出图像中某局部区域角点的 Harris 响应,二次曲面为 Harris 响应函数的拟合二次曲面,通过计算可知,图中

角点的子像素位置在拟合二次曲面的极值处(380.3541,277.7206)。若不使用子像素角点检测,其角点位置为(380,278)。

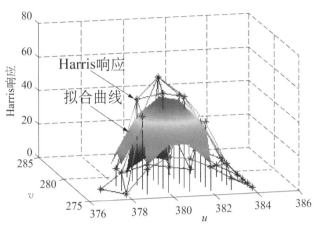

图 6-16　子像素角点检测示意图

(2) 着陆阶段角点检测。

由需求分析可知,惯导系统校准阶段由于地面合作目标在摄像机中的成像投影畸变较小,可以直接通过 Harris 角点检测算法得到所需的所有角点。但是当导航系统处于着陆阶段时,由于透视投影畸变较大,使得特征点 $B$、$D$ 和 $F$ 的曲率较小,Harris 角点检测算法无法准确对其进行定位。

为了能够得到这些点准确的角点位置,需要引入同素性的概念。所谓同素性是指在变换中几何元素保持同一类而不改变(如点不能对应直线)的性质[32]。由同素性可知,任意直线在透视投影变换中仍然映射为直线;任意共线点仍然映射为共线点;任意两直线的交点仍然映射为两直线的交点。利用这一性质可知,经过特征点 $E$、$C$ 与经过点 $G$、$A$ 的两直线的交点 $H$ 和经过点 $E$、$A$ 与经过点 $G$、$C$ 的两直线的交点 $I$ 都位于跑道中心线上,同时点 $B$、$D$ 和 $F$ 也位于这条线上,所以,可以通过求取过点 $H$、$I$ 的直线与两个特征区域边界的交点确定特征点 $B$、$D$ 和 $F$,如图6-17所示。

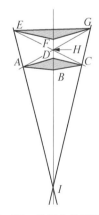

图 6-17　特征点检测示意图

### 6.3.3 特征信息提取与目标识别

面向惯导系统校准阶段和着陆阶段对特征提取与目标识别过程所提出的实时性和可靠性的需求,以所采用的地面合作目标为研究对象,本节提出了目标区域的特征表示方法以及基于 D‑S 证据理论的两步目标识别方法,首先通过识别得到四边形区域和三角形区域的候选集合,然后仅对候选集合中的区域进行进一步识别,由此可以快速、可靠的对地面合作目标进行识别。

**1) 特征分析**

图像中包含了丰富的信息,而图像特征是对这些信息的抽象与概括。根据惯导系统校准阶段和着陆阶段的特点,选择合适的特征,不但可以从图像中得到所需的信息,同时可以简化运算,提高后续算法的可靠性。

(1) 区域的形状特征。

惯导系统校准阶段和着陆阶段,可以通过形状特征对区域加以区分,同时也可以获得区域的相关信息。对区域的形状表示和描述,使用的特征主要包括:区域的面积、重心、仿射不变矩、方向等[31,33]。

a. 矩与中心矩:

区域的矩把一个归一化的灰度级图像理解为一个二维随机变量的概率密度。这个随机变量的属性可以用统计特征——矩来描述。若区域定义为非零像素的集合,则矩可以用二值或灰度级的区域描述。$(p+q)$ 阶矩依赖于尺度、平移、旋转及灰度级上的变化,由式(6‑32)表示。

$$m_{pq} = \sum_{i=-\infty}^{\infty} \sum_{j=-\infty}^{\infty} i^p j^q g(i, j) \tag{6‑32}$$

零阶矩表示 $g(x, y)$ 在整个图像区域内的积分,即区域的面积,由式(6‑33)表示。

$$A = m_{00} = \sum_{i=1}^{n} \sum_{j=1}^{m} g(i, j) \tag{6‑33}$$

一阶矩可以用来表示区域的中心,由式(6‑34)表示。

$$\bar{i} = \frac{m_{10}}{m_{00}} = \frac{\sum_{i=1}^{n} \sum_{j=1}^{m} i \times g(i, j)}{A}$$

$$\bar{j} = \frac{m_{01}}{m_{00}} = \frac{\sum_{i=1}^{n} \sum_{j=1}^{m} j \times g(i, j)}{A} \tag{6‑34}$$

以区域重心 $(\bar{i}, \bar{j})^{\mathrm{T}}$ 为坐标原点的矩称为中心矩,中心矩具有平移不变性,由式(6-35)表示。

$$\mu_{pq} = \sum_{i=-\infty}^{\infty} \sum_{j=-\infty}^{\infty} (i-\bar{i})^p (j-\bar{j})^q g(i, j) \tag{6-35}$$

矩不变量可以用于描述区域的形状,并用于对区域的识别。在惯导系统校准阶段和着陆阶段,可以用仿射变换近似投影变换。本章使用由二阶中心矩与三阶中心矩组合得出的仿射不变量对区域进行描述[34,35]:

$$I_1 = \frac{\mu_{20}\mu_{02} - \mu_{11}^2}{\mu_{00}^4} \tag{6-36}$$

$$I_2 = \frac{\mu_{30}^2\mu_{03}^2 - 6\mu_{30}\mu_{21}\mu_{12}\mu_{03} + 4\mu_{30}\mu_{12}^3 + 4\mu_{21}^3\mu_{03} - 3\mu_{21}^2\mu_{12}^2}{\mu_{00}^{10}} \tag{6-37}$$

$$I_3 = \frac{\mu_{20}(\mu_{21}\mu_{03} - \mu_{12}^2) - \mu_{11}(\mu_{30}\mu_{03} - \mu_{21}\mu_{12}) + \mu_{02}(\mu_{30}\mu_{12} - \mu_{21}^2)}{\mu_{00}^7}$$

$$\tag{6-38}$$

$$\begin{aligned} I_4 = (&\mu_{20}^3\mu_{03}^2 - 6\mu_{20}^2\mu_{11}\mu_{12}\mu_{03} - 6\mu_{20}^2\mu_{02}\mu_{21}\mu_{03} + 9\mu_{20}^2\mu_{02}\mu_{12}^2 + \\ &12\mu_{20}\mu_{11}^2\mu_{21}\mu_{03} + 6\mu_{20}\mu_{11}\mu_{02}\mu_{30}\mu_{03} - 18\mu_{20}\mu_{11}\mu_{02}\mu_{21}\mu_{12} - \\ &8\mu_{11}^3\mu_{30}\mu_{03} - 6\mu_{20}\mu_{02}^2\mu_{30}\mu_{12} + 9\mu_{20}\mu_{02}^2\mu_{21}^2 + \\ &12\mu_{11}^2\mu_{02}\mu_{30}\mu_{12} - 6\mu_{11}\mu_{02}^2\mu_{30}\mu_{21} + \mu_{02}^3\mu_{03}^2)/\mu_{00}^{11} \end{aligned} \tag{6-39}$$

b. 方向:

区域的方向通常定义为沿区域较长部位的一条特定轴线的取向,该轴线必须满足:区域相对于该轴线的惯性矩(二阶矩)最小。方向 $\theta$ 可用式(6-40)表示。

$$\theta = \frac{1}{2}\arctan\left(\frac{2\mu_{11}}{\mu_{20} - \mu_{02}}\right) \tag{6-40}$$

综上所述,跑道合作目标的区域形状特征集可表示为

$$RP = \{A, (\bar{i}, \bar{j})^{\mathrm{T}}, (I_1, I_2, I_3, I_4)^{\mathrm{T}}, \theta\} \tag{6-41}$$

(2) 形状不变量。

形状不变量表示了一种几何结构的属性,它在一个适当的变换下保持不变[33]。对于计算机视觉来说,更关心透视投影变换下的不变量。下面列举的不

变量不受物体姿态、透视投影以及摄像机内参数的影响,满足无人机自主进场着陆导航中特征提取的需求。

a. 四共线点交比不变量:

交比是透视投影变换的基本不变量,四共线点交比不变量如图 6 - 18 所示。任意共线的四个点 $A$、$B$、$C$、$D$ 的交比可以用式(6 - 42)表示:

$$I_{CR1}(A, B, C, D) = \frac{(A-C)(B-D)}{(A-D)(B-C)} \tag{6-42}$$

四共线点交比不变量的关系可表示为

$$I_{CR1}(A, B, C, D) = I_{CR1}(A', B', C', D') \tag{6-43}$$

b. 五共面点交比不变量:

任意三点不共线的五个共面点系统,可产生两个不变量:

$$I_{CR2}(A, B, C, D, E) = \frac{\det(\boldsymbol{M}_{431})\det(\boldsymbol{M}_{521})}{\det(\boldsymbol{M}_{421})\det(\boldsymbol{M}_{531})}$$

$$I_{CR3}(A, B, C, D, E) = \frac{\det(\boldsymbol{M}_{431})\det(\boldsymbol{M}_{532})}{\det(\boldsymbol{M}_{432})\det(\boldsymbol{M}_{521})} \tag{6-44}$$

式中,$\boldsymbol{M}_{ijk} = (\boldsymbol{I}_i, \boldsymbol{I}_j, \boldsymbol{I}_k)$。$\boldsymbol{I}_i = (l_i^1, l_i^2, l_i^3)^T$ 是直线 $\boldsymbol{I}_i$: $l_i^1 u + l_i^2 v + l_i^3 = 0$ 的表示,其中 $i = 1, 2, \cdots, 5$。图 6 - 19 给出了五共面点交比不变量的示意图,其给出的五共面点交比不变量关系可表示为

$$I_{CR2}(A, B, C, D, E) = I_{CR2}(A', B', C', D', E')$$

$$I_{CR3}(A, B, C, D, E) = I_{CR3}(A', B', C', D', E') \tag{6-45}$$

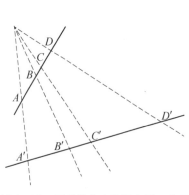

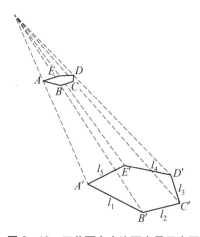

图 6 - 18    四共线点交比不变量示意图    图 6 - 19    五共面点交比不变量示意图

对于图 6 - 12 给定的地面合作目标，四共线点交比不变量中的 4 个点由合作目标中的点 $B$、$D$、$F$ 和 $H$ 组成（$H$ 点由跑道中心线与三角形合作目标底边的交点形成）；而五共面点交比不变量中的 5 个点由合作目标中的点 $B$、$C$、$G$、$E$ 和 $A$ 组成，如图 6 - 20 所示。

图 6 - 20　跑道合作特征形状不变量示意图

综上所述，跑道合作目标的不变量特征集可表示为

$$I = \{I_{CR1}(B, D, F, H), I_{CR2}(A, E, G, C, B), I_{CR3}(A, E, G, C, B)\}$$

$$(6 - 46)$$

**2）基于 D - S 证据理论的目标识别方案**

在对图像进行地面合作目标的检测过程中，将图像中不同区域通过特征分析得到的特征表述与通过机载传感器测量值估计得到的特征预测值相结合，利用 D - S 证据理论融合方法将基本可信度分配进行融合；根据融合结果对被检测区域实现分类，确定出当前区域是否有检测目标。

该理论于 1976 年由 Shafer 正式创立[36]，证据理论是在 Dempster 工作的基础上产生的。因此，证据理论又称为 Dempster-Shafer Theory，简称为 DST 或 D - S 证据理论。

在证据理论中，证据建立的信度初始分配用集函数基本可信度分配来表达，对每个命题的信度用信度函数来表达。识别框架 $\Omega$ 中的每一个子集都对应于一个命题，故命题的不确定性可由集合的不确定性来表示，而信任函数 $Bel(A)$ 和似然函数 $Pl(A)$ 分别给出了集合 $A$ 的信度上限和下限值，因此，信任区间就描述了命题的不确定性。图 6 - 21 给出了命题的不确定性描述。

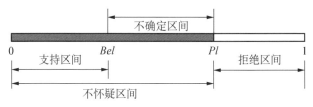

图 6 - 21　命题的不确定性表示

给定 $n$ 个同一识别框架 $\Omega$ 上基于不同证据的信任函数 $Bel_1$，$Bel_2$，$\cdots$，$Bel_n$，$m_1$，$m_2$，$\cdots$，$m_n$ 是对应的基本概率分配，如果这些证据不是完全冲突的，就可以利用 Dempster 合成法则计算出一个信任函数，这个信任函数可以作为合成的不同证据联合作用下产生的信任函数，如式（6-47）所示。

$$m(A) = m_1(A) \bigoplus m_2(A) \bigoplus \cdots \bigoplus m_n(A)$$

$$= \begin{cases} 0, & A = \varnothing \\ \dfrac{\sum\limits_{\cap A_j = A} \prod\limits_{1 \leqslant i \leqslant n} m_i(A_j)}{1 - \sum\limits_{\cap A_j = \phi} \prod\limits_{1 \leqslant i \leqslant n} m_i(A_j)}, & A \neq \varnothing \end{cases} \tag{6-47}$$

a. 证据的折扣：

若对整个证据只有一个 $1-\alpha$ 的置信度，其中 $\alpha \in [0, 1]$，则可把 $\alpha$ 作为折扣率。在对证据打折扣的情况下，信任函数和基本概率分配的变化情况由下面的定理给出。

**定理 6-1**[37]  设 $Bel^\alpha : 2^\Omega \to [0, 1]$ 是一个信任函数，$0 < \alpha < 1$，若 $Bel^\alpha : 2^\Omega \to [0, 1]$ 满足

$$Bel^\alpha(\Omega) = 1 \tag{6-48}$$

$$Bel^\alpha(A) = (1-\alpha) \cdot Bel(A), \ \forall A \subset \Omega \text{ 且 } A \neq \varnothing \tag{6-49}$$

则 $Bel^\alpha$ 是一个信任函数。

**定理 6-2**[37]  设 $Bel^\alpha$ 是定理 6-1 所定义的一个信任函数，则 $Bel^\alpha$ 所对应的基本概率分配 $m^\alpha : 2^\Omega \to [0, 1]$ 满足

$$m^\alpha(\Omega) = (1-\alpha) \cdot m(\Omega) + \alpha \tag{6-50}$$

$$m^\alpha(A) = (1-\alpha) \cdot m(A), \ \forall A \subset \Omega \text{ 且 } A \neq \varnothing \tag{6-51}$$

b. 基于证据理论的决策：

基于证据理论的决策方法与具体的应用密切相关，本章采用基于基本概率分配的决策方案，具体过程如下[37]：设 $\exists A_1$，$A_2 \subset \Omega$，满足

$$\begin{aligned} & m(A_1) = \max\{m(A_i), A_i \subset \Omega\}, \\ & m(A_2) = \max\{m(A_i), A_i \subset \Omega \text{ 且 } A_i \neq A_1\} \end{aligned} \tag{6-52}$$

若有

$$\begin{cases} m(A_1) - m(A_2) > s_1 \\ m(U) < \varepsilon_2 \\ m(A_1) > m(U) \end{cases} \qquad (6-53)$$

则 $A_1$ 为决策结果。其中，$\varepsilon_1$ 与 $\varepsilon_2$ 为预先设定的阈值；$m(U)$ 表示"不确定"的 BPA。

利用 D-S 证据理论的目标识别过程一般分下面几步，如图 6-22 所示。

（a）对区域图像提取特征；

（b）根据先验知识及区域的特征值确定基本概率数，即认为每个区域特征提供一个用于目标识别的证据；

（c）合成基本概率数并通过判别准则对目标进行识别。

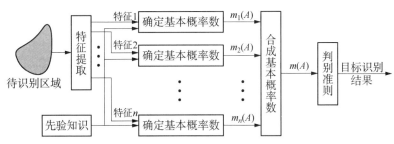

**图 6-22 基于 D-S 证据理论的目标识别过程**

根据无人机自主着陆过程中对地面合作目标识别的需求，每个待识别区域分以下两个步骤进行识别：判断每个待识别区域是否属于四边形候选地标或三角形候选地标；然后在四边形候选地标与三角形候选地标中各取一个区域，提取其角点，并通过相应判据判断其是否为地面合作目标的候选，若存在多对候选区域，则选择基本概率数最高的区域作为识别结果。合作目标识别的详细算法可参考文献[52]。

### 6.3.4 基于特征点匹配的多尺度光流场计算

由进近阶段和跑道障碍物检测的需求分析可知，由于地面场景变化有限，求取稠密光流场是不可靠的，因此我们只关心图像中感兴趣角点处的稀疏光流场。本章使用基于特征点匹配的多尺度光流场计算方法构造稀疏光流场。

采用基于特征点匹配的方法，可以处理较大的帧间位移，对噪声的敏感度降低，同时由于只对图像中少数特征点进行计算，运算量较小。寻找 $k$ 时刻图像

$g_k(u, v)$ 上某特征点 $\boldsymbol{P}_{i,k}^p = [u_{i,k}, v_{i,k}]$ 在 $k-1$ 时刻图像 $g_{k-1}(u, v)$ 上的匹配位置 $\boldsymbol{P}_{i,k-1}^p = [u_{i,k-1}, v_{i,k-1}]$，本章选用 $\boldsymbol{P}_{i,k}^p$ 点周围 $(2m+1) \times (2m+1)$ 的临域，使用最小微分平方和（sum of squared difference, SSD）准则，如式（6-54）所示，在图像 $g_{k-1}(u, v)$ 一定范围内寻找极小值：

$$
\begin{aligned}
ssd(u_{i,k}, v_{i,k}, \delta_u, \delta_v) = \sum_{a=-m}^{m} \sum_{b=-m}^{m} [g_k(u_{i,k}+a, v_{i,k}+b) - \\
g_{k-1}(u_{i,k}+a+\delta_u, v_{i,k}+b+\delta_v)]^2
\end{aligned}
\tag{6-54}
$$

为了得到子像素级精度的匹配值，在极小值邻域采用二次曲面拟合 $ssd(\cdot)$ 值，如式（6-55）所示。

$$
\begin{aligned}
au^2 + buv + cv^2 + du + ev + f = ssd(u_{i,k}, v_{i,k}, \delta_u, \delta_v), \\
u = u_{i,k} + \delta_u, \quad v = v_{i,k} + \delta_v
\end{aligned}
\tag{6-55}
$$

运用最小二乘法可以求解式（6-55）所示的超定方程，确定二次曲面的系数。

特征点子像素级匹配的坐标 $(u_{\text{sub}}, v_{\text{sub}})$ 对应的是二次多项式的极大值点。为了求出这个极大值，对二次多项式（6-55）进行求导，如式（6-56）所示，就可以直接得到角点的子像素级匹配坐标值。

$$
\begin{cases}
\dfrac{\partial R(u, v)}{\partial u} = 2au_{\text{sub}} + bv_{\text{sub}} + d = 0 \\
\dfrac{\partial R(u, v)}{\partial v} = bu_{\text{sub}} + 2cv_{\text{sub}} + e = 0
\end{cases}
\tag{6-56}
$$

采用基于金字塔结构的多尺度方法，由于在较低分辨率的金字塔层次上搜索匹配点的速度相当快，其计算所得到的值可以作为更高分辨率的金字塔层次运算的初始值，因此可以进一步加快匹配的收敛速度，减少运算量。多尺度方法能够给出比传统的单分辨率方法更好的结果。特别是在帧间位移相对较大，且灰度变化较小的情况下更是如此。

通过上面的运算，最终可以得到两帧连续图像匹配成功后的角点对 $\langle \boldsymbol{P}_{i,k-1}^p, \boldsymbol{P}_{i,k}^p \rangle$。图像中角点的光流场 $\boldsymbol{d}_{i,k} = [d_{u,j,k}, d_{v,i,k}]^{\text{T}}$，可以用角点 $i$ 在图像平面的位移场代替，即

$$
\boldsymbol{F}_{\text{OF}}(\boldsymbol{P}_{i,k}^p) = \frac{(\boldsymbol{P}_{i,k}^p - \boldsymbol{P}_{i,k-1}^p)}{\Delta t} = \begin{bmatrix} d_{u,i,k} \\ d_{v,i,k} \end{bmatrix} = \boldsymbol{d}_{i,k}
\tag{6-57}
$$

由式(6-57)可知,如果得到两帧图像中成功匹配的 $n$ 个角,就可以得到这 $n$ 个角稀流场。

## 6.4　自主进场着陆导航中的运动视觉分析

运动视觉分析是指通过对动态图像或时变图像序列的分析,得到三维空间运动物体的结构或观察者与物体之间的相对运动参数,如相对位置、姿态以及相对运动速度等。无人机在进场着陆或巡航阶段的导航应用中,运动视觉分析方法的准确性、可靠性会直接影响到导航系统的精度。

### 6.4.1　信息融合基本理论——鲁棒 $H_\infty$ 滤波技术

状态估计问题在导航与控制领域、多传感器信息融合中都有重要的应用。较常用的估计方法是 Kalman 滤波方法。Kalman 滤波理论及其算法经过多年的研究,已经形成了一套比较完整的理论体系,在航空、航天、工业过程控制中得到了很广泛的应用。但是,传统的 Kalman 滤波方法是建立在 $H_2$ 估计准则基础上的,要保证滤波器的性能,就必须确切地知道外部干扰信号的统计特性和系统的动力学模型,而在很多实际应用场合,特别是无人机使用的小型捷联惯导系统,不但很难得到外部干扰信号的统计特性,而且系统模型本身都不一定精确,从而会导致 Kalman 滤波的发散。

针对此种情况,鲁棒滤波理论得以发展。鲁棒 $H_\infty$ 滤波假设系统的噪声输入为能量有界的信号,设计一种滤波器,其性能指标是使得外部干扰信号到估计误差信号的最大可能能量增益(即 $H_\infty$ 范数)最小,这样就可以保证针对各种外部干扰信号,估计误差的能量尽可能小。

1) **鲁棒 $H_\infty$ 滤波原理**

考虑随机线性离散时间系统:

$$\begin{cases} \boldsymbol{X}_k = \boldsymbol{\Phi}_{k-1}\boldsymbol{X}_{k-1} + \boldsymbol{\Gamma}_{k-1}\boldsymbol{W}_{k-1} \\ \boldsymbol{y}_k = \boldsymbol{H}_k\boldsymbol{X}_k + \boldsymbol{V}_k \end{cases} \tag{6-58}$$

式中, $\boldsymbol{X}_k$ 是系统的 $n$ 维状态向量, $\boldsymbol{y}_k$ 是系统的 $m$ 维观测序列; $\boldsymbol{W}_k$ 为 $P$ 维系统过程噪声序列; $\boldsymbol{V}_k$ 为 $m$ 维观测噪声序列; $\boldsymbol{\Phi}_k$ 是系统的 $n \times n$ 维状态转移矩阵; $\boldsymbol{\Gamma}_k$ 是 $n \times p$ 维干扰输入矩阵; $\boldsymbol{H}_k$ 是 $m \times n$ 维观测矩阵。设系统的初始状态为 $\boldsymbol{X}_0$ ,令 $\hat{\boldsymbol{X}}_0$ 表示对系统初始状态 $\boldsymbol{X}_0$ 的一个估计,定义初始估计误差方差阵为

$$P_0 = E\{[X_0 - \hat{X}_0][X_0 - \hat{X}_0]^{\mathrm{T}}\} \tag{6-59}$$

鲁棒 $H_\infty$ 滤波对系统的过程噪声和观测噪声的统计特性不做任何假设,仅认为其能量有界。而将系统初始状态 $X_0$、系统噪声 $W_k$ 和观测噪声 $V_k$ 均作为系统的未知干扰输入。

一般情况,采用观测值 $y_k$ 估计状态的如下任意线性组合:

$$z_k = L_k X_k \tag{6-60}$$

式中,$L_k \in R^{q \times n}$ 为给定矩阵。令 $\hat{z}_k = F_f(y_0, y_1, \cdots, y_k)$,表示在给定观测值 $\{y_k\}$ 条件下对 $z_k$ 的估计,定义如下滤波误差:

$$e_k = \hat{z}_k - L_k X_k \tag{6-61}$$

设 $T_k(F_f)$ 表示将未知干扰 $\{(X_0 - \hat{X}_0), W_k, V_k\}$ 映射至滤波误差 $\{e_k\}$ 的传递函数,则 $H_\infty$ 滤波问题可以描述为如下定义:

**定义 6 - 1**[38]　(次优 $H_\infty$ 滤波问题)给定正数 $\gamma > 0$,寻找次优 $H_\infty$ 估计 $\hat{z}_k = F_f(y_0, y_1, \cdots, y_k)$,使得 $\| T_k(F_f) \|_\infty < \gamma$,即满足

$$\inf_{F_f} \sup_{x_0, w_k, v_k \in h_2} \frac{\| e_k \|_2^2}{\| P_0^{-\frac{1}{2}}(X_0 - \hat{X}_0) \|_2^2 + \| W_k \|_2^2 + \| V_k \|_2^2} < \gamma^2 \tag{6-62}$$

$H_\infty$ 滤波问题的解可通过以期望的精度迭代 $H_\infty$ 次优滤波问题而得到。

**定理 6 - 3**[38]　($H_\infty$ 信息滤波器)对于给定的 $\gamma > 0$,若 $[\boldsymbol{\Phi}_k, \boldsymbol{\Gamma}_k]$ 是满秩的,则满足条件 $\| T_k(F_f) \|_\infty < \gamma$ 的滤波器存在,当且仅当对所有的 $k$,有

$$P_{k|k}^{-1} = P_{k|k-1}^{-1} + [H_k^{\mathrm{T}} \quad L_k^{\mathrm{T}}] \begin{bmatrix} I & 0 \\ 0 & -\gamma^2 I \end{bmatrix}^{-1} \begin{bmatrix} H_k \\ L_k \end{bmatrix} > 0 \tag{6-63}$$

式中,

$$P_{k+1|k} = \boldsymbol{\Phi}_k P_{k|k} \boldsymbol{\Phi}_k^{\mathrm{T}} + \boldsymbol{\Gamma}_k \boldsymbol{\Gamma}_k^{\mathrm{T}} \tag{6-64}$$

则一个可能的 $H_\infty$ 滤波器定义如下:

$$\hat{z}_{k|k} = L_k \hat{X}_{k|k} \tag{6-65}$$

此时,$\hat{X}_k$ 可用如下递推公式得到

$$\hat{X}_{k+1|k+1} = \boldsymbol{\Phi}_k \hat{X}_{k|k} + K_{k+1}(y_{k+1} - H_{k+1} \boldsymbol{\Phi}_k \hat{X}_{k|k}) \tag{6-66}$$

$$K_{k+1} = \left( \boldsymbol{P}_{k+1|k+1}^{-1} + \frac{1}{\gamma^2} \boldsymbol{L}_{k+1}^{\mathrm{T}} \boldsymbol{L}_{k+1} \right)^{-1} \boldsymbol{H}_{k+1}^{\mathrm{T}} \qquad (6-67)$$

定理 6-1 给出了 $H_\infty$ 滤波器存在的条件以及对应的滤波器递推方程。

2）**非线性系统鲁棒 $H_\infty$ 滤波**

考虑测量方程存在非线性的离散时间系统：

$$\begin{cases} \boldsymbol{X}_k = \boldsymbol{\Phi}_{k-1} \boldsymbol{X}_{k-1} + \boldsymbol{\Gamma}_{k-1} \boldsymbol{W}_{k-1} \\ \boldsymbol{y}_k = \boldsymbol{h}_k \boldsymbol{X}_k + \boldsymbol{V}_k \\ \boldsymbol{z}_k = \boldsymbol{L}_k \boldsymbol{X}_k \end{cases} \qquad (6-68)$$

式中，$h_k(\cdot)$ 是非线性函数，且关于状态向量 $\boldsymbol{X}$ 存在连续一阶偏导数，其他变量与 6.4.1 节中定义相同。不妨假设 $\boldsymbol{L}_k$ 为 $n \times n$ 阶可逆方阵。

将非线性函数 $\boldsymbol{h}_k(\cdot)$ 在 $\hat{\boldsymbol{X}}_{k|k-1}$ 处展开成泰勒级数形式：

$$\boldsymbol{h}_k(\boldsymbol{X}_k) = \boldsymbol{h}_k(\hat{\boldsymbol{X}}_{k|k-1}) + \left. \frac{\partial \boldsymbol{h}_k(\boldsymbol{X}_k)}{\partial \boldsymbol{X}_k} \right|_{x_k = \hat{x}_{k|k-1}} \cdot \left[ \boldsymbol{X}_k - \hat{\boldsymbol{X}}_{k|k-1} \right] + \Delta_{k,h}(\boldsymbol{X}_k - \hat{\boldsymbol{X}}_{k|k-1})$$

$$(6-69)$$

式中，$\Delta_{k,h}(\cdot)$ 表示级数的高阶项。非线性系统(6-68)等价为如下系统：

$$\begin{cases} \boldsymbol{X}_k = \boldsymbol{\Phi}_{k-1} \boldsymbol{X}_{k-1} + \boldsymbol{\Gamma}_{k-1} \boldsymbol{W}_{k-1} \\ \boldsymbol{y}_k = \boldsymbol{H}_k \boldsymbol{X}_k + \boldsymbol{V}_k + \boldsymbol{r}_k + \boldsymbol{d}_k \\ \boldsymbol{z}_k = \boldsymbol{L}_k \boldsymbol{X}_k \end{cases} \qquad (6-70)$$

式中，$\boldsymbol{H}_k = \left. \dfrac{\partial \boldsymbol{h}_k(\boldsymbol{X}_k)}{\partial \boldsymbol{X}_k} \right|_{x_k = \hat{x}_{k|k-1}}$，$\boldsymbol{r}_k = \Delta_{k,h}(\boldsymbol{X}_k - \hat{\boldsymbol{X}}_{k|k-1})$，$\boldsymbol{d}_k = \boldsymbol{h}_k(\hat{\boldsymbol{X}}_{k|k-1}) - \boldsymbol{H}_k \hat{\boldsymbol{X}}_{k|k-1}$。

令 $\boldsymbol{y}'_k = \boldsymbol{y}_k - \boldsymbol{d}_k$，则系统(6-70)可以改写成

$$\begin{cases} \boldsymbol{X}_k = \boldsymbol{\Phi}_{k-1} \boldsymbol{X}_{k-1} + \boldsymbol{\Gamma}_{k-1} \boldsymbol{W}_{k-1} \\ \boldsymbol{y}'_k = \boldsymbol{H}_k \boldsymbol{X}_k + \boldsymbol{V}_k + \boldsymbol{r}_k \\ \boldsymbol{z}_k = \boldsymbol{L}_k \boldsymbol{X}_k \end{cases} \qquad (6-71)$$

利用上面的线性化过程，将非线性系统(6-68)线性化为线性系统(6-71)，这样，就可以使用类似扩展 Kalman 滤波的方法，省略高阶项 $\Delta_{k,h}(\cdot)$，得到扩展 $H_\infty$ 滤波[39]。但是该方法没有考虑线性化及省略高阶项过程给系统(6-71)带来新的建模误差。

对于高阶项 $\Delta_{k,h}(\boldsymbol{X}_k - \hat{\boldsymbol{X}}_{k|k-1})$，考虑到 $\hat{\boldsymbol{X}}_{k|k-1}$ 与 $\hat{\boldsymbol{X}}_{k|k}$ 较接近，因此存在 $\delta'$，$\delta > 0$，式(6-72)成立。

$$\| \boldsymbol{r}_k \|_2^2 = \| \Delta_{k,h}(\boldsymbol{X}_k - \hat{\boldsymbol{X}}_{k|k-1}) \|_2^2 \approx \| \Delta_{k,h}(\boldsymbol{X}_k - \hat{\boldsymbol{X}}_{k|k}) \|_2^2$$
$$< \delta'^2 \| \boldsymbol{X}_k - \hat{\boldsymbol{X}}_{k|k} \|_2^2 = \delta'^2 \| \boldsymbol{L}_k^{-1}(\boldsymbol{z}_k - \hat{\boldsymbol{z}}_{k|k}) \|_2^2 = \delta^2 \| \boldsymbol{z}_k - \hat{\boldsymbol{z}}_{k|k} \|_2^2$$

$$(6-72)$$

根据定义 6-1，随机线性离散时间系统(6-71)的次优 $H_\infty$ 滤波问题可以描述为寻找次优 $H_\infty$ 估计 $\hat{\boldsymbol{z}}_{k|k} = \boldsymbol{F}_f(\boldsymbol{y}'_0, \boldsymbol{y}'_1, \cdots, \boldsymbol{y}'_k)$，对于给定正数 $\gamma > 0$，使得式(6-73)成立。

$$\inf_{\boldsymbol{F}_f} \sup_{\boldsymbol{X}_0, \boldsymbol{W}_k, \boldsymbol{V}_k, \boldsymbol{r}_k \in h_2} \frac{\| \boldsymbol{z}_k - \hat{\boldsymbol{z}}_{k|k} \|_2^2}{\| \boldsymbol{P}^{-\frac{1}{2}}(\boldsymbol{X}_0 - \hat{\boldsymbol{X}}_0) \|_2^2 + \| \boldsymbol{W}_k \|_2^2 + \| \boldsymbol{V}_k \|_2^2 + \| \boldsymbol{r}_k \|_2^2} < \gamma^2$$

$$(6-73)$$

为了得到系统(6-71)的次优 $H_\infty$ 估计，首先考虑如下系统以及系数 $c^2 = 1 + \delta^2 \cdot \gamma^2$，得

$$\begin{cases} \boldsymbol{X}_k = \boldsymbol{\Phi}_{k-1}\boldsymbol{X}_{k-1} + \boldsymbol{\Gamma}_{k-1}\boldsymbol{W}_{k-1} \\ \boldsymbol{y}'_k = \boldsymbol{H}_k\boldsymbol{X}_k + \boldsymbol{V}_k \\ \boldsymbol{z}_k = \boldsymbol{L}_k\boldsymbol{X}_k \end{cases} \qquad (6-74)$$

**定理 6-4**　对于给定的 $\gamma > 0$ 以及系数 $c^2 = 1 + \delta^2 \cdot \gamma^2$，若系统(6-74)存在次优 $H_\infty$ 估计 $\hat{\boldsymbol{z}}_{k|k} = \boldsymbol{F}_f(\boldsymbol{y}'_0, \boldsymbol{y}'_1, \cdots, \boldsymbol{y}'_k)$，使得式(6-75)成立。

$$\inf_{\boldsymbol{F}_f} \sup_{\boldsymbol{X}_0, \boldsymbol{W}_k, \boldsymbol{V}_k, \boldsymbol{r}_k \in h_2} \frac{\| \boldsymbol{z}_k - \hat{\boldsymbol{z}}_{k|k} \|_2^2}{\| \boldsymbol{P}^{-\frac{1}{2}}(\boldsymbol{X}_0 - \hat{\boldsymbol{X}}_0) \|_2^2 + \| \boldsymbol{W}_k \|_2^2 + \| \boldsymbol{V}_k \|_2^2} < \left(\frac{\gamma}{c}\right)^2$$

$$(6-75)$$

则该 $H_\infty$ 滤波器也是系统(6-71)的次优 $H_\infty$ 估计，使得式(6-73)成立。

证明详见文献[52]。

**推论 6-1**　线性系统(6-74)对参数 $r/c > 0$，$c > 1$ 存在鲁棒 $H_\infty$ 滤波器是系统(6-68)对参数 $\gamma > 0$ 存在鲁棒 $H_\infty$ 滤波器的充分条件。

考虑到系统(6-71)与非线性系统(6-68)等价，由定理 6-2 可知，推论 6-1成立，即系统(6-74)的标准鲁棒 $H_\infty$ 滤波器同样是非线性系统(6-68)的鲁棒 $H_\infty$ 滤波器。因此，根据定理 6-1、定理 6-2 和推论 6-1，文献[52]给出非线性鲁棒 $H_\infty$ 滤波递推算法(nonlinear robust $H_\infty$ filtering algorism)。

**3) 联邦 $H_\infty$ 滤波**

一般情况,利用滤波技术对多传感器数据进行最优融合有两种途径:集中式滤波和分散式滤波。集中式滤波是利用一个滤波器来集中处理所有子系统的信息,这种方式理论上可以给出误差状态的最优估计,但存在以下问题:

(1) 集中式滤波一般维数较高,不利于滤波算法的实时性。

(2) 子系统的增加使系统故障率增加,而如果一个子系统失效,整个系统会被污染,即集中式滤波的容错性较差。

Carlson 针对分散 Kalman 滤波器提出的联邦滤波器以其灵活性、计算量小和容错性好等特点而备受重视,美国空军已将联邦滤波器列为新一代导航系统的通用滤波器[40]。

联邦滤波器的一般结构如图 6-23 所示。联邦 Kalman 滤波的本质就是把各子滤波器的局部状态最优估计量按加权系数方式进行融合,而加权系数的大小由各子滤波器的状态滤波协方差阵来决定。这种方法充分考虑了各滤波器的滤波估计效果,一般来讲, $\mathrm{tr}(\boldsymbol{P}_i)$ 越大,该子滤波器的滤波效果就越差,在融合中它对应的滤波估计量的权就越小。

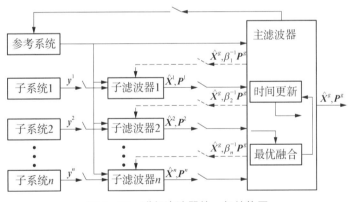

**图 6-23 联邦滤波器的一般结构图**

联邦 $H_\infty$ 滤波器与联邦 Kalman 滤波器同样是一种两级滤波。各个子滤波器进行局部滤波,并将局部估计值 $\boldsymbol{X}_{k|k}^i$ 及其估计误差方差阵 $\boldsymbol{P}_{k|k}^i$ 传送给主滤波器,主滤波器通过相应的融合规则,得到全局估计。同时主滤波器通过相应的信息分配原则,重置各子滤波器的估计值和估计误差方差阵。这种基于信息分配的反馈结构,是联邦滤波器区别于一般分散滤波器的特点。不同的信息分配原

则,可以获得不同结构和特性的联邦滤波器。

考虑包括 $n$ 个子滤波器的分散滤波系统,其中 $i = 1, 2, \cdots, n$。

$$\begin{cases} \boldsymbol{X}_k = \boldsymbol{\Phi}_{k-1}\boldsymbol{X}_{k-1} + \boldsymbol{\Gamma}_{k-1}\boldsymbol{W}_{k-1} \\ \boldsymbol{y}_k^i = \boldsymbol{H}_k^i\boldsymbol{X}_k + \boldsymbol{V}_k^i \\ \boldsymbol{z}_k = \boldsymbol{L}_k\boldsymbol{X}_k \end{cases} \tag{6-76}$$

式中,$\boldsymbol{y}_k^i$、$\boldsymbol{H}_k^i$ 和 $\boldsymbol{V}_k^i$ 分别表示 $k$ 时刻第 $i$ 个子滤波器的局部测量值、局部观测矩阵和观测噪声。在这里,对系统的过程噪声 $\boldsymbol{W}_k$、观测噪声 $\boldsymbol{V}_k^i$ 的统计特性同样不做任何假设,仅认为其能量有界。

下面给出次优联邦 $H_\infty$ 滤波问题的定义:

**定义 6-2** (次优联邦 $H_\infty$ 滤波问题)给定正数 $\gamma > 0$,寻找次优 $H_\infty$ 估计 $\hat{\boldsymbol{z}}_k = \boldsymbol{F}_f(\boldsymbol{y}_0^i, \boldsymbol{y}_1^i, \cdots, \boldsymbol{y}_k^i)$,$i = 1, 2, \cdots, n$,该滤波器由子滤波器和主滤波器组成,同时使用信息分配原则将主滤波器融合结果反馈给子滤波器,使得 $\parallel \boldsymbol{T}_k(\boldsymbol{F}_f) \parallel_\infty < \gamma$,即满足

$$\inf_{\boldsymbol{F}_f} \sup_{\boldsymbol{x}_0, \boldsymbol{w}_k, \boldsymbol{v}_k^i \in h_2} \frac{\parallel \boldsymbol{e}_k \parallel_2^2}{\parallel \boldsymbol{P}^{-\frac{1}{2}}(\boldsymbol{X}_0 - \hat{\boldsymbol{X}}_0) \parallel_2^2 + \parallel \boldsymbol{W}_k \parallel_2^2 + \sum_{i=1}^{n} \parallel \boldsymbol{V}_k^i \parallel_2^2} < \gamma^2$$

$$\tag{6-77}$$

联邦 $H_\infty$ 滤波器由平行结构的 $n$ 个子 $H_\infty$ 滤波器和一个主滤波器组成。第 $i$ 个子 $H_\infty$ 滤波器给出局部估计值 $\boldsymbol{X}_{k|k}^i$ 及其估计误差方差阵 $\boldsymbol{P}_{k|k}^i$,根据定理 6-1,可以得到第 $i$ 个子滤波器滤波问题的解。

**推论 6-2** (第 $i$ 个子 $H_\infty$ 信息滤波器)对于给定的 $\gamma > 0$,若 $[\boldsymbol{\Phi}_k \quad \boldsymbol{\Gamma}_k]$ 是满秩的,则满足条件 $\parallel \boldsymbol{T}_k(\boldsymbol{F}_f) \parallel_\infty < \gamma$ 的第 $i$ 个子滤波器存在,当且仅当对所有的 $k$,有

$$\boldsymbol{P}_{k|k}^{i-1} = \boldsymbol{P}_{k|k-1}^{i-1} + \begin{bmatrix} \boldsymbol{H}_k^{i\mathrm{T}} \boldsymbol{L}_k^{\mathrm{T}} \end{bmatrix} \begin{bmatrix} \boldsymbol{I} & \boldsymbol{0} \\ \boldsymbol{0} & -\gamma^2\boldsymbol{I} \end{bmatrix}^{-1} \begin{bmatrix} \boldsymbol{H}_k^i \\ \boldsymbol{L}_k \end{bmatrix} > 0 \tag{6-78}$$

式中,$\boldsymbol{P}_{k|k-1}^i$ 由式(6-79)给出或由信息分配原则给出:

$$\boldsymbol{P}_{k|k-1}^i = \boldsymbol{\Phi}_k\boldsymbol{P}_{k-1|k-1}^i\boldsymbol{\Phi}_k^{\mathrm{T}} + \boldsymbol{\Gamma}_k\boldsymbol{\Gamma}_k^{\mathrm{T}} \tag{6-79}$$

则第 $i$ 个子 $H_\infty$ 滤波器局部估计值 $\boldsymbol{X}_{k|k}^i$ 可用如下递推公式得到

$$\hat{\boldsymbol{X}}_{k|k}^i = \hat{\boldsymbol{X}}_{k|k-1}^i + \boldsymbol{K}_k^i(\boldsymbol{y}_k^i - \boldsymbol{H}_k^i\hat{\boldsymbol{X}}_{k|k-1}^i) \tag{6-80}$$

$$\hat{\boldsymbol{X}}_{k|k-1}^i = \boldsymbol{\Phi}_{k-1}\ \hat{\boldsymbol{X}}_{k-1|k-1}^i \tag{6-81}$$

$$\boldsymbol{K}_k^i = \left( \boldsymbol{P}_{k|k}^{i-1} + \frac{1}{\gamma^2} \boldsymbol{L}_{k+1}^{\mathrm{T}} \boldsymbol{L}_{k+1} \right)^{-1} \boldsymbol{H}_k^{i\mathrm{T}} \tag{6-82}$$

式中，$\hat{\boldsymbol{X}}_{k-1|k-1}^i$ 由信息分配原则给出。

**定义 6-3**　（联邦 $H_\infty$ 滤波器）对于给定的 $\gamma > 0$，若定义 6-2 给出的次优联邦 $H_\infty$ 滤波问题有解，则其全局状态估计值 $\hat{\boldsymbol{X}}_{k|k}^g$ 与全局估计误差方差阵 $\boldsymbol{P}_{k|k}^g$ 可表示为 $n$ 个子 $H_\infty$ 滤波器状态局部估计值 $\hat{\boldsymbol{X}}_{k|k}^i$ 和局部误差方差阵 $\boldsymbol{P}_{k|k}^i$ 的组合，如式（6-83）和式（6-84）所示。

$$\hat{\boldsymbol{X}}_{k|k}^g = \left( \boldsymbol{P}_{k|k}^{g-1} + \frac{1}{\gamma^2} \boldsymbol{L}_k^{\mathrm{T}} \boldsymbol{L}_k \right)^{-1} \sum_{i=1}^n \left( \boldsymbol{P}_{k|k}^{i-1} + \frac{1}{\gamma^2} \boldsymbol{L}_k^{\mathrm{T}} \boldsymbol{L}_k \right) \hat{\boldsymbol{X}}_{k|k} \tag{6-83}$$

$$\boldsymbol{P}_{k|k}^{g-1} + \frac{1}{\gamma^2} \boldsymbol{L}_k^{\mathrm{T}} \boldsymbol{L}_k = \sum_{i=1}^n \left( \boldsymbol{P}_{k|k}^{i-1} + \frac{1}{\gamma^2} \boldsymbol{L}_k^{\mathrm{T}} \boldsymbol{L}_k \right) \tag{6-84}$$

信息分配原则如式（6-85）所示。

$$\begin{cases} \hat{\boldsymbol{x}}_{k|k}^i = \hat{\boldsymbol{x}}_{k|k}^g, & i = 1, 2, \cdots, n \\ \boldsymbol{P}_{k|k-1}^i = \beta_i^{-1} \left( \boldsymbol{\Phi}_k \boldsymbol{P}_{k-1|k-1}^g \boldsymbol{\Phi}_k^{\mathrm{T}} + \boldsymbol{\Gamma}_k \boldsymbol{\Gamma}_k^{\mathrm{T}} \right), & \beta_i = 1/n \end{cases} \tag{6-85}$$

推论 6-2 与定理 6-3 及其证明给出了分散系统（6-76）的联邦 $H_\infty$ 滤波的递推实现。

下面我们对部分子滤波器非线性测量方程的非线性联邦 $H_\infty$ 滤波算法进行推导，包括 $n$ 个子滤波器的分散滤波系统，其中第 1 至 $m\,(m \leqslant n)$ 个子滤波器测量方程存在非线性。

$$\begin{cases} \boldsymbol{X}_k = \boldsymbol{\Phi}_{k-1} \boldsymbol{X}_{k-1} + \boldsymbol{\Gamma}_{k-1} \boldsymbol{W}_{k-1} \\ \boldsymbol{y}_k^i = \boldsymbol{h}_k^i(\boldsymbol{X}_k) + \boldsymbol{V}_k^i, & i = 1, \cdots, m, m \leqslant n \\ \boldsymbol{y}_k^j = \boldsymbol{H}_k^j \boldsymbol{X}_k + \boldsymbol{V}_k^j, & j = m+1, \cdots, n \\ \boldsymbol{z}_k = \boldsymbol{L}_k \boldsymbol{X}_k \end{cases} \tag{6-86}$$

下面通过两个推论的形式，分别给出第 $i$ 个非线性子 $H_\infty$ 信息滤波器的实现方法和非线性联邦 $H_\infty$ 滤波滤波器的实现形式。

**推论 6-3**　（第 $i$ 个非线性子 $H_\infty$ 信息滤波器）对于给定的 $\gamma > 0$，且 $\begin{bmatrix} \boldsymbol{\Phi}_k & \boldsymbol{\Gamma}_k \end{bmatrix}$ 满秩，则对于第 $i$ 个测量方程存在非线性的子滤波器 $i = 1, \cdots, m$，对 $\boldsymbol{h}_k^i(\boldsymbol{X}_k)$ 线性化，令 $\boldsymbol{H}_k^i = \left. \dfrac{\partial \boldsymbol{h}_k^i(\boldsymbol{X}_k)}{\partial \boldsymbol{X}_k} \right|_{x_k = \hat{x}_{k|k-1}^i}$ ；取 $\delta_i > 0$，使高阶项 $\Delta_{k,h}^i(\boldsymbol{X}_k - \hat{\boldsymbol{X}}_{k|k-1})$

满足 $\parallel \Delta_{k,h}^i (X_k - \hat{X}_{k|k-1}) \parallel_2^2 < \delta_i^2 \parallel z_k - \hat{z}_{k|k} \parallel_2^2$。令 $c_i = 1 + \delta_i^2 \cdot r^2$，$\gamma_i = \dfrac{\gamma}{c_i}$，则满足条件 $\parallel T_k(F_f) \parallel_\infty < \gamma$ 的子滤波器存在的充分必要条件是对所有的 $k$，有

$$P_{k|k}^{i-1} = P_{k|k-1}^{i-1} + \begin{bmatrix} H_k^{iT} & L_k^T \end{bmatrix} \begin{bmatrix} I & 0 \\ 0 & -(\gamma_i)^2 I \end{bmatrix}^{-1} \begin{bmatrix} H_k^i \\ L_k \end{bmatrix} > 0 \qquad (6-87)$$

式中，$P_{k|k-1}^i$ 由式(6-88)给出或由信息分配原则给出：

$$P_{k|k-1}^i = \boldsymbol{\Phi}_k P_{k-1|k-1}^i \boldsymbol{\Phi}_k^T + \boldsymbol{\Gamma}_k \boldsymbol{\Gamma}_k^T \qquad (6-88)$$

则第 $i$ 个子 $H_\infty$ 滤波器局部估计值 $X_{k|k}^i$ 可用如下递推，公式得到

$$\hat{X}_{k|k} = \hat{X}_{k|k-1}^i + K_k^i (y_k^i - h_k^i(\hat{X}_{k|k-1}^i)) \qquad (6-89)$$

$$\hat{X}_{k|k-1}^i = \boldsymbol{\Phi}_{k-1} \hat{X}_{k-1|k-1}^i \qquad (6-90)$$

$$K_k^i = (P_{k|k}^{i-1} + (\gamma_i)^{-2} L_{k+1}^T L_{k+1})^{-1} H_k^{iT} \qquad (6-91)$$

式中，$\hat{X}_{k-1|k-1}^i$ 由信息分配原则给出。

推论 6-3 给出了分散滤波系统(6-86)中测量方程存在非线性的 $m$ 个子滤波器的实现形式，对于剩下的 $(n-m)$ 个线性子滤波器，其实现形式已由推论 6-2 给出。下面给出的推论 6-4 是非线性联邦 $H_\infty$ 滤波器全局信息融合和信息分配的实现方法。

**推论 6-4** （非线性联邦 $H_\infty$ 滤波器）对于给定的 $\gamma > 0$，若定义 6-2 给出的次优联邦 $H_\infty$ 滤波问题有解，则其全局状态估计值 $\hat{X}_{k|k}^g$ 与全局估计误差方差阵 $P_{k|k}^g$ 可表示为 $n$ 个子 $H_\infty$ 滤波器状态局部估计值 $\hat{X}_{k|k}^g$ 和局部误差方差阵 $P_{k|k}^g$ 的组合，如式(6-92)所示。

$$\hat{X}_{k|k}^g = \left( P_{k|k}^{g-1} + \frac{1}{\gamma^2} L_k^T L_k \right)^{-1} \left( \sum_{i=1}^m \left( P_{k|k}^{i-1} + \frac{c_i^2}{\gamma^2} L_k^T L_k \right) \hat{X}_{k|k}^i + \sum_{j=m+1}^n \left( P_{k|k}^{j-1} + \frac{1}{\gamma} L_k^T L_k \right) \hat{X}_{k|k}^j \right)$$

$$(6-92)$$

$$P_{k|k}^{g-1} + \frac{1}{\gamma^2} L_k^T L_k = \sum_{i=1}^m \left( P_{k|k}^{i-1} + \frac{c_i^2}{\gamma^2} L_k^T L_k \right) + \sum_{j=m+1}^n \left( P_{k|k}^{j-1} + \frac{1}{\gamma^2} L_k^T L_k \right) \quad (6-93)$$

信息分配原则如式(6-94)所示。

$$\hat{x}_{k|k}^i = \hat{x}_{k|k}^g, \qquad\qquad i = 1, 2, \cdots, n$$
$$P_{k|k-1}^i = \beta_i^{-1}(\boldsymbol{\Phi}_k P_{k-1|k-1}^g \boldsymbol{\Phi}_k^T + \boldsymbol{\Gamma}_k \boldsymbol{\Gamma}_k^T), \quad \beta_i = 1/n \qquad (6-94)$$

使用类似定理 6-3 的证明方法可知,本非线性联邦 $H_\infty$ 滤波算法使得联邦 $H_\infty$ 滤波器与下面集中滤波系统等价。

$$\begin{cases} \boldsymbol{X}_k = \boldsymbol{\Phi}_{k-1}\boldsymbol{X}_{k-1} + \boldsymbol{\Gamma}_{k-1}\boldsymbol{W}_{k-1} \\ \boldsymbol{y}_k = \boldsymbol{h}_k\boldsymbol{X}_k + \boldsymbol{V}_k \\ \boldsymbol{z}_k = \boldsymbol{L}_k\boldsymbol{X}_k \end{cases} \quad (6-95)$$

式中,

$$\begin{cases} \boldsymbol{h}_k(\boldsymbol{X}_k) = \left[\boldsymbol{h}_k^1(\boldsymbol{X}_k)^{\mathrm{T}}, \cdots, \boldsymbol{h}_k^m(\boldsymbol{X}_k)^{\mathrm{T}}, (\boldsymbol{H}_k^{m+1}\boldsymbol{X}_k)^{\mathrm{T}}, \cdots, (\boldsymbol{H}_k^n\boldsymbol{X}_k)^{\mathrm{T}}\right]^{\mathrm{T}} \\ \boldsymbol{y}_k = \left[\boldsymbol{y}_k^{1\mathrm{T}}, \boldsymbol{y}_k^{2\mathrm{T}}, \cdots, \boldsymbol{y}_k^{n\mathrm{T}}\right]^{\mathrm{T}} \\ \boldsymbol{V}_k = \left[\boldsymbol{V}_k^{1\mathrm{T}}, \boldsymbol{V}_k^{2\mathrm{T}}, \cdots, \boldsymbol{V}_k^{n\mathrm{T}}\right]^{\mathrm{T}} \end{cases} \quad (6-96)$$

推论 6-2、推论 6-3 和推论 6-4 给出了非线性分散系统(6-86)的联邦 $H_\infty$ 滤波递推实现。

## 6.4.2  基于固定地面合作目标的导航方案

由本章提出的无人机自主进场着陆过程被细分为惯导系统校准、进近和着陆三个阶段,而这三个阶段的划分依据中,重要的是计算机视觉作用原理不同。在惯导系统校准阶段和着陆阶段,由于导航系统的主要任务是修正无人机相对于跑道的位置、速度和姿态误差,所以需要地面合作目标与机载视觉系统的配合,并融合捷联惯导系统、高度表系统、电子罗盘等设备的测量值,使用基于固定地面合作目标的导航方案。

### 1) 基于模型和长序列图像信息融合技术的运动估计

所谓基于模型,就是已知跑道特征模型,利用已知的跑道特征和无人机状态估计值进行运动估计;所谓基于长序列图像信息融合技术是指算法的递推性质,通过递推的状态估计算法,不但可以减少运算量,同时可以对系统的噪声进行抑制。

基于模型的和信息融合的长序列图像运动估计的基本结构如图 6-24 所示。

运动估计算法可以描述为:导航系统利用机场跑道特征数据库,根据机载导航系统的位置、姿态预估数据,控制云台指向位于跑道的地面合作目标,使得地面合作目标在机载摄像机中正确成像;利用选定的摄像机系统模型,得到机场跑道的预测图像,提取该图像的特征,再和机载摄像机获得的跑道图像的特征做对照,通过相应的信息融合算法,使得在长序列图像中,预测图像与

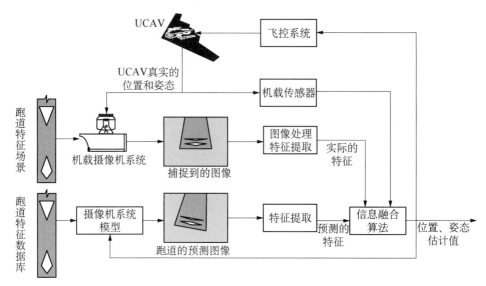

**图 6 - 24　基于模型和信息融合的长序列图像运动估计示意图**

实际图像的特征逼近到一定误差范围内,就可以得到摄像机相对于跑道的估计位置和姿态。

下面使用鲁棒 $H_\infty$ 滤波技术对无人机的运动估计算法加以实现。

(1) 系统动态方程。

对无人机的运动估计,主要是为了得到无人机相对于跑道的姿态、位置和速度。根据惯性坐标系$\{E\}$的定义,无人机相对于跑道的运动信息可以通过无人机在$\{E\}$中的绝对姿态、位置和速度信息给出。因此运动估计的信息为

$$X = \begin{bmatrix} \boldsymbol{P}_0^e \\ \boldsymbol{V}^e \\ \boldsymbol{\psi}^e \end{bmatrix} = [x_0^e, \ y_0^e, \ z_0^e, \ V_x^e, \ V_y^e, \ V_z^e, \ \phi, \ \theta, \ \psi]^{\mathrm{T}} \qquad (6 - 97)$$

考虑到 $X$ 正好是惯导系统的状态向量,因此把惯导系统作为多传感器信息融合系统中的参考系统。

多传感器信息融合系统根据系统参数形式的不同,可以分为直接参数估计系统和间接参数估计系统,如图 6 - 25 所示,(a)为直接参数估计系统;(b)为间接参数估计系统。

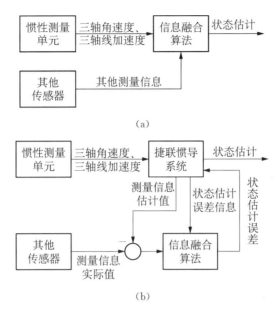

**图 6‑25　信息融合系统不同参数估计形式示意图**

直接参数估计是指对系统参数本身进行直接估计。由于系统参数之间存在非线性,因此需要采用非线性滤波技术。同时状态变量的数值相差较大,给数值计算带来较大困难。间接参数估计方式是指仅对捷联惯导系统导航参数误差进行估计,此时信息融合系统的状态方程是一阶线性方程,状态变量是导航参数误差。最后使用导航参数的估计误差对运行于信息融合系统外的捷联式惯导系统进行补偿,得到最终的运动估计信息。

本章中的信息融合系统采用间接参数估计方式的主要原因是如下几方面:

(a) 间接参数估计方式系统动态方程为线性形式。

(b) 捷联式惯导系统运行于信息融合系统之外,减少了滤波算法的运算量。

(c) 整个导航系统的状态测量输出速率由捷联式惯导系统决定,即使信息融合系统不工作,无人机同样可以得到导航信息。

取捷联惯导系统包含的误差作为导航系统状态变量:

$$\delta \boldsymbol{X} = \begin{bmatrix} \delta \boldsymbol{P}_0^e \\ \delta \boldsymbol{V}^e \\ \delta \boldsymbol{\psi}^e \end{bmatrix} = \left[ \delta x_0^e,\ \delta y_0^e,\ \delta z_0^e,\ \delta V_x^e,\ \delta V_y^e,\ \delta V_z^e,\ \delta \phi,\ \delta \vartheta,\ \delta \psi \right]^{\mathrm{T}} \quad (6\text{-}98)$$

式中, $\delta \boldsymbol{P}_0^e$ 为位置估计误差, $\delta \boldsymbol{V}^e$ 为速度估计误差, $\delta \boldsymbol{\psi}^e$ 为失准角。根据

式(6-11)、式(6-14)与式(6-15),得到多传感器信息融合系统连续时间动态方程:

$$
\delta \dot{\boldsymbol{X}} = \begin{bmatrix} \delta \dot{\boldsymbol{P}} \\ \delta \dot{\boldsymbol{V}} \\ \delta \dot{\boldsymbol{\psi}} \end{bmatrix} = \begin{bmatrix} \boldsymbol{0} & \boldsymbol{I} & \boldsymbol{0} \\ \boldsymbol{0} & \boldsymbol{0} & -[\boldsymbol{f}_{\mathrm{INS}}^{e} \times] \\ \boldsymbol{0} & \boldsymbol{0} & \boldsymbol{0} \end{bmatrix} \begin{bmatrix} \delta \boldsymbol{P}_{0}^{e} \\ \delta \boldsymbol{V}^{e} \\ \delta \boldsymbol{\psi}^{e} \end{bmatrix} + \begin{bmatrix} \boldsymbol{0} & \boldsymbol{0} \\ \boldsymbol{C}_{b}^{e} & \boldsymbol{0} \\ \boldsymbol{0} & \boldsymbol{C}_{b}^{e} \end{bmatrix} \begin{bmatrix} \delta \boldsymbol{f}^{b} \\ \delta \boldsymbol{\omega}^{b} \end{bmatrix}
$$

$$(6-99)$$

式中,系统控制输入 $\delta \boldsymbol{f}^{b}$ 与 $\delta \boldsymbol{\omega}^{b}$ 分别为加速度计和陀螺的测量误差,其具体含义见 6.2.2 节的论述。

对系统进行离散化,假设系统的更新周期为 $\Delta T$,则离散化的系统状态方程为

$$\delta \boldsymbol{X}_{k+1} = \boldsymbol{\Phi}_{k} \cdot \delta \boldsymbol{X}_{k} + \boldsymbol{\Gamma}_{k} \boldsymbol{W}_{k} \tag{6-100}$$

式中,$\boldsymbol{\Phi}_{k} = \begin{bmatrix} \boldsymbol{I} & \Delta T & \boldsymbol{0} \\ \boldsymbol{0} & \boldsymbol{I} & -\Delta T \cdot [\boldsymbol{f}_{\mathrm{INS},\,k}^{e} \times] \\ \boldsymbol{0} & \boldsymbol{0} & \boldsymbol{I} \end{bmatrix}$,$\boldsymbol{\Gamma}_{k} = \left\{ \begin{matrix} \boldsymbol{0} & \boldsymbol{0} \\ \Delta T \cdot \boldsymbol{C}_{b,\,k}^{e} & \boldsymbol{0} \\ \boldsymbol{0} & \Delta T \cdot \boldsymbol{C}_{b,\,k}^{e} \end{matrix} \right\}$,

$\boldsymbol{W}_{k} = \begin{bmatrix} \delta \boldsymbol{f}_{k}^{b} \\ \delta \boldsymbol{\omega}_{k}^{b} \end{bmatrix}$。其他信息由运行于信息融合系统以外的捷联惯导系统给出。捷联惯导系统的力学编排在 6.2.2 节中进行了详细的论述。

(2) 系统测量方程。

为了提高滤波算法的收敛速度,信息融合系统不但使用视觉系统关于地面合作目标多边形图案顶点坐标的测量信息 $\boldsymbol{P}_{i}^{p} = [u_{i},\, v_{i}]^{\mathrm{T}}$,$i = 1, 2, \cdots, 7$,同时使用电子罗盘和高度表系统的测量信息,即 $\boldsymbol{\psi}_{\mathrm{MG}} = [\phi_{\mathrm{MG}},\, \theta_{\mathrm{MG}},\, \psi_{\mathrm{MG}}]^{\mathrm{T}}$ 和 $H$。

高度表系统和电子罗盘测量值的估计值直接由惯导系统给出的运动估计值得到,而机载视觉系统测量值的估计值是由运动估计值以及地面合作目标特征点坐标信息,通过式(6-17)～式(6-19)计算得到的。各个传感器的测量估计值可由式(6-101)表示。

$$\hat{\boldsymbol{y}} = \begin{bmatrix} \hat{\boldsymbol{H}} & \hat{\boldsymbol{\psi}}_{\mathrm{MG}}^{e\mathrm{T}} & \hat{\boldsymbol{P}}_{1}^{p\mathrm{T}} & \cdots & \hat{\boldsymbol{P}}_{7}^{p\mathrm{T}} \end{bmatrix}^{\mathrm{T}} = \begin{bmatrix} -(z_{0}^{e})_{\mathrm{INS}} & \boldsymbol{\psi}_{\mathrm{INS}}^{e\mathrm{T}} & (\boldsymbol{P}_{1}^{p})_{\mathrm{INS}}^{\mathrm{T}} & \cdots & (\boldsymbol{P}_{7}^{p})_{\mathrm{INS}}^{\mathrm{T}} \end{bmatrix}^{\mathrm{T}}$$

$$(6-101)$$

式中:$(\boldsymbol{P}_{i}^{p})_{\mathrm{INS}}$,$i = 1, 2, \cdots, 7$,由式(6-102)给出:

$$(\boldsymbol{P}_i^p)_{\text{INS}} = \rho_{\text{INS}} \begin{bmatrix} \boldsymbol{e}_2 \\ \boldsymbol{e}_3 \end{bmatrix} \boldsymbol{K} \cdot (\boldsymbol{p}_i^c)_{\text{INS}}, \quad \rho_{\text{INS}} \neq 0$$

$$\frac{1}{\rho_{\text{INS}}} = \boldsymbol{e}_1 (\boldsymbol{P}_i^c)_{\text{INS}} \qquad\qquad (6-102)$$

$$(\boldsymbol{P}_i^c)_{\text{INS}} = \boldsymbol{C}_b^c \cdot \left[ (\boldsymbol{C}_e^b)_{\text{INS}} \cdot (\boldsymbol{P}_i^e - (\boldsymbol{P}_0^e)_{\text{INS}}) - \boldsymbol{P}_c^b \right]$$

由于本章使用间接参数估计方式,因此定义信息融合系统的观测向量为传感器估计值与测量值之差。为了方便后面的研究,将观测向量细分为两个子向量。

$$\delta\boldsymbol{y}_{\text{I}} = \left[ \delta H, \ \delta\phi_{\text{MG}}, \ \delta\theta_{\text{MG}}, \ \delta\psi_{\text{MG}} \right]^{\text{T}} \qquad (6-103)$$

$$\delta\boldsymbol{y}_{\text{II}} = \left[ \delta\boldsymbol{P}_1^{p\text{T}}, \ \delta\boldsymbol{P}_2^{p\text{T}}, \ \cdots, \ \delta\boldsymbol{P}_m^{p\text{T}} \right]^{\text{T}} = \left[ \delta u_1, \ \delta v_1, \ \delta u_2, \ \delta v_2, \ \cdots, \ \delta u_m, \ \delta v_m \right]^{\text{T}}, \ m \leqslant 7$$
$$(6-104)$$

则系统观测向量可表示为

$$\delta\boldsymbol{y} = \begin{bmatrix} \delta\boldsymbol{y}_{\text{I}} \\ \delta\boldsymbol{y}_{\text{II}} \end{bmatrix} \qquad\qquad (6-105)$$

$\delta\boldsymbol{y}_{\text{I}}$ 是高度表系统和电子罗盘估计值与测量值之差。由式(6-28)、式(6-25)与式(6-101),可以得到 $\delta\boldsymbol{y}_{\text{I}}$ 的测量方程:

$$\delta\boldsymbol{y}_{\text{I}} = \boldsymbol{h}_l(\delta\boldsymbol{X}) + \boldsymbol{V}_l = \begin{bmatrix} -\delta z_0^e \\ \delta\phi \\ \delta\theta \\ \delta\psi \end{bmatrix} + \begin{bmatrix} +v_H \\ -v_{\phi_{\text{MG}}} \\ -v_{\theta_{\text{MG}}} \\ -v_{\psi_{\text{MG}}} \end{bmatrix} \qquad (6-106)$$

$\delta\boldsymbol{y}_{\text{II}}$ 是机载视觉系统对地面合作目标特征点估计值与测量值之差,其维数为 $2m$。$m$ 是图像处理提取出的特征点数量。由于摄像机成像存在透视投影变换,因此 $\delta\boldsymbol{y}_{\text{II}}$ 的测量方程存在非线性关系。对于某个特征点 $i$,$\delta\boldsymbol{y}_{\text{II}i} = \begin{bmatrix} \delta u_i \\ \delta v_i \end{bmatrix}$ 可定义为

$$\delta\boldsymbol{y}_{\text{II}i} = \boldsymbol{h}_{\text{II}i}(\delta\boldsymbol{X}) + \boldsymbol{V}_{\text{II}i} = \left( (\boldsymbol{P}_i^p)_{\text{INS}} - \rho \begin{bmatrix} \boldsymbol{e}_2 \\ \boldsymbol{e}_3 \end{bmatrix} \boldsymbol{K}((\boldsymbol{P}_i^c)_{\text{INS}} - \delta\boldsymbol{P}_i^c) \right) + (-\boldsymbol{\varepsilon}_{i,\text{CV}})$$

$$(6-107)$$

式中，$\boldsymbol{P}_i^p$ 与 $(\boldsymbol{P}_i^c)_{\mathrm{INS}}$ 已经在式(6-102)中定义，而 $\delta\boldsymbol{P}_i^c$ 与 $\rho$ 的定义如下：

$$\delta\boldsymbol{P}_i^c = \begin{bmatrix} \delta x_i^c \\ \delta y_i^c \\ \delta z_i^c \end{bmatrix} = -\boldsymbol{C}_b^c \cdot (\boldsymbol{C}_e^b)_{\mathrm{INS}} \cdot \left[ \delta\boldsymbol{P}_0^e - \left[ (\boldsymbol{P}_i^e - (\boldsymbol{P}_0^e)_{\mathrm{INS}}) \times \right] \cdot \delta\boldsymbol{\psi}^e \right] \quad (6-108)$$

$$\frac{1}{\rho} = \boldsymbol{e}_1 ((\boldsymbol{P}_i^c)_{\mathrm{INS}} - \delta\boldsymbol{P}_i^c) = (x_i^c)_{\mathrm{INS}} - \delta x_i^c$$

因此，当机载摄像机捕捉到 $m$ 个特征点时，$\delta\boldsymbol{y}_{\mathrm{II}}$ 的测量方程为

$$\delta\boldsymbol{y}_{\mathrm{II}} = \boldsymbol{h}_{\mathrm{II}}(\delta\boldsymbol{X}) + \boldsymbol{V}_{\mathrm{II}} = \begin{bmatrix} \boldsymbol{h}_{\mathrm{II}1}(\delta\boldsymbol{X}) \\ \vdots \\ \boldsymbol{h}_{\mathrm{II}m}(\delta\boldsymbol{X}) \end{bmatrix} + \begin{bmatrix} \boldsymbol{V}_{\mathrm{II}1} \\ \vdots \\ \boldsymbol{V}_{\mathrm{II}m} \end{bmatrix} \quad (6-109)$$

考虑到测量方程(6-109)为非线性方程，因此为了使用非线性鲁棒 $H_\infty$ 滤波器对无人机运动信息进行估计，需要将测量方程(6-109)线性化。首先计算 $\delta\boldsymbol{P}_i^c$ 相对 $\delta\boldsymbol{X}$ 的雅可比矩阵：

$$\frac{\partial(\delta\boldsymbol{P}_i^c)}{\partial(\delta\boldsymbol{X})} = \left[ -\boldsymbol{C}_b^c \cdot (\boldsymbol{C}_e^b)_{\mathrm{INS}} \ \vdots \ \boldsymbol{0}_{3\times3} \ \vdots \ \boldsymbol{C}_b^c \cdot (\boldsymbol{C}_e^b)_{\mathrm{INS}} \cdot \left[ (\boldsymbol{P}_i^e - (\boldsymbol{P}_0^e)_{\mathrm{INS}}) \times \right] \right]$$

$$= \begin{bmatrix} \dfrac{\partial(\delta x_i^c)}{\partial(\delta x_0^e)} & \dfrac{\partial(\delta x_i^c)}{\partial(\delta y_0^e)} & \dfrac{\partial(\delta x_i^c)}{\partial(\delta z_0^e)} & & \dfrac{\partial(\delta x_i^c)}{\partial(\delta\phi)} & \dfrac{\partial(\delta x_i^c)}{\partial(\delta\vartheta)} & \dfrac{\partial(\delta x_i^c)}{\partial(\delta\psi)} \\[2ex] \dfrac{\partial(\delta y_i^c)}{\partial(\delta x_0^e)} & \dfrac{\partial(\delta y_i^c)}{\partial(\delta y_0^e)} & \dfrac{\partial(\delta y_i^c)}{\partial(\delta z_0^e)} & \boldsymbol{0}_{3\times3} & \dfrac{\partial(\delta y_i^c)}{\partial(\delta\phi)} & \dfrac{\partial(\delta y_i^c)}{\partial(\delta\vartheta)} & \dfrac{\partial(\delta y_i^c)}{\partial(\delta\psi)} \\[2ex] \dfrac{\partial(\delta z_i^c)}{\partial(\delta x_0^e)} & \dfrac{\partial(\delta z_i^c)}{\partial(\delta y_0^e)} & \dfrac{\partial(\delta z_i^c)}{\partial(\delta z_0^e)} & & \dfrac{\partial(\delta z_i^c)}{\partial(\delta\phi)} & \dfrac{\partial(\delta z_i^c)}{\partial(\delta\vartheta)} & \dfrac{\partial(\delta z_i^c)}{\partial(\delta\psi)} \end{bmatrix}$$

$$(6-110)$$

则某个特征点 $i$ 对应的测量方程的雅可比矩阵为

$$\boldsymbol{H}_{\mathrm{II}i} = \frac{\partial\boldsymbol{h}_{\mathrm{II}i}(\delta\boldsymbol{X})}{\partial(\delta\boldsymbol{X})} = \begin{bmatrix} \dfrac{\partial(\delta u_i)}{\partial(\delta\boldsymbol{X})} \\[2ex] \dfrac{\partial(\delta v_i)}{\partial(\delta\boldsymbol{X})} \end{bmatrix} \quad (6-111)$$

为了论述方便，将式(6-111)细化为

$$\frac{\partial(\delta u_i)}{\partial(\delta\boldsymbol{X})} = \left[ \dfrac{\partial(\delta u_i)}{\partial(\delta x_0^e)} \ \dfrac{\partial(\delta u_i)}{\partial(\delta y_0^e)} \ \dfrac{\partial(\delta u_i)}{\partial(\delta z_0^e)} \ 0 \ 0 \ 0 \ \dfrac{\partial(\delta u_i)}{\partial(\delta\phi)} \ \dfrac{\partial(\delta u_i)}{\partial(\delta\vartheta)} \ \dfrac{\partial(\delta u_i)}{\partial(\delta\psi)} \right]$$

$$(6-112)$$

$$\frac{\partial(\delta v_i)}{\partial(\delta \boldsymbol{X})} = \begin{bmatrix} \frac{\partial(\delta v_i)}{\partial(\delta x_0^e)} & \frac{\partial(\delta v_i)}{\partial(\delta y_0^e)} & \frac{\partial(\delta v_i)}{\partial(\delta z_0^e)} & 0 & 0 & 0 & \frac{\partial(\delta v_i)}{\partial(\delta \phi)} & \frac{\partial(\delta v_i)}{\partial(\delta \vartheta)} & \frac{\partial(\delta v_i)}{\partial(\delta \psi)} \end{bmatrix}$$

$$(6-113)$$

由式(6-106)可知，$\delta \boldsymbol{y}_{\mathrm{I}}$ 的测量方程本身即为线性形式，令

$$\boldsymbol{H}_{\mathrm{I}} = \begin{bmatrix} 0 & 0 & -1 & 0 & 0 & 0 & 0 & 0 & 0 \\ 0 & 0 & 0 & 0 & 0 & 0 & 1 & 0 & 0 \\ 0 & 0 & 0 & 0 & 0 & 0 & 0 & 1 & 0 \\ 0 & 0 & 0 & 0 & 0 & 0 & 0 & 0 & 1 \end{bmatrix}$$

$$(6-114)$$

则最终得到信息融合系统测量方程线性化后的观测矩阵：

$$\boldsymbol{H} = \begin{bmatrix} \boldsymbol{H}_{\mathrm{I}} \\ \boldsymbol{H}_{\mathrm{II}1} \\ \vdots \\ \boldsymbol{H}_{\mathrm{II}m} \end{bmatrix}, \quad m \leqslant 7$$

$$(6-115)$$

构造非线性鲁棒 $H_\infty$ 滤波器，利用鲁棒 $H_\infty$ 滤波递推算法，即可对系统位置、速度和姿态的测量误差进行估计。

（3）误差反馈修正机制。

当鲁棒 $H_\infty$ 滤波器在每次测量更新后，得到位置、速度和姿态的估计误差，这些误差被反馈到运行于信息融合系统之外的捷联惯导系统。

根据捷联惯导系统估计误差的定义，修正后的位置、速度和姿态估计值 $\boldsymbol{X}_c$ 为

$$\boldsymbol{X}_c = \begin{bmatrix} \boldsymbol{P}_0^e \\ \boldsymbol{V}^e \\ \boldsymbol{\psi} \end{bmatrix} - \begin{bmatrix} \delta \boldsymbol{P}_0^e \\ \delta \boldsymbol{V}^e \\ \delta \boldsymbol{\psi}^e \end{bmatrix}$$

$$(6-116)$$

通过误差反馈机制，可以认为位置、速度和姿态的误差被全部补偿，这样在滤波器进入下一时刻的滤波运算时，可以假设滤波器的状态估计 $\hat{\boldsymbol{X}}_{k-1|k-1} = \boldsymbol{0}$。

### 2）多速率联邦 $H_\infty$ 滤波算法

在基于模型的长序列图像运动估计的研究中，假设在每个状态更新和测量更新时刻，各个传感器均有测量值。但根据对传感器特性的分析，发现不同传感器系统给出的信息具有不同更新频率和不同时间延迟特性，特别是机载视觉系

统,由于运算复杂,其测量数据更新速率和延迟特性不是固定不变的,因此需要研究多速率有延迟情况下的信息融合算法。针对多速率测量系统的状态估计问题,众多修正 Kalman 滤波器被提出,如多速率 Kalman 滤波方法[17]、事件驱动的 Kalman 滤波方法[41]、时变增益的 Kalman 滤波方法[42]等。

本节以包括 3 个子滤波器的联邦鲁棒 $H_\infty$ 滤波器为例,提出了适用于以捷联惯导系统为参考系统的多速率不定延迟联邦 $H_\infty$ 滤波算法,称为多速率联邦 $H_\infty$ 滤波算法。

首先假设 3 个子滤波器系统状态方程均相同:

$$\delta \boldsymbol{X}_{k+1}^i = \boldsymbol{\Phi}_k \cdot \delta \boldsymbol{X}_k^i + \boldsymbol{\Gamma}_k \boldsymbol{W}_k, \quad i = \text{I}, \text{II}, \text{III} \qquad (6-117)$$

给出 3 个子滤波器的观测方程,其中子滤波器 II 存在非线性:

$$\begin{cases} \delta \boldsymbol{y}_k^{\text{I}} = \boldsymbol{H}_k^{\text{I}} \cdot \delta \boldsymbol{X}_k^{\text{I}} + \boldsymbol{V}_k^{\text{I}} \\ \delta \boldsymbol{y}_k^{\text{II}} = \boldsymbol{h}_k^{\text{II}} (\delta \boldsymbol{X}_{k-d_{\text{II}}}^{\text{II}}) + \boldsymbol{V}_k^{\text{II}} \\ \delta \boldsymbol{y}_k^{\text{III}} = \boldsymbol{H}_k^{\text{III}} \cdot \delta \boldsymbol{X}_{k-d_{\text{III}}}^{\text{III}} + \boldsymbol{V}_k^{\text{III}} \end{cases} \qquad (6-118)$$

式中,$\delta \boldsymbol{y}_k^i$ 表示第 $i$ 个子滤波器 $k$ 时刻的观测值误差,$\boldsymbol{h}_k^{\text{II}}(\cdot)$ 表示子滤波器 II 在 $k$ 时刻的观测,$\boldsymbol{H}_k^{\text{I}}$ 表示第 $i$ 个子滤波器 $k$ 时刻的观测矩阵,$\delta \boldsymbol{X}_{k-d_i}^i$ 表示第 $i$ 个子滤波器 $k-d_i$ 时刻的状态估计值。由此可知,子滤波器 II 与子滤波器 III 的测量值输出分别存在 $d_{\text{II}}$ 与 $d_{\text{III}}$ 的延迟。

本联邦 $H_\infty$ 滤波器使用推论 6-2 至推论 6-4 给出的结论计算各子滤波器的估计值 $\delta \boldsymbol{X}_k^i$,并进行全局融合,得到全局估计 $\delta \boldsymbol{X}_k^g$;使用状态反馈修正机制,将估计误差 $\delta \boldsymbol{X}_k^g$ 反馈给捷联惯导系统,并将状态误差估计值 $\delta \boldsymbol{X}_k^g$ 置 0,使用推论 6-4 给出的信息分配原则将全局估计误差方差阵 $\boldsymbol{P}_k^g$ 与置零的误差估计 $\delta \boldsymbol{X}_k^g$ 分配给各子滤波器。

在讨论多速率不定延迟问题之前,先需要明确一个概念:"在整个滤波系统中,是哪个传感器限制了导航信息的输出带宽?"

事实上,虽然视觉系统存在处理延迟和采样速率较慢的问题,电子罗盘和高度表系统的采样速率也较低,但是限制导航系统输出带宽的是捷联惯导系统的采样频率。这主要是因为捷联惯导系统有较好的高频特性,而视觉等信息的引入主要是为了补偿由惯导系统的漂移引起的系统低频输出变化。因此,合理的使用惯导系统,低采样频率和存在输出延迟的传感器测量信息并不会影响系统的带宽[43]。使用间接参数估计系统,仅需要在存在观测值时进行滤波操作,对惯导系统误差进行估计,而在没有观测输出的时候,滤波器不需要进行操作,捷联惯导系统可以在短时间内给出精确的导航信息。

引入由 $j$ 时刻状态估计 $\delta\boldsymbol{X}_j^i$ 到 $k$ 时刻状态估计 $\delta\boldsymbol{X}_k^i$ 的状态转移矩阵 $\boldsymbol{\Phi}_{k,j}^i$ 和干扰输入矩阵 $\boldsymbol{\Gamma}_{k,j}^i$,则有

$$\delta\boldsymbol{X}_k^i = \boldsymbol{\Phi}_{k,j}^i \delta\boldsymbol{X}_j^i, \quad i = \text{I}, \text{II}, \text{III}, g \tag{6-119}$$

$$\boldsymbol{P}_k^i = \boldsymbol{\Phi}_{k,j}^i \boldsymbol{P}_j^i \boldsymbol{\Phi}_{k,j}^{iT} + \boldsymbol{\Gamma}_{k,j}^i \boldsymbol{\Gamma}_{k,j}^{iT} \tag{6-120}$$

式中,$\boldsymbol{P}_k^i$ 表示一步预测误差方差阵。

这里需要指出,由于捷联惯导系统在短时间内能够给出精确的导航信息估计值,因此,仅利用惯导系统就可以得到较精确的状态转移矩阵 $\boldsymbol{\Phi}_{k,j}^i$ 和干扰输入矩阵 $\boldsymbol{\Gamma}_{k,j}^i$。

多速率联邦 $H_\infty$ 滤波算法处理多速率、不定延迟的观测数据,主要就是利用状态转移矩阵 $\boldsymbol{\Phi}_{k,j}^i$ 和干扰输入矩阵 $\boldsymbol{\Gamma}_{k,j}^i$,下面分两种基本情况来分析。

对于存在延迟的观测数据处理:由于子滤波器 II 或 III 观测值 $\delta y_k^i$,$i = \text{II}$,III,存在延迟 $d_i$,对于通过滤波得到的状态估计值 $\delta\boldsymbol{X}_{k-d_1}^i$,以及由惯导系统得到的 $\boldsymbol{\Phi}_{k,d_1}^i$ 与 $\boldsymbol{\Gamma}_{k,d_1}^i$,可以通过式(6-119)与式(6-120)得到 $k$ 时刻的状态估计值 $\delta\boldsymbol{X}_k^i$ 与一步预测误差方差阵 $\boldsymbol{P}_k^i$,最后与其他传感器 $k$ 时刻的状态估计值进行融合。

对于多采样速率的观测数据处理:当仅有部分子滤波器 $k$ 时刻存在测量值时,不妨假设传感器 $i$ 没有观测数据,而其上次观测数据更新时刻为 $j$,则可以利用由惯导系统得到 $\boldsymbol{\Phi}_{k,j}^i$ 与 $\boldsymbol{\Gamma}_{k,j}^i$,可以通过式(6-119)与式(6-120),得到 $k$ 时刻的状态估计值 $\delta\boldsymbol{X}_k^i$ 与一步预测误差方差阵 $\boldsymbol{P}_k^i$,最后与其他传感器 $k$ 时刻的状态估计值进行融合。

文献[52]给出了多速率联邦 $H_\infty$ 滤波算法(multi-rate nonlinear robust $H_\infty$ filtering algorism)。

**3) 基于固定地面合作目标导航方案的实现**

本节首先对各传感器的时间特性进行分析,然后利用多速率联邦 $H_\infty$ 滤波算法实现基于模型的长序列图像运动估计算法,从而得到实用的适用于无人机进场着陆中惯导系统校准和着陆两个阶段的基于固定地面合作目标的导航方案。

首先给出此联邦 $H_\infty$ 滤波器结构,如图 6-26 所示。捷联惯导系统作为整

个联邦滤波器的参考系统,导航系统需要对惯导系统的估计误差进行估计,并将误差估计值反馈给捷联惯导系统;子滤波器 Ⅰ 的观测值由电子罗盘和高度表系统给出;子滤波器 Ⅱ 的观测值由机载视觉系统给出。

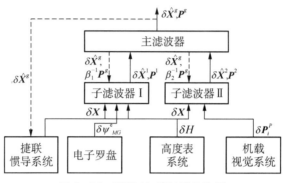

**图 6 - 26　联邦 $H_\infty$ 滤波器结构图**

下面对本联邦滤波器使用的各个传感器的输出时间特性进行总结,如表 6 - 1 所示。

**表 6 - 1　各传感器输出的时间特性**

| 传感器 | 采样特性 | | | 延迟特性 | | |
|---|---|---|---|---|---|---|
| | 固定 | 不定 | 采样时间 | 有 | 无 | 延迟时间 |
| 捷联惯导系统 | ● | | $\Delta T_1 = 0.01\ \text{s}$ | | ● | |
| 电子罗盘 | ● | | $\Delta T_M = 0.05\ \text{s}$ | | ● | |
| 高度表系统 | ● | | $\Delta T_M = 0.05\ \text{s}$ | | ● | |
| 机载视觉系统 | | ● | $\Delta T_c = p \cdot 0.04\ \text{s}$ | ● | | $\Delta T_d$ |

表 6 - 1 中,机载视觉系统的输出延迟 $\Delta T_d$ 因图像处理的运算量不同而不同。经过在数字仿真环境中对图像处理算法运算时间的统计可知:在进行搜索地面合作目标的任务时,输出延迟 $\Delta T_d$ 约为 $0.1 \sim 0.16\ \text{s}$;在跟踪地面合作目标时,输出延迟较短,约为 $0.1 \sim 0.06\ \text{s}$。在使用 PAL 制机载摄像机时,视觉系统采样周期是 $0.04\ \text{s}$ 的整数倍,因此,$p$ 取最小正整数使不等式 $\Delta T_c \geqslant \Delta T_d$ 成立。由于电子罗盘和高度表系统采样周期相同,假设在同一时刻进行采样。考虑到惯导系统采样频率较高,因此假设所有其他传感器采样或观测数据输出时,惯导系统均有观测值,即其他传感器的采样周期与输出延迟均为 $\Delta T_1$ 的整倍数。

图 6 - 27 给出各传感器间的时序关系。由图 6 - 27 可知,高度表系统与电子罗盘采样周期为 0.05 s,且采样同时可得到观测输出;机载视觉系统采样后,观测输出存在较大延迟,且其采样周期与输出延迟根据图像处理运算量的不同而不同,但采样周期为 0.04 s 的整倍数。由于惯导系统在其他传感器采样或观测输出时均有观测值,所以图中未对惯导系统的时间特性进行标注。

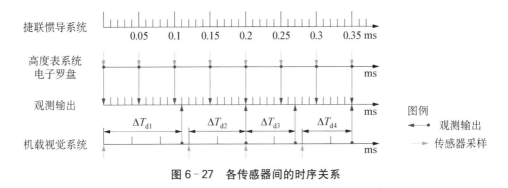

**图 6 - 27 各传感器间的时序关系**

取捷联惯导系统包含的误差作为联邦滤波系统状态变量:

$$\delta \boldsymbol{X} = \begin{bmatrix} \delta \boldsymbol{P}_0^e \\ \delta \boldsymbol{V}^e \\ \delta \boldsymbol{\psi}^e \end{bmatrix} = \begin{bmatrix} \delta x_0^e, \ \delta y_0^e, \ \delta z_0^e, \ \delta V_x^e, \ \delta V_y^e, \ \delta V_z^e, \ \delta \phi, \ \delta \vartheta, \ \delta \psi \end{bmatrix}^T$$

$$(6 - 121)$$

假设两个子滤波器的系统状态方程均相同,即

$$\delta \boldsymbol{X}_{k+1}^i = \boldsymbol{\Phi}_k \cdot \delta \boldsymbol{X}_k^i + \boldsymbol{\Gamma}_k \boldsymbol{W}_k, \quad i = \text{I}, \text{II} \qquad (6 - 122)$$

式中, $\boldsymbol{\Phi}_k = \begin{bmatrix} \boldsymbol{I} & \Delta \boldsymbol{T} & \boldsymbol{0} \\ \boldsymbol{0} & \boldsymbol{I} & -\Delta T \cdot [\boldsymbol{f}_{\text{INS}, k}^e \times] \\ \boldsymbol{0} & \boldsymbol{0} & \boldsymbol{I} \end{bmatrix}$, $\boldsymbol{\Gamma}_k = \begin{Bmatrix} \boldsymbol{0} & \boldsymbol{0} \\ \Delta T \cdot \boldsymbol{C}_{b, k}^e & \boldsymbol{0} \\ \boldsymbol{0} & \Delta T \cdot \boldsymbol{C}_{b, k}^e \end{Bmatrix}$,

$\boldsymbol{W}_k = \begin{bmatrix} \delta \boldsymbol{f}_k^b \\ \delta \boldsymbol{\omega}_k^b \end{bmatrix}$。

其他信息由运行于信息融合系统以外的捷联式惯导系统给出。

子滤波器 I 是惯导系统/高度表系统/电子罗盘的组合导航系统,其观测误差向量为 $\delta \boldsymbol{y}_k^{\text{I}} = [\delta H, \ \delta \phi_{MG}, \ \delta \vartheta_{MG}, \ \delta \psi_{MG}]^T$,其测量方程如式(6 - 123)所示:

$$\delta \boldsymbol{y}_k^{\mathrm{I}} = \boldsymbol{H}_k^{\mathrm{I}} \cdot \delta \boldsymbol{X}_k^{\mathrm{I}} + \boldsymbol{V}_k^{\mathrm{I}} \qquad (6-123)$$

$$\text{式中,} \boldsymbol{H}_k^{\mathrm{I}} = \left\{ \begin{array}{cccccccccc} 0 & 0 & -1 & 0 & 0 & 0 & 0 & 0 & 0 & 0 \\ 0 & 0 & 0 & 0 & 0 & 0 & 1 & 0 & 0 \\ 0 & 0 & 0 & 0 & 0 & 0 & 0 & 1 & 0 \\ 0 & 0 & 0 & 0 & 0 & 0 & 0 & 0 & 1 \end{array} \right\}_{\circ}$$

子滤波器 Ⅱ 是惯导/视觉的组合导航系统,其观测误差向量为 $\delta \boldsymbol{y}_k^{\mathrm{II}} = [\delta \boldsymbol{P}_1^{p\mathrm{T}}, \delta \boldsymbol{P}_2^{p\mathrm{T}}, \cdots, \delta \boldsymbol{P}_m^{p\mathrm{T}}]^{\mathrm{T}}$,其测量方程如式(6-124)所示。

$$\delta \boldsymbol{y}_k^{\mathrm{II}} = \boldsymbol{h}_k^{\mathrm{II}}(\delta \boldsymbol{X}_{k-d}^{\mathrm{II}}) + \boldsymbol{V}_k^{\mathrm{II}} \qquad (6-124)$$

式中,$\boldsymbol{h}_k^{\mathrm{II}}(\cdot)$ 由式(6-107)~式(6-109)综合给出。对 $\boldsymbol{h}_k^{\mathrm{II}}(\cdot)$ 进行线性化,得到的观测矩阵 $\boldsymbol{H}_k^{\mathrm{II}}$ 由式(6-111)~式(6-113)综合给出。由于机载视觉系统存在观测输出延迟,因此 $k$ 时刻的观测值由 $k-d$ 时刻的状态估计值决定。

### 6.4.3　基于随机地面特征的导航方案

无人机完成惯导系统校准后,已经将导航系统的误差控制在较小的范围内。在进近阶段,无人机距离已知的地面合作目标较远,所以需要寻找一种可以在未知环境进行导航的算法,以保证导航精度不下降或下降较小。本节根据进近阶段导航系统需求,提出了基于随机地面特征的导航方案。

无人机飞行过程中,各传感器对环境和飞机参数进行采样。通过融合惯导系统/高度表系统/电子罗盘等信息,得到高度和姿态角误差估计值,反馈给惯导系统,使惯导系统可以给出精确的高度和姿态角估计值。通过控制机载视觉系统云台的运动,保证机载摄像机光轴尽量与地面垂直;激光测距仪与机载摄像机相配合,在摄像机对场景进行采集的同时,测量图像中心位置的深度信息。利用相关的图像处理算法,计算图像中心一定范围特征点的稀疏光流场;利用已知参数补偿由于飞机姿态变化和机载视觉系统云台运动等旋转运动引起的光流;利用激光测距仪得到的特征点深度信息、经补偿的光流和已知的摄像机内参数得到特征点在摄像机坐标系的运动速度向量;最后将其与惯导系统的运动速度信息融合,得到无人机在水平面上的运动速度误差,反馈给惯导系统,使惯导系统可以给出水平面内精确的速度信息,以抑制导航系统由于速度估计误差造成的在水平面上的位置误差增大。

图 6-28 是基于稀疏光流场的长序列图像运动估计示意图。

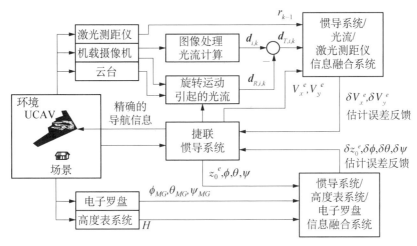

**图 6-28    基于稀疏光流场的长序列图像运动估计示意图**

### 1）相关假设

为了使基于稀疏光流场的长序列图像运动估计算法正常工作,需做如下假设。

（1）假设 4-1：在进近过程中,机载摄像机光轴与地面保持基本垂直,此时由于无人机的运动,某个地面场景在摄像机仅能成像较短时间,因此假设地面环境在这段时间内相对静止,即不存在运动物体,同时环境光照条件不变。

（2）假设 4-2：地面近似为平面,即地面的起伏相对于无人机飞行高度较小。

（3）假设 4-3：在每两帧相邻的图像中,特征点在摄像机坐标系中基本上仅作平行于摄像机像面的运动,即可以忽略特征点沿摄像机光轴的运动。

（4）假设 4-4：通过其他机载传感器的融合,可以得到无人机较高精度的姿态角测量值,即可以通过已知参数补偿所采集的两帧图像间对应特征点由于飞机姿态变化和机载视觉系统云台运动产生的光流。

假设 4-1 是本运动估计方案的前提,在实际环境中,该假设一般均可满足。通常机场建设在宽阔的平坦地形上,其周围环境简单、起伏较小,其高度差相对于数百至一千多米的飞行高度来说,也是可以忽略的,即假设 4-2 一般情况均成立。假设 4-3 可以通过控制云台使摄像机光轴尽量垂直于速度方向来实现。为了使假设 4-2 与假设 4-3 同时成立,就需要控制云台使摄像机光轴既要尽量垂直于地面也要尽量垂直于速度方向,在无人机正常飞行时,这个条件是较好满足的;当无人机机动较大使上述摄像机控制方案难以满足时,可以暂停本运动估计算法的工作,通过惯导系统的估计值给出导航信息。通过融合惯导系统和电子罗盘的测量信息,在无人机机动较小时,可以得到准确的飞机姿态角测量值,在进行较大机动引起电子罗盘测量误差增大时,惯导系统短时间同样可以提供较高的姿态角测量值,因此假设 4 - 4 一般也成立。

2) 运动估计原理

基于稀疏光流场的长序列图像运动估计原理如图 6 - 29 所示。

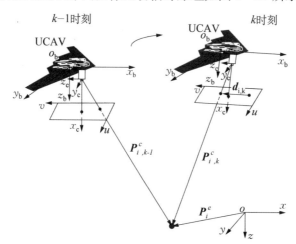

图 6 - 29　基于稀疏光流场的长序列图像运动估计原理

机载视觉系统通过控制云台,使得机载摄像机的光轴基本与地面垂直。在任意时刻 $k$,摄像机相对于机体坐标系的方向余弦矩阵 $\boldsymbol{C}_{b,k}$ 已知,飞机相对于惯性坐标系的方向余弦矩阵 $\boldsymbol{C}_{e,k}^{b}$ 可估计。

在 $k-1$ 时刻,摄像机捕捉一帧图像,在图像中心一定范围内提取 $n$ 个特征点 $\boldsymbol{P}_{i,k-1}^{p}$,$i=1,2,\cdots,n$;同时,激光测距仪得到图像中心点的深度信息 $r_{k-1}$。此时,考虑假设 4 - 2,特征点 $i$ 存在如下关系:

$$\bar{\boldsymbol{P}}_{i,k-1}^{p} = \frac{1}{r_{k-1}}\boldsymbol{K}\cdot\boldsymbol{P}_{i,k-1}^{c} = \frac{1}{r_{k-1}}\boldsymbol{K}\cdot\boldsymbol{C}_{b,k-1}\cdot(\boldsymbol{C}_{e,k-1}^{b}\cdot(\boldsymbol{P}_{i}^{e}-\boldsymbol{P}_{0,k-1}^{e})-\boldsymbol{P}_{c}^{b})$$

$$(6-125)$$

在 $k$ 时刻,机载摄像机在当前图像中求取 $k-1$ 时刻提取的 $n$ 个特征点的稀疏光流场。

$$\boldsymbol{d}_{i,k} = \frac{\boldsymbol{p}_{i,k}^{p}-\boldsymbol{p}_{i,k-1}^{p}}{\Delta t} \qquad (6-126)$$

式中，$P_{i,k}^p$ 的齐次坐标在考虑假设 4-3 的情况下，存在如下关系：

$$\bar{P}_{i,k}^p = \frac{1}{r_{k-1}} K \cdot P_{i,k}^e = \frac{1}{r_{k-1}} K \cdot C_{b,k} \cdot (C_{e,k}^b \cdot (P_i^e - P_{0,k}^e) - P_c^b)$$

$$(6-127)$$

若第 $i$ 个特征点处的光流 $d_{i,k} = [d_{u,i,k},\ d_{v,i,k}]^{\mathrm{T}}$ 可写为如下形式：

$$\bar{d} = [0,\ d_{u,i,k},\ d_{v,i,k}]^{\mathrm{T}}$$

则根据式（6-125）～式（6-127），可得

$$\bar{d}_{i,k} = \frac{(\bar{P}_{i,k}^p - \bar{P}_{i,k-1}^p)}{\Delta t} = \bar{d}_{T,i,k} + \bar{d}_{R,i,k} \qquad (6-128)$$

式中，$\bar{d}_{T,i,k}$ 表示由于无人机平移运动造成的光流，由式（6-129）给出；而 $\bar{d}_{R,i,k}$ 表示由于无人机旋转运动和云台运动造成的光流，由式（6-130）给出。

$$\bar{d}_{T,i,k} = -\frac{1}{r_{k-1}} K' \cdot C_{bk} \cdot C_{e,k}^b \cdot V_k^e \qquad (6-129)$$

$$\bar{d}_{R,i,k} = \frac{1}{r_{k-1} \cdot \Delta t} K' \cdot C_{b,k} \cdot (C_{e,k}^b \cdot C_{b,k-1} P_c^b - P_c^b) +$$

$$\frac{1}{\Delta t}(K \cdot C_{b,k} \cdot C_{e,k}^b \cdot C_{b,k-1}^e \cdot C_{c,k-1}^b \cdot K^{-1} \bar{P}_{i,k-1}^p - \bar{P}_{i,k-1}^p) \qquad (6-130)$$

式中，$K' = \begin{bmatrix} 0 & 0 & 0 \\ 0 & f/\mathrm{d}u & 0 \\ 0 & 0 & f/\mathrm{d}v \end{bmatrix}$。$f$ 为焦距，$\mathrm{d}u$ 与 $\mathrm{d}v$ 表示成像面相邻两像元水平垂直方向的距离。

　　考虑到通过惯导系统与电子罗盘进行信息融合可以得到高精度的无人机姿态角测量估计信息，因此，$\bar{d}_{R,i,k}$ 可以通过导航系统的估计值和已知信息进行补偿。补偿后的光流场仅包括由于平移运动引起的光流信息 $\bar{d}_{T,i,k}$。通过式（6-129），可以得到补偿后的光流场与无人机在惯性坐标系中运动速度的关系。但是根据摄像机云台控制策略，即使得摄像机光轴尽量垂直于地面同时尽量垂直于速度方向，无人机在惯性坐标系中沿 $oz$ 方向的真实速度映射到摄像机坐标系中主要体现在沿光轴的运动，而沿光轴的运动是摄像机无法测量的，因此式（6-129）不能反映无人机在惯性坐标系中沿 $oz$ 方向的真实速度，不过可以通

过惯导系统与高度表系统进行信息融合，直接估计无人机的飞行高度。

3）信息融合系统的实现

（1）惯导系统/高度表系统/电子罗盘信息融合系统。

考虑到将惯导系统、高度表系统与电子罗盘进行信息融合，仅可得到姿态角估计值和高度估计值。因此确定系统的状态变量为

$$\delta\boldsymbol{X} = \left[\delta z_0^e,\ \delta\phi,\ \delta\vartheta,\ \delta\psi\right]^{\mathrm{T}} \tag{6-131}$$

得到信息融合系统离散化的系统状态方程为

$$\delta\boldsymbol{X}_{k+1} = \boldsymbol{\Phi}_k \cdot \delta\boldsymbol{X}_k + \boldsymbol{\Gamma}_k\boldsymbol{W}_k \tag{6-132}$$

式中，$\boldsymbol{\Phi}_k = \boldsymbol{I}_{4\times 4}$，$\boldsymbol{\Gamma}_k = \begin{bmatrix} \Delta T & 0 \\ 0 & \Delta T \cdot \boldsymbol{C}_{b,k} \end{bmatrix}$，$\boldsymbol{W}_k = \begin{bmatrix} \delta\boldsymbol{V}_Z^e \\ \delta\boldsymbol{\omega}_k^b \end{bmatrix}$。$\boldsymbol{C}_{b,k}$ 由运行于信息融合系统以外的捷联惯导系统给出。

由于使用间接参数估计方式，因此定义信息融合系统的观测向量为传感器估计值与测量值之差。高度表系统与电子罗盘的测量估计值可通过式（6-133）表示：

$$\hat{\boldsymbol{y}} = \begin{bmatrix} \hat{\boldsymbol{H}} \\ \hat{\boldsymbol{\psi}}_{\mathrm{MG}} \end{bmatrix} = \begin{bmatrix} -(z_0^e)_{\mathrm{INS}} \\ \boldsymbol{\psi}_{\mathrm{INS}}^e \end{bmatrix} \tag{6-133}$$

将高度表系统与电子罗盘的测量误差值作为本信息融合系统的观测向量：

$$\delta\boldsymbol{y} = \left[\delta H,\ \delta\varphi_{\mathrm{MG}},\ \delta\vartheta_{\mathrm{MG}},\ \delta\psi_{\mathrm{MG}}\right]^{\mathrm{T}} \tag{6-134}$$

则系统的测量方程为

$$\delta\boldsymbol{y}_k = \boldsymbol{H}_k\delta\boldsymbol{X}_k + \boldsymbol{V}_k \tag{6-135}$$

式中，$\boldsymbol{H}_k = \begin{bmatrix} -1 & 0 & 0 & 0 \\ 0 & 1 & 0 & 0 \\ 0 & 0 & 1 & 0 \\ 0 & 0 & 0 & 1 \end{bmatrix}$，$\boldsymbol{V}_k = \begin{bmatrix} +v_H \\ -v_{\phi_{\mathrm{MG}}} \\ -v_{\theta_{\mathrm{MG}}} \\ -v_{\psi_{\mathrm{MG}}} \end{bmatrix}$。

通过本信息融合系统，可以得到姿态角误差估计值和高度误差估计值。利用误差反馈修正机制，将其反馈给捷联惯导系统，修正其相关估计误差，最终可以得到精确的姿态角和高度估计值。

（2）惯导系统/摄像机/激光测距仪信息融合系统。

考虑到惯导系统/摄像机/激光测距仪信息融合系统仅对捷联惯导系统在水

平面上的速度误差$[\delta V_x^e, \delta V_y^e]^T$进行估计,所以融合系统的状态变量取为

$$\delta \boldsymbol{X} = [\delta \boldsymbol{V}_x^e, \delta \boldsymbol{V}_y^e]^T \qquad (6-136)$$

得到信息融合系统离散化的系统状态方程为

$$\delta \boldsymbol{X}_{k+1} = \boldsymbol{\Phi}_k \cdot \delta \boldsymbol{X}_k + \boldsymbol{\Gamma}_k \boldsymbol{W}_k \qquad (6-137)$$

式中,$\boldsymbol{\Phi}_k = \boldsymbol{I}_{2 \times 2}$,$\boldsymbol{\Gamma}_k = \begin{bmatrix} \boldsymbol{e}_1 \\ \boldsymbol{e}_2 \end{bmatrix} [\Delta T \cdot \boldsymbol{C}_{b,k}^e - \Delta T \cdot [\boldsymbol{f}_{\text{INS, k}}^e \times]]$,$\boldsymbol{W}_k = \begin{bmatrix} \delta \boldsymbol{f}_k^b \\ \delta \boldsymbol{\psi}_k^e \end{bmatrix}$。$\boldsymbol{C}_{b,k}$与
$\boldsymbol{f}_{\text{INS, k}}^e$由运行于信息融合系统以外的捷联惯导系统给出。

在$k$时刻,对于摄像机通过基于特征点匹配的多尺度光流计算方法得到的
$n$个特征光流场$\boldsymbol{d}_{i,k}$,首先通过由惯导系统/高度表系统/电子罗盘信息融合系统给出的姿态角估计值和其他已知信息,通过式(6-130)对由角运动引起的光流进行补偿,得到补偿后的光流场$\boldsymbol{d}_{T,i,k}$,该光流场仅由无人机平移运动引起。然后将补偿后的光流场与激光测距仪$k-1$时刻的测量信息$r_{k-1}$进行如式(6-138)所示的简单融合。

$$\boldsymbol{y}_{i,k} = \begin{bmatrix} d_{y,i,k} \\ d_{z,i,k} \end{bmatrix} = \boldsymbol{d}_{T,i,k} \cdot r_{k-1}, \quad i = 1, 2, \cdots, n \qquad (6-138)$$

最后将$\boldsymbol{y}_{i,k} = [d_{y,i,k}, d_{z,i,k}]^T$作为摄像机/激光测距仪系统的测量值,由式(6-129)可以得到摄像机/激光测距仪系统测量值的估计值。

$$\hat{\boldsymbol{y}}_{i,k} = \begin{bmatrix} \hat{d}_{y,i,k} \\ \hat{d}_{z,i,k} \end{bmatrix} = -\begin{bmatrix} 0 & f/\mathrm{d}u & 0 \\ 0 & 0 & f/\mathrm{d}v \end{bmatrix} \cdot \boldsymbol{C}_{b,k} \cdot (\boldsymbol{C}_{e,k}^b)_{\text{INS}} \cdot (\boldsymbol{V}_k^e)_{\text{INS}}, \, i = 1, 2, \cdots, n$$

$$(6-139)$$

由于使用间接参数估计方式,因此定义信息融合系统的观测向量为将摄像机/激光测距仪系统简单融合后的测量估计值与测量值之差,即

$$\delta \boldsymbol{y}_k = [\delta \boldsymbol{y}_{1,k}^T, \delta \boldsymbol{y}_{2,k}^T, \cdots, \delta \boldsymbol{y}_{n,k}^T]^T$$
$$\delta \boldsymbol{y}_{i,k} = [\delta d_{y,i,k}, \delta d_{z,i,k}]^T, \, i = 1, 2, \cdots, n \qquad (6-140)$$

则系统的测量方程为

$$\delta \boldsymbol{y}_k = \boldsymbol{H}_k \delta \boldsymbol{X}_k + \boldsymbol{V}_k \qquad (6-141)$$

式中,$\boldsymbol{H}_k = [\boldsymbol{H}_{1,k}^T, \boldsymbol{H}_{2,k}^T, \cdots, \boldsymbol{H}_{n,k}^T]^T$

$$\boldsymbol{H}_{i,k} = -\begin{bmatrix} 0 & f/\mathrm{d}u & 0 \\ 0 & 0 & f/\mathrm{d}v \end{bmatrix} \cdot \boldsymbol{C}_{b,k} \cdot (\boldsymbol{C}_{e,k}^{b})_{\mathrm{INS}} \begin{bmatrix} e_1^{\mathrm{T}} & e_2^{\mathrm{T}} \end{bmatrix}$$

为测量噪声,由于系统测量是摄像机与激光测距仪测量值的合成,所以 $\boldsymbol{V}_k$ 统计特性复杂,但可以认为其能量有界。

通过本信息融合系统,可以得到水平面上速度误差估计值。利用误差反馈修正机制,将其反馈给捷联惯导系统,修正其相关估计误差,最终可以得到水平面上速度的估计值,从而抑制由于速度误差引起的水平面上位置估计误差增大。

6.4.2 节基于固定地面合作目标的导航方案和 6.4.3 节基于随机地面特征的导航方案的有效性的验证可参考文献[52]。

## 6.5　基于视觉的无人机跑道障碍物检测

### 6.5.1　跑道障碍物检测系统方案

无人机在导航过程中,应具有自主感知环境信息的能力,以及对跑道上影响着陆安全的障碍物进行检测的能力。首先定义对着陆安全有影响的跑道障碍物:静止在跑道上同时与跑道平面有一定高度差的物体,如跑道上停放的车辆、飞机或大的弹坑等。

障碍物的视觉检测可分为基于特征与基于流的方式。基于特征的方式是指从图像中检测出重要的特征,然后在当前或后续的图像中匹配这些特征[44-45]。该方式在着陆恢复距离时误差较大。基于流的方式主要以光流为研究对象,运用光流和已知的摄像机运动检测障碍[46-47]。该方式使用基于微分的光流计算方法,存在对噪声和复杂环境鲁棒性低、只适用于短时间小运动量图像序列的处理和运算量大等问题。

本章根据着陆阶段的飞行特点,结合以上两种障碍物检测方式的特点,同时为了消除特征点误匹配造成的障碍物检测误报警,引入了占据网格的概念,利用已知导航信息,将摄像机平面得到的检测结果映射到惯性坐标系中的占据网格,通过对误匹配引起的不确定性进行建模,使用 Bayes 估计方法,填充每个占据网格,最终通过网格中记录的数值判断跑道上是否存在静止的影响着陆安全的障碍物。

1) 相关假设

考虑无人机实际着陆场景,基于视觉的跑道障碍物检测具有如下特征:

（1）跑道障碍物尺寸相对于障碍物与机载摄像机的距离非常小。

（2）在跑道区域存在大量的干扰，如跑道标线、轮胎痕迹等。

（3）对跑道障碍物需要实时检测。

本章对跑道障碍物检测做出如下的假设。

a. 假设 5-1：跑道为平面；

b. 假设 5-2：障碍物数量有限；

c. 假设 5-3：障碍物静止于跑道上；

d. 假设 5-4：无人机能够得到足够精确的导航信息。

假设 5-1、假设 5-2 在一般情况下是显然成立的，假设 5-3 虽然限制了本方案的应用范围，但考虑到跑道上移动的物体一般都可以在无人机着陆前人为移出跑道，所以仅对静止于跑道上的物体进行研究，不但可以简化算法，同时能够保证无人机着陆安全，而假设 5-4 提到的无人机的导航信息可以通过本章中介绍的基于固定地面合作目标的导航方案给出。

**2）总体方案**

基于视觉的无人机跑道障碍物检测系统总体方案如图 6-30 所示。

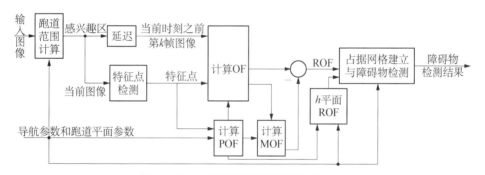

图 6-30　跑道障碍物检测系统总体方案

系统的输入包括从机载摄像机捕捉到的序列图像、由机载导航系统给出的无人机相对于机场的位置和姿态信息以及跑道平面的参数。首先根据已知的导航信息和跑道信息，通过计算得到跑道范围，并将其设为感兴趣区（region of interest，ROI）。在当前图像中 ROI 范围内进行特征点检测，通过输入数据，假设所有特征点均在跑道平面上，计算当前图像中特征点的光流参数，称为预测光流场（predictive optic flow，POF）。使用基于特征点匹配的多尺度光流估计方法计算两帧图像中特征点的实际光流场（optic flow，OF）。对于没有障碍物的跑道图像序列，理论上 POF 与 OF 应该相等，但是由于机载导航系统的导航参数误差,会造成实际上 OF 与 POF 有一定偏差。根据假设 5-2,大部分特征点位于跑道平面上。因此对于 OF 与 POF 偏差在一定范围内的特征点,认为是由机载导航系统的导航参数误差造成的,并通过 OF 数据对 POF 数据进行修正,得到修正光流场(modified optic flow, MOF)。通过求 MOF 与 OF 的差,得到残余光流场(residual optic flow, ROF)。同时通过 POF 和导航信息计算 $h$ 平面残余光流场。理想情况下若某点 ROF 值大于 $h$ 平面 ROF 值,则说明该处存在障碍物。但实际由于存在特征点误匹配、图像模糊等情况,存在障碍物误检测的可能,所以使用占据网格技术,通过对检测值进行建模,使用 Bayes 估计准则,抑制系统不确定性对检测结果的影响。

若在着陆过程中发现障碍物,则跑道障碍物检测系统向飞行管理系统发出复飞指令,引导飞机完成复飞操作。

### 6.5.2　跑道障碍物检测系统设计

#### 1) 障碍物检测的几何原理分析

如图 6-31 所示,根据假设 5-4,障碍物检测系统可以得到 $k$ 与 $k-j$ 时刻摄像机旋转矩阵 $\boldsymbol{C}_{k,k-j}$ 和平移向量 $\boldsymbol{t}_{k,k-j}$。若通过基于特征点匹配的多尺度光流估计方法得到两帧图像中成功匹配的 $n$ 个特征点,并假设所有特征点在 $\{E\}$ 中静止的前提下,第 $i$ 个特征点 $\boldsymbol{P}_i^e$ 在摄像机坐标系 $\{C\}$ 中的对应点 $\boldsymbol{P}_{i,k}^c$ 和 $\boldsymbol{P}_{i,k-j}^c$ 存在如式(6-142)的对应关系。

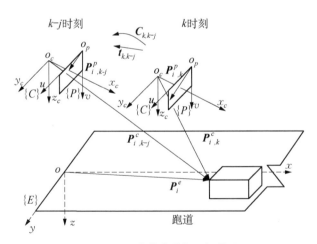

图 6-31　跑道障碍物几何关系

$$\boldsymbol{P}_{i,k-j}^c = \boldsymbol{C}_{k,k-j} \cdot \boldsymbol{P}_{i,k}^c + \boldsymbol{t}_{k,k-j} \tag{6-142}$$

根据假设 5-1,同时结合导航系统的测量值与已知的跑道参数,设 $k$ 时刻跑道平面在 $\{C\}$ 中的法向矢量为 $\boldsymbol{n}_k^c = [n_{x,k}^c,\ n_{y,k}^c,\ n_{z,k}^c]^{\mathrm{T}}$,则式(6-142)改写成式(6-143)。

$$\boldsymbol{P}_{i,k-j}^c = (\boldsymbol{C}_{k,k-j} + \boldsymbol{t}_{k,k-j} \cdot (\boldsymbol{n}_k^c)^{\mathrm{T}}) \cdot \boldsymbol{P}_{i,k}^c \qquad (6-143)$$

为了在像素坐标系 $\{P\}$ 中建立对应特征点之间的关系,定义单应性矩阵。

$$\boldsymbol{A} = \boldsymbol{K} \cdot (\boldsymbol{C}_{k,k-j} + \boldsymbol{t}_{k,k-j} \cdot (\boldsymbol{n}_k^c)^{\mathrm{T}}) \cdot \boldsymbol{K}^{-1} \qquad (6-144)$$

假设 $k$ 与 $k-j$ 时刻跑道上的特征点 $\boldsymbol{P}_i^e$ 在 $\{P\}$ 中对应点的齐次坐标为 $\bar{\boldsymbol{P}}_{i,k}^p = [1,\ u_{i,k},\ v_{i,k}]^{\mathrm{T}}$ 和 $\bar{\boldsymbol{P}}_{i,k-j}^p = [1,\ u_{i,k-j},\ v_{i,k-j}]^{\mathrm{T}}$,则它们存在式(6-145)的关系。

$$p \cdot \bar{\boldsymbol{P}}_{i,k-j}^p = p \cdot \begin{bmatrix} 1 \\ u_{i,k-j} \\ v_{i,k-j} \end{bmatrix} = A \cdot \begin{bmatrix} 1 \\ u_{i,k} \\ v_{i,k} \end{bmatrix} = A \cdot \bar{\boldsymbol{P}}_{i,k}^p \qquad (6-145)$$

式中,$p = x_{i,k-j}^c / x_{i,k}^c$ 是比例因子。

假设特征点位于跑道平面上,式(6-145)可将 $k$ 时刻的特征点坐标映射为 $k-j$ 时刻 $\{P\}$ 的坐标值。若该坐标与实际通过匹配得到的特征点坐标相同,则说明该特征点静止于跑道平面,否则,说明该点对应的物体与跑道平面有一定的高度差或相对跑道运动,则可以判断为障碍物。

**2) 跑道区域的确定**

跑道区域的确定方法较多,文献[48]通过对跑道场景的分析,发现跑道路面的色调(hue)与背景存在较大差异,可以利用跑道路面的色调对跑道区域进行分割,仿真显示该方法稳定可靠。但是,利用图像处理方法势必会耗费较多时间。考虑到假设 5-4,在导航误差较小的前提下,通过投影关系,可以直接得到已知的跑道边缘在像面上的成像位置。假设跑道四边形边缘 4 个顶点在 $\{E\}$ 中的坐标为 $\boldsymbol{P}_i^e$,$i = 1, 2, \cdots, 4$,在 $\{P\}$ 中的坐标为 $\boldsymbol{P}_i^p$,存在如下关系:

$$\boldsymbol{P}_i^p = \begin{bmatrix} u_i \\ v_i \end{bmatrix} = p \begin{bmatrix} \boldsymbol{e}_2 \\ \boldsymbol{e}_3 \end{bmatrix} \boldsymbol{K} \boldsymbol{P}_i^c = \rho \begin{bmatrix} \boldsymbol{e}_2 \\ \boldsymbol{e}_3 \end{bmatrix} \boldsymbol{K} \cdot \boldsymbol{C}_e \cdot (\boldsymbol{P}_i^e - \boldsymbol{P}_0^e - \boldsymbol{C}_b^e \cdot \boldsymbol{P}_c^b), \quad \rho \neq 0$$

$$\frac{1}{\rho} = \boldsymbol{e}_1 \boldsymbol{P}_i^e, \quad i = 1, 2, \cdots, 4 \qquad (6-146)$$

通过式(6-146),将跑道区域定义为 $\boldsymbol{P}_i^p$ 点包围的范围,其中 $i = 1, 2, \cdots, 4$。

在后续图像处理中,仅在跑道区域进行操作,即将跑道区域定义为感兴趣区。图 6‐32 给出跑道区域确定过程的示意图。图 6‐32 中四边形区域即为计算确定的跑道区域。

图 6‐32　跑道区域确定示意图

### 3) 光流场计算

光流是指图像中灰度模式运动速度。光流场是一种二维瞬时速度场,即物体的三维速度在成像平面上的投影,含有物体的运动信息。

由跑道障碍物检测总体方案可知,跑道障碍物的检测过程主要就是不同光流场的计算过程。因此,下面对各个光流场的计算方法进行详细的介绍。

(1) 预测光流场。

假设 $k$ 时刻得到的特征点 $\boldsymbol{P}_{i,k}^{p}$ 均在跑道平面上。通过式(6‐144)得到 $\boldsymbol{A}$,利用式(6‐145),得到 $\boldsymbol{P}_{i,k}^{p}$ 点在 $k-j$ 时刻的预测位置 $(\boldsymbol{P}_{i,k-j}^{p})_{P}$,则 $k$ 时刻 $\boldsymbol{P}_{i,k}^{p}$ 点的预测光流为

$$\boldsymbol{F}_{\mathrm{POF}}(\boldsymbol{P}_{i,k}^{p}) = \frac{(\boldsymbol{P}_{i,k}^{p} - (\boldsymbol{P}_{i,k-j}^{p})_{P})}{\Delta t} \tag{6-147}$$

式中, $\Delta t$ 为 $k-j$ 与 $k$ 时刻的时间差。

(2) 实际光流场。

实际光流场是通过计算不同时刻拍摄的两帧图像对应特征点在二维视平面上的位移场得到的。本方案使用基于特征点匹配的多尺度光流场计算方法,可以处理较大的帧间位移,对噪声的敏感度降低,同时由于只对图像中少数特征点进行计算,运算量较小。

使用特征点匹配的多尺度光流场计算方法,可以得到 $k-j$ 与 $k$ 时刻采集的两帧图像匹配成功后的角点对 $\langle \boldsymbol{P}^{p}_{i,k-j}, \boldsymbol{P}^{p}_{i,k} \rangle$, $i=1,2,\cdots,n$,其中,$n$ 为成功匹配的点的个数。令这些匹配点对组成的点对集为 $\boldsymbol{P}$,则 $\langle \boldsymbol{P}^{p}_{i,k-j}, \boldsymbol{P}^{p}_{i,k} \rangle \in \boldsymbol{P}$。对于图像中角点的光流场 $\boldsymbol{d}_{i,k} = [d_{u,i,k}, d_{v,i,k}]^{\mathrm{T}}$,可以用角点在图像平面的位移场代替,即

$$\boldsymbol{F}_{\mathrm{OF}}(\boldsymbol{P}^{p}_{i,k}) = \frac{(\boldsymbol{P}^{p}_{i,k} - \boldsymbol{P}^{p}_{i,k-j})}{\Delta t} = \begin{bmatrix} d_{u,i,k} \\ d_{v,i,k} \end{bmatrix} = \boldsymbol{d}_{i,k} \qquad (6-148)$$

由式(6-148)可知,如果得到两帧图像中成功匹配的 $n$ 个角点对,就可以得到这些角点处的实际光流场。

图 6-33 为数值放大 5 倍的实际光流场检测示意图,使用的图片与图 6-32 使用的相同。

图 6-33　实际光流场检测示意图

(3) 修正光流场。

对于没有障碍物的跑道图像序列,若导航数据精确、跑道平面建模准确,则预测光流场与实际光流场应相等,但由于机载导航系统的导航参数误差和跑道建模误差,会造成实际上两者之间有一定偏差。因此需要对单应性矩阵 $\boldsymbol{A}$ 进行修正,以减小误差的影响。

根据假设 5-2,跑道障碍物对应的特征点数量与跑道上其他特征点数量相比,总是占较小比例的。经过对跑道场景的统计,一般情况障碍物对应的特征点占总特征点的比例小于 20%。定义 OF 与 POF 相差为 $\varepsilon_{i} = (\boldsymbol{F}_{\mathrm{OF}}(\boldsymbol{P}^{p}_{i,k}) - \boldsymbol{F}_{\mathrm{POF}}(\boldsymbol{P}^{p}_{i,k}))/\boldsymbol{F}_{\mathrm{POF}}(\boldsymbol{P}^{p}_{i,k})$,并将所有特征点对 $\langle \boldsymbol{P}^{p}_{i,k-j}, \boldsymbol{P}^{p}_{i,k} \rangle \in \boldsymbol{P}$ 按照相对误差 $\varepsilon_{i}$

由小到大进行排列,取点对集 $\boldsymbol{P}$ 中前 $50\%$,即 $\boldsymbol{P}$ 中 $\varepsilon_i$ 较小 $50\%$ 的特征点对,对单应性矩阵 $\boldsymbol{A}$ 进行修正。

$$\boldsymbol{A} = \begin{bmatrix} a_{11} & a_{12} & a_{13} \\ a_{21} & a_{22} & a_{23} \\ a_{31} & a_{32} & a_{33} \end{bmatrix}, 若 a_{11} \neq 0, 则定义$$

$$\boldsymbol{a} = [\bar{a}_{12}, \bar{a}_{13}, \bar{a}_{21}, \bar{a}_{22}, \bar{a}_{23}, \bar{a}_{31}, \bar{a}_{32}, \bar{a}_{33}]$$

式中,$\bar{a}_{ij} = a_{ij}/a_{11}$。对于任意匹配角点对 $\langle \boldsymbol{P}_{i,k-j}^{p}, \boldsymbol{P}_{i,k}^{p} \rangle \in \boldsymbol{P}$,若令

$$\boldsymbol{F}_i = \begin{bmatrix} -u_{i,k}u_{i,k-j} & -v_{i,k}u_{i,k-j} & 1 & u_{i,k} & v_{i,k} & 0 & 0 & 0 \\ -u_{i,k}v_{i,k-j} & -v_{i,k}v_{i,k-j} & 0 & 0 & 0 & 1 & u_{i,k} & v_{i,k} \end{bmatrix}$$

$$\boldsymbol{b}_i = \begin{bmatrix} u_{i,k-j} \\ v_{i,k-j} \end{bmatrix}$$

$$\boldsymbol{F} = [\boldsymbol{F}_1^{\mathrm{T}}, \boldsymbol{F}_2^{\mathrm{T}}, \cdots, \boldsymbol{F}_n^{\mathrm{T}}]^{\mathrm{T}}$$

$$\boldsymbol{b} = [\boldsymbol{b}_1^{\mathrm{T}}, \boldsymbol{b}_2^{\mathrm{T}}, \cdots, \boldsymbol{b}_n^{\mathrm{T}}]^{\mathrm{T}} \tag{6-149}$$

从而得到如下关系:

$$\boldsymbol{F} \times \boldsymbol{a} = \boldsymbol{b} \tag{6-150}$$

显然,当任意分布的匹配点个数 $n > 4$ 的时候,$\mathrm{rank}(\boldsymbol{F}) = 8$,就可以通过最小二乘法,得到最小二乘意义上 $\boldsymbol{a}$ 的解,如式(6-151)所示。

$$\boldsymbol{a} = (\boldsymbol{F}^{\mathrm{T}}\boldsymbol{F})^{-1} \cdot \boldsymbol{F}^{\mathrm{T}} \cdot \boldsymbol{b} \tag{6-151}$$

但是,我们发现,由于特征点表示使用像素坐标,即以图像成像平面左上角为坐标原点,而特征点一般均以成像平面中心呈现均匀分布,这样就会造成矩阵 $\boldsymbol{F}$ 的条件数过大。对线性问题的数值计算来说,测量矩阵 $\boldsymbol{F}$ 的条件数是影响其数值稳定性的重要因素。当测量数据存在噪声时,其条件数越大,说明该方法对误差越敏感,方法也就越不鲁棒。

下面通过举例,计算 $\boldsymbol{F}$ 的条件数。假设图像分辨率为 $768 \times 576$,则成像平面中心坐标为 $(384, 288)$,若存在 4 个匹配点对 $\langle (300, 250), (310, 260) \rangle$、$\langle (349, 268), (360, 280) \rangle$、$\langle (398, 276), (410, 290) \rangle$、$\langle (455, 301), (460, 310) \rangle$,则 $\boldsymbol{F}$ 的最大奇异值为 $4.64 \times 10^5$,最小奇异值为 $3.26 \times 10^{-3}$,即 $\boldsymbol{F}$ 条件数 $\mathrm{cond}(\boldsymbol{F}) = 1.42 \times 10^8$。

为了解决 $\boldsymbol{F}$ 条件数过大的问题,可以使用特征点坐标归一化的方法。文献

[49]在进行基于8点算法的摄像机外参数估计过程中提出了归一化的概念,认为导致条件数较大的主要原因是测量数据的分布缺乏关于原点的均匀性。为了减少单应性矩阵的条件数,采用如下归一化方法:对特征点进行平移操作,将特征点的坐标原点平移至特征点集的质心位置;随后对特征点进行比例缩放操作,使得特征点集内所有特征点到质心的平均距离在两个坐标轴方向的投影为1。经过这样的归一化操作,$\boldsymbol{F}$ 的最大奇异值变为 $2.03$,最小奇异值变为 $6.06 \times 10^{-4}$,此时,$\boldsymbol{F}$ 的条件数减小为 $\mathrm{cond}(\boldsymbol{F}) = 3.34 \times 10^3$。

本章在计算修正光流场的过程中,同样引入文献[49]中的归一化方法。定义 $k$ 时刻的平移缩放矩阵为 $\boldsymbol{S}_k = \begin{bmatrix} 1 & 0 & 0 \\ -t_{u,k} \cdot s_{u,k} & s_{u,k} & 0 \\ -t_{v,k} \cdot s_{v,k} & 0 & s_{v,k} \end{bmatrix}$。其中,$(t_{u,k}, t_{v,k})_k$ 为 $k$ 时刻特征点集在像素坐标系的质心坐标;通过比例缩放系数 $s_{u,k}$ 与 $s_{v,k}$,使得特征点集内所有特征点到质心的平均距离在两个坐标轴方向的投影为1。因此,通过式(6-152)将 $k$ 时刻与 $k-j$ 时刻的特征点归一化为

$$\bar{\boldsymbol{P}}_{i,k}^{p'} = \boldsymbol{S}_k \cdot \bar{\boldsymbol{P}}_{i,k}^p$$

$$\bar{\boldsymbol{P}}_{i,k-j}^{p'} = \boldsymbol{S}_{k-j} \bar{\boldsymbol{P}}_{i,k-j}^p \tag{6-152}$$

此时,通过归一化的特征点对 $\langle \boldsymbol{P}_{i,k-j}^{p'}, \boldsymbol{P}_{i,k}^{p'} \rangle$,通过式(6-149)重新构造矩阵 $\boldsymbol{F}$ 与 $\boldsymbol{b}$,为了加以区别,将其命名为 $\boldsymbol{F}'$ 与 $\boldsymbol{b}'$。由式(6-150)可以得出

$$\boldsymbol{F}' \cdot \boldsymbol{a}' = \boldsymbol{b}' \tag{6-153}$$

此时,$\boldsymbol{F}'$ 的条件数较小。通过最小二乘法,得到最小二乘意义上 $\boldsymbol{a}'$ 的解,若 $\boldsymbol{a}' = [\bar{a}'_{12}, \bar{a}'_{13}, \bar{a}'_{21}, \bar{a}'_{22}, \bar{a}'_{23}, \bar{a}'_{31}, \bar{a}'_{32}, \bar{a}'_{33}]$,则可以得到修正的单应性矩阵:

$$\boldsymbol{A}_{\mathrm{modified}} = \boldsymbol{S}_{k-j}^{-1} \begin{Bmatrix} 1 & \bar{a}'_{12} & \bar{a}'_{13} \\ \bar{a}'_{21} & \bar{a}'_{22} & \bar{a}'_{23} \\ \bar{a}'_{31} & \bar{a}'_{32} & \bar{a}'_{33} \end{Bmatrix} \boldsymbol{S}_k \tag{6-154}$$

通过式(6-155),可以得到 $k$ 时刻特征点 $\boldsymbol{P}_i^c$ 在 $k-j$ 时刻像素坐标系 $\{P\}$ 的齐次坐标为

$$(\bar{\boldsymbol{P}}_{i,k-j}^p)_M = \frac{1}{\rho} \cdot \boldsymbol{A}_{\mathrm{modified}} \cdot \bar{\boldsymbol{P}}_{i,k}^p \tag{6-155}$$

式中，$\rho' \neq 0$ 为比例因子。最终得到特征点的修正光流：

$$\boldsymbol{F}_{\mathrm{MOF}}(\boldsymbol{P}_{i,k}^{p}) = \frac{(\boldsymbol{P}_{i,k}^{p} - (\boldsymbol{P}_{i,k-j}^{p})_{M})}{\Delta t} \qquad (6-156)$$

图 6-34 为数值放大 5 倍的修正光流场检测示意图，使用的图片与图 6-32 使用的相同。

图 6-34　修正光流场检测示意图

（4）残余光流场。

所谓残余光流，就是特征点对应的实际光流经过修正光流补偿后所得到的光流。残余光流场由式（6-157）计算，为判断跑道是否存在障碍物的重要依据。

$$\boldsymbol{F}_{\mathrm{ROF}}(\boldsymbol{P}_{i,k}^{p}) = \boldsymbol{F}_{\mathrm{OF}}(\boldsymbol{P}_{i,k}^{p}) - \boldsymbol{F}_{\mathrm{MOF}}(\boldsymbol{P}_{i,k}^{p}) \qquad (6-157)$$

图 6-35 为数值放大 5 倍的残余光流场检测示意图，使用的图片与图 6-32 使用的相同。为了说明计算修正光流的必要性，图 6-36 给出了数值放大 5 倍的实际光流场与预测光流场的差值示意图，即未加修正的残余光流场示意图。

图 6-35　残余光流场检测示意图

**图 6‐36  未加修正的残余光流场检测示意图**

由图 6‐35 可以清楚地看到,图像中大部分特征点的 ROF 均较小,只有在跑道上停放厢式货车的地方存在较大的残余光流。由图 6‐36 可知,各特征点处未加修正的残余光流均较大,根本无法用于判断障碍物。

假设需要检测高于跑道平面 $h$ 米的障碍物。定义高于跑道平面 $h$ 米且平行于跑道的平面为 $h$ 平面。令 $h$ 平面在摄像机坐标系 $\{C\}$ 中的法向向量为 $\boldsymbol{n}_k^c(h)$,定义单应性矩阵:

$$\boldsymbol{A}(h) = \boldsymbol{K} \cdot (\boldsymbol{C}_{k,\,k-j} + \boldsymbol{t}_{k,\,k-j}(\boldsymbol{n}_k^c(h))^{\mathrm{T}}) \cdot \boldsymbol{K}^{-1} \qquad (6\text{-}158)$$

假设 $k$ 时刻特征点 $\boldsymbol{P}_{i,\,k}^p$ 位于 $h$ 平面,则其在 $k-j$ 时刻的预测位置 $(\boldsymbol{P}_{i,\,k-j}^p(h))_P$ 的齐次坐标为

$$(\bar{\boldsymbol{P}}_{i,\,k-j}^p(h))_P = \frac{1}{\rho''}\boldsymbol{A}(h)\,\bar{\boldsymbol{P}}_{i,\,k}^p \qquad (6\text{-}159)$$

式中,$\rho'' \neq 0$ 是比例因子。

分别假设特征点 $\boldsymbol{P}_i^s$ 位于跑道平面和 $h$ 平面,计算两个预测位置之间的光流,定义该光流为 $h$ 平面残余光流场,如式(6‐160)所示。

$$
\begin{aligned}
\boldsymbol{F}_{\mathrm{ROF}}(\boldsymbol{P}_{i,\,k}^p,\ h) &= \frac{(\boldsymbol{P}_{i,\,k}^p - (\boldsymbol{P}_{i,\,k-j}^p(h))_P)}{\Delta t} - \frac{(\boldsymbol{P}_{i,\,k}^p - (\boldsymbol{P}_{i,\,k-j}^p)_P)}{\Delta t} \\
&= \frac{(\boldsymbol{P}_{i,\,k-j}^p)_P - (\boldsymbol{P}_{i,\,k-j}^p(h))_P}{\Delta t}
\end{aligned}
\qquad (6\text{-}160)
$$

通过与式（6 - 157）比较可以发现，若特征点位于 $h$ 平面，则 $\dfrac{(\boldsymbol{P}^p_{i,k} - (\boldsymbol{P}^p_{i,k-j}(h))_P)}{\Delta t}$ 与实际中 $\boldsymbol{F}_{\mathrm{OF}}(\boldsymbol{P}^p_{i,k})$ 含义相互对应，而 $\dfrac{(\boldsymbol{P}^p_{i,k} - (\boldsymbol{P}^p_{i,k-j})_P)}{\Delta t}$ 与 $\boldsymbol{F}_{\mathrm{MOF}}(\boldsymbol{P}^p_{i,k})$ 含义相互对应。

**4）基于占据网格的特征点定位与障碍物检测**

网格地图（grid map）把环境离散化为正则网格，每个网格单元代表环境的一部分。所谓占据网格（occupancy grid），又称信度网格，是 Moravec 和 Elfes 提出的一种表示静态环境的方法[50]。占据网格由单元格的空间网格构成，其中每个单元格包含一个表示该单元格被占据可能性的概率值。这种表示方法考虑了传感器数据的不确定性，由传感器模型产生条件概率，使用 Bayes 规则来融合同一时刻不同传感器或同一传感器不同时刻的概率，可直接用于机器人规划、导航、避障等方面。

（1）特征点定位。

在前面对光流场的计算中，特征点均在像素坐标系 $\{P\}$ 中进行表示。随着机载摄像机位置和姿态的变化，特征点的像素坐标不断变化，而特征点的像素坐标并不能直观地表示特征点对应的物体相对于跑道的实际位置。为了能够准确了解特征点相对于跑道的位置信息，本章采用重投影技术，假设每个特征点均位于跑道平面，将每个特征点通过已知的导航信息，映射到惯性坐标系，并利用网格地图技术，对每个特征点进行定位。

使用占据网格，主要是为了对跑道上的障碍物进行定位与障碍物检测，所以占据网格应与跑道平面一一对应。假设占据网格共有 $M \times N$ 个网格，每个网格对应跑道平面大小为 $\Delta x \times \Delta y$ 矩形区域，则每个网格的坐标 $(m, n)$ 与惯性坐标系中跑道上某点坐标 $(x^e_i, y^e_i, 0)$ 的对应关系为

$$\begin{cases} m = \lfloor x^e_i / \Delta x \rfloor \\ n = \lfloor (y^e_i + w/2) / \Delta y \rfloor \end{cases} \tag{6-161}$$

式中，$w$ 为跑道宽度；$\lfloor x \rfloor$ 表示取不大于 $x$ 的整数。

式（6-20）给出了像素坐标系与摄像机坐标系之间的变换关系，若要唯一确定这一变换关系，必须首先确定比例系数 $\rho$。

根据假设 5 - 1，若 $k$ 时刻跑道平面在 $\{C\}$ 中的方向向量为 $\boldsymbol{n}^c_k = [n^c_{x,k}, n^c_{y,k}, n^c_{z,k}]^{\mathrm{T}}$，则跑道上的特征点 $\boldsymbol{P}^c_{i,k}$ 存在下式约束。

$$(\boldsymbol{n}^c_k)^{\mathrm{T}} \cdot \boldsymbol{P}^c_{i,k} = n^c_{x,k} \cdot x^c_{i,k} + n^c_{y,k} \cdot y^c_{i,k} + n^c_{z,k} \cdot z^c_{i,k} = 1$$

结合式(6-18),在 $k$ 时刻,有

$$\rho_k = (\boldsymbol{n}_k^c)^{\mathrm{T}} \cdot \boldsymbol{K}^{-1} \cdot \bar{\boldsymbol{P}}_{i,k}^p \tag{6-162}$$

由式(6-162),再根据式(6-18)给出的摄像机坐标系与惯性坐标系之间的变换关系,可以得到在假设特征点位于跑道平面时,其像素坐标与惯性坐标之间的关系为

$$\boldsymbol{P}_{i,k}^e = \boldsymbol{C}_{b,k}^e \cdot \left( \frac{1}{\rho_k} \boldsymbol{C}_{c,k}^b \cdot \boldsymbol{K}^{-1} \cdot \bar{\boldsymbol{P}}_{i,k}^p + \boldsymbol{P}_C^b \right) + \boldsymbol{P}_0^e \tag{6-163}$$

(2) 障碍物检测。

理想状态下,某点的残余光流场大于 $h$ 平面残余光流场时,说明跑道上存在高于跑道平面 $h$ 米的障碍物。即理想情况下,点 $\boldsymbol{P}_{i,k}^p$ 存在高于跑道平面 $h$ 米障碍物的检测判据为

$$\| \boldsymbol{F}_{\mathrm{ROF}}(\boldsymbol{P}_{i,k}^p) \|_2 > \| \boldsymbol{F}_{\mathrm{ROF}}(\boldsymbol{P}_{i,k}^p, h) \|_2 \tag{6-164}$$

但是实际情况下,由于图像模糊、特征点局部特征相似等原因,会造成实际光流场计算过程中特征点误匹配现象的发生,从而得到错误的实际光流场及残余光流场。由误匹配造成的光流场计算错误在跑道障碍物检测过程中是经常发生的。在实际情况下,如果仅使用判据(6-164)对跑道障碍物进行检测,会造成较多的障碍物误报警。

将残余光流场与 $h$ 平面残余光流场之间的关系作为障碍物检测系统的测量值,假设由于特征点误匹配造成的错误检测结果在惯性坐标系中的位置是随机出现的。这一错误检测结果可以作为障碍物检测系统测量数据的不确定性进行建模,由相关模型产生条件概率,使用 Bayes 估计方法,对障碍物进行检测。

$k$ 时刻占据网格中每个网格的状态 $S_k$ 表示该网格在惯性坐标系中对应位置存在障碍物的可能性。假设障碍物检测系统根据残余光流场与 $h$ 平面残余光流场之间的关系给出的占据网格中某个网格 $(m, n)$ 的测量结果 $o_k$ 为离散值,分别为该点无障碍物(free)和该点有障碍物(occupied),则障碍物估计问题可以描述成

$$p(S_k \mid o_1, o_2, \cdots, o_k) \tag{6-165}$$

为在障碍物估计中使用原先估计结果,引入 $k-1$ 时刻网格的状态 $S_{k-1}$,则

式(6-165)变为

$$p(S_k \mid o_1, o_2, \cdots, o_k, S_{k-1}) \tag{6-166}$$

对障碍物的检测过程,就是不断更新占据网格的过程。对式(6-166)使用 Bayes 规则:

$$p(S_k \mid o_1, o_2, \cdots, o_k, S_{k-1})$$
$$= \frac{p(o_k \mid o_1, \cdots, o_{k-1}, S_{k-1}, S_k) \cdot p(S_k \mid o_1, o_2, \cdots, o_{k-1}, S_{k-1})}{p(o_1, \cdots, o_{k-1}, S_{k-1})}$$
$$\tag{6-167}$$

根据假设 5-3,所有特征点对应的物体均静止于跑道上,则可以认为原先观测值($o_1, o_2, \cdots, o_{k-1}$)中的所有信息已经包含在网格状态 $S_{k-1}$ 中,则 $p(o_k \mid o_1, \cdots, o_{k-1}, S_{k-1}, S_k)$ 中 $o_1, o_2, \cdots, o_{k-1}$ 这些项可以省略,即可将式(6-167)简化为

$$p(S_k \mid o_1, o_2, \cdots, o_k, S_{k-1}) = \frac{p(o_k \mid S_{k-1}, S_k) \cdot p(S_k \mid o_1, o_2, \cdots, o_{k-1}, S_{k-1})}{p(o_k \mid o_1, \cdots, o_{k-1}, S_{k-1})}$$
$$\tag{6-168}$$

对 $p(o_k \mid S_{k-1}, S_k)$ 这一项继续使用 Bayes 规则,可以得到

$$p(S_k \mid o_1, o_2, \cdots, o_k, S_{k-1})$$
$$= \frac{p(S_k \mid o_k, S_{k-1}) \cdot p(o_k \mid S_{k-1}) \cdot p(S_k \mid o_1, o_2, \cdots, o_{k-1}, S_{k-1})}{p(S_k \mid S_{k-1}) \cdot p(o_k \mid o_1, \cdots, o_{k-1}, S_{k-1})}$$
$$\tag{6-169}$$

使用类似的分析方法,可以得到网格状态逆命题 $\overline{S}_k$ 的后验估计:

$$p(\overline{S}_k \mid o_1, o_2, \cdots, o_k, S_{k-1})$$
$$= \frac{p(\overline{S}_k \mid o_k, S_{k-1}) \cdot p(o_k \mid S_{k-1}) \cdot p(\overline{S}_k \mid o_1, o_2, \cdots, o_{k-1}, S_{k-1})}{p(\overline{S}_k \mid S_{k-1}) \cdot p(o_k \mid o_1, \cdots, o_{k-1}, S_{k-1})}$$
$$\tag{6-170}$$

将上面结论写成后验概率函数的形式:

$$O(S_k \mid o_1, o_2, \cdots, o_k, S_{k-1}) = \frac{p(S_k \mid o_1, o_2, \cdots, o_k, S_{k-1})}{p(\overline{S}_k \mid o_1, o_2, \cdots, o_k, S_{k-1})}$$

$$= \frac{p(S_k \mid o_k, S_{k-1}) \cdot p(\overline{S}_k \mid S_{k-1}) \cdot p(S_k \mid o_1, o_2, \cdots, o_{k-1}, S_{k-1})}{p(\overline{S}_k \mid o_k, S_{k-1}) \cdot p(S_k \mid S_{k-1}) \cdot p(\overline{S}_k \mid o_1, o_2, \cdots, o_{k-1}, S_{k-1})}$$

$$(6-171)$$

考虑到关系 $p(\overline{S}) = 1 - p(S)$，式(6-171)可以改写为

$$O(S_k \mid o_1, o_2, \cdots, o_k, S_{k-1}) = \frac{p(S_k \mid o_1, o_2, \cdots, o_k, S_{k-1})}{1 - p(S_k \mid o_1, o_2, \cdots, o_k, S_{k-1})}$$

$$= \frac{p(S_k \mid o_k, S_{k-1})}{1 - p(S_k \mid o_k, S_{k-1})} \cdot \frac{1 - p(S_k \mid S_{k-1})}{p(S_k \mid S_{k-1})} \cdot \frac{p(S_k \mid o_1, o_2, \cdots, o_{k-1}, S_{k-1})}{1 - p(S_k \mid o_1, o_2, \cdots, o_{k-1}, S_{k-1})}$$

$$(6-172)$$

$p(S_k \mid S_{k-1})$ 项表示占据网格中每个网格关于障碍物的先验知识，是一个常值，可以简化为 $p(S)$ 表示。$p(S_k \mid o_1, o_2, \cdots, o_{k-1}, S_{k-1})$ 表示已知 1 到 $k-1$ 时刻观测值和 $k-1$ 时刻网格状态条件下，对 $k$ 时刻网格状态的后验估计，可以用先验估计 $p(S_{k-1})$ 替。因此，式(6-172)可以进一步简化为

$$O(S_k \mid o_1, o_2, \cdots, o_k, S_{k-1}) = \frac{p(S_k \mid o_1, o_2, \cdots, o_k, S_{k-1})}{1 - p(S_k \mid o_1, o_2, \cdots, o_k, S_{k-1})}$$

$$= \frac{p(S_k \mid o_k, S_{k-1})}{1 - p(S_k \mid o_k, S_{k-1})} \cdot \frac{1 - p(S)}{p(S)} \cdot \frac{p(S_{k-1})}{1 - p(S_{k-1})}$$

$$(6-173)$$

这样就得到了占据网格状态 $S_k$ 的递归估计公式。其中，$p(S)$ 是占据网格状态的先验概率，若将其设为 $0.5$，即表示对跑道是否存在障碍物完全不确定，且这种不确定性是无偏的，则 $S$ 的先验概率函数 $\frac{p(S)}{1 - p(S)} = 1$，即该项在递归估计公式(6-173)中不起作用。这样，占据网格状态 $S_k$ 后验概率函数就仅由网格状态 $S_{k-1}$ 和传感器逆模型(inverse sensor model) $p(S_k \mid o_k, S_{k-1})$ 决定。所谓传感器逆模型是指由传感器数据到全局表示的映射[51]。表6-2给出了障碍物检测中占据网格的传感器逆模型可能的输入和对应输出。

表6-2 障碍物检测中占据网格的传感器逆模型

| $S_{k-1}$ | $o_k$ | $p(S_k \mid o_k, S_{k-1})$ |
|---|---|---|
| 无障碍物 | 无障碍物 | $<0.5$ |
| 有障碍物 | 无障碍物 | $0.5$ |

（续表）

| $S_{k-1}$ | $o_k$ | $p(S_k\mid o_k, S_{k-1})$ |
|:---:|:---:|:---:|
| 无障碍物 | 不确定 | 0.5 |
| 有障碍物 | 不确定 | 0.5 |
| 无障碍物 | 有障碍物 | >0.5 |
| 有障碍物 | 有障碍物 | >0.5 |

表 6-2 第一列是占据网格可能的状态：该点无障碍物（free）或该点有障碍物（occupied）。若该网格的概率小于一个给定的阈值（本章设置为 0.7），则认为该网格处于 free 状态，否则处于 occupied 状态。若概率值越大，则表示该网格对应的跑道位置存在障碍物的可能性越大。第二列表示障碍物检测系统的测量值。假设帧间时间为 $\Delta t$，若 $h$ 平面残余光流场小于 $0.5\Delta t$ 像素/秒，则认为测量值的状态为不确定（unknown）；若残余光流场大于 $h$ 平面残余光流场，则认为测量值的状态为有障碍物（occupied）；否则状态为无障碍物（free）。表 6-2 第三列为传感器逆模型的输出值，有三种状态：low、middle 和 high。其中，high 表示 $p(S_k\mid o_k, S_{k-1})$ 取大于 0.5 的值；middle 取 0.5；low 表示传感器逆模型取值小于 0.5。由表 6-2 可知，当 $S_{k-1}$ 状态为 occupied 时，无论测量值 $o_k$ 是什么状态，传感器逆模型 $p(S_k\mid o_k, S_{k-1})$ 取值均大于等于 0.5，即经过递归估计公式（6-173）后，网格状态值不会减小。这样设计，主要是为了保证网格状态被确定为"该点有障碍物"后，其状态就不会改变，以保证能够持续给出障碍物报警信号。

占据网格存在障碍物的概率最终由式（6-174）给出：

$$p(S_k\mid o_1, o_2, \cdots, o_k, S_{k-1}) = \frac{O(S_k\mid o_1, o_2, \cdots, o_k, S_{k-1})}{1+O(S_k\mid o_1, o_2, \cdots, o_k, S_{k-1})} \quad (6-174)$$

最后需要指出，障碍物检测系统开始运行时，所有网格的初始状态均为无障碍物（free）。

通过上述基于占据网格的特征点定位与障碍物检测算法，可以得到准确、稳定的障碍物检测结果。

5）误差分析

对障碍物检测，需要计算残余光流场。由于导航信息的误差，使得跑道上特征点的残余光流场不会完全为零。若残余光流场与 $h$ 平面残余光流场均较小，即使满足障碍物判别条件，也无法判断是由导航误差造成还是真实存在障碍物。

因而只有当 $h$ 平面残余光流场大于一定阈值,才能可靠地对地面障碍物进行检测。

对于一般着陆场景,摄像机的运动主要体现在沿惯性坐标系 $\{E\}$ 中 $Ox$ 和 $Oz$ 轴的线运动。图 6-37(a)和(b)是 $t_1$ 和 $t_2(>t_1)$ 时刻,当用于匹配的两帧图像时间间隔为 1 s 时,像素坐标系 $\{P\}$ 中某点 $\boldsymbol{P}_i^p$ 对地面高度为 1 m 的障碍物在仅进行沿 $x$ 轴运动与 $z$ 轴运动时所产生的 $\boldsymbol{F}_{\mathrm{ROF}}(\boldsymbol{P}_{i,k}^p,1)$ 值。可见,随着相对位移的增大或与跑道距离的减小( $t_2$ 比 $t_1$ 时刻接近跑道),系统对障碍物的检测越可靠。但若位移过大,会导致特征点误匹配机会增加,匹配精度下降。图 3-37(c)是无人机着陆过程中某时刻跑道范围的 $\boldsymbol{F}_{\mathrm{ROF}}(\cdot,1)$ 值,图像中距离无人机较近( $v$ 较大)的位置会产生较大的 $h$ 平面残余光流场,障碍物检测可靠性高。经过多次仿真得知 $\boldsymbol{F}_{\mathrm{ROF}}(\cdot,h)<0.5$ 像素/秒的区域障碍物检测可靠性较低,因此对于 $\boldsymbol{F}_{\mathrm{ROF}}(\cdot,h)<0.5$ 像素/秒的区域,认为检测结果为未知(unknown)。

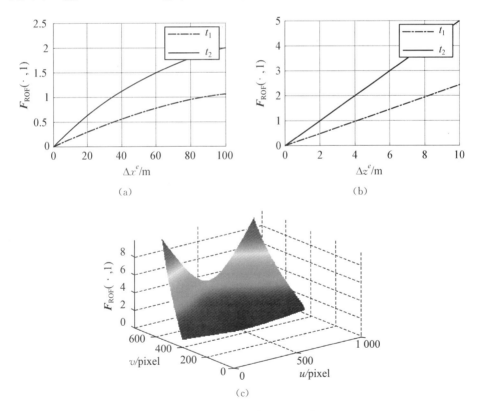

图 6-37　障碍物检测误差分析

综上所述,若想减少检测误差,可以增加两帧图像之间的位移量或使摄像机尽量接近跑道。考虑到无人机着陆过程中,飞行轨迹基本确定,从而增加两帧图像之间的位移量可以通过增加两帧图像之间的时间间隔实现。因此,本章选择进行特征点匹配操作的两帧图像的时间间隔为 1.6 s。

通过多个想定的仿真来验证基于视觉的障碍物检测方案的有效性可参考文献[52]。文献[52]从无人机自主进场着陆导航算法集成的角度,结合惯导系统校准阶段、进近阶段和着陆阶段涉及的计算机视觉算法、运动估计算法和障碍物检测算法,将其集成于整个进场着陆导航过程,给出了完整的进场着陆导航算法流程,在总体导航算法的层次上通过“无人机自主着陆实时仿真平台”,验证了本章提出的导航算法的有效性。还利用蒙特卡洛仿真方法,从统计意义上对导航算法有效性和可靠性进行了分析和验证。

## 6.6　结语

本章在对无人机进场着陆过程中不同飞行阶段、飞行过程以及环境特点分析的基础上,提出了基于视觉的无人机自主进场着陆导航系统方案,将整个导航过程按照视觉信息所起的不同作用分为三个阶段,即惯导系统校准阶段、进近阶段和着陆阶段。引入了最小设备集合的概念,对完成自主进场着陆任务所必需设备进行了定义。

通过对导航方案中不同阶段计算机视觉算法的需求进行分析,本章对进场着陆导航中涉及的计算机视觉算法进行详细论述。提出了同时适合于惯导系统校准阶段和着陆阶段的地面合作目标布置方案。以该地面合作目标为研究对象,同时兼顾实时性、可靠性和精度的要求,结合无人机自主进场着陆过程中的特点,提出了可靠的图像处理算法、区域特征描述方法和基于 D-S 证据理论的目标识别方案。

对以鲁棒 $H_\infty$ 滤波技术为基础的信息融合理论进行了研究,提出了非线性 $H_\infty$ 滤波算法、非线性联邦 $H_\infty$ 滤波算法和能够处理多速率不定延迟多传感器测量数据的多速率联邦 $H_\infty$ 滤波算法。根据无人机进场着陆导航的特点,利用适当的运动视觉分析方法,结合相应的信息融合算法,以基于模型和长序列图像信息融合技术的运动估计为基础,提出了适合于惯导系统校准阶段和着陆阶段的基于固定地面合作目标的导航方案;以基于稀疏光流场的长序列图像运动估计为基础,提出了适用于进近阶段的基于随机地面特征的导航方案。

根据着陆阶段的飞行特点,结合基于特征和流的障碍物检测方式的特点,同时为了消除特征点误匹配造成的障碍物检测误报警,引入基于 Bayes 估计方法的占据网格技术,提出了基于视觉的跑道障碍物检测方案。

参|考|文|献 •••••••••••••••••••••••••••••••••••••••

[1] Hespanha J M, Yakimenko O A, Kaminer I I, et al. Linear parametrically varying system with brief instabilities: An application to vision/inertial navigation [J]. IEEE Transactions on Aerospace and Electronic Systems, 2004, 40(3): 889 - 902.

[2] 李绍燕. 基于视觉的无人战斗机自主着陆研究[D]. 北京: 北京航空航天大学, 2004.

[3] 戴君, 赵海洋, 冯心海. 机器视觉[J]. 机械设计与制造工程, 1998, 27(4): 52 - 54.

[4] 刘士清, 胡春华, 朱纪洪. 基于计算机视觉的无人直升机位姿估计方法研究[J]. 计算机工程与设计, 2004, 25(4): 564 - 568.

[5] Sharp C, Shakernia O, Sastry S. A vision system for landing an uamanned aerial vehicle [C]. In Proceedings of IEEE International Conference on Robotics and Automation, 2001.

[6] 张广军, 周富强. 基于双圆特征的无人机着陆位置姿态视觉测量方法[J]. 航空学报, 2005, 26(3): 344 - 348.

[7] Dickmanns E D, Schell F R. Autonomous landing of airplanes by dynamic machine vision [C]. Applications of Computer Vision Proceedings, 1992.

[8] Mukundan R, Raghu N R V, Philip N K. A vision based attitude and position estimation algorithm for rendezvous and docking [J]. Journal of Spacecraft Technology, 1994, 4(2): 60 - 66.

[9] Sasa S, Gomi H, Ninomiya T, et al. Position and attitude estimation using image processing of runway [C]. AIAA, Aerospace Sciences Meeting and Exhibit, 38th, Reno, NV, 2000.

[10] Saripalli S, Montgomery J F, Sukhatme G S. Vision-based autonomous landing of an unmanned aerial vehicle [C]. In Proceeding of IEEE International Conference on Robotics and Automation, 2002.

[11] 邱力为, 宋子善, 沈为群. 无人直升机自主着舰的计算机视觉算法[J]. 北京航空航天大学学报, 2003, 29(12): 99 - 102.

[12] Chatterji G B, Menon P K, Sridhar B. GPS/Machine vision navigation system for aircraft [J]. IEEE Transactions on Aerospace and Electronic System, 1997, 33(3): 1012 -1025.

[13] Sahli H, Rusu S, Pratikakis I E, et al. Motion and structure from combined optical flow correspondences approach [C]. Proceedings of SPIE-The International Society for Optical Engineering, 1999.

[14] Barron J L, Eagleson R. Recursive estimation of time-varying motion and structure parameters [J]. Pattern Recognition, 1996, 29(5): 797 - 818.

[15] 陈震. 图像序列光流场计算及三维场景恢复研究[D]. 西安: 西北工业大学博士学位论文, 2003.

[16] 王耀南, 李树涛. 多传感器信息融合及其应用综述[J]. 控制与决策, 2001, 16(5):

518 -522.

[17] Amidi O. An autonomous vision-guided helicopter [D]. Electrical & Computer Engineering Department, Carnegie Mellon, 1996.

[18] Furst S, Dickmanns E D. A vision based navigation system for autonomous aircraft [J]. Robotics and Autonomous System, 1999(28): 173 - 184.

[19] 王广运,郭秉义,李洪涛. 差分 GPS 定位技术与应用[M]. 北京:电子工业出版社,1996.

[20] 秦永元,张洪钺,汪叔华. 卡尔曼滤波与组合导航原理[M]. 西安:西北工业大学出版社,1998.

[21] Sukkarieh S. Aided inertial navigation systems for autonomous land vehicles [D]. Australian Centre for Field Robotics, The University of Sydney, Australia, 1999.

[22] 严洁. 光电跟踪系统信息处理技术研究[D]. 西安:西安电子科技大学工程硕士论文,2006.

[23] 蒋贤志. 数字电子罗盘误差分析及校正技术研究[J]. 现代雷达,2005,27(6):39 - 44.

[24] 布罗克豪斯(德). 飞行控制[M]. 金长江,译. 北京:国防工业出版社,1999.

[25] 张才文,周同礼. 某型无人机自动着陆轨迹研究[J]. 弹道学报,2006,12(2):74 - 77.

[26] Long Q, Lan Z D. Linear N-point camera pose estimation [J]. IEEE Transactions on Pattern Analysis and Machine Intelligence, 1999, 21(8): 774 - 780.

[27] Gonzalez R, Woods R, Eddins S. Digital Image Processing Using Matlab [M]. Pentice Hall, 2005.

[28] Smith S M, Brady J M. SUSAN—a new approach to low level image processing [J]. International Journal of Computer Vision, 1997, 23(1): 45 - 78.

[29] Harris C G. A combined corner and edge detector [C]. Proceeding of Fourth Alvey Vision Conference. Manchester, 1988.

[30] 王睿. 单目主动视觉导引关键技术研究[D]. 北京:北京航空航天大学,2006.

[31] 张广军. 机器视觉[M]. 北京:科学出版社,2005.

[32] 杨敏. 多视几何和基于未标定图像的三维重构[D]. 南京:南京航空航天大学,2003.

[33] Sonka M, Hlavac V, Boyle R. Image Processing, Analysis, and Machine Vision (2nd Edition) [M]. Brooks/Cole Publishing Company, 1999.

[34] Flusser J, Suk T. Classification of objects by affine moment invariants [R]. Technical Report UTIA - 1736, Czechoslovak Academy of Sciences, Prague, 1991.

[35] Flusser J, Suk T. Pattern recognition by affine moment invariants [J]. Pattern Recognition, 1993(26): 167 - 174.

[36] Shafer G. A Mathematical Theory of Evidence [M]. Princeton: Princeton University Press, 1976.

[37] 何友,王国宏,陆大琭,等. 多传感器信息融合及应用[M]. 北京:电子工业出版社,2001.

[38] 付梦印,邓志红,张继伟. Kalman 滤波理论及其在导航系统中的应用[M]. 北京:科学出版社,2003.

[39] U Shaked, N Berman. $H_\infty$ nonlinear filtering of discrete-time processes [J]. IEEE Transactions on Signal Processing, 1995, 43(9): 2205 - 2209.

[40] Carlson N A. Federated filter for fault-tolerant integrated navigation systems [C].

Proceedings of the IEEE 1988 Position，Location and Navigation Symposium，1988.

［41］B Sridhar，P Smith，R Surosa，et al. Mult-multirate and event driven kalman filters for helicopter passive ranging［C］. Control Applications，First IEEE Conference，1992.

［42］Shohei N，Takanobu M，Yusuke S. Kalman filter with time-variable gain for a multisensor fusion system［C］. Proceeding of the 1999 IEEE，International Conference on Multisensor Fusion and Integration for Intelligent System，Taipei，Taiwan，1999.

［43］Rehbinde H，Ghosh B K. Multi-rate fusion of visual and inertial data［C］. Proceeding of IEEE Conf. Multi-Sensor Fusion Integration Intelligent Systems，Baden-Baden，Germany，2001.

［44］Sridhar B，Phatak A V. Simulation and analysis of image-based navigation system for rotorcraft low-altitude flight［C］. American Helicopter Society Meeting on Automation Applications of Rotorcraft，Atlanta，GA，1988.

［45］Boon K Q，Javier I G，Khiang W L. Feature detection for stereo-vision-based unmanned navigation［C］. Proceedings of the 2004 IEEE Conference on Cybernetics and Intelligent Systems，Singapore，2004.

［46］Sull S，Sridhar B. Runway obstacle detection by controlled spatiotemporal image flow disparity［J］. IEEE Transactions on Robotics and Automation，1999，15(3)：537 – 547.

［47］Gandhi T，Devadiga S，Kasturi R，et al. Detection of obstacles on runways using ego-motion compensation and tracking of significant features［J］. Image and Vision Computing，2000(18)：805 – 815.

［48］陈磊,陈宗基.基于视觉的无人作战飞机跑道障碍物检测方案[J].北京航空航天大学学报,2007,33(11)：1313 – 1316.

［49］Hartley R. In defence of the eight-point algorithm［J］. IEEE Transactions on Pattern Analysis and Machine Intelligence，1997，19(6)：580 – 593.

［50］H P Moravec，A Elfes. High resolution maps from wide angle sonar［C］. Proc. of IEEE Conf. on Robotics and Automation，1985.

［51］Drew Bagnell，Aaron Courville，Carl Wellington. Learning inverse sensor models［EB/OL］. http://www. cs. cmu. edu/~15781/web/proj/cda. ps.

［52］陈磊.基于视觉的无人作战飞机自主进场着陆导航方案研究[D].北京：北京航空航天大学,2007.

# 7 无人机航路规划与实时重规划

无人机航路规划的目的在于寻找一条能够满足无人机顺利完成飞行任务的最优或满意的航线。当无人机在飞行过程中遇到突发事件时,在经过态势感知、突情监测和航路决策等技术手段之后,重新生成一条可行的航路,这就需要采用航路重规划技术。无人机航路重规划技术的典型需求是规划的实时性要高,以提高无人机的生存概率和作战效能。航路重规划的思路一般是在预规划的基础上进行局部的修正,既避开突发的威胁又尽量不影响预定任务的执行。无人机在飞行过程中遇到突发事件时的重规划能力是对无人机自主能力的要求,同时也对航路规划的算法提出了新的挑战。

本章首先归纳无人机航路规划的系统需求及结构,然后从中高空突防、低空突防、利用地形遮蔽的突防、针对雷达隐身考虑几个方面,研究启发式无人机的航路规划方法;介绍基于蚁群算法的无人机航路规划算法,研究基于人工势场法的无人机航路规划算法。为检验方法的有效性,分别进行了各算法的仿真试验,验证了算法的计算效率和优化能力。

本章主要内容对应于第1章图1-7"无人机自主控制系统功能模块组成"的"决策性行为层-任务管理系统"中的态势评估、任务/路径规划和决策支持等主要模块。

## 7.1 航路规划系统需求及结构

寻找一条能够满足无人机顺利完成飞行任务的最优或满意航线的航路规划过程中需要考虑的因素很多(如无人机性能、到达时间、油耗、威胁及飞行区域等),而且这些因素之间往往相互耦合,改变其中任一因素,都会引起其他因素的变化。因此在航路规划的过程中需要协调众多因素之间的关系。

航路规划问题常常描述为在给定起点、终点、约束条件(包括机动能力的约束、任务约束、目标约束、威胁约束等)下,制订一条满足任务要求的飞行轨迹。

具体而言,航路规划需要满足一些基本约束:物理限制、任务需求、实时性要求、协作性要求等。

### 7.1.1　无人机的物理限制

为使得规划航线可飞,必须满足无人机的性能约束对应的物理限制,这些物理限制包括以下方面:

(1) 最大转弯角限制。

使生成的航路只能在小于或等于预先确定的最大转弯角度范围内。

(2) 不同飞行高度和速度上的最大爬升角/俯冲角限制。

使生成的航路在垂直平面内上升和下滑的角度有最大角度限制。

(3) 最小航路段长度限制。

限制无人机在开始改变飞行姿态之前必须直飞的最短距离。

(4) 最低飞行高度限制。

保障无人机与地面无相撞,增加其生存安全性。

### 7.1.2　无人机的任务需求

无人机系统在枯燥任务、恶劣环境以及危险区域具有独特的优势。在相当长的发展时期内,无人机在情报及侦察监视、电子干扰和压制等信息支持和对抗方面可能逐渐替代有人驾驶飞机,在作战支持和打击等方面则可能成为有人机的重要补充力量。

目前无人机已由执行侦察任务逐渐发展到进行空中力量压制、武装监视侦察、电子战及纵深拦截能力的无人作战系统(如美国空军的 J - LCAS 项目)。

**1) 无人机主要执行的任务类型**

无人机主要执行以下三类任务:

(1) 监视和情报收集,战损评估。

(2) 作战支持(包括目标定位与标记、承担通信中继站台、支援特种作战、实施各种干扰、支持环境评估及其对付恶劣环境部署、承担运送和投放物资任务等)。

(3) 直接携带武器参战。

**2) 无人机能力分类**

根据无人机任务能力需求分析,又可以分成微小型无人机、战术无人机、长航时无人机和无人作战飞机 4 类。

（1）微小型无人机。这类无人机的作战半径小于 50 km,质量一般小于 25 kg。可满足战术级侦察监视、信号情报、目标指示、核生化/辐射和爆炸物侦测、电子战、诱饵/欺骗、心理战、地雷/水雷探测等任务需求。具有尺寸小、质量轻、功能强、用途广、携带方便、使用灵活等特征。主要是单兵使用,完成实时低空侦察、信号干扰、目标指示、核生化武器探测等任务,如美国的黄蜂无人机和探路者大乌鸦无人机。

（2）战术无人机。这类无人机的作战半径为 50～1 000 km,质量在 25～600 kg 之间。可满足信息支援(除预警探测)、信息对抗、时敏目标打击和地雷/水雷探测/反水雷等任务需求。战术无人机又可分为近中程无人机和近中程无人攻击机两类。其中前者主要执行战术侦察监视、通信中继、目标定位、毁伤评估、火炮校射、电子对抗等任务,如美国的影子 200、以色列的猎人无人机;后者主要用于摧毁敌地面固定、机动雷达和防空系统等任务,如以色列的哈比无人机等。

（3）长航时无人机。这是指作战半径大于 1 000 km,航时大于 24 h,质量一般大于 600 kg 的无人机,又可分为中高空无人机和高空长航时无人机两类。其中前者主要用于战役级侦察监视、电子战和通信中继任务。并可通过装载武器改装成察打一体无人机,用于完成对热点地区的长时间巡逻侦察,执行对时敏目标的攻击,如美国的 MQ‐1B 捕食者无人机。后者主要用于执行战略级侦察监视和通信中继任务,如美国的 RQ‐4 全球鹰无人机。

（4）无人作战飞机。这类无人机是可内埋或外挂武器的无人空中打击平台,质量一般大于 1 t,有对敌攻击型和空战型两种。前者是指在空天地一体化信息网络支持下,具备隐身突防、防空压制、对地攻击作战等能力的无人作战飞机系统,远期可实现智能自主攻击。可与先进有人机配合使用,实现协同攻击作战。后者是指在空天地一体化信息网络支持下,具备空战能力、与先进有人机配合使用、协同作战等能力的无人作战飞机系统。在满足隐身性能要求的同时,还具备高速、高机动性、自主作战能力和集群协同作战能力。

**3）无人机航路规划的任务限制**

根据无人机的任务需求,规划出来的航线通常会有以下一些任务需求对应的限制[1]。

（1）航距约束。特定飞行任务要求必须在某一时刻到达指定目的地,由于无人机的速度有限,因此要求规划出来的航路必须满足对应的最大距离。

（2）出发方向限制。从上一个任务切换到下一个任务时,无人机本身已经处于某一特定方向,规划路径时就必须考虑这个方向限制。

(3) 进入方向限制。某些飞行任务要求无人机从特定的方向接近目标,例如,进行特定方向的目标侦察或攻击。

(4) 航路隐蔽性要求。隐蔽意味着安全。可以利用避开威胁源的方式提高隐蔽性,还可以通过降低飞行高度,利用地形的遮挡作用和反射的地面杂波来降低被雷达探测的概率。

**4) 航路重规划的类型**

无人机航路重规划的思路一般是在预规划的基础上进行局部的修正,既避开突发的威胁又尽量不影响预定任务的执行。

根据以往研究,依照航路决策的结果,应对突发威胁的航路重规划与任务紧密相关。航路重规划大致可以分为 4 种类型(见图 7 - 1),其中的航路点是指无人机飞行跟踪的航路节点;任务点是特殊的航路点,除地理位置信息外还包括了任务信息,如侦察、攻击等。

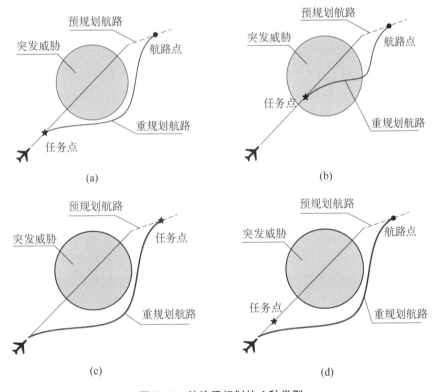

**图 7 - 1　航路重规划的 4 种类型**

(a) 先执行任务点再绕飞　(b) 先执行任务点再逃避
(c) 先绕飞再执行任务点　(d) 不执行任务点直接绕飞

此外,航路规划及其重规划还必须是真正意义上的三维规划。

### 7.1.3　实时性要求

无人机起飞前,会下载装订针对已知的飞行环境所预规划的一条完成飞行任务的航路。在实际飞行过程中,出现飞行环境信息发生变化,若仍按照原航线飞行就难以完成任务的情况下,希望可以进行局部或全局的规划新航线,以便完成飞行任务的需求。另外,由于飞行任务的不确定性,也会产生需要针对当前的飞行状况进行航路规划的需求。这两类需求都要求在进行航路规划的时间不可以太长,也就是说,航路规划算法需要满足一定的实时性要求。

现代战场作战节奏快,情况突发性强,各种远程、高速、高精度武器系统的出现和运用使得无人机系统面临更为严峻的实时威胁。因此,任务规划的实时性就成为无人机作战制胜的关键点,通过提升无人机的实时任务规划功能,可以强化无人机规避各种突发威胁的能力,确保无人机作战任务的完成。

### 7.1.4　协作性要求

单架无人机的功能比较单一,能力有限,把过多的功能集中在一架无人机上无疑又增加了研究费用,因此通过通信和协调,可以将多无人机组成编队,以协同的方式执行任务,可以完成单架无人机不能完成的任务。

多无人机协同作战的优势主要体现在[2]:

(1) 通过成员的相互配合可以提高任务完成的质量。

(2) 通过系统内的动态分配与调度增加任务成功的概率。

(3) 通过成员间的资源共享扩展执行任务的能力。

(4) 通过任务的并行执行缩短任务完成的时间。

多无人机协同作战也是未来无人机作战方式的重要发展趋势。

多无人机协同作战可使战场变得清晰和透明,确保信息优势以及在复杂环境下对作战空间的完备态势感知,建立高效、稳定、可信的协同作战能力。

通过不同飞行器之间的协同侦察与打击网络化,可缩短"发现(感知)-打击(射手)"之间延迟,即缩短决策过程(observation, assessment, decision, control,OADC 环)所需时间,提高对时敏目标(time-sensitive targeting, TST)的搜索、识别与打击能力。随着无人机自主性、机载计算能力及信息技术的不断发展,无人机侦察与打击必将朝着网络化和一体化的方向发展。届时多架不同配置、不同类型的无人机构成一个侦察/打击一体化网络。

　　无人机的协同策略可以通过地面人员来完成,也可以运用相应的辅助决策系统来实现。具有有效协同策略的无人机的编队将可以更充分地利用现有的资源,使用多个低成本、低复杂性的无人机以完成一个复杂系统才能完成的任务。近年来,以任务和信息相耦合的多无人机协同问题受到越来越多的关注和得到越来越广泛的研究。通过协同可以完成单个无人机所不能完成的一些复杂任务。这些研究的范围为搜索、观察、目标识别和攻击。协作的行为必须是在敌对的和不确定的环境中进行的。

　　协作性要求参与执行任务的无人机满足任务需求的到达目标区域时间,且其中任何两个无人机在飞行过程中不发生碰撞冲突。通常方法是在空间-时间的四维空间内执行搜索,给各无人机设置优先级或交通规则,从而将问题简化为单架无人机的规划问题。理想情况下,协调性航路规划中要求各无人机的航路代价都达到最小,但实际上是不可能的。参与协作性任务的无人机之间的目标往往相互依赖又互相冲突。因此,协调航路规划不能只考虑某个目标最优,而应寻求各无人机可行、编队总体目标最优的航路组合。

　　因此亟须多无人机的自主协同控制技术来提供技术支撑,以提高系统整体效能,发挥多无人机的协同作战优势,化解多无人机在时间、空间、任务层面上存在的各种矛盾,避免无人机之间的冲突和碰撞。解决信息共享问题,以最大限度发挥协同系统中的实体效能;进行任务高度整合,以使所有任务可以协调平滑运作;解决资源的高度优化问题,以实现协同系统的共同目标。

　　不同性质的任务具有不同的要求,不同的作战任务在作战目标、时序约束、任务要求等方面存在显著差异,且任务间可能存在约束关系、需要根据任务要求进行多平台传感器的协同探测、多平台电子对抗设备的协同干扰、多平台武器的协同攻击以及协同探测、对抗与攻击3个阶段的协调配合。

　　环境复杂、无人机协同复杂、任务复杂、时间敏感、计算复杂、通信复杂等各种因素交织在一起,使得对多无人机的自主控制成为一个极具挑战性的课题。

　　多无人机的航路规划就是根据各无人机的具体任务,在满足多类约束条件(平台性能约束、战场环境约束、任务协同约束)的前提下,为每架无人机规划从出发点到目标点的可行飞行航线,使其在指定的性能指标下达到最优或较优。

　　协作性要求的重点是处理各无人机间的协调关系,包括空间协调、时间协调、任务协调。航路协调的方式包括速度调整、机动动作调整、航线长度调整等。

### 7.1.5　航路规划系统的结构

航路规划系统结构如图 7-2 所示。

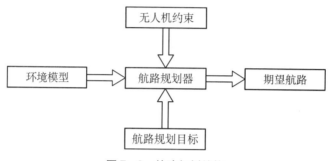

图 7-2　航路规划结构

无人机航路规划需要考虑的威胁因素主要有气象条件、地面雷达、高炮、导弹、禁飞区和地形环境等。这些因素中有些为预先已知的因素,有些则属于突发的威胁。典型的突情如恶劣气象,如果需要规避,有时可从左右绕飞,有时也可从上下穿越;同一地点不同方向的飞行受到的气象威胁也不尽相同,而在两个气象单体之间穿行时并不一定安全等,要看具体的情况而定。因此,针对不同的对象,航路的选择包含了明显的特征性,所有这些威胁因素都可以建立相应的环境模型。

无人机应具备在给定任务和决策下自主规划出合理航路的能力,并能够在任务执行过程中,实时应对突发态势等不确定性因素,进行自主重规划。

无人机航路规划系统为满足预定规划目标,考虑规划区域的环境情况,结合无人机的平台限制要求、飞行时间、威胁程度等级和任务要求等约束,使航路规划方法尽可能多地包含代价和启发信息,按照某种规划算法,搜索或寻求得到一条或多条满足要求的航路,从而有效地完成规划过程。规划出来的航路亦称为期望航路,可以输出下载到无人机平台上运行。

## 7.2　无人机的启发式航路规划

启发式算法是基于直观或经验构造的算法,在可接受的代价(时间和空间)下给出待解决优化问题的一个实例的可行解,该可行解与最优解的偏离程度不一定是事先可以预计,如 A* 算法、拉格朗日松弛法等。目前还有一些比较新颖的启发式算法,如模拟退火、禁忌搜索、进化算法、蚁群算法、粒子群算法、人工神经网络、人工免疫算法等,通过采用计算机模拟某些自然现象、生物进化过程、动物群体智能行为或人类智能行为,为解决复杂的优化问题提供了新的思路和手段。这类算法也不一定可以求得优化问题的精确解,也不一定可以获得最优解,但可以保证获得比较理想的近优解。

无人机的航路规划主要是指无人机突防的航路规划。无人机突防是指无人机突破敌方防空领域,深入敌方纵深区域、战略腹地执行战术作战任务的行为。按照高度划分,无人机的突防方式可分为中高空突防和低空突防几类。一般 1 000 m 以下的称为低空突防,其余称为中高空突防。中高空突防主要考虑回避敌方火力威胁,提高无人机的飞行高度和速度,以达到突破敌方防御的目的;低空突防主要利用地球曲率,实施地形跟踪,以有效利用地形掩护、回避威胁,达到突防的目的。

本节首先介绍启发式 A* 的基本原理及其改进,然后针对不同阶段的任务性质和功能需求进行算法的改进。基于这些算法,我们开发了相应的规划软件平台 PPPASO(platform for path planning based on a start optimization),可以进行工程化的规划计算,并得到实际应用。

路径规划平台 PPPASO 在 VC 编程环境下开发。仿真过程采用的计算机配置为 3.07 GHz 主频,Intel 酷睿 i3 处理器,3 GB 内存,Windows XP 操作系统。

### 7.2.1　启发式 A* 规划算法原理

航路规划算法若采用启发式 A* 算法,则具体算法中计算点 $m$ 的代价评估函数可以表示为

$$f(m) = g(m) + h(m) \qquad (7-1)$$

式中,$g(m)$ 表示从出发点(start)到计算点 $m$ 已走过路径的实际代价函数,$h(m)$ 表示从 $m$ 到目标点的剩余路径将要付出代价的估计值。

实际代价函数 $g(m)$ 的计算为

$$g(m) = \tau_1 P_{mi}(m) + \tau_2 P_{ra}(m) + \tau_3 P_{wea}(m) + \tau_4 D(m) \qquad (7-2)$$

式中,$P_{mi}(m)$ 表示飞机从出发点飞到 $m$ 点过程中被地面武器击中的危险性,$P_{ra}$

$(m)$ 表示飞机飞到 $m$ 点被雷达探测后产生对应的危险性，$P_{wea}(m)$ 表示飞机飞到 $m$ 点过程中处于恶劣气候的危险性，$D(m)$ 表示已经飞行到 $m$ 点的距离，$\tau_i(i = 1 \sim 4)$ 是各项的加权系数。

A* 算法的规划是从出发点逐步计算、选优、推进到终点的，所以从出发点经点 $n$ 到计算点 $m$ 的当前最小代价路径的代价函数 $g(m)$ 还可以表示为

$$g(m) = g(n) + \tau_1 P_{mi}(n, m) + \tau_2 P_{ra}(n, m) + \tau_3 P_{wea}(n, m) + \tau_4 D(n, m)$$

$$(7-3)$$

式中，$P_{mi}(n, m)$ 表示从点 $n$ 到点 $m$ 路程中飞机被地面武器击中的危险性，$P_{ra}(n, m)$ 表示从点 $n$ 到点 $m$ 路程中飞机被雷达探测后产生对应的危险性，$P_{wea}(n, m)$ 表示飞机在从点 $n$ 到点 $m$ 路程的恶劣气候中飞行的危险性，$D(n, m)$ 表示从点 $n$ 到点 $m$ 飞行的距离。

为了满足一致性优化的要求，从 $m$ 到目标点的剩余路径的估计代价 $h(m)$ 不可以高于实际代价。因此，预估代价 $g(m)$ 的计算通常采用：

$$h(m) = \tau_4 D_e(m) \qquad (7-4)$$

式中，$D_e$ 为计算点 $m$ 到目标点的距离。在实际应用中，有很多算法常常改进替换 $D_e$，以起到加快搜索速度减少扩展点的作用。

基本 A* 算法采用两个表（CLOSE 表和 OPEN 表）来记录满足不同条件的计算点。A* 算法有网格 A* 算法和图形 A* 算法两类。这里采用的是网格 A* 算法。

**1) 基于网格 A* 算法的路径规划实现步骤**

将路径规划的出发点记为 $S$，目标点记为 $T$，则基本网格 A* 算法的具体实现步骤如下所述。

第 1 步：导入输入文件任务及威胁区数据，并根据任务要求和无人机性能约束将规划空间进行网格划分。

第 2 步：参数初始化。清空 CLOSE 表和 OPEN 表，将出发点 $S$ 收入 CLOSE 表。

第 3 步：选择 $S$ 为父点。

第 4 步：按照式(7-1)~式(7-4)，针对该父点的周边邻点执行以下操作。

a. 若该点为目标点 $T$，则直接转第 6 步。

b. 若该点已经在 CLOSE 表中，则跳过这步，直接转第 5 步。

c. 若该点已经在 OPEN 表中,则计算从父点过来到这点的代价值,比较新计算值与原计算值的大小,取小的作为其计算代价值,并相应修改记录其父点。

d. 若该点均不在 OPEN 表和 CLOSE 表中,则将该点放入 OPEN 表中,记录其父点。

第 5 步:从 OPEN 表中寻找代价值最小的点,不妨记为 $W$ 点,将 $W$ 点从 OPEN 表中移到 CLOSE 表中,并选择 $W$ 点作为新的父点,然后转向第 4 步。

第 6 步:通过回溯的方式,从结束点一步步追溯其父点,直至追溯到出发点,就可以获得一条从出发点到终点满足任务和性能约束的规划航路。

值得注意的是,实际算法的计算过程,由于计算误差等种种原因,目标点往往并不落在待计算的扩展邻点位置上,因此需要经过特别的处理和考虑,才能使算法满足结束退出的条件。

**2) 基本网格 A* 路径算法的改进**

实际路径规划算法要工程运用,必须考虑满足一些工程需求。例如,出发点方向以及进入目标点的方向限制、飞行时间限制等。为此对基本路径规划算法有以下改进措施[3]。

(1) 改进 1:针对方向限制的处理。

在飞行中的实时路径重规划时,需要考虑无人机当前的速度方向,因此提出了规划路径出发角度限制的问题。有的任务需要无人机以某个角度进入目的地,故又提出了进入角度限制的问题。

通过在出发点和目标点附近添加代价很大的虚拟威胁圆(采用无人机的最小转弯半径圆),迫使规划的路径避开该虚拟威胁,就可以达到规划航线既可以满足最小转弯半径限制,又可以强迫其从限定的方向出发或进入目的地,如图 7-3 所示。

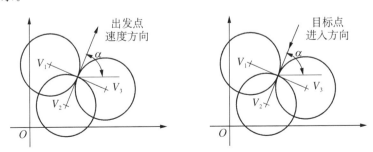

图 7-3　处理角度限制所添加的虚拟威胁圆

在图 7-3 中,虚拟威胁圆 $V_2$ 处于出发速度方向与出发点的延长线上,$V_1$ 和 $V_3$ 两个虚拟威胁圆的中心连线与出发速度方向(或者进入速度方向)垂直并通过出发点。

(2) 改进 2:满足飞行时间限制的处理。

若无人机有飞行速度范围限制、航路飞行时间限制等条件要求,则可根据无人机的最大飞行速度 $v_{max}$ 和目标到达时间 $t_{goal}$ 的限制,得到最大的飞行距离限制 $D_{max}$。

$$D_{max} = v_{max} \cdot t_{goal} \tag{7-5}$$

记录从出发点到计算点的最小代价对应的路径长度。在邻点代价计算时,如果从出发点到该点的最小代价对应的路径长度与该点到目标点的直线距离之和大于 $D_{max}$,则对该计算点进行剪枝限制。进行如此不断的计算,直到目标点被扩展进入 CLOSE 表为止,这样就可以保证搜索到的路径可以满足路径长度限制要求。

(3) 改进 3:算法的平滑处理。

在基本 A* 算法中,将 CLOSE 表中任取一点的父点的父点,称为所取点的祖点。在将新点 $m$ 由 OPEN 表扩展到 CLOSE 表的规划过程中,计算从新点到其祖点的直接连线得到的路径代价 $\Delta f_{gm}$,记该新点到其父点的路径代价为 $\Delta f_{pm}$,其父点到其祖点的路径代价为 $\Delta f_{gp}$。检查这三者的关系,若满足

$$\Delta f_{gm} < \Delta f_{gp} + \Delta f_{pm} \tag{7-6}$$

则表明新点到祖点的连线路径对应代价小于经过父点的路径代价,因此,可以将新点的祖点直接作为其父点。这样处理的结果是一次拉直的修正。可以根据规划时间的情况,进行一次或多次拉直修正。很明显,经过这样的拉直处理,可以使规划路径变平直,且路径代价减小。

### 7.2.2　中高空突防航路规划

无人机的中高空突防航路规划必须针对三维规划空间进行。这个三维网格的划分,必须使得规划结果可飞。

(1) 三维网格设置。

采用网格 A* 算法的三维计算扩展点如图 7-4 所示。其中标号为 13 的点为当前点,其他编号的点都是标号 13 点的计算邻点。

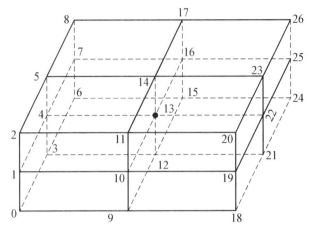

图 7-4　A* 算法的三维计算扩展点示意图

特别需要注意的是,由于无人机在不同高度和速度范围中,爬升下降率往往是不一样的。为此,在进行三维空间网格的划分过程中,需要考虑无人机的爬升下降率,否则规划出来的航线往往是不可飞的。

可以通过构造飞机性能数据表,存放飞机的爬升下降率等参数,在划分三维空间网格的时候以此为依据进行,便可满足无人机飞行性能的要求。

(2) 算法仿真验证。

假设无人机任务规划的范围取为:经度 $110°\sim115°$,纬度 $30°\sim35°$ 的方形区域,在任务区域内设置了两种不同的仿真算例场景,分布有若干大小不同的敌方威胁。两种仿真算例的任务起点、终点如表 7-1 所示,两种仿真算例场景的威胁区如表 7-2 所示。对于雷达、武器,均假设其威胁范围为圆柱形区域。

表 7-1　任 务 点 设 置

| | | 经度/(°) | 纬度/(°) | 高度/km | 北天东坐标方向/(°) |
|---|---|---|---|---|---|
| 算例 1 | 起点 | 105.2 | 34.7 | 3.492 | 300 |
| | 终点 | 109.5 | 30.2 | 7.0 | 234.0 |
| 算例 2 | 起点 | 107.5 | 30.20 | 8.0 | 0 |
| | 终点 | 106.5 | 34.50 | 6.0 | −90 |

表7-2　仿真场景威胁区设置

| | | 经度/<br>(°) | 纬度/<br>(°) | 最低高度/<br>km | 最高高度/<br>km | 半径/<br>km | 威胁<br>等级 | 发现/击毁<br>概率 |
|---|---|---|---|---|---|---|---|---|
| 算例1 | 雷达-1 | 106.5 | 32.9 | 3.0 | 10.0 | 100.0 | 8 | 0.8 |
| | 雷达-2 | 107.1 | 33.6 | 3.0 | 10.0 | 120.0 | 6 | 0.8 |
| | 武器-1 | 106.8 | 33.2 | 0.0 | 10.0 | 40.0 | 8 | 0.8 |
| | 武器-2 | 106.5 | 32.6 | 3.0 | 10.0 | 40.0 | 8 | 0.8 |
| 算例2 | 雷达-1 | 107.37 | 32.80 | 0.0 | 10.0 | 70.0 | 8 | 0.8 |
| | 雷达-2 | 106.17 | 33.16 | 0.0 | 10.0 | 55.0 | 8 | 0.8 |
| | 雷达-3 | 106.50 | 32.30 | 0.0 | 10.0 | 60.0 | 8 | 0.8 |

　　仿真算法运行中采用水平的网格划分为100。图7-5显示了算例1上得到的水平最优航路图以及相应的三维航路图。图7-6显示了算例2上得到的水平最优航路图以及相应的三维航路图。规划结果数据如表7-3所示。

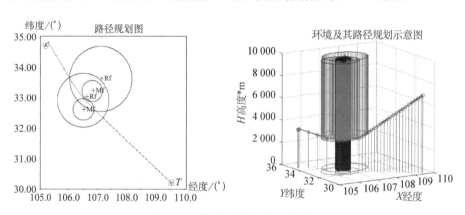

图7-5　算例1的航路规划结果

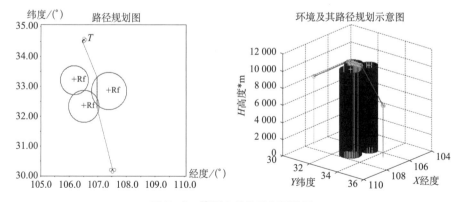

图7-6　算例2的航路规划结果

表 7 - 3　规划结果数据

|  | 规划时间/s | 综合代价值 | 规划路径长度/km |
|---|---|---|---|
| 算例 1 | 0.565 7 | 7.263 | 716.732 |
| 算例 2 | 0.287 9 | 50.167 | 501.665 |

从表 7 - 3 可以看出,采用航路规划算法所耗费的时间均不到 1 s,规划网格中关于高度的网格距离是通过考虑无人机爬升下降率来确定的,因此规划结果可行,可以达到工程实用级别。

### 7.2.3　低空突防航路规划

由于地形遮蔽、地面杂波影响,地面雷达很难发现低空甚至超低空的目标。又由于低空飞行器太快太近,很难跟踪瞄准,因此低空突防的生存率较高,导致低空突防技术得到重视和发展。

在低空,由于地面起伏和地球曲率对地磁波的遮蔽和地面杂波的影响形成了地面雷达的盲区,大大缩短了雷达捕获飞机的距离,使得敌方防御系统没有充分的时间对突然出现的目标进行有效的反应,由此为低空突防飞机保护自己、攻击和摧毁对方目标创造了条件。低空突防也成为现在战争中一种行之有效的基本作战模式,对应有一系列的低空突防技术,如地形防撞(terrain clearance,TC)、地形回避(terrain avoidance,TA)、地形跟随(terrain following,TF)、威胁回避(threaten avoidance,TA)等[4]。

地形回避(TA)——不改变飞行高度,靠左右转弯从前方障碍中的空档穿插过去的飞行技术。飞机在方位平面内做机动飞行,飞绕山峰等高大障碍物。利用地形不易被敌方发现,但与地形碰撞的可能性较大,到达目的地需要绕飞较远距离。

地形跟随(TF)——不改变航向,靠纵向机动随地形起伏飞跃障碍的飞行技术,飞行按照预定的最小离地高度在垂直平面内随地形轮廓做机动飞行。可以以较短的航程到达目的地。相应的实现技术方案有:过载法、雪橇法、闭环升级加速度法、适应角法、高度表法、最优控制法[2]等,这里不对这些方案进行展开介绍。

威胁回避(TA)——对火力点和突起的高建筑等做出反应并及时回避的技术。可以避开敌方探测和防空武器的攻击,充分接近目标,提高武器投放的精度和打击的突然性,减少敌方干扰及防御的可能。

地形跟随/地形回避/威胁回避(TF/TA$^2$)——飞机以预定的航路为参考,在方位平面内做机动飞行,并在预定航向附近做飞绕山峰、躲避威胁、跟随地形轮廓的综合机动飞行。这种突防方式具有良好的综合处理能力,能同时完成垂直和横向机动,最大程度地利用地形屏蔽,是很好的低空突防方式。

在目前已经成功应用的 TF/TA$^2$ 飞行过程中,多传感器信息融合、惯性导航、地形匹配、景相匹配的区域相关导航以及飞行轨迹的实时修正技术,无疑起到了决定性的作用。其中的地形匹配则主要依据存储的地形与探测到的沿途地形互相配合,以保持正确的航线。

数字地形数据库以网格的形式给出网格点上的地形高度信息。在低空突防规划过程中,需要计算的点往往不处于网格点上。为此,常需要采用插值、最小二乘近似和样条插值等方式来获取所需点对应的地形高度的值。

一般的低空飞行过程是先将飞行器降低飞行到一个指定的离地间隔高度,然后进行地形跟随、地形回避以及威胁回避;低空飞行结束段,应当将飞机拉起至适当的高度以便能更好地执行下一阶段的任务。为此,低空航路的规划应当分成三段进行:下滑段、低空跟随段和爬升拉起段。对于三种不同的飞行航段,其规划目标不同,因此它们的轨迹规划也采用不同的设计方法。

1) 下滑段航线规划

下滑段的目的是安全而迅速地进入低空。在飞行器的快速下滑段,需要考虑飞行器的初始飞行方向、允许的下滑速率、下滑过程的横滚角度限制、下滑过程地形的影响,同时需要考虑下滑段向低空跟随段的飞行器改平需求。

下滑段又分为下滑前段和改平后段两部分。在下滑前段,飞机采用收油门的方式飞行。由于动能和势能转换的影响,飞机下滑基本为加速过程。在改平后段,飞机采用正常的油门状态。地形的影响只在下滑前段的后程以及相应的改平后段。为保证纵向的机动,横向的机动就要受到比较严格的限制。

结合飞机的允许下降速率,可以利用等速率下降法来控制飞机从高空下降到低空。通过这样的过程,可以获得飞机在高空的高度、速度以及下滑所需的下降长度的关系。下滑部分的初始航线就可以规划为直线,其长度取决于这个关系。

根据飞机的纵向过载限制,可以获得其纵向最小飞行圆半径 $R_{gmin}$,从而可以获得改平段的航线。整个下滑段的规划航线和简化航线如图7-7所示。

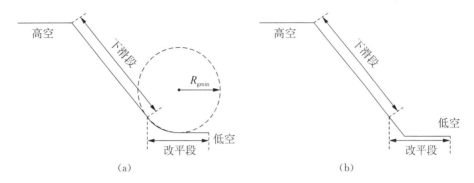

图7-7 下滑段的规划航线(a)和简化航线(b)

**2）低空跟随段航线规划**

在低空跟随段,飞机有初始出发方向和进入方向的限制,在这一段的规划目标是:规划一条三维路径,考虑地形跟随、地形回避和威胁回避。

低空航路规划算法有很多种,一般可以转化为状态空间的路径规划问题,利用搜索算法来获得最优或较好的可行航路。这些搜索算法大致可以分为以下三类:

（1）确定性状态空间的搜索方法。这类方法将航路规划问题转化为数值成本最小化问题,再利用动态规划或 $A^*$ 算法进行求解。

（2）确定性计算方法,主要有神经网络方法和人工势场法两类。

（3）随机搜索算法,主要有遗传算法和模拟退火方法。

采用快速启发式 $A^*$ 搜索算法来规划低空的三维路径,其基本思想是通过设计合适的启发式函数,全面评估各扩展搜索节点的代价值。通过比较扩展节点代价值大小,选择最有希望的节点加以扩展,直到找到目标点为止。

从出发点经点 $n$ 到计算点 $m$ 的当前最小代价路径的代价函数 $g(m)$ 可以修改为

$$g(m) = g(n) + \tau_1 P_{mi}(n, m) + \tau_2 P_{ra}(n, m) + \tau_3 P_{wea}(n, m) + \tau_4 D(n, m) + \tau_5 H(m)$$

$$(7-7)$$

式中, $R_{mi}(n, m)$ 表示从点 $n$ 到点 $m$ 路程中飞机被地面武器击中的危险性, $P_{ra}(n, m)$ 表示从点 $n$ 到点 $m$ 路程中飞机被雷达探测后产生对应的危险性,

$P_{wea}(n, m)$表示飞机在从点 $n$ 到点 $m$ 路程的恶劣气候中飞行的危险性，$D(n, m)$表示从点 $n$ 到点 $m$ 飞行的距离，$H(m)$表示点 $m$ 的地形高度，$\tau_i(i = 1 \sim 5)$是各项的加权系数。

从上面的代价函数计算式(7-7)可以看出，与中高空代价函数计算式(7-3)不同的是，将地形高度加入代价函数的计算之中，可以使航线规划过程中贴近地面飞行，实现地形跟随。

有的时候为了加重飞机低空地形跟随特性，将式(7-3)修订为式(7-8)：

$$g(m) = g(n) + \tau_1 P_{mi}(n, m) + \tau_2 P_{ra}(n, m) + \\ \tau_3 P_{wea}(n, m) + \tau_4 D(n, m) + \tau_5 H^2(m)$$

(7-8)

算法采用式(7-8)的结果是规划出来的航线可以更好地贴近地形。

出于低空安全性需求，需要规划得到的低空航线是一条比较精细的航线，满足航线点之间的距离不大于用户设定的最小间隔距离要求。

由于规划出来的航路点之间难以满足横向机动的限制要求，需要通过横侧向平滑器对初始规划航线进行平滑处理。

横侧向平滑器的基本思路是根据飞行器的横向机动过载限制要求，获得横向转弯圆的最小半径，以此转弯圆对所获航线进行光顺修正，即可获得满足导航要求的可飞航线。由于实际的地表崎岖不平，因此规划得到的初始航线在高度方面也是崎岖不平的，需要根据飞行器的纵向特性进行高度的调整。

**3) 爬升拉起段航线规划**

在爬升拉起段，飞机需要以最大推力进行工作。这段的目的是在有限的能量下综合考虑飞机的飞行特性，迅速爬升。

本段可以采用快速爬升法来获取爬升段的初始航线。通过飞机的飞行特性(特别是动力特性)可以离线获得飞机的爬升高度和速度的关系。该关系可以用于指导爬升规划。初始航线下的地形高度应该予以考虑。适当的高度调整可以用于改善飞机爬升的安全性，并因此生成最终的爬升航线。

为了保证纵向可操作性，需要严格限制飞机的水平机动。

将下滑段、低空跟随段、爬升拉起段这三段合并得到低空突防路径规划算法的流程，如图7-8所示。

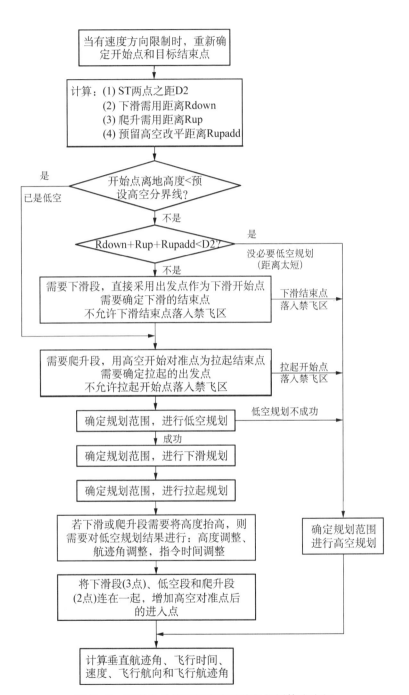

图 7 - 8　三段合并得到低空突防路径规划算法流程

### 7.2.4 考虑地形遮蔽的低空规划

由于地面的起伏影响,会形成地面雷达的盲区,进入雷达盲区的飞机可以因此减少被雷达捕获的概率,从而达到低空突防的目的,提高完成任务生存率。这种地形的影响需要通过地形遮蔽计算来分析得到。

视线(line of sign,LOS)是地形可视性计算中的重要概念,指的是一条连接观察点和目标点的路径。如图 7-9 所示,观察点 $O$ 位于 $P_0$ 点上方 $H_0$ 处,$A$、$B$、$C$ 和 $D$ 是四个潜在的目标点,$P_0$、$P_1$、$P_2$ 是三个重要位置。对于 $P_0 \sim P_1$ 之间的所有地形点或其上的区域、线段 $P_1P_2$ 之上的区域、$P_2 \sim P_3$ 之间的所有地形点或其上的区域,对观察点 $O$ 来说都是可见的,表现在图中可观测的地形是黑色粗线[5]。

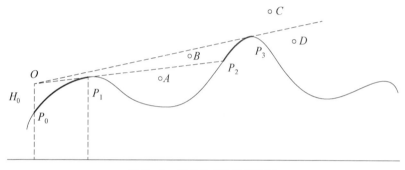

图 7-9　视线(LOS)的示意图

确定地形可视性的关键在于确定从观察者到目标点之间的斜率。以 $\Delta h$ 和 $\Delta d$ 分别表示为观察点到目标点的高度差和水平距离,斜率可以表示为

$$s = \Delta h / \Delta d \tag{7-9}$$

假设点 $P_1$ 的经纬度坐标为 $(x_{p1}, y_{p1})$,观测点 $O$ 的经纬度坐标为 $(x_O, y_O)$,则从观察点 $O$ 到点 $P_1$ 的斜率为

$$s_{Op1} = \frac{H_L(x_{p1}, y_{p1}) - [H_L(x_O, y_O) + H_O]}{D[(x_{p1}, y_{p1}), (x_O, y_O)]} \tag{7-10}$$

式中,$H_L(\cdot)$ 为对应点的地形海拔高度;$H_O$ 为观察点离地面的高度;$D[\cdot]$ 为两点之间的水平距离。

若点 $A$ 的经纬度坐标为 $(x_A, y_A)$,从观察点 $O$ 到点 $A$ 的斜率为

$$s_{OA} = \frac{H_L(x_A, y_A) - [H_L(x_O, y_O) + H_O]}{D[(x_A, y_A), (x_O, y_O)]} \tag{7-11}$$

从图 7-9 可以看出,从观察点 $O$ 到点 $A$ 的斜率 $s_{OA}$ 小于 $OA$ 连线经过地形中的最大斜率 $s_{Op_1}$,所以点 $A$ 是观察点 $O$ 的不可视目标点。同样可以分析得知点 $D$ 是观察点 $O$ 不可视的目标点,点 $B$ 和点 $C$ 是被观察点 $O$ 可视的目标点。

利用可视性分析,可以建立雷达地形遮挡盲区,以便于航路规划的实现。

雷达地形遮挡盲区是指雷达波在空间传播过程中被起伏的地形表面和地形障碍物遮挡,形成地面雷达在有效作用距离内不能达到的空间。

利用地形可视性算法可以求取雷达水平最大作用范围内某一点的雷达盲区高度和间隙高度。地形可视性算法的基本原理是,从雷达的位置向探测目标区域连线作一铅垂面,在铅垂面上将雷达与目标用直线连接,如果其中某处地形的高度高出这一直线,说明雷达探测不到此目标,目标在雷达地形遮挡盲区内。

计算点 $A$ 的雷达遮蔽盲区高度的思路是:将雷达位置点 $O$ 与点 $A$ 连接,作通过连接线 $OA$ 的垂直面。计算 $OA$ 之间地形点的斜率,取其中最大值,记为临界俯仰角 $\theta_A$,$OA$ 之间水平距离为 $D_{OA}$,则点 $A$ 的经纬度形点对该雷达的地形遮挡高度为

$$H_A = D_{OA} \cdot \tan(\theta_A) \qquad (7-12)$$

空间点 $A$ 的经纬高坐标为 $(x_A, y_A, h_A)$,若 $H_A$ 大于点 $A$ 的高程 $h_A$,则点 $A$ 在雷达的地形遮挡盲区之中,盲区间隙高度为

$$\Delta H_A = H_A - h_A \qquad (7-13)$$

按上述方法,对雷达作用区域内的所有节点逐点计算,可以得到雷达水平最大作用范围内的地形遮挡盲区高度,相应得到雷达在地形环境中的遮挡盲区。如图 7-10 所示,可计算绘制出某数字地图环境中的三个雷达的遮挡盲区。

从图 7-10 中雷达盲区的建立可以清楚地看到地形对于雷达探测区域的影响,有的区域地形高度在雷达遮挡盲区之上,说明该区域并不存在雷达遮挡盲区,可以被雷达探测。而有的区域雷达地形遮挡盲区高度大于地形高度,在这个区域内雷达探测不到飞行器,航迹从中通过可在突防中更大地保证飞行器的生存概率。

在低空,由于地面起伏和地球曲率对地磁波的遮断以及地面杂波的影响形成了地面雷达的盲区,大大缩短了雷达捕捉飞行器的距离,从而使地方防御系统没有充分的时间对突然的目标做出有效的反应。因此,突防应该尽可能采用各种方法获得雷达盲区,从而提高成功突防的概率。雷达地形遮挡盲区的获取采

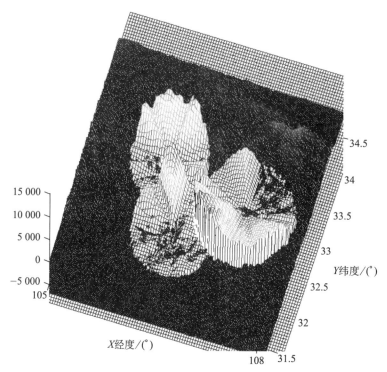

**图 7 - 10　数字地图环境中的三个雷达的遮挡盲区**

用前述的方法,建立雷达地形遮挡盲区后,将盲区高度储存下来。低空跟随规划段时,对待扩展点计算代价值时,将雷达威胁的代价值乘以一个开关量,当扩展点高度在雷达盲区高度之下时,视为遮挡,雷达威胁乘以 0,在盲区高度之上时,视为不遮挡,雷达威胁乘以 1,为最初的计算值。将计算代价函数(7 - 7)相应修改为式(7 - 14)。

$$g(m) = g(n) + \tau_1 P_{mi}(n, m) + \tau_2 S_t P_{ra}(n, m) + \tau_3 P_{wea}(n, m) + \tau_4 D(n, m) + \tau_5 H(m)$$
$$(7 - 14)$$

式中,$S_t$ 为地形遮蔽计算开关。

　　给出在考虑雷达地形遮挡盲区下的低空三维航迹规划效果。为达到对比效果,数字地图信息和雷达威胁信息与不考虑雷达盲区仿真时一致。

　　仿真出的三维航迹的二维显示如图 7 - 11 所示。其中左上的航迹表示不考虑雷达地形遮挡盲区时的规划航迹,右边航迹表示在考虑了地形遮挡盲区后的规划航迹。从路径规划结果中可以看出,两种情况下的规划路径均满足飞行任务约束,在不考虑雷达地形遮蔽效果时,飞机绕开了雷达的作用范围。这种情况下可能会因威胁回避而产生飞行距离、飞行时间、飞行高度等方面的代价。在雷达密集的防区会造成距离的增加,或经过雷达作用范围造成暴露而减小成功突防的概率。在雷达地形遮蔽盲区的情形下,低空路径规划时,合理地考虑了雷达地形遮挡效应,利用盲区进行低空突防,使突防过程中飞机航线在雷达作用范围内的部分不被雷达所探测。这样可以减小飞行距离、飞行时间、飞行高度等因素产生的综合代价。在雷达密集的防区,低空航迹规划可以更好地利用地形信息,找到更优的航迹,使飞机的成功突防概率大大提高。

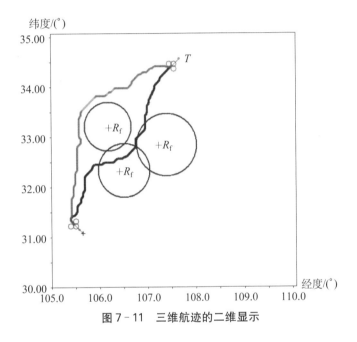

图 7 - 11  三维航迹的二维显示

雷达地形遮挡盲区下的低空规划三维航迹地形跟随效果如图 7 - 12 所示。从图中可以看出规划航线有良好的地形跟随效果,且航线均在地形之上,有一定离地间隙,满足安全性要求。此外,规划航线满足飞机性能约束,航线是可飞的。

图 7 - 13 中柱形区域为雷达可探测区域,可以清楚看出穿越部分均在盲区之中。

图 7 - 14 将地形与雷达可探测区域结合,形成可穿越通道,从该图中可以看出规划航迹从通道中穿过,未接触地形和未进入雷达探测区域,规划结果满足任务约束要求和雷达地形遮蔽盲区的期望。

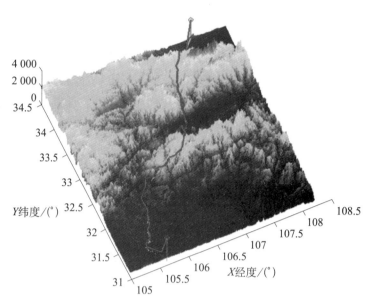

图 7‐12　雷达地形遮挡盲区下的低空规划三维航路地形跟随效果

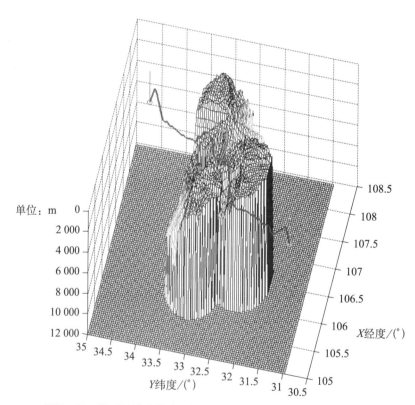

图 7‐13　柱形区域为雷达可探测区域(注意高度轴是递减方向的)

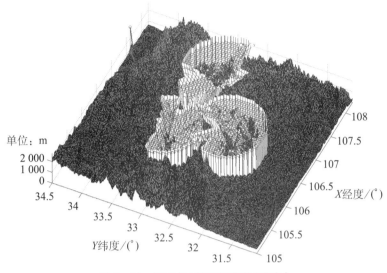

图 7-14    地形与雷达可探测区域结合

### 7.2.5    雷达隐身航路规划

隐身性能体现在飞机相对于雷达的航向角所对应的发现概率,通过权值加入在飞机的代价函数中。根据雷达方程,雷达作用距离与目标散射截面的 4 次方根成正比。

$$R = R_0(\sigma/\sigma_0)^{1/4} \tag{7-15}$$

式中,$\sigma$ 为雷达散射截面 $RCS$。由于目标各个方位角的 $RCS$ 不同,雷达对其作用距离也不同。这里称这些作用距离 $R$ 为暴露距离。将目标 $R$ 连接起来就得到 $R$ 曲线。该曲线表明了目标被对雷达探测到的范围。由于雷达的探测概率与探测距离的四次方成正比,因此,探测概率就应该与雷达探测得到飞机的 $RCS$ 成正比。

飞机雷达反射截面积数据来源很少,大都靠实验测量来估算。实际上飞机的 $RCS$ 值是一个随机变量,应该用多次测量的统计结果并标明可能性概率的一组曲线或一个立体曲面来表示,这是一个非常复杂的过程。因此,一般都采用一个较为合理的数学模型来简化这一估算过程,从而实现隐身飞机在任何照射角度下的 $RCS$ 三维建模,一类简化计算公式[6] 如下:

$$RCS = RCS_x(1 - \sqrt{|\sin\theta|})(1 - \sqrt{|\sin\Psi|}) +$$
$$RCS_y(1 - \sqrt{|\sin\theta|})|\sin\Psi| + RCS_z|\sin\theta|$$

式中,$RCS$ 表示任何照射角度下目标的雷达反射截面积;$RCS_x$ 表示正前(后)方的雷达反射截面积;$RCS_y$表示正侧方的雷达反射截面积;$RCS_z$表示正上(下)方的雷达反射截面积;$\theta$为照射俯仰角,指的是雷达射线与机体面($xOy$面)的夹角,取值范围为$[-\pi/2,\pi/2]$,当雷达波从机体面下方入射时为负,反之为正;$\Psi$为照射方位角,指的是雷达射线在机体面($xOy$面)的投影与飞机机头正向($Ox$轴正向)的夹角,取值范围为$[0,2\pi)$,机头正向为$0°$,沿顺时针方向此角度逐渐增大。几个特殊的角度是正前后方($\theta=0$,$\Psi=0$、$\pi$),正上下方($\theta=\pi/2$、$-\pi/2$)和正侧方($\theta=0$,$\Psi=\pi/2$、$3\pi/2$)。

将此数学模型转换为三维立体图形,建立坐标系如下。以飞机质心为坐标原点$O$;$Ox$轴与飞机机身的设计轴线平行,且处于飞机对称面内;$Oy$轴垂直于飞机对称平面指向右方;$Oz$轴在飞机对称平面内,且垂直于$Ox$轴指向上方。在此坐标系中,根据上述数学模型画出一个三维闭合曲面,此曲面上任意一点与原点的连线方向即为雷达波照射飞机的方向,用此线段的长度表示飞机对于该方向入射雷达波的$RCS$大小。通过选取$RCS_x$、$RCS_y$、$RCS_z$,根据不同机型在各个波段雷达的情况下的三个特殊位置的$RCS$数据,建立数据表或数据库,就可将此模型全面应用于不同飞机和不同雷达威胁的情况。

选取一组特定参数,如$RCS_x=0.18$,$RCS_y=2.5$,$RCS_z=10$,这时候根据给定方程可生成此参数下的飞行器简化隐身模型,如图7-15所示。图(a)是$RCS$模型的三维展示,图(b)是$RCS$模型的等值线。从图中可以看出飞行器的头向和尾向的$RCS$值在一定范围内比较小,在正侧方的一定范围内比较大,在正上方和正下方的一定范围内很大,这比较符合隐身飞机的特点,并且该模型关于飞机前后、上下、左右对称。从等值线中可以看出飞行器在照射俯仰角为零时的平面内,$RCS$形状类似于蝴蝶型。随着照射俯仰角的增加,飞行器的上方和下方逐渐暴露在雷达的照射之下,$RCS$值增大。此数学模型基本能够反映隐身飞机的$RCS$特性,并可以根据调整参数来模拟不同型号飞机在不同种雷达下的$RCS$特性。

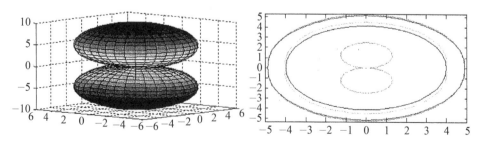

(a)                                    (b)

图7-15  飞行器简化隐身模型

隐身航路规划效果如下：图 7 - 16 和图 7 - 17 分别为不考虑隐身模型的航

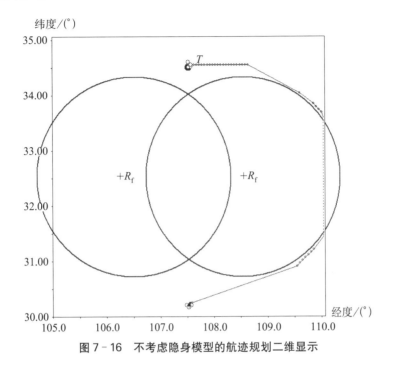

图 7 - 16　不考虑隐身模型的航迹规划二维显示

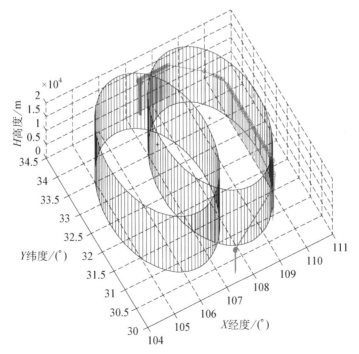

图 7 - 17　不考虑隐身模型的航迹规划三维显示

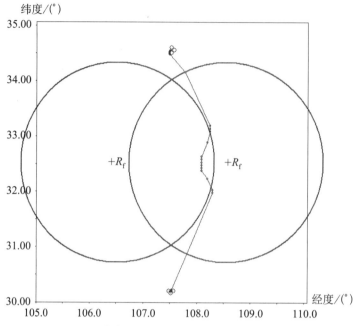

图 7 - 18　考虑飞行器隐身性能的航迹规划二维显示

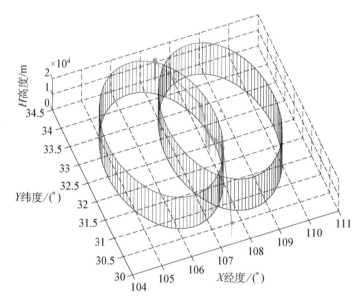

图 7 - 19　考虑飞行器隐身性能的航迹规划三维显示

迹规划的二维、三维显示,图 7 - 18 和图 7 - 19 分别为考虑飞行器隐身性能的航
迹规划二维、三维显示。

在不考虑隐身模型时(见图 7-16 和图 7-17),飞行器由于规划范围的限制,尽量绕开雷达,从边缘通过。

在考虑飞行器隐身模型时(见图 7-18 和图 7-19),飞行器从雷达中间的区域穿过。由于飞行器头向 RCS 值比较小,所以飞行器初始朝雷达中心飞行。限制了飞行器距离雷达的最小水平。在朝目标点飞行的过程中也可以看出,由于尾部 RCS 值比较小,飞行器背朝雷达中心。

## 7.3　基于蚁群算法的无人机航路规划算法

蚁群算法是一种新型的仿生智能优化算法[7-9],它利用生物信息素作为蚂蚁选择后续行为的依据,并通过蚂蚁的协同来完成寻优过程。在蚁群算法中,一只蚂蚁在行动中留下一些信息素能被同一蚁群中后来的蚂蚁感受到,并作为一种信号影响后到者的行动,而后到者留下的信息素会对原有的信息素进行加强,如此循环下去。经过蚂蚁越多的路径,被后到蚂蚁选中的可能性就越大。由于在一定的时间内,越短的路径会被越多的蚂蚁访问,因而积累的信息素也就越多,在下一个时间内被其他蚂蚁选中的可能性也就越大。这一过程会一直持续到几乎所有的蚂蚁都走到最短的那一条路径为止。该算法具有很好的通用型和鲁棒性,并且易与其他方法相结合,如今已经成为仿生优化和人工智能领域的一个研究热点。

蚁群寻优过程中所体现出的并行性、协同性、自组织性、动态性、强鲁棒性等特点与复杂战场环境的许多要求是相符的,因此蚁群算法可用于解决无人作战无人机的自适应航路规划问题[10-16]。

### 7.3.1　蚁群算法的基本原理

自然界中,像蚂蚁这类社会性动物,单只蚂蚁的能力和智力非常简单,但它们通过相互协调、分工、合作完成不论工蚁还是蚁后都不可能有足够能力来指挥完成的筑巢、觅食、迁徙、清扫蚁穴等复杂行为。蚂蚁的食物源总是随机散布于蚁巢周围,我们只要仔细观察就可以发现,经过一段时间后,蚂蚁总能找到一条从蚁巢到食物源的最短路径。科学家曾经通过"双桥实验"对蚁群的觅食行为进行了研究[7]。发现除了能找到巢穴和食物源之间的最短路径之外,蚁群对环境有着极强的适应能力。例如当原有的最短路径由于一个新的障碍物的出现而变得不可行时,蚁群能迅速找到一条新的最短路径。

　　蚁群算法最早应用于求解旅行商问题(traveling salesman problem, TSP),因此下面将从 TSP 问题入手,对蚁群算法的基本原理、数学模型及仿真实现进行介绍。

　　1) TSP 描述

　　**定义 7 - 1(有向图)**　给定一个有向图 $D$ 的三元组为 $(V, E, f)$,其中 $V$ 是一个非空集合,其元素称为有向图的节点;$E$ 是一个集合,其元素称为有向图的弧段(边);$f$ 是从 $E$ 到 $V \times V$ 上的一个映射(函数)。

　　$E$ 中的元素总是和 $V$ 中的序偶有对应关系,因此,可用 $V$ 中的序偶代替 $E$ 中的元素。一个有向图 $D$,可简记为 $(V, E)$。

　　**定义 7 - 2(TSP)**　设 $C = \{c_1, c_2, \cdots, c_n\}$ 是 $n$ 个城市的集合,$L = \{l_{ij} \mid c_i, c_j \subset C\}$ 是集合 $C$ 中元素(城市)两两连接的集合,$d_{ij}(i, j = 1, 2, \cdots, n)$ 是 $l_{ij}$ 的欧式距离,即 $d_{ij} = \sqrt{(x_i - x_j)^2 + (y_i - y_j)^2}$。$G = (C, L)$ 是一个有向图,TSP 的目的是从有向图 $G$ 中寻出长度最短的 Hamilton 圈,此即一条对 $C = \{c_1, c_2, \cdots, c_n\}$ 中 $n$ 个元素(城市)访问且只访问一次的最短封闭曲线。

　　TSP 的简单形象描述是:给定 $n$ 个城市,有一个旅行商从某一城市出发,访问各城市一次且仅有一次后再回到原出发城市,要求找出一条最短的巡回路径。

　　TSP 可分为对称 TSP(symmetric traveling salesman problem)和非对称 TSP(asymmetric traveling salesman problem)两大类,若两城市往返的距离相同,则为对称 TSP,否则为非对称 TSP。本节若不特别说明,均指对称 TSP。

　　**定理 7 - 1:** TSP 是 NP - C 问题[10]。

　　对于 TSP 解的任意一个猜想,若要检验它是否为最优,则需要将其与其他所有的可行遍历进行比较,而这些比较有指数多个,故根本不可能在多项式时间内对任何猜想进行检验。因此从本质上说,TSP 是一类被证明了的 NP - C 计算复杂度的组合优化难题,如果这一问题得到解决,则同一类型中的多个问题都可以迎刃而解。

　　TSP 的已知数据包括一个有限完全图中各条边的权重,其目标是寻找一个具有最小总权重的 Hamilton 圈。对于 $n$ 个城市规模的 TSP,则存在 $\dfrac{(n-1)!}{2}$ 条不同的闭合路径。求解该问题最完美的方法应该是全局搜索,但当 $n$ 较大的时候,用全局搜索法精确地求出其最优解几乎不可能,而 TSP 又具有广泛的代表意义和应用前景,许多现实问题均可抽象为 TSP 的求解。

**2) 基本蚁群算法的数学模型**

设 $b_i(t)$ 表示 $t$ 时刻位于元素 $i$ 的蚂蚁数目,$\tau_{ij}(t)$ 为 $t$ 时刻路径 $(i, j)$ 上的信息量,$n$ 表示 TSP 规模,$m$ 为蚁群中蚂蚁的总数,则 $m = \sum_{i=1}^{n} b_i(t)$;$\Gamma = \{\tau_{ij}(t) \mid c_i,$ $c_j \subset C\}$ 是 $t$ 时刻集合 C 中元素(城市)两两连接 $l_{ij}$ 上残留信息量的集合。在初始时刻各条路径上信息量相等,并设 $\tau_{ij}(0) = \text{const}$,基本蚁群算法的寻优是通过有向图 $g = (C, L, \Gamma)$ 实现的。

蚂蚁 $k$($k = 1, 2, \cdots, m$)在运动过程中,根据各条路径上的信息量决定其转移方向。这里用禁忌表 $tabu_k$($k = 1, 2, \cdots, m$)来记录蚂蚁 $k$ 当前所走过的城市,集合随着 $tabu_k$ 进化过程作动态调整。在搜索过程中,蚂蚁根据各条路径上的信息量及路径的启发信息来计算状态转移概率。$p_{ij}^k(t)$ 表示在 $t$ 时刻蚂蚁 $k$ 由元素(城市)$i$ 转移到元素(城市)$j$ 的状态转移概率

$$p_{ij}^k(t) = \begin{cases} \dfrac{\left[\tau_{ij}(t)\right]^{\alpha} \cdot \left[\eta_{ik}(t)\right]^{\beta}}{\sum\limits_{s \subset allowed_k} \left[\tau_{is}(t)\right]^{\alpha} \cdot \left[\eta_{is}(t)\right]^{\beta}}, & j \in allowed_k \\ 0, & \text{其他} \end{cases} \quad (7\text{-}16)$$

式中,$allowed_k = \{C - tabu_k\}$ 表示蚂蚁 $k$ 下一步允许选择的城市;$\alpha$ 为信息启发式因子,表示轨迹的相对重要性,反映了蚂蚁在运动过程中所积累的信息在蚂蚁运动时所起的作用,其值越大,则该蚂蚁越倾向于选择其他蚂蚁经过的路径,蚂蚁之间协作性越强;$\beta$ 为期望启发式因子,表示能见度的相对重要性,反映了蚂蚁在运动过程中启发信息在蚂蚁选择路径中的受重视程度,其值越大,则该状态转移概率越接近于贪心规则。$\eta_{ij}(t)$ 为启发函数,其表达式如下:

$$\eta_{ij}(t) = 1/d_{ij} \quad (7\text{-}17)$$

式中,$d_{ij}$ 表示相邻两个城市之间的距离。对蚂蚁 $k$ 而言,$d_{ij}$ 越小,则 $\eta_{ij}(t)$ 越大,$p_{ij}^k(t)$ 也就越大。显然,该启发函数表示蚂蚁从元素(城市)$i$ 转移到元素(城市)$j$ 的期望程度。

为了避免残留信息素过多引起残留信息淹没启发信息,在每只蚂蚁走完一步或者完成对所有 $n$ 个城市的遍历(也即一个循环结束)后,要对残留信息进行更新处理。这种更新策略模仿了人类大脑记忆的特点,在新信息不断存入大脑

的同时,存贮在大脑中的旧信息随着时间的推移逐渐淡化,甚至忘记。由此,$t+n$时刻在路径$(i,j)$上的信息量可按如下规则进行调整:

$$\tau_{ij}(t+n) = (1-\rho) \cdot \tau_{ij}(t) + \Delta\tau_{ij}(t) \tag{7-18}$$

$$\Delta\tau_{ij}(t) = \sum_{k=1}^{m} \Delta\tau_{ij}^{k}(t) \tag{7-19}$$

式中,$\rho$表示信息素挥发系数,则$1-\rho$表示信息素残留因子,为了防止信息的无限积累,$\rho$的取值范围为$\rho \subset [0,1)$;$\Delta\tau_{ij}(t)$表示本次循环中路径$(i,j)$上的信息素增量,初始时刻$\Delta\tau_{ij}(0) = 0$,$\Delta\tau_{ij}^{k}(t)$表示第$k$只蚂蚁在本次循环中留在路径$(i,j)$上的信息量。

根据信息素更新策略的不同,Dorigo 提出了三种不同的基本蚁群算法模型,分别称为 Ant-Cycle 模型、Ant-Quantity 模型及 Ant-Density 模型,其差别在于$\Delta\tau_{ij}^{k}(t)$求法的不同。

在 Ant-Cycle 模型中:

$$\Delta\tau_{ij}^{k}(t) = \begin{cases} Q/L_k, & \text{第} k \text{只蚂蚁在本次循环中经过}(i,j) \\ 0, & \text{其他} \end{cases} \tag{7-20}$$

式中,$Q$表示信息素强度,它在一定程度上影响算法的收敛速度;$L_k$表示第$k$只蚂蚁在本次循环中所走路径的总长度。

在 Ant-Quantity 模型中:

$$\Delta\tau_{ij}^{k}(t) = \begin{cases} Q/d_{ij}, & \text{第} k \text{只蚂蚁在} t \text{和} t+1 \text{之间经过}(i,j) \\ 0, & \text{其他} \end{cases} \tag{7-21}$$

在 Ant-Density 模型中:

$$\Delta\tau_{ij}^{k}(t) = \begin{cases} Q, & \text{第} k \text{只蚂蚁在} t \text{和} t+1 \text{之间经过}(i,j) \\ 0, & \text{其他} \end{cases} \tag{7-22}$$

区别:式(7-21)和式(7-22)中利用的是局部信息,即蚂蚁完成一步后更新路径上的信息素;而式(7-20)中利用的是整体信息,即蚂蚁完成一个循环后更新所有路径上的信息素,在求解 TSP 时性能较好,因此通常采用式(7-20)表示的模型作为蚁群算法的基本模型。

**3) 基本蚁群算法的实现步骤**

以 TSP 为例,基本蚁群算法的具体实现步骤如下:

第1步：参数初始化。令时间 $t=0$ 和循环次数 $N_c=0$，设置最大循环次数 $N_{cmax}$，将 $m$ 蚂蚁置于 $n$ 个元素（城市）上，令有向图上每条边 $(i,j)$ 的初始化信息量 $\tau_{ij}(t)=\text{const}$，其中 const 表示常数，且初始时刻 $\Delta\tau_{ij}(0)=0$。

第2步：循环次数 $N_c \leftarrow N_c+1$。

第3步：蚂蚁的禁忌表索引号 $k=1$。

第4步：蚂蚁数目 $k \leftarrow k+1$。

第5步：蚂蚁个体根据状态转移概率式 (7-16) 计算的概率选择元素（城市）$j$ 并前进，$j \in \{C-tabu_k\}$。

第6步：修改禁忌表指针，即选择好之后将蚂蚁移动到新的元素（城市），并把该元素（城市）移动到该蚂蚁个体的禁忌表中。

第7步：若集合 $C$ 中元素（城市）未遍历完，即 $k < m$，则跳转到第4步，否则执行下一步。

第8步：根据式 (7-18) 和式 (7-19) 更新每条路径上的信息量。

第9步：若满足结束条件，即如果循环次数 $N_c \geqslant N_{cmax}$，则循环结束并输出程序计算结果，否则清空禁忌表并跳转到第2步。

**4) 基本蚁群算法的程序流程**

以 TSP 为例，基本蚁群算法的程序结构流程如图 7-20 所示。

**5) TSP 求解结果**

设置蚂蚁个数 $m=50$，信息启发因子 $\alpha=2$，期望启发因子 $\beta=1.5$，信息素强度系数 $Q=100$，最大迭代次数 $N_{cmax}=150$，信息素上限为 100，信息素下限为 0.001，信息素挥发系数 $\rho=0.2$，得到的最优路径与搜索进化曲线如图 7-21 所示。

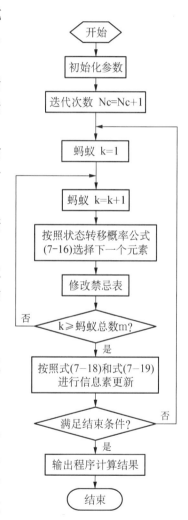

**图 7-20  基本蚁群算法的程序结构流程**

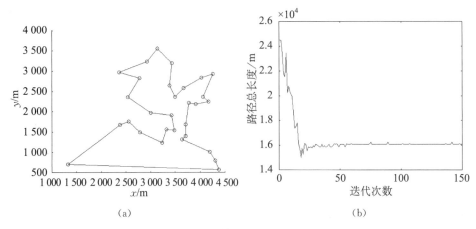

图 7-21　蚁群算法求解 TSP 问题结果

(a) 最优路径　(b) 搜索进化曲线

**6) 信息素挥发系数的影响**

在蚁群算法中,人工蚂蚁是具有人类记忆功能的。随着时间的推移,以前留下的信息将要逐渐消逝。在算法模型中用参数 $\rho$ 表示信息素挥发系数,$1-\rho$ 是信息素残留系数。信息素挥发系数 $\rho$ 的大小直接关系到蚁群算法的全局搜索能力及其收敛速度。由于信息素挥发系数 $\rho$ 的存在,当要处理的问题规模比较大时,会使那些从来未被搜索到的路径(可行解)上的信息量减小到接近于 0,因而降低了算法的全局搜索能力。而且当 $\rho$ 过大时,以前搜索过的路径被再次选择的可能性过大,也会影响到算法的随机性能和全局搜索能力。反之,通过减小信息素挥发系数 $\rho$,虽然可以提高算法的随机性能和全局搜索能力,但又会使算法的收敛速度降低。

表 7-4 给出了 $\rho$ 不同取值的仿真结果。其中的参数设置为:蚂蚁个数 $m=40$,信息启发因子 $\alpha=2$,期望启发因子 $\beta=1.2$,信息素强度系数 $Q=100$,最大迭代次数 $N_{cmax}=150$。

表 7-4　$\rho$ 不同取值的仿真结果

| $\rho$ | 0.01 | 0.1 | 0.2 | 0.3 | 0.4 | 0.5 | 0.7 | 0.9 |
|---|---|---|---|---|---|---|---|---|
| 最优解($\times 10^4$) | 1.549 9 | 1.507 1 | 1.489 3 | 1.500 3 | 1.529 6 | 1.540 1 | 1.548 7 | 1.538 9 |

信息素挥发系数 $\rho$ 不同取值得到的最优值进化曲线如图 7-22 所示。

由实验结果不难看出，在其他参数相同的情况下，信息素挥发系数 $\rho$ 的大小对蚁群算法的收敛性能影响极大。特别是当 $\rho$ 很小时，由于路径上的残留信息占主导地位，信息正反馈的作用相对较弱，搜索的随机性增强，更能找到全局最

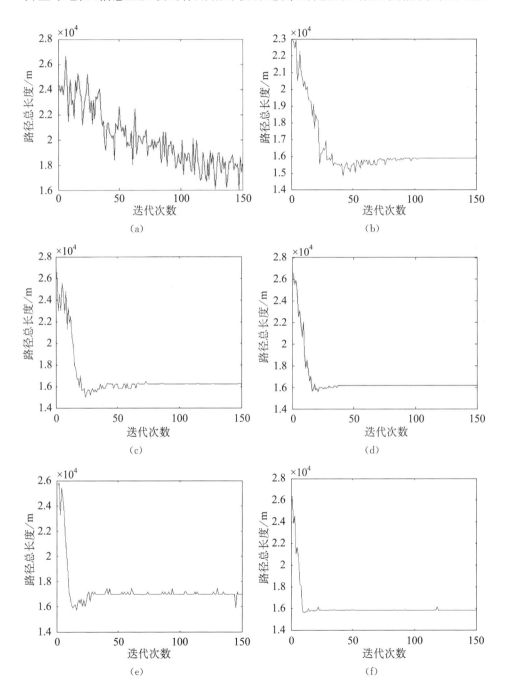

（a）

（b）

（c）

（d）

（e）

（f）

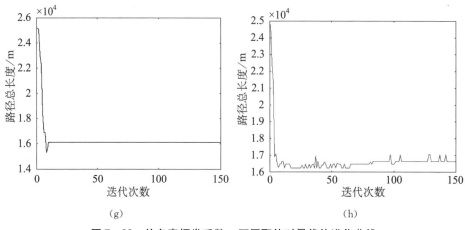

图 7‑22　信息素挥发系数 $\rho$ 不同取值时最优值进化曲线

(a) $\rho = 0.01$　(b) $\rho = 0.1$　(c) $\rho = 0.2$　(d) $\rho = 0.3$
(e) $\rho = 0.4$　(f) $\rho = 0.5$　(g) $\rho = 0.7$　(h) $\rho = 0.9$

优解;而在 $\rho$ 比较大时,由于信息正反馈的作用占主导地位,搜索的随机性弱,虽然算法收敛速度加快,但易于陷入局部最优状态。因而,关于蚁群算法中信息素挥发系数 $\rho$ 的选择,必须综合考虑算法的全局搜索能力和收敛速度两项性能指标,针对具体问题的应用条件和实际要求,在全局搜索能力和收敛速度两方面作出合理或折中的选择。由实验结果可知 $\rho$ 的选择宜取为 $0.1\sim0.3$ 之间。

**7) 蚁群数量的选择**

蚁群数量多可以提高蚁群算法的全局搜索能力以及算法的稳定性。但蚂蚁数目增大后,会使大量曾被搜索过的路径上的信息量的变化比较平均,信息正反馈的作用不明显,搜索的随机性虽然得到了加强,但收敛速度减慢。反之,蚁群数量少,特别是当要处理的问题规模比较大时,会使那些从来未被搜索到的解(路径)上的信息量减小到接近于 0,搜索的随机性减弱,虽然收敛速度加快,但会使算法的全局性能降低,算法的稳定性差,容易出现过早停滞现象。

表 7‑5 为不同蚂蚁数的运行结果。其中参数设置为:信息素挥发系数 $\rho=0.3$,信息启发因子 $\alpha=2$,期望启发因子 $\beta=1.2$,信息素强度系数 $Q=100$,最大迭代次数 $N_{cmax}=150$。

表 7‑5　不同蚂蚁数目的运行结果

| $m$ | 10 | 20 | 30 | 40 | 50 | 60 |
|---|---|---|---|---|---|---|
| 最优解($\times10^4$) | 1.601 9 | 1.535 3 | 1.507 2 | 1.500 2 | 1.520 1 | 1.489 3 |

蚂蚁数目 $m$ 不同取值的最优解进化曲线如图 7-23 所示。

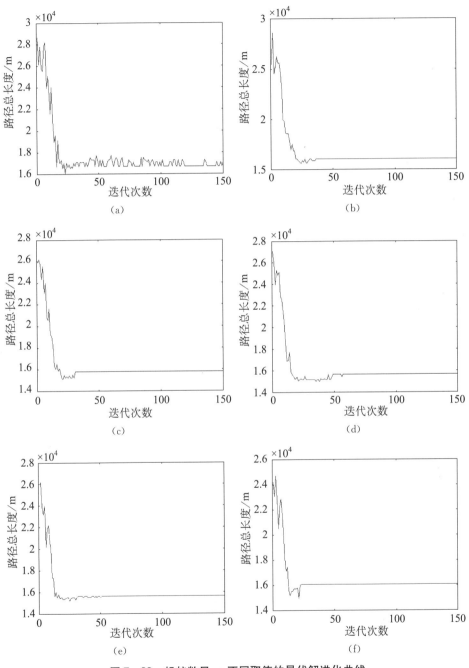

图 7-23　蚂蚁数目 $m$ 不同取值的最优解进化曲线

(a) $m=10$　(b) $m=20$　(c) $m=30$

(d) $m=40$　(e) $m=50$　(f) $m=60$

由图 7-23 可以看出,蚂蚁数对蚁群算法的收敛速度并没有本质的影响,但过小的蚂蚁数会使算法收敛到局部最优,并且跳不出局部最优;而蚂蚁数过大会使算法计算繁重,同时庞大的计算得不到回报,如例子中 $m=50$ 就属于这一情况。所以蚂蚁数应取 20~40 之间,这样既保证算法执行的速度,同时亦能求得较好的最优值,保证算法的效率。收敛速度和迭代次数是不可分割的,迭代次数可以更加直观地阐明蚁群算法的收敛速度。收敛速度越快,迭代次数就相对少;反之亦然。

### 7.3.2　基于蚁群优化的无人机航路规划

#### 1) 航路表示方法

航路规划是无人机作战任务规划系统的关键组成部分,目标是在适当的时间内为无人机计算出最优或次最优的飞行航路,这个航路能使无人机突破敌方威胁环境,并且在完成任务目标的同时自我生存。航路规划时需要考虑地形、数据、威胁信息、燃油和时间约束等[12]。

为了简化问题,可以对任务区域进行二维网格划分,形成连接起始点和目标点的二维网络图,则优化航路问题的本质就是路径优化问题。如图 7-24 所示,飞行任务是从 $O$ 点到达 $A$ 点。假定 $O$ 到 $A$ 的长度是 $L$,飞行区域的宽度 $BC$(距离为 $2C$),$O$ 是 $BC$ 的中点,那么可能的航路就在图 7-24 所示的矩形区域内。假定有如图所示的固定威胁区域,这些威胁可能是雷达、对空导弹等,这些区域

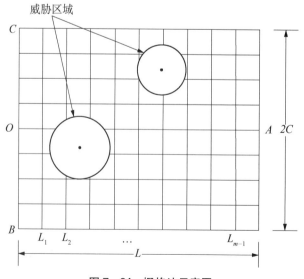

图 7-24　栅格法示意图

用圆来表示,半径取它们的有效距离。以 $OA$ 为 $x$ 轴,$OB$ 为 $y$ 轴建立坐标系。将 $OA$ 分为 $m$ 等分,$OB$ 和 $OC$ 各分为 $n$ 等分,以此划分网格。这样在点 $O$ 和 $A$ 之间划分了 $(m-1)$ 条垂线,分别记作 $L_1,L_2,\cdots,L_{m-1}$,它们与均分 $BC$ 的 $(2n+1)$ 条水平线,交叉构成了 $(m-1)\times(2n+1)$ 个节点,记作 $L_1(x_1,y_1),L_2(x_2,y_1),\cdots,L_{m-1}(x_{m-1},y_1);\cdots,L_1(x_1,y_{2n+1}),\cdots,L_{m-1}(x_{m-1},y_{2n+1})$。这里 $L_i(x_i,y_i)$,表示垂线 $L_i$ 上的第 $j$ 个点。从出发点到目标点的航路可以描述如下:$path=\{O,L_1(x_1,y_{k1}),L2(x_2,y_{k2}),\cdots,L_{m-1}(x_{m-1},y_{k(m-1)}),A\},(k_i=1,2,\cdots,2n+1)$。

考虑到无人机本身的机动特性,根据实际问题限制无人机对航路点(节点)的选择[13],具体如图 7-25 所示。

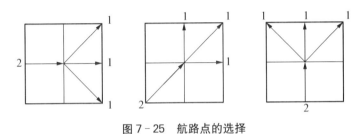

图 7-25　航路点的选择

图 7-25 中,正方形的中心点为 UCAV 的当前航路点,2 为当前航路点的前一航路点,1 为待选的航路点。无人机选择下一航路点时,因为转弯半径的限制,不可能做很大的机动,所以对航路点的选择进行了限制,无人机由当前航路点选择下一航路点时只能为待选航路点 1 中的某一个,但是,当距离目标点很近时,不受此约束。

**2)威胁模型**

威胁建模是一个复杂的综合问题,它随着威胁的种类、特征和飞行任务的变化而变化。无人机的航路规划系统要求得到的航路能够有效避开敌方雷达的探测和敌方威胁的攻击,而且要求避开可能影响飞行的险要地形、恶劣气候和人工障碍等不利因素,以保证无人机的最大生存概率。假设无人机在执行任务过程中保持高度不变、速度不变,而且考虑敌方防御区处于平坦地域,那么无人机就无法利用地形因素进行威胁回避机动,则航路规划问题就可以化为二维规划(也就是水平航路)问题。这里主要考虑来自地形、雷达、导弹和高炮威胁,并根据各种威胁源的具体特征进行建模[13]。

(1)地形威胁。

地形威胁主要是指在固定飞行高度上对无人机飞行可能造成障碍的高耸山

峰。用圆锥体近似表示山峰,当飞机的飞行高度一定时山峰的水平截面为圆周,山峰半径和飞机距山峰中心的距离分别为 $d_T$ 和 $d$,撞毁概率 $P_T(d)$ 可近似表示为

$$P_T(d) = \begin{cases} 0, & d > 10 + d_T \\ 1/d, & 2 + d_T \leqslant d \leqslant 10 + d_T \\ 1, & d < 2 + d_T \end{cases} \quad (7-23)$$

(2) 雷达威胁。

威胁为雷达时,对无人机的威胁与到雷达的距离的四次方成反比。若雷达最大探测半径为 $D_{R\,max}$,飞机距雷达的水平距离为 $d$,则无人机被敌方雷达探测概率 $R_R(d)$ 可近似表示为

$$P_R(d) = \begin{cases} 0, & d > d_{R\,max} \\ d_{R\,max}^4/(d^4 + d_{R\,max}^4), & d \leqslant d_{R\,max} \end{cases} \quad (7-24)$$

(3) 导弹威胁。

一般地对空导弹是主要的地面防空武器,根据导弹的杀伤区特点,可知其杀伤区水平横截面圆的半径 $d$ 是高度的函数,并且在某一高度上具有最大的半径。$P_M(d)$ 表示飞机被导弹击中的概率。若 $d_{M\,max}$ 是导弹杀伤区域的最大半径,则杀伤概率 $P_M(d)$ 可近似表示为

$$P_M(d) = \begin{cases} 0, & d > d_{M\,max} \\ d_{M\,max}^4/(d^4 + d_{M\,max}^4), & d \leqslant d_{M\,max} \end{cases} \quad (7-25)$$

(4) 高炮威胁。

高炮威胁的建模方法类似于导弹威胁。$P_C(d)$ 表示飞机被高炮击中的概率。若 $d_{C\,max}$ 是敌方高炮杀伤区域的最大半径,则杀伤概率可近似表示为

$$P_C(d) = \begin{cases} 0, & d > d_{C\,max} \\ d_{C\,max}/(d + d_{C\,max}), & d \leqslant d_{C\,max} \end{cases} \quad (7-26)$$

**3) 航路优化性能指标**

无人机航路规划是根据任务目标规划出满足某种性能指标最优的飞行航路,其性能指标主要包括完成规定任务的安全性能指标和燃油性能指标,即威胁代价最小性能指标和燃油代价最小性能指标[12]。

威胁代价最小性能指标为

$$\min J_t = \int_0^L w_t dl, \quad L \text{ 为航路的长度} \tag{7-27}$$

油耗代价最小性能指标为

$$\min J_f = \int_0^L w_f dl, \quad L \text{ 为航路的长度} \tag{7-28}$$

则无人机航路的总性能指标为

$$\min J = kJ_t + (1-k)J_f \tag{7-29}$$

式中，$w_t$ 表示航路上各点的威胁代价；$w_f$ 表示航路上各点的油耗代价，是航路长度的函数；$k \in [0, 1]$，表示安全性能与燃油性能的权衡系数，其值可根据无人机所执行的任务而定，如果任务重视飞行时的安全性，则 $k$ 选择较大的值；如果任务需要飞机的快速性，则 $k$ 选择较小的值。总之，加权的大小取决于权项的重要性和可行性的综合指标。

为了简化计算（见图 7-26），把每条边等分为 10 段，取其中的 5 个点来计算这条边所受到的威胁代价，若威胁点到该边的距离在威胁半径之内，则按式（7-30）计算它的威胁代价。

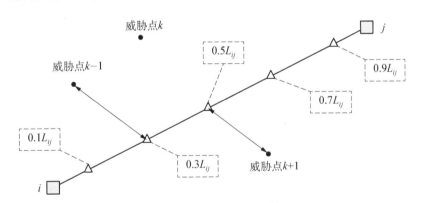

图 7-26　威胁代价的计算

$$w_{t, L_{ij}} = \frac{L_{ij}}{5} \cdot \sum_{k=1}^{N_t} t_k \left( \frac{1}{d_{0.1, k}^4} + \frac{1}{d_{0.3, k}^4} + \frac{1}{d_{0.5, k}^4} + \frac{1}{d_{0.7, k}^4} + \frac{1}{d_{0.9, k}^4} \right) \tag{7-30}$$

式中，$L_{ij}$ 为连接节点 $i$，$j$ 边的长度；$d_{0.1, k}$ 表示 $L_{ij}$ 边上的 1/10 分点距第 $k$ 个威胁源中心的距离；$t_k$ 为威胁源的威胁等级。

另外，由于燃油代价与航程有关，故可以简单认为 $w_f = L$，则对每一条边的燃油代价有 $w_{f, L_{ij}} = L_{ij}$。

**4) 蚁群优化在单机航路规划中的应用**

为了找到一条可行的无人机可行航路,这里将待规划的区域划分成正交网络,网格的交点(节点)即为无人机的可行航路节点,将 $m$ 只人工蚂蚁定位于起始点,每只蚂蚁按转移概率从一个节点转到另一个节点,直到最终到达目标点,完成一条候选航路。

一个人工蚂蚁选择新可行节点的概率是由两节点间的边的代价以及信息素的强度决定的,按式(7-16)计算从当前节点 $i$ 转换到可行节点 $j$ 的概率 $p_{ij}^k$。其中,启发函数 $\eta_{ij}$ 的表达式如下:

$$\eta_{ij} = 1/w_{i,j} \tag{7-31}$$

式中, $w_{i,j}$ 表示航路 $(i,j)$ 的代价。

一旦所有蚂蚁完成了各自候选航路的选择过程(找到一条航路规划问题的可行解,即从出发点到达目标点),按式(7-18)、式(7-19)对各航路上的生物信息素做一遍全面更新。

**5) PPAO 算法流程**

基于蚁群算法的在无人作战飞机航路规划算法(path planning based on ant colony optimization, PPAO)的实现步骤如下。

第1步:读入输入文件任务及威胁区数据,并根据任务要求将作战二维空间进行网格划分。

第2步:参数初始化。令循环次数 $N_c = 0$,设置最大循环次数 $N_{max}$,将 $m_{ant}$ 只蚂蚁置于 UCAV 的起始点上,令有向图上每条边 $(i,j)$ 的初始化信息量 $\tau_{ij}(t) = const$,其中 const 表示常数,通常取 1,且初始时刻 $\Delta\tau^k(r,s) = 0$。

第3步:循环次数 $N_c \leftarrow N_c + 1$。

第4步:搜索蚂蚁序号 $k = 0$。

第5步:搜索蚂蚁序号 $k \leftarrow k + 1$。

第6步:蚂蚁走过路径点记录表 ant_path(如取 $30 \times 500$,其中行号为蚂蚁编号,存储蚂蚁走过路径点的标号)清空,然后另起点标号为 0,即 ant_path(k, 1) =0(起点的标号为 0)。

第7步:找到当前节点的所有候选节点。

第8步:计算所有待选路径节点的代价,蚂蚁个体根据状态转移概率式(7-16)计算各候选节点的概率,然后依照其来选择下一步节点 $j$, $j \in \{candidate\}$。

第9步:选择好之后将蚂蚁移动到新的节点,并把该节点标号移动到该蚂蚁个体的路径点记录表中,即 ant_path(k, 1)=j。

第 10 步:若当前节点到目标点的距离小于划分网格的单位距离,则跳转到第 7 步,否则执行下一步。

第 11 步:若 $k < m_{ant}$,则转到第 5 步,否则执行下一步。

第 12 步:更新每条路径上的信息量。

第 13 步:若满足结束条件,即如果循环次数 $N_c \geqslant N_{max}$,则循环结束并输出程序计算结果,否则清空路径点记录表并跳转到第 3 步。

蚁群算法实现航路规划的流程如图 7-27 所示。

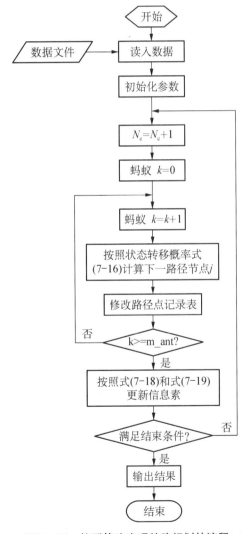

图 7-27 蚁群算法实现航路规划的流程

### 7.3.3 基于蚁群算法的航路规划仿真验证及算法特性分析

采用算法 PPAO 开发了一个路径规划的平台 PPPAO,验证过程在 Matlab 2009a 编程环境下执行,计算机配置为 2.0 GHz 主频,Intel 酷睿 32 位处理器,2 GB内存,Windows7 操作系统。

**1) 算法仿真验证**

仿真中假设无人机任务区域为方形区域,在任务区域内设置了两种不同的仿真算例场景,分布有若干大小不同的敌方威胁。两种仿真算例场景的任务起点、终点、威胁区如表 7-6 所示。对于防空高炮、雷达、地空导弹,均假设其威胁范围为圆形区域,在表中列出了威胁中心、最大威胁半径以及威胁等级。

**表 7-6　仿真场景设置**

| 单位: km | 起点坐标 | 终点坐标 | 类型 | 位置 | 范围 | 威胁等级 |
|---|---|---|---|---|---|---|
| 算例 1 | [50, 50] | [950, 950] | 高炮-1 | [380, 105] | 40 | 6 |
| | | | 高炮-2 | [250, 180] | 80 | 8 |
| | | | 导弹-1 | [450, 400] | 60 | 10 |
| | | | 导弹-2 | [600, 140] | 60 | 9 |
| | | | 山峰-1 | [330, 380] | 100 | 8 |
| | | | 雷达-1 | [750, 230] | 100 | 5 |
| | | | 雷达-2 | [500, 250] | 80 | 5 |
| 算例 2 | [50, 450] | [950, 250] | 高炮-1 | [480, 305] | 50 | 8 |
| | | | 高炮-2 | [500, 80] | 60 | 5 |
| | | | 导弹-1 | [350, 400] | 80 | 10 |
| | | | 导弹-2 | [500, 240] | 20 | 6 |
| | | | 山峰-1 | [530, 180] | 80 | 8 |
| | | | 雷达-1 | [250, 230] | 50 | 7 |
| | | | 雷达-2 | [300, 350] | 40 | 8 |

仿真中蚁群算法的主要参数设置如下:蚂蚁数量 $m = 200$,信息启发因子 $\alpha = 2$,期望启发因子 $\beta = 3$,挥发系数 $\rho = 0.3$,信息素总量 $Q = 10$,最大迭代次数为 $N_{c\max} = 200$。此外,航路代价指标的权衡系数 $k = 0.5$,栅格地图间隔为 40。图 7-28、图 7-29 展示了蚁群算法在算例 1 上得到的最优航路图以及相应的航路代价进化图。图 7-30、图 7-31 展示了蚁群算法在算例 2 上得到的最优航路

图以及相应的航路代价进化图。

图 7 - 28 和图 7 - 30 为规划得到的最优航路在地图背景上的显示,记号"◆"和"★"分别为无人机的任务起点和终点,圆形区域表示威胁范围。从航路图上可以看出,基于蚁群算法得到的无人机航路均成功避开了敌方武器、山峰等威胁障碍,获得了满足限制条件的可行航路。从图 7 - 29 和图 7 - 31 显示的航路代价值随迭代次数的进化情况来看,蚁群算法取得了较好的收敛效果,绝大多数蚂蚁最终聚集到了一条路径上,而这条路径具有最优或者接近最优的航路代价值。

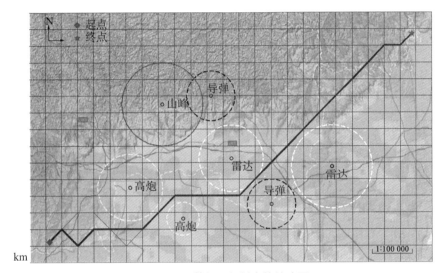

图 7 - 28 算例 1 规划出的航路图

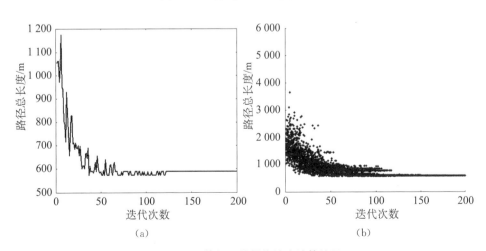

(a)                    (b)

图 7 - 29 算例 1 的最优航路计算结果

(a)代价值进化曲线图 (b)各蚂蚁的航路代价演化图

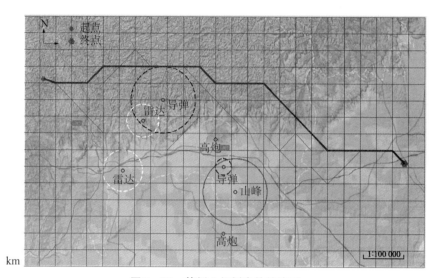

图 7-30　算例 2 规划出的航路图

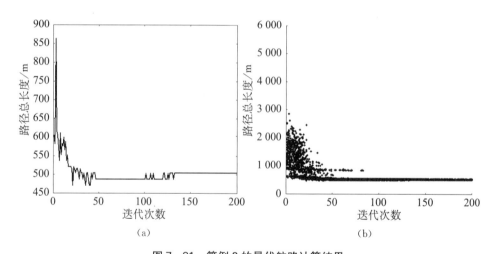

图 7-31　算例 2 的最优航路计算结果

（a）代价值进化曲线图　（b）各蚂蚁的航路代价演化图

## 2）算法特性分析

蚁群优化算法是一种模拟蚂蚁群体觅食行为的仿生优化算法,该算法最明显的特点是采用了正反馈并行自催化机制,具有较强的鲁棒性、优良的分布式计算机制、易于与其他方法结合等优点。

蚁群优化算法具有很强的自学习能力,可根据环境的改变和过去的行为结果对自身的知识库或自身的组织结构进行再组织,从而实现算法求解能力的进化,而这种进化是环境变化与算法自学习能力交互作用的产物,同时算法机理的复杂性和环境变化的不确定性进一步增加了蚁群算法的不可预测性。

不确定性体现了自然界生物的生理机制,并且在求解某些特定问题方面优于确定性算法。蚁群优化方法的不确定性是伴随其随机性而来的,其主要步骤含有随机因素,从而在算法的迭代过程中,事件发生与否带有很大的不确定性;而非确定算法能有更多的机会求得全局最优解。此外,蚁群算法在计算过程中都不依赖于优化问题本身的严格数学性质(如连续性、可导性)以及目标函数和约束条件的精确数学描述。

前面介绍的 A* 算法在航路规划的时候只能给出一条最优航路,但蚁群算法在应用于航路规划时,最后每个蚂蚁都有从头到尾的代价、记录从头到尾的路径。可以按照代价的最小、次小等顺序,依次输出多条规划航路(航路条数至少为蚂蚁数,甚至更多)。但是基本蚁群算法在解决复杂优化问题时搜索时间较长、收敛速度慢,而且在解决连续优化问题时效率较低。

## 7.4  基于人工势场法的无人机航路规划算法

人工势场法是由 Khatib 等提出的一种虚拟方法[17-18],是机器人路径规划领域广泛采用的方法,其主要思想是利用物理学中的磁场吸引和排斥的有关法则,将目标作为吸引场,威胁和障碍作为排斥场,机器人在两者综合生成的势场中,从目标点沿着势能函数下降最快的方向搜索到起点的避碰路径行进。在最初的研究中,人工势场法一般只应用于静态环境中,即目标和障碍物都是静止不动的。然而,在实际应用中,机器人所处的环境大多是动态的,且不仅障碍物是运动的,甚至终止点也是运动的。

该方法最显著优点就是原理简单,算法结构清晰,规划速度快。但算法的致命缺点是可能陷入势场的局部极小区域,从而导致规划中止或振荡。

我们以虚拟力法为基础,针对方法自身存在的缺陷以及应用过程中出现的问题,提出相应的改进策略,使得此方法能够应用于无人机航路规划问题中,并取得了比较好的效果[19]。

### 7.4.1  虚拟力法的原理及其改进

1) 虚拟力法的基本原理

虚拟力法最初专为快速移动机器人实时避障而设计,可使机器人在障碍物之间快速、连续并且平稳地运动。虚拟力法本质上属于人工势场法理论范畴,其基本思想是将机器人作为工作空间的一个质点,在虚拟势场的作用下移动。势能函数通常定义为自由空间中来自终止点的引力势场与来自威胁源的斥力势场的叠加。

将虚拟力法运用于解决无人机路径规划问题,统一视空间威胁源(含障碍)为斥力体,终止点为引力体。斥力使无人机平台远离威胁,引力使其逼近终止点;斥力和引力大小分别反映了综合指标对威胁代价和对航路代价的权重。

引力和斥力合成过程如图 7-32 所示,其中 $G$ 为终止点,$\Theta_1$ 为威胁中心,$P$ 为平台当前位置点。此时,合力 $\Sigma F$ 方向确定了平台由 $P$ 点移动的方向,同理综合考虑所有威胁源和终止点的虚拟力得到总合力为 $\boldsymbol{F} = \Sigma(\boldsymbol{F}_a + \Sigma\boldsymbol{F}_r)$。合力方向即为规划方向,路径规划以某设定 $\delta$ 步长向前推进。

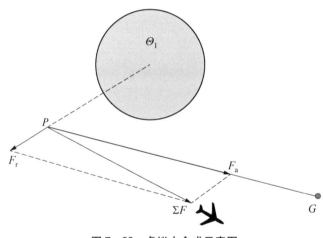

图 7-32　虚拟力合成示意图

由引力定义可知,选择合适的 $G_A$ 和 $G_R$ 等参数可以使平台按照期望逼近终止点,且引力随距离的减小不断增大,可保证最终到达终止点。

具体算法描述如下。

虚拟引力在 $x$ 轴和 $y$ 轴的投影 $F_{Ax}$ 和 $F_{Ay}$ 分别表示如下:

$$
\begin{cases}
F_{Ax} = G_A \cdot \cos(\theta_A)/R_A^2 \\
F_{Ay} = G_A \cdot \sin(\theta_A)/R_A^2
\end{cases}
\tag{7-32}
$$

式中,$G_A$ 表示引力常数;$R_A$ 是当前点和终止点间的距离;$\theta_A$ 是当前点与终止点连线和 $x$ 轴的夹角。

虚拟斥力在 $x$ 轴和 $y$ 轴的投影 $F_{Rx}$ 和 $F_{Ry}$ 分别表示如下：

$$\begin{cases} F_{Rx} = -G_R \cdot \cos(\theta_R) \cdot e^{(-R_R/r_0)} \\ F_{Ry} = -G_R \cdot \sin(\theta_R) \cdot e^{(-R_R/r_0)} \end{cases} \qquad (7-33)$$

式中，$G_R$ 表示斥力常数；$R_R$ 是当前点和威胁间的距离；$r_0$ 是常量可设置为威胁的半径；$\theta_R$ 是当前点与威胁连线和 $x$ 轴的夹角。

坐标变化量 $\Delta x$ 和 $\Delta y$ 为

$$\begin{cases} \Delta x = \delta \cdot \alpha \cdot \left( F_{Ax} + \sum F_{Rx} \right) \\ \Delta y = \delta \cdot \alpha \cdot \left( F_{Ay} + \sum F_{Ry} \right) \end{cases} \qquad (7-34)$$

式中，$\delta$ 为规划步长；$\alpha$ 满足下式：

$$\alpha = \left[ \left( F_{Ax} + \sum F_{Rx} \right)^2 + \left( F_{Ay} + \sum F_{Ry} \right)^2 \right]^{-1/2} \qquad (7-35)$$

路径规划过程中，规划点坐标按照式(7-33)迭代可以获得。

采用虚拟力法进行航路规划的主要优点如下：

(1) 计算过程简单，不用进行大范围搜索，适于处理突发威胁下的重规划。

(2) 易于实现三维规划，以便研究各种威胁规避方案，计算负担增加不明显。

(3) 便于与其他航路规划算法结合，改进算法的性能。

但虚拟力法也存在如下的局限性：

(1) 虚拟斥力所定义的威胁源种类不够丰富，参数的设置尚缺乏参考。

(2) 未对规划空间进行合理划分，规划过程未对路径进行平滑。

(3) 该方法缺乏完善的数学描述，因此一些技术原则难以进行理论上的证明。该规划是一种最速梯度下降的过程，因此存在局部极小和震荡的固有缺陷。

**2) 改进的虚拟力法**

无人机航路规划与机器人避障问题有共同点，但也有很大的区别。因此，将虚拟力法应用到无人机航路规划领域过程中，需要进行以下改进。

改进 1：扩展威胁源定义类型

(1) 引力。

终止点对无人机的引力 $\boldsymbol{F}_{ai}$ 由无人机质心指向终止点 $G$。数值表达式为

$$|\boldsymbol{F}_{ai}| = G_A / R_g^2 \qquad (7-36)$$

式中，$G_A$ 为引力常数；$R_g$ 为无人机至终止点之间的距离。

这里，终止点既可以表示无人机作战的任务点（如攻击点、集节点等），也可以表示返航的目的地。这些点的共同之处在于，它们都是需要无人机必须经过的重要航路点。例如常规作战中，无人机一般先要飞到攻击点执行攻击任务，然后退出攻击返航。在这一过程中，首先考虑攻击点的引力，到达攻击点后再考虑目的地的引力。

（2）斥力。

a. 球体威胁源：

球体威胁源 $\boldsymbol{\Theta}_i$ 对无人机的斥力 $\boldsymbol{F}_{ri}$ 由 $\boldsymbol{\Theta}_i$ 的球心指向无人机。数值表达式为

$$|F_{ri}| = G_R e^{\left(\alpha - \frac{d_{ri}}{r_{0i}}\right)} \tag{7-37}$$

式中，$G_R$ 为斥力常数；$d_{ri}$ 表示无人机与 $\boldsymbol{\Theta}_i$ 之间的距离；$r_{0i}$ 表示 $\boldsymbol{\Theta}_i$ 的特征距离。为简化起见，可以取作球体威胁源的半径，或者在同心球中取威胁程度为 $TL_0$ 时的球面半径。不同的取法会影响无人机对威胁源的规避程度。$\alpha$ 用以区分威胁类型，例如，威胁为障碍物或不可穿越时取为 $1$；威胁为可穿越时取为 $0$。

斥力模由 $G_R$ 来确定，采用如下方法：

$$G_R = k G_A \tag{7-38}$$

系数 $k$ 控制当前斥力和引力的比例，决定对指标中路径代价和威胁代价的加权程度。后面将专门讨论 $k$ 的确定方法。

b. 圆柱体威胁源：

当无人机质点 $O$ 在圆柱体高度范围 $\Delta H$ 内时，威胁源 $\boldsymbol{\Psi}_i$ 对无人机的斥力 $\boldsymbol{F}_{ci}$ 由 $\boldsymbol{\Psi}_i$ 的圆柱轴线上某点水平指向无人机，否则斥力为 $0$。数值表达式为

$$|F_{ci}| = \begin{cases} 0, & O \notin \Delta H \\ G_{Rc} e^{\left(\alpha - \frac{d_{ci}}{c_{0i}}\right)}, & O \in \Delta H \end{cases} \tag{7-39}$$

式中，$G_{Rc}$ 为斥力常数；$d_{ci}$ 表示无人机与 $\boldsymbol{\Psi}_i$ 轴线之间的距离；$c_{0i}$ 表示 $\boldsymbol{\Psi}_i$ 的特征距离，可以取圆柱体的半径，或者取同轴圆柱中威胁程度为 $TL_0$ 时的圆柱半径；$\alpha$ 用以区分威胁类型。斥力模由 $G_{Rc}$ 来确定，其取法与球体威胁源中相似。定义有限影响范围的球体和圆柱体威胁，在规划中可以表征突发威胁的特性。

c. 地表面威胁源：

考虑地表面威胁一方面是为避免飞行过程中距地高度过低，甚至出现撞击地形，尤其是在复杂的地形环境中；另一方面是低空飞行中受到气象等因素影响时为保证飞行安全而进行的校正。

地表面威胁 $\varXi_i$ 对无人机的斥力 $\boldsymbol{F}_{gi}$ 方向由地表面垂直指向无人机质点 $O$，其数值表达式为

$$|F_{gi}| = G_{\mathrm{R}g}\mathrm{e}^{\left(1-\frac{d_{gi}}{g_{0i}}\right)} \tag{7-40}$$

式中，$G_{\mathrm{R}g}$ 为斥力常数；$d_{gi}$ 表示无人机与地表面 $\varXi_i$ 的垂直距离；$g_{0i}$ 表示 $\varXi_i$ 的特征距离，如取距地面特定垂直距离。不同的取法会影响无人机对地表面的规避程度。斥力模由 $G_{\mathrm{R}g}$ 来确定，其取法与球体威胁源中相似。

d. 扩展威胁源：

将地表面威胁的定义思路扩展，可将其转化成地形跟随阶段对飞行高度的描述，其过程与地表面威胁正好相反，可看作是"引力"。数值表达式与引力定义类似，为

$$|F_{li}| = \frac{G_{\mathrm{R}l}}{(l_{0i} - d_{gi})^2} \tag{7-41}$$

式中，$G_{\mathrm{R}l}$ 为引力常数；$l_{0i}$ 表示 $\varXi_i$ 的地形跟随的特征高度，如可以取距地面的特定高度。不同的取法会影响无人机地形跟随的程度。引力的方向由 $l_{0i} - d_{gi}$ 的符号决定。

改进 2：进行规划空间划分与虚拟力的映射

由前面分析可知，沿合力方向增量产生航路的方法虽然便于求解，但航路方向随步长的连续改变给无人机的跟踪带来过大负担。为提高规划航路的可飞性，将规划空间划分为一个个 $0.5\ \mathrm{km} \times 0.5\ \mathrm{km} \times 0.5\ \mathrm{km}$ 的正方体，并将合力映射到三维网格上，即把网格顶点作为规划扩展节点。

网格尺度的设定原则是：水平方向上网格尺度过大会导致规划效果差，而尺度过小可能会增大无人机的飞行负担。

规划的航路由正方体的边 $R_1$、面对角线 $R_2$ 和体对角线 $R_3$ 这三类线段共同组成，如图 7-33(a)所示。利用计算得到的合力扩展网格节点的具体方法是，首先确定虚拟合力的方向，然后分别计算每个待扩展节点到合力所在直线的距离，取距离最小的点扩展。如图 7-33(b)所示，$A$ 点为当前点，$B$、$C$、$D$、$E$、$F$、$G$、$H$

为待扩展节点(单体网格中)。待扩展节点的范围确定也体现了飞行转弯半径等机动性能约束。

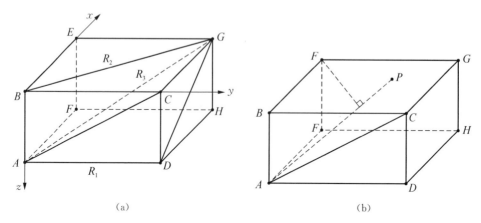

图 7‑33    映射扩展节点方法

(a) 三维网格模型    (b) 节点扩展过程示意图

求解点到直线的距离,利用"叉乘"方法通过面积换算得到。如计算待扩展点 $E$ 点到合力 $AP$ 的距离为

$$d_E = \frac{2S_{\triangle EAP}}{|\boldsymbol{AP}|} = \frac{|\boldsymbol{EA} \times \boldsymbol{EP}|}{|\boldsymbol{AP}|} \tag{7-42}$$

### 7.4.2    基于模糊虚拟力法(FVF)的无人机航路规划方法

对虚拟力法进行了初步的改进后,可以将其应用到无人机的航路重规划过程中。为了提高方法的有效性,使其更加适应无人机所处的复杂、多变的态势环境,我们将虚拟力法与模糊逻辑推理技术有机结合,提出基于模糊虚拟力(FVF)的无人机航路重规划方法。

**1) 采用混合系统理论对虚拟力法航路规划进行建模**

定义无人机航路规划过程为无人机沿给定起始点和终止点的特定航路移动的过程。虚拟力法航路规划,其方向的改变取决于虚拟力的方向,因此基于虚拟力的航路规划过程可看成是一个混合系统的优化问题。其中移动过程是连续的,方向改变是离散的。在这个混合系统中,由于目标给定因此末态已知,而时间未知。

混合系统优化主要是解决航路规划在何时进行切换来保证航路最优,代价最小。

该混合系统的演化规律可由如下微分动态方程表示:

$$\begin{bmatrix} \dot{x} \\ \dot{y} \end{bmatrix} = U_1 \begin{bmatrix} 1 \\ 0 \end{bmatrix} + U_2 \begin{bmatrix} 0 \\ 1 \end{bmatrix} + U_3 \begin{bmatrix} \sqrt{2}/2 \\ \sqrt{2}/2 \end{bmatrix} + U_4 \begin{bmatrix} -\sqrt{2}/2 \\ \sqrt{2}/2 \end{bmatrix} + U_5 \begin{bmatrix} \sqrt{2}/2 \\ -\sqrt{2}/2 \end{bmatrix}$$

$$(7-43)$$

式中,状态变量 $x$、$y$ 为规划点的横、纵坐标。$U_i(i=1,2,\cdots,5)$ 表示离散输入,其中每个元素的取值为 $\{0,v\}$,$v$ 为无人机的速度。根据我们以往的研究[20],$U_i$ 可以表示为 $U_i = g(x,y,\Phi,\Delta)$,其中 $\Phi$ 为总的威胁度,$\Delta$ 为终止点位置。

代价函数定义为

$$J = a \int_T \Phi v \mathrm{d}t + b\Gamma \tag{7-44}$$

式中,$a$、$b$ 分别为航路代价与转弯代价的权值;$\Gamma$ 为航路转弯次数。如果无人机的方向改变达到 $s$ 次,混合系统的优化问题则是找到合适的离散时序,$T = [\tau_0,\tau_1]$, $[\tau_1,\tau_2]$, $[\tau_2,\tau_3]$, $\cdots$, $[\tau_{s-1},\tau_s]$,使得式(7-44)代价函数 $J$ 最小。$\tau_j(j=1,2,\cdots,s)$ 为方向改变的时间点,$[\tau_{j-1},\tau_j]$ 为无人机沿航路移动的时间间隔。

用混合系统理论对上述方法进行建模,选用 ACHH(alur-courcoubetis-henzinger-ho)模型[21],混合自动机描述成 $A = (V_D,Q,\mu_1,\mu_2,\mu_3)$,具体含义如下。

(1) 数据变量:$V_D = \{x(t),y(t)\}$ 表示规划点位置集合。

(2) 状态:$Q = \{1,2,3,4,5\}$ 表示对应规划方向的有限状态集。

(3) 行为:

$$\mu_1(1) \rightarrow \begin{bmatrix} \dot{x} \\ \dot{y} \end{bmatrix} = v \begin{bmatrix} 1 \\ 0 \end{bmatrix} \tag{7-45}$$

$$\mu_1(2) \rightarrow \begin{bmatrix} \dot{x} \\ \dot{y} \end{bmatrix} = v \begin{bmatrix} 0 \\ 1 \end{bmatrix} \tag{7-46}$$

$$\mu_1(3) \rightarrow \begin{bmatrix} \dot{x} \\ \dot{y} \end{bmatrix} = v \begin{bmatrix} \sqrt{2}/2 \\ \sqrt{2}/2 \end{bmatrix} \tag{7-47}$$

$$\mu_1(4) \to \begin{bmatrix} \dot{x} \\ \dot{y} \end{bmatrix} = v \begin{bmatrix} -\sqrt{2}/2 \\ \sqrt{2}/2 \end{bmatrix} \qquad (7-48)$$

$$\mu_1(5) \to \begin{bmatrix} \dot{x} \\ \dot{y} \end{bmatrix} = v \begin{bmatrix} \sqrt{2}/2 \\ -\sqrt{2}/2 \end{bmatrix} \qquad (7-49)$$

（4）状态恒量：

$$\mu_2 \to \{ M_{\min} \leqslant J = a\int_T \Phi v \mathrm{d}t + b\Gamma \leqslant M_{\max} \} \qquad (7-50)$$

式中，$M$ 表示边界代价值。

（5）切换条件：

$$\mu_3 \to \{ J = M_{\max}, \ U_i = g(x, \ y, \ \Phi, \ \Delta) \} \qquad (7-51)$$

无人机航路规划问题包括诸多约束条件，如最小规划步长、航路距离限制、最大转弯角等。具体解决方案如下。

最小规划步长（$L_{\min}$）：

$$L_{\min} < (\tau_{j+1} - \tau_j)v \qquad (7-52)$$

航路距离限制（$L_{\max}$）：

$$\int_T v \mathrm{d}t < L_{\max} \qquad (7-53)$$

给定行为（$\mu_1(1)$，$\mu_1(2)$，$\cdots$，$\mu_1(5)$），可以确保最大转弯角约束条件的满足。

**2）对混合模型的最优求解方法**

基于上述模型的优化求解步骤如下。

第 1 步：定义实时代价 $J_{\mathrm{rt}} = \sum_j \Phi \Delta d_j$，将当前点设为起始点，$\Delta d_j$ 表示单位距离。

第 2 步：从当前点开始计算 $J_{\mathrm{rt}}$。

第 3 步：当 $J_{\mathrm{rt}} \geqslant M_{\max}$ 且 $(\tau_{i+1} - \tau_i)v > L_{\min}$ 时，对应的航路点设置为当前点，重新计算虚拟合力的映射方向，即为切换结果。

第 4 步：重复第 2 步和第 3 步，直至到达终止点。

第 5 步：计算 $J = a\sum J_{\mathrm{rt}} + b\Gamma$ 和 $\int_T v \mathrm{d}t$，改变 $M_{\max}$ 值，循环执行第 1 步～第

4 步,求得 $J$ 最小时的 $M_{max}$ 和对应的规划航路,即为 $J$ 意义下的最优航路。

**3) 定步长迭代的可达性条件证明**

上述最优求解方法属于变步长寻优,计算量较大,不利于工程应用。因此采用固定步长法,即规划航路沿虚拟合力的映射方向,以固定的步长迭代生成。要达到给定终止点,规划步长 $\delta$ 必须满足定理 7-2。

**定理 7-2(航路规划的可达性条件)[19]:**

在基于虚拟力的航路规划中,记 $F_{Rx} = \beta_x F_{Ax}$, $F_{Ry} = \beta_y F_{Ay}$, $\beta = \min(\beta_x, \beta_y)$,其中 $\beta_x$ 和 $\beta_y$ 为系数,如果所选步长 $\delta$ 满足如下不等式:

$$\beta_y \delta \leqslant H(1 + \beta) \tag{7-54}$$

那么,经过有限步数,必满足条件当前点与终止点的距离 $d \leqslant \Delta d$, $\Delta d \geqslant \delta$。其中,$H$ 和 $\Delta d$ 是所选择的判断阈值,认为 $d \leqslant \Delta d$ 时到达终止点。

证明:假设终止点为 $G(x_g, y_g)$,第 $N(N > 0)$ 步规划后的规划点 $P_N(x_N, y_N)$ 作为当前位置点。通过坐标原点的适当选取可保证 $x_g - x_N \geqslant 0$, $y_g - y_N \geqslant 0$,则当前点与终止点的距离满足

$$d_N^2 = (x_g - x_N)^2 + (y_g - y_N)^2 \tag{7-55}$$

根据已知条件,当前位置还应满足:

$$|F_A| = G_A/R_A^2 \tag{7-56}$$

$$|F_{Ax}| = \frac{x_g - x_N}{d_N}|F_A|, \quad |F_{Ay}| = \frac{y_g - y_N}{d_N}|F_A| \tag{7-57}$$

若航路规划以步长 $\delta$ 沿虚拟力方向推进,则第 $N+1$ 步后的位置点 $P_{N+1}(x, y)$ 满足:

$$x = x_N + \delta \cdot \alpha \cdot (F_{Ax} + F_{Rx})$$
$$y = y_N + \delta \cdot \alpha \cdot (F_{Ay} + F_{Ry}) \tag{7-58}$$

则 $P_{N+1}$ 与终止点之间的距离为

$$d_{N+1}^2 = (x_g - x)^2 + (y_g - y)^2 \tag{7-59}$$

将式(7-57)、式(7-58)代入式(7-55)、式(7-59),整理并推导可得

$$d_{N+1}^2 - d_N^2 \leqslant \delta^2 - 2\delta\alpha \frac{|F_A|}{d_N}(1 + \beta) \cdot [(x_g - x_N)^2 + (y_g - y_N)^2]$$

$$\tag{7-60}$$

代入式(7-55),可知

$$d_{N+1}^2 - d_N^2 \leqslant \delta^2 - 2\delta\alpha |F_A| d_N(1+\beta) \tag{7-61}$$

因此,若满足条件

$$\delta < 2\alpha |F_A| d_N(1+\beta) \tag{7-62}$$

则有 $d_{N+1}^2 - d_N^2 < 0$,可保证随规划步数增加,与终止点距离不断收敛。将式(7-56)代入式(7-62),可得

$$\delta < 2\alpha G_A(1+\beta)/d_N \tag{7-63}$$

记 $H = 2\alpha G_A/d_{\max}$,则 $H > 0$。对航路邻域各点,若 $\delta \leqslant H(1+\beta)$,必满足定理中的可达条件。

式(7-63)在 $\beta > -1$ 时有解。这说明如果途经点的总斥力在各方向上的分量小于引力的对应分量,则终止点必可达。

步长选取要合适,如果过小则相应的计算量较大;反之则规划结果不合理甚至出现无法到达终止点等问题。

**4) 基于模糊逻辑推理的自适应规划参数设置**

由虚拟力法的规划原理[22],式(7-38)的比例系数 $k$ 决定了规划航路与给定威胁间的关系。比例系数 $k$ 越大,则规划得到的无人机航路将远离所有威胁源,选取较远的安全航路;反之,将得到距离近的航路,弱化威胁代价。

以往研究中,$k$ 一般是根据经验人为指定。然而态势环境、任务需求和无人机状态信息等实时变化,要求对 $k$ 值进行在线的评估与推理以确保航路规划能够动态地反映态势变化,使得规划更加智能和精确。

这里选定如下因素作为推理要素。

**推理要素 1:** 平台能力 $PCL$;

**推理要素 2:** 时间要求 $TmR$。

定义 $PCL$ 是用来感知和预测无人机的健康状况和能力,$PCL$ 可通过贝叶斯网络评估得到[23]。

比例系数 $k$ 可通过模糊推理得到,推理规则的一般形式如表 7-7 所示。

表 7-7 求解比例系数 $k$ 的模糊推理规则

| 规 则 序 号 | 规 则 描 述 |
|---|---|
| 1 | 如果 $TmR$ 低且 $PCL$ 弱,则 $k$ 大 |
| 2 | 如果 $TmR$ 低且 $PCL$ 强,则 $k$ 中 |
| 3 | 如果 $TmR$ 中且 $PCL$ 中,则 $k$ 中 |
| 4 | 如果 $TmR$ 高且 $PCL$ 弱,则 $k$ 中 |
| 5 | 如果 $TmR$ 高且 $PCL$ 强,则 $k$ 小 |

模糊推理过程如图 7-34 所示,推理过程采用 Mamdani 方法,解模糊采用重心法。

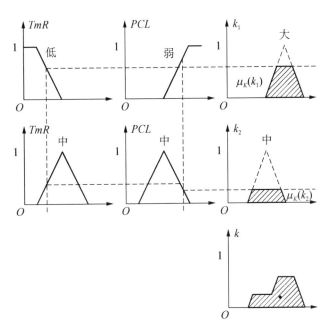

图 7-34 求解比例系数 $k$ 的模糊推理过程

$$k = \frac{\sum\limits_{i=1}^{n} k_i \cdot \mu_K(k_i)}{\sum\limits_{i=1}^{n} \mu_K(k_i)} \tag{7-64}$$

式中,$K$ 表示模糊集合;$\mu_K(\cdot)$ 是 $K$ 中 $k_i$ 的隶属度函数。

### 7.4.3 采用威胁合并法解决局部极小问题

**1) 局部极小值问题描述**

虚拟力法存在局部极小问题(见图7-35)。具体的类型归纳如下。

(1) 局部极小类型1:在终止点附近,由于引力过小而造成最终无法达到终止点。

(2) 局部极小类型2:规划空间中某规划点的虚拟合力为零。

(3) 局部极小类型3:根据虚拟合力生成的路径在两点或两点以上之间产生振荡。

(4) 局部极小类型4:由于局部威胁过多,分布过密形成犹如"U"形的死区,使得规划终止。

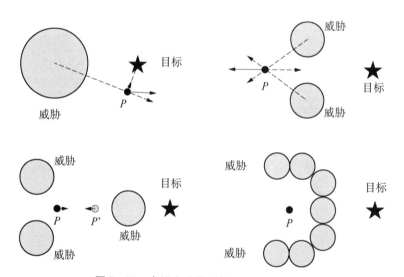

**图7-35 虚拟力法的局部极小和振荡问题**

目前就虚拟力法的局部极小问题有大量的文献研究,主要的解决方法大致包括辅助力法[24,25]、虚拟障碍法[26]和子目标点法[27]三种。这些方法只能解决简单的特定问题,不能彻底消除。将虚拟力法应用到无人机航路规划领域,必须彻底解决该方法本身的局限性。

虚拟力法的局部极小问题本质上是由规划空间存在虚拟势场的凹分布引起。虚拟力可由虚拟势场的梯度 $\boldsymbol{W}$ 求得:

$$\boldsymbol{F}(\boldsymbol{X}) = -\nabla \boldsymbol{W}(\boldsymbol{X}) \tag{7-65}$$

由上式可知,$\boldsymbol{X}$ 点的虚拟力指向局部极小区域的中心。航路规划一旦进入

该区域则无法继续进行(见图 7-36),局部极小问题可描述成如下形式:

给定集合 $A$ 和 $B$,如果对 $A$ 中任意元素 $x_1$ 满足 $f(x_1) \in B$,且 $B$ 中任意元素 $x_2$ 满足 $f(x_2) \in A$,则 $C(C = A \bigcup B)$ 构成局部极小区域。$f(\cdot)$ 表示规划过程。

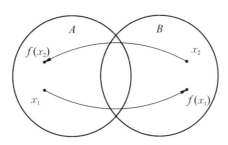

**图 7-36　局部极小的数学描述**

为了判断航路规划过程是否陷入局部极小,给出如下两个准则:

**准则 1**　如果 $|\boldsymbol{F}_N| = 0$ 且没有到达终止点,则规划陷入局部极小。

**准则 2**　如果 $\boldsymbol{F}_N = -\boldsymbol{F}_{N+1}$ 且没有到达终止点,则规划陷入局部极小。

**2) 威胁合并法**

为了解决局部极小问题,我们提出了一种威胁合并的新方法。将产生局部极小的威胁进行合并。由式(7-65)可知,虚拟势场变为凸分布,原局部极小区域的势能比周围更高,规划不会中止。因此,威胁合并法的原理是改变势能的凹分布。下面给出威胁合并法消除局部极小的理论分析。首先定义稳定的局部极小和不稳定的局部极小。

**稳定的局部极小**: 设 $x_{\text{local-minima}}$ 为局部极小区域 $C$ 中某点,即 $f(x_{\text{local-minima}}) \in C$。设 $\Delta x$ 为偏移,如果 $f(x_{\text{local-minima}} + \Delta x) \in C$,则称 $C$ 为稳定的局部极小。

**不稳定的局部极小**: 如果 $f(x_{\text{local-minima}} + \Delta x) \notin C$,则称 $C$ 为不稳定的局部极小。

前面归纳的局部极小类型中,第 2、3 种为不稳定的局部极小,第 1、4 种为稳定的局部极小。

设 $D$ 为威胁合并后的区域,如果局部极小区域 $C \in D$,由式(7-65)可知,单一威胁的势场具有凸分布,则局部极小问题可以消除。

如果局部极小区域 $C \notin D$,则该区域属于不稳定的局部极小,只要稍加扰动即可破坏平衡状态,局部极小问题得以解决。

下面给出威胁合并法的具体内容。首先对任意两个威胁间距离 $ThrtDis$ 进行定义：

$$ThrtDis = \frac{GapDis}{TTDis} = \frac{TTDis - r - R}{TTDis} \qquad (7-66)$$

式中，$TTDis$ 为两个威胁源中心间距离；$GapDis$ 为两个威胁源影响范围间的最短距离；$r$ 和 $R$ 分别为两个威胁源的影响半径（见图 7-37）。将 $ThrtDis$ 进行归一化处理，使之处于 $[0,1]$ 之间。

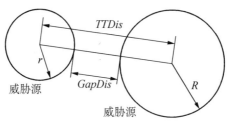

图 7-37　威胁距离的定义

重新定义模糊集合 $K$，将 $K$ 中和 $K$ 小合并成 $K$ 小，$K$ 大不变。依照表 7-8 的规则，根据任意两个威胁所对应的斥引力系数 $k_1$、$k_2$ 推理得到两个威胁间的临界距离 $CritiDis$。

表 7-8　临界距离的推理规则

| 规　则　序　号 | 规　则　描　述 |
| --- | --- |
| 1 | 如果 $k_1$ 大且 $k_2$ 大，则 $CritiDis$ 大 |
| 2 | 如果 $k_1$ 大且 $k_2$ 小，则 $CritiDis$ 中 |
| 3 | 如果 $k_1$ 小且 $k_2$ 大，则 $CritiDis$ 中 |
| 4 | 如果 $k_1$ 小且 $k_2$ 小，则 $CritiDis$ 小 |

比较任意两个威胁对应的 $ThrtDis$ 和 $CritiDis$ 之间关系，得到合并标志 $CmbVal$。

$$CmbVal = \begin{cases} 1, & ThrtDis \leqslant CritiDis \\ 0, & ThrtDis > CritiDis \end{cases} \qquad (7-67)$$

合并标志 $CmbVal$ 为 1 的两个威胁源构成威胁组，威胁的分组过程可采用如下邻接矩阵法进行搜索。

首先构造邻接矩阵 $\boldsymbol{AdjM}$，矩阵为方阵，且维数等于威胁的数量。矩阵中的

元素可表示为 $AdjM[i][j] = CmbVal_{i,j}$，其中 $i$，$j$ 为威胁编号。显然，该矩阵为对称阵。对邻接矩阵 $AdjM$ 进行搜索，从而得到威胁分组情况。其中，第 $m$ 个威胁组用邻接向量 $AdjV[m]$ 表示，$AdjV[m]$ 中第 $n$ 个元素可表示为

$$AdJV[m][n] = \bigcup_{i=0}^{p-1}(AdjM[m][i] \times AdjM[i][n]) \qquad (7-68)$$

式中，$\bigcup(\cdot)$ 表示逻辑"或"运算；$p$ 为威胁数量。按照式(7-68)循环运算，直至 $AdjV[m]$ 不变。$AdjV[m][n]$ 中数值为 1 的元素对应的威胁构成第 $m$ 组。威胁组数即为合并结束后新威胁的数量。

航路规划算法按照新的威胁信息进行重新规划则可消除局部极小。

### 7.4.4　FVF 航路规划流程及算法的复杂度分析

图 7-38 为 FVF 航路规划的流程，其中三个灰色模块表示 FVF 的三个重要组成部分。首先，给定初始条件，然后指定规划的步长，利用贝叶斯网络和模糊逻辑推理设置比例系数 $k$；执行规划，判断是否陷入局部极小，如果是则调用威胁合并算法，规划直至到达终止点。

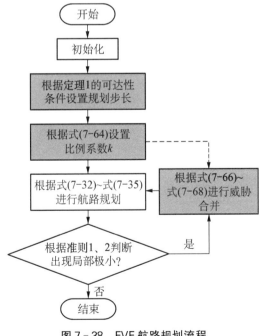

**图 7-38　FVF 航路规划流程**

研究方法复杂度是指从理论上分析求解的计算量，以便把握方法的使用条件和适用场合。在理想状态下，FVF 的复杂度可表示为

$$\Psi_{\mathrm{FVF}} = \eta_{\mathrm{FVF}}\omega N_{\mathrm{g}} \tag{7-69}$$

式中，$N_{\mathrm{g}}$ 表示网格数量；$\omega$ 是规划空间维数；$\eta_{\mathrm{FVF}}$ 表示规划环境的复杂程度。显然虚拟力法的复杂度在维数固定的情况下与网格数呈线性关系。

### 7.4.5　基于 FVF 的仿真验证与性能分析

仿真验证针对 FVF 本身的性能进行，然后基于该方法给出无人机航路重规划的初步验证结果。仿真过程在 Visual C++ 6.0 编程环境下执行，PC 配置为 3.0 GHz 主频，Intel 奔腾Ⅳ 32 位处理器，2 GB 内存，Windows XP 操作系统。

为验证 FVF 航路规划方法的有效性，仿真实例依次针对最优求解法和 FVF 的三个重要组成部分：定步长设计，基于模糊逻辑推理的自适应参数设置，威胁合并法。

**1) 最优求解方法与定步长法对比**

最优求解方法和定步长法各有优缺点，以下指标用于评估两种方法的性能。

**指标 1**：规划所需时间（$ProT$）；

**指标 2**：航路总代价（$PathC$）；

**指标 3**：航路长度（$PathL$）。

给定起始点位置坐标（5 000 m，5 000 m），终止点位置坐标（50 000 m，50 000 m），所有威胁的位置、威胁度和影响范围等信息为已知。定步长法的步长选取 100 m，即规划网格尺度为 100 m×100 m。图 7-39 和图 7-40 给出两个想定，对比两种方法的性能，对应的指标如表 7-9 所示。

**表 7-9　最优求解方法和定步长法的性能指标对比**

| | $ProT/\mathrm{s}$ | $PathC$ | $PathL/\mathrm{m}$ |
|---|---|---|---|
| 想定 1 | | | |
| 最优求解法 | 8.068 1 | 4.427 936 362 | 69 606 |
| 定步长法 | 0.048 7 | 4.433 336 362 | 69 663 |
| 想定 2 | | | |
| | $ProT/\mathrm{s}$ | $PathC$ | $PathL/\mathrm{m}$ |
| 最优求解法 | 9.502 1 | 4.600 241 296 | 72 314 |
| 定步长法 | 0.055 3 | 4.607 004 543 | 72 392 |

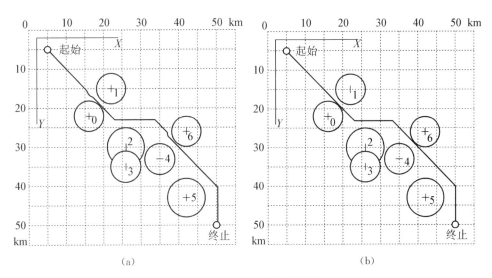

**图 7-39 想定 1 的规划结果**

(a) 最优求解方法 (b) 定步长法

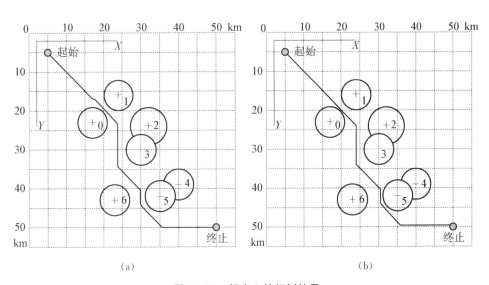

**图 7-40 想定 2 的规划结果**

(a) 最优求解方法 (b) 定步长法

处理时间通过获取计算机计数器得到。由上述数据比较可知,最优求解方法的航路代价和航路长度较小,但所需规划时间太长;而定步长法虽然航路代价和航路长度稍大,但规划所需时间极短,更符合工程应用的需求,适用于解决无人机的航路规划问题。

2) 自适应比例系数

当平台能力弱(0.8),时间要求低(0.3)时,依照表 7 - 7 推理得到的斥引力系数 $k$ 为 1.5,其对应的规划结果如图 7 - 41(a)所示。

当平台能力强(0.1),时间要求高(0.8)时,得到斥引力系数 $k$ 为 0.6,其对应的规划结果如图 7 - 41(b)所示。

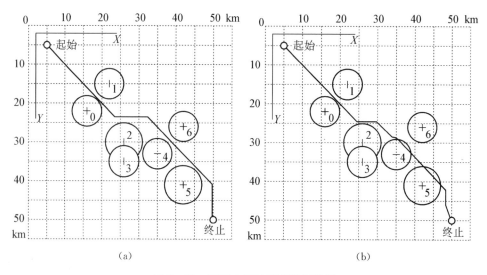

(a)           (b)

**图 7 - 41　不同 $k$ 下的航路规划结果**

(a) $k = 1.5$    (b) $k = 0.6$

由图 7 - 41 可知,当平台能力弱且时间要求低时,规划会尽量远离威胁源,因此选择安全优先的较远航路;当平台能力强且时间要求高时,可以适当牺牲威胁代价选择较短航路,尽快抵达终止点,因此规划航路穿越了威胁 4 和威胁 5。仿真结果表明,当态势环境变化时,$k$ 能够动态地加以适应。

3) 威胁合并法

采用上面给出的威胁合并法解决局部极小问题。

如图 7 - 42(a)所示,航路规划陷入由威胁 4~9 虚拟势场凹分布产生的局部极小,规划过程中止。此时调用威胁合并法,威胁 2~3、威胁 4~9 合并成一组,重新规划航路,如图 7 - 42(b)所示。

仿真结果表明:

(1) 该方法可以有效地解决局部极小问题。

(2) 规划航路可提前绕开规划死区,以减少无谓的航路代价。

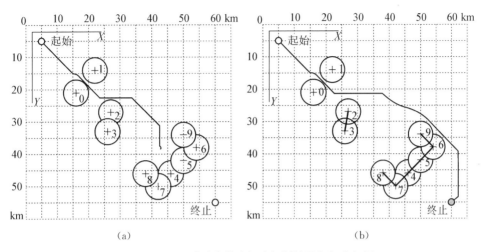

图 7-42 利用威胁合并法解决规划的局部极小问题

(a) 局部极小 (b) 威胁合并后再次规划

**4) 验证比例系数 k 对局部极小的影响**

如图 7-43(a) 所示, 平台能力固定, 当时间要求低时, $k$ 较大, 此时规划陷入局部极小, 通过威胁合并, 规划航路绕开到达终止点。

如图 7-43(b) 所示, 平台能力固定, 当时间要求高时, $k$ 较小, 此时同样的威胁分布, 未导致局部极小的发生, 规划航路从威胁间隙穿越。

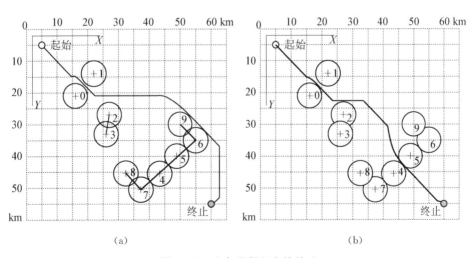

图 7-43 $k$ 与局部极小的关系

(a) $k$ 较大时 (b) $k$ 较小时

仿真结果表明：

（1）当 $k$ 大时，临界距离较大，说明穿越威胁间隙是很危险的，应将威胁合并后绕开规划，虽然总的航路长度较大，但满足安全条件。

（2）当 $k$ 小时，临界距离较小，说明当任务需要时可穿越威胁间隙，尽快到达终止点。

仿真验证了我们所提出的局部极小解决方案，对无人机应对威胁间隙穿越的问题给出了客观的判断，使得航路更合理，适应态势变化，并满足任务要求。

## 7.5　结语

本章首先归纳总结了无人机航路规划系统的物理限制、任务需求、实时性要求和协作性要求，给出其系统结构，然后针对单无人机的航路规划问题展开研究。

基于启发式 A* 算法，对不同的工程模态需求进行相关的算法研究，实现了无人机中高空突防、低空突防、利用地形遮蔽的突防、针对雷达隐身考虑的突防等航路规划。

基于蚁群算法在寻优过程中所体现出的并行性、协同性、自组织性、动态性、强鲁棒性等特点，应用蚁群算法解决无人作战无人机的自适应航路规划问题，实现了无人机规划中的多条可行航路的规划。

采用混合系统理论对虚拟力法进行数学建模，提出模糊虚拟力法以及相应的改进策略，给出了基于模糊逻辑的自适应规划参数；提出威胁合并法，基于邻接矩阵理论解决算法的局部极小问题。提高了虚拟力法适应复杂、动态环境的能力，并获得满意的航路规划结果。

**参|考|文|献** ● ● ● ● ● ● ● ● ● ● ● ● ● ● ● ● ● ● ● ● ● ● ● ● ● ● ● ● ● ● ● ●

［1］郑昌文，严平，丁明跃，等.飞行器航迹规划［M］.北京：国防工业出版社，2008：3-5.

［2］沈林成，牛轶峰，朱华勇.多无人机自主协同控制理论与方法［M］.北京：国防工业出版社，2013：5-6.

［3］夏洁.战术飞管系统关键技术研究［D］.北京：北京航空航天大学，2003.

［4］范洪达，马向玲，叶文.飞机低空突防航路规划技术［M］.北京：国防工业出版社，2007.

［5］张厚道.基于数字地图的无人战斗机低空突防轨迹规划方法研究［D］.西安：西北工业大学，2004.

[6] 朱宝鎏,朱荣昌,熊笑非.作战飞机效能评估[M].北京:航空工业出版社,2006.

[7] Bonabeau E G, Dorigo M, Theraulaz G. Inspiration for optimization from social insect behavior [J]. Nature, 2000(406): 39 - 42.

[8] Dorigo M, Gambardella L M. Ant colony system: a cooperative learning approach to the traveling salesman problem [J]. IEEE Transactions on Evolutionary Computation, 1997, 1(1): 53 - 66.

[9] Dorigo M, Maniezzo V, Colorni A. The ant system optimization by a colony of cooperating agents [J]. IEEE Transactions on Systems, Man, and Cybernetics—Part B, 1996, 26(1): 1 - 13.

[10] 段海滨.蚁群算法原理及其应用[M].北京:科学出版社,2005:34.

[11] 柳长安,李为吉,王和平.基于蚁群算法的无人机航路规划[J].空军工程大学学报,2004, 2(5): 9 - 12.

[12] 马冠军,段海滨,刘森琪,等.基于 MAX - MIN 自适应蚁群算法的无人作战飞机航路规划[J].航空学报,2008(29): 243 - 247.

[13] Duan H B, Zhang X Y, Ma G J, et al. Max-min adaptive ant colony optimization approach to multi-UAVs coordinated trajectory replanning in dynamic and uncertain environment [J]. Journal of Bionic Engineering, 2009, 6(2): 161 - 173.

[14] Chen M, Wu Q X, Jiang C S. A modified ant optimization algorithm for path planning of UCAV [J]. Applied Soft Computing, 2008, 8 (4): 1712 - 1718.

[15] 刘洋,章卫国,李广文,等.动态环境中的无人机路径规划方法[J].北京航空航天大学学报,2014,40(2): 252 - 256.

[16] Liu C G, Li W J, Wang H P. Path planning for UAVs based on ant colony [J]. Journal of Air Force Engineering University, 2004(2): 9 - 12.

[17] Sun S H, Shin K G. Variational dynamic programming approach to robot path planning with a distance safety criterion [J]. Robotics and Automation, IEEE Transactions on Robotics and Automation, 1988 4(3): 334 - 349.

[18] Parkm G, Leem C. Artificial potential field based path planning for mobile robots using a virtual obstacle concept [J]. IEEE/ASME International Conference on Advanced Intelligent Mechatronics (A IM), 2003, 26(2): 735 - 740.

[19] 董卓宁.无人机突情感知与突情处理智能自主控制技术研究[D].北京:北京航空航天大学,2010.

[20] Dong Z N, Chi P, Zhang R L, et al. The algorithms on three-dimension route plan based on virtual forces [J]. Journal of System Simulation, 2009, 20(S): 387 - 392.

[21] Rajeev A, Costas C, Thomas A H, et al. Hybrid automata: An algorithmic approach to the specification and verification of hybrid systems, hybrid Systems I [G]. Lecture Notes in Computer Science 736, Springer, 1993.

[22] Ye W, Ma D W, Fan H D. Algorithm for low altitude penetration aircraft path planning with improved ant colony algorithm [J]. Chinese Journal of Aeronautics 2005, 18(4): 304 - 309.

[23] 池沛.空天飞行器适应性自主控制系统研究[D].北京:北京航空航天大学,2000.

［24］ Enxiu S，Tao C，Changlin H，et al. Study of the new method for improving artificial potential field in mobile robot obstacle avoidance［C］. IEEE Proceedings Automation and Logistics. 2007.

［25］ Fuguang D，Peng J，Xinqian B，et al. AUV local path planning based on virtual potential field［C］. IEEE Proceedings Mechatronics and Automation. 2005.

［26］ Min C L，Min G P. Artificial potential field based path planning for mobile robots using a virtual obstacle concept ［C］. IEEE Proceedings Advanced Intelligent Mechatronics. 2003.

［27］ Yachun C，Yamamoto Y. Dynamic decision making of mobile robot under obstructed environment［C］. IEEE Proceedings Intelligent Robots and Systems. 2006.

# 8    多无人机协同控制

  多无人机协同控制问题的求解可以分为集中式求解和分散化求解两大类，与之相对应的分别是集中式协同控制结构和分散化协同控制结构。集中式求解原理简单，但只适用于小规模多无人机系统。分散化求解适用于大规模多无人机系统。

  集中式协同控制存在一个中心节点。位于中心节点的无人机将接收其他所有无人机的状态信息，并根据任务要求和环境状态进行最优的决策生成，然后将决策结果发送给所有无人机。显然，这样的集中式求解能让多无人机系统获得最优的控制性能。

  分散化协同控制无中心节点。当多无人机系统中无人机数量较多时，多无人机系统的鲁棒性和可扩展性成为系统性能的重要衡量指标。分散化协同控制不依赖全局信息，仅依赖相邻节点之间的信息交换，使得分散协同控制具有较好的鲁棒性和可扩展性。

  集中式协同控制方法能获得全局最优的控制性能，但是鲁棒性和可扩展性比较差。集中式协同控制结构存在单点故障问题。一旦中心节点处的无人机因故障或损毁退出，那么多无人机系统将陷入瘫痪，其余无人机也无法实现协同。分散化协同控制方法虽然可能具有很好的鲁棒性和可扩展性，但是在任务性能上不及集中式协同控制方法。对于大规模多无人机系统，鲁棒性和可扩展性尤其重要，故通常都采用分散化协同控制方法，通过部分牺牲任务性能换取更好的系统综合性能。分散化协同控制方法是多无人机系统规模增长的必然结果。

  本章主要内容对应于第1章图1-7"无人机自主控制系统功能模块组成"的"决策性行为层-任务管理系统"中的态势评估、任务/路径规划、协同任务规划与决策支持，"程序性行为层-飞行管理系统"中的导航定位、机动性管理、性能管理、资源管理、协同控制和"反射性行为层-控制执行系统"中的发动机控制系统与飞行控制系统模块。

# 8.1　同时到达分散化协同控制

多无人机同时到达是典型的协同控制问题,在编队飞行、协同攻击中都有应用。本章以多无人机协同多目标攻击为应用背景,对多无人机同时到达问题进行了研究。[24]

## 8.1.1　同时到达问题的描述

### 1) 同时到达问题的需求

考虑到战场环境的动态性和不确定性以及无人机自身的特点,提出一种适用于多无人机同时到达的分散化控制方法,其内容包括仅依靠局部信息交互的分散化控制结构和基于一致性算法的分散化控制策略。为方便操作员控制无人机群体的整体行为,分别设计了引入外部参考信号和虚拟 Leader 的分散化控制策略。根据路径规划和速度控制的不同特点将两者结合起来,利用它们的互补优势来应对路径误差和突发威胁等不利因素的影响。本节提出的分散化控制方法能够实现多无人机同时到达,并且具有很好的灵活性、鲁棒性、可靠性和可伸缩性。

同时到达只是一种特例,更为一般的情况是指定时间到达或相继到达等,所采用的方法完全一样。为了叙述方便,下面以多无人机同时到达为例,叙述多无人机同时到达及其分散化协同控制问题。

假定在某次任务中,有 $n$ 架无人机要在同一时刻到达预先给定的 $m$ 个目标位置,其中 $n \geqslant m \geqslant 1$。无人机的初始位置是其当前时刻的实际位置,可能在空间内任意分布,无人机的初始航向也可能是任意的。各无人机有且仅有一个确定的目标位置,不同无人机的目标位置可能相同也可能不同。另外假定无人机可以预先或实时获得威胁和障碍(禁飞区)的相关信息,能够独立地离线或在线规划路径并实时给出路径长度的估计值,并且能自主地沿规划路径飞行。

多无人机同时到达的研究目标,是寻找一种控制方法以完成上述任务,并尽量避免不利因素的影响,例如路径误差、突发威胁等。图 8-1 是多无人机协同多目标攻击的简单示意图:有 7 架无人机要同时到达两个目标位置,以便分别对这两个目标同时发起攻击,在此过程中无人机还必须回避威胁和禁飞区。

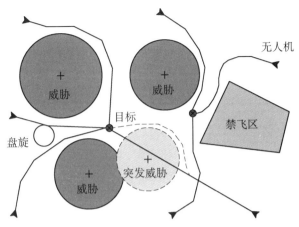

图 8-1　多无人机协同多目标攻击

　　显然,多无人机同时到达是一个典型的协同控制问题,协同的目标是所有无人机的到达时间趋于一致。考虑到任何一架无人机都有可能因故障或损毁退出,分散化协同控制方法才是最佳选择。由于无人机的飞行路径和速度都不是固定的,因此可以通过单独或同时调整路径长度和飞行速度以保证同时到达。

　　**2) 无人机简化模型**

　　不考虑无人机的飞行高度变化,将无人机视为在二维平面内运动的质点。无人机的简化运动模型取为

$$\dot{x}_i = v_i \cos \psi_i, \quad \dot{y}_i = v_i \sin \psi_i, \quad \dot{\psi}_i = \omega_i \tag{8-1}$$

式中, $i \in \{1, \cdots, n\}$ 是无人机的编号; $[x_i, y_i]^{\mathrm{T}} \in \mathbf{R}^2$ 是平面位置坐标; $v_i$、$\psi_i$ 和 $\omega_i$ 分别是飞行速度、航向角和航向角速度。真实的无人机都有飞行速度限制和航向角速度限制:

$$0 < v_{\min, i} \leqslant v_i \leqslant v_{\max, i} \tag{8-2}$$

$$|\dot{\psi}_i| = |\omega_i| \leqslant \omega_{\max, i} \tag{8-3}$$

无人机的速度可在其允许范围内变化。真实的无人机还有加速度限制:

$$a_{\min, i} \leqslant \dot{v}_i = a_i \leqslant a_{\max, i} \tag{8-4}$$

　　假定无人机的飞行控制系统具有自动驾驶仪的速度保持和航向保持功能,可以跟踪给定的速度指令和航向角指令。自动驾驶仪的速度保持和航向保持用一阶动态模型描述:

$$\dot{v}_i = \alpha_{v,\,i}(v_i^c - v_i) \tag{8-5}$$

$$\dot{\psi}_i = \alpha_{\psi,\,i}(\psi_i^c - \psi_i) \tag{8-6}$$

式中，$v_i^c$、$\psi_i^c$是自动驾驶仪的速度指令和航向角指令；$\alpha_{v,\,i}$、$\alpha_{\psi,\,i}$是与无人机及其飞行状态有关的正常数。

多无人机同时到达的分散化控制方法包括分散化控制结构和分散化控制策略等内容，按以下基本思路进行设计和实现：

（1）不再将燃料消耗最少或路径代价最小作为单架无人机的主要控制目标，而是通过调整飞行速度和路径长度尽量使无人机以合适的速度同时到达，并保留较大的速度调整裕量。

（2）鉴于路径规划比速度控制更耗资源，主要通过调整速度来控制到达时间，仅在必要时通过路径规划调整剩余路径长度。

（3）通过引入外部参考信号或控制指令使操作员可以控制或干预无人机的到达时间。

### 8.1.2　分散化协调控制系统结构

#### 1）图论基础

对由多架无人机构成的系统，其中无人机及其信息交换关系一般用有向图来描述。加权有向图 $G = (V,\ E,\ A)$，其中有限非空集合 $V = \{1,\ \cdots,\ n\}$ 是图 $G$ 的节点集，$V$ 中的元素是无人机的编号，$E \subset V \times V$ 是图 $G$ 的边集，有向边 $e_{ij} = (i,\ j) \in E$ 表示存在从第 $i$ 架无人机到第 $j$ 架无人机的有向信息流，$A = [a_{ij}] \in \mathbf{R}^{n \times n}$ 是图 $G$ 的邻接矩阵，$A$ 中的元素还是相应通信连接的权重，并且有 $a_{ij} \geqslant 0$、$a_{ii} = 0$ 以及 $e_{ij} \in E \Leftrightarrow a_{ji} > 0$，$\forall i,\ j \in V$。

对用有向图 $G$ 描述的多无人机系统，存在到第 $i$ 架无人机有向信息流的无人机是第 $i$ 架无人机的邻居。第 $i$ 架无人机在 $t$ 时刻所有邻居所构成的集合，定义为其邻居集，记为

$$\mathcal{N}_i(t) \triangleq \{j \mid (j,\ i) \in E\}$$

注意，$j \in \mathcal{N}_i(t)$ 与 $i \in \mathcal{N}_j(t)$ 并不等价。

#### 2）分散化控制系统结构

仅依靠局部信息交互的多无人机分散化控制结构如图 8-2 所示，其中每架无人机都只接收其邻居的协调变量信息，协调变量是实现协同所需的最少量

信息[1]。

　　在分散化控制结构中,所有无人机地位均等,它们通过有向通信连接联系起来。其中,最下层的无人机模块(UAV)表示无人机实体,它是自动驾驶仪的控制对象,向外输出状态信息;自动驾驶仪模块(autopilot,AP)表示具有航向保持和速度保持功能的飞行控制系统,它向协调模块和路径规划器模块提供指令接口;路径规划器模块(path planner,PP)可根据无人机状态和环境信息进行路径规划,向自动驾驶仪模块输出航向角指令以使无人机沿规划路径飞行,向协调模块输出当前时刻剩余路径长度的估计值;协调模块(coordination module,CM)接收所有邻居的协调变量信息,然后基于一致性算法计算速度指令并输出给自动驾驶仪模块,同时更新本地协调变量。

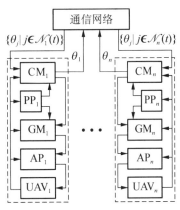

图8-2　分散化多机协同控制结构

　　注意,图8-2所示的结构仅是对真实系统的逻辑抽象,各模块不一定存在对应的物理模块。本节不讨论具体的路径规划算法和轨迹跟踪方法,仅为研究方便才假定路径规划模块能实时给出航向角指令和剩余路径长度的估计值。

　　3) 通信拓扑

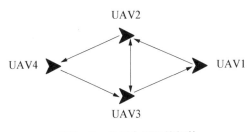

图8-3　多无人机通信拓扑

　　在图8-2中可以看到无人机的外部输入输出接口和内部模块组成,但是无人机之间的通信关系不够直观。基于上述分散化控制结构的多无人机系统,其通信关系也可用有向图来表示。图8-3是一个简单示例,其中有4架无人机,UAV2的邻居包括UAV1和UAV3,UAV2是UAV3和UAV4的邻居,但不是UAV1的邻居。

　　注意,由于存在各种不确定因素,无人机之间的通信连接可能会中断,也可能会有新的连接建立,因此无人机的邻居集以及无人机之间的通信拓扑都可能随时间变化。

### 8.1.3 分散化协调控制策略

#### 1) 一致性算法

设计无人机的分散化控制策略主要基于一致性算法[2,3]。在一个用加权有向图 $G = (V, E, A)$ 来描述的含有 $n$ 个节点的系统中,假设 $\xi_i \in \mathbf{R}^m$ 是第 $i$ 个节点的状态变量,节点的状态满足一阶动态方程:

$$\dot{\xi}_i = \mu_i, \ \forall i \in V \tag{8-7}$$

式中,$\mu_i \in \mathbf{R}^m$ 是第 $i$ 个节点的控制输入。对任意给定的初值 $\xi_i(0)$,$\forall i \in V$,如果当 $t \to \infty$ 时有 $\xi_i \to \xi_j$,$\forall i, j \in V$,则称系统状态达到一致或收敛于一致(平衡)状态。给出一种常见的连续形式一致性算法如下:

$$\mu_i = -\sum_{j=1}^n a_{ij}(\xi_i - \xi_j), \ \forall i \in V \tag{8-8}$$

如果通信拓扑固定不变,采用上述一致性算法,当且仅当有向图 $G$ 含有有向生成树时系统状态能渐近地达到一致(或渐近收敛),最终的一致(平衡)状态由初始值、通信拓扑和邻接矩阵共同决定。如果有向图 $G$ 是强联通图和平衡图,或者是无向图,那么系统状态将达到平均一致,即

$$\lim_{t \to \infty} \xi_i = \frac{1}{n} \sum_{j=1}^n \xi_j(0), \quad \forall i \in V$$

#### 2) 分散化协调控制策略

先在不考虑路径规划影响的情况下设计分散化控制策略。假定各无人机的路径规划已经完成,无人机只需沿规划路径飞向目标位置即可。另外暂不考虑无人机之间通信拓扑变化的情况,先假定通信拓扑固定不变。以下是几种分散化控制策略的详细设计过程。

不失一般性,记多无人机同时到达任务启动的时刻为时间轴的零点,即 $t = 0$ 时刻。此后,各无人机开始沿规划路径飞向各自目标位置。令 $L_i$ 为 $t$ 时刻第 $i$ 架无人机沿规划路径到达目标位置的剩余路径长度,对它关于 $t$ 求导,显然有

$$\dot{L}_i = -v_i \tag{8-9}$$

$L_i$ 的估计值可由路径规划器模块根据无人机当前位置实时给出,$v_i$ 可由无人机模块实时给出。得到 $L_i$ 和 $v_i$ 以后,第 $i$ 架无人机能估算出 $t$ 时刻它的期望到达时刻为

$$\varsigma_i = t + \tau_i = t + \frac{L_i}{v_i} \qquad (8-10)$$

式中，$\tau_i = \dfrac{L_i}{v_i}$ 表示第 $i$ 架无人机在 $t$ 时刻的期望到达时间（expected time-of-arrival，ETA）。注意，变量 $\varsigma_i$ 是时间轴上的点，变量 $\tau_i$ 是时间长度，由式(8-10)可知，要得到 $\varsigma_i$ 只要先计算出 $\tau_i$ 即可。

由式(8-10)，显然有

$$\varsigma_i - \varsigma_j = \tau_i - \tau_j \qquad (8-11)$$

多无人机同时到达的控制目标，是使所有无人机的期望到达时刻趋于一致，即

$$\varsigma_i \to \varsigma_j, \quad \forall i, j \in V \qquad (8-12)$$

或者期望到达时间趋于相同，即

$$\tau_i \to \tau_j, \quad \forall i, j \in V \qquad (8-13)$$

对式(8-10)两边关于 $t$ 求导，并将式(8-5)和式(8-9)代入，可有

$$\dot{\varsigma}_i = 1 + \frac{v_i \dot{L}_i - L_i \dot{v}_i}{v_i^2} = -\frac{\dot{v}_i}{v_i}\tau_i = -\frac{\alpha_{v,i}(v_i^c - v_i)}{v_i}\tau_i$$

令 $\xi_i = \varsigma_i$，$\mu_i = -\dfrac{\alpha_{v,i}(v_i^c - v_i)}{v_i}\tau_i$，显然有 $\dot{\xi}_i = \mu_i$，并且

$$v_i^c = v_i - \frac{v_i}{\alpha_{v,i}\tau_i}\mu_i \qquad (8-14)$$

由以上推导可知，无人机的状态——期望到达时刻 $\varsigma_i$ 可以表示成式(8-7)的形式。因此，可以基于一致性算法使各无人机的期望到达时刻达到一致，亦即实现多无人机同时到达的控制目标。以下分别给出几种满足不同需求的分散化控制策略。

（1）分散化控制策略。

将 $\varsigma_i$ 作为协调变量，参照一致性算法，可给出一种简单分散化控制策略：

$$\begin{cases} v_i^c = v_i - \dfrac{v_i}{\alpha_{v,i}\tau_i}\mu_i \\ \mu_i = -\displaystyle\sum_{j=1}^{n} a_{ij}(\varsigma_i - \varsigma_j) \end{cases}$$

由于$\varsigma_i$须通过$\tau_i$计算得到,且有式(8-11)成立,将$\tau_i$作为协调变量可得到一种更方便实现的分散化控制策略:

$$\begin{cases} v_i^c = v_i - \dfrac{v_i}{\alpha_{v,i}\tau_i}\mu_i \\ \mu_i = -\displaystyle\sum_{j=1}^n a_{ij}(\tau_i - \tau_j) \end{cases} \tag{8-15}$$

基于上述分散化控制策略,各无人机即可计算出速度指令。为使无人机的期望到达时刻趋于一致,还必须保证通信拓扑中含有有向生成树。

(2) 有外部参考信号的分散化控制策略。

在实际应用中,有时候需要引入外部参考信号,如操作员指令,以控制无人机的实际到达时间。引入外部参考信号的多无人机通信拓扑如图 8-4 所示。通常只有部分无人机能接收到外部参考信号。

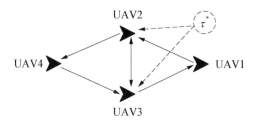

图 8-4　引入外部参考信号的多无人机通信拓扑

考虑引入常值参考信号和时变参考信号时的一致性问题。若给定期望到达时间指令信号 $\tau^*$,可给出另一种分散化控制策略[4]:

$$\begin{cases} v_i^c = v_i - \dfrac{v_i}{\alpha_{v,i}\tau_i}\mu_i \\ \mu_i = -\alpha_i(\tau_i - \tau^*) - \displaystyle\sum_{j=1}^n a_{ij}(\tau_i - \tau_j) \end{cases} \tag{8-16}$$

式中,如果第 $i$ 架无人机接收到外部参考信号,那么 $\alpha_i > 0$,否则 $\alpha_i = 0$。若给定期望到达时刻指令信号 $\varsigma^*$,只要先转化成 $\tau^*$ 即可。

基于式(8-16)所示的分散化控制策略,如果存在从指令信号 $\tau^*$ 到所有无人机的有向路径,所有无人机的期望到达时间将与 $\tau^*$ 趋于相同。注意,这里没有要求通信拓扑中必须含有有向生成树。

（3）有虚拟 Leader 的分散化控制策略。

群体 Leader 和虚拟 Leader 在多智能体协调运动控制中有重要应用，它们能用于控制群体的整体行为。假设有一架虚拟的无人机，它具有与其他无人机相同的运动学模型，将充当 Leader 带领其他无人机运动。令虚拟 Leader 的编号是 0，其期望到达时间 $\tau_0 = \dfrac{L_0}{v_0}$，虚拟 Leader 不受其他无人机影响，即其邻居集为空，但是操作员可以预先设定或实时给出其速度指令 $v_0^c$，从而控制虚拟 Leader 的运动。引入虚拟 Leader 的多无人机通信拓扑如图 8-5 所示。通常只有部分无人机能接收到虚拟 Leader 的协调变量信息。

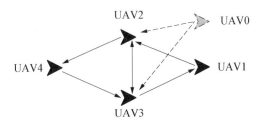

图 8-5　引入虚拟 Leader 的多无人机通信拓扑

将虚拟 Leader 与其他无人机同样对待，可给出含虚拟 Leader 的分散化控制策略为

$$
\begin{cases}
v_i^c = v_i - \dfrac{v_i}{\alpha_{v,\,i}\tau_i}\mu_i \\[2mm]
\mu_i = -\alpha_i(\tau_i - \tau_0) - \displaystyle\sum_{j=1}^{n} a_{ij}(\tau_i - \tau_j)
\end{cases}
\tag{8-17}
$$

式中，如果第 $i$ 架无人机接收到虚拟 Leader 的信息，那么 $\alpha_i > 0$；否则 $\alpha_i = 0$。

基于上述分散化控制策略，如果在包含虚拟 Leader 的通信拓扑中含有以虚拟 Leader 为根的有向生成树，所有无人机的期望到达时间将与虚拟 Leader 的期望到达时间 $\tau_0$ 趋于相同。

对比有外部参考信号的分散化控制策略与有虚拟 Leader 的分散化控制策略，可以发现，两者几乎完全相同。实际上引入外部参考信号可以看作是引入虚拟 Leader 的特例，但后者更加方便灵活。

（4）多无人机相继到达的分散化控制策略。

除多无人机同时到达外，也可基于一致性算法设计分散化控制策略实现一定时间间隔相继到达[1]。选协调变量为 $\xi_i = \tau_i + \delta_i$，其中 $\delta_i$ 为第 $i$ 架无人机的期望到达时间相对于某一参考值的偏差，该参考值可以是某一架特定无人机的期望到达时间。类似地，可给出多无人机相继到达的分散化控制策略：

$$\begin{cases} v_i^c = v_i - \dfrac{v_i}{\alpha_{v,\,i}\tau_i}\mu_i \\ \mu_i = -\displaystyle\sum_{j=1}^{n} a_{ij}\big[(\tau_i + \delta_i) - (\tau_j + \delta_j)\big] \end{cases} \qquad (8-18)$$

注意到以上四种分散化控制策略的收敛性条件完全相同，而且只要求得到剩余路径长度 $L_i$、本地速度 $v_i$ 和邻居的协调变量信息，即可计算出速度指令 $v_i^c$。可见得到的分散化控制策略具有易于实现、计算简单、通信量小的优点。

### 8.1.4　分散化协调控制策略实现

#### 1) 实现过程中实际因素

（1）与路径规划结合。

对于一阶动态系统而言，一致性算法的收敛性和收敛速度与状态变量的取值无关，只是最终的一致（平衡）状态与初始值有关。由此可知，当剩余路径长度 $L_i$ 发生突变时，上述四种分散化控制策略的收敛性和收敛速度不会受影响，已有的一致（平衡）状态会被打破，一段时间以后将达到新的一致（平衡）状态。

基于上述特点，可以将分散化控制策略与路径规划结合起来。无人机重新规划路径会导致其剩余路径长度会发生突变，但是多无人机同时到达的控制目标还是能实现，只是无人机的最终到达时刻可能有变化。

在下列情况下无人机需要重新进行路径规划：

a. 无人机的规划路径受到突发威胁的影响，需要选择新路径以回避威胁。

b. 无人机的飞行速度接近或达到最小速度限制，需要在原路径上增加盘旋或选择更长的路径。

c. 无人机的飞行速度接近或达到最大速度限制，最好能找到更短的路径。

当无人机远离目标位置时，尽量通过路径规划调整路径长度，使无人机以合适的速度飞行，这样可以保留较大的速度调整裕量，能更好地应对路径误差和突发威胁。当无人机接近目标位置时，主要以速度控制为主，可以保证精确地同时到达。

（2）收敛速度保证。

对于一阶动态系统而言，一致性算法具有指数时间收敛的特点，其收敛速度与通信拓扑有关。由于无人机有加速度限制,上述各种分散化控制策略的收敛速度大为降低,不过仍能满足在有限时间内收敛的要求。为保证同时到达,初始时刻无人机到其目标位置的路径必须足够长。另外,适当增加无人机之间的通信连接可以提高收敛速度。

(3) 路径误差的影响。

路径误差有两种:一是路径长度估计误差;二是飞行路径跟踪误差,都是不可避免的。但是无人机由于在飞行过程中计算期望到达时间 $\tau_i$ 的需要,会不断更新并修正剩余路径长度 $L_i$ 的估计值,路径误差基本不会对多无人机同时达到产生影响。

(4) 通信拓扑的影响。

设计分散化控制策略时假定通信拓扑固定不变,实际上即使通信拓扑是时变的,也不影响分散化控制策略的推导过程和表达形式,只是会影响其收敛性和收敛速度。除只需局部信息交互外,一致性算法的优势还体现在,当通信拓扑是时变的或者存在传输延迟时,在一定条件下其收敛性也是有保证的[9]。鉴于此在实现时让无人机之间保持尽可能多的通信连接,使得当部分通信连接中断、个别无人机退出时还能确保分散化控制策略的收敛性,并具有满意的收敛速度。

(5) 时间延迟的影响。

从无人机更新协调变量开始,到其邻居利用该协调变量信息计算出速度指令止,中间必然存在时间差,这相当于给协调变量引入了时间延迟。该时间延迟由计算时间、计算周期、传输时间等共同决定。时间延迟的效果相当于引入了偏差,使无人机不能同时到达。减小计算周期、进行预测和补偿可以削弱时间延迟的影响。

2) **仿真结果与分析**

为了验证提出的分散化控制策略的有效性,并分析其优点及可能存在的问题,下面针对不同场景给出仿真算例。为简单起见,假定所有无人机型号相同,它们具有相同的特征参数,如表 8-1 所示。表中无人机的飞行速度是其二维平面运动速度的大小,始终为正;加速度为正表示速度增大,为负表示速度减小。

表 8-1 无人机的特征参数

| 参 数 名 称 | 参 数 取 值 |
| --- | --- |
| 自动驾驶仪速度系数 $\alpha_v$/(1/s) | 0.2 |
| 最小飞行速度 $v_{min}$/(m/s) | 150 |

（续表）

| 参　数　名　称 | 参　数　取　值 |
|---|---|
| 最大飞行速度 $v_{\max}/(\mathrm{m/s})$ | 250 |
| 最小加速度 $a_{\min}/(\mathrm{m/s^2})$ | $-8$ |
| 最大加速度 $a_{\max}/(\mathrm{m/s^2})$ | 8 |

（1）基本的同时到达问题。

假定有 4 架无人机要同时到达各自目标位置。无人机的初始状态如表 8-2 所示，通信拓扑如图 8-3 所示。用有向图 $G$ 描述无人机及其通信拓扑，其邻接矩阵取为

$$\boldsymbol{A} = \begin{bmatrix} a_{ij} \end{bmatrix} = \begin{bmatrix} 0 & 0 & 3 & 0 \\ 3 & 0 & 1 & 0 \\ 0 & 1 & 0 & 2 \\ 0 & 2 & 0 & 0 \end{bmatrix}$$

表 8-2　无人机的初始状态

| 无人机 | 初始速度/(m/s) | 初始路径长度/m |
|---|---|---|
| UAV1 | 150 | 22 000 |
| UAV2 | 240 | 15 000 |
| UAV3 | 200 | 17 000 |
| UAV4 | 180 | 21 000 |

采用式（8-15）所示的分散化控制策略，得到的仿真结果如图 8-6 所示。无人机的期望到达时间很快趋于相同，此后飞行速度保持恒定，最后 4 架无人机同时到达目标位置。全程耗时接近 100 s，其中动态过程仅 10 s 左右。

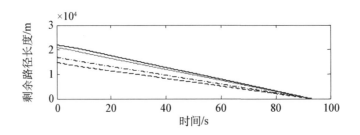

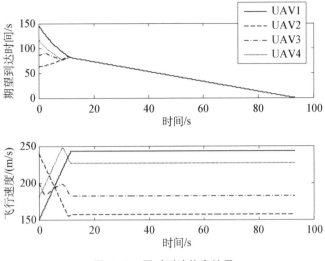

图 8-6 同时到达仿真结果

仿真结果表明,采用本节的分散化控制策略,各无人机能通过速度控制实现精确地同时到达。因此在为无人机规划路径时可以不要求路径长度完全相同。由于 UAV1 和 UAV2 的飞行速度已经接近极限,可见速度调整裕量很小,这时若再出现突发威胁将不能保证同时到达。

(2) 飞行中路径重规划情况。

在情况(1)的基础上,假设有一架无人机 UAV3,由于中途遭遇突发威胁而重新进行路径规划,导致剩余路径长度增加 6 000 m。采用同时到达分散化控制策略,并结合路径规划,得到的仿真结果如图 8-7 所示。其中,为了增加速度调整裕量,路径最短的无人机 UAV2 中途通过盘旋飞行使其路径延长 3 000 m。UAV2 通过盘旋飞行使其飞行速度远离极限,UAV1 受其影响飞行速度也有变化,速度调整裕量有所增加。当出现突发威胁时 4 架无人机仍然同时到达目标位置。

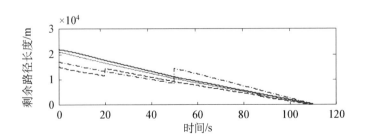

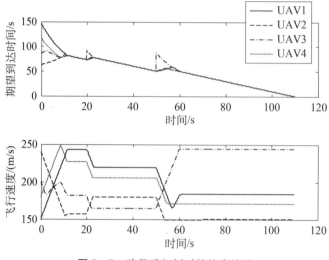

图 8-7 路径重规划时的仿真结果

仿真结果表明,剩余路径长度发生突变会打破一致(平衡)状态,但是不影响分散化控制策略的收敛性和收敛速度。为应对突发威胁,可通过路径规划增加速度调整裕量。将路径规划与速度控制相结合,可以增强无人机抵制不利因素影响的能力。

(3) 具有虚拟 Leader 的情况。

在情况(1)的基础上,引入一个虚拟 Leader,记为 UAV0,通信拓扑如图 8-5 所示。UAV0 的初始速度指令为 200 m/s,初始路径长度为 19 000 m。假设其中有一架无人机 UAV2,由于中途遭遇突发威胁而重新进行路径规划,导致剩余路径长度增加 5 000 m。此后为调整各无人机的飞行速度,将 UAV0 的速度指令设为 180 m/s。采用具有虚拟 Leader 的情况分散化控制策略,得到的仿真结果如图 8-8 所示。各无人机与虚拟 Leader 的期望到达时间趋于相同,最后同时到达各自目标位置。调整虚拟 Leader 的飞行速度各无人机的飞行速度也随之变化。

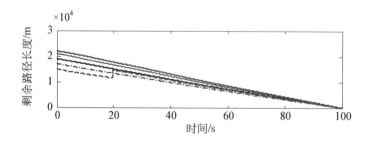

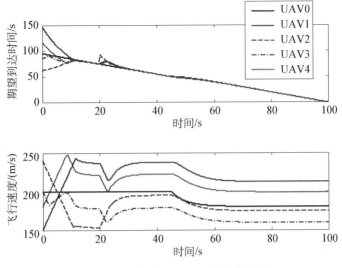

图 8-8 具有虚拟 Leader 的仿真结果

仿真结果表明,通过虚拟 Leader 可以控制无人机的到达时间,可以调整无人机的飞行速度。引入虚拟 Leader 方便了操作员对无人机群体运动的控制与干预,但是也要注意无人机的物理限制。

(4) 动态切换通信拓扑。

在情况(1)的基础上,假设无人机之间的通信拓扑是动态变化的,也就是存在通信连接中断和新的连接建立的情况。为简单起见,假定无人机之间的通信拓扑在图 8-9 所示的 4 种通信拓扑之间周期切换。注意,图中的 4 种通信拓扑图都不含有向生成树,但是它们的并图含有有向生成树。

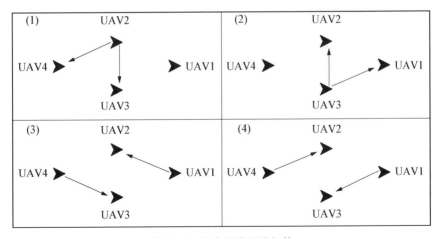

图 8-9 动态切换通信拓扑

采用同时到达的分散化控制策略,结果如图 8-10 所示。从仿真结果可以看出,4 架无人机同时到达各自目标位置,但是动态过程明显延长。在本例中动态调整时间接近 40 s,几乎是情况(1)的 4 倍。另外,UAV1 和 UAV2 的速度分别达到最大和最小速度限制,无法再进行速度调整。

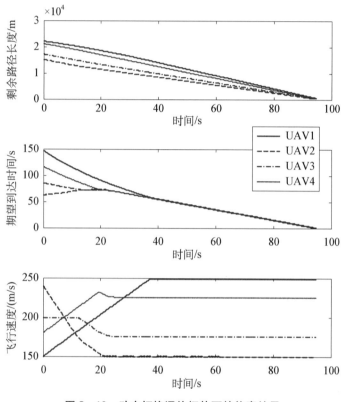

图 8-10 动态切换通信拓扑下的仿真结果

仿真结果表明,即使无人机之间的通信拓扑是动态切换的,甚至每一时刻的通信拓扑图都不含有向生成树,采用本节的分散化控制策略,各无人机也能通过调整飞行速度实现同时到达。由于每种通信拓扑图都不含有向生成树,并且每种图中的通信连接数都比原通信拓扑少了很多,这严重影响了一致收敛速度。在实际应用中应尽可能多地增加无人机之间的通信连接,这样即使有少量连接中断,对收敛速度也不会有很大影响。

限于篇幅,没有给出有外部参考信号、存在传输延迟、多无人机相继到达的仿真算例,实际上本节提出的分散化控制方法在这些场景下也是有效的。

## 8.2 多机编队飞行分散化协同控制[24]

### 8.2.1 分散化编队控制结构

考虑到多无人机分散化编队飞行控制的实际需要,给出一种仅依靠局部信息交互的多无人机分散化协同控制结构,如图 8-11 所示。与图 8-2 分散化控制结构相比,仅将路径规划器模块替换成了编队管理器模块(formation manager,FM),而模块之间的数据依赖关系保持不变。其中,编队管理器模块将根据编队控制要求、无人机的状态和环境信息来确定当前所处的阶段以及采用何种控制策略,还向协调模块提供编队的几何构型参数,并指导制导模块生成高度指令、航向指令和速度指令。

为了方便无人机集结和编队形成,假定在无人机编队中有一架无人机被选为群体 Leader,它将直接接受操作员的控制指令,并按操作员的要求带领其他无人机编队飞行。含有群体 Leader 的多无人机通信拓扑如图 8-12 所示,其中 UAV1 将充当群体 Leader,只向其他无人机提供协调变量信息而不接收其他无人机的信息。

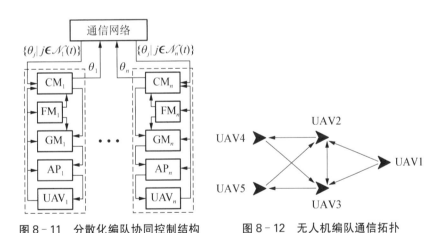

图 8-11 分散化编队协同控制结构　　　图 8-12 无人机编队通信拓扑

假定无人机型号相同或具有相近的运动特性。无人机模型采用带自动驾驶仪且纵向解耦的三维空间质点模型,即对于第 $i$ 架无人机有

$$\dot{x}_i = v_i \cos \psi_i, \quad \dot{y}_i = v_i \sin \psi_i, \quad \dot{\psi}_i = \omega_i$$

$$\dot{v}_i = \alpha_{v,i}(v_i^c - v_i), \quad \dot{\psi}_i = \alpha_{\psi,i}(\psi_i^c - \psi_i) \quad (8-19)$$

$$\ddot{h}_i = -\alpha_{h,i}^i \dot{h}_i + \alpha_{h,i}(h_i^c - h_i)$$

式中，$i \in \{1, 2, \cdots, n\}$；$[x_i, y_i, h_i]^{\mathrm{T}} \in \mathbf{R}^3$，是第 $i$ 架无人机的三维位置坐标；$v_i$ 和 $\psi_i$ 分别是飞行速度和航向角，$\psi_i \in (-\pi, \pi)$。另外无人机还具有各种限制条件。

多无人机编队飞行控制的目的，是寻找控制输入 $u_i = [v_i^c, \psi_i^c, h_i^c]^{\mathrm{T}}$，$i \in \{1, 2, \cdots, n\}$，使得多架无人机可以按预先给定的几何构型稳定地编队飞行。

### 8.2.2　基于速度追踪法的编队集结

初始时刻无人机的位置、速度和航向都是任意的，如图 8-13 所示。由于无人机具有正的速度限制和最小转弯半径限制，在这种情况下要直接形成紧密编队并保持编队队形比较困难。如果无人机的航向和速度十分接近，并且相对距离较小，那么编队形成和编队保持就容易多了。为方便编队形成，本节将自寻的导弹的末制导方法引入到多无人机集结。

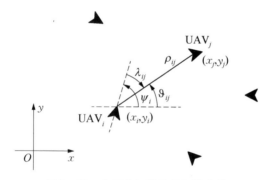

**图 8-13　多无人机编队的初始态势**

带自动驾驶仪的无人机与带自动驾驶仪的导弹相比，运动学模型十分类似，但控制方式有较大区别。导弹的飞行速度一般认为是恒定的或不可控的，导弹仅通过控制过载改变航向从而实现对目标的拦截，由于有过载限制导弹的机动能力十分有限。无人机的飞行速度和航向都是可控的，并且无人机可以盘旋飞行，相比之下无人机的机动能力更强。因此，将自寻的导弹的末制导方法引入到无人机编队飞行控制中来是可行的。多无人机集结问题实际上可以近似地看作是拦截问题或追踪问题。

空间任意分布的多架无人机要实现集结，首先需要确定集结位置或集结参考点，然后各无人机以集结位置或集结参考点为目标，采用前述自寻的导弹的末制导方法向目标靠近。由于无人机具有正的速度限制、不能停止等待，因此集结位置不能是静止的,并且其运动速度也不能低于无人机的最小速度限制或高于无人机的最大速度限制。将群体 Leader 作为集结参考点,显然能够满足这些要求。在集结阶段让群体 Leader 保持较低的飞行速度,这样其他的无人机能够较快地追上群体 Leader。

为便于形成紧密编队,必须保证无人机在追上群体 Leader 时速度和航向与群体 Leader 相当,无人机追上群体 Leader 以后与群体 Leader 的相对距离保持不变,这样既不会发生碰撞也不会丢失目标。显然,这是一个有终端角度和速度约束的制导问题。采用自寻的导弹末制导的速度追踪法,让无人机从群体 Leader 的尾部追踪它。

假定第 $i$ 架无人机要追踪第 $j$ 架无人机。其中,$\lambda_{ij} \in (-\pi, \pi]$ 是视线角,逆时针方向为正,$\rho_{ij} > 0$ 是视线距离,$\vartheta_{ij} \in (-\pi, \pi]$ 是视线方位角,逆时针方向为正。如果第 $i$ 架无人机可以用机载传感器测量视线角,那么只要控制第 $i$ 架无人机的航向,使

$$\lambda_{ij} \equiv 0 \tag{8-20}$$

成立即可,这便是速度追踪法。

如果第 $i$ 架无人机只能通过网络通信获得第 $j$ 架无人机的状态信息,那么须通过无人机的位置坐标解算航向控制指令。由图 8-13 可有

$$\rho_{ij} = \sqrt{(x_j - x_i)^2 + (y_j - y_i)^2} \tag{8-21}$$

$$\cos \vartheta_{ij} = \frac{x_j - x_i}{\rho_{ij}} \tag{8-22}$$

$$\sin \vartheta_{ij} = \frac{y_j - y_i}{\rho_{ij}} \tag{8-23}$$

$$\lambda_{ij} = \vartheta_{ij} - \psi_i \tag{8-24}$$

根据视线方位角的定义,由式(8-21)~式(8-23)可得到视线方位角为

$$\vartheta_{ij} = \begin{cases} \arccos \dfrac{x_j - x_i}{\rho_{ij}}, & \sin \vartheta_{ij} \geqslant 0 \\[3mm] -\arccos \dfrac{x_j - x_i}{\rho_{ij}}, & \sin \vartheta_{ij} < 0 \end{cases} \tag{8-25}$$

进而可得到无人机的速度追踪制导律为

$$\psi_i^c = \vartheta_{ij} \tag{8-26}$$

第 $i$ 架无人机能追上第 $j$ 架无人机的一个必要条件是

$$v_i > v_j \tag{8-27}$$

为了让第 $i$ 架无人机尽快追上第 $j$ 架无人机,并且在第 $i$ 架无人机追上第 $j$ 架无人机以后两者速度相同、距离恒定。这里给出一种最短时间追踪的速度控制策略为

$$v_i^c = \begin{cases} v_{\max,i}, & \rho_{ij} \geqslant \Delta_{ij} \\ v_j + \dfrac{\rho_{ij}}{\Delta_{ij}}(v_i - v_j), & \rho_{ij} < \Delta_{ij} \end{cases} \tag{8-28}$$

式中, $\Delta_{ij} = \dfrac{(v_i - v_j)^2}{2|a_{\min,i}|} + \delta_{ij}$ 是与相对速度差有关的门限距离; $\delta_{ij} > 0$ 是可调参数。显然,相对速度差 $|v_i - v_j|$ 越大,门限距离 $\Delta_{ij}$ 越大。

**定理 8-1**　第 $i$ 架无人机采用速度追踪制导律式(8-26)和速度控制策略式(8-28)追踪第 $j$ 架无人机。如果第 $j$ 架无人机的速度和航向保持恒定,第 $i$ 架无人机的速度满足条件式(8-27), $\delta_{ij}$ 足够大,那么有:

(1) 第 $i$ 架无人机将从第 $j$ 架无人机的尾部追上它。

(2) 第 $i$ 架无人机逐渐接近第 $j$ 架无人机,最后达到稳定的平衡状态。即在 $t \to \infty$ 时, $v_i = v_j$, $\rho_{ij} \leqslant \delta_{ij}$ 且为常值。

**证明**　(1) 显然,这是一个运动目标的追踪制导问题。由导弹制导中速度追踪制导律的特点可知,第 $i$ 架无人机将从第 $j$ 架无人机的尾部追上它。

(2) 由式(8-28),速度控制策略在

$$\rho_{ij} = \Delta_{ij} = \frac{(v_i - v_j)^2}{2|a_{\min,i}|} + \delta_{ij}$$

时进行平滑切换。显然有

$$0 < \delta_{ij} \leqslant \Delta_{ij} \leqslant \frac{(v_{\max,i} - v_j)^2}{2|a_{\min,i}|} + \delta_{ij}$$

当 $\rho_{ij} \geqslant \Delta_{ij}$ 时, $v_i^c = v_{\max,i} > v_j$。当 $0 < \rho_{ij} < \Delta_{ij}$ 时,若 $v_i > v_j$, $v_i^c = v_j + \dfrac{\rho_{ij}}{\Delta_{ij}}(v_i - v_j) > v_j$;若 $v_i = v_j$, $v_i^c = v_j$;若 $v_i < v_j$, $v_i^c = v_j + \dfrac{\rho_{ij}}{\Delta_{ij}}(v_i - v_j) < v_j$。

由于 $v_i^c$、$v_i$ 都是连续的，只要初始时刻 $v_i$ 满足条件式(8-27)，第 $i$ 架无人机将逐渐接近第 $j$ 架无人机，直至两者速度相同。

当 $0 < \rho_{ij} < \Delta_{ij}$ 时，若 $v_i > v_j$，$v_i^c = v_j + \dfrac{\rho_{ij}}{\Delta_{ij}}(v_i - v_j) < v_j + (v_i - v_j) = v_i$。因此，在第 $i$ 架无人机逐渐接近第 $j$ 架无人机的过程中，其速度是单调递减的。

当 $\rho_{ij} = \Delta_{ij} = \dfrac{(v_{\max, i} - v_j)^2}{2|a_{\min, i}|} + \delta_{ij}$ 时，$v_i^c = v_{\max, i} = v_i$。假定从这一时刻起第 $i$ 架无人机以加速度 $a_{\min, i}$ 减速（由于 $a_{\min, i} < 0$），那么当 $v_i = v_j$ 时，$\rho_{ij} = \delta_{ij}$。

类似地，在理想情况下（即不考虑无人机的加速度限制和自动驾驶仪速度保持动态的滞后影响），采用速度控制策略式(8-28)，第 $i$ 架无人机的飞行速度 $v_i$ 将单调递减，直至 $v_i = v_j$，这时 $\rho_{ij} = \delta_{ij}$。由于当 $t \to \infty$ 时 $\psi_i \to \psi_j$，于是有 $\dot{\rho}_{ij} \to v_j - v_i$。当 $\rho_{ij} > \delta_{ij}$ 时，$v_i^c > v_j$，$\dot{\rho}_{ij} < 0$。当 $\rho_{ij} < \delta_{ij}$ 时，$v_i^c < v_j$，$\dot{\rho}_{ij} > 0$。因此，在理想情况下 $v_i = v_j$、$\rho_{ij} = \delta_{ij}$ 是一个稳定的平衡点。

在实际情况下，由于无人机的加速度限制和自动驾驶仪速度保持动态的滞后影响，平衡状态时 $v_i = v_j$、$\rho_{ij} < \delta_{ij}$。为防止第 $i$ 架无人机越过第 $j$ 架无人机，$\delta_{ij}$ 应适当取大一些。$\delta_{ij}$ 的取值主要由稳态时无人机之间的期望距离决定，但也与无人机的特征参数有关，如最小加速度 $a_{\min, i}$、自动驾驶仪速度系数 $\alpha_{v, i}$ 等。

当第 $i$ 架无人机在第 $j$ 架无人机的门限距离之外时始终以最大飞行速度追踪目标，反之，当第 $i$ 架无人机在第 $j$ 架无人机的门限距离之内时，将依据相对速度差和视线距离调整其飞行速度，直至与第 $j$ 架无人机的飞行速度相同。适当选取 $\delta_{ij}$ 的值可使稳态时第 $i$ 架无人机与第 $j$ 架无人机的保持期望的距离，并且让第 $i$ 架无人机永远也不会越过第 $j$ 架无人机。

如果将第 $j$ 架无人机替换成群体 Leader，那么第 $i$ 架无人机将从尾部追踪群体 Leader，最后其飞行速度和航向将与群体 Leader 保持一致，它自己将与群体 Leader 保持一定的距离。如果所有的无人机都以这样的方式追踪群体 Leader，最后可实现多无人机集结。集结所需时间的长短与初始时刻无人机的相对位置和群体 Leader 的飞行速度有关。在集结的过程中，群体 Leader 应保持较低的飞行速度，这样集结时间才不至于太长。

如果所有的无人机都追踪群体 Leader，那么群体 Leader 成为系统的中心节点，它的任何异常都可能造成系统单点故障，这显然与分散化控制目的不符。实际上也可以让部分无人机追踪其邻居，从而形成递阶层次树状结构。只要有一架无人机已经追上群体 Leader,那么就可以用它部分地替换当前的群体 Leader,这样可以削弱单点故障可能带来的不利影响。

采用速度追踪法,无人机将从尾部追踪群体 Leader 并实现集结,这非常有利于后续的编队形成和编队保持。对于导弹而言,速度追踪法最大的缺点是末端弹道的曲率较大,但对于无人机而言这已经不是问题。速度追踪法的另一个缺点是对于机动目标追踪的过程可能较长,因此在集结阶段应该让被追踪对象——群体 Leader 以较低的速度匀速飞行。

### 8.2.3    速度和航向的分散化同步控制

速度追踪法只能用于多无人机集结,不能用于无人机编队形成和编队保持。在集结完成以后,无人机要进行控制策略切换,为下一步的紧密编队飞行控制做准备。

控制策略切换的时机由编队管理器模块根据无人机的状态和环境信息来确定。一种可切换的条件为

$$\begin{cases} \psi_i \approx \vartheta_{ij} \approx \psi_j \\ v_i \approx v_j \end{cases} \tag{8-29}$$

采用速度追踪制导律式(8-26)和速度控制策略式(8-28),第 $i$ 架无人机只要追上第 $j$ 架无人机,条件式(8-29)就总能满足。如果第 $j$ 架无人机是群体 Leader 或者已经完成控制策略切换,那么它的跟随者第 $i$ 架无人机也可以进行控制策略切换。注意,由于无人机集结有先后次序,控制策略的切换不一定要同步进行。

由于无人机具有正的速度限制和最小转弯半径限制,在进行编队形成和编队保持之前,首先应使编队中所有无人机的飞行速度和航向都保持同步,这样当有外界干扰时所有无人机仍然保持集结状态并且相互之间不易发生碰撞。下面分别给出速度同步控制策略和航向同步控制策略。

无人机的速度动态用一阶动态模型描述:

$$\dot{v}_i = \alpha_{v,i}(v_i^c - v_i)$$

速度同步控制策略为

$$\begin{cases} v_i^c = v_i + \dfrac{1}{\alpha_{v,i}} u_i \\ u_i = -\sum_{j \in \mathcal{N}_i} a_{ij}(v_i - v_j) \end{cases} \tag{8-30}$$

也可将上式表示成以下更紧凑的形式：

$$v_i^c = v_i + \frac{1}{\alpha_{v,i}}\Big[ -\sum_{j\in\mathcal{N}_i}a_{ij}(v_i-v_j)\Big] \qquad (8-31)$$

无人机的航向控制与速度控制略有不同。
如图 8-14 所示，第 $i$ 架无人机从当前航向 $\psi_i$ 偏
转到指令航向 $\psi_i^c$ 可有两种不同的方式：一种是沿
路径 1 顺时针偏转；另一种是沿路径 2 逆时针偏
转。显然，沿路径 1 的航向偏转角小于 $\pi$，而沿路
径 2 的航向偏转角大于 $\pi$，并且沿路径 2 飞行路
径更长，需要更多时间。因此，在控制无人机的
航向时要避免出现航向偏转角大于 $\pi$ 的情况。

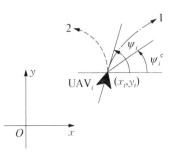

图 8-14  无人机的航向运动

参照粒子调整速度方向的最近邻规则[10]，可给出航向同步控制策略为

$$\psi_i^c = \psi_i + \frac{1}{1+|\mathcal{N}_i|}\sum_{j\in\mathcal{N}_i}(\psi_j-\psi_i) \qquad (8-32)$$

式中，$\psi_j-\psi_i$ 是相邻无人机航向之差，按照规定它满足 $-\pi<\psi_j-\psi_i\leqslant\pi$。由此
可有

$$-|\mathcal{N}_i|\pi < \sum_{j\in\mathcal{N}_i}(\psi_j-\psi_i) \leqslant |\mathcal{N}_i|\pi$$

$$-\frac{|\mathcal{N}_i|}{1+|\mathcal{N}_i|}\pi < \frac{1}{1+|\mathcal{N}_i|}\sum_{j\in\mathcal{N}_i}(\psi_j-\psi_i) \leqslant \frac{|\mathcal{N}_i|}{1+|\mathcal{N}_i|}\pi$$

$$-\pi < \frac{1}{1+|\mathcal{N}_i|}\sum_{j\in\mathcal{N}_i}(\psi_j-\psi_i) < \pi$$

于是也有

$$|\psi_i^c-\psi_i| < \pi \qquad (8-33)$$

可见航向同步控制策略式(8-32)可以保证不出现航向偏转角大于 $\pi$ 的情况。

如果通信拓扑固定不变，那么当且仅当通信拓扑图中含有有向生成树时所
有无人机的飞行速度和航向角能渐近地趋于一致。如果编队中含有群体
Leader，那么所有无人机的飞行速度和航向角将与群体 Leader 趋于相同。

### 8.2.4  基于编队图的编队形成与保持

为便于描述，首先给出编队图定义[11-13]。

**定义 8-1**　编队图(formation graph)是一个有向图,记为 $G_F = (V, E, C)$,其中有限集 $V = \{1, \cdots, n\}$ 是编队图 $G_F$ 的节点集,其中的元素是编队中智能体的编号,这些智能体能在二维平面(或三维空间)内运动。

有限集 $E \subset V \times V$ 是编队图 $G_F$ 的边集,其中有向边 $e_{ij} = (i, j) \in E$ 表示为实现给定的编队队形,第 $j$ 个智能体相对于第 $i$ 个智能体要满足一定的编队约束关系。

有限集 $C = \{c_{ij} \mid c_{ij} = \| q_i - q_j - r_{ij} \|, (i, j) \in E\}$ 是编队图 $G_F$ 的约束集,其中 $q_i \in \mathbf{R}^2$(或 $\mathbf{R}^3$)是第 $i$ 个智能体的位置坐标,$r_{ij} \in \mathbf{R}^2$(或 $\mathbf{R}^3$)是第 $i$ 个智能体相对于第 $j$ 个智能体期望的相对位置坐标。当 $c_{ij} = 0$ 时称约束条件 $c_{ij}$ 得到满足。对用编队图 $G_F$ 描述的编队队形,集合 $C$ 中所有的约束条件都必须得到满足。

编队图仅考虑相对位置约束,故与坐标系的选取无关。编队图并不保证它所描述编队的几何构型是唯一确定的,这在实际应用中可能会有一些不便,为此给出下面的定理。

**定理 8-2**　当且仅当编队图中含有有向生成树时,编队的几何构型是唯一确定的。

**证明**　充分性:如果编队图中含有有向生成树,那么对除根节点外的所有节点,都存在从根节点出发到该节点的有向路径。由编队图的约束条件可知,对任意有向边 $e_{ij} = (i, j) \in E$,如果父节点 $i$ 的位置是确定的,那么子节点 $j$ 的位置也是确定的。由此可见,如果根节点的位置是确定的,那么其余所有节点的位置也都是确定的。因此,当编队图中含有有向生成树时编队的几何构型是唯一确定的。

必要性:假定编队图中不含有向生出树。由于有向边的子节点可由其父节点唯一确定,因此子节点可由其父节点代替。首先剔除所有的叶子节点(非孤立节点),然后断开剩余编队图中的有向环,如此反复,直到最后只剩下孤立的节点。由于编队图中不含有向生成树,最后至少剩余两个孤立的节点。孤立的节点间不存在相对位置约束,其中一个节点的位置发生变化不会影响其他节点,这与编队的几何构型唯一确定相矛盾。因此,如果编队的几何构型是唯一确定的,那么编队图中必含有有向生成树。

上述定理的条件与前文中一致性算法的收敛性条件十分类似,实际上,这里的编队图与前文的通信拓扑图存在着一定的联系。对给定的多无人机编队,编队图中的节点集与通信拓扑图中的节点集完全一致。编队图中的有向边表示相应的无人机之间存在编队约束关系,而通信拓扑图中的有向边表示相应的无人机之间存在有向通信连接。要使编队约束条件总得到满足,无人机之间必须通过通信网络实时交换状态信息,也就是说无人机之间应该存在有向通信连接。一般情况下,编队图的边集是通信拓扑图边集的子集,有时为方便起见也可让两者完全相同。

在编队图定义的基础上,给出一种编队的定义如下。

**定义 8 - 2**　对用单积分器模型描述的多智能体系统$\dot{q}_i = u_i$, $i \in \{1, \cdots, n\}$和用$G_F$描述的编队图,如果存在控制输入$u_i$, $\forall i \in \{1, \cdots, n\}$,使得当$t \to \infty$时$c_{ij} \to 0$, $\forall (i, j) \in E$,那么称多智能体系统渐近地形成编队图$G_F$所描述的编队队形。

对用其他类型动态模型描述的多智能体系统,其编队定义也可仿上述定义给出。

下面以图 8 - 12 中 5 架无人机所组成的编队为例来说明编队图、编队的意义及其实际应用。

假定 5 架无人机以三角编队队形稳定飞行,无人机的位置、速度和航向如图 8 - 15 所示,其中$xOy$是静止的地面坐标系。

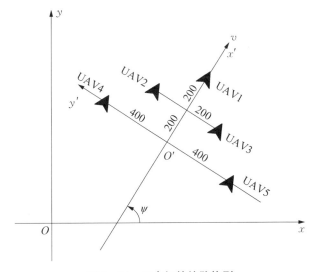

图 8 - 15　无人机的编队构型

为了完整且准确地描述无人机编队,首先确定无人机编队的速度$v$和航向$\psi$,然后引入无人机编队的航向坐标系$x'O'y'$。航向坐标系$x'O'y'$是与无人机编队固连的惯性坐标系,可由地面坐标系 $xOy$ 沿逆时针方向旋转 $\psi$ 得到,其中 $x'$ 轴的正方向是无人机编队的航向,所有无人机都沿 $x'$ 轴正方向运动。最后在航向坐标系 $x'O'y'$ 中给出无人机编队的相对位置矩阵和编队约束条件,进一步可得到编队图 $G_F$。无人机的编队运动用编队运动速度 $v$、编队航向 $\psi$ 和编队图 $G_F$ 三者共同来描述。

由于编队图的约束条件与坐标系的选取无关,编队约束条件可以在不同坐标系下相互转换。显然,在航向坐标系 $x'O'y'$ 中描述和处理编队约束条件最为方便。

以图 8-15 所示的无人机编队为例,在航向坐标系 $x'O'y'$ 中,其相对位置矩阵可表示如下:

$$\boldsymbol{R}_x = \left[ x_{ij}^{\mathrm{r}} \right] = \begin{bmatrix} 0 & -200 & -200 & -400 & -400 \\ 200 & 0 & 0 & -200 & -200 \\ 200 & 0 & 0 & -200 & -200 \\ 400 & 200 & 200 & 0 & 0 \\ 400 & 200 & 200 & 0 & 0 \end{bmatrix}$$

$$\boldsymbol{R}_y = \left[ y_{ij}^{\mathrm{r}} \right] = \begin{bmatrix} 0 & 200 & -200 & 400 & -400 \\ -200 & 0 & -400 & 200 & -600 \\ 200 & 400 & 0 & 600 & -200 \\ -400 & -200 & -600 & 0 & -800 \\ 400 & 600 & 200 & 800 & 0 \end{bmatrix}$$

式中,$x_{ij}^{\mathrm{r}} = x_i' - x_j'$;$y_{ij}^{\mathrm{r}} = y_i' - y_j'$;$q_i' = [x_i',\ y_i']^{\mathrm{T}}$ 是第 $i$ 架无人机在航向坐标系 $x'O'y'$ 中的位置坐标,$r_{ij}' = [x_{ij}^{\mathrm{r}},\ y_{ij}^{\mathrm{r}}]^{\mathrm{T}}$ 是航向坐标系 $x'O'y'$ 中第 $i$ 架无人机相对于第 $j$ 架无人机期望的相对位置坐标。显然,给定航向坐标系 $x'O'y'$ 中的相对位置矩阵以后,无人机编队的几何构型唯一确定,反之亦然。

以相对位置矩阵为基础,结合编队图中的边,可给出编队约束条件。航向坐标系 $x'O'y'$ 下的编队约束条件

$$c_{ij}' = \| q_i' - q_j' - r_{ij}' \|,\ \forall (i,\ j) \in E \tag{8-34}$$

编队约束条件与坐标系无关,即 $c_{ij}'$ 与 $c_{ij}$ 完全等价。

由于存在上述等价关系,可以只给出航向坐标系 $x'O'y'$ 中无人机编队的相对位置矩阵和编队约束条件。但是,在计算编队约束条件式(8-34)时需要得到

无人机在航向坐标系 $x'O'y'$ 中的相对位置,而实际只能得到无人机在地面坐标系 $xOy$ 中的位置坐标和航向角,因此需要推导出它们之间相互转换的关系式。

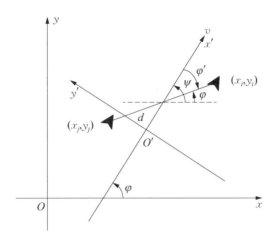

**图 8-16　无人机之间的相对位置关系**

假定第 $i$ 架无人机和第 $j$ 架无人机在 $xOy$ 和 $x'O'y'$ 坐标系中的位置坐标分别为 $q_i = [x_i, \ y_i]^{\mathrm{T}}$, $q_j = [x_j, \ y_j]^{\mathrm{T}}$, $q'_i = [x'_i, \ y'_i]^{\mathrm{T}}$, $q'_j = [x'_j, \ y'_j]^{\mathrm{T}}$。由图 8-16 可有

$$d = \sqrt{(x_i - x_j)^2 + (y_i - y_j)^2} = \sqrt{(x'_i - x'_j)^2 + (y'_i - y'_j)^2} \quad (8-35)$$

$$\cos \varphi = \frac{x_i - x_j}{d} \quad (8-36)$$

$$\sin \varphi = \frac{y_i - y_j}{d} \quad (8-37)$$

$$\varphi' = \varphi - \psi \quad (8-38)$$

$$x'_i - x'_j = d\cos(\varphi - \psi) \quad (8-39)$$

$$y'_i - y'_j = d\sin(\varphi - \psi) \quad (8-40)$$

从式(8-35)～式(8-40)推导得到

$$x'_i - x'_j = (x_i - x_j)\cos \psi + (y_i - y_j)\sin \psi \quad (8-41)$$

$$y'_i - y'_j = -(x_i - x_j)\sin \psi + (y_i - y_j)\cos \psi \quad (8-42)$$

可将式(8-41)和式(8-42)写成矩阵形式:

$$\begin{bmatrix} x'_i - x'_j \\ y'_i - y'_j \end{bmatrix} = \begin{bmatrix} \cos\psi & \sin\psi \\ -\sin\psi & \cos\psi \end{bmatrix} \begin{bmatrix} x_i - x_j \\ y_i - y_j \end{bmatrix} \tag{8-43}$$

或者

$$q'_i - q'_j = \begin{bmatrix} \cos\psi & \sin\psi \\ -\sin\psi & \cos\psi \end{bmatrix}(q_i - q_j) \tag{8-44}$$

式中,

$$T = \begin{bmatrix} \cos\psi & \sin\psi \\ -\sin\psi & \cos\psi \end{bmatrix}$$

是旋转变换矩阵,并且有 $|T| = 1$。

式(8-44)给出了相对位置坐标在地面坐标系 $xOy$ 和航向坐标系 $x'O'y'$ 之间的相互转换关系。只要给出编队图和无人机的位置坐标,就可以计算编队约束条件。

下面给出无人机编队形成的定义。

**定义 8-3**   对于多无人机系统和用 $G_F$ 描述的编队图,如果存在控制输入 $v_i^c$、$\psi_i^c$、$h_i^c$,$\forall i \in \{1, \cdots, n\}$,使得当 $t \to \infty$ 时 $c_{ij} \to 0$,$\forall(i, j) \in E$,那么称多无人机系统渐近地形成编队图 $G_F$ 所描述的编队队形。

注意,如果编队约束条件仅含二维平面相对位置约束,那么将形成平面编队队形;如果编队约束条件含三维空间相对位置约束,那么将形成立体编队队形。本节仅考虑二维平面编队的情况,高度指令 $h_i^c$ 将被忽略。无人机的位置坐标和编队图的约束条件所在的坐标系可能不一致,这时应先进行坐标变换使保持一致,然后再进行计算,具体方法如前所述。

按照无人机编队形成的定义,只要满足 $c_{ij} \to 0$ 或 $c'_{ij} \to 0$,$\forall(i, j) \in E$,无人机编队即形成编队图 $G_F$ 所描述的编队队形。由于

$$c'_{ij} = \| q'_i - q'_j - r'_{ij} \| = \left\| \begin{bmatrix} x'_i - x'_j - x^r_{ij} \\ y'_i - y'_j - y^r_{ij} \end{bmatrix} \right\|$$

可见 $c'_{ij} \to 0$ 等价于

$$|x'_i - x'_j - x^r_{ij}| \to 0$$
$$|y'_i - y'_j - y^r_{ij}| \to 0$$

这说明，要满足编队约束条件 $c'_{ij}$，须调整第 $i$ 架无人机相对于第 $j$ 架无人机的相对位置坐标，即让第 $i$ 架无人机相对于第 $j$ 架无人机沿 $O'x'$ 轴或 $O'y'$ 轴运动。

如图 8-17 所示，要让第 $i$ 架无人机相对于第 $j$ 架无人机沿 $O'x'$ 轴运动，只要适当改变其运动速度 $v_i$ 即可，而要让它相对于第 $j$ 架无人机沿 $O'y'$ 轴运动，可以让它相对于当前航向 $\phi$ 偏转一个小角度 $\Delta\psi_i$。

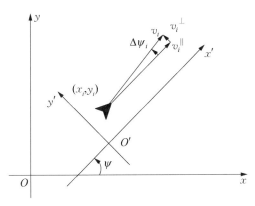

图 8-17    无人机的前向运动和侧向运动

由图 8-17 可得到无人机的前向速度和侧向速度为

$$v_i^{\parallel} = v_i\cos(\Delta\psi_i) \tag{8-45}$$

$$v_i^{\perp} = v_i\sin(\Delta\psi_i) \tag{8-46}$$

无人机集结完成以后，相互之间的侧向间距已经很小，故只要有很小的航向偏角 $\Delta\psi_i$，就可以产生足够的侧向运动速度。另一方面，较小的航向偏角 $\Delta\psi_i$ 可以避免无人机因沿编队方向的速度下降太多而掉队，可以降低无人机之间发生碰撞的可能性。

假定航向偏角 $\Delta\psi_i$ 很小，即 $\Delta\psi_i \approx 0$。于是有 $\cos(\Delta\psi_i) \approx 1$，$\sin(\Delta\psi_i) \approx \Delta\psi_i$，这时无人机的前向速度和侧向速度分别是

$$v_i^{\parallel} \approx v_i \approx v \tag{8-47}$$

$$v_i^{\perp} \approx v_i\Delta\psi_i \approx v\Delta\psi_i \tag{8-48}$$

由式(8-48)可有

$$\Delta \psi_i \approx \frac{v_i^{\perp}}{v} \tag{8-49}$$

即当无人机编队的速度 $v$ 和航向 $\psi$ 保持恒定时，无人机的侧向速度 $v_i^{\perp}$ 正比于航向偏角 $\Delta \psi_i$。

在前述分析和推导的基础上，可给出基于编队图的分散化编队飞行控制策略为

$$\begin{cases} v_i^c = \bar{v}_i^c + \Delta v_i^c \\ \psi_i^c = \bar{\psi}_i^c + \Delta \psi_i^c \end{cases} \tag{8-50}$$

式中，$\bar{v}_i^c$、$\bar{\psi}_i^c$ 是基于一致性算法的飞行速度和航向同步控制项，其形式与式(8-31)和式(8-32)完全相同：

$$\bar{v}_i^c = v_i + \frac{1}{\alpha_{v,i}} \Big[ -\sum_{j \in \mathcal{N}_i} a_{ij}(v_i - v_j) \Big] \tag{8-51}$$

$$\bar{\psi}_i^c = \psi_i + \frac{1}{1+|\mathcal{N}_i|} \sum_{j \in \mathcal{N}_i} (\psi_j - \psi_i) \tag{8-52}$$

而 $\Delta v_i^c$、$\Delta \psi_i^c$ 则是基于相对位置反馈的编队队形控制项：

$$\Delta v_i^c = -k_{v,i} \sum_{j \in \mathcal{N}_i} (x_i' - x_j' - x_{ij}^r) \tag{8-53}$$

$$\Delta \psi_i^c = -k_{\psi,i} \sum_{j \in \mathcal{N}_i} (y_i' - y_j' - y_{ij}^r) \tag{8-54}$$

式中，$k_{v,i} > 0$、$k_{\psi,i} > 0$ 是正的反馈增益；相对位置 $x_i' - x_j'$、$y_i' - y_j'$ 可由式(8-43)计算得到。

对单架无人机而言，无人机编队的速度 $v$ 和航向 $\psi$ 是未知的，但可以将 $\bar{v}_i^c$、$\bar{\psi}_i^c$ 作为对 $v$ 和 $\psi$ 的估计。

当达到平衡状态时，所有无人机按给定的几何构型编队飞行，即应该有

$$v_i^c \to \bar{v}_i^c \to v, \ \Delta v_i^c \to 0, \ \psi_i^c \to \bar{\psi}_i^c \to \psi, \ \Delta \psi_i^c \to 0 \tag{8-55}$$

由于假定航向偏角很小，故 $\Delta \psi_i^c$ 有界：

$$|\Delta \psi_i^c| \leqslant \Delta \psi_{max,i} \tag{8-56}$$

又由于无人机有速度限制

$$v_{min,i} \leqslant v_i^c = \bar{v}_i^c + \Delta v_i^c \leqslant v_{max,i}$$

可见 $\Delta v_i^c$ 的取值范围与无人机编队的运动速度 $v$ 有关。因此,在多无人机编队形成阶段,应使编队的运动速度 $v$ 适中而不是尽量低,这样各无人机都有合适的相对速度调整范围。

下面给出分散化控制策略式(8-50)的稳定性定理及简要的证明。

**引理 8-1** 拉塞尔不变集原理[14]:对于自治系统

$$\dot{x} = f(x), \ x \in \mathbf{R}^n \tag{8-57}$$

式中,$f: \mathbf{R}^n \to \mathbf{R}^n$ 是局部 Lipschitz 的。如果

$$L_f(U(x)) \leqslant 0, \ \forall x \in \mathbf{R}^n \tag{8-58}$$

式中,$L_f(U(x))$ 是 Lyapunov 函数 $U(\cdot)$ 沿向量场 $f$ 的李导数,那么式(8-57)的每一个解 $x(t)$ 都将收敛于最大不变集

$$M = \{ x \in \mathbf{R}^n \mid L_f(U(x)) = 0 \} \tag{8-59}$$

**定理 8-3** 对用模型式(8-19)描述的多无人机系统,如果无人机已经完成集结,并且速度和航向已处于同步状态,那么采用分散化控制策略式(8-50),多无人机系统将渐近地形成编队图 $G_F = (V, E, C)$ 所描述的编队队形。

**证明** 令 $q_i' = [x_i', y_i']^T \in \mathbf{R}^2$ 为第 $i$ 架无人机在航向坐标系 $x'O'y'$ 内的位置坐标,$r_{ij}' = [x_{ij}^r, y_{ij}^r]^T$ 为航向坐标系 $x'O'y'$ 中第 $i$ 架无人机相对于第 $j$ 架无人机期望的相对位置坐标。$r_{ij}'$ 可通过编队图 $G_F$ 中的编队约束条件计算得到。

考虑以下的 Lyapunov 函数

$$U \triangleq \frac{1}{2} \sum_i U_i \tag{8-60}$$

式中,

$$U_i \triangleq \frac{1}{2} \sum_{j \in \mathcal{N}_i} \| q_i' - q_j' - r_{ij}' \|^2 = \frac{1}{2} \sum_{j \in \mathcal{N}_i} [(x_i' - x_j' - x_{ij}^r)^2 + (y_i' - y_j' - y_{ij}^r)^2] \tag{8-61}$$

由式(8-61)可有

$$\frac{\partial U_i}{\partial q_i'} = \sum_{j \in \mathcal{N}_i} (q_i' - q_j' - r_{ij}') = \sum_{j \in \mathcal{N}_i} \begin{bmatrix} x_i' - x_j' - x_{ij}^r \\ y_i' - y_j' - y_{ij}^r \end{bmatrix}$$

对式(8-60)求导有

$$\dot{V} = \sum_i \left(\frac{\partial U_i}{\partial q'_i}\right)^{\mathrm{T}} \dot{q}'_i = \sum_i \left(\frac{\partial U_i}{\partial q'_i}\right)^{\mathrm{T}} \begin{bmatrix} \dot{x}'_i \\ \dot{y}'_i \end{bmatrix} \tag{8-62}$$

由于航向坐标系 $x'O'y'$ 与无人机编队固连,它相对于地面坐标系 $xOy$ 以速度 $v$ 沿航向角 $\psi$ 运动,因此由式(8-50)知

$$\dot{q}'_i = \begin{bmatrix} \dot{x}'_i \\ \dot{y}'_i \end{bmatrix} = \begin{bmatrix} v^c_i - v \\ \psi^c_i - \psi \end{bmatrix}$$

对第 $i$ 架无人机,将 $\bar{v}^c_i$、$\bar{\psi}^c_i$ 作为对 $v$ 和 $\psi$ 的估计,那么

$$\dot{q}'_i = \begin{bmatrix} \dot{x}'_i \\ \dot{y}'_i \end{bmatrix} = \begin{bmatrix} v^c_i - \bar{v}^c_i \\ \psi^c_i - \bar{\psi}^c_i \end{bmatrix} = \begin{bmatrix} \Delta v^c_i \\ \Delta \psi^c_i \end{bmatrix} = \begin{bmatrix} -k_{v,\,i} \sum_{j \in \mathcal{N}_i} (x'_i - x'_j - x^{\mathrm{r}}_{ij}) \\ -k_{\psi,\,i} \sum_{j \in \mathcal{N}_i} (y'_i - y'_j - y^{\mathrm{r}}_{ij}) \end{bmatrix}$$

于是由式(8-62)可有

$$\dot{U} = \sum_i \left(\frac{\partial U_i}{\partial q'_i}\right)^{\mathrm{T}} \dot{q}'_i = \sum_i \left(\sum_{j \in \mathcal{N}_i} (q'_i - q'_j - r'_{ij})\right)^{\mathrm{T}} \dot{q}'_i$$

$$= \sum_i \left[\sum_{j \in \mathcal{N}_i} \begin{bmatrix} x'_i - x'_j - x^{\mathrm{r}}_{ij} \\ y'_i - y'_j - y^{\mathrm{r}}_{ij} \end{bmatrix}\right]^{\mathrm{T}} \begin{bmatrix} -k_{v,\,i} \sum_{j \in \mathcal{N}_i} (x'_i - x'_j - x^{\mathrm{r}}_{ij}) \\ -k_{\psi,\,i} \sum_{j \in \mathcal{N}_i} (y'_i - y'_j - y^{\mathrm{r}}_{ij}) \end{bmatrix}$$

$$= -k_{v,\,i} \sum_i \left(\frac{\partial V_i}{\partial x'_i}\right) \sum_{j \in \mathcal{N}_i} (x'_i - x'_j - x^{\mathrm{r}}_{ij}) - k_{\psi,\,i} \sum_i \left(\frac{\partial V_i}{\partial y'_i}\right) \sum_{j \in \mathcal{N}_i} (y'_i - y'_j - y^{\mathrm{r}}_{ij})$$

$$= -k_{v,\,i} \sum_i \left(\sum_{j \in \mathcal{N}_i} (x'_i - x'_j - x^{\mathrm{r}}_{ij})\right)^2 - k_{\psi,\,i} \sum_i \left(\sum_{j \in \mathcal{N}_i} (y'_i - y'_j - y^{\mathrm{r}}_{ij})\right)^2$$

显然

$$\dot{U} \leqslant 0$$

按照拉塞尔不变集原理,多无人机系统的状态将收敛到以下最大不变集:

$$\Omega = \{q' \mid \dot{U}(q') = 0\}$$

其中 $q' = [q'_1, q'_2, \cdots, q'_n]^{\mathrm{T}}$。

这也说明当达到平衡状态时有

$$\sum_{j \in \mathcal{N}_i} (x'_i - x'_j - x^{\mathrm{r}}_{ij}) = 0, \ \sum_{j \in \mathcal{N}_i} (y'_i - y'_j - y^{\mathrm{r}}_{ij}) = 0, \ \forall i \in V \tag{8-63}$$

$\forall (i, j) \notin E$，$x'_i - x'_j - x^r_{ij}$、$y'_i - y'_j - y^r_{ij}$ 的取值是不定的。由式(8-63)可有

$$x'_i - x'_j - x^r_{ij} = 0, \ y'_i - y'_j - y^r_{ij} = 0, \ \forall (i, j) \in E \qquad (8-64)$$

即

$$c'_{ij} = \| q'_i - q'_j - r'_{ij} \| = 0, \ \forall (i, j) \in E$$

因此，当 $t \to \infty$ 时 $c'_{ij} \to 0$，$\forall (i, j) \in E$。这表明多无人机系统将渐近地形成编队图 $G_F = (V, E, C)$ 所描述的编队队形。

采用分散化控制策略式(8-50)，为使多无人机系统渐近地形成编队图所描述的编队队形，应当确保通信拓扑图和编队图都满足分散化控制策略的收敛性条件。当通信拓扑固定不变时，当且仅当通信拓扑图中含有有向生成树时，分散化控制策略(8-50)中的飞行速度和航向同步控制项能使无人机的飞行速度和航向趋于一致。为使多无人机编队的队形是唯一确定的，编队图中应含有有向生成树。为方便于系统实现，可让编队图中的边集与通信拓扑图中的边集保持一致，这样只要通信拓扑图中含有有向生成树，信拓扑图和编队图将都满足分散化控制策略的收敛性条件。

由于假定航向偏角很小，当无人机编队受到的干扰较小时，分散化编队控制策略式(8-50)尚能保持编队图所描述的编队队形，当无人机编队受到的扰动很大时，分散化编队控制策略可能不再适用，这时无人机有必要进行控制策略切换。根据无人机所受干扰的大小，可以视情况将分散化编队控制策略切换至速度追踪制导律和速度控制策略，或者切换至速度和航向分散化同步控制策略。

分散化控制策略在分散化控制结构上实现时，无人机的状态 $x_i$、$y_i$、$v_i$、$\psi_i$ 是协调变量，所有的无人机从其邻居获取协调变量信息，并实时更新本地协调变量。编队管理器模块储存编队的相对位置矩阵，供协调模块查询之用。编队管理器模块根据自己和邻居的状态决定是否进行控制策略切换以及采用哪一种控制策略。制导模块根据编队管理器模块的要求和协调模块的结果采用合适的控制策略计算飞行速度指令、航向角指令和高度指令。

本节给出的分散化编队飞行控制方法主要通过网络通信交换状态信息(其中仅速度追踪制导律可通过传感器测量实现)，仅通过局部信息交互实现飞行速度和航向同步以及编队形成和编队保持，允许无人机之间的通信拓扑动态变化。

本节的方法具有如下显著优点：

(1) 鲁棒性好，任意无人机故障或通信连接中断都不会影响的稳定性。

（2）可伸缩性好,对无人机数量没有限制,可动态增加或减少无人机。

（3）计算简单,通信量小,可实时实现。

### 8.2.5　仿真结果与分析

为了验证分散化编队飞行控制方法的有效性,针对不同场景给出多个仿真算例。为简单起见,仍假定所有无人机型号相同,它们具有相同的特征参数,如表 8-3 所示。无人机的飞行速度是其二维平面运动速度的大小,始终为正;加速度为正表示速度增大,为负表示速度减小。

表 8-3　无人机的特征参数

| 参　数　名　称 | 参　数　取　值 |
|---|---|
| 自动驾驶仪速度系数 $\alpha_v$/(1/s) | 0.2 |
| 自动驾驶仪航向系数 $\alpha_\psi$/(1/s) | 1.333 3 |
| 最小飞行速度 $v_{min}$/(m/s) | 150 |
| 最大飞行速度 $v_{max}$/(m/s) | 250 |
| 最大航向角速度 $\omega_{max}$/(rad/s) | $\pi/20$ |
| 最小加速度 $a_{min}$/(m/s$^2$) | $-8$ |
| 最大加速度 $a_{max}$/(m/s$^2$) | 8 |

### 1) 编队集结

假定有 5 架无人机,由于要进行紧密编队飞行,需要先实现集结。初始时刻无人机可能在空间内任意分布,并且具有任意的初始速度和航向角。集结不一定要同时完成,但集结完成以后所有无人机应速度相近,航向相同,并且相互之间的间距足够小。无人机的初始状态如表 8-4 所示。

表 8-4　无人机的初始状态

| 无人机 | 初始位置/(m, m) | 初始速度/(m/s) | 初始航向角/rad |
|---|---|---|---|
| UAV1 | (0, 0) | 160.0 | $\pi/4$ |
| UAV2 | (−10 000, 2 000) | 171.3 | $3\pi/8$ |
| UAV3 | (5 000, 14 000) | 245.6 | $7\pi/8$ |
| UAV4 | (15 000, 1 000) | 193.4 | $-5\pi/8$ |
| UAV5 | (2 000, −8 000) | 212.7 | $-\pi/8$ |

首先将 UAV1 作为群体 Leader,采用速度追踪制导律式(8-26)和速度控制策略式(8-28)让无人机实现集结。其中,速度控制策略式(8-28)式中的可调参数 $\delta_{ij}$ 都取 1 000 m。

从图 8-18 可以看出,作为群体 Leader 的 UAV1 沿初始航向稳定飞行,飞行轨迹不受其他无人机影响,其余无人机从尾部追踪 UAV1,最后所有无人机逐步实现集结。

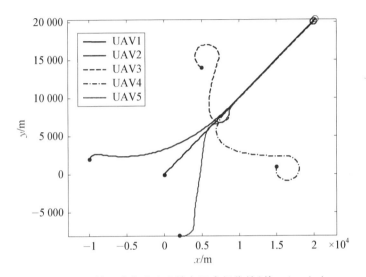

图 8-18　基于速度追踪法的多无人机集结(单一 Leader)

从图 8-19 可以看出,UAV1 的飞行速度保持恒定,其余无人机先加速到最大飞行速度,一段时间以后又减速到与 UAV1 飞行速度相同,然后速度保持恒定,表明集结已完成。由于除加速和减速阶段外总是以最大速度追踪,集结所需时间最短。

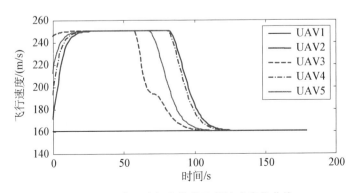

图 8-19　多无人机集结的飞行速度变化曲线

从图 8‑20 可以看出,所有无人机相对于 UAV1 的视线距离大致上是逐步减小的,虽然局部可能存在短期振荡,振荡主要发生于无人机通过盘旋改变航向的时候,最后视线距离收敛到恒定值。稳定的视线距离在 400～600 m 之间,与 $\delta_{ij}$ 的设定值有较大的差距。

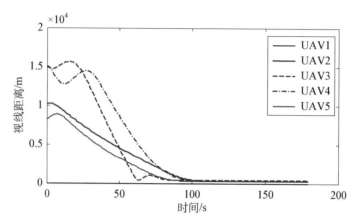

图 8‑20   多无人机集结的视线距离变化曲线

为了避免所有无人机都追踪群体 Leader 可能带来的严重问题,让少量无人机直接追踪群体 Leader,其余无人机追踪其邻居,形成递阶的层次树状结构。无人机之间的追踪关系如图 8‑21 所示,其中 UAV2 和 UAV3 将 UAV1 作为 Leader,UAV4 将 UAV2 作为 Leader,UAV5 将 UAV3 作为 Leader。采用速度追踪制导律式(8‑28)和速度控制策略式(8‑22)让无人机实现集结,得到的仿真结果如图 8‑22 所示,所有无人机逐步实现集结,与追踪共同 Leader 时的集结效果相似。

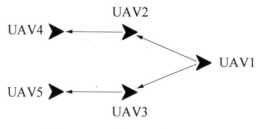

图 8‑21   无人机之间的追踪关系

为了将速度追踪法与比例导引法进行对比,这里也给出基于比例导引法的多无人机集结的仿真结果。将 UAV1 作为群体 Leader,采用比例导引法让所有

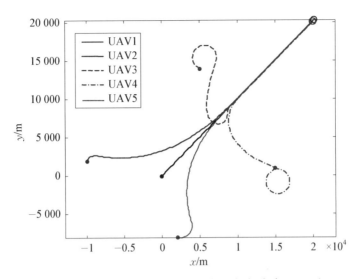

图 8-22 基于速度追踪法的多无人机集结(多个 Leader)

无人机实现集结,其中导航比取常值 $k=2$。得到的仿真结果如图 8-23 所示,在同样的时间内所有无人机未全部实现集结,部分无人机的运动轨迹较复杂,集结的效果很差。

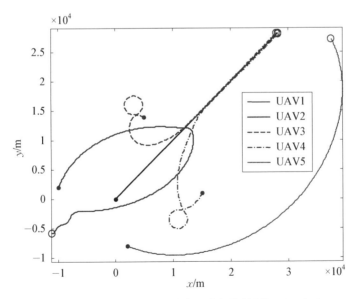

图 8-23 基于比例导引法的多无人机集结(单一 Leader)

仿真结果表明,采用速度追踪制导律式(8-26)和速度控制策略式(8-28)

能实现多无人机集结,并且完全满足紧密编队飞行对多无人机集结的要求。可以让所有无人机追踪群体 Leader,也可以让各无人机追踪其邻居,构成 Leader-Follower 的递阶层次树状结构,两种情况下集结的效果相当。基本的比例导引法不太适合于多无人机集结问题,除非进行一些重大改进才有可能获得较好的集结效果。

2) 速度和航向同步

假定 5 架无人机已完成集结,初始位置接近,但是飞行速度和航向角各不相同,现需要通过局部信息交互使各无人机的飞行速度和航向保持同步。无人机的初始状态如表 8-5 所示。

表 8-5　无人机的初始状态

| 无人机 | 初始位置/m, m | 初始速度/(m/s) | 初始航向角/rad |
|--------|--------------|----------------|----------------|
| UAV1 | $(0, 0)$ | 160.0 | $\pi/4$ |
| UAV2 | $(-1\,000, 2\,000)$ | 171.3 | $3\pi/8$ |
| UAV3 | $(1\,000, 1\,000)$ | 245.6 | $5\pi/8$ |
| UAV4 | $(1\,000, 0)$ | 193.4 | $-\pi/8$ |
| UAV5 | $(2\,000, -1\,000)$ | 212.7 | 0 |

无人机之间的通信拓扑如图 8-12 所示。用通信拓扑图 $G_C$ 描述所有无人机之间的信息交互关系,加权邻接矩阵取为

$$\boldsymbol{A} = [a_{ij}] = \begin{bmatrix} 0 & 0 & 0 & 0 & 0 \\ 1 & 0 & 2 & 0 & 0 \\ 0 & 2 & 0 & 3 & 3 \\ 0 & 3 & 0 & 0 & 0 \\ 0 & 3 & 0 & 0 & 0 \end{bmatrix}$$

其中 UAV1 是群体 Leader,初始时刻其速度指令设为 160 m/s,航向角指令设为 $\pi/4$,经过 30 s 以后其速度指令改为 200 m/s,经过 60 s 以后其航向角指令改为 $-\pi/4$。

采用分散化编队控制策略,得到的仿真结果如图 8-24 和图 8-25 所示。所有无人机的航向很快趋于一致,并且与作为群体 Leader 的 UAV1 保持相同,当 UAV1 的航向发生变化时也跟随变化。所有无人机的飞行速度和航向角很

快趋于一致,并且与作为群体 Leader 的 UAV1 保持相同。当 UAV1 的飞行速度或航向角发生变化时,其余无人机的飞行速度和航向角将跟随变化,过渡过程时间很短。可以通过控制群体 Leader 的运动进而控制整个群体的运动。

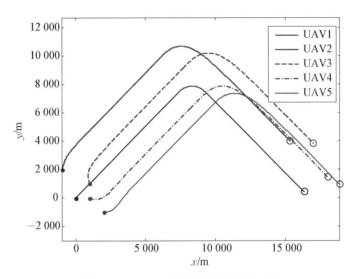

图 8-24 无人机的飞行速度和航向同步

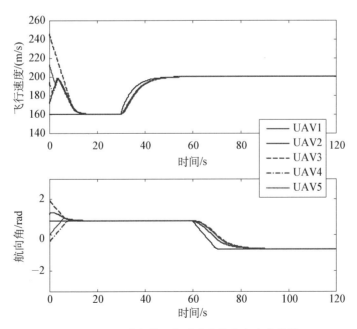

图 8-25 无人机的飞行速度和航向角变化曲线

### 3) 编队保持

在速度和航向同步基础上,现需要让 5 架无人机形成并保持期望的编队队形。初始阶段所有无人机都采用分散化同步控制策略,以使飞行速度和航向保持同步,80 s 以后切换至分散化编队控制策略式(8 - 50),以形成并保持期望队形。UAV1 是群体 Leader,初始时刻其速度指令设为 160 m/s,30 s 以后其速度指令改为 200 m/s。分散化控制策略式(8 - 50)中的常数取值:$k_{v,i} = 1$、$k_{\psi,i} = 0.01$。

从仿真结果可以看出,由同步策略切换至分散化编队控制策略式(8 - 50)以后,无人机逐渐形成期望编队队形,并在后续飞行过程中精确保持该编队队形。在编队形成阶段各无人机(除 UAV1 外)的飞行速度和航向角变化剧烈。通过群体 Leader 让无人机编队的飞行速度保持适中,这使得各无人机能获得较大的速度调整范围,有利于尽快形成期望的编队队形。

采用分散化控制策略,能让无人机编队中所有无人机仅通过局部信息交互、以分散化方式形成并保持给定的编队队形(见图 8 - 26~图 8 - 28)。

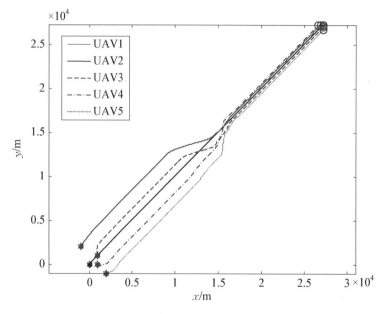

图 8 - 26　无人机的编队形成和编队保持

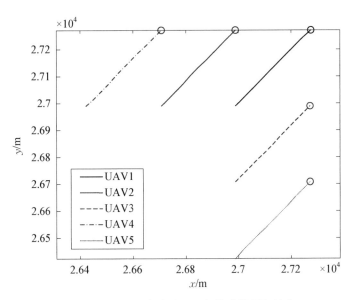

图 8－27　无人机紧密编队飞行轨迹的局部放大

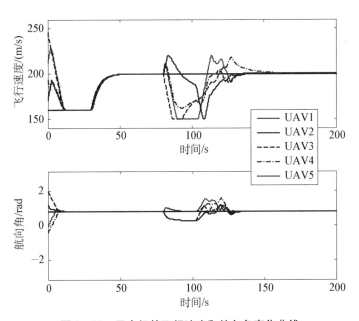

图 8－28　无人机的飞行速度和航向角变化曲线

## 8.3 基于长-僚机结构的编队飞行控制

### 8.3.1 复杂环境下编队飞行控制系统结构

如果不考虑飞机的姿态运动,把飞机看成一个质点,仅从运动学特性进行分析,其在三维平面内的运动模型为

$$\begin{cases} \dot{x} = v\cos\varphi\cos\gamma \\ \dot{y} = v\sin\varphi\cos\gamma \\ \dot{z} = v\sin\gamma \\ \dot{v} = u_v \\ \dot{\varphi} = u_{\dot{\varphi}} \\ \dot{\gamma} = u_{\dot{\gamma}} \end{cases} \tag{8-65}$$

式中,$u = [u_v, u_{\dot{\varphi}}, u_{\dot{\gamma}}]^{\mathrm{T}}$ 可以作为无人机的控制输入,即速度指令、航迹偏航角指令和航迹俯仰角指令。

使用质点模型的同时一般应该加入适当的约束条件,来对模型进行限制:

$$\begin{cases} 0 < v_{\min} \leqslant v \leqslant v_{\max} \\ a_{\min} \leqslant \dot{v} = a \leqslant a_{\max} \\ |\dot{\varphi}| = |\omega| \leqslant \omega_{\max} \end{cases} \tag{8-66}$$

尽管采用质点模型进行外环编队控制器设计,但在编队仿真时所有的仿真算例都采用的是六自由度飞机动力学模型。

考虑威胁复杂环境下无人机的编队飞行与避撞问题,必须具有感知和决策的能力,无人机编队飞行控制系统框图如图 8-29 所示。整个系统框图分为三层,分别为决策层、侦测感知层和飞行控制层,与第 1 章的图 1-1 人类认知控制行为模型一致,侦测感知层对应组织协调层,飞行控制层对应执行层。

(1)决策层:无人机通过无线通信获得编队任务信息以及编队中其他飞机信息,通过感知系统获得环境信息进一步获得障碍信息。根据获得的信息进行编队控制、避障控制以及避撞控制,得出相应控制量,将得出的控制量传到飞行控制系统。

(2)侦测感知层:综合使用多种机载设备对任务环境进行侦察,获得周围环

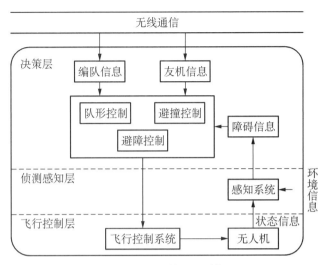

**图 8-29 飞行控制系统框图**

境信息,并将自身状态信息一起发回决策层。

(3)飞行控制层:接收决策层传回的控制量,然后通过飞行控制系统控制无人机的行为。

### 8.3.2 基于诱导航线的编队飞行控制

1)编队飞行控制流程

建立了基于诱导航线的长-僚机编队飞行控制方法,长机跟踪编队航线,僚机跟踪诱导航线,诱导航线根据期望任务或编队构型实时生成。编队控制需要实现:编队汇合,僚机根据队形设置跟踪长机,长机跟踪预定航线。编队控制的算法流程如下。

(1)所有飞机按照任务规划给出的航线飞行,当前航路点的飞行模式转变成编队飞行模式时,长机和僚机首先进行编队汇合。

(2)长机进入航线跟踪模式,按照航线向规划汇合点飞行,到达之后作盘旋等待其他僚机。

(3)僚机直接进入跟踪长机模式,按照队形向相对于长机的期望位置飞行,直到形成编队。

(4)此时长机进入下一个航线跟踪模式,跟踪规划好的编队飞行航线。

(5)僚机根据相对长机的位置进行编队保持控制,具体是根据当前相对于期望位置的误差和长机的飞行状态生成诱导航线,并跟踪该航线,同时根据长机的速度以及自身相对期望位置的纵向误差控制油门调节飞机速度。

（6）直到当前飞行模式切换成其他值的时候才解除编队。

该方法的一个重要思想是将编队控制问题转换为在线诱导航线的实时生成与诱导航线跟踪问题。并根据不同的编队形成阶段和误差大小，采用不同的诱导航线生成策略。

根据以上分析，编队控制算法主要包括编队队形设计，僚机诱导航线生成与跟踪控制，僚机自动油门控制。其他控制模态可以由航线跟踪模态来实现。

编队队形给出了长机以及各僚机在编队飞行时需要保持的相对位置关系，具体表示在原点与长机固联方位角等于长机航向角的导航坐标系中，如图 8 - 30 所示。典型编队队形如图 8 - 31 所示（1 为长机，2、3、4 为僚机）。

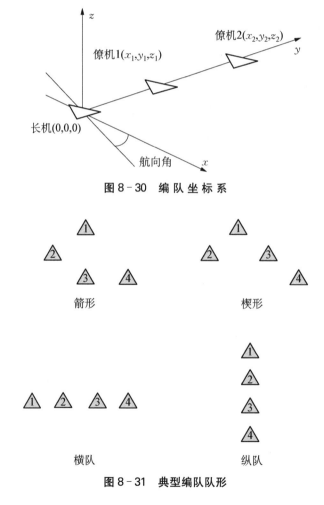

图 8 - 30　编 队 坐 标 系

图 8 - 31　典 型 编 队 队 形

### 2) 航路点跟踪导航原理

航线跟踪或航路点导航工作原理是：从指定的航路中，取出导航直线航线 $P_1P_2$，计算飞机到该航线 $P_1P_2$ 的侧偏距离。

飞机当前位置点记为 $P_g$，$P_g$ 在航线 $P_1P_2$ 的投影点记为 $P_d$。则 $P_g$、$P_d$ 和 $P_1$、$P_2$ 的关系如图 8 - 32 所示。

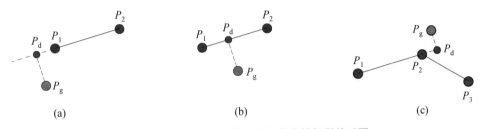

(a)　　　　　　　　　　(b)　　　　　　　　　　(c)

**图 8 - 32　飞机位置及其在导航直线的投影关系图**

从图 8 - 32(a)可以看出，如果 $P_1$ 是指定航路的第一点，则导航直线仍为 $P_1P_2$；否则，导航直线就不应该是 $P_1P_2$。

从图 8 - 32(b)可以看出，$P_d$ 落在直线 $P_1P_2$ 中，此时的导航直线航路仍是 $P_1P_2$。

从图 8 - 32(c)可以看出，$P_d$ 已经超出直线 $P_1P_2$，此时的导航直线航路就不应该是 $P_1P_2$，而应该采用 $P_2P_3$ 作为新的导航直线。

长机在编队飞行过程中，采用上述方法跟踪给定的航线，根据飞机相对于航线的位置、航向以及期望的速度和高度，通过自动驾驶仪产生相应的控制命令控制飞机飞行。而僚机需要根据长机的位置以及自身的位置产生一条诱导航线，跟踪诱导航线的方法与上述一样。

### 3) 僚机诱导航线产生

当僚机跟踪长机的时候采用诱导航线控制方式，根据当前僚机相对期望位置的误差生成一条诱导航线，然后利用航线跟踪方法控制僚机。该控制方式根据位置误差的大小切换不同的航线生成方法，切换航线控制方法的原理就是：当远离期望位置的时候朝期望位置飞行，当处于期望位置附近时，沿经过僚机期望位置并与长机速度方向平行诱导航线飞行。

基于僚机诱导航线跟踪的编队控制方法概括如下：

长机跟踪给定飞行航线，而僚机则跟踪长机。

僚机跟踪长机采用诱导航线控制方法，根据当前僚机相对期望位置的误差生成一条诱导航线,然后利用航线跟踪方法控制僚机。基本思想就是将僚机跟踪长机和编队保持问题变成航线跟踪问题,可以提高编队控制的稳定性和鲁棒性。

根据位置误差的大小切换不同的航线生成方法,切换航线控制原理是:

朝向诱导航线——当远离期望位置时朝期望位置飞行,在每个控制周期,以僚机当前位置为起点以僚机期望位置为终点生成诱导航线。

平行诱导航线——当处于期望位置附近时,沿经过僚机期望位置并与长机速度方向平行的诱导航线飞行。

诱导航线切换——由僚机相对期望位置的误差大小确定。

航线切换由僚机相对期望位置的误差大小确定,切换范围采用继电器开关线形式,如图8-33所示。外环区域的外边界表示从平行诱导航线切换到朝向期望位置诱导航线的切换线,在平行诱导的状态下一旦僚机从外环区域内穿出就进行切换;内环区域的外边界表示从朝向期望位置诱导航线切换到平行诱导航线的切换线,在朝向期望位置诱导的状态下一旦僚机从外部穿入内环区域就切换。

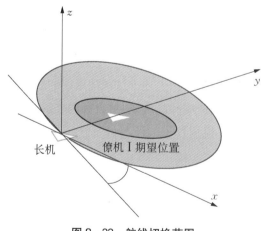

图8-33　航线切换范围

朝向期望位置诱导航线(见图8-34)的生成方法是,在每一个控制周期,以僚机当前位置为起点以僚机期望位置为终点生成诱导航线。

平行诱导航线(见图8-35)的生成方法是,在每一个控制周期,以僚机期望位置为起点,将过该点平行于长机航向的射线作为诱导航线。

僚机跟踪诱导航线的控制方法与跟踪普通航线的方法完全相同。

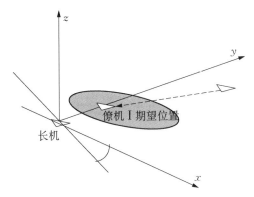

**图 8‐34　朝向期望位置诱导航线**

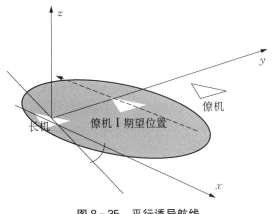

**图 8‐35　平行诱导航线**

**4) 僚机的期望位置计算**

建立以长机为原点的参考速度坐标系,将僚机位置转换为该参考坐标系内坐标,计算僚机与长机的前向距离和侧向距离,根据指令侧偏距和指令前向距,计算得到僚机的水平期望位置,并转化到地面经纬度坐标系。

长机为原点的参考速度坐标系中,原点 $O_L$ 取在飞机质心处,$O_L x_L$ 轴处于地平面内并与长机的水平飞行速度 $v_L$ 的方向一致,$O_L y_L$ 轴也在水平面内,且垂直于 $O_L x_L$ 指向右方,$O_L y_L$ 轴垂直地面指向地心。实际运用中,只用到在平面 $O_L x_L y_L$ 内的转换计算。

在地面坐标经纬度系中,其经度坐标标记为 $x$ 轴,纬度坐标标记为 $y$ 轴。假设长机的位置坐标为 $P_L(x_1, y_1, h_1)$,僚机的位置坐标为 $P_w(x_w, y_w, h_w)$。

长僚机关系如图 8‐36 所示。$P_{wd}$ 为僚机位置点 $P_w$ 在轴线 $O_L x_L$ 的投影点,则僚机与长机的实际前向距离就是点 $P_{wd}$ 与点 $P_L$ 的距离 $d_{f1}$。僚机与长机的实

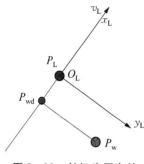

图 8-36　长机为原点的参考速度坐标系与僚机位置关系

际侧向距离就是点 $P_{wd}$ 与点 $P_w$ 的距离,记为 $d_{w1}$。

将指令侧偏距记为 $d_{c0}$,指令前向距记为 $d_{f0}$,僚机到期望点的侧偏距离为 $d_{wce}$,僚机到期望点的前向距离差为 $d_{wfe}$。

僚机的理想运动轨迹就是跟随长机的运动轨迹,并且使 $d_{wce} \rightarrow 0$,$d_{wfe} \rightarrow 0$。当长机机动飞行时,$d_{wce}$ 与 $d_{wfe}$ 的值必然会相应地变化,僚机控制的结果就是要减少它们的变化,并使其趋近于 0。

在僚机的横侧向通道计算中,这里计算得到的 $d_{wce}$ 就可以作为飞机当前位置到指令航线的侧偏距离 $d_{ce}$ 来直接使用。

**5) 诱导航线航路点计算**

根据僚机的期望位置计算诱导航线上两个点,这里以僚机 1 为例,僚机 1 的实际位置为 $(x_1, y_1, h_1)$,速度和航向角为 $(v_1, \varphi_1)$,长机的实际位置为 $(x_L, y_L, h_L)$,速度和航向角为 $(v_L, \varphi_L)$。

$$\begin{cases} x_{l1} = x_1 + d_k(x_e - x_1) - \delta_k \sin(\varphi_L) \\ y_{l1} = y_1 + d_k(y_e - y_1) + \delta_k \cos(\varphi_L) \\ h_{l1} = h_1 \\ v_{l1} = v_1 \end{cases} \quad (8-67)$$

$$\begin{cases} x_{l2} = x_{l1} - \delta_k \sin(\varphi_L) \\ y_{l2} = y_{l1} + \delta_k \cos(\varphi_L) \\ h_{l1} = h_e \\ v_{l1} = v_e \end{cases} \quad (8-68)$$

式中,$\delta_k$ 为固定的距离;$h_e$ 和 $v_e$ 分别为僚机 1 的期望高度和期望速度;$x_e$ 和 $y_e$ 为僚机 1 的期望位置:

$$\begin{cases} x_e = x_L - D_F \cos(\varphi_L) + D_W \sin(\varphi_L) \\ y_e = y_L + D_F \sin(\varphi_L) + D_W \cos(\varphi_L) \end{cases} \quad (8-69)$$

式中,$D_F$ 和 $D_W$ 分别为僚机在编队中相对于长机的前向距离和侧向距离。

诱导航线产生过程如图 8-37 所示,由式(8-67),诱导航线的位置主要由参数 $d_k$ 决定,$d_k$ 是一个从 0 到 1 的变量,根据飞机的滚转能力设定。当 $d_k = 0$

时,以僚机实际位置为基准、以长机飞行方向为航向产生诱导航线;当 $d_k = 1$ 时,以僚机期望位置为基准、以长机飞行方向为航向产生诱导航线。在飞行过程中不断改变 $d_k$,使诱导航线逐渐接近僚机的期望位置,僚机通过跟随诱导航线逐渐从实际位置到期望位置移动,最终使得无人机到达期望的位置。

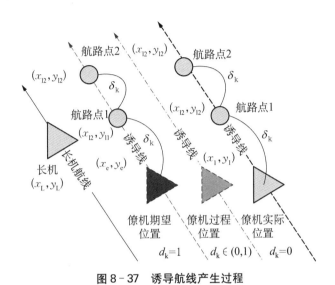

图 8 - 37　诱导航线产生过程

### 6) 僚机诱导航线跟踪

僚机跟踪诱导航线时,主要涉及三个关键变量,期望速度、航向以及侧偏。期望速度与长僚机在诱导航线上的投影距离、长机速度分量、长僚机速度分量差有关。

$$v_e = k_1 d + v_{Ld} + k_2 v_{Lg} \qquad (8 - 70)$$

式中,$k_1$,$k_2$ 为比例系数。

期望速度与长僚机在诱导航线上的投影距离为

$$d = (y_e - y_1)\cos \varphi_L + (x_e - x_1)\sin(-\varphi_L) \qquad (8 - 71)$$

长机速度分量为

$$v_{Ld} = v_L \cos(\varphi_L - \varphi_d) \qquad (8 - 72)$$

长僚机速度分量差为

$$v_{Lg} = v_L \cos(\varphi_L - \varphi_d) - v_1 \cos(\varphi_1 - \varphi_d) \qquad (8 - 73)$$

式中，

$$\varphi_{\mathrm{d}} = \begin{cases} \arctan(x_1 - x_{\mathrm{e}}, \ y_{\mathrm{e}} - y_1), & d_{\mathrm{e}} > 400 \\ \varphi_{\mathrm{L}}, & d_{\mathrm{e}} \leqslant 400 \end{cases} \tag{8-74}$$

可见，投影距离、长机速度分量和长僚机速度分量差越大，则期望速度就越大。

当前航向与期望航向的夹角为

$$\varphi_{\mathrm{e}} = \varphi_1 - \arctan\frac{y_{12} - y_{11}}{x_{12} - x_{11}} \tag{8-75}$$

侧偏距定义为僚机当前点到诱导航线的有向距离，如图 8-38 所示。

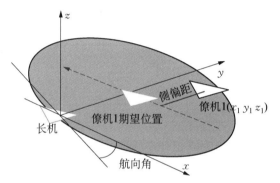

**图 8-38　僚机侧偏距**

### 8.3.3　编队避障和避撞算法

无人机编队无论是规避环境中的障碍物还是编队之间的避碰，都可能引起编队冲突问题。编队冲突消解是编队飞行控制重要内容。主要采用带优先级的编队冲突消解方法。

无人机均按编号定义其优先级，优先级低的无人机将优先级高的无人机视为障碍进行规避，由此设计无人机之间的避撞策略。优先级高的无人机进入优先级低的无人机"安全管道"，优先级低的无人机需要迅速避开。

优先级策略可以根据需要事先确定，基本原则如下：

（1）长机优先级高于全部僚机的优先级。

（2）处于编队保持状态的僚机优先级高于处于编队集结状态的僚机。

（3）处于编队集结状态的僚机，离长机距离较近的僚机优先级较高。

（4）处于编队保持状态的僚机，状态误差越小则其优先级越高。

避撞机动策略：

采用具有不同组合策略的机动轨迹库方法，依据碰撞威胁级别，可以采用一种或多种机动策略组合如下。

（1）水平变速防撞策略。

（2）水平转弯防撞策略。

（3）高度改变防撞策略。

（4）多种组合防撞策略。

避撞机动策略的优化与评估：

（1）策略选择满足快速性、有效性、简单性。

（2）避撞行为对整个编队造成影响程度或引起编队冲突尽可能小。

（3）碰撞冲突的预测、评估与消解。

根据无人平台当前状态对未来轨迹进行预测，检测、评估未来是否有碰撞冲突，并对碰撞威胁级别进行评估，采取相应的冲突消解策略和大小。

**1）编队规避环境障碍物**

无人机编队在飞行过程中面对突发威胁时，要及时反应，在保证顺利躲避障碍的前提下，尽量减小整个编队的机动动作。编队避障算法流程如图8‑39所示。无人机检测到障碍后，根据当前的相对位置以及障碍物的位置计算无人机恰好绕过障碍的距离，同时考虑改变位置后与其他无人机是否有碰撞冲突；如果有，计算当前位置再绕过其他无人机的距离，此时还要考虑尽量减小整个编队机动动作。将2次计算的距离作用到无人机原来编队位置上，从而改变编队队形顺利通过障碍。

为了便于说明算法流程，现举例说明。当飞机在躲避障碍时，与其他飞机存在碰撞可能时，编队避障示意

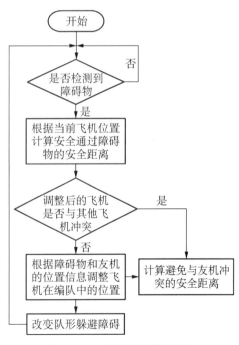

图8‑39　编队避障算法流程

如图8-40所示。当 $d_1 < d_2$ 时,飞机从左边避障,但会与3号飞机碰撞,会造成编队的扰动,因此需要从右边避障。如果 $d_1 \ll d_2$,4号无人机从右边要飞一个很远的距离,此时需要从左边避障,在改变侧向距离的同时改变前向距离,防止与3号碰撞。

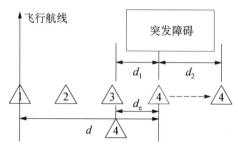

图8-40　编队避障示意图

各飞机改变后的相对位置为

$$\begin{cases} D'_F = D_F + d_f \\ D'_W = D_W + d_e \end{cases}$$

式中, $d_f$ 和 $d_e$ 分别为僚机编队中的前向和横向距离。

2) 编队之间防撞算法

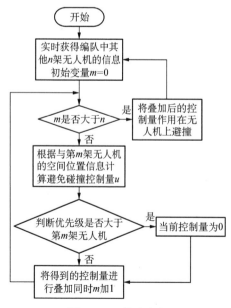

图8-41　算法流程

根据无人机当前状态对未来轨迹进行预测,检测未来是否有碰撞冲突,并对碰撞威胁级别进行评估,采取相应的冲突消解策略和大小。并通过优先级提高冲突消解的协调性,尽量减小机动避撞对编队扰动的同时保护重要平台。

无人机在编队飞行过程中最为重要的就是防止飞机之间的碰撞,根据无人机的空间位置设计基于碰撞优先级的避撞算法,算法流程如图8-41所示。

防撞算法作用于整个编队飞行过程中,每架无人机都实时获得其他无人机信息,并预测它们可能的碰撞点,根据当前位置与碰撞点位置设计防撞算法,在避撞的同时还要考虑优先级问题。

避撞时根据飞机在空间中的速度向量以及相对位置,分别从高度和航向两方面进行躲避,飞机之间实时预测的相对运动轨迹如图 8-42 所示,其中 $v_i$、$v_j$ 表示 2 架飞机的速度向量;$t_i$、$t_j$ 表示到达碰撞点的时间;$d_{ij}$ 表示两机高度差;$e_{ij}$ 表示方向向量,可表示为[15]

$$e_{ij} = \frac{v_i \times v_j}{\parallel v_i \times v_j \parallel} \tag{8-76}$$

根据飞机在碰撞点的垂直距离以及到达碰撞点的时间设计避免碰撞的控制量为

$$u_i = \frac{1}{k_i t_i^2 + k_{ij}(t_i - t_j)^2 + k_{de} d_{ij}^2} \tag{8-77}$$

式中,$k_i$、$k_{ij}$、$k_{de}$ 为控制参数,与飞机的转向以及爬升能力有关。由式(8-77)可以看出:

距离预测最近交汇点时间越短,冲突级别越高;

到达预测最近交汇点时间越接近,冲突级别越高;

预测最近交汇点距离越小,冲突级别越高。

随着两机的接近,时间逐渐变短,控制量随之增大,将控制量分别叠加到方向以及高度控制量上,得

$$\begin{cases} u'_\psi = u_\psi + k_\psi u_i \\ u'_\gamma = u_\gamma + k_\gamma u_i \end{cases} \tag{8-78}$$

飞机之间的几何位置关系如图 8-42 所示。

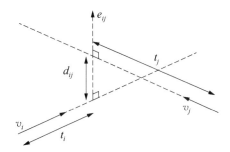

图 8-42　飞机之间的几何位置关系

**3）编队避撞优先级**

当2架无人机有碰撞冲突时,双方都进行避让会造成较大的机动代价,给整个编队带来较大的扰动。因此在避让时要考虑避让优先级问题,高优先级的无人机可以不用避让,低优先级的无人机进行避让。无人机的避撞优先级由无人机的机动能力、受损程度以及无人机的重要程度决定。

根据无人机受损程度将受损度划分为10个等级,即论域为[1,10],在此论域的基础上定义5个模糊集,分别为受损严重、较重、一般、较轻、轻微。5个模糊集的隶属函数设计如图8-43所示,图中实线和虚线分别代表了不同模糊子集的隶属度函数,模糊子集在对应区间的隶属度为1,与相邻区间的隶属度为一条斜线,底端与相邻区间中点连接,顶端与两区间交点连接。这样定义好处是论域上任意一点只隶属于一个模糊子集。

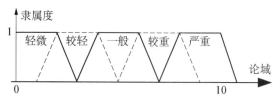

图8-43 受损隶属度函数

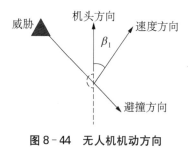

图8-44 无人机机动方向

根据无人机的飞行状况以及避撞方向对无人机的机动能力进行判断,所谓机动能力指的是在无人机当前运动的基础上做避撞机动的能力。例如当无人机当前正向右转弯时,这时检测到威胁在无人机的右方,需要向左躲避,在右转弯的基础上向左转执行起来较困难,机动能力较差。如果在右转的基础上向右躲避,执行起来比较容易,机动能力较强,具体的无人机机动方向如图8-44所示。在图中侧滑角为$\beta_1$,无人机向右转,威胁在左方。

根据侧滑角的大小以及威胁位置建立无人机机动能力的模糊集。论域为无人机侧滑角的范围$[\beta_{min}, \beta_{max}]$,在论域的基础上定义5个模糊集,分别为很差、差、一般、强、很强。隶属函数设计与之前类似,如图8-45所示。

同理将优先级等级设为10个等级,即论域为[1,10],在此论域的基础上定义5个模糊集,分别为很高、高、一般、低、很低,隶属度与之前设计类似。

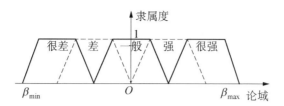

图 8-45　威胁隶属度函数

模糊逻辑的控制规则形式为"IF - THEN"型,由于知识的前提条件是 2 条,属于复合条件,控制规则集如表 8-6 所示。根据无人机受损程度以及当前机动能力,利用表中的模糊规则得到无人机的避撞优先级。

表 8-6　控 制 规 则 集

| 受损度 | 机动能力 | | | | |
|---|---|---|---|---|---|
| | 很强 | 强 | 一般 | 差 | 很差 |
| 轻微 | 很高 | 很高 | 高 | 一般 | 低 |
| 较轻 | 很高 | 高 | 高 | 低 | 低 |
| 一般 | 高 | 高 | 一般 | 很低 | 很低 |
| 较重 | 一般 | 低 | 很低 | 很低 | 很低 |
| 严重 | 低 | 低 | 很低 | 很低 | 很低 |

当具有碰撞冲突的 2 架无人机的避撞优先级相等时,要根据无人机的战术重要程度进行再判断,例如长机重要程度要高于僚机,同等优先级的僚机要躲避长机。战术重要程度一般在任务开始前就要根据情况设定好,便于后续的应用。

## 8.3.4　仿真结果与分析

为了体现算法的有效性,以下所有仿真都采用了 F15 飞机模型。状态不同的 4 架无人机(UAV1~UAV4)由分散状态形成编队状态,并在形成编队的同时做转弯机动,以横一队形飞行,无人机之间的间距为 300 m,飞行速度为 170 m/s。

编队转弯飞行轨迹和飞行状态如图 8-46 和图 8-47 所示,可以看出 4 架无人机的速度、高度以及航向角在编队算法的作用下迅速收敛并保持稳定,以横一队形编队飞行。

在飞行过程中遇到的不是简单的障碍,而是一个狭长的山谷,不能容纳 2 架无人机并行飞过,此时在防撞算法的作用下,编队避障飞行轨迹和飞行状态如图

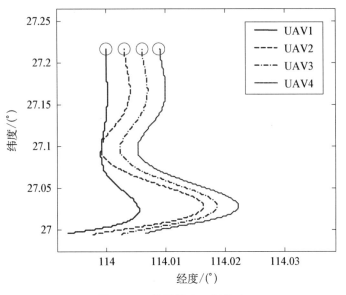

图 8-46 编队转弯飞行轨迹

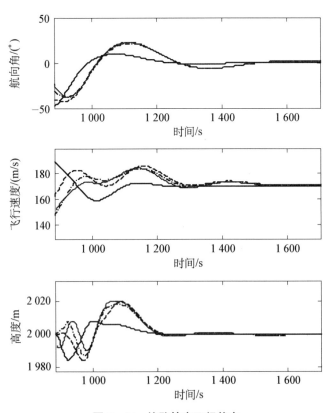

图 8-47 编队转弯飞行状态

8-48 和图 8-49 所示。可以看出,横一编队为了躲避障碍,通过速度以及航向的调节依次绕过障碍,形成一个最利于通过障碍的纵一队形,并且各飞机之间保持一个相对安全距离,安全绕过障碍后又重新形成横一队形。

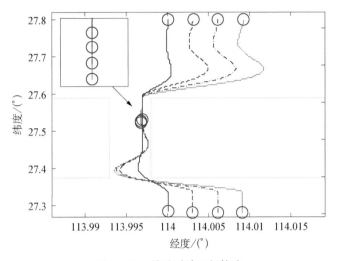

图 8-48　编队避障飞行轨迹

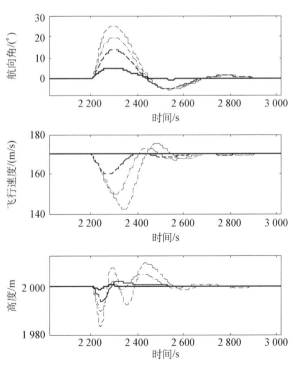

图 8-49　编队避障飞行状态

在上述算例的飞行过程中,由于编队要进行机动和躲避障碍使得无人机之间具有碰撞的危险,以 UAV3 为例,在一次机动过程中与 UAV2 有碰撞冲突,根据模糊逻辑规则推理出 UAV2 的优先级要高,因此 UAV3 要进行主动避让。

为了体现避撞算法的有效性,给出未加碰撞消除和增加碰撞消除时的控制量和最近邻机距离变化,飞行状况如图 8 - 50 和图 8 - 51 所示。未加碰撞消除控制量时,最近邻机距离超过安全距离警戒线,具有碰撞危险,增加碰撞消除控制量之后,可以看出随着距离的接近控制量也随之起作用,控制无人机进行躲避,最终使最近距离保持在警戒距离之外。

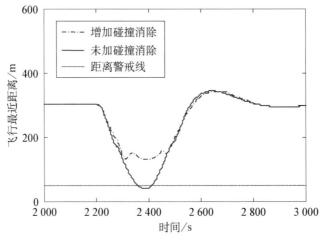

图 8 - 50    UAV3 最近邻机距离

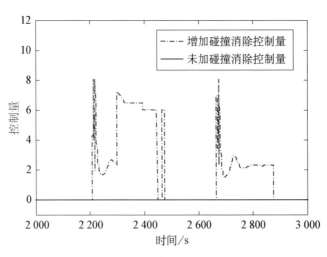

图 8 - 51    碰撞消除控制量

## 8.4　基于人工势场的编队飞行控制

人工势场法原理简单、易于实现、能满足实时性要求,因而广泛应用于多智能体控制系统中。通过改进势场函数或将人工势场法与其他控制方法相结合(如虚拟领航者法、信息一致性法等),通常可以得到期望的控制效果。

针对无人机编队控制问题,为了保证编队的安全性,编队中无人机间防撞和躲避环境中各种障碍物是两个必须考虑的关键问题。为了实现复杂环境下的无人机编队控制并确保编队控制的安全性,采用改进的人工势场函数进行了研究。既包括对机间势场的改进,也包括对障碍物与无人机间避障势场的改进。一方面,基于编队队形的结构约束改进了机间引力势场,保证了编队队形收敛的唯一性;另一方面,考虑到无人机飞行速度快且具有最小转弯半径、有限加减速能力、有限飞行速度区间等动力学约束,利用一种变形的避障势场实现编队对环境中静态或动态障碍物的躲避。同时提出了一种编队分割原则,与改进人工势场法结合,使得编队可以自动分割为两个子编队从障碍物两侧绕行,提高避障机动的灵活性。

### 8.4.1　无人机运动学模型

无人机采用带有运动学约束的质点模型,其中约束主要包括:无人机最大转弯速率、允许的飞行速度区间、最大/最小加速度等。假定编队中无人机在同一固定高度飞行,并且不考虑飞行过程中存在阵风干扰及通信延迟的问题。无人机质点动力学模型描述为

$$\begin{cases} \dot{x} = V\sin\psi \\ \dot{y} = V\cos\psi \\ \dot{V} = u_V \\ \dot{\psi} = u_\psi \end{cases} \tag{8-79}$$

无人机的自驾仪模型可采用一阶保持器形式,即

$$\begin{cases} u_V = -\dfrac{1}{\tau_v}V + \dfrac{1}{\tau_v}V_C \\ u_\psi = -\dfrac{1}{\tau_\psi}\psi + \dfrac{1}{\tau_\psi}\psi_C \end{cases} \tag{8-80}$$

式中,$(V_\text{C}, \psi_\text{C})$作为无人机的控制指令输入,即为无人机的速度指令和航迹偏航角指令。无人机的运动学约束描述如下:

$$\begin{cases} V_{\min} < V < V_{\max} \\ |\dot{V}| < \dot{V}_{\max} \\ |\dot{\psi}| < \dot{\psi}_{\max} \end{cases} \qquad (8-81)$$

若考虑无人机的转弯为协调转弯,则$\dot{\psi}_{\max}$的大小可以由下式给出:

$$\dot{\psi}_{\max} = \frac{g}{V} \tan \phi_{\max} \qquad (8-82)$$

从而得到无人机的最小转弯半径为

$$R_{\min} = \frac{V^2}{g \tan \phi_{\max}} \qquad (8-83)$$

### 8.4.2　基于势场法的队形保持

无人机编队中长机跟踪指定的航迹,僚机跟踪长机的运动。基于人工势场法实现编队保持的基本思想如下:编队中每架僚机受到两种由其他飞机产生的力,一种是使无人机间相互靠近的引力,另一种是避免无人机间相互碰撞的斥力,这两种力的合力引导无人机到其期望编队位置。长机沿指定航迹飞行时不受编队内其他飞机的作用力,僚机在合力作用下跟踪长机运动,从而保证编队沿指定航迹飞行。

传统的人工势场法通常是利用两机之间的距离,构造的引力势场如下[23]:

$$\begin{cases} J_{ij}^{\text{att}} = \dfrac{1}{2} K_{\text{att}} \parallel \boldsymbol{d}_{ij} \parallel^2 \\ \boldsymbol{d}_{ij} = \boldsymbol{p}_j - \boldsymbol{p}_i \end{cases} \quad i, j \in I, i \neq j \qquad (8-84)$$

式中,$I$为编队中无人机集合;$\boldsymbol{d}_{ij}$为两机间距离矢量。这种形式的引力场不能保证编队队形唯一收敛至期望队形,尤其是当无人机数目较少或者初始位置偏离期望位置较大的情况下。利用期望队形的结构约束,如图8-52所示,改进引力势场,改进后的势场函数如下:

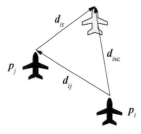

期望相对位置

图8-52　无人机间相对位置

$$
\begin{cases}
J_{ij}^{\mathrm{att}} = \dfrac{1}{2} K_{\mathrm{att}} \parallel \boldsymbol{d}_{ij} \parallel^2 + \dfrac{1}{2} K_{\mathrm{sc}} \parallel \boldsymbol{d}_{isc} \parallel^2 \\
\boldsymbol{d}_{isc} = \boldsymbol{R}_{\mathrm{g}}^{vj} \boldsymbol{d}_{ij} + \boldsymbol{d}_{ir}
\end{cases}
\tag{8-85}
$$

式中，$\boldsymbol{d}_{ir}$ 为第 $i$ 架无人机在第 $j$ 架无人机速度坐标系下的期望相对位置，利用旋转矩阵 $\boldsymbol{R}_{\mathrm{g}}^{vj}$ 对 $\boldsymbol{d}_{ij}$ 进行坐标系转换，两者矢量和 $\boldsymbol{d}_{isc}$ 即为第 $i$ 架无人机距离其期望相对位置的距离矢量（在第 $j$ 架无人机速度坐标系下描述），代表了期望队形产生的结构约束。

由势场函数得到第 $j$ 架无人机作用于第 $i$ 架无人机的引力如下：

$$
\boldsymbol{F}_{ij}^{\mathrm{att}} = -\nabla J_{ij}^{\mathrm{att}} = (K_{\mathrm{att}} + K_{\mathrm{sc}}) \boldsymbol{d}_{ij} + K_{\mathrm{sc}} (\boldsymbol{R}_{\mathrm{g}}^{vj})^{\mathrm{T}} \boldsymbol{d}_{ir}
\tag{8-86}
$$

两机间的斥力场采用广义 Morse 函数形式：

$$
J_{ij}^{\mathrm{rep}} = \frac{b}{\mathrm{e}^{\frac{\parallel \boldsymbol{d}_{ij} \parallel}{c}} - \mathrm{e}^{\frac{\parallel \boldsymbol{d}_{\mathrm{min}} \parallel}{c}}}, \quad i, j \in I, i \neq j
\tag{8-87}
$$

式中，$\boldsymbol{d}_{\mathrm{min}}$ 为两机间最小安全距离。由此得到第 $j$ 架无人机作用于第 $i$ 架无人机的斥力为

$$
\boldsymbol{F}_{ij}^{\mathrm{rep}} = \frac{b/c}{(\mathrm{e}^{\frac{\parallel \boldsymbol{d}_{ij} \parallel}{c}} - \mathrm{e}^{\frac{\parallel \boldsymbol{d}_{\mathrm{min}} \parallel}{c}})^2} \cdot \mathrm{e}^{\frac{\parallel \boldsymbol{d}_{ij} \parallel}{c}} \cdot \frac{\boldsymbol{d}_{ij}}{\parallel \boldsymbol{d}_{ij} \parallel}
\tag{8-88}
$$

第 $j$ 架无人机作用于第 $i$ 架无人机的合力为

$$
\boldsymbol{F}_{ij} = (K_{\mathrm{att}} + K_{\mathrm{sc}}) \boldsymbol{d}_{ij} + K_{\mathrm{sc}} (\boldsymbol{R}_{\mathrm{g}}^{vj})^{\mathrm{T}} \boldsymbol{d}_{ir} - \frac{b/c}{(\mathrm{e}^{\frac{\parallel \boldsymbol{d}_{ij} \parallel}{c}} - \mathrm{e}^{\frac{\parallel \boldsymbol{d}_{\mathrm{min}} \parallel}{c}})^2} \cdot \mathrm{e}^{\frac{\parallel \boldsymbol{d}_{ij} \parallel}{c}} \cdot \frac{\boldsymbol{d}_{ij}}{\parallel \boldsymbol{d}_{ij} \parallel}
\tag{8-89}
$$

编队中无人机最终需要稳定在期望队形位置，故第 $i$ 架无人机到达期望位置时受到的合力应为 $\boldsymbol{F}_{ij} = 0$，由此得到平衡条件如下：

$$
K_{\mathrm{att}} = \frac{b/c}{(\mathrm{e}^{\frac{\parallel \boldsymbol{d}_{ir} \parallel}{c}} - \mathrm{e}^{\frac{\parallel \boldsymbol{d}_{\mathrm{min}} \parallel}{c}})^2} \cdot \mathrm{e}^{\frac{\parallel \boldsymbol{d}_{ir} \parallel}{c}} \cdot \frac{1}{\parallel \boldsymbol{d}_{ir} \parallel}
\tag{8-90}
$$

图 8-53 为满足平衡条件下单架无人机 $j$ 所产生的合力方向。根据以上平衡条件，无人机到达期望位置时受到所有其他无人机的合力 $\sum \boldsymbol{F}_{ij} = 0$。为了减小无人机在期望位置附近的振荡，根据无人机与长机间的相对速度，引入阻尼项 $\boldsymbol{F}_{\mathrm{damp}}$，第 $i$ 架无人机所受合力为

$$\begin{cases} \boldsymbol{F}_i^{\text{fc}} = \sum_{j\neq i,\, j\in I} \boldsymbol{F}_{ij} + \boldsymbol{F}_{\text{damp}}, \ i \neq \text{leader} \\ \boldsymbol{F}_{\text{damp}} = - K_{\text{damp}}(\boldsymbol{v}_i - \boldsymbol{v}_{\text{leader}}) \end{cases} \tag{8-91}$$

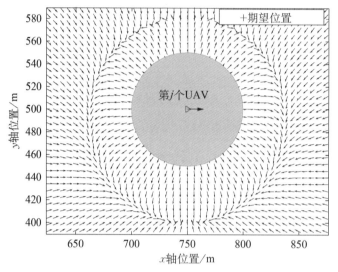

图 8-53　单架无人机产生的合力

### 8.4.3　无人机编队避障

1) 单机避障原理

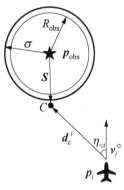

图 8-54　无人机避障原理图

　　考虑无人机编队在一个存在一定数量静态或动态障碍物的环境中执行任务。障碍物采用外接圆模型,视为圆形危险区域,且任意两个障碍物间最小距离不小于 $2d_{\min}$。障碍物的位置和速度信息为已知的。无人机避障原理如图 8-54 所示。

　　针对高速飞行具有大惯性的固定翼无人机,其运动学约束对无人机的避障机动有很大的影响。主要考虑无人机高速飞行过程中最小转弯半径 $R_{\min}$、允许的飞行速度区间 $[V_{\min}, V_{\max}]$、有限的加减速能力 $|\dot{V}_{\max}|$ 等运动约束影响,对传统的避障斥力场进行改进,得到一种变形的势场函数为[18]

$$J_i^{\mathrm{mpf}} = K_{\mathrm{mpf}} \cdot \exp\left\{-\Gamma\left(\frac{\|\boldsymbol{p}_{\mathrm{obs}} - \boldsymbol{p}_i + \boldsymbol{S}\|}{\sigma}\right)^2\right\},$$
$$i \in I \tag{8-92}$$

式中，$\boldsymbol{p}_{\mathrm{obs}}$ 为障碍物圆心坐标；$\sigma$ 是期望的避障半径；$\boldsymbol{v}_i^o$ 为第 $i$ 架无人机与障碍物间的相对速度。通过 $\boldsymbol{S}$ 和 $\Gamma$ 两个因子对传统避障势场进行改进，设计 $\boldsymbol{S}$ 与 $\Gamma$ 的表达式如下：

$$\boldsymbol{S} = -(\boldsymbol{v}_i^o / \|\boldsymbol{v}_i^o\|)d_s, \quad \boldsymbol{v}_i^o = \boldsymbol{v}_i - \boldsymbol{v}_o \tag{8-93}$$

$$\begin{cases} \Gamma = (1 - \Gamma_0)\sin^2\eta_{vi} + \Gamma_0, \quad \eta_{vi} \in [-p_i, \; p_i] \\ \Gamma_0 = \begin{cases} \left(\dfrac{\sigma}{\sigma + R_{\min}^i - d_s}\right)^2, & |\eta_{vi}| < \dfrac{\pi}{2} \\ \left(\dfrac{\sigma}{\sigma + d_s}\right)^2, & \text{其他} \end{cases} \end{cases} \tag{8-94}$$

利用变形因子 $\Gamma$ 对势场的形状进行了改变，扩大了沿相对速度方向上的避障半径，使之满足最小转弯半径 $R_{\min}^i$ 的约束。同时利用附加的参考位移项 $\boldsymbol{S}$ 将避障势场的中心从障碍物圆心处移走，进一步改变了避障势场的形状，减少无人机对已避开的障碍物进行不必要的避障机动。通常 $d_s$ 可以取为 $R_{\min}^i$ 的函数，且满足 $d_s < R_{\min}^i$。基于改进势场得到障碍物对无人机的斥力：

$$\begin{cases} \boldsymbol{F}_i^{\mathrm{obs}} = -J_i^{\mathrm{mpf}} \cdot \dfrac{2}{\sigma^2}\left\{\boldsymbol{d}_c^i - \dfrac{(1 - \Gamma_0)\cos\eta_{vi}\|\boldsymbol{d}_c^i\|}{\|\boldsymbol{v}_i^o\|}\boldsymbol{v}_i^o\right\} \\ \boldsymbol{d}_c^i = \boldsymbol{p}_{\mathrm{obs}} - \boldsymbol{p}_i + \boldsymbol{S} \end{cases} \tag{8-95}$$

长机需要跟踪指定的航迹飞行，长机会因突发障碍等原因偏离期望航迹，需要存在一个矢量场导引长机沿指定航迹飞行，基于航迹导引的矢量场如下：

$$\begin{cases} \Delta\xi = \dfrac{2}{\pi}\xi_{\max}\arctan\left\{\dfrac{K_{\mathrm{traj}}}{R_{\mathrm{obs}}}[\boldsymbol{e}_x' \cdot (\boldsymbol{p}_{\mathrm{leader}} - \boldsymbol{p}_{\mathrm{traj}})\sin\xi_{\mathrm{traj}} - \boldsymbol{e}_y' \cdot (\boldsymbol{p}_{\mathrm{leader}} - \boldsymbol{p}_{\mathrm{traj}})\cos\xi_{\mathrm{traj}}]\right\} \\ \boldsymbol{F}_{\mathrm{traj}} = [\cos(\xi_{\mathrm{traj}} + \Delta\xi), \; \sin(\xi_{\mathrm{traj}} + \Delta\xi)] \end{cases}$$
$$\tag{8-96}$$

通过期望航迹上任意一点 $\boldsymbol{p}_{\mathrm{traj}}$ 及期望航向 $\xi_{\mathrm{traj}}$ 表示当前期望航迹。导引矢量的方向取决于长机与期望航迹之间的横向距离大小。长机受到避障斥力和航迹导引矢量的加权合力，从而使长机沿航迹飞行并避开航迹上的各种障碍物。如图 8-55 所示为长机受到的合力示意图。从图中可以看出，当长机恰好朝向障碍物圆心飞行时，所受的合力不能使无人机避开障碍物，但这种状态是不稳定的，任何垂直于速度方向上的微小扰动都可以使无人机偏离当前航迹，从而产生避障机动。

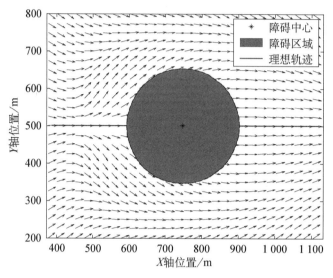

图 8‐55　长机受到的合力示意图

**2) 编队避障策略**

基于单架无人机避障原理可以实现无人机编队避障。采用一种编队分割策略，当无人机编队遇到某些障碍而无法从同一侧绕行时，依据分割策略自主决策，分割为两个子编队分别从障碍物两侧绕行，越过障碍物后再恢复成原编队。

首先，要确定无人机开始和终止避障机动的条件。无人机与障碍物之间只有在一定条件的情况下才执行避障机动，一方面为了避免不必要的避障机动，另一方面便于选取威胁最大的障碍物。如图 8‐56 所示，开始和终止避障机动的条件如下：

$$开始：\begin{cases} d_{iv} = \dfrac{\boldsymbol{v}_i^{\circ}}{\|\boldsymbol{v}_i^{\circ}\|} \cdot \boldsymbol{d}_i^{\mathrm{obs}}, \ \boldsymbol{d}_i^{\mathrm{obs}} = (\boldsymbol{p}_i - \boldsymbol{p}_{\mathrm{obs}}) \\ -K_{\mathrm{alert}}(R_{\min}^i + \sigma) < d_{iv} < 0 \end{cases} \quad i \in I$$

$$终止：\begin{cases} d_{it} = \boldsymbol{traj} \cdot \boldsymbol{d}_i^{\mathrm{obs}} \\ d_{it} > \sigma \end{cases} \quad i \in I$$

其次，从无人机编队当前需要执行避障机动的障碍物中选择对编队威胁最

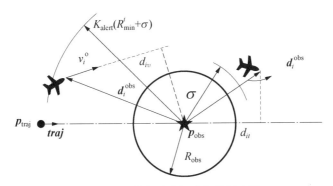

**图 8‑56  执行避障机动条件示意图**

大的障碍物。以此刻障碍物边界距离编队中心 $\boldsymbol{p}_{\mathrm{fc}}$ 的最近距离，和预测的障碍物圆心距离编队中心的最近距离为指标，得到每个障碍物的威胁代价为

$$J_{\mathrm{threat}} = \frac{K_r}{\parallel \boldsymbol{d}_{\mathrm{fc}}^{\mathrm{obs}} \parallel - R_{\mathrm{obs}}} + \frac{K_\perp \parallel \boldsymbol{v}_{\mathrm{leader}}^{\mathrm{o}} \parallel}{\parallel \boldsymbol{d}_{\mathrm{fc}}^{\mathrm{obs}} \times \boldsymbol{v}_{\mathrm{leader}}^{\mathrm{o}} \parallel}$$

威胁代价最大的障碍即为对编队威胁最大的障碍。

最后，根据编队与威胁最大的障碍之间的相对位置关系决定是否对编队进行分割。图 8‑57 为编队分割策略示意图，编队分割策略主要包含两个决定因素。一个因素是所有无人机的当前位置，根据无人机的当前位置，用一条过障碍物圆心 $\boldsymbol{p}_{\mathrm{obs}}$ 沿长机当前期望相对速度 $\boldsymbol{v}_{\mathrm{leader}\,C}^{\mathrm{o}}$ 方向的直线将编队初步划分为两个部分。另一个因素是将每架无人机视为长机后无人机的期望相对速度 $\boldsymbol{v}_{iC}^{\mathrm{o}}$，对于初步划分后不包含长机的那部分无人机依据下式进行再判断：

$$(\boldsymbol{d}_i^{\mathrm{obs}} \times \boldsymbol{v}_{iC}^{\mathrm{o}}) \boldsymbol{\cdot} (\boldsymbol{d}_{\mathrm{leader}}^{\mathrm{obs}} \times \boldsymbol{v}_{\mathrm{leader}\,C}^{\mathrm{o}}) < 0$$

满足条件无人机的则被最终分离出当前编队形成子编队。两个子编队将会分别从障碍物两侧进行绕行，当两个子编队均越过当前障碍后，重新汇合成原编队。

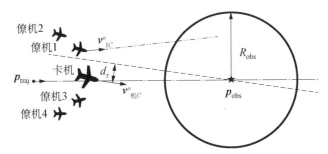

**图 8‑57  无人机编队分割策略**

综上,编队中每架无人机受到的合力如下:

$$\begin{cases} 长机: \boldsymbol{F}_{\text{leader}} = \sum_{\text{obs} \in \text{List}} \boldsymbol{F}_{\text{leader}}^{\text{obs}} + \dfrac{K_{Fl}}{\sigma_{\max}} \boldsymbol{F}_{\text{traj}} \\ 僚机: \boldsymbol{F}_i = K_{Ff} \sum_{\text{obs} \in \text{List}} \boldsymbol{F}_i^{\text{obs}} + \boldsymbol{F}_i^{\text{fc}} \end{cases}$$

式中,List 为编队正在躲避的障碍物集合;$\sigma_{\max}$ 为所需的最大避障半径。根据合力得到每架无人机的期望速度为

$$\begin{cases} 长机: \boldsymbol{v}_{\text{leader}\,C} = \| \boldsymbol{v}_{\text{leader}} \| \cdot \dfrac{\boldsymbol{F}_{\text{leader}}}{\| \boldsymbol{F}_{\text{leader}} \|} \\ 僚机: \boldsymbol{v}_{iC} = \boldsymbol{v}_{\text{leader}} + \boldsymbol{F}_i \end{cases}$$

每架无人机的控制指令输入($V_C$, $\psi_C$)即为其期望速度的大小和方向。

### 8.4.4 仿真结果与分析

**1) 编队形成与编队间避撞**

4 架无人机从不同位置以不同速度出发进行编队。利用基于改进人工势场的编队控制方法,使 4 架无人机形成指定编队队形。每架无人机的初始状态如下:

$UAV_1 = \{(200, 0)\text{m}, 70\text{ m/s}, 0\}$; $UAV_2 = \{(100, -500)\text{m}, 70\text{ m/s}, \pi/4\}$;

$UAV_3 = \{(-400, 0)\text{m}, 80\text{ m/s}, -\pi/3\}$; $UAV_4 = \{(200, 200)\text{m}, 60\text{ m/s}, \pi/6\}$。

编队控制仿真参数如表 8 - 7 所示。四机编队控制过程如图 8 - 58 所示,编队过程中最小间距如图 8 - 59 所示。

表 8 - 7　编队控制仿真参数

| 参数名 | 参数值 | 参数名 | 参数值 |
|:---:|:---:|:---:|:---:|
| $b$, $c$ | 150 | $\tau_V$, $\tau_\psi$ | 5, 1/3 |
| $d_{\min}$ | 50(m) | $K_{\text{damp}}$ | 0.4 |
| $\phi_{\max}$ | $\pi/3$(rad) | $K_{\text{sc}}$ | $K_{\text{att}}$ |
| $\dot{V}_{\max}$ | 3(m/s$^2$) | | |

由仿真结果可以看出,利用改进的人工势场法可以使任意状态出发的无人机快速形成指定编队队形并保持编队稳定,编队控制过程中,无人机机间距始终

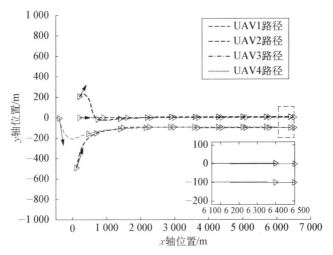

图 8 – 58 四机编队控制过程

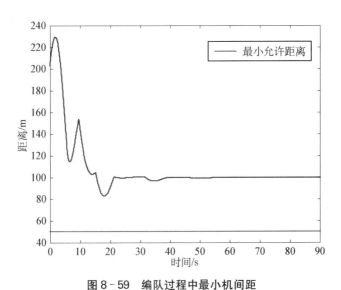

图 8 – 59 编队过程中最小机间距

大于最小安全距离,满足了编队防撞要求。因此,基于改进人工势场的编队控制算法是有效的。

2) 编队避障与重构

假设无人机编队已经形成,四机编队进入一个具有一定数量动态和静态障碍物的环境,利用改进的避障势场及编队分割策略实现无人机编队的避障(见表 8-8)。

表 8-8　编队避障仿真参数

| 参数 | 值 | 参数 | 值 |
|---|---|---|---|
| $K_{mpf}$, $K_{traj}$, $K_{alert}$, $K_r$, $K_\perp$ | 1, 2, 1.5, 0.75, 1 | $V_{min}$, $V_{max}$ | 30, 100(m/s) |
| $K_{Ff}$, $K_{Fl}$ | $10^4$, 0.8 | $\sigma$ | $1.3R_{obs}$ |
| $\xi_{max}$, $\xi_{traj}$ | $\pi/4$, $\pi/6$(rad) | $d_s$ | $0.75R_{min}$ |
| $p_{traj}$ | (500 m, 0 m) | | |

仿真结果给出了 150 s 的编队避障过程,可以看出无人机编队沿着指定航线飞行并成功躲避了环境中的障碍。对一部分障碍物,编队可以整体绕行躲避;对另一部分障碍物,不适宜整体躲避时,编队可以自主地进行分割并且子编队从障碍物两侧绕行。仿真过程中障碍物与无人机间最小距离始终大于零,且无人机间最小距离始终大于最小安全距离。由此证明基于改进人工势场和编队分割策略的无人机编队避障算法的有效性(见图 8-60~图 8-67)。

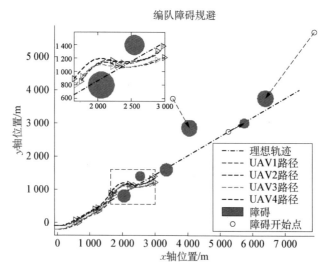

图 8-60　编队避障过程($T=50$ s)

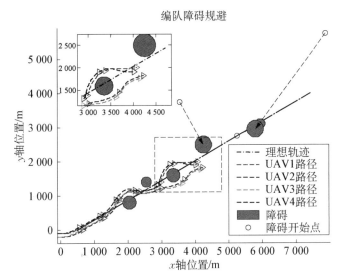

**图 8 - 61   编队避障过程(**$T = 70$ **s)**

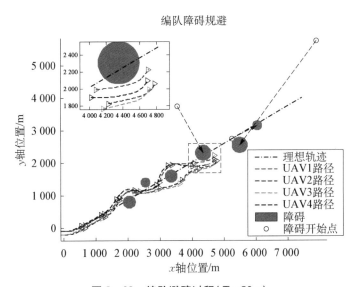

**图 8 - 62   编队避障过程(**$T = 80$ **s)**

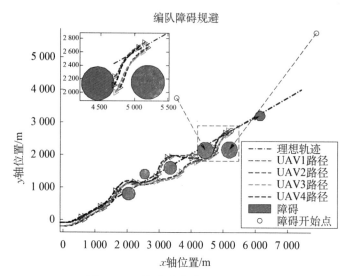

图 8‑63　编队避障过程( $T=90$ s)

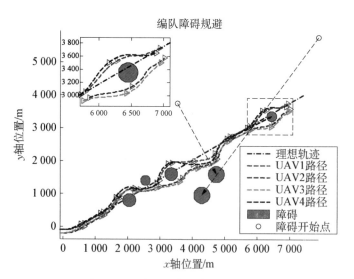

图 8‑64　编队避障过程( $T=120$ s)

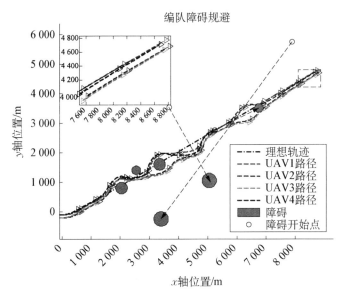

图 8 - 65 编队避障过程($T = 150$ s)

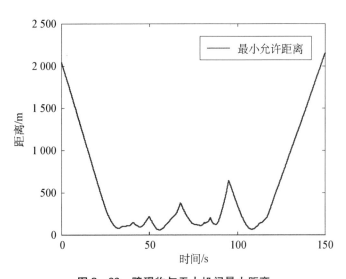

图 8 - 66 障碍物与无人机间最小距离

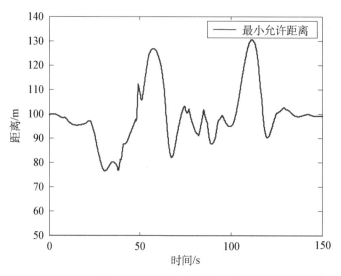

图 8‑67　无人机间最小距离

　　考虑到编队队形的约束和无人机的运动学约束,对传统的人工势场编队控制方法进行了改进,实现了基于改进人工势场编队保持算法。对于编队避障问题,提出了编队分割策略,并与一种"变形"的避障势场相结合,建立了基于改进避障势场的编队避障方法,提高了编队避障的灵活性和可靠性。

## 8.5　结语

　　提出了一种适用于多无人机同时到达的分散化控制方法。仅依靠局部信息交互的分散化控制结构,降低了通信的需求和难度,并可避免单点故障。基于一致性算法的分散化控制策略,具有易于实现、计算简单、通信量小的优点,并且对通信拓扑切换和时间延迟有很好的鲁棒性。引入外部参考信号或者虚拟Leader方便了操作员对群体运动的控制和干预。将路径规划与速度控制结合起来,可以达到优势互补的效果,能更好地应对路径误差和突发威胁等不利因素的影响。仿真结果表明,该方法能实现多无人机同时到达,并且具有很好的灵活性、鲁棒性、可靠性和可伸缩性。

　　从分散化协同控制的角度对多无人机编队飞行控制问题进行了研究,提出一种分散化编队飞行控制方法及相应的分散化控制结构。该方法首先采用自寻的导弹末制导的速度追踪法让空间任意分布的多架无人机实现集结,然后基于一致性算法实现飞行速度和航向同步,最后基于编队图形成并保持预先给定的编队队形。还给出了部分稳定性分析的结果及证明。最后还给出多个仿真算例。仿真结果表明,该方法能让空间任意分布的多架无人机形成并保持给定的编队队形,并且具有很好的鲁棒性和可伸缩性,而且非常易于实现。

建立了基于诱导航线的编队飞行控制方法,可以保证编队以指定队形稳定飞行;根据突发障碍建立规避模型,保证整个编队顺利规避,同时考虑规避过程中无人机之间的碰撞;建立了飞机之间的避碰模型,并基于模糊逻辑进行了避撞优先级设计,在避撞的同时尽量减小编队的扰动。

考虑到编队队形的约束和无人机的运动学约束,对传统的人工势场编队控制方法进行了改进,实现了基于改进人工势场编队保持算法。对于编队避障问题,提出了编队分割策略,并与一种"变形"的避障势场相结合,建立了基于改进避障势场的编队避障方法,提高了编队避障的灵活性和可靠性。仿真验证了基于上述算法可以实现不同初始状态出发的无人机快速形成指定编队队形,编队跟踪指定航迹运动同时规避环境中各种障碍,过程中机间无碰撞。

## 参|考|文|献 ••••••••••••••••••••••••••••••••••••••••••••••••

[1] McLain T W, Beard R W. Coordination variables, coordination functions and cooperative-timing missions [J]. Journal of Guidance, Control, and Dynamics, 2005, 28 (1): 150 - 161.

[2] Olfati-Saber R, Fax J A, Murray R M. Consensus and cooperation in networked multi-agent systems [J]. Proceedings of the IEEE, 2007, 95(1): 215 - 233.

[3] Ren W, Beard R W, Atkins E M. Information consensus in multivehicle cooperative control: collective group behavior through local interaction [J]. IEEE Control System Magazine, 2007, 27(2): 71 - 82.

[4] Ren W, Chao H, Bourgeous W, et al. Experimental validation consensus algorithms for multivehicle cooperative control [J]. IEEE Transactions on Control System Technology, 2008, 16(4): 745 - 752.

[5] Kingston D B, Ren W, Beard R W. Consensus algorithms are input-to-state stable [C]. Proceedings of 2005 American Control Conference. 2005.

[6] Ren W. Multi-vehicle consensus with a time-varying reference state [J]. Systems & Control Letters, 2007, 56(7 - 8): 474 - 483.

[7] Jadbabaie A, Lin J, Morse A S. Coordination of groups of mobile autonomous agents using nearest neighbor rules [J]. IEEE Transactions on Automatic Control, 2003, 48 (6): 988 - 1001.

[8] Olfati-Saber R. Flocking for multi - agent dynamic systems: algorithms and theory [J]. IEEE Transactions on Automatic Control, 2006, 51(6): 401 - 420.

［9］ Ren W，Beard R W. Consensus seeking in multiagent systems under dynamically changing interaction topologies ［J］. IEEE Transactions on Automatic Control，2005，50 (5)：655 – 661.

［10］ Jadbabaie A，Lin J，Morse A S. Coordination of groups of mobile autonomous agents using nearest neighbor rules ［J］. IEEE Transactions on Automatic Control，2003，48 (6)：988 – 1001.

［11］ Tanner H G，Kumar A. Towards decentralization of multi-robot navigation function ［C］. Proceedings of the 2005 IEEE International Conference on Robotics and Automation，2005.

［12］ Dimarogonas D V，Kyriakopoulos K J. A connection between formation infeasibility and velocity alignment in kinematic multi-agent systems ［J］. Automatica，2008(44)：2648 – 2654.

［13］ Tabuada P，Pappas G J，Lima P. Motion feasibility of multi-agent formations ［J］. IEEE Transactions on Robotics，2005，21(3)：387 – 392.

［14］ Sastry S S. Nonlinear Systems：Analysis，Stability，and Control ［M］. New York：Springer-Verlag. 1999.

［15］ Lalish E，Morgansen K A，Tsukamakit. Formation tracking control using virtual structures and deconfliction ［C］. Proceedings of the 45th IEEE Conference on Decision and Control 2006. Piscataway，NJ：IEEE Press，2006.

［16］ Buzogany L E，Pachter M，D'Azzo J J. Automated control of aircraft in formation flight ［C］. in Proceedings of AIAA Guidance，Navigation and Control Conference，1993.

［17］ Kan W，Duan F，Zhang Q. Virtual structure in formation flight control of UAVs via NOPSC algorithm ［C］. in Proceedings of 2nd Workshop on Advanced Research and Technology in Industry Applications，2016.

［18］ Stastny T J，Garcia G A，Keshmiri S S. Collision and obstacle avoidance in unmanned aerial systems using morphing potential field navigation and nonlinear model predictive control ［J］. Journal of Dynamic Systems，Measure-ment，and Control，2015，137 (1)：014503.

［19］ Yu X，Zhang Y. Sense and avoid technologies with applications to unmanned aircraft systems：Review and prospects ［J］. Progress in Aerospace Sciences，2015(74)：152 – 166.

［20］ Min H，Sun F，Niu F. Decentralized UAV formation tracking flight control using gyroscopic force ［C］. in Proceedings of the International Conference on Computational Intelligence for Measurement Systems and Applications，2009.

［21］ Chang K，Xia Y，Huang K. UAV formation control design with obstacle avoidance in dynamic three-dimensional environment ［J］. Springer Plus，2016，5(1)：1 – 16.

［22］ Paul T，Krogstad T R，Gravdahl J T. Modelling of UAV formation flight using 3D potential field ［J］. Simulation Modelling Practice and Theory，2008，16(9)：1453 – 1462.

［23］朱旭. 基于信息一致性的多无人机编队控制方法研究［D］. 西安：西北工业大学,2014.

［24］袁利平. 多无人机分散化协同控制的若干问题研究［D］. 北京：北京航空航天大学,2009.

［25］吴俊成. 无人机编队协同控制方法研究［D］. 北京：北京航空航天大学,2015.

［26］赵苑辰. 无人机协同编队飞行控制方法［D］. 北京：北京航空航天大学,2018.

# 9 无人机互操作与分布式异步通信协调控制

　　未来多无人机系统发展方向将是高自主、异构、分布和集群化应用的动态配置系统,需要新的互操作方法和技术来支持这些能力的实现。互操作技术是未来提升多无人机作战效能的关键使能技术。网络中心方法应用于多无人机系统集成和作战是一个革命性的作战概念,而互操作是实现这一作战概念的基本使能技术,是实现多无人机联合作战和协同作战的基础。如果系统不能跨网络实现互操作,就不能实现鲁棒的信息共享和协同。

　　本章前三节将介绍和研究多无人机平台及子系统(包括操控台、辅助决策、其他信息源)组成的多无人机系统集成、组织和运行所需要的互操作技术,以及多无人机系统与其他作战系统/单位的信息分发和共享所需的互操作技术。通过互操作技术和方案,为未来多无人机系统以及多无人机集群在网络中心环境下构建动态、可配置的空地一体化应用提供方法、方案和技术。9.1、9.2 和 9.3 节分别研究无人机与地面站、其他平台之间的通信,无人机互联互通及互操作以及采用面向服务集成的多无人机互操作方法。

　　现阶段,多无人机协调控制的研究主要基于同步协调框架,即假设在每一个时钟周期内所有无人机同步进行交互,完成数据通信与控制输入更新。同步通信机制要求无人机与无人机之间具备及时可靠的通信,这严重依赖通信资源,耗费大量有效资源。由于同步协调系统的缺陷,采用异步协调框架成为必然。在异步协调框架下,多无人机系统中不存在全局时钟来驱动所有平台同时更新,系统中各个无人机也无须等待其他个体的信息。每个无人机只需要根据自身任务目标与状态来决定控制器更新时间,以及与其他无人机进行通信的时间。此外,异步机制具有更低的通信可靠性要求,任务与突发事件的自适应能力,以及对节点失效的鲁棒性。在面对复杂任务条件下,具有快速执行能力的平台可以高效地完成自身任务,而不必受限于其他平台。

本章后三节将研究面向异步分布式协调的多无人机异步协调控制架构,可以适应于多无人机系统向着单机自主化、多机异构化和多态化方向发展需求。9.4 节、9.5 节和 9.6 节分别针对多无人机分布式异步通信协调控制,多无人机异步通信分布式优化,基于异步通信协调控制的多无人机协同侦察进行叙述和研究。

# 9.1  无人机与地面站、其他平台之间的通信

当前无人系统的操作涉及频繁的系统交互,需要通过各种手段实现指挥控制指令和操作数据的传输。通信链路及其传输的指令和数据/信息流对任务成功越来越重要。由于无人系统列装数量的增加,通信问题需要解决通信操作上通信链路安全、无线电频谱可使用性、频率和带宽的冲突消解、网络基础设施、通信距离等链路层面问题,通信问题也需要解决信息的交互机制、信息的一致理解等交互层面的问题。通信数据/信息交互还需要智能的数据解析手段,实现任务分配、处理、利用和分发,满足工程实际应用的通信和信息交互需求。特别是近年来,无人系统自主、智能能力提升,协同任务需求迫切,能够利用和共享源于跨领域无人系统传感器的信息来无缝地指挥、控制、通信,对无人机和作战人员也越来越重要。

小型无人系统[1],如大乌鸦(Raven)使用视距通信方式,而大型无人机,如捕食者(Predator)、死神(Reaper)、灰鹰(Gray Eagle)以及全球鹰(Global Hawk)使用视距和超视距两种通信方式[2],后者一般采用卫星通信方式。

目前美军大多数军用系统使用专门开发的数字数据链路(DDL)系统[3],使用视距通信的大型无人机系统则采用了用于情报、监视及侦察平台的通用数据链路(CDL)。小型无人机系统的通信系统采用行业领域相关设计,随着小型无人机机群和集群的应用开展,基于互联网、云服务模式等的通信技术也开始越来越多地应用于无人机系统。

## 9.1.1  全球鹰无人机系统的通信

### 1)平台与地面站系统配置、部署和使用模式

全球鹰系统组成的基本编制包括[4]:飞机平台,传感器载荷,数据链路,任

务控制单元(MCE),发射和回收单元(LRE),便携式发射和回收单元(PLRE),支持单元(SE),以及受过良好训练的地面人员,如图 9-1 所示。

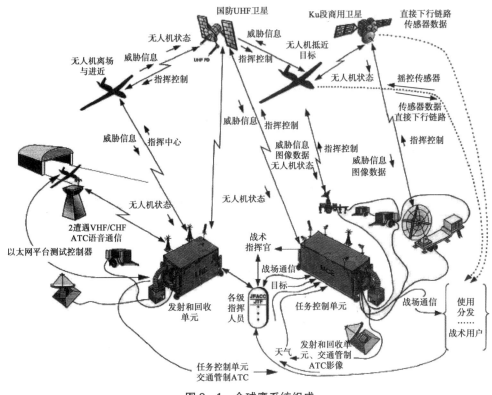

图 9-1　全球鹰系统组成

全球鹰的空中平台(air vehicle segment,AVS)主要由传感器载荷、卫星通信与视线数据链、航空电子等组成,平台在起飞、巡航飞行、着陆等过程中完全自主,在任务期间不需要操纵人员在控制回路中遥操作,但在任务动态改变需满足时间紧迫性任务要求时,平台可以对遥操作做出响应。

地面控制单元/站由 MCE、LRE、PLRE 组成,全球鹰和 DarkStar 间地面站系统设计要求是通用的。

任务控制单元(MCE)负责许多关键任务规划(包括飞行、通信、传感器、分发)、传感器处理以及飞行器任务有效载荷控制。一旦起飞,发射和回收单元就将无人机转交给任务控制单元。任务控制单元能同时指挥和控制三架飞机,但只能从一架飞机接收图像。标准的工业和军事通信手段允许向地理上分散的指挥人员提供近乎实时的信息。

发射和回收单元(LRE)为全球鹰提供准备、发射和回收服务。它要检查飞机上众多子系统的健康状态,接收来自任务控制单元的任务计划并将它们加载到无人机上。在发射和回收过程中,发射和回收单元负责飞机的控制,与当地以及途中的交通控制设备的协调以及任务控制单元之间的飞机控制转交。地面站系统主要功能接口描述如图 9-2 所示。

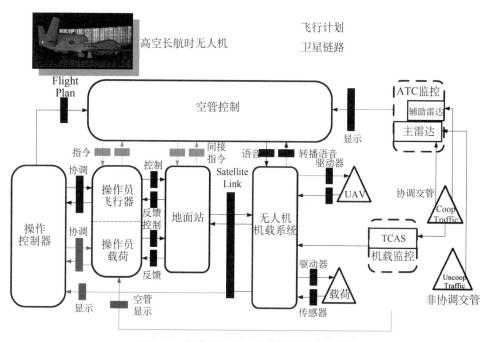

**图9-2　全球鹰地面站及其他系统功能接口**

根据任务控制单元(MCE)与发射回收单元(LRE)及飞机平台(AVS)部署的地理位置不同,可以分为两种主要部署模式:

(1) MCS 与 LRE/AVS 部署在同一位置(collocation deployment)。

任务控制单元(MCS)与发射回收单元(LRE)及平台部署在同一地理位置,该模式优点为对各种支持保障要求有所减少,但使用受到限制,因为 LRE/AVS 一般部署在靠近任务区域的前沿,而 MCS 则一般部署在远离战区的后方或作战指挥控制中心,这种方式在实际应用中存在一定的局限性。

(2) MCS 与 LRE/AVS 部署在不同位置(split-site deployment)。

LRE/AVS 部署在靠近任务区域的前沿阵地,而 MCS 则部署在远离战区的后方或作战指挥控制中心。在起飞和着陆阶段主要由发射与回收单元负责对平台进行指挥和控制,在巡航和任务阶段主要由任务控制单元负责对平台进行远程指挥和控制。这种方式的优点是可以大大降低运输时间,提高平台在空中的续航和滞空时间,并可使 MCS 配置在一个比较合适的位置,提高安全性和指挥、控制、通信的便利性。但这种方式对各种支持保障要求相对第一种方式有所增加。

在起飞和着陆阶段主要由发射与回收单元负责对平台进行指挥和控制,在巡航和任务阶段主要由任务控制单元负责对平台进行指挥和控制。

根据 Raytheon 公司的系统设计,LRE 加载飞行规划(flight plan),检查全球鹰子系统的状态,在飞机自主起飞和着陆过程中监视和操纵飞机。当飞机升空,LRE 将空中任务移交给 MCE,MCE 处理任务操作。最后回收时,MCE 将飞机的控制交还给 LRE。

在飞行阶段,MCE 负责关键任务规划、传感器处理、图像分发、飞机和任务载荷控制、动态任务重分配(retasking)。MCE 接收、缓冲和分发传感器来的最终图像。图像以 standard national imagery transmission format(NITF)格式存储。由于具有了同时指挥和控制至多 3 架全球鹰的能力,MCE 能够很快将图像数据分发给世界各地的战术指挥人员。

2) 全球鹰通信链路情况

全球鹰系统的通信链路配置如图 9 - 3 所示[5],集成通信子系统配置如图 9 - 4所示。

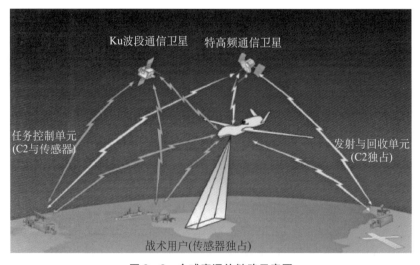

图9-3 全球鹰通信链路示意图

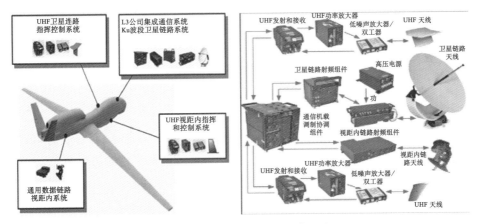

图 9-4　全球鹰集成通信子系统配置图

（1）通信链路配置。

通信链路类型：Ku 波段/SATCOM；X 波段 CDL/LOS。

通信链路频率：

a. UHF/SATCOM：25 kHz；

b. Ku 波段/SATCOM：2.2～72 MHz；

c. X 波段 CDL/LOS：10～120 MHz。

链路数据传输率：

a. UHF/SATCOM：19.2 kbps；

b. Ku 波段/SATCOM：1.5～50 Mbps；

c. X 波段 CDL/LOS：274 Mbps。

指挥控制链路：

a. UHF MILSATCOM：Ku 波段/SATCOM；UHF/LOS；X 波段 CDL/LOS；

b. 卫星通信连路：SATCOM：UHF/Ku 波段；

c. 视距内通信 LOS：UHF/VHF/CDL；

d. 特高频(UHF) 卫星链路,用于无人机飞越较远距离时中继信息。另一种是商用 Ku 波段卫星链路。

（2）UHF 卫星链路。

该链路具备按需分配多址能力,带宽 25 kHz,可以 16.6 kbps 的吞吐量传送兆比特的图像信息。UHF 卫星链路完全能够控制无人机飞行,提供状态报告和回送图像。

通过 UHF 链路每 $10\sim60$ s 接收一幅图像。如果用户希望时间稍长一些，$2$ min 传送一幅图像，可降低机上的图像压缩要求，图像质量不会因采用压缩算法而受影响。对于时间性强的目标，如对付"飞毛腿"导弹，为得到所需的信息，往返传送一幅图像可能只需 $10$ s。

（3）Ku 波段商用卫星链路和机载链路。

该链路完全符合通用数据链路标准，在 $1.54$ Mbps 的速率下，通过 Ku 波段系统在无人机和卫星之间传送图像。卫星的天线孔径和充足的功率可将传输速率提高到 $10.7$ Mbps，但是这需要在卫星上租用更多的转发器。

Ku 波段机载链路是一种无人空中飞行器机载数据链路，采用数据压缩方法。该链路用于传输图像，只要无人机不飞离卫星点波束覆盖范围，飞行距离可达几千英里，并可发送实时图像。如果飞行纵剖面超出点波束的覆盖范围，该无人机还可为全自主飞行任务自动预编程。在这种情况下地面站必须在发送情报图像之前，等待无人机再次飞到卫星覆盖范围内。

全球鹰背部是 $48$ ft 的 Ku 波段宽带卫星通信天线，是 L3 提供的整个通信系统的一部分。侦查和控制数据机可以通过 Ku 波段卫星通信系统，也可以通过 X 波段和 UHF 视距内链路。

（4）指挥和控制链路。

与无人机间的指挥和控制使用 UHF DAMA 卫星通道（MCE、LRE 和 PLRE）或 non-DAMA LOS（仅 LRE 和 PLRE）双向数据链路，$1.2$ kbps，或通过 Ku 波段 SATCOM 或 LOS CDL $200$ kbps（仅 MCE）。UHF DAMA 使 MCE 能够通过一个单独的数据链路同时从 3 架飞机控制和监视健康和状态。在海上和岸边可以利用 Ku 波段和 CDL 链路直接控制飞机上的传感器。除了 C2 指挥外，UHF 和 Ku SATCOM 和 CDL LOS 数据链路携带数字语音数据，通过机载 VHF/UHF 语音中继。

（5）传感器数据链路。

UAV 能够利用 LOS CDL 或 Ku 波段商业卫星链路传送传感器数据到 MCE。全球鹰通过 CDL 传送数据最高达 $137$ Mbps，通过 Ku 波段在 $1.5\sim50$ Mbps 之间。图像将被直接分发给具有适合设备的开发系统和战术用户，依靠可用的数据链路和接收终端，为 $1.5\sim137$ Mbps。全球鹰也载有一个 Ampex CCRsI‐75 机载记录器，能记录 $2$ h（$50$ Mbps 速率）探测图像，可以在接受命令后下载。

### 9.1.2 捕食者无人机系统的通信

**1）平台与地面站系统配置和运用**

捕食者最初的设计计划是地面控制站（ground control station，GCS）控制 2 架捕食者，一架在视距内，一架 Ku 波段链路。目前一套 GCS 只控制一架捕食者[6]。

GCS 是一个 30 ft×8 ft×8 ft 的三轴商用拖车，如图 9-5 所示。拖车包含一套 UPS，环境控制系统，驾驶员和载荷操作员（pilot and payload operator，PPO）工作站（workstation），数据处理、任务规划、通信终端（exploitation mission planning-communication，DEMPC），合成孔径雷达（synthetic aperture radar，SAR）工作站（workstation），以及卫星通信、视距通信数据终端。PPO 工作站是提供管理和响应的主要手段。DEMPC 工作站进行数据处理、任务规划、任务、载荷监视和系统管理。SAR 工作站控制、监视和用于 SAR 数据的有限处理（exploitation）。

**图 9-5　捕食者地面站载具**

地面站可将图像信息通过地面线路或"特洛伊精神"（TROJAN SPIRIT Ⅱ）数据分发系统发送给操作人员。"特洛伊精神"采用一个 5.5 m Ku 波段地面数据终端碟形天线和一个 2.4 m 数据分派碟形天线。

其中，PPO 工作站和 DEMPC 工作站包括：提供飞机驾驶员工位的飞机操作员站（air vehicle operator station），提供载荷操作员位置的载荷操作员站，数据处理（exploitation）站，以及任务规划（mission planning and communications）站。内部操作台配置如图 9-6 所示，其中图（b）为操作手控制台。上方的显示器显示航线等信息，下方显示器输出"捕食者"摄影机影像。

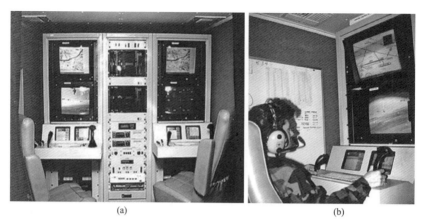

(a)                    (b)

图 9-6　地面站内部操作台

　　因为控制站(control station，CS)可以使用卫星中继的 BLOS 通信链路与飞机交互，因此 CS 和 GCS 的位置可以灵活配置。例如，如果前沿基地具有充分的支持设备，它可以与 GCS 部署在一起；它们也可以部署在不同的基地。

　　捕食者一般从一个前沿基地展开以执行其任务。整个部署组合包括飞机，GCS(或者还有 CS)，不同的地面天线，差分 GPS 装备，维护设备(包括备用部分)，操作维护飞机、管理基地的人员。执行任务时，整个部署组合空运到其规划的前沿作战位置(见图 9-7)。

图 9-7　捕食者便携式控制站及其通信装备

（1）任务准备。

　　每一架捕食者飞机必须有一个飞行规划执行其任务。飞行规划是全部任务规划的结果,在其中指定目标区域,定义飞行目的,确定出击的时间和数量,建立通信连路(用于飞机监视/控制和任务数据传输)。高层指挥机关提供全部任务规划的要素信息给捕食者 CS 人员,CS 人员负责建立飞行规划并把它传送给远程地点,使用航路点的飞行规划加载到飞机的机载计算机。

一旦捕食者被部署,它可以执行不同的任务。特定任务工具包的选择是由任务规划和预期的环境条件驱动的。

(2) 捕食者起飞和降落。

GCS 中的飞机操作员负责在整个飞行过程以及跑道滑跑、起飞、降落中管理飞机。

对于起飞,操作员首先将捕食者滑跑到位置并执行起飞。捕食者在其前端有一个小摄像机,驾驶员可以监控并使飞机在跑道上保持直线。操作员工作站的显示面板也显示飞机状态(如速度)的数据。一旦安全升空,飞机可以跟随并嵌入到机载计算机的任务规划部分的一系列航路点中,自主飞向目标区域。降落是起飞的反过程。

如果捕食者的通信连路丢失,飞机按预编程序返回作战基地。因为捕食者飞机平台缺乏数据存储能力,如果它不能把数据传送回 CS,它就无法完成作战任务。因此,丢失了通信,就没有理由把飞机还逗留在目标区域。飞机上有几个冗余 LOS 天线(包括一个 VHF 波段),使 GCS 能重新获得与飞机的通信并使飞机安全降落。

(3) 飞机平台的控制和使用。

地面站中一个操作员能管理多架捕食者飞机。捕食者通常根据其预编程的自动驾驶指令飞行。在飞机离开前线基地之前,自动驾驶被装定了预规划的任务/路径规划和载荷使用规划。操作员能够在任何他希望的时候接管飞机的控制,但如果飞机没有收到指令,就将执行剩余的规划任务(或更新的任务)。通过这样的控制和使用模式,地面站的操作员能够同时"驾驶"一架飞机和监视另一架飞机,确保它们执行期望的任务。

**2) 捕食者无人机系统通信链路情况**

捕食者无人机上安装有两个数传系统[7]:一个是 C 波段数据链路系统,这是一种视距内通信的模拟式数传系统,通信距离为 270 km 左右。另一个是卫星数传系统,这是一种超视距卫星中继数传系统,包括两种方式:一是特高频卫星链路,用于控制和提供无人机工作状态报告,每隔 10~60 s 向地面传送一幅静止图像;二是 Ku 波段卫星链路,只要无人机处于卫星天线发射信号的覆盖范围内,即可实时传输无人机探测到的高清晰目标图像。

外部通信通过语音/数据(HF/UHF/VHJ)、语音电话(cellular/landline)以及与卫星通信终端(TROJAN SPIRIT II)的硬件联通。

捕食者无人机地面站相关的通信构成如图9-8所示。

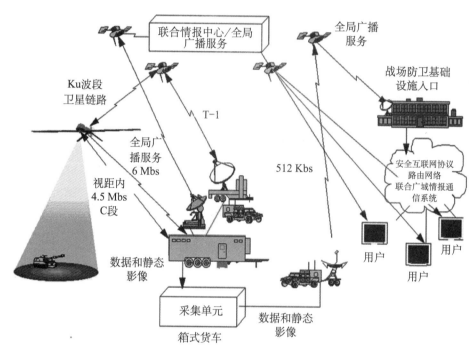

**图9-8　捕食者无人机地面站通信构成**

### 9.1.3　通用无人机控制系统地面站软件的通信管理模块

地面站软件是实现无人机指挥控制功能的主要因素,地面人员通过软件对无人机任务、飞机平台和通信进行管理与控制。因此,从某种意义上说,地面站软件的功能决定了无人机的任务能力。

从20世纪90年代中期以来,主要的无人机系统在开发地面站软件上,都提出了要朝着通用化、可配置、商用货架产品(COTS)的方向发展,包括全球鹰、捕食者等无人机地面站系统都集成了成熟的商业软件来实现某些功能[8-10]。

CDL系统公司的VCS软件是典型的通用无人机地面控制软件,最初应用于影子战术无人机的地面站。VCS除了作为TCS软件集成应用于影子等战术无人机地面站外,在Outrider等战术无人机计划中,VCS作为关键软件控制飞机和提供任务规划能力。GCS 包括两个加固的 Sparc Station 计算机,用于控制飞机、数据链、外围设备、任务规划、视频图像显示和载荷控制。两个工作站分别给飞机操作员和载荷操作员使用,并且可以互换。

VCS 是全集成的指挥控制和信息系统,用于无人机或无人机/有人机的远程控制和监视。VCS 提供操作员实时的态势感知,并集成了监视和控制功能。VCS 也可以用于控制水下或地面车辆,用于探测、远程侦查和目标确认,以及有人系统的载荷控制等。

VCS 具有多飞机和多操作员功能。一个单独的 VCS 和操作员可以控制多架飞机。几个站能够联网,共享飞机和载荷信息及控制。不同工作站中的操作员可以分解飞机和载荷控制要求,允许一个操作员解释传感器信息和目标信息,另一个监视飞机功能和管理通信。

### 1) 软件的通信体系结构

VCS 软件体系结构是基于平台独立的 virtual data link(VDL)概念。data link interpreter(DLI)提供所需专门的数据链路协议,VCS 软件体系结构如图 9 - 9 所示。

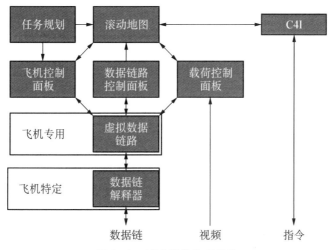

图 9 - 9　VCS 软件体系结构

基于图形用户接口的应用可以不考虑数据链路协议,在多数情况下,应用于某种飞机的软件也能比较容易地应用于另一种。

当需要时,VCS 能与选定的硬件控制接口,如与操纵杆或已有硬件控制面板集成。

2) 数据链路控制功能模块

数据链路控制面板(data link control panel)显示地面站和飞机数据链路的状态信息。使用组合的方法,操作员一次能选择两方的频率。VCS数据链路控制界面如图9-10所示。

图9-10 VCS数据链路控制界面

状态信息包括接收的信号长度和数据链路质量(或 bit 错误率),是用 pop-up 面板显示详细的信息。

数据链路操作面板的典型可选功能包括地面站和飞机地址分配和地面站到地面站的控制移交(hand-offs)。

3) C4I 接口

图9-11 VCS C4I 接口界面

对于大多数战术应用,与其他指挥控制系统的接口对于无人机系统是非常关键的。到地面站的输入可以包括地图,威胁信息(数据或地图叠加),作业分配命令;输出包括目标报告,使用适合于用户需求(如 RECCEXREP)的标准文本消息格式。

信息(特定目标坐标和数据/时间)可以自动插入到文本消息,带有由操作员用常规 GUI 对话框输入的其他参数。接口机制依赖用户使用的安全无线电和地面线路装备。VCS C4I 接口界面如图9-11所示。

## 9.2　无人机互联互通及互操作

### 9.2.1　无人机互操作的含义

无人机及其他领域的研究和应用中提出了互操作需求和问题，互操作也开始得到越来越多领域的应用。但对于互操作的认识和理解却没有统一的论述，要给出互操作的准确、通用的定义是很困难的，因为在不同的应用领域和环境中有不同的理解和解释。文献中涉及的互操作性和军事应用及信息技术相关的定义中，比较有代表性的如下。

（1）IEEE 给出互操作性的 4 个含义[11]。

a. 两个或多个系统或要素交换信息以及使用这些所交换信息的能力；

b. 设备单元一起工作完成可用功能的能力；

c. 通过给定标准集，使不同提供者提供的异构装备在网络环境中一起工作的能力；

d. 两个或多个系统或组件在异构网络中交换信息并使用这些信息的能力。

（2）美国国防部（Department of Defense，DoD）给出互操作性的定义[12,13]。作战单元、系统与作战单元、系统之间相互提供或接受服务，通过服务的交换，提高它们共同执行任务效益的性能。

（3）麻省理工学院软件工程研究所给出的定义中，互操作是一系列通信实体，共享特定信息并根据共享的语义运行以实现给定上下文中的指定目标的能力，认为互操作的本质是系统间的相互联系[14]。

很多研究中，将互操作理解为互联和互通两个方面。互联是在网络环境中运用特定的技术，允许系统之间进行数据和信息交互而不依赖于接入网络的特定系统。任何系统只要符合所连接的接口和交互规范就可以进行互联，互联是互操作存在的基础。互通是独立于网络环境，不考虑信息交换细节，而将重点放在系统及其支持下的应用之间的相互作用上。一组相互兼容的系统联在不同类型的网络中需要通过网络互联来交换信息，一组不同类型系统在单一网络中需要互通能力，不同类型的网络和系统联在一起则需要互联和互通两者兼容[15-16]。

文献[17]中提出程序互操作、构造互操作和运行互操作来刻画不同的互操作方面。文献[18]用数据互操作来实现跨系统或组织边界正确地解释数据的能力。文献[19]将互操作性分为两个层次，"技术性"互操作（technical interoperability）和"实质性"互操作（substantive interoperability）。技术性互操作指对标准的兼容和对互操作协议的正确使用;实质性互操作指进行互操作的双方能互相理解来自对方信息的语义。因此,互操作性不仅仅体现在分布式应用之间交换信息的能力,还要求分布式应用具备完成共同任务的能力,即通信互操作和任务互操作能力,即信息的共享在一定语义约束下的互操作(见图9-12)。

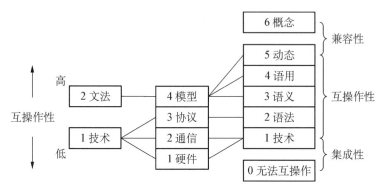

图9-12　Web Service的互操作

文献[20]中给出了Web Service技术中互操作内容的变化和层次关系,如图9-12所示。其中主要是"语法"(syntax)互操作和"语义"(semantic)互操作。语法互操作强调信息交换能力;语义互操作强调根据一致接受的语义信息运行的能力。其他还有软件互操作,强调软件功能模块之间的相互调用;数据互操作强调数据集之间的相互透明访问。

由以上互操作的定义以及研究中的认识可以看出,尽管由于应用领域或认识角度不同,对于系统互操作性存在定义上的差异,但比较一致的是,系统互操作性本质上涉及的是如何实现"信息"的交互和有效使用。当信息体现为需要传递或共享的数据时,信息交互体现为通信实体间的通信;当信息本身被抽象为知识、关系等要素时,这种交互也体现为相互间的服务、协作等。互操作研究的基础,首先是系统通信机制及协议,包括通信体系结构、通信协议;互操作的本质,是系统或功能元素间的相互作用。

本节给出多无人机系统互操作定义如下。

**定义9-1**　多无人机系统的要素系统:构成多无人机系统整体并彼此处于相互联系、相互作用的子系统或功能单元。要素系统以一定的方式进行相互作用,从而形成组织结构,构建成多无人机系统。

**定义9-2**　多无人机系统互操作:多无人机系统的要素系统之间相互提供或接受服务,通过服务的交换组织在一起运行,以完成规定任务,提高它们共同执行任务效益的性能。

在军事应用领域,可以认为互操作是指挥控制(command and control,C2)系统的能力,通过交换信息,使作战人员和系统能一起有效地作战。互操作通过结合信息技术和处理标准,形成一个互操作基础设施,这个基础设施不仅指某一个具体的 C2 系统,而是提供一个通用作战环境或基础。例如,麻省理工学院软件工程研究所给出的定义中,互操作是一系列通信实体,共享特定信息并根据共享的语义运行以实现给定上下文中的指定目标的能力,认为互操作的本质是系统间的相互联范[14]。

互操作首先依赖于系统内和系统间的通信交互。同时由于缺少对于要和谁通信的理解、如何通信的方法、互操作的规范等,互操作问题变得复杂[22]。此外,对于无人机系统这样既有高度自主性、又必须强调"人在回路"管理和控制的系统,互操作性还需考虑系统间互操作性(system-to-system interoperability,intra and inter interoperability)、用户间互操作性(user-to-user interoperability)、人与系统间互操作性(user-to-system interoperability)。

互操作性的增强也并不意味着每一个节点与其他节点直接连接。互操作能力的提高意味着可以满足两个方面的特性:

(1)在正确的时间将正确的信息交付给正确的节点,时间关键的通信常需要直接连接,如实时目标定位或避撞;另一方面,非直接连接可以满足不与即时目标定位相关的态势感知信息等的访问和获取,因此无人机这样的军事应用也可以总结为在正确的时间,以正确的方式,将正确的信息,交付给正确的节点。

(2)系统具有鲁棒性,如网络的通信路径必须具有足够的冗余,当某些节点被破坏后可以提供动态配置[23]。

对这两个方面的实现和增强也是互操作技术研究的主要内容和方向。

## 9.2.2 无人机互操作的需求和发展

在新军事应用领域中,无人机的种类和使用数量在不断增加,从 TUAV (tactical UAV)到 UCAV(unmanned combat air vehicle),从单机平台应用到多机编队和多机集群(swarm),无人机平台自主能力要求越来越高,协同任务能力要求越来越强。由于无人机发展概念的进步和转变,使无人机的使用模式、体系结构等也与传统系统有所不同。例如,UCAV 系统应用中,适宜的作战和控制管理方式是多 UCAV 机群协同执行任务,并且多个 UCAV 机群编队、多基(陆、海、空)控制站和其他传感与打击系统共同构成具有"系统之系统"特点的作战体系,各系统间共享 C4I(command, control, communication, computer and intelligence)信息、态势感知信息,协同工作;UAV 还可作为 ISR(intelligence, surveillance, reconnaissance)节点或者网络中继节点,为地面和其他单位/系统提供可共享的态势感知信息。

传统无人机系统开发时很少考虑互操作性需求。随着无人机系统的广泛使用,无人机系统互操作能力的影响开始显现。例如美国陆军使用影子(Shadow)和猎人(Hunter)无人机及其相关地面站,但发现这些系统是不能互操作的。影子的传感器和通信载荷能够传送信息给它的地面站,却不能传送给猎人的地面站。同样,猎人的传感器和通信载荷也不能传送给影子的地面站。

美国国防部多个版本无人机路线图[24-25]中明确指出无人机由于存在互操作问题而影响任务能力,需要优先给出解决方案。如无人机系统缺乏跨任务领域的集成能力,缺乏同步作战和管理;在无人机系统和用户之间缺乏带有反馈机制的任务能力以提供交互环境。因此,如何在网络中心环境下组织和配置多无人机系统及其信息交互,实现态势感知等信息和知识的共享已成为最近无人机系统研究的关键问题。同时,如何提供技术手段来研究和验证动态环境中多无人机应用有效性也成为迫切需要解决的问题。

美军关于未来无人机联合作战设想[26]中也明确提出,网络中心方法应用于系统集成和作战是一个革命性的作战概念,而互操作是实现网络中心的基本使能技术,是实现联合作战和协同作战的基础。如果系统不能跨网络实现互操作,就不能实现鲁棒的信息共享和协同。应用实例表明,固有系统实现互操作通常代价高昂,甚至不能满足任务需求,最好的方法是在设计新系统开始时就吸收互操作技术,并且继续使已有系统兼容新的互操作标准。美国国防信息系统局(Defense Information Systems Agency, DISA)管理下的联合互操作测试中心(Joint Interoperability Test Center, JITC)提出支持/促进互操作的概念"网络就绪(net-readiness)",通过网络中心环境中松耦合、分布式的基础设施和模块化、可协同的体系结构,支持信息端到端(end-to-end)的技术交换,提升作战效能。

多无人机系统新的应用和互操作需求主要体现在多无人机系统的高自主、可动态配置和重配置、一对多和多对多的指挥控制、多功能多任务、协同任务等方面。

### 1) 多无人机系统的高自主和可重配置

多无人机系统是典型的异构、自主和分布的系统(heterogeneous, autonomous，distributed，HAD)[27]，其包含的子系统及组成结构不断发展，控制和管理也日趋复杂，从最初的系统内交互到现在提出的有机控制和网络中心应用，形成了高度自主性和模块化可重配置的结构。

高自主级别的系统，如美国国防先进研究计划局（Defense Advanced Research Projects Agency，DARPA)和美国陆军的 UCAR(unmanned combat armed rotorcraft)计划开发中，要求如多无人机群可以采用分等级的组织结构，指挥员只规定分派任务，监督 UCAR 运行，转换了指挥员与无人机之间的关系，实现一对多和多对多的控制；同时，UCAR 将不需要使用专门的地面控制站，系统可以从当前战场的指挥控制节点实现指挥和控制，这些节点可以是指挥链上的各级战术行动中心(Tactical Operations Centers，TOCs)，也可以是地面的指挥控制单元，如 FCS(future combat system)的指挥控制车，也可能是有人飞机的座舱，比如一架"阿帕奇"、一架有机载指挥控制系统飞机[28]。实现这些能力，除了要求系统具有高的自主和协同任务能力，还需要更高的互操作能力支持这些新的应用模式。

高度自主的多无人机系统，对互操作能力的需求也高于传统的无人机。传统无人机系统互操作技术对于未来高自主系统的局限性主要表现如下：

（1）组成系统之系统的要素系统间有比较明确的对应关系，如某地面站指挥某几架特定无人机，地面站系统配置的规划和监控子系统。

（2）系统的动态配置等改变仅能够发生在系统内部，其他系统的单元无法参与。

（3）信息交互即通信交互，沿数据链路串行，符合传统的 C2 结构，无法灵活扩散，不支持新的网络中心模式。

2）一对多和多对多的指挥控制

"Defense science board study on UAV and UCAV"报告中，对互操作和任务管理给出的建议中认为：对于 UCAV 和无人机群，需要一对多(one-to-many)的指挥控制，需要开发技术来实现一个操作员对多架飞机的控制[29]。要实现一个操作员操作多架飞机，一个用户能够接受多架飞机的信息，还需要提供系统技术，包括提高平台自主能力，改善人机交互和操作员态势感知能力，增强信息的自动处理能力等，因此对无人机共享态势感知等信息的内容和形式都有新的要求。

除了平台和地面间通信互操作问题，还存在载荷互操作(有时也指载荷兼容性)问题。例如，DoD 开发了多种不同的传感器载荷，每一种都能收集不同类型的信息,这些传感器被附加到无人机上。然而,很多载荷只能固定地附加到一种类型的无人机上,因为 DoD 没有采用载荷互操作标准,而且不同系统间传输消息的数据链路也不是完全互操作的。

目前现存的一些软、硬件和无人机数据链之间缺乏兼容性和互操作性,为了和一些新的或改进的作战系统相兼容,每种新的软件或硬件配置都需要开发新的软件,以便和各种类型的 UAV 控制站接口相连接,很容易形成新的"烟筒式"(stove-piped)系统,相互依赖的平台/系统难以灵活地配置、集成和管理。

智能化程度更高的自主无人机系统将会产生更多的信息,包括状态、感知、操作等反馈。因此,操作员和指挥员所承受的工作负荷也在随之增大。在不断设计开发新的无人机系统的同时,已有无人机系统仍将继续使用,系统人员还需要解决如何同时控制由不同型号的无人机系统所组成的混合系统。

### 3) 多功能、多任务的多无人机系统

在军事领域,UAV 必须更好地和其他作战飞机及地面通信基础设施集成,并且在相互之间提供更好的通信能力,构成一个空地一体化的"网络"。未来多无人机系统应尽可能避免开发新的"烟筒"式系统,这些系统采用层次结构进行信息分发,不同系统间必须通过上层指挥控制机构交互,缺乏信息的水平集成,信息交互能力差,系统处理不及时,整体反应慢,难以快速互联互通,应用系统难以集成和重组,使用和维护成本高。

早在 20 世纪 90 年代开始,美国国会和 DoD 为了进一步增强其无人机的应用能力,认为应该将注意力更多地放到控制无人系统的机制上。对无人系统的控制机制研究,提出了很多方法,其中两种典型方案是 J-UCAS 计划中的 common operational system 和有机控制(organic control)概念下的系统。

Common operational system 是为了增强控制体系结构下多种类型平台的控制功能。其成果中应用最广的例子是海军的 TCS(tactical control system)。Common operational system 计划通过定义标准需求和开发通用工具包(如 TCS 的 air vehicle standard interface),来实现用同样的控制站硬件控制多个平台,不需要太多的新装备[30]。陆军则是通过其 one common system 计划来实施 common operational system。One common system 将 Shadow 200 地面控制站与其他多种无人机集成[31]。

有机控制方法将无人机的控制交到有更多本地态势感知的用户手上,这也给了战场作战人员更有效的工具,增强了作战人员的效能。此外,通过将控制接口与士兵本身装备设备的综合化,极大地减少了包括支持成本在内的硬件成

本[32]。无人系统采用有机控制,给作战范围内的部队作战人员赋予更多的无人作战控制。有机控制模型下的无人机系统可以直接参与其他有人兵力作战,而不是通过移动专门的控制站跟随有人兵力。未来作战系统(FCS)就是有机控制近年发展的一个典型应用。FCS计划定义了10种未来可以用于多种部队梯队的无人系统,这些系统将受有人机和步兵部队控制,并在有人机和步兵部队附近与他们协同工作。采用有机控制方法,可以由士兵控制无人系统以支持他们的作战任务,可以减少完成作战计划的时间。

### 4) 无人机系统的动态配置

动态配置是指在系统运行过程中不停止系统运行对系统进行重新配置。传统的动态重配置面临两个主要问题:一致性(consistency)约束和效率(efficiency)约束。一致性约束指重配置后的系统应当保证本地和全局状态一致性;效率约束指系统动态配置过程中尽可能减少系统执行的降级甚至崩溃。

无人机系统已经从紧耦合、单个集成式、专用系统向松散、分布式、可动态集成方向发展,分布的系统加灵活的控制,构成鲁棒的、可扩展的系统[33]。在传统的无人机信息交互中,信息必须通过设计时确定好的路径进行交互,当系统和环境发生变化时,系统交互机制和结构却不能做动态调整。随着动态协同系统的发展,需要可靠的、自动化的系统管理。这些系统的动态性和不确定性,引起了系统之系统管理模式的变革,这需要互操作中间件和应用领域的新方法支持[34]。

### 5) 多无人机协同任务

美军提出的无人机协同任务典型应用包括:多机协同任务和运行(如多架无人机和多个控制站之间的控制转交),有人机和无人机协同任务;多无人机信息分发(如全球信息网格GIG中其他单位对无人机信息的获取)。实现以上协同任务的前提条件是解决多无人机动态网络系统的互操作。

无人机与其他系统信息的集成表现为信息的垂直集成和水平集成。传统的垂直C2和固定控制系统无法适应新的需求。为了共享无人机传感器载荷获取的战术情报,在某些情况下,DoD需要几小时甚至几天把信息传送给多个作战单元,如此不灵活的情报数据传输必定破坏美军对时间关键目标的打击能力。美军中央司令部认为,及时的数据分发是作战的关键,互操作问题是一个长期存在的问题,目前还缺乏充分的开发和实施标准[35]。

DARPA正在与海军、陆军和空军一起研究战略和战术战场中网络化的有人和无人系统。其目标不是简单地用机器代替人,而是自主平台与人组成团队以更敏捷、有效、低风险地完成任务。联网的有人和无人系统将提高战场知识,增强目标定位的速度和准确性,增加系统网络化的生存力,支持更为复杂的任务。有人和无人系统协同的网络将比各自独立的组件有更高的能力[36]。

除美国外,其他国家也在向互操作和网络中心能力的快速转型。如瑞典军方 GKOF(general control station for unmanned vehicles)计划中的 Dial-a-Sensor 项目,研究如何将无人机的信息和它们的控制站分布到其他用户,其中试验了几个处于不同层次的用户能够与一架无人机进行交互,其验证认为如果驾驶员想要与无人机通信,就需要具备自动处理的机器间(machine-to-machine)的互操作能力[37]。

综上所述,无人机系统由于协同、动态组织等需求,指挥控制不再是传统的自上而下的树状结构[38],指挥控制模式发生了变化。例如,网络中心战应用中,通过互操作机制将无人机部分控制能力和权限交给最了解战场态势的人手里,增加了无人机参与作战的有效性[39]。此外,协同也使得自主系统提高了目标实现的效果和效率。在阿富汗和伊拉克战争中,美军已试验采用网络中心手段,对各种无人作战系统进行综合并实现互操作,使各级作战人员具有战场态势感知能力,有效利用无人机获取到的信息,从而提高协同作战能力。

### 9.2.3　无人机互操作能力的分级

无人机系统互操作能力需要通过一定的指标进行判断。20 世纪 80 年代,美军提出的战术控制系统(TCS)项目中,提出其通用地面站支持 5 种级别的互操作[40]。

1 级:交互作用涉及接受和显示无人机载荷信息(图像或数据),但不直接和无人机进行交互。

2 级:交互作用涉及直接从无人机上接收和显示没有在其他地方经过滤波或处理的无人机载荷信息(图像或数据)。2 级在 1 级的基础上需要附加硬件和无人机进行交互。

3 级:交互作用涉及与无人机平台控制相互独立的无人机有效任务载荷的实时控制,需要提供对任务载荷进行飞行前的预规划和飞行中的实时动态重规划能力。

4 级:需要提供对无人机平台的实时控制以及飞行前的任务规划和飞行中的实时动态重规划能力,为作战指挥人员充分利用无人机平台和任务载荷提供支持。

5级：交互作用涉及对无人机从起飞到着陆整个过程中所有的功能和控制，需要提供对无人机平台在飞行前的任务规划和飞行中的实时动态重规划的能力，不需要附加的交接过程。

随着多无人机以及有人/无人应用的发展，需要从多系统角度重新评价多机互操作能力。可以从联通能力、信息交换能力等多个方面对互操作能力进行分级。本节给出从系统组织和交互角度表示多无人机系统可互操作能力的互操作级别，可分为以下几级。

级别1：组成多无人机系统的要素（功能单元、交互实体）通过非在线方式（非实时）交互文本信息，其特点是非直接联通。

级别2：组成多无人机系统的要素（功能单元、交互实体）通过某些固定/定制链路交互信息，这些链路是系统设计开发时已经确定的，其形成由设计时决定。

级别3：组成多无人机系统之系统的要素（功能单元、交互实体）通过可配置的系统到系统的互联，实现信息的交互。

级别4：组成多无人机系统之系统的要素（功能单元、交互实体）可以动态、无缝、透明地发现和访问，实现按需交互信息。

### 9.2.4　典型无人机互操作方案

#### 1) 战术控制系统 TCS

当前无人系统（包括无人机、无人车辆、无人水下机器人等）互操作开发和使用的两个主要的互操作方案是北约（Standardisation Agreement，STANAG）4586 标准和 JAUS(Joint Architecture for Unmanned Systems)，4586 的实例系统是 TCS(tactical control system)。

1996 年 DARO(Defense Airborne Reconnaissance Office)成立了通用地面站互操作工作组（Common Ground Station Interoperability Working Group，CGSIWG），开始研究未来几年可以实现的 UAV 和 C4I 互操作技术。在 DARPA HAE UAV ACTD 项目协助下，CGSI 完成了一个通用的可互操作的 UAV 指挥和控制系统规范——TCS。TCS 为 UAVs 提供指挥控制和直接的数据下载。DoD UAV Planning Task Force 定义了通用任务规划体系结构（common mission planning architecture，CMPA），提供技术框架来指导未来无人机任务规划的开发。北约 STANAG 4586 中也有类似任务规划的标准。

美军建立和开发的 UAV 战术控制系统 TCS,为正在研制或将要研制的各种 MAE UAV、HAE UAV、TUAV 平台及其相应的任务载荷,以及 C4I 系统提供通用的控制、地面接收、处理、分发,为完全的可协调和互操纵提供接口标准和协议。

TCS 系统的设计要求能够与正在研制和将要研制的各种类型的无人机(TUAV、MAE UAV、HAE UAV)以及 C4I 系统之间进行交互。TCS 系统的互操作特性如图 9 - 13 所示。

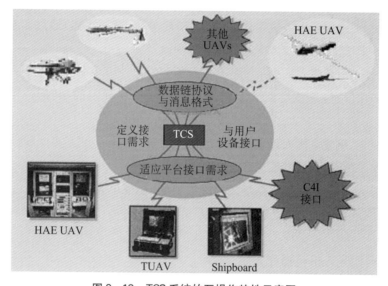

图 9 - 13 TCS 系统的互操作特性示意图

TCS 也面临着很多问题,主要问题在于缺少应用层解决方案,因此该项目不得不构建许多硬件接口,限制了系统的灵活性。

2) JAUS 方案

JAUS 最初是 SAE(society of automotive engineers)的互操作规范。FCS 计划中,JAUS 作为 FCS 核心框架中的互操作标准。在 2005 年 4 月,美国海军宣布采用 STANAG 作为无人机标准,采用 JAUS 作为所有无人系统互联的标准,并且如果未来的无人系统不是 JAUS 兼容的,海军将不考虑采购[41,42]。

JAUS 的目标之一就是促进军事机器人平台和控制器间的互操作,如图 9 - 14所示。所有 JAUS 兼容的子系统运行于同一消息集合,以此来保证各系统间的互操作[43],如图 9 - 15 所示。

JAUS 依靠所有 JAUS 兼容的子系统运行于同一消息集合来保证互操作,

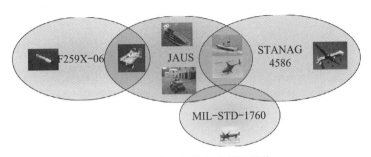

图9-14 体系结构标准间互操作

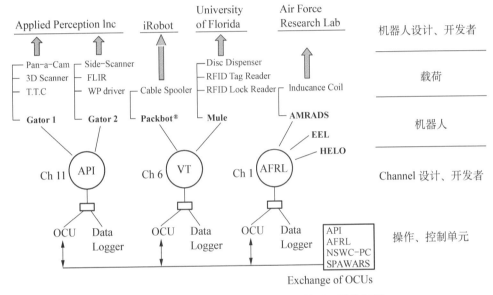

图9-15 JAUS中平台、载荷和控制单元互操作框架

这暴露了JAUS规范的一个不足：因为JAUS不定义子系统（subsystem）、节点（node）和组件（components）间通信的传输机制，当前JAUS标准难以保证不同消息兼容系统的互操作性，而强制JAUS兼容意味着非JAUS开发设计无法选择，因而也限制了系统集成。

3）COS系统

美国空军、海军和DARPA 2003年发起的J-UCAS（joint unmanned combat air systems）计划中，提出COS（common operating system）来集成通用系统、子系统和组件。COS可以支持美国海军和空军的多种J-UCAS无人机平台和控制系统互操作，支持将其他子系统如传感器、武器、通信等作为子系统集成进J-UCAS平台。提供指挥控制、通信管理、任务规划、自动化交互和人机接口的应用及服务也将在 COS 上运行。J-UCAS COS 将采用网络中心结构来实现指挥控制连接方案,因而系统的信息技术方案和飞机平台设计之间不会相互约束。

COS 的目的是适应不同的无人机飞行器平台,不需变更设计就可以快速改变系统的能力,可以用于 X-45、X-47 或其他新的系统。除了控制和管理 J-UCAS 资源,COS 支持信息交换,并为 J-UCAS 内的组成部分以及外部信息提供者和消费者提供技术接口。此外,COS 管理整个网络服务,为 J-UCAS 操作员、指挥人员和驾驶员提供战场感知。

COS 实现为一套体系结构以及相关算法和软件,以实现控制/管理系统资源,促进信息交互,提供战场感知,支持各平台间的功能性,支持自主运行,COS 系统运行模式和体系结构如图 9-16 所示[44]。

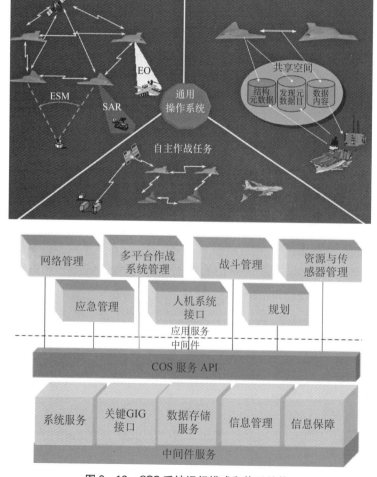

**图 9-16　COS 系统运行模式和体系结构**

COS 将保证 J-UCAS 组件间的内部互操作性,以及与有人飞机、指挥控制中心、空间系统(space assets)等外部系统的互操作性。

COS 能使无人机以及它们的传感器、武器、地面站和其他系统共同工作。在这样的体系结构下,平台各子系统、通信系统、武器、数据链、传感器、地面站等都是运行 COS 的"外围设备",如果 UAV 系统有了新的设计要求,他们可以单纯地对各子系统进行改造,不必重新开始整个 UAV 系统,也无须重新开发所有的运行软件。"外围设备"可以根据不同的任务需求进行调整,如有的主要强调隐形功能,有的则需要有更远的航程,有的在有效荷载或持久力方面有特别的要求,无人机的"外围设备"则会因之而各不相同。

COS 首先在美国空军和海军的验证机项目 X-45 和 X-47 上进行研制和测试,然后应用于其他无人飞机。J-UCAS 曾经在 X-45A 与 T-33 UCAV 一起使用,来验证多无人机作战的能力,包括一个操作员控制多个飞机平台。其验证系统软件曾经验证过在爱德华基地站和在西雅图的远程站间的控制权转移[45]。

### 4) 网络中心的系统集成

DoD、北约等越来越关注无人机系统统互操作,关注网络中心的无人机系统集成,主要是因为不断增长的联合作战需求,以及需要与其他分布的战斗系统间互操作[46]。传统系统工程集成中的分层体系结构忽略了网络可无限扩展的问题。网络中心战的作战单元、系统、软件的设计需要从服务于有固定边界的系统到服务于可扩展的网络,从以平台为中心的设计到更注重系统之间的交互与协同。网络中心就是要提供这样一个鲁棒的、全局互联的网络环境(包括基础设施、系统、过程和人员),这个环境可以在应用和平台间实时、无缝地共享数据,可以支持系统、单元和人组织成不同的系统和应用[47,48]。

美军明确提出网络中心战实质上是系统集成,即将原来单个的、没有联系的、联系松散或关系不顺的平台整合为一个最佳配合的整体。在传统的平台中心概念中,无人机各平台主要依靠自身的传感器和武器进行作战,平台之间的信息共享非常有限。而网络中心战(network-centric warfare, NCW),是通过各个作战单元的网络化,把信息优势变为作战优势,使各分散配置的部队共同感知战场态势,协调行动,从而发挥最大作战效能。网络中心思想用来组织和集成像无人机系统这样复杂的分布应用,网络中心体系结构也已经在 C4I 系统应用中取得了实质性进展。

网络中心的"网络"并不仅仅是一个通信网络(物理线缆、无线电链路、

TCP/IP等),还强调在信息和认知领域中系统间连接的网络。它强调信息系统在信息领域如何准确地实施无缝网络互联,如何在正确的时间提供正确的信息给正确的决策者以便于他能做出正确的决定[49]。

网络中心能力不仅是无人机系统本身具有的能力,而且需要无人机系统的互操作来支持。随着战场环境的动态化、一体化进程的加快,无人机系统作为位于战场网络边缘的接入节点系统,所拥有的信息、资源等能力越来越强,传统的树状组织结构和通信交互无法有效地组织和使用这些信息和资源,以解决数据交互为主的互操作技术也无法提供网络中心集成的有效支持。

5) **面向服务体系结构在网络中心的无人机互操作中的应用**

面向服务体系结构 SOA 是一种软件应用方法,把软件资源看作网络上可用并且可以被发现的服务。服务提供功能,隐藏了执行的细节。服务的提供者能够在一个服务目录中发布关于服务的信息,服务使用者能够找到他们需要的服务,并且能够获取它们绑定到服务所需要的信息。

全球信息网格(global information grid,GIG)中采用 SOA 进行系统和应用的集成[50],其面向服务体系结构的应用如图 9 – 17 所示。面向服务计算包括目前的 Web Service 技术以及面向服务体系结构,如提供者和消费者之间的松耦合交互,支持功能交换[50-52]。

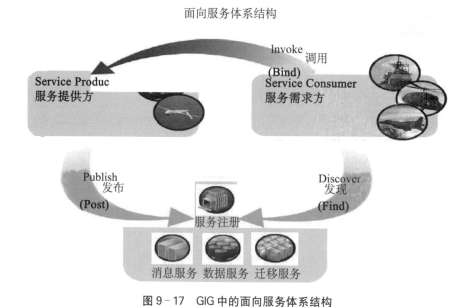

图 9 – 17  GIG 中的面向服务体系结构

利用 GIG 技术,战场上的单个作战人员利用他们的通信终端如 PDA 将能够从大型无人机如"捕食者 B"和"全球鹰"无人机上接收数据。在一次演示验证中,地面控制人员通过类似 PDA 的设备与全球鹰无人机建立了连接[52]。

从 JAUS 和 4586 中,相关单位已经认识到网络中心环境中已有互操作方法的缺点和不足,提出采用面向服务方法加以解决,即采用 SOA 作为实现其高层目标的机制,认为 SOA 目前为无人系统互操作提供了最好的前景。JAUS 委员会将 SOA 写入其下一步的实施文档中,4586 委员会也提出将在 2008 年之后的4.0 版本中组合一个 SOA 版本[53]。文献[54]在其第三阶段研究认为,标准化策略必须支持所有领域的互操作,支持发现和动态注册。报告中指出,设计新的UxV 互操作标准,并且兼容和融合已有的 4586 和 JAUS 作为底层标准,SOA将作为框架来融合这两个标准。如一个 UGV 领域可以基于当前定义的 JAUS消息定义 UGV Tele-operation 服务,一个无人机领域也可以根据当前 4586 消息定义。或者 4586 可以为所有无人系统的标准提供服务,如图 9 - 18 所示。

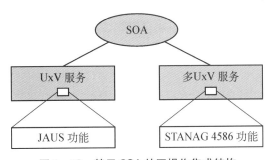

**图 9 - 18  基于 SOA 的互操作集成结构**

从当前无人机互操作研究和典型应用方案的发展可以看出,网络中心方法和面向服务计算结合,可以使多无人机互操作作为整个作战环境中的一个有机部分来进行,并且可以根据任务需求集成新的多无人机系统和应用,是多无人机互操作的发展趋势。

SOA 可以应用于网络中心的多无人机互操作应用,其应用特点如下:

(1) 使用标准协议的 SOA 能够使不同的异构无人机系统集成更容易,这种集成不仅包括内部集成,还支持跨边界的信息共享。

(2) SOA 也能提供对已有系统和环境的支持,使它们能够无缝地集成,一起运行。

(3) 基于 SOA 的应用组件是可重用的,因此 SOA 能够减少应用系统开发代价。

（4）SOA 可以支持多无人机系统动态运行，支持动态重配置。

SOA 在网络中心战实践中也暴露了一些问题[53]：

（1）SOA 是松耦合的体系结构，引入了传输延迟，因此适合粗粒度的、顶层或系统级的集成。

（2）SOA 还难以满足网络中心战的实时或流控制系统，如武器系统的制导控制。

因此，网络中心的基于面向服务的多无人机系统互操作与传统的信息交换为目的的互操作不同，除了完成要素系统间的信息和数据交换外，还需要支持并解决如下问题：

（1）要素系统的分布、异构性。分布性指要素系统在地理和逻辑上都是分布的，如指挥控制单元，虽然监控、规划子系统处在物理上同一地点或不同地点，但逻辑上可能属于不同的无人机系统；异构性指不同时期、不同平台的要素系统需要通过互操作技术，使其能够在信息交互基础上形成一个系统之系统。

（2）可互操作资源的动态配置和自组织。

（3）互操作体系结构与指挥、控制和管理结构的耦合性。

## 9.3 采用面向服务集成的多无人机互操作方法

### 9.3.1 基于 SOA 集成的多无人机系统互操作的特点

多无人机系统从物理硬件上包括无人机飞行平台、通信系统、多基指挥和控制系统、辅助管理和支持系统等组成，因此，目前无人机系统和多无人机系统被认为是典型的系统之系统。采用什么样的方法和手段来组织和管理这样的系统，使之能够实现设计目标，以及如何在应用环境中与其他作战系统有效地集成为一个完整的作战体系，是互操作的研究方向。

具有"系统之系统"特征的多无人机在集成和应用中有其新的特性，如文献[54]中给各组成部分以及外部环境的交互关系，如图 9 - 19 所示。

多无人机系统之系统可能包括多个无人机飞行平台、平台搭载的不同任务载荷，如攻击武器、图像传感器等，通过多种通信链路，与地面、天基或海基指挥控制系统以及其他地面系统共同组成多无人机系统。平台、载荷、地面站等构成其要素系统，这些要素系统可以独立地开发和运行，并作为网络中心环境中的节点，集成为多无人机系统。多无人机系统内各要素系统节点间可以进行动态交

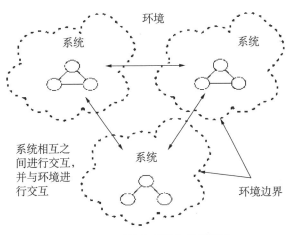

图 9-19  系统之系统与外部环境

互,实现信息和资源共享,其他系统可以与无人机系统或其中的节点进行交互。

与传统无人机系统相比,多无人机系统的特点主要是分布性更强,体现在空间分布性、时间分布性、功能分布性、资源(包括信息)分布性以及决策、管理与控制分布性。

多无人机系统应当包括一些关键系统性能特征:

(1) 普遍通信——要素系统在不确定环境中运行,要求可靠的信息或数据交换能力以确保有效通信;协同实体(平台、单元)能够根据要求交换任务关键信息以实现高层次任务效能,这就要求交互实体必须具有按需交互的能力。

(2) 协同作战/行动——多无人机系统中的协同实体需具有同步它们任务执行的能力。

(3) 动态配置和管理——当任务、目的改变时,组成和系统及时地进行重配置,该能力是战场灵活性的关键[55]。

因此,多无人机系统还需要解决传统无人机系统之外的问题:每个无人机子系统是自治和自主的,必须有动态协调/协作能力;无人机子系统(如无人机平台与地面指挥控制等子系统)是运行时可动态配置的;多无人机系统动态环境中自组织和重配置能力。

多无人机系统互操作可以归结为"W4H"问题,即"Who",应该或能够和谁通信;"Where",交互对象在哪里;"What",交互什么信息,如何一致理解;"When",何时交互;"How",如何完成交互。

传统的无人机信息交互中,信息必须通过设计时确定好的路径进行交互,无论系统和环境如何变化,系统交互机制和结构不能做动态调整。以多无人机编队为例,其组织和信息交互层次结构如图 9-20 所示。可以看出,其组织和交互关系与指挥控制结构是对应并固定的,这就限制了系统和应用间的信息共享和分发,难以支持网络中心应用。

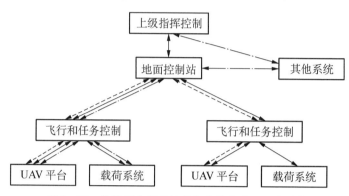

图 9-20　传统无人机系统组织和信息交互层次结构

网络中心模式的信息交互结构是多无人机系统集群应用的基础,系统间需要以一致的方式交换数据和服务。互操作技术需要提供所需的能力,提供这些系统独立于平台的统一的访问能力,如图 9-21 所示。

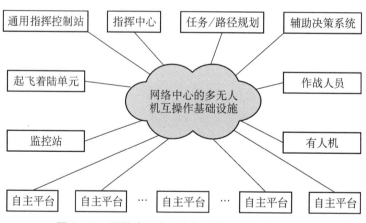

图 9-21　网络中心多无人机系统组成和交互结构

通过互操作技术对异构系统间的动态重配置和自主运行的支持,可以构建支持网络中心应用的多无人机系统,其信息交互模式也相应地改变,不再是固定的树结构信息集成,而是可以支持信息的垂直和水平集成;系统的配置关系也不再需要固化为树结构的指挥控制结构,而是可以实现动态配置的应用系统。

实现互操作功能的组件作为无人机系统或作战体系结构的基础设施,同时还要求尽可能简单,即要求系统结构及实现尽可能简单,以便在不同复杂程度和运算能力的异构平台上实施。

因此,面向服务的多无人机互操作体系结构需要支持:分布异构平台的交互,无缝动态重配置和集成,为自主任务能力提供自动化运行能力。

### 9.3.2   基于面向服务体系结构的多无人机互操作信息交互机制设计

多无人机系统中,信息交互产生的信息流动可以分为三种流程:

(1) 以具有明确指挥控制信息为主,沿着指挥控制链路在上下级间流动。

(2) 以需要分发的信息为主,脱离固定的指挥控制关系,以网络化方式横向或侧向流动。

(3) 以共享信息为主,从某个源中心开始,以广播形式向所有需要的用户方向流动,如态势感知信息。

这些信息的交互是由系统交互机制来实现的。面向服务体系结构中,应用服务的组织和配置也是通过服务参与者间的信息交互机制实现。

分布应用的交互可以抽象为确定交互关系、定位交互对象、信息交互和交互实体状态更新几个过程,如图 9-22 所示。

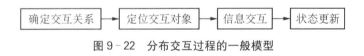

图 9-22   分布交互过程的一般模型

确定交互关系和定位交互对象体现了体系结构设计中信息交互机制的内容,通信和状态更新体现了信息交换和利用交换信息进行的功能计算。交互设计主要确定交互关系和定位交互对象的机制。

信息交互是通过互相传递符合规范和协议的消息文本来实现。数据交换利用格式消息(XML 加本体)交换实现,采用文档结构消息,整个文档在服务交互节点之间进行交换。消息的形式是 XML 文本;信息交换将无人机系统的交互映射为功能实体间的消息文本交换。

面向服务结构的系统中,节点是服务的载体,服务交互的实现是通过节点间交互来实现的。多无人机的面向服务体系结构中,服务的生命期包括建立、发布、发现、使用几个主要阶段,注册、发现和绑定机制构成服务交互机制,如图 9-23 所示。

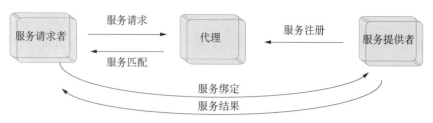

图 9‑23　注册、发现和绑定过程

注册、发现和绑定机制对应的服务间的功能过程主要是服务发布、服务查找、服务匹配和组合三个过程，如图 9‑24 所示。

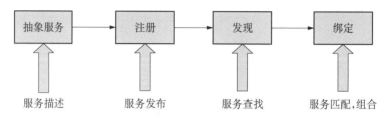

图 9‑24　注册、发现和绑定机制实现功能

多无人机中的服务实体依据上面描述的机制，可以把自己提供的功能发布出去，也可以从代理节点查找到需要的服务，形成的结果就是绑定信息，依据绑定信息进行交互，完成多无人机应用。采用 SOA 系统运行时的主要处理运行流程如图 9‑25 所示。

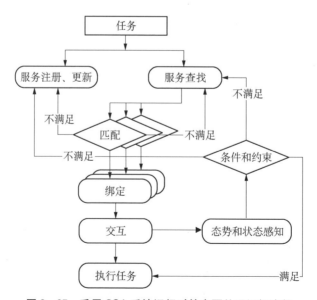

图 9‑25　采用 SOA 系统运行时的主要处理运行流程

图 9‐25 中的每个要素系统通过规范的抽象、描述,生成可以被其他服务理
解的服务描述。SOA 中的发布功能模块将每个服务的描述发布到服务网络中
的服务代理上,发现功能模块再根据这些描述计算出正确的请求者和提供者的
配对信息,这些配对信息即可为系统交互提供通信的配置信息。不同的服务还
可以通过组合控制结构,由服务再组合成新的服务。通过服务发布、发现功能,
即本节设计的注册、发现和绑定机制,把服务组织在一起的同时,也形成逻辑上
的应用系统。

通过 SOA 的互操作功能,可以将多无人机应用涉及的不同系统组织在一
起,参与到网络中心环境中,支持级别 4 的互操作能力,其运行符合前文所述的
应用需求。

### 9.3.3　多无人机应用的服务发布和发现

服务发布和发现的核心过程是服务参与者中,能够为其他系统提供交互信
息的节点主动或被动地将自身信息特征化为描述信息,并按照规定的机制将这
些信息发布出去,其他参与者根据约定发现和绑定这些服务提供者。

服务发布和发现的基本过程如图 9‐26 所示。

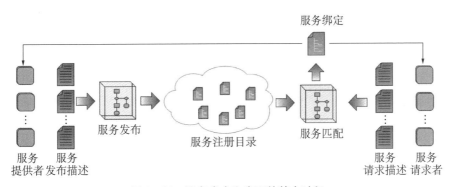

**图 9‐26　服务发布和发现的基本过程**

服务发布过程实际就是服务提供者根据服务描述模型,将自身服务描述以
规范的服务发布机制进行广播,使之可以用于服务查找和匹配过程。服务发现
实际过程涉及服务请求者和服务代理角色,设计的服务发现机制使服务代理和
服务请求者能够在发布的服务中查找到满足服务应用组织条件的服务提供者。
服务发布和发现机制的核心是服务注册、查找和服务匹配。服务注册形成逻辑
上全局服务的注册目录,服务查找形成服务匹配的输入,服务匹配产生各个阶段

服务集合,用于服务请求者最终绑定服务提供者,开始服务交互。

　　服务发布和发现的主要工作,就是实现注册、发现和绑定机制,使服务请求者和服务提供者能够利用分布应用系统,找到对方并实现信息交换。

　　分布式系统中,根据不同节点参与者之间的关系,可以将分布式应用分为中心节点模式(C/S模式)、对等节点模式(如P2P)、混合模式。相对应地,可以将当前的服务发布和发现研究分为集中式注册发现和基于分布式发布和发现两种方法,如图9-27所示,其中分布式可以是分布集中式,也可以是全对等式。集中式的注册中心能有效地保证注册到其中的所有服务均能被发现。但是该架构也不可避免地具有传统集中式系统的单点缺陷。分布式能有效避免集中节点造成的单点依赖,但纯分布式容易引入泛洪等问题,因此分布集中式也是广泛采用的模式。

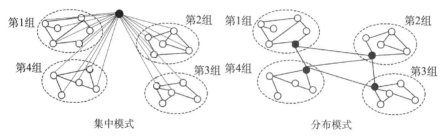

图9-27　集中模式和分布模式

　　实现服务发布的方法,以前主要采用集中式的UDDI注册中心来存储服务的描述信息[56],它是一个描述和发现服务的工业标准,提供描述和注册服务的平台,支持商业发现和集成满足自身需求的服务。服务提供者根据服务描述模型提供定义好的服务描述,并把描述信息发布到注册中心。服务请求者向注册中心提出服务请求,搜索适合自己需要的服务。

### 9.3.4　服务匹配方法

#### 1) 无人机服务匹配原理

　　SOA中服务发现和交互的实现主要是通过服务匹配过程来完成的。多无人机应用要发现并定位满足要求的服务,需要在服务发现过程中,对服务请求者和提供者进行匹配,使服务或服务组合满足交互要求。

　　多无人机的服务匹配是解决如何判断服务查找中是否存在满足多无人机服务请求的服务提供者。研究服务的匹配机制和具体算法,就是使服务参与者能够获得满足服务请求的服务发布,形成服务绑定。服务匹配过程如图 9-28 所示。多个服务请求者的服务请求和服务提供者的服务发布通过匹配过程进行选择和绑定,根据绑定信息完成信息交互。

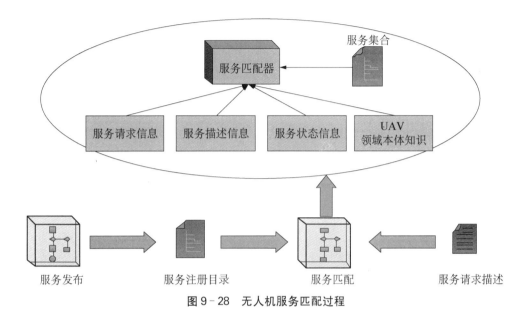

图 9-28 无人机服务匹配过程

服务匹配就是根据服务请求描述的信息,在服务注册目录中查找合适的服务发布描述,将服务发布描述所属的服务与服务请求进行绑定,形成服务匹配完毕的服务查找结果,这些结果形成匹配后的服务选定集合。

多无人机应用在动态变化的环境中,服务状态和约束条件也动态变化。基于 SOA 的服务匹配可以支持将服务状态和约束条件变化反馈到服务匹配和更新中,对服务进行动态更新,如图 9-29 所示。这种反馈通过服务请求者和服务提供者节点的注册、匹配算法实现。

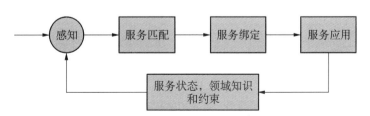

图 9-29 服务状态和约束条件反馈的服务匹配

多无人机应用中,每个服务角色节点感知的服务状态和约束条件等信息可能是不同的,因此对服务状态的影响也是不同的,服务匹配机制和算法应该适应不同节点的状态变化,保证动态更新服务应用。

一般意义的匹配是指对请求者和提供者之间可能的匹配空间进行搜索,找到最适合的配置的一个过程[57-59]。首先,对发布的描述进行接收和存储,然后,当接收到动态提交的请求描述时,必须发现最适合的匹配并返回它们,以进行服务绑定。匹配不是简单的发现,除了发现满足需求的所有发布,还需要给出最合适的建议(如排序)。

两个具有对外交互的实体要匹配,必须满足两方面内容,一方能够提供另一方需要的输入,另一方产生的输出也符合提供输入方的需要,如图9-30所示。

服务请求者和服务提供者的输入输出之间存在一定的依赖关系,即服务提供者能够提供全部输出的前提是能够从服务请求者那里获得所需的输入。因此,实际的服务接口匹配应当包含两个匹配的内容:请求的输入和发布输出的匹配,请求的输出和发布的输入的匹配。两方面匹配的原理是一致的。

匹配中服务请求和服务发布的输入、输出对应关系如图9-30所示。服务匹配在多个发布信息中找到满足和请求者输入输出关系的提供者,请求和发布匹配的结果即为请求的输入和发布的输出匹配。

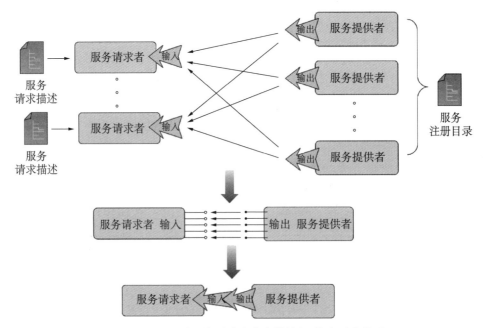

图9-30　匹配中服务请求和发布的输入、输出对应关系

多无人机应用服务交互不应是传统的基于 RPC 的服务调用,而是基于交互文档的消息交换,因此服务交互中,请求者要求的输入和提供者提供的输出之间不一定是一一对应关系,即服务匹配不一定是完全匹配提供者才能使用这些信息运行,当匹配只能实现插入匹配或相交匹配时,请求者也能根据不完全的输入信息运行并部分完成功能和任务,这对于动态环境中网络中心化应用是非常重要的性质,也是采用语义相似匹配的前提。

**2) 典型无人机服务匹配方法**

目前 Web 服务领域的服务匹配算法主要可以归为三类:基于关键字、基于框架和基于语义[60]。用于 Internet 环境的 Web 服务发现主要采用服务发布和请求关键字(或称为标签)比对的匹配方式来实现,匹配时主要基于服务请求和服务发布的输入/输出等参数。由于缺乏足够的语义信息,这种匹配方式的效果已经难以满足面向服务技术的发展[61]。相比较 Internet 环境中的 Web 资源服务匹配,多无人机应用的服务匹配不能直接采用现有 UDDI 中单纯的关键字匹配或 IOPE 参数匹配。

(1) 无人机服务匹配的过程和分类。

服务匹配需要自动化地完成服务提供者和服务请求者之间的相互绑定,使这些应用或系统能够按照规定的关系进行交互,组成可动态变化的应用系统。因此根据服务匹配的粒度不同,本节定义服务匹配过程包括基本匹配、扩展匹配和完全匹配,用于规范不同过程的匹配处理。

**定义 9-3**　基本匹配(primary match):对服务请求和服务发布的基本描述信息进行匹配,$primary\ match(request,adv)$: $\exists x \in request \wedge x \subseteq D_g \rightarrow \exists y \in adv \wedge matched(x,y)$,其中 request 为服务请求集合。基本匹配仅考虑服务基本信息,从基本描述信息判断两个服务是否相似。

**定义 9-4**　扩展匹配(extend match):对服务请求和服务发布的扩展描述信息进行匹配,$extend\ match(request,adv)$: $\exists x \in request \wedge x \subseteq D_e \rightarrow \exists y \in adv \wedge matched(x,y)$。

扩展匹配可以对服务描述的 QoS、约束等信息进行匹配,扩展匹配结果集合是基本匹配结果集合的子集,即

$$\exists x_1, x_2 \in request \wedge \exists y \in adv, primary\ match(x_1,y) \wedge extend\ match(x_2,y)$$
$$\Rightarrow x_2 \subseteq x_1$$

**定义 9-5**　完整匹配(complete match):对服务请求者和服务提供者相关

的所有信息进行匹配处理，记为：$complete\ match(request,\ adv)$。

完整匹配的结果是扩展匹配和基本匹配结果的子集，是对两种匹配结果的再过滤，即：

$$\exists x_1, x_2, x_3 \in request \wedge \exists y \in adv \wedge primary\ match(x_1, y) \wedge$$
$$extend\ match(x_2, y) \wedge complete\ match(x_3, y) \Rightarrow x_1 \subseteq x_3, x_2 \subseteq x_3$$

服务查找处理中，可以根据服务请求的不同，在不同阶段实施不同的匹配。一般扩展匹配在服务请求者对本地可用服务进行过滤时给出选定服务（或服务集），完全匹配可以用于请求者需要对服务提供者给出最严格或唯一限定时使用。

服务匹配的具体实现，可以根据服务匹配具体算法分为以下几种。

a. 文本/关键词匹配：

将服务请求与描述的文本进行逐个比对，确定匹配程度。文本/关键词匹配存在的主要问题是没有考虑匹配要素的语义关系。

b. 包含关系匹配：

将服务请求与目录描述中的数据进行集合包含关系判断，以确定服务目录描述和服务请求描述的集合关系，通过集合关系给出服务目录和服务请求的关系判定。包含关系匹配要求进行匹配的两个描述遵循完全一致的描述框架、规则（语法和语义）。

c. 语义相关性匹配：

借助领域本体，通过分析服务与请求的语义描述信息，判断其相符和相似程度，以实现对服务的匹配。语义相关性匹配将服务请求与目录描述中数据进行语义关系计算，确定服务目录描述和服务请求描述的语义相关性，通过语义相关性给出匹配关系判断。

以上匹配方法复杂程度依次增加，可进行的自动化、智能化处理能力依次增强。实际系统选用服务匹配方法中，可以综合上面三类算法，如对无人机约束信息进行匹配、过滤时，可以采用文本匹配，判断参数是否符合约束条件要求，此时不需要进行复杂的语义匹配。

具体实施的服务匹配过程可以如图 9 - 31 所示。

服务匹配模块的输入为相关的服务发布描述集合和服务请求描述，输出是被选择服务集合的排序列表。Profile 等描述框架中的描述已经通过服务描述本体进行了结构化，意味着基本描述匹配和扩展描述匹配都无须进行复杂的文

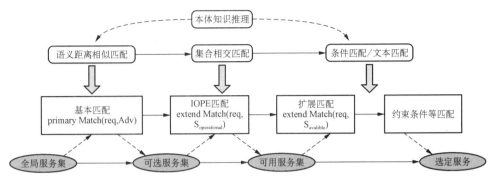

图 9-31　多阶段层次逼近方法

本提取,并且可以进行基于语义的匹配。

服务匹配是一个逐步精化过程,经由基本匹配筛选的候选服务再参与扩展匹配,合格的服务进一步通过约束和条件过滤,便可以满足服务请求者不同层次的需要。

（2）服务匹配的计算。

服务匹配器及其算法的设计,其关键是匹配策略和算法的确定,具体实现为服务匹配中的相似计算算法。提高无人机互联互通能力的服务匹配算法应采用基于语义的相似匹配算法,以提高异构无人系统间对信息的一致理解。服务匹配中语义相似算法主要实现给定服务描述间的服务相似度的计算。服务匹配的双方是请求者的服务请求描述和注册目录中的服务发布描述,进行逐级精化的服务更新处理。

多无人机应用中语义匹配算法要求如下:

a. 在军事应用过程中服务和功能的描述要尽可能简洁,并符合军事条令、条例的标准;

b. 算法尽可能简单,适合不同计算能力和存储能力的平台;

c. 适合多阶段、层次匹配过程。

**定义 9-6**　概念的语义距离（semantic distance）：基于本体的概念的语义距离就是概念在本体概念结构中距离顶层根节点的边距离,记为

$$Semantic\ Distance(c)\,, \quad c \in O$$

概念语义距离的计算采用在本体结构中概念到祖先节点（本体顶层根节点,thing）的深度：

$$Semantic\ Distance(c_i) = depth(c_i)\,, \quad c_i \in O \qquad (9-1)$$

在本体概念结构中,一个概念节点的深度就是从这个节点到根节点(一般是 thing)路径上边的数量。

节点的深度统一从最顶层根节点开始计算。

**定义 9-7** 最近共同祖先节点(nearest common ancestor):距离两个概念节点 $c_1$ 和 $c_2$ 最近的公共祖先节点,记为

$$NCA(c_1, c_2) = c, \quad c \in ancestor(c_1) \bigcup ancestor(c_2)$$

最近共同祖先节点是 $c_1$ 和 $c_2$ 共同祖先节点中深度最大的概念节点:

$$depth(c) = \max(depth(c_i)), \quad c_i \in ancestor(c_1) \bigcup ancestor(c_2)$$

$$(9-2)$$

同时,记 $NCA_{req, adv}(c_1) = c, c_1, c \in O$ 为两个概念集 $req$ 和 $adv$ 在 $c_1$ 中的最近共同祖先。

两个概念间的语义距离(semantic distance)的计算采用两个概念在本体图结构中边距离来度量:

$$Semantic\ Distance(c_1, c_2) = |depth(c_1) - depth(NCA(c_1, c_2)| +$$
$$|depth(c_2) - depth(NCA(c_1, c_2)|, \quad c_1, c_2 \in O \quad (9-3)$$

两个描述集间的语义距离相似度为

$$Simantic\ Similarity(req, adv_k) = \frac{\sum\limits_{req_i \in req} Similarity_{req, adv_k}(req_i) \cdot W(req_i)}{\sum\limits_{req_i \in req} W(req_i)}$$

$$(9-4)$$

式中,$Similarity_{req, Adv}(req_i)$ 为 $Req$ 中的元素 $req_i$ 在 $Adv$ 中的最大相似度:

$$Similarity_{req, adv}(req_i) = \frac{Semantic\ Distance(NCA_{req, adv}(req_i))}{Semantic\ Distance(req_i)} \quad (9-5)$$

$W_{(ci)}$ 为指定的概念 ci 在本次服务请求中的权重。每个节点的权重由服务请求者在请求描述中指定。

通过计算发布和请求中指定集合的带权语义距离相似度,可以得到这些信息的匹配程度,即语义相似度,再由服务匹配模块根据服务请求中的阈值或其他条件给出匹配结果,用于后续处理。

## 9.4 多无人机分布式异步通信协调控制

现阶段,多无人机协调控制的研究主要基于同步协调框架,即假设在每一个时钟周期内所有无人机同步进行交互,完成数据通信与控制输入更新。上述同步通信机制要求无人机与无人机之间具备及时可靠的通信,这严重依赖通信资源,耗费大量能量。由于无人机往往分散在不同的区域,通信易受地形限制、姿态限制与外部干扰,通信速率、掉包率以及干扰都可能导致平台间的通信延时或失效,使得通信结构无法满足多无人机的同步协调需求。面对日趋复杂的动态不确定环境,无人机之间的通信处于各种苛刻条件约束之下,同步机制无法适应于未来需求。另外,同步机制无法处理具有不同的决策与控制周期的多无人机系统,在结构层面上具有诱导延时与阻塞效应等固有缺点。首先,分布式系统的各子平台间的通信关系不对等,如处于网络中心的节点需要额外处理更多的通信,其次,对于异构或执行多任务目标的多无人机系统而言,个体计算能力不一致与任务复杂程度不统一,同步执行将受限于某单一节点,导致系统整体运行缓慢出现阻塞效应。

正因为同步协调系统结构层面的缺陷与缺乏对通信延时的处理能力,采用异步协调框架成为必然。异步框架是同步的一般形式,同步是异步的一个特例。在异步协调框架下,多无人机系统中不存在全局时钟来驱动所有平台同时更新,系统中各个无人机也无须等待其他个体的信息。每个无人机只需要根据自身任务目标与状态来决定控制器更新时间、与其他无人机进行通信的时间。

目前异步框架下的多无人机协调控制这一研究领域已逐渐被部分学者认知与关注,并产生了一些研究成果。对比于同步机制,异步机制除了能够有效地处理上述问题外,还具有更低的通信可靠性要求,任务与突发事件的自适应能力,以及对节点失效的鲁棒性。在面对复杂任务条件下,具有快速执行能力的平台可以高效地完成自身任务,而不必受限于其他平台。在这样一个框架下,通信的失效与延时都可以统一到异步框架中,不需要进行额外的考虑。

设计面向异步分布式协调的多无人机异步协调控制架构,可以适应于多无人机系统向着单机自主化、多机异构化和多态化方向发展需求。下面分别针对多无人机的通信拓扑关系、异步协调模型与任务协同控制系统动态模型进行叙述。

### 9.4.1 异步协调模型

多无人机协调控制通常利用协调变量对无人机之间的通信内容进行描述。各平台协调变量的更新代表无人机协调动作,即任务状态与协调目标的变化。假设无人机协调变量更新时间由离散时间 $t_1$, $t_2$, $\cdots$, $t_k$, $\cdots$进行描述,给定一组离散时间序列 $T^i$ 代表无人机 $i$ 的协调变量 $x_i(k)$ 的更新时间。在异步协调框架假设下,无人机的任务协同控制系统基于其他平台的延迟信息对自身协调变量进行更新,利用如下方程进行描述:

$$x_i(t_k) = g_i(x_1(s_1^i(t_k)), \cdots, x_j(s_j^i(t_k))), \quad j \in \mathbf{N}_i$$

式中,$s_j^i(t_k)$代表 $t_k$ 时刻下无人机 $i$ 获得 $j$ 协调变量的时间,一般为 $j$ 的最近一次更新时间,$s_j^i(t_k)$满足 $0 \leqslant s_j^i(t_k) \leqslant t_k$, $\forall\, t_k \geqslant 0$。

假设指标集 $I^k \subseteq \{1, 2, \cdots, n\}$ 代表在离散时刻 $t_k$ 所有进行交互的无人机集合,则各无人机协调变量的更新满足

$$x_i(t_k) = \begin{cases} x_i(t_{k-1}), & i \notin I^k \\ g_i(x_1(s_1^i(t_k)), \cdots, x_j(s_j^i(t_k))), & i \in I^k, j \in \mathbf{N}_i \end{cases} \tag{9-6}$$

假定无人机对自身状态的获取可以是实时的,则对于任意 $i$ 和 $t_k \in T^i$ 有 $s_j^i(t_k) = t_k$。异步协调框架的定义如下。

**定义 9 - 8(完全异步)** 对于任意 $k \in \mathbf{N}$,令 $I^k \subseteq \{1, 2, \cdots, n\}$,$(s_1^i(t_k), \cdots, s_n^i(t_k)) \subseteq \mathbf{N}_{\geqslant 0}^m$。满足

$$s_j^i(t_k) \leqslant t_{k-1} \tag{9-7}$$

$$\lim_{k \to \infty} s_j^i(t_k) = \infty \tag{9-8}$$

$$|\{k \in \mathbf{N}: i \in I^k\}| = \infty \tag{9-9}$$

式中,$i$, $j \in \{1, \cdots, n\}$。

**备注 9 - 1** 式(9-7)用于保证各个无人机在每个离散时间点上只进行一次控制更新操作。式(9-8)用于保证无人机的控制器持续更新。式(9-9)用于保证每架无人机在整个任务执行过程中都参与协调。

**定义 9 - 9(部分异步)** 部分异步是在全局异步的基础之上,给定正整常数 $T$,使得

(1) 对于任意 $k \geqslant 0$ 和每任意无人机 $i$,$i \in \bigcup_{l=k+1}^{k+T} I^l$ 或 $\{t_k, t_{k+1}, \cdots, t_{k+T-1}\}$ 中

至少存在一个元素属于 $T^i$。

(2) 对 $\forall i, j, \forall t \in T^i$,满足 $t - T < s_j^i(t) \leqslant t$。

**备注 9-2** 上述定义中①用于保证在时间段 $T$ 内无人机 $i$ 存在一次更新;②用于保证时间段 $T$ 内任意两架无人机存在一次交互。

### 9.4.2 分布式一致性协调策略

一致性是解决多运动体系统中各运动体如何通过局部协调,对某一变量达成一致的算法,近年来成为解决多运动体协调控制的主要方法。针对在不同约束条件下的多运动体协调控制问题,利用一致性理论与组合图论等工具研究分析,可以得到一系列有价值的方法。

利用一致性解决多无人机编队问题、协同感知、协同覆盖等问题已成为多运动体协调控制的重要研究方向。利用一致性协调策略考察多无人机分布式协调过程,将各无人机的协调变量更新过程(9-6)描述为如下线性系统模型:

$$\dot{x}_i(t) = A x_i(t) + B u_i(t) \tag{9-10}$$

式中,$x_i = [x_{i1}, x_{i2}, \cdots, x_{in}]^T$ 为无人机 $i$ 的协调变量;$A$, $B$ 为对应系统动态;$u_i$ 为输入。整体考虑多无人机系统状态为所有无人机状态的组合,令 $X = [x_{11}, x_{21}, \cdots, x_{m1}, x_{12}, \cdots, x_{m2}, \cdots, x_{mn}]^T$,系统整体动态满足

$$\begin{bmatrix} \dot{x}_{11} \\ \dot{x}_{21} \\ \vdots \\ \dot{x}_{m1} \\ \vdots \\ \dot{x}_{mn} \end{bmatrix} = (A \otimes I_m) \begin{bmatrix} x_{11} \\ x_{21} \\ \vdots \\ x_{m1} \\ \vdots \\ x_{mn} \end{bmatrix} + (B \otimes I_m) \begin{bmatrix} u_{11} \\ u_{21} \\ \vdots \\ u_{m1} \\ \vdots \\ u_{mn} \end{bmatrix} \tag{9-11}$$

根据式(9-6),只有部分无人机协调系统进行更新,则输入满足:

$$(u_{11}, u_{21}, \cdots, u_{m1}, \cdots, u_{mn})^T = (0, \cdots, u_{1i}, u_{2i}, \cdots, u_{mi}, \cdots, 0)^T, \quad i \in I^k$$

可以由指标集 $I^k$ 得到 $t$ 时刻通信拓扑 $G(V, E, t)$ 的诱导子拓扑 $G(V, E, t_k)$,其中只有 $I^k$ 中的节点存在边,此时通信子拓扑对应拉普拉斯矩阵 $L_k$。基于部分异步框架,对于相邻两次的系统更新时间点 $t_k, t_{k+1} \in T$ 满足

$$\lim_{k \to \infty} t_k = \infty, \ 0 < t_{k+1} - t_k \leqslant t_{max} \in \mathbf{R}_{>0} \tag{9-12}$$

假设各平台输入满足如下一致性控制律：

$$u_i(t) = \Sigma K(x_i(t) - x_j(t_{k-1})), \quad t \in [t_{k-1}, t_k], \quad K_i = K_j = [k_1, k_2, \cdots, k_n]$$

则系统输入满足

$$\begin{pmatrix} u_{11} \\ u_{21} \\ \vdots \\ u_{m1} \\ \vdots \\ u_{nm} \end{pmatrix} = -(\boldsymbol{I}_n \otimes \boldsymbol{L}_k) \begin{bmatrix} k_1 \boldsymbol{I}_m & & \\ & \ddots & \\ & & k_n \boldsymbol{I}_m \end{bmatrix} X = -\left( \begin{bmatrix} k_1 & & \\ & \ddots & \\ & & k_n \end{bmatrix} \otimes \boldsymbol{L}_k \right) X$$

$$(9-13)$$

将式(9-13)代入式(9-11)，得到系统受控动态满足

$$\dot{X}(t) = (\boldsymbol{A} \otimes \boldsymbol{I}_m - (\boldsymbol{B}\mathrm{diag}\{k_i\}) \otimes \boldsymbol{\Delta}_k) X(t) + (\boldsymbol{B}\boldsymbol{K}_i \otimes \boldsymbol{D}_k) X(t_{k-1})$$

如果 $L$ 是行随机矩阵，则 $\boldsymbol{\Delta}_k = \boldsymbol{I}_m$，有

$$\dot{X}(t) = (\boldsymbol{A} \otimes \boldsymbol{I}_m - (\boldsymbol{B}\mathrm{diag}\{k_i\}) \otimes \boldsymbol{I}_m) X(t) + (\boldsymbol{B}\boldsymbol{K}_i \otimes \boldsymbol{D}_k) X(t_{k-1})$$

$$(9-14)$$

若存在矩阵 $P$ 使得 $\boldsymbol{\Lambda} = \boldsymbol{P}^{-1}\boldsymbol{D}_k\boldsymbol{P} = \mathrm{diag}\{\lambda_1, \lambda_2, \cdots, \lambda_m\}$

令 $X = (\boldsymbol{I}_n \otimes \boldsymbol{T})Z$，有

$$\dot{Z}(t) = (\boldsymbol{A} \otimes \boldsymbol{I}_m - (\boldsymbol{B}\mathrm{diag}\{k_i\}) \otimes \boldsymbol{I}_m) Z(t) + (\boldsymbol{B}\boldsymbol{K}_i \otimes \boldsymbol{P}^{-1}\boldsymbol{D}_k\boldsymbol{P}) Z(t_{k-1})$$

则在异步协调控制作用下，多无人机被描述为一个非周期采样控制系统形式：

$$\dot{Z}(t) = (\boldsymbol{A} \otimes \boldsymbol{I}_m - (\boldsymbol{B}\mathrm{diag}\{k_i\}) \otimes \boldsymbol{I}_m) Z(t) + (\boldsymbol{B}\boldsymbol{K}_i \otimes \boldsymbol{\Lambda}_k) Z(t_{k-1})$$

$$(9-15)$$

### 9.4.3　基于耗散理论的多无人机异步协调控制

多无人机的异步通信协调过程式(9-15)可以描述为一个非周期采样系统。通过分析非周期采样系统的控制问题，可以进一步应用到多无人机协调控制中。考察如下线性系统：

$$\dot{x}(t) = \boldsymbol{A}x(t) + \boldsymbol{B}u(t) \qquad (9-16)$$

式中，$x \in \mathbf{R}^n$ 为系统状态；$u \in \mathbf{R}^m$ 是系统输入；矩阵 $\boldsymbol{A}$ 渐进稳定。

假定系统状态按照如下离散时间序列采样控制

$$0 = t_0 < t_1 < \cdots < t_k < \cdots \qquad (9-17)$$

控制输入在各个采样时间间隔内保持分段定常：

$$u(t) = \boldsymbol{K}x(t_k), \quad \forall t \in [t_k, t_{k+1}) \qquad (9-18)$$

采样时间间隔定义为 $T_k = t_{k+1} - t_k$。非周期采样系统中 $T_k$ 是非定常的，各采样时间间隔仅满足有限假设：

$$0 < T_{\min} \leqslant T_k \leqslant T_{\max} < \infty, \quad \forall k \qquad (9-19)$$

对于非周期采样控制系统，系统稳定性需要针对所有的 $T \in [T_{\min}, T_{\max}]$ 都进行判断，这是一个无穷维方程组的求解问题，通常无法求解。如果选取一个标称点 $T_{\text{norm}}$ 作为标称点，而将其他时间与标称时间之间误差视作非周期诱导不确定性项，可以使得原非周期采样控制系统转化成含有不确定性项的周期采样系统，那么若能够得到此时带有不确定性系统的稳定性，也就得到了所有时间下的系统稳定性。

令 $\boldsymbol{\Phi}_{\text{norm}} = \boldsymbol{\Phi}(T_{\text{norm}})$，$T_k = T_{\text{norm}} + \theta_k$，则有

$$\boldsymbol{\Phi}_{T_k} = \boldsymbol{\Phi}_{T_{\text{norm}}} + \int_0^\theta \mathrm{e}^{\boldsymbol{A}\tau} \mathrm{d}\tau (\boldsymbol{A}\boldsymbol{\Phi}_{T_{\text{norm}}} + \boldsymbol{B}\boldsymbol{K}) \qquad (9-20)$$

基于 QSR 耗散控制理论可以分析式(9-16)描述的非周期采样系统，令

$$\Delta(\theta) \triangleq \int_0^\theta \mathrm{e}^{\boldsymbol{A}(\theta-\tau)} \mathrm{d}\tau \qquad (9-21)$$

将式(9-21)代入式(9-20)，可以将系统式(9-16)改写为

$$z\boldsymbol{I}X = (\boldsymbol{\Phi}_{\text{norm}} + \boldsymbol{\Delta}(\theta)(\boldsymbol{A}\boldsymbol{\Phi}_{\text{norm}} + \boldsymbol{B}\boldsymbol{K}))X$$

定义变量 $\omega$ 和 $v$ 为

$$v \triangleq \boldsymbol{H}X = (\boldsymbol{A}\boldsymbol{\Phi}_{\text{norm}} + \boldsymbol{B}\boldsymbol{K})X$$

$$\omega \triangleq \boldsymbol{\Delta}(\theta)v$$

可以得到 $X$ 与 $\omega$、$v$ 的关系如下：

$$(z\boldsymbol{I} - \Phi_{\text{norm}})X = \Delta(\theta)(\boldsymbol{A}\boldsymbol{\Phi}_{\text{norm}} + \boldsymbol{B}\boldsymbol{K})X = \Delta(\theta)v$$

则非周期采样系统可以由如下等价反馈互联系统描述,系统结构如图 9-32 所示。

$$\Gamma: \begin{cases} x(k+1) = \boldsymbol{\Phi}_{\mathrm{norm}}x + \omega \\ v = \boldsymbol{H}x \end{cases} \tag{9-22}$$

$$\Delta: \omega = \boldsymbol{\Delta}(\theta)v$$

**图 9-32　非周期采样系统的反馈互联结构**

对于式(9-22)描述的反馈互联系统,如果前向环节 $\Gamma$ 与反馈环节 $\Delta$ 均为 QSR 耗散的,则可分析该闭环系统(非周期采样系统)的稳定性。

**定理 9-1**[1]　存在 $\varepsilon > 0$ 与 $\delta > 0$,使得式(9-22)中反馈环节 $\Delta$ 对于 $\boldsymbol{Q} = -\varepsilon\boldsymbol{I}$,$\boldsymbol{R} = \delta\boldsymbol{I}$ 与 $S = 0$ 是 QSR 耗散的。

**定理 9-2**[1]　存在 $\varepsilon > 0$ 与 $\delta > 0$,使得系统式(9-22)的前向环节 $\Gamma$ 对于 $\boldsymbol{Q} = -\varepsilon\boldsymbol{I}$,$\boldsymbol{R} = \delta\boldsymbol{I}$ 及 $S = 0$ 是 QSR 耗散的。

由 $\delta$ 与 $\Gamma$ 的耗散性,可以分析反馈互联系统式(9-22)的(渐进)稳定性,也就得到了非周期采样系统的(渐进)稳定性条件。非周期采样系统的(渐进)稳定性条件如下。

**定理 9-3**[1]　对于非周期采样系统式(9-16),若存在 $\varepsilon_1$,$\varepsilon_2 > 0$,$\delta_1$,$\delta_2 > 0$,$\alpha > 0$ 及正定对称矩阵 $\boldsymbol{P}_1 = \boldsymbol{P}_1' > 0$,$\boldsymbol{P}_2 = \boldsymbol{P}_2' > 0$,使得如下矩阵不等式成立:

$$\begin{bmatrix} \Phi_{\mathrm{norm}}^{\mathrm{T}}\boldsymbol{P}_1\Phi_{\mathrm{norm}} - \boldsymbol{P}_1 + \varepsilon_1 H^{\mathrm{T}}H & \Phi_{\mathrm{norm}}^{\mathrm{T}}\boldsymbol{P}_1 \\ \boldsymbol{P}_1\Phi_{\mathrm{norm}} & -\delta_1\boldsymbol{I} + \boldsymbol{P}_1 \end{bmatrix} \leqslant 0 \tag{9-23}$$

$$\begin{bmatrix} -\boldsymbol{P}_2 - \varepsilon_2\boldsymbol{I} & 0 \\ 0 & -\delta_2\boldsymbol{I} + \beta^2 P_2 \end{bmatrix} \leqslant 0 \tag{9-24}$$

$$\begin{bmatrix} -\varepsilon_1\boldsymbol{I} + \alpha\delta_2\boldsymbol{I} & 0 \\ 0 & -\delta_1\boldsymbol{I} + \alpha\varepsilon_2\boldsymbol{I} \end{bmatrix} \leqslant 0 \tag{9-25}$$

式中,$\beta = \max\{\beta(\theta) \mid \forall \theta \in (0, T_{\max} - T_{\min}]\}$,$\beta(\theta)$ 的定义参见文献[63]的引

理 3,那么系统式(9-16)在状态反馈式(9-18)作用下稳定,若不等式(9-25)负定时,系统渐进稳定。

**备注 9-3**　非周期采样系统式(9-16)的稳定性可以通过寻找满足上述矩阵不等式(9-23)~式(9-25)的正实数 $\varepsilon_1$, $\varepsilon_2$, $\delta_1$, $\delta_2 > 0$, $\alpha > 0$ 及正定对称矩阵 $\boldsymbol{P}_1$, $\boldsymbol{P}_2$ 保证。

**1) 多无人机时变拓扑非周期协调耗散控制**

考察以位置和速度为协调变量,满足式(9-10)的二阶动态无人机协调系统,有

$$\begin{bmatrix} \dot{x}_i \\ \dot{v}_i \end{bmatrix} = \begin{bmatrix} 0 & 1 \\ 0 & 0 \end{bmatrix} \begin{bmatrix} x_i \\ v_i \end{bmatrix} + \begin{bmatrix} 0 \\ 1 \end{bmatrix} u_i, \quad i \in \{1, 2, \cdots, m\} \tag{9-26}$$

在非周期协调控制作用下的一致性收敛问题,即

$$\begin{cases} \lim\limits_{t \to \infty} |x_i(t) - x_j(t)| = 0 \\ \lim\limits_{t \to \infty} |v_i(t) - v_j(t)| = 0, \quad \forall i, j \in \{1, 2, \cdots, m\} \end{cases} \tag{9-27}$$

各无人机分布式协调控制律采用如下一致性结构:

$$u_i(t) = \sum_{j \in N_i} [k_p(x_j(t_{k-1}) - x_i(t)) + k_d(v_j(t_{k-1}) - v_i(t))], \quad \forall t \in [t_{k-1}, t_k) \tag{9-28}$$

其中离散时间点 $t_k$ 满足式(9-19)描述的非周期协调特性。

那么根据式(9-14),多无人机协调系统整体动态为

$$\begin{bmatrix} \dot{x} \\ \dot{v} \end{bmatrix} = \left( \begin{bmatrix} 0 & 1 \\ -k_p & -k_d \end{bmatrix} \otimes I_n \right) \begin{bmatrix} x \\ v \end{bmatrix} + \left( \begin{bmatrix} 0 & 0 \\ k_p & k_d \end{bmatrix} \otimes D_k \right) \begin{bmatrix} x(t_k) \\ v(t_k) \end{bmatrix} \tag{9-29}$$

式中, $x = [x_1, x_2, \cdots, x_m]^T$; $v = [v_1, v_2, \cdots, v_m]^T$; $\boldsymbol{D}_k$ 为 $k$ 时刻系统通信拓扑邻接矩阵。

由于 $\boldsymbol{D}_k$ 的对称性,则存在可逆矩阵 $\boldsymbol{T}$ 使得 $\boldsymbol{D}_k$ 对角化

$$\Lambda = \boldsymbol{T}^{-1} \boldsymbol{D}_k \boldsymbol{T} = \mathrm{diag}(\lambda_1, \lambda_2, \cdots, \lambda_m), \quad \lambda_1 \geqslant \lambda_2 \geqslant \cdots \geqslant \lambda_m$$

对无人机系统式(9-29)中状态进行如下变换:

$$\begin{bmatrix} x \\ v \end{bmatrix} = \begin{bmatrix} \boldsymbol{T} & 0 \\ 0 & \boldsymbol{T} \end{bmatrix} \begin{bmatrix} z \\ \dot{z} \end{bmatrix} \tag{9-30}$$

代入到式(9-29)中,同时令

$$\boldsymbol{A} = \begin{bmatrix} 0 & 1 \\ -k_p & -k_d \end{bmatrix}^1 \quad \boldsymbol{B} = \begin{bmatrix} 0 & 0 \\ k_p & k_d \end{bmatrix}$$

得到

$$\begin{bmatrix} \dot{z} \\ \ddot{z} \end{bmatrix} = (\boldsymbol{A} \otimes \boldsymbol{I}_n) \begin{bmatrix} z \\ \dot{z} \end{bmatrix} + (\boldsymbol{B} \otimes \boldsymbol{\Lambda}) \begin{bmatrix} z(t_k) \\ \dot{z}(t_k) \end{bmatrix} \tag{9-31}$$

将新的协调状态 $z$ 分块为 $[z_1, z_2, \cdots, z_m]'$ 得到

$$\begin{bmatrix} \dot{z}_i \\ \ddot{z}_i \end{bmatrix} = \boldsymbol{A} \begin{bmatrix} z_i \\ \dot{z}_i \end{bmatrix} + \lambda_i \boldsymbol{B} \begin{bmatrix} z_i(t_k) \\ \dot{z}_i(t_k) \end{bmatrix}, \quad i \in \{1, 2, \cdots, m\} \tag{9-32}$$

上述变换将二阶无人机系统根据拓扑结构进行了状态变换，特别当 $\lambda = 1$ 时，该二阶系统具备如下性质。

**引理 9-1**[63]　考察满足动态式(9-32)的系统，若 $\lambda_i = 1$，则有系统状态 $\lim\limits_{k \to \infty} z_1(t_k) = \gamma$，$\lim\limits_{k \to \infty} z_1(t_k) = 0$，其中 $\gamma$ 为实常数。

下面讨论其他特征值对应状态的渐进稳定收敛条件。

**定理 9-4**[1]　对于式(9-32)描述的系统，若存在 $\varepsilon_1, \varepsilon_2 > 0$，$\delta_1, \delta_2 > 0$，$\alpha > 0$ 及正定对称矩阵 $\boldsymbol{P}_1 = \boldsymbol{P}_1' > 0$，$\boldsymbol{P}_2 = \boldsymbol{P}_2' > 0$，使得如下矩阵不等式对于给定 $\lambda_i$，$i \in \{2, \cdots, m\}$ 成立：

$$\begin{bmatrix} e^{A'T_{\text{norm}}} \boldsymbol{P}_1 e^{AT_{\text{norm}}} - \boldsymbol{P}_1 + \varepsilon_1 (Ae^{AT_{\text{norm}}} + \lambda_i \boldsymbol{B})^{\mathrm{T}}(Ae^{AT_{\text{norm}}} + \lambda_i \boldsymbol{B}) & e^{A'T_{\text{norm}}} \boldsymbol{P}_1 \\ \boldsymbol{P}_1 e^{AT_{\text{norm}}} & -\delta_1 \boldsymbol{I} + \boldsymbol{P}_1 \end{bmatrix} \leqslant 0 \tag{9-33}$$

$$\begin{bmatrix} -\boldsymbol{P}_2 - \varepsilon_2 \boldsymbol{I} & 0 \\ 0 & -\delta_2 \boldsymbol{I} + \beta^2 \boldsymbol{P}_2 \end{bmatrix} \leqslant 0 \tag{9-34}$$

$$\begin{bmatrix} -\varepsilon_1 \boldsymbol{I} + \alpha\delta_2 \boldsymbol{I} & 0 \\ 0 & -\delta_1 \boldsymbol{I} + \alpha\varepsilon_2 \boldsymbol{I} \end{bmatrix} \leqslant 0 \tag{9-35}$$

式中，$\beta = \max\{\beta(\theta) \mid \forall \theta \in (0, T_{\max} - T_{\min}]\}$；$\beta(\theta)$ 的定义参见文献[63]的引理 3，那么系统式(9-32)稳定，若不等式(9-39)负定时，系统渐进稳定。

**定理 9-5**[1]　对于式(9-32)描述的系统，若存在 $\varepsilon_1, \varepsilon_2 > 0$，$\delta_1, \delta_2 > 0$，$\alpha > 0$ 及正定对称矩阵 $\boldsymbol{P}_1 = \boldsymbol{P}_1' > 0$，$\boldsymbol{P}_2 = \boldsymbol{P}_2' > 0$，使得如下矩阵不等式成立：

$$\boldsymbol{\psi}_1 = \begin{bmatrix} \mathrm{e}^{\boldsymbol{A}'T_{\mathrm{norm}}}\boldsymbol{P}\mathrm{e}^{\boldsymbol{A}T_{\mathrm{norm}}} - \boldsymbol{P} & \mathrm{e}^{\boldsymbol{A}T_{\mathrm{norm}}}\boldsymbol{P}/\sqrt{\delta_1} & (\boldsymbol{A}\mathrm{e}^{\boldsymbol{A}T_{\mathrm{norm}}} + \lambda_2\boldsymbol{B})/\sqrt{\varepsilon_1} \\ * & \boldsymbol{P}/\delta_i - \boldsymbol{I} & 0 \\ * & * & \boldsymbol{I} \end{bmatrix} \leqslant 0$$

$$(9-36)$$

$$\boldsymbol{\psi}_2 = \begin{bmatrix} \mathrm{e}^{\boldsymbol{A}'T_{\mathrm{norm}}}\boldsymbol{P}\mathrm{e}^{\boldsymbol{A}T_{\mathrm{norm}}} - \boldsymbol{P} & \mathrm{e}^{\boldsymbol{A}T_{\mathrm{norm}}}\boldsymbol{P}/\sqrt{\delta_1} & (\boldsymbol{A}\mathrm{e}^{\boldsymbol{A}T_{\mathrm{norm}}} - \boldsymbol{B})/\sqrt{\varepsilon_1} \\ * & \boldsymbol{P}/\delta_i - \boldsymbol{I} & 0 \\ * & * & \boldsymbol{I} \end{bmatrix} \leqslant 0$$

$$(9-37)$$

$$\begin{bmatrix} -\boldsymbol{P}_2 - \varepsilon_2\boldsymbol{I} & 0 \\ 0 & -\delta_2\boldsymbol{I} + \beta^2\boldsymbol{P}_2 \end{bmatrix} \leqslant 0 \qquad (9-38)$$

$$\begin{bmatrix} -\varepsilon_1\boldsymbol{I} + \alpha\delta_2\boldsymbol{I} & 0 \\ 0 & -\delta_1\boldsymbol{I} + \alpha\varepsilon_2\boldsymbol{I} \end{bmatrix} \leqslant 0 \qquad (9-39)$$

式中，$\beta = \max\{\beta(\theta) \mid \forall\theta \in (0, T_{\max} - T_{\min}]\}$，$\beta(\theta)$ 定义参见文献[64]的引理 3，那么系统式（9-32）稳定，若不等式（9-39）负定时，系统渐进稳定。

设多无人机在各异步通信协调时刻式（9-17）下的通信拓扑联通，同时假设所有时刻下的通信拓扑联通度满足 $\lambda_2(t_i) \leqslant \hat{\lambda}$，$\forall i \in \mathbf{N}$，那么可以得到如下联通拓扑条件下的多无人机时变拓扑非周期协调稳定性定理。

**定理 9-6**[1]　考察满足二阶动态系统式（9-26）的多无人机系统，多无人机通信拓扑 $G(t_k)$ 时变，更新时间满足 $0 < t_{k+1} - t_k < \tau < \infty$，则多无人机系统在分布式协调控制律式（9-28）作用下实现式（9-27）描述的一致性收敛的充分条件是：存在正实数 $\lambda$，使得任意时刻下多无人机通信拓扑 $G(t_k)$ 对应邻接矩阵 $\boldsymbol{D}_k$ 的第二大特征值满足 $\lambda_2(t_k) \leqslant \hat{\lambda}$，$\forall k \in \mathbf{N}$，且使得上述矩阵不等式（9-36）～式（9-39）成立。

**2）多无人机异步协调耗散控制**

通过对多无人机异步协调的模型分析可知，多无人机异步协调模型可以简述为给定指标集 $I^k \subseteq \{1, 2, \cdots, n\}$，则各无人机协调变量的更新满足

$$x_i(t_k) = \begin{cases} x_i(t_{k-1}), & i \notin I^k \\ g_i(x_1(s_1^i(t_k)), \cdots, x_j(s_j^i(t_k))), & i \in I^k, j \in \mathbf{N}_i \end{cases}$$

根据式（9-15），可以将多无人机在异步通信机制的协调问题描述为一个非

周期采样系统的形式。针对多无人机的异步协调控制可以借鉴非周期采样系统控制设计。将多无人机异步协调控制问题映射到非周期采样系统中，根据式 (9-15)中描述，可以将多无人机在异步通信机制的协调问题描述为一个非周期采样系统的形式：

$$\dot{Z}(t) = (\boldsymbol{A} \otimes \boldsymbol{I}_m - (\boldsymbol{B}\mathrm{diag}\{k_i\}) \otimes \boldsymbol{I}_m)Z(t) + (\boldsymbol{B}\boldsymbol{K}_i \otimes \Lambda_k)Z(t_{k-1})$$

根据非周期采样系统的分析与控制方法研究，可以设计多无人机异步协调耗散控制律。根据异步协调时间假设式(9-12)，可以将多无人机系统整体描述为

$$Z(t_{k+1}) = \Phi_{T_k} Z(t_k)$$

$$\Phi_{T_k} = \mathrm{e}^{(\boldsymbol{A}\otimes\boldsymbol{I}_m - (\boldsymbol{B}\mathrm{diag}\{k_i\})\otimes\boldsymbol{I}_m)T_k} + \int_0^{T_k} \mathrm{e}^{(\boldsymbol{A}\otimes\boldsymbol{I}_m - (\boldsymbol{B}\mathrm{diag}\{k_i\})\otimes\boldsymbol{I}_m)(T_k-\tau)}(\boldsymbol{B}\boldsymbol{K}_i \otimes \Lambda_k)\mathrm{d}\tau\boldsymbol{K}$$

多无人机系统可以改写为同步协调的标称系统与异步导致的干扰项公共组成的反馈互联系统。基于定理 9-3 的设计方法可以实现对多无人机异步协调的稳定性分析与耗散控制。

### 9.4.4　基于事件触发模型预测的多无人机主动异步协调控制

我们曾经指出，未来飞行器控制、决策与管理系统不论是单机、多机或集群都是以事件驱动与时间驱动的混合动态系统为特征[66]。在 UAV 自主控制和多 UAV 协调控制问题中，通常将控制问题转换为一个以控制输入为变量的优化问题。然而，此类问题的代价函数和约束往往比较复杂，即使离线状态下也难以求解。本节针对无人机自主控制系统的模型预测控制进行研究，提出一种基于事件触发的模型预测控制，能有效降低系统规划时间与运算消耗。

现有的无人机决策规划问题如任务规划和轨迹规划等往往转化为对应的优化控制问题，算法一般是离线的，运算消耗量较大以及对先验数据的准确度具有强依赖性。20 世纪 70 年代，一种在线优化算法——模型预测控制（MPC，也称滚动时域控制）已经从最初在工业过程控制应用中的启发式控制算法发展成为一个具有丰富理论和实践内容的新的学科分支[67-68]。模型预测控制的主要优点在于其是一种有限时间优化算法，并可以有效处理含有约束的优化问题，以牺牲整体最优性为代价，获得控制问题的可解性和系统对不确定性干扰的鲁棒性。模型预测控制在先进制造、能源、环境、航天航空、医疗等许多领域中获得应用，

并取得良好效果[67]。在飞行器控制领域,Keviczky 和 Balas 等人将模型预测控制作为一种底层控制方法实现了对 F16 的控制[69-70]。

控制模型、预测长度与成本函数是 MPC 的三个重要组成部分。可以通过简化控制模型和代价函数,或者通过改变预测长度来减少计算时间和问题的复杂性。然而,MPC 中的控制模型和成本函数本质上应该保持不变,而预测长度是可以任意决定的设计变量。这使得可变预测周期的 MPC 在降低计算复杂性方面优于其他方案。在无人机的应用中,变预测步长 MPC 能够有效地利用信息,即根据信息的重要性调整步长大小。以无人机路径规划问题为例,在不含有敌人或威胁的情况下采用较长步长的预测周期更有效率,反之若出现大量的威胁时,小步长的情况可以有效地避免危险。所以,在此类问题下,恒定步长无法适应不断变化的环境,这有可能出现浪费计算与计算力不足的情况。在实际系统中,通常利用自适应的手段设计 MPC 的步长。文献[71]通过设计以步长为优化变量的代价函数进行求解。值得注意的是,在这种情况下虽然整体性能可以由联合优化求解得到改善,但所需计算时间也高得多。

事件触发控制方法不同于周期采样控制系统每个采样点都对控制器更新,而是根据某个特定条件来触发控制器更新(通常条件是误差超过给定阈值),这样可以有效地降低复杂控制律的解算以及控制器与传感器之间的通信频率。这种方法于 20 世纪 90 年代首次提出,近年来获得广泛发展[72-75]。

如果事件触发策略应用到 MPC,不仅能实现可变预测步长而且能保证计算量降低和有效的控制性能。事件触发机制可以有效地处理被控对象为复杂动态系统的情况。当系统模型为复杂动态系统的情况,如非线性、Euler-Lagrange 系统和非完整约束等,模型预测控制需要消耗大量的运算时间,使得系统无法在线应用这一算法。而利用事件触发机制可以在保证次优的基础上,大量降低运算次数。

1) **事件触发模型预测控制控制方法**

将多无人机系统描述为由多个智能单元共同构成的复杂系统,需要充分考虑个体的自主能力,要求每个个体具有独立在线规划与决策的能力。无人机在执行任务中通过自主感知以及相互之间的通信将获得大量复杂的信息,需要针对有效信息进行提取与融合,并根据所得到的有效信息进行智能规划与决策。采用模型预测控制作为无人机自主规划与决策控制的中心算法,不同的任务以及多无人机系统的异构特性均可以以优化问题的形式统一在模型预测控制问题中进行描述[70,76-81]。

（1）模型预测控制。

为了便于分析，考察如下线性离散系统：

$$\begin{cases} x(k+1) = \boldsymbol{A}x(k) + \boldsymbol{B}u(k) \\ y(k) = \boldsymbol{C}x(k) \end{cases} \qquad (9-40)$$

式中，$x \in \mathbf{R}^n$，$y \in \mathbf{R}^n$，$u \in \mathbf{R}^m$ 分别为系统状态、输出与控制输入。

在模型预测控制作用下，系统状态在第 $k \in \mathbf{N}$ 时刻的预测具有如下形式：

$$\begin{cases} x(k+l+1 \mid k) = \boldsymbol{A}x(k+l \mid k) + \boldsymbol{B}u(k+l \mid k) \\ y(k+l \mid k) = \boldsymbol{C}x(k+l \mid k) \end{cases} \qquad (9-41)$$

式中，当前 $l \in [0, \cdots, N-1]$ 代表距离当前时刻的时长；$N \in \mathbf{N}$ 为预测步长。例如 $x(k+l \mid k)$ 为 $k$ 时刻对 $k+l$ 时刻状态的估计。

将无人机的任务分配、路径规划以及态势感知等问题描述为如下含有二阶终端等式有限时间约束的优化问题，优化目标可以表示为

$$J(x(k), x^r, u(k + \boldsymbol{\cdot} \mid k)) = \sum_{l=0}^{N-1} [(x(k+l \mid k) - x^r(k+l \mid k))^{\mathrm{T}} \boldsymbol{Q}$$
$$(x(k+l \mid k) - x^r(k+l \mid k)) + u(k+l \mid k)^{\mathrm{T}} \boldsymbol{R} u(k+l \mid k)] \qquad (9-42)$$

式中，$x^r \in \mathbf{R}^n$ 为系统参考状态，且 $x(k+N \mid k) = x(k+N \mid k)^r$；$\boldsymbol{Q}$ 和 $\boldsymbol{R}$ 分别为状态和输入加权矩阵。

**假设 9-1**　系统矩阵 $(\boldsymbol{A}, \boldsymbol{B})$ 可控，$(\boldsymbol{A}, \boldsymbol{Q}^{\frac{1}{2}})$ 可观。

**引理 9-2**　假定由 $J(x(k), k, k+N)$ 推出的模型预测控制输入存在，在假设 9-1 的条件下，系统渐近稳定当且仅当 $J^*(x(k), k, k+N+1) \leqslant J^*(x(k), k, k+N)$。

基于引理 9-2，可以得到如下模型预测控制律：

$$u^*(k) = -\boldsymbol{R}^{-1} \boldsymbol{B}^{\mathrm{T}} \boldsymbol{P}_{k+1, k+N+1}^{-1} \boldsymbol{A}x(k) \qquad (9-43)$$

式中，$P_{k+1, k+N+1}$ 由下式获得：

$$\boldsymbol{P}_{k+1, k+N+1} = \boldsymbol{A}^{-1} [\boldsymbol{I} + \boldsymbol{P}_{k+l+1, k+N+1} \boldsymbol{A}^{-\mathrm{T}} \boldsymbol{Q} \boldsymbol{A}^{-1}]^{-1} \boldsymbol{P}_{k+l+1, k+N+1} \boldsymbol{A} + \boldsymbol{B} \boldsymbol{R}^{-1} \boldsymbol{B}^{\mathrm{T}}$$

$$\boldsymbol{P}_{k+N+1, k+N+1} = 0$$

$$(9-44)$$

**引理 9-3**　在假设 9-1 的条件下，若有 $n_c \leqslant N < \infty$，则由等式终端约束优化目标式（9-42）得到的式（9-43）与式（9-44）描述的模型预测控制律，使得系

统式(9-41)渐近稳定。

(2) 事件触发控制方法。

下面针对事件触发控制进行简要介绍。考察如下线性系统：

$$\dot{x} = \boldsymbol{A}x + \boldsymbol{B}u \qquad (9-45)$$

式中，$x \in \mathbf{R}^n$ 为系统状态；$u = \boldsymbol{K}x \in \mathbf{R}^m$ 为状态反馈输入；$\boldsymbol{K} \in \mathbf{R}^{m \times n}$ 保证系统闭环全局渐进稳定。

在理想条件下，闭环系统描述为

$$\dot{x} = \boldsymbol{A}x + BKx = \hat{\boldsymbol{A}}x$$

式中，$\hat{\boldsymbol{A}}$ 是 Hurwitz 矩阵。在事件触发策略下，控制律在某个采样点进行更新，满足

$$u(t) = \boldsymbol{K}x(t_k), \quad t \in [t_k, t_{k+1}]$$

原系统在上述控制律作用下具有如下形式：

$$\dot{x}_p(t) = \boldsymbol{A}x_p(t) + \boldsymbol{B}\boldsymbol{K}x_p(t_k), \quad t \in [t_k, t_{k+1}]$$

式中，$x_p$ 用来与理想系统区分；$t_k$ 与 $t_{k+1}$ 分别为当前与下一次更新时间，$t_{k+1}$ 的获得依赖某个事件发生的时刻，这一事件往往定义为理想系统与真实系统之间的状态误差超过一定阈值：

$$e = x(t) - x_p(t) \| e(t) \| \leqslant \sigma \| x(t) \|$$

可见，这一方法的控制更新频率不再满足周期性假设，在大多数情况下可以有效地降低更新频率。

(3) 事件触发模型预测控制。

事件触发模型预测控制是依靠事件触发方法，降低模型预测的优化求解次数。假设在第 $k$ 时刻，系统根据如下优化方程对控制律进行了更新：

$$J^*(x(k), k, k+N) = \sum_{j=1}^{N}[x(k+l \mid k)^{\mathrm{T}}Qx(k+l \mid k) + u^*(k+l \mid k)^{\mathrm{T}}Ru^*(k+l \mid k)]$$

当第 $k+1$ 时刻到来时，假定 $k+1$ 时预测的$[k+1, k+N]$之间控制序列与第 $k$ 时刻预测的相同，同时最后一个预测控制值 $u(k+N+1)$ 与 $u(k+N)$ 相同。事件触发模型预测控制输入如图 9-33 所示。

为了满足引理 9-2 给出的优化目标递减的不等式要求，需要保证：

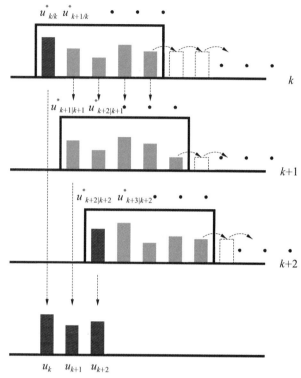

图 9‑33　事件触发模型预测控制输入示意图

$$J(x(k), k+1, k+N+1) \leqslant J^*(x(k), k, k+N)$$

这意味着：

$$x(k+N \mid k+1)^{\mathrm{T}}\boldsymbol{Q}x(k+N \mid k+1)+u(k+N+1 \mid k+1)^{\mathrm{T}}\boldsymbol{R}u$$
$$(k+N+1 \mid k+1) \leqslant x(k)^{\mathrm{T}}\boldsymbol{Q}x(k)+u(k)^{\mathrm{T}}\boldsymbol{R}u(k)$$

则给出的控制输入无法满足上述不等式时，需要重新根据优化方程计算新的控制律。类似一般线性系统的事件触发控制，可以给出如下事件作为控制律重新计算的触发条件：

$$x(k+N \mid k+1)^{\mathrm{T}}\boldsymbol{Q}x(k+N \mid k+1)+u(k+N+1 \mid k+1)^{\mathrm{T}}\boldsymbol{R}u$$
$$(k+N+1 \mid k+1) > x(k)^{\mathrm{T}}\boldsymbol{Q}x(k)+u(k)^{\mathrm{T}}\boldsymbol{R}u(k) \tag{9-46}$$

闭环系统的渐近稳定性可以由如下定理保证：

**定理 9‑7**[1]　满足假设 9‑1 条件的系统式（9‑40），由二次优化目标函数式（9‑42）和如下事件触发控制律的作用下使得系统全局渐近稳定：

$$u(k+l) = \begin{cases} u^*(k+l \mid k), & l \leqslant N \\ u^*(k+N-1 \mid k), & l > N \end{cases} \qquad (9-47)$$

其中 $u^*(k+l \mid k)$ 是由式(9-43)在 $k$ 时刻获得,仅在满足式(9-46)时对 $u^*(k+l)$ 重新计算。

尽管事件触发模型预测控制是一个次优结果,但可以在保证闭环特性的基础上进行在线求解,并对未知干扰具有一定的鲁棒性,同时,相对于全局优化而言,事件触发机制降低了运算消耗。

**2) 分布式触发模型预测控制**

多无人机事件触发异步协调问题主要研究分布式通信环境下,多无人机根据邻居和自身状态,设计满足整体目标最优的触发式控制策略,实现主动式异步通信协调控制。在动态不确定的环境中,节点之间需依靠局部信息交互才能实现整体的优化,无人机之间就需要消耗大量通信资源。如何降低通信次数减少能量消耗,如何保证在系统的关键时刻、关键节点采用适当的控制手段就成为学者关注重点。采用事件触发的形式形成异步式协调控制,成为解决这一问题的有效策略。

(1) 分布式模型预测控制。

在分布式模型预测控制中,每个运动体根据自身当前状态与邻居当前状态,预测未来一段时间内的状态与控制输入,从而分别求解一个有限时域的优化控制问题。

假设当前与预测的系统状态和控制输入为如下形式:

$$x_i(k) = \{\hat{x}_i(k+l \mid k)\}_{l=0}^{N} \quad u_i(k) = \{\hat{u}_i(k+l \mid k)\}_{l=0}^{N-1}$$

式中,$\hat{x}_i(k \mid k) = x_i(k)$。假设运动体 $i$ 的邻居集合为 $N_i$,$i$ 可以获得所有 $j \in N_i$ 的当前和预测状态,$x_j(k) = \{\hat{x}_j(k+l \mid k)\}_{l=0}^{N}$,其中,$x_j(k+l \mid k)$ 代表运动体 $j$ 在 $k$ 时刻对 $k+l$ 的预测值。在 $k$ 时刻的控制更新之前,运动体 $i$ 需要获得所有邻居运动体的状态,这部分状态显然应当是所有邻居运动体在前一时刻 $k-1$ 的真实与预测状态,$\hat{x}_j(k+l \mid k-1)$。

将运动体 $i$ 在 $k$ 时刻获得的所有其他运动体状态描述为如下形式:

$$X_{N_i}(k) = \{x_j(k-1)\}_{j \in N_i}$$

运动体 $i$ 得到自身状态与邻居状态向量之后,求解如下局部优化方程:

$$J_i(x_i(k), u_i(k), X_{N_i}(k)) = \alpha J_i^a(x_i(k), u_i(k)) + \beta J_i^b(x_i(k), X_{N_i}(k))$$

$$J_i^a = \sum_{l=0}^{N-1} (x_i(k+l \mid k)\boldsymbol{Q}x_i(k+l \mid k) + u_i^{\mathrm{T}}(k+l \mid k)\boldsymbol{R}u_i(k+l \mid k)) + V_i(x_i(k+N \mid k))$$

$$J_i^b = \sum_{l=0}^{N-1} \sum_{j \in N_i} \| (x_i(k+l \mid k) - x_j(k+l \mid k) + d_{ij}) \|$$

式中，$\alpha$、$\beta > 0$ 为正实数；$\boldsymbol{Q}$、$\boldsymbol{R}$ 分别为正定对称矩阵；$d_{ij}$ 为期望的运动体之间邻居关系。

与单机控制的情况不同，该代价函数有两个部分组成，分别是单机控制代价 $J_i^a$ 和与邻居之间的关系代价函数 $J_i^b$ 构成。这样多无人机分布式事件触发模型预测控制可以描述为如下形式：

$$\min_{u_i(k)} J_i(x_i(k), u_i(k), X_{N_i}(k)) \tag{9-48}$$

使得

$$x_i(k+l+1 \mid k) = f_i(x_i(k+l \mid k), u_i(k+l \mid k))$$
$$\hat{x}_i(k+l+1 \mid k) \in \boldsymbol{X}$$
$$u_i(k+l \mid k) \in \boldsymbol{U}$$
$$\hat{x}_i(k+N \mid k) \in \boldsymbol{X}_{f_i}$$

式中，终端状态集合 $\boldsymbol{X}_{f_i}$ 满足 $\boldsymbol{X}_{f_i} = \{x \in \boldsymbol{R}^n : V_i(x) \leqslant \alpha_{v_i}\}$。

假定运动体对于优化问题求解得到的最优状态与控制序列为

$$x_i^*(k) = \{\hat{x}_i^*(k+l \mid k)\}_{l=0}^{N} \quad u_i^*(k) = \{u_i^*(k+l \mid k)\}_{l=0}^{N-1}$$

参照单机模型预测控制方法，将计算得到的局部控制输入序列中前几步直接输入到系统中：

$$u_i(k+l \mid k+l) = u_i^*(k+l \mid k), \ l = 0, \cdots, m_i(k) - 1$$

式中，$m_i(k)$ 表示从当前时刻开始到下次计算所需要的步数。

（2）基于触发的模型预测控制。

为了进一步降低控制的解算，需要引入事件触发式的结构。假设运动体 $i$ 在 $k$ 时刻获得控制序列，当前的代价函数满足

$$J_i^*(k) = \alpha J_j^a(x_i^*(k), u_i^*(k)) + \beta J_j^b(x_i^*(k), \boldsymbol{X}_{N_i}(k))$$

那么参照单机控制结构，在计算得到的所有控制序列输入完毕后，引入系统局部控制继续作为系统输入，即

$$u_i(k+l \mid k+m) = \begin{cases} u_i^*(k+l \mid k+m-1), & l=m, \cdots, N+m-2 \\ k_i^*(k+N+m-2 \mid k+m-1), & l \leqslant N+m-1 \end{cases}$$

(9-49)

此时系统的代价函数满足

$$J_i(k+m) = \alpha J_i^a(x_i(k+m), u_i(k+m)) + \beta J_i^b(x_i(k+m), u_i(k+m))$$

为了保证多无人机系统的稳定性,当系统稳定性被破坏时需要重新计算控制输入,则该稳定性条件成为触发事件。以无人机的代价函数为 Lypunov 函数,那么根据离散系统 Lyapunov 定理可知此时系统的稳定性条件为代价函数的增量不再为负。无人机通过不断的求解有限时间优化问题,得到各时刻的代价函数与前一时刻的进行比较,如若在某个时刻 $k$ 有 $J_i(k+1) > J_i^*(k)$,则此时系统不再满足收敛性需求,无人机 $i$ 需要进行控制的更新。得到如下多无人机事件触发模型预测控制定理。

**定理 9-8**[1]　给定如下触发事件:

$$-\alpha h_i(x_i(k), u_i^*(k \mid k)) - \beta Q_i(x_i(k), X_{N_i}(k)) +$$

$$\alpha L_{q_i} \sum_{l=1}^{N-1} \sum_{j \in N_i} \mid x_j(k+l \mid k+1) - x_j(k+l \mid k) \mid < 0 \qquad (9-50)$$

式中,

$$h_i(x_i, u_i) = xQ\hat{x}_i + u_i^{\mathrm{T}} R u_i$$

$$Q_i(x_i, x_j, d_{ij}) = \sum_{j \in N_i} \| (\hat{x}_i - x_j + d_{ij}) \|^2$$

则分布式系统在控制式(9-49)作用下,实现问题式(9-48)的求解,使得多无人机分布式控制稳定。

(3) 仿真结果与分析。

考察由 3 个一阶积分器系统构成的分布式系统:

$$\begin{cases} \dot{x} = u \\ y = x \end{cases}$$

式中,系统输入输出满足约束 $-10 \leqslant u \leqslant 10$,$-50 \leqslant y \leqslant 50$,系统初值分别为 $x_1 = 10$,$x_2 = 40$,$x_3 = 20$。

通信拓扑为环形结构,对应 Laplace 矩阵为

$$L = \begin{bmatrix} -1 & 1 & 0 \\ 0 & -1 & 1 \\ 1 & 0 & -1 \end{bmatrix}$$

为保证系统跟踪幅值为 24 的阶跃信号,设计模型预测控制器预测步长为 20,个体参数选择为 $Q = 1$, $R = 2$, $\alpha = \beta = 1$, $d_{ij} = 0$,终端约束条件为 $V(x) = 0.2x^{\mathrm{T}}x$。仿真中,系统被额外附加 2.5% 的随机观测干扰,得到系统受控输出与输入曲线如图 9-34 所示。

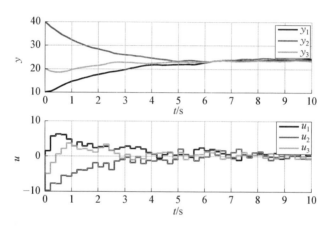

图 9-34 分布式模型预测控制仿真结果

控制器的更新时刻与单机模型预测控制相同,如图 9-34 所示,在每一时刻都对控制器进行更新。利用基于事件的分布式模型预测控制处理该分布式系统,仿真结果如图 9-35 所示。

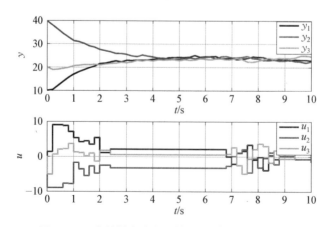

图 9-35 事件触发分布式模型预测控制仿真结果

控制输入只在某些时刻进行更新,而其他时刻不进行更新,控制更新时间如图9-36所示。

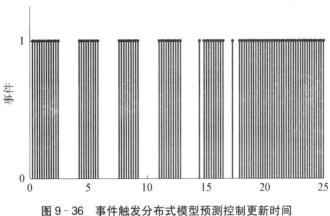

**图9-36　事件触发分布式模型预测控制更新时间**

根据分布式模型预测控制与事件触发分布式模型预测控制的仿真对比结果可知,基于事件触发原理可以有效地降低运算次数。在上述仿真实例中,运算次数减少40%。在这样一个离散的非周期的控制更新中,各无人机可以依照时间对邻居状态进行观测,随后根据自身状态主动请求数据完成控制器更新,实现主动式的异步分布式协调策略,有效降低多无人机之间的通信次数与带宽占用,提高多无人机面对复杂环境以及多种干扰的适应能力。

## 9.5　多无人机异步通信分布式优化

分布式协调优化目标在于使得多无人机通过合作,协调各自的行为使得某个共同优化目标最大。现有研究主要采用分布式凸优化的方法,研究多无人机通过分布式合作,使得由无人机的局部方程组成的代价函数最小化,通常选择该代价函数为所有无人机局部方程的平均值。这一节主要介绍分布式优化中的一种重要形式,即Minimax优化。Minimax优化更广泛地适用于控制系统设计,同时在Portfolio优化与工程设计中也有重要应用。

这里给出的是一种基于循环交替映射的分布式凸优化算法,算法通过几何描述,将一般Minimax凸优化问题转化为某两个凸集之间的最短距离问题,这两个凸集分别为超平面以及局部凸方程上部图的交集。Bregman交替映射算法可以用于获得该最短距离。但是在这个过程中,针对上部图交集的正交映射难以获得,因此可以进一步采用 Dykstra 交替映射算法作为中间步骤。在异步协调机制假设下,基于循环通信拓扑,无人机仅通过局部邻居通信即可获得该最短距离,进而获得原问题的解。

后续将该算法应用于一致性问题的求解,解决时间最优一致性问题。一致性协调策略在解决多运动体协调控制问题上取得了巨大成效与广泛关注,被大量应用于无人机控制问题,诸如编队、搜索和集结等[82,83]。一致性协调策略利用局部通信的方式实现多运动体对某个协调变量的共识,也称为趋同控制。为了解决一致性的渐进收敛特性,运动体以最少的时间达成一致性的问题,更受关注并具备实际应用特性。然而,传统一致性问题对于最终的协商结果与时间消耗无法在协调过程之前得以确定,因为其除了取决于各局部协调变量初值以外还受到通信拓扑的影响。正是因为一致性控制策略的这一特性,如何保证多运动体在有限容许的控制作用下快速地实现一致性,即时间最优一致性问题,逐渐成为当前研究热点。

学者们首先提出了实现有限时间一致性的方法。其中,Li 和 Xiao 等人通过设计输入下限来约束收敛速度(Lyapunov 函数导数)避免渐进特性[84,85]。Ghasemi 等提出了基于滑模的控制方法,设计约束保证系统动态在有限时间抵达滑模面[86]。这些方法虽然在某种程度上实现了加速,但仍无法保证收敛时间的最优性。

学者们又进一步将注意力转移到最短时间一致性问题上,不仅可以使系统在有限时间内实现稳定,而且保证这个时间的最优性。其中,Xiao 等首先将这一问题描述为与通信拓扑图的邻接矩阵相关的凸优化问题,利用内点法和次梯度优化方法求解这一半正定规划问题,并保证系统在 $n$ 步($n$ 为运动体个数)内实现收敛[87]。在这种优化思想启发下,Chen 等给出一种利用状态预测值作为协调控制增量的办法实现进一步加速[88]。但其中控制增量的增益需要人工设置以保证收敛速度比原系统更快。由于基于组合图论的方法缺少解析的数学描述工具,仍局限于优化通信拓扑边的权值,结果劣于 Xiao 的方法。随着组合图论在该领域的深入,学者们基于联通通信拓扑的拉普拉斯矩阵含有全 1 特征向量的性质,提出了利用最小多项式原理进行设计的方法。其中,Hendrickx 等人在不改变拓扑结构的情况下,不断修正通信拓扑边的权值使得 $D+1$ 步($D$ 为通信拓扑直径)时的迭代转移矩阵积为全一矩阵,实现所有状态一致。这意味着将算法迭代步数进一步缩减到 $D+1$[89]。不过,上述几篇文献提出的算法执行过程中需要利用拓扑结构进行全局优化。而 Sundaram 设计了分散化算法,利用分布式一致性协调控制下线性系统收敛状态可观的特性,运动体可以根据个体 $D$ 次迭代的状态,在有限步内实现对一致性收敛状态的估计[90]。Yuan 等人进一步优化这一方法,最终保证在分布式协调下局部收敛步数限制在 $2D+2$[91]。就目前对最短时间一致性的研究内容而言,现有文献主要针对输入非受限多运动体系统展开研究。最终收敛状态通常为各运动体初始状态的加权平均[92],权值取决于具体的通信拓扑结构。这意味着系统收敛状态与系统通信拓扑之间存在耦合,当通信拓扑发生改变时,系统收敛状态随之变化。

考虑无人机系统中存在着系统动态约束和输入限制等情况,系统收敛速度又将受限于每架无人机自身的动态特性。特定的拓扑结构会导致系统间协调状态振荡甚至偏向极端状态,这会进一步影响系统收敛速度,上述文献中的算法将失去最优特性。因此,研究输入受限的多无人机最短时间一致性具有重要意义。

### 9.5.1 多无人机异步分布式优化问题描述

多无人机分布式 Minimax 最优凸优化问题可以描述为

$$\min_{x \in X} \max_{i \in \mathbf{Z}_+} f_i(x), \quad i \in \{1, 2, \cdots, n\} \qquad (9-51)$$

式中,$f_i$ 为无人机 $i$ 的局部凸优化方程,取值于相同的满足闭、凸的定义域 $X \subseteq \mathbf{R}^n$。

假设问题式(9-51)满足适定条件,即存在 $x^*$ 达到最小值,最小值满足有限条件 $\| \min \max f_i(x) \| < \infty$。为了实现该问题的全局最优性,无人机需要有效地合作协调。问题难点在于异步分布式的通信条件,无人机只能获得自身的优化方程以及依赖交互拓扑获得局部邻居状态,进而只能利用有限信息与局部的优化算法。

通过将分布式 Minimax 凸优化问题描述为寻找某个超平面与一系列凸函数上部图交集之间最短距离的几何问题,实现利用基于交替映射的分布式优化算法求解。这一分布式凸优化算法仅依赖无人机之间邻居通信以及分布式的交互与局部计算,可以有效地处理分布式凸优化问题。对于多无人机最短时间一致性问题,可以通过适当的变换与处理,将用一阶与二阶线性模型描述的多无人机系统归类为标准的分布式 Minimax 凸优化问题。以有限时间状态可达集作为优化方程,给出的算法可以快速计算最短时间一致性的最优状态,利用局部最优控制律,无人机最终以最短时间实现一致性。

### 1) 交替映射算法

交替映射是一类集合优化算法,在有限 Hilbert 空间上按照循环顺序持续不断地交替正交映射,由此获得的映射序列极限给出了初始点在所有空间上的估计。交替映射广泛地应用于最优估计、线性系统求解、线性规划以及信号处理问题中。Bregman 交替映射方法,或称 Bregman 算法,用于获得两个闭凸集交集上的一点,当两个凸集不存在交集时 Bregman 算法获得两个集合之间的距离。假设存在两个凸集 $A$, $B \subseteq \mathbf{R}^n$,点在集合 $A$ 与 $B$ 上的映射为 $P_A(\cdot)$, $P_B(\cdot)$。

**定理 9 - 9**[93]   (Bregman 算法)令 $A$, $B \subseteq \mathbf{R}^n$ 闭凸集且 $\{a_n\}_{n=1}^{\infty}$, $\{b_n\}_{n=1}^{\infty}$ 分别表示为任意初始点 $x_0 \in \mathbf{R}^n$ 在 $A$ 与 $B$ 上的交替正交映射形成的序列,即

$$\begin{cases} a_n = P_A(b_{n-1}) \\ b_n = P_B(a_n) \\ a_1 = P_A(x_0) \end{cases} \tag{9-52}$$

(1) 若 $A \bigcap B \neq \varnothing$, $a_n$, $b_n \to x^* \in A \bigcap B$。

(2) 若 $A \bigcap B = \varnothing$, $a_n \to a^* \in A$, $b_n \to b^* \in B$,其中 $\| a^* - b^* \| = \mathrm{dist}(A, B)$。

从某个初始点开始迭代,Bregman 的交替映射算法只能获得凸集交集上的一点,而该点不一定为初始点在凸集交集上的正交映射点(或最优估计)。因此需要引入一种变化的映射算法——Dykstra 交替映射算法,该算法可用于如下集合最优估计问题:

$$\underset{x \in \mathbf{R}}{\mathrm{minimize}} \| x - r \|^2 \tag{9-53}$$

$$s.t. \quad x \in \bigcap_{i=1}^{n} A_i$$

Dykstra 算法在 Bregman 算法基础上对每一次迭代增加修正,进而可以获得正交映射,由于这一优秀特性使得 Dykstra 算法近年来应用于解决最小二乘、凸优化等诸多问题。具体内容由如下定理保证。

**定理 9 - 10**[93]   (Dykstra 算法)令 $C_1$, $C_2$, $\cdots$, $C_n \subseteq \mathbf{R}^n$ 为具有公共交集的闭凸集。给定迭代序列 $x \in \mathbf{R}^n$ 满足

$$\begin{cases} x_n^i = P_{C_i}(x_n^{i-1} - I_{n-1}^i) \\ I_n^i = x_n^i - (x_n^{i-1} - I_{n-1}^i), \\ x_n^0 = x_{n-1}^r \end{cases} \tag{9-54}$$

式中，$x_1^0 = x$，$I_0^i = 0$ 为初始值，那么序列极限满足

$$x_n \to P_{\bigcap_{i=1}^{n} C_i}(x) \qquad (9-55)$$

**2) Minimax 优化问题的几何描述**

本节利用几何方法将原问题式(9-51)描述为某个超平面与所有凸函数 $f_i$ 上部图的交集之间的最短距离。为获得该最短距离，介绍一种分布式交替映射算法，给出的算法保证了结果的最优性。在给出主要算法之前，首先介绍几个背景知识。

**定义 9-10[94]** 凸函数 $f: \mathbf{R}^n \to \mathbf{R}$ 的上部图定义为

$$\text{epi } f = \{(x, t) \mid x \in \text{dom} f, \quad f(x) \leqslant t\}, \qquad (9-56)$$

可见，凸函数 $f: \mathbf{R}^n \to \mathbf{R}$ 的上部图是集合 $\mathbf{R}^{n+1}$ 的子集。函数为凸当且仅当其上部图为凸集。凸函数的逐点最大化等价于上部图的交集，也为凸集，即

$$\text{epi } \max_i f_i(x) = \bigcap_i \text{epi } f_i(x) \qquad (9-57)$$

根据上部图的定义(9-56)，函数 $f$ 与其自变量构成的曲线可以视作其上部图的下边界，即

$$\min_{x \in X} f(x) = \min_{x \in X}\left( \text{epi } f(x) \cdot \begin{bmatrix} 0_{n \times 1} \\ 1 \end{bmatrix} \right) \qquad (9-58)$$

因此，将逐点极大 $\max_{i \in \mathbf{Z}_+} f_i(x)$ 代入到式(9-58)中，有

$$\min_{x \in X} \max_{i \in \mathbf{Z}_+} f_i(x) = \min_{x \in X}\left( [\text{epi } \max_{i \in \mathbf{Z}_+} f_i(x)] \cdot \begin{bmatrix} 0_{n \times 1} \\ 1 \end{bmatrix} \right) \qquad (9-59)$$

由于 $\max_{i \in \mathbf{Z}_+} f_i(x)$ 是有限个凸函数 $f_i$ 的逐点最大值，利用式(9-57)处理式(9-59)，得到

$$\min_{x \in X} \max_{i \in \mathbf{Z}_+} f_i(x) = \min_{x \in X}\left( \bigcap \text{epi } f_i(x) \cdot \begin{bmatrix} 0_{n \times 1} \\ 1 \end{bmatrix} \right) \qquad (9-60)$$

至此，原 Minimax 问题式(9-51)等价于

$$\min_{x \in X}\left( \bigcap \text{epi } f_i(x) \cdot \begin{bmatrix} 0_{n \times 1} \\ 1 \end{bmatrix} \right) \qquad (9-61)$$

几何问题式(9-61)可以理解为寻找交集 $\bigcap \text{epi}\, f_i(x)$ 的最低点 $(x^*,\, \min \bigcap \text{epi}\, f_i(x^*))$。注意到超平面的最低点到凸集 $\bigcap \text{epi}\, f_i(x)$ 的距离为

$$\left\{ (x,\, t)\ \middle|\ t = \min\left[ \bigcap \text{epi}\, f_i(x^*) \cdot \begin{bmatrix} 0_{n\times 1} \\ 1 \end{bmatrix} \right] \right\} \qquad (9-62)$$

式中，$x^*$ 为问题(9-51)的解。因此，得到凸集 $\bigcap \text{epi}\, f_i(x)$ 到其下方任意平行于支撑超平面的超平面最短距离就是 $(x^*,\, \min \bigcap \text{epi}\, f_i(x^*))$。如图 9-37 所示，图中各 V 形曲线代表局部函数 $f_i$，曲线上方区域为该曲线对应的上部图，图中深色部分为上部图交集，虚线为上部图交集与 $t=0$ 的最短距离，亦可验证该距离即为各局部函数 $f_i$ 的 Minimax。此时，原问题式(9-51)等价于

$$\min\quad \left( \bigcap \text{epi}\, f_i(x),\, \{(x,\, t)\ |\ t = t_{\min}\} \right)$$

$$s.t.\quad t_{\min} \leqslant \min\left[ \bigcap \text{epi}\, f_i(x^*) \cdot \begin{bmatrix} 0_{n\times 1} \\ 1 \end{bmatrix} \right] \qquad (9-63)$$

若可获得实现最短距离的点，即可同时得到最优解。

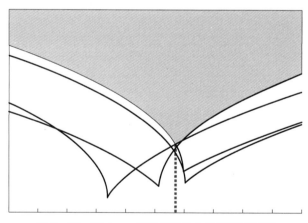

图 9-37　Minimax 优化问题的几何描述示意图

若问题式(9-61)的解大于 0，那么该最短距离即为上部图交集 $\bigcap \text{epi}\, f_i(x)$ 与 0 时间平面 $\{(x,\, t)\ |\ t = 0\}$ 之间的距离。

### 3) 分布式 Minimax 凸优化算法

Bregman 算法可以获得两个凸集之间的距离。由于上部图交集与超平面均为凸集，可以直接利用 Bregman 算法解决式(9-63)描述的问题。然而，该过程需要获得在交集 $\bigcap \text{epi}\, f_i(x)$ 上的正交映射，这往往难以求解。为了解决该问

题,引入循环 Dykstra 映射算法作为 Bregman 算法的中间步骤。根据定理 9 - 9 与定理 9 - 10,各无人机执行如下算法可获得在交集与超平面的持续映射迭代。

**算法 9 - 1** (多无人机分布式 Minimax 凸优化算法)。

初始化:选择足够小的实数 $t_{min}$ 确定超平面。无人机 $i$ 维护其自身对实现式 (9 - 63) 最短距离点 $(x_i, t_i)$ 的估计,同时不断更新式 (9 - 54) 中给出的增量 $I_n^i$。在网络中不断传递的值 $flag$ 是增量重置标记位,用于指示增量保持或重置为 0。不失一般性,无人机 1 记忆其上一次的估计,根据与当前估计的比较,进而决定算法的终止时间。通信拓扑满足环形循环假设,顺序根据无人机分配的序号决定。

(1) 无人机 $i$ 从 $i-1$ 处获得点 $(x, t)_n^{i-1} - I_{n-1}^i$ 的估计以及增量重置标记位。无人机 $i$ 执行定理 9 - 10 中的步骤,即求解点 $(x, t)_n^{i-1} - I_{n-1}^i$ 与增量在其局部函数上部图 epi $f_i(x)$ 上的映射 $(x, t)_n^i$,根据增量复位标志位来更新增量:

$$(x, t)_n^i = P_{A_i}((x, t)_n^{i-1} - I_{n-1}^i) \tag{9 - 64}$$

$$I_n^i = \begin{cases} (x, t)_n^i - ((x, t)_n^{i-1} - I_{n-1}^i), & flag = 0 \\ 0, & flag = 1 \end{cases} \tag{9 - 65}$$

(2) 基于环形循环通信拓扑,无人机 $i$ 将其局部映射结果 $(x, t)_n^i$ 与增量复位标志位 $flag$ 传递给下一架无人机 $i+1$。

(3) 每次迭代周期中,无人机 1 通过比较其当前估计与上一次的估计之间的误差估计来设定标志位。若当前误差足够小,无人机 1 充值标志位为 1 ("reset"),并将其自身估计投影于超平面 $\{(x, t) \mid t = t_{min}\}$,否则无人机 1 从无人机 $N$ 处获得信息并重复步骤(1)。

$$e = x_n^1 - x_{n-1}^1 \tag{9 - 66}$$

$$flag = \begin{cases} 1, & \|e\| < err \\ 0, & \|e\| \geqslant err \end{cases} \tag{9 - 67}$$

上述步骤中的前两步为 Dykstra 算法的具体实现。在第三步中,当每一步的迭代误差足够小,满足给定阈值时,即获得了点在所有凸函数上部图交集的正交映射,根据 Bregman 算法要求将前两步获得的结果再次映射到超平面上。以超平面上的映射点为解的最新估计,各无人机重复执行步骤(1)~(3),最终获得问题式(9 - 63)的解。

### 9.5.2　基于分布式优化的最短时间一致性研究

多无人机一致性协调控制的目的在于利用少量的信息交互,实现局部通信限制下的信息(协调变量)共识。在利用这一概念解决诸如集结、搜索和编队等一系列问题的时候,通常选定协调变量为系统状态,控制输入为协调变量间的偏差与偏差导数和[92]。这种 PID 结构的协调策略使得系统协调变量一致收敛为所有无人机初始状态的加权平均值,权值取决于通信拓扑结构与通信权值[92]。这种控制方法的收敛速度易受单个个体的牵制而变得缓慢,特别当通信拓扑末端的个体初始状态与系统最终收敛状态偏离较远,其自身驱动能力又较弱时,这种牵制尤为明显。

那么,如何通过设计新的协调策略,保证在任意拓扑结构下,输入受限系统均以最短时间实现一致性,成为本节研究的主要内容。与现有文献不同,本节依据各无人机的能力求解时间最优一致性状态,无人机通过最优控制实现对该状态的到达。各架无人机在不同时间的可达区间集被视作无人机的局部方程,时间最优一致性问题成为分布式最优一致性问题。从而提出了一种最短时间一致性分布式协调策略,将这一问题转换为 Minimax 分布式优化问题,随后利用优化算法针对一阶和二阶系统描述的无人机的最短时间一致性进行求解。算法实现了一致性收敛状态只与系统初始状态和动态特性相关,而与通信拓扑解耦。在本节提出的分布式算法中,各架无人机根据自身系统动态特性与初始状态约束,通过联通的通信拓扑进行局部协调,找到状态空间内的某个状态使得所有无人机一致到达该状态的时间最短。随后,根据这一状态与对应的最短时间来设计满足终端状态约束与时间约束的最优控制,最终实现多无人机最短时间一致性。

考察由满足如下线性时不变输入受限系统动态方程的无人机构成:

$$\dot{x}_i(t) = \boldsymbol{A}x_i(t) + \boldsymbol{B}u_i \quad |u_i| \leqslant u_{\max}, \quad i \in \{1, 2, \cdots, n\} \quad (9-68)$$

式中, $x_i \in \mathbf{R}^d$ 和 $u_i \in \mathbf{R}$ 分别为无人机 $i$ 的状态和输入; $u_{\max}$ 为其输入限幅; $(\boldsymbol{A}, \boldsymbol{B})$ 可控且 $\boldsymbol{A}$ 是 Hurwitz 矩阵; $n > d \in \mathbf{N}$ 为无人机个数。通信拓扑为循环拓扑。

具体来说,本节研究如何在联通与循环的通信条件下,设计分布式协调策略(控制输入) $u_i$ ,使得所有多无人机式(9-68)以最短时间实现状态一致。将这一问题可以描述为如下数学形式:

$$\arg\min_{u_i}\int_{t_0}^{t_f}\mathrm{d}t$$

$$\text{s.t.}\quad t_0\leqslant t\leqslant t_f$$

$$\dot{x}_i=\boldsymbol{A}x_i(t)+\boldsymbol{B}u_i\quad |u_i|\leqslant u_{\max},\ i\in\{1,2,\cdots,n\}$$

$$x_i(t_f)=x_j(t_f)\quad \forall\,i,j\in\{1,2,\cdots,n\}\quad u_i=f(x_i,x_j),j\in\mathbf{N}_i$$

$$(9-69)$$

式中，$x_i(t)$、$u_i(t)$ 满足状态方程(9-68)。为了实现上述两步，首先证明状态 $x^*$ 唯一存在，随后提出一种集中式控制算法，为分布式算法提供一种基本算法。根据定义 9-10，无人机可达区域 $\Omega_i(t)$ 之间的相交区域 $\bigcap\Omega_i(t)$ 为所有无人机在 $t$ 时刻可以共同到达的状态集合，这意味着所有无人机可以以时间 $t$ 在 $\bigcap\Omega_i(t)$ 内实现一致。那么使得 $\Omega_i(t)$ 存在公共交集的最小时间 $t^*$ 成为所有无人机出现公共可达状态的最短时间，亦为实现状态一致的最短时间。$\bigcap\Omega_i(t^*)$ 为所有最短时间一致性状态集合。可以给出如下最短时间一致性状态与时间的等价定义。

**定义 9-11**　多无人机 $\{1,2,\cdots,n\}$ 的达到一致性的最短时间 $t^*_{\{1,2,\cdots,n\}}\in\mathbf{R}$ 和最终收敛状态 $x^*_{\{1,2,\cdots,n\}}\in\mathbf{R}^d$，分别是

$$t^*_{\{1,2,\cdots,n\}}=\min t$$

$$\text{s.t.}\quad \bigcap\Omega_i(t)\neq\varnothing\qquad(9-70)$$

$$x^*_{\{1,2,\cdots,n\}}\in\bigcap\Omega_i(t^*)$$

**引理 9-4**[95]　所有满足系统动态式(9-68)的无人机的状态可达区域 $\Omega(t)$ 为闭、紧且严格凸集，并且对时间 $t$ 在 $t>t_0$ 上连续，$t_0$ 为初始时间。

**定理 9-11**　对于任意满足系统动态式(9-68)的 $n$ 架无人机在 $d$ 维状态空间 $\mathbf{R}^d$ 内实现一致性的最短时间 $t^*_{\{1,2,\cdots,n\}}$ 与一致性状态 $x^*_{\{1,2,\cdots,n\}}$ 唯一存在。

在定理 9-11 保证下，可以利用梯度搜索算法对上述最优时间进行求解。搜索的方向根据可达区域是否存在公共交集确定：存在公共交集则向 $t$ 减少的方向搜索，否则反向。线性系统的可达区域为凸集，可以直接利用交替映射方法(MAP)判断可达区域是否存在公共交集[96]。对于给定阶次的线性系统而言，可达区域往往可以解析描述，这使交替映射中，对点到可达区域的映射获取相对容易。但是，每次的搜索迭代过程中，都需要对每一架无人机的可达区域进行多次映射，因而无人机的数目成为限制搜索速度的重要约束。在得到时间 $t^*$ 和状态 $x^*$ 后，进入算法的第二步，要求各架无人机依据 Pontryagin 极大值原理设计含

有终端时间 $t^*$ 和终端状态 $x^*$ 约束的最优控制律,保证所有系统以最短时间实现多无人机一致性。由于该一致性状态存在于所有无人机的可达区间内,该最优控制必然有解。为描述无人机在任意时间 $t$ 可到达的状态,我们引入状态可达区域的概念。

**定义 9-12** 系统的状态可达区域 $\Omega(t)$ 是指系统从初始状态开始,在可容许输入作用下有限时间 $t$ 内能够达到的所有状态集合。

存在容许的控制输入 $u(t)$ 使得无人机式(9-68)以时间 $t^*$ 到达 $\Omega(t^*)$ 内的任意状态。根据最优控制理论,可知无人机到达 $\Omega(t)$ 边界上状态的控制输入具有 bang-bang 控制结构,到达 $\Omega(t)$ 内的状态具有 bang-off-bang 控制结构。令无人机 $i$ 到达空间某状态 $x$ 的最短可达时间函数为 $f_i$,那么所有无人机的最短可达时间为所有 $f_i$ 的最大值,即

$$\max_i f_i(x) \tag{9-71}$$

那么所有无人机实现一致性的最短时间为

$$\min_x \max_i f_i(x) \tag{9-72}$$

### 9.5.3 基于 Helly 定理的最短时间一致性

多无人机最短时间一致性问题要求各架无人机以最短时间同时到达同一状态,这要求寻找一个最短时间可以使得各架无人机的可达区间存在公共交点。为了描述各架无人机可达区域之间的关系,本节引入 Helly 定理[97],这是几何学上有关凸集组合相交问题的重要结果之一,广泛应用于解决"加权-中心"等问题。

**引理 9-5(Helly 定理)**[98] 给定 $d$ 维空间上 $n$ 个凸集 $C_1$,$C_2$,$\cdots$,$C_n$。如果其中任意 $d+1$ 个都存在非空交集,那么这 $n$ 个凸集存在公共非空交集。

导致现有一致性协调策略收敛缓慢的主要原因在于最终收敛状态未知,收敛状态与拓扑相关以及控制律未能考虑系统动态特性等。如果可以通过分布式协调方法预先找到一个状态 $x^*$,保证所有无人机同时到达该状态的时间 $t^*$ 少于任意其他状态,随后各架无人机根据 $x^*$ 与 $t^*$,设计满足自身需求的控制律 $u_i$,即可实现最短时间一致性。利用线性系统可达区间为凸集的性质和 Helly 定理,可以得到 $n$ 个满足线性动态的多无人机在 $d$ 维协调状态空间的最短时间一致性状态唯一存在并只取决于其中的 $d+1$ 架无人机。根据这一结论,在满足

通信拓扑联通的条件下,各架无人机之间通过局部通信进行分布式协调找到上述 $d+1$ 架无人机,随后设计满足终端时间和终端状态约束的最优控制即可实现最短时间一致性。

具体来讲,我们通过如下两步解决式(9-69)描述的问题:

(1) 无人机之间通过分布式协调方法找到最短时间一致性状态 $x^*$,以及对应系统最短收敛时间 $t^* \in \mathbf{R}$。

(2) 无人机个体根据 $x^*$ 和 $t^*$ 来设计满足自身约束的最优控制律,保证各无人机均以 $t^*$ 到达 $x^*$。

集中式方法中依赖中心节点计算以及完整的信息获取,这违背分布式协调策略只基于邻居间局部交互的假设。因此这一节首先利用 Helly 定理对上述集中式算法改善,使之符合分布式结构下的局部协调策略,随后提出一种新的同构式分布式算法。

**定理 9-12** 对于任意满足系统动态式(9-68)的 $n$ 架无人机在 $d$ 维状态空间 $\mathbf{R}^d$ 的最短时间一致性状态仅由该 $n$ 架无人机中的 $d+1$ 个决定,即

$$x^*_{\{1,2,\cdots,n\}} = x^*_{\{i_1,i_2,\cdots,i_{d+1}\}} \tag{9-73}$$

$$t^*_{\{1,2,\cdots,n\}} = t^*_{\{i_1,i_2,\cdots,i_{d+1}\}} \tag{9-74}$$

式中,$i_1, i_2, \cdots, i_{d+1} \in \{1, 2, \cdots, n\}$。

定理 9-12 表明,无论无人机数目有多少,实现一致性状态的最短时间只取决于其中的部分"关键"无人机。那么可以将上一节的集中式算法中对所有 $n$ 架无人机的计算减少到 $d+1$ 个,求解其一致性状态与实现该状态的最短时间 $t_i$,随后选取其中最长时间及对应的状态作为整体一致性状态。这使得共同计算所有 $n$ 架无人机的情况变得可能,当 $n \gg d$ 时计算量将显著改善。那么借鉴这一思想,每架无人机都对这样 $d+1$ 架无人机的具体组成与收敛时间进行估计(计算),并向邻居传递自身估计;该个体也会得到邻居传递来的估计,通过比较自己估计的收敛时间与收到的时间决定是否重新计算。随着每架无人机对这 $d+1$ 个"关键"无人机的判断达成一致,多无人机系统对最短时间一致性状态达成一致。

基于 Helly 定理的最短时间一致性分布式算法:无人机 $i$ 根据自身与邻居的初始状态计算获得初始估计:

$$x^*_i(t_0) = x^*_{\{i,j\}}, \quad j \in \mathbf{N}_i$$

随后无人机 $i$ 执行如下具体步骤：

（1）接收邻居 $j$ 的估计：$j$ 估计的 $d+1$ 架无人机的编号 $\{j_1, j_2, \cdots, j_{d+1}\}$、初始状态以及对应的 $x_j^* = x_{(j_1, j_2, \cdots, j_{d+1})}^*$，$t_j^* = t_{(j_1, j_2, \cdots, j_{d+1})}^*$。

（2）比较 $t_j^*$ 与自身估计的收敛时间 $t_i^*$。如果 $t_j^* \leqslant t_i^*$，返回上一步，继续等待接收邻居消息，否则继续执行下一步。

（3）利用 $j$ 的估计与自身初始状态 $\{i, j_1, j_2, \cdots, j_{d+1}\}$ 重新计算自身估计，得到 $\{i_1, i_2, \cdots, i_{d+1}\}$，$x_j^* = x_{(i, j_1, j_2, \cdots, j_{d+1})}^*$，$t_j^* = t_{(i, j_1, j_2, \cdots, j_{d+1})}^*$。

（4）向邻居传递最新的估计。

算法的停止条件为个体估计在通信拓扑图直径的 2 倍周期 $2D$ 内未发生改变。通常在拓扑图直径未知的情况下，可以令判断周期为 2 倍的无人机个数。

**定理 9-13**    假设通信拓扑满足联通、循环条件，各架无人机执行上述基于 Helly 定理的最短时间一致性分布式算法，则使得各架无人机在有限时间内对最短时间一致性状态 $x^*$ 与时间 $t^*$ 达成一致。

注释：在分布式算法的证明过程中，仅利用了通信拓扑的双向通信与联通特性，而未对拓扑具体结构形式与通信权值进行要求，所以显然算法得到的结果是与拓扑结构解耦的。

在通过分布式算法协调得到最短时间一致性状态后，各架无人机根据其系统特性与初始状态设计终端时间和终端状态约束下的最优控制律。在定理 9-13 的保证下，利用基于 Helly 定理的最短时间一致性分布式算法以及个体最优控制可以解决式（9-69）描述的多无人机最短时间一致性问题。由于该一致性状态为其中大部分无人机的终端时刻状态可达区域的内点，为包括"关键"无人机在内的其余无人机的状态可达区域边界点，所以最优控制律均可实现。对一致性状态处于其可达区域边界的无人机而言，控制输入为 bang-bang 控制，切换次数为 1 次；处于可达区域内点的无人机而言，控制输入可以采用 bang-off-bang 形式，切换次数为 2 次。

由于一般高阶线性系统可达区间的获取相对复杂，为了便于理解以及验证算法有效性，本节仅以二阶线性系统为例进行仿真验证。有关系统可达区间的获取办法可以参考文献[99,100]。假定无人机满足如下的二阶动态：

$$\begin{bmatrix} \dot{x}_a \\ \dot{x}_b \end{bmatrix} = \begin{bmatrix} 0 & 1 \\ 0 & 0 \end{bmatrix} \begin{bmatrix} x_a \\ x_b \end{bmatrix} + \begin{bmatrix} 0 \\ 1 \end{bmatrix} u, \quad u \leqslant 1 \tag{9-75}$$

初始状态为 $x_0 = (x_{a0}, x_{b0})$。该二阶系统可达区域 $\Omega(t)$ 可以描述为下式在

相平面 $x_a$-$x_b$ 所包围区域：

$$\begin{cases} 4(x_{a0} - x_a) = (x_b - x_{b0} - t)^2 - 2(x_{b0} + t)^2 + 2x_{b0}^2 \\ x_a \leqslant x_{a0} - 0.5(x_{b0} + t)^2 + 0.5x_{b0}^2 \\ 4(x_a - x_{a0}) = (x_b - x_{b0} + t)^2 - 2(x_{b0} - t)^2 + 2x_{b0}^2 \\ x_a \geqslant x_{a0} + 0.5(x_{b0} - t)^2 - 0.5x_{b0}^2 \end{cases} \tag{9-76}$$

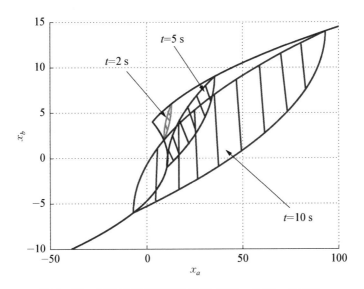

图 9-38　二阶系统状态可达区域 $\Omega(2)$，$\Omega(5)$，$\Omega(10)$

图 9-38 给出的是初始状态为 $(3,4)$ 的二阶无人机在不同时刻对应的 $\Omega(t)$。$x$ 为杜果形凸集区域，随着 $t$ 的增加而不断增大。假定存在 $100(n>2)$ 架无人机，所有无人机的初始状态平均分布在 $x_a \in [1,100]$，$x_b \in [0,10]$ 的状态空间内。为了阐述结果与拓扑无关的特性，在相同初始状态下，针对不同通信拓扑进行验证。根据定理 9-12，由二阶无人机构成的多无人机系统实现最短时间一致性的 $x_{\{1,2,\cdots,100\}}^*$ 与 $t_{\{1,2,\cdots,100\}}^*$ 至多由其中的 3 个"关键"无人机决定。利用本节提出的分布式协调算法，最终得到"关键"无人机为 25 和 26，且 $x_{\{1,2,\cdots,100\}}^* = (146.07, 5.19)$，$t^* = 18.98$ s。仿真结果如图 9-39 所示。

图 9-39 中，各曲线代表算法过程中，各无人机对"关键"无人机编号 $\{i_1, i_2, i_3\}$ 局部估计的变化过程。为了实现二维图像上绘制所有无人机局部估计的变化，曲线上各点的纵坐标代表对应无人机估计的"关键"无人机编号 $\{i_1, i_2, i_3\}$ 指数和的对数，即 $\lg(2^{i_1} + 2^{i_2} + 2^{i_3})$。

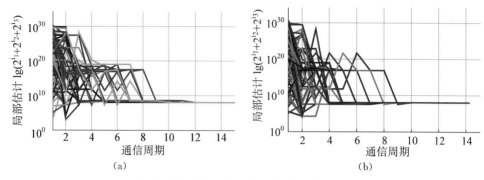

**图 9-39　各无人机的局部估计动态过程**

图 9-39 中(a)和(b)分别代表不同通信拓扑下的仿真结果,通信拓扑满足平均邻居数为 2 个,拓扑直径为 16。可以看到两个通信拓扑都使得无人机得到相同的最短时间一致性状态。各架无人机对所求的三架无人机分别在 12 步与 10 步内达成一致,共同趋于 $\lg(2^{25} + 2^{26})$。

在得到 25 号和 26 号为"关键"无人机后,各架无人机即实现 $x^*_{\{1, 2, \cdots, 100\}}$ 与 $t^*_{\{1, 2, \cdots, 100\}}$ 达成共识。根据协同状态与收敛时间,各架无人机设计满足终端时间和终端状态约束的控制律,保证所有无人机共同趋向这一状态。根据之前的结论可以知道,这些含状态与终端时间约束的最优解存在并可解。

图 9-40 给出了部分无人机在通过局部求解后得到的最优控制输入。可以看出最终收敛状态位于起决定作用的无人机 25 号和 26 号的可达区域边界,因此无人机 25 号和 26 号的控制输入为 bang-bang 形式,切换次数为 1 次,而其他无人机一般控制输入为 bang-off-bang 形式,切换次数为 2 次。所有控制输入在 18.89 s 停止。

图 9-41 给出最优控制作用下的部分无人机在相空间内状态变化的过程,其中 * 代表 100 架无人机的初始状态。无人机状态不断趋向于最短时间一致性状态★:(146.07,5.19),并最终在 $t=18.98$ s 共同到达。"○"和"□"分别代表 $t=5$ s 和 10 s 时无人机所处状态,箭头代表状态变化方向。在所提出的分布式最短时间一致性协调方法的驱动下,各架无人机快速地对 3 个"关键"无人机的最短时间一致性状态和时间达成共识,并最终利用最优控制实现了最短时间一致性。尽管在不少于通信拓扑直径数个通信周期内实现了一致性状态的认同,但是每架无人机为了确定与其他所有无人机达成一致,还需要等待额外的 $2n$ 步完成判断,若能提前知道通信拓扑维度,可以将该额外步数降低到 2 倍的拓扑图直径。

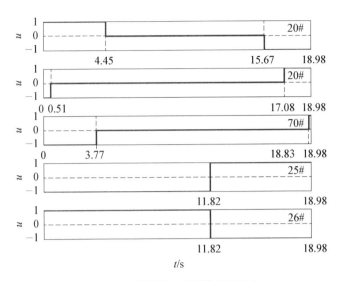

图 9‑40　部分无人机最优控制输入

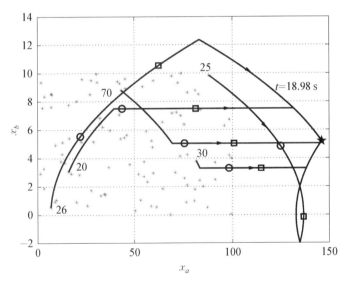

图 9‑41　控制作用下相空间内部分无人机的状态动态过程

　　本节算法给出了最短时间一致性问题的下确界,其他最短时间一致性算法的收敛时间都长于本节的结论。任意选取状态空间中任何其他与本节不同的状态,多无人机都无法以短于本节的收敛时间达到一致性。最短时间一致性分布式算法实现了通信拓扑与最终收敛状态的解耦,保证收敛时间最短,避免了由于初始状态与通信拓扑导致的收敛时间过长的问题。另外,各架无人机采用同构式分布式控制方法,对于额外新增加的无人机可以无缝式扩展,各架无人机分担的计算量不随无人机数量的变化而增加。通信拓扑也可以进一步放宽为联合联通的情况。当协调状态维度远小于无人机数量时，计算量明显减少，计算速度显著增加。

## 9.6 基于异步通信协调控制的多无人机协同侦察

无人机作为现代化战争武器，以其特有的作战优势广泛地应用于监视、侦察以及目标跟踪等作战任务中。随着无人机自主能力的不断提高以及与日俱增的未来战场需求，依靠单架无人机无法满足作战任务需求，多无人机通过协同的方式处理复杂作战任务的优势逐渐凸显，成为国内外学者研究热点。尤其是在多无人机协同侦察任务中，通过侦察目标的有效分配可以实现任务的并行分解，提高单机的侦察效率与任务执行鲁棒性，实现侦察盲区的有效覆盖，进而增强作战效能并适应网络化作战需求。

事实上，多无人机的协同侦察问题是一类综合目标分配与航路规划的复杂问题。如何通过合理的分配与规划，使得空间分布的多无人机以最短时间或最短距离同时到达侦察目标上空，对降低整体油耗，提高侦察网络覆盖具有重要意义。同时，研究这一全新课题对我国未来在无人机系统领域的发展具有重要理论价值。

基于对异步通信条件下多无人机的侦察目标分配与航路规划策略问题的分析，将多无人机分布式协同侦察任务分解为多无人机侦察目标分配、无人机航路规划以及协同同时到达三部分。设计与多无人机的初始位置和侦察目标的位置相关的 Minimax 优化目标函数，利用基于异步通信的分布式优化算法对该 Minimax 优化问题进行求解，形成一种目标分配方法。分布式优化算法保证各无人机最优地分配到不同的侦察区域。根据分配结果得到各无人机到达侦察目标的时间信息。为保证各无人机可以按需到达指派的侦察目标上空，采用三维 Dubins 路径延长算法进行求解。通过延长 Dubins 路径保证无人机可以实现在各侦察目标点的同时到达，保障后续协同侦察任务的顺利执行。三维 Dubins 路径延长算法实现了无人机路径可以按需延长，提出的最优协同侦察航路规划算法采用了两段式航路规划，即初始对准（二维）或初始盘旋（三维）机动与最短 Dubins 路径，可以快速计算得到最优有效航路实现多无人机以最短时间同时到达侦察目标上空。采用分布式 Minimax 优化和 Dubins 路径延长算法设计的多无人机协同侦察航路可以保证无人机以最短时间同时到达侦察点上空。

### 9.6.1 基于异步通信分布式优化的多无人机协同侦察目标分配

面向侦察任务的多无人机目标分配问题是一类优化问题,需要考虑的因素包括各无人机与待分配侦察目标之间的距离、侦察目标的重要程度以及分配任务的执行时间等。分配结果给出的是各无人机与侦察目标的对应关系,随后根据分配结果设计导航算法保证无人机抵达待侦察目标的上空。为解决面向多侦察目标的多无人机目标分配问题,根据各无人机抵达侦察目标的最短时间,设计保证任务时间最优的 Minimax 优化目标,将该时间最优分配问题具体建模为整数线性规划问题(ILP),并利用本节提出的基于交替映射的 Minimax 凸优化方法实现求解。

多无人机异步通信协同侦察任务中通常包括多架侦察无人机与多个待侦察目标,多无人机系统满足系统动态

$$
\begin{cases}
\dot{x} = V\cos\mu\cos\varphi \\
\dot{y} = V\cos\mu\sin\varphi \\
\dot{h} = v\sin\mu
\end{cases}
$$

简化的仿真想定如下:

(1) 无人机数量大于等于待分配侦察目标数量 $n \geqslant m$。

(2) 各无人机具有所有待分配侦察目标的全局信息。

(3) 侦察目标至少被分配给一架无人机。

(4) 无人机航路中不存在突发威胁与障碍。

根据上述仿真想定,将有多架无人机分配到同一个侦察目标,具体的分配数量取决于侦察目标的重要性以及待侦查区域的大小。

由于侦察无人机初始位置不同以及无人机数量有限,则当多侦察目标任务序列上传至各无人机后,需要协调各侦察无人机 $R_i$ 的航行时间 $t_i$ 保证同时到达各自待侦察目标的空间位置 $(x_i, y_i, h_i)|_{t_i}$。这里的协同侦察策略由各侦察无人机的待侦察目标分配策略、航路规划以及异步协调同时到达的方法组成。多侦察无人机抵达侦察目标的整体时间最短意味着多无人机整体飞行距离最短,任务执行时间最短,油耗最低。在无数种协同侦察策略中,使得整体时间最短的最优策略成为重点关注的策略。此外,若侦察无人机以最短时间同时到达侦察目标,还可以保证获得的信息具备时间一致性,可有效提高侦察效能,对保障后续任务的顺利执行起到重要作用。

时间最优的侦察目标分配策略问题可以描述为如下形式:

$$\min_{S}(\max_{i} t_i) \qquad (9-77)$$

使得

$$\begin{cases} (x_i, \ y_i, \ h_i) \mid_{t_i} = (x_T^i, \ y_T^i, \ h_T^i) \mid_{t_i} \\ (\mu_i, \ \varphi_i) \mid_{t_i} = (\mu_T^i, \ \varphi_T^i) \mid_{t_i} \end{cases}, \quad i \in \{1, \cdots, n\} \qquad (9-78)$$

式中,$t_i$ 为多无人机抵达侦察目标的时间;$(x_T, \ y_T, \ h_T) \mid_{t_i}$、$(\mu_T, \ \varphi_T) \mid_{t_i}$ 分别为多无人机在 $t_i$ 时刻抵达侦察目标的空间位置与侦察航迹角要求,$S$ 为具体分配策略。

给定待侦查目标的分配策略可以描述为如下 $\{0, 1\}$ 矩阵形式:

$$S = \begin{bmatrix} s_{11} & \cdots & s_{1m} \\ \vdots & \ddots & \vdots \\ s_{n1} & \cdots & s_{nm} \end{bmatrix} \qquad (9-79)$$

式中,$s_{ij} = 1$ 表示侦查目标 $j$ 分配给无人机 $i$,否则 $s_{ij} = 0$。分配策略需要保证每个侦查目标都已分配给无人机,同时每架无人机都分配有侦察目标,则分配规则满足如下等式约束:

$$\begin{cases} \sum_{j} s_{ij} = 1 \\ \sum_{i} s_{ij} = n_i \\ \sum_{i} n_i = n \end{cases} \qquad (9-80)$$

根据每个侦察目标 $i$ 所分配的无人机数量 $n_i \geqslant 1$,可以将某侦察目标 $i$ 视作 $n_i$ 个相同的侦察目标,进而将分配策略矩阵转化为 $n \times n$ 的方阵 $S_{m}$。为了便于描述,仍用 $S_{nn}$ 表示分配策略,但此时侦察目标的数量 $m$ 与无人机数量 $n$ 相同。

显然,分配策略取决于各无人机抵达各自侦察区域的最短航行时间(或最短航行距离),后者又与无人机的初始位置、速度方向、最小曲线运动半径以及侦察方位约束相关。通过计算各无人机 $i$ 航行至侦察区域 $l_j$ 的最短时间 $t_{i,j}$,可以得到无人机抵达侦察区域的最短时间到达矩阵

$$T = \begin{bmatrix} t_{1,1} & \cdots & t_{1,m} \\ \vdots & \ddots & \vdots \\ t_{n,1} & \cdots & t_{n,m} \end{bmatrix} \qquad (9-81)$$

给定策略 $S$,可得到所有无人机抵达侦察目标的最短时间为

$$\max_{i,j}(\boldsymbol{T}^{\text{total}})_{ij} = (\boldsymbol{T} \circ \mathrm{S})_{ij} \qquad (9-82)$$

式中，运算符号"$\circ$"表示矩阵 Schur 积（矩阵元积）：$(\boldsymbol{A} \circ \boldsymbol{B})_{ij} = (\boldsymbol{A})_{ij} \cdot (\boldsymbol{B})_{ij}$。

多无人机时间最优协同侦查目标分配问题可以描述为如下的线性整数规划（ILP）形式：

$$\min_{s} \max_{ij}(\boldsymbol{T} \circ \boldsymbol{S})_{ij} \qquad (9-83)$$

使得：

$$\boldsymbol{S} \cdot 1_{m \times 1} = 1_{n \times 1}$$
$$1_{1 \times n} \cdot \boldsymbol{S} = 1_{1 \times m} \qquad (9-84)$$
$$s_{ij} \in \{0, 1\}$$

式中，分配策略 $s_{ij}$ 为决策变量；$i \in \{1, 2, \cdots, n\}$；$j \in \{1, 2, \cdots, m\}$；$n$ 为无人机数；$m$ 为侦察目标数目；$\boldsymbol{T}$ 为最短时间到达矩阵。

通过多无人机异步分布式 Minimax 凸优化算法求解 ILP 式（9-83），可以得到最优分配策略。根据分配结果，各无人机即可计算最优 Dubins 路径到达侦察目标位置。

### 9.6.2  多无人机侦察航路规划

利用异步交替映射 Minimax 凸优化算法可以获得最优分配结果，各无人机被分配到不同的待侦察区域。为了充分提高侦察任务效果，应使得多无人机可以通过协调的方法同时抵达侦察区域。此外，协同侦察任务还需要多无人机以不同的角度进入到侦查区域。分配的优化目标为无人机与侦察目标的最短直线距离，然而无人机是典型的非完整约束运动体，受到动态特性的约束而无法沿任意方向运动。无人机的各种飞行约束条件中，最需要考虑的就是最小转弯半径。设计满足最小转弯半径约束的无人机最短航路具有重要的实际意义。由于各无人机到达侦察点的最短直线距离不同，与待侦察目标距离较近的无人机会提前抵达，这意味着多无人机按照 Dubins 最短路径飞行将无法保证以相同的时间到达侦察区域。为了保证多无人机同时抵达分配区域，无人机需要按照抵达的时间适当增加航路的停留时间。为此，通过设计 Duins 延长算法，延长无人机的航路进而延长在空中等待的时间，保证满足到达时间相同的要求。

1) Dubins 最短路径

Dubins 指出[101]，二维平面的 Dubins 运动体从初始状态到达任意含角度约束位置的最短路径为 CSC 或 CCC 的形式，其中 C 和 S 分别代表圆形曲线和线段。

对于三维空间，Sussmann 证明含有初始和终点约束的 Dubins 最短路径为 CSC、CCC 或螺旋曲线[102]。Shanmugavel 等[103] 通过对 Dubins 运动体初始方位进行调整，使得新的初始方位与终点方位约束共面，进而将三维路径规划转化为二维 Dubins 路径问题得以求解。本节采用建立非线性几何方程的方法[104] 对三维的 Dubins 最短路径进行求解。

假定无人机在以 $\boldsymbol{U}_1$ 为法向量的平面内从初始位置 $X_0 = (x_{i0}, y_{i0}, h_{i0})$ 沿速度方向 $\boldsymbol{v}_1$ 按照圆形轨迹旋转角度 $\theta_1$，随后执行直线航线 $X$，最后在 $U_2$ 为法向量的平面旋转角度 $\theta_2$ 以终点速度 $\boldsymbol{v}_2$ 抵达终点 $X_f$，直线段向量 $X$ 满足如下方程[104]：

$$X = (X_f - X_0) \pm r(x + v_1)\tan\frac{\theta_1}{2} \pm$$

$$r(x + v_2)\tan\frac{\theta_2}{2} \qquad (9-85)$$

式中，$r$ 为无人机的最小转弯半径；$x$ 为直线航线 $X$ 方向的单位向量。通过对上述非线性方程的求解，可以得到四条不同的直线段向量 $\boldsymbol{X}$。

图 9-42 给出了三维 Dubins 最短路径示意图，无人机初始旋转角度 $\theta_1$ 后沿直线向上爬升，在旋转 $\theta_2$ 后抵达终点。根据四条直线向量计算得到初始和终点圆形轨迹所在平面的法向量 $\boldsymbol{U}_1$、$\boldsymbol{U}_2$ 与旋转角度 $\theta_1$、$\theta_2$ 为

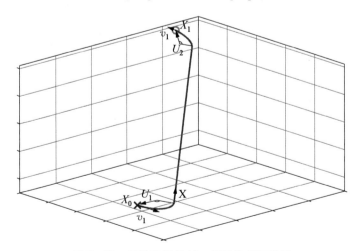

**图 9-42　三维空间 Dubins 运动体最短航路**

$$\begin{cases} \boldsymbol{U}_i = \boldsymbol{x} \times \boldsymbol{v}_i \\ \theta_i = \arccos(\boldsymbol{v}_i \cdot \boldsymbol{x}) \end{cases}, \quad i \in \{1, 2\} \tag{9-86}$$

式中，×和·分别代表向量外积与内积运算。计算比较四条不同的轨迹长度，其中最短路径成为三维空间内的 Dubins 最短路径。

2) Duins 延长算法

Dubins 延长算法是对二维平面 Dubin 最短路径的修正方法，可以实现路径的任意延长，用于解决多无人机空中交会问题[105-106]。Mayer 指出，若二维平面 Dubins 运动体的出发点角度和终点角度相差 180°，则可通过在 Dubins 最短路径的起点、终点两处各增加长度为 $\frac{\Delta x}{2}$ 的直线轨迹即可实现任意长度 $\Delta x \geqslant 0$ 的路径延长[105-106]。

图 9-43 为该算法的具体处理方法，→为无人机初始航向，终点航向约束与初始航向相反，虚线为无人机的 Dubins 最短路径，实线为 Dubins 延长算法修改后的路径。通过在起点和终点分别增加等长航路，使得 Dubins 最短路径产生整体平移，因此实现在 Dubins 最短路径的基础上按需延长，抵达时间也可以按需延长。但是三维空间下无人机初始航向与终点航向通常不共面，上述 Dubins 延长算法无法直接处理。本节提出如图 9-44 所示三维 Dubins 路径的延长算法：

(1) 以无人机初始位置和速度方向增加圆形盘旋轨迹，圆心的位置 $O_c$ 由如下方程确定：

$$O_c = X_0 - \frac{r}{\| \boldsymbol{v}' \|_2} \boldsymbol{v}' \tag{9-87}$$

式中，$X_0$ 为初始位置；$v_1$ 为无人机初始速度：

$$\boldsymbol{v}' = \begin{bmatrix} 0 & 1 & 0 \\ -1 & 0 & 0 \\ 0 & 0 & 0 \end{bmatrix} v_1 \tag{9-88}$$

(2) 从初始位置和旋转 180° 后的位置将盘旋曲线拆分为两个半圆。

(3) 根据所需延长路径长度 $\Delta x (\Delta x \geqslant 2\pi r)$ 增加两条直线航路，每段长度满足 $\frac{\Delta x - \pi r}{2}$，与两个半圆航路连接形成跑道形航路。

(4) 当无人机沿跑道形航路重新返回到出发位置后，沿三维 Dubins 最短路径抵达终点。

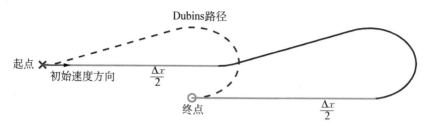

图 9‑43　二维平面 Dubins 延长算法图

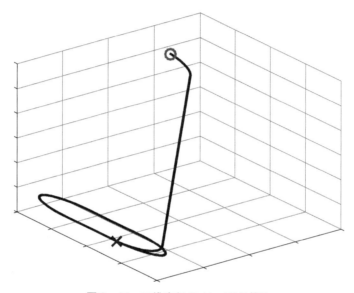

图 9‑44　三维空间 Dubins 延长算法

**备注 9‑4**　三维 Dubins 延长路径至少需要延长 $2\pi r$ 的路径,若所需延长路径长度较长时,可额外增加圆形航路圈数为 $\left|\dfrac{\Delta x}{2\pi r}\right|-1$。所需增加的直线航路距离变为 $\Delta x-2\pi r\left|\dfrac{\Delta x}{2\pi}r\right|$。

**备注 9‑5**　在无人机执行监控、侦察和救援等任务的时候,盘旋机动是主要的任务机动动作。

**3）多无人机的侦察目标同时到达策略**

当待侦察目标的期望侦察高度与所有无人机的初始高度相同时,可以采用二维 Dubins 路径延长算法进行航路规划。但由于无人机的初始方位任意,待分配的各侦察点存在特定的侦察航向约束,这无法满足二维 Dubins 延长算法中出发点和终点航向相反的假设。因此需要各无人机首先执行一次初始对准机动，即无人机根据所分配侦察目标的侦察航向要求，以最短时间沿最小转弯半径从初始位置调整无人机的航向与其反向。当无人机的高度各异，二维 Dubins 路径算法不再适用，需要实施三维 Dubins 延长算法，即要求各无人机至少执行初始盘旋机动一圈。初始的机动将会改变无人机的初始位置和出发时间，那么根据初始位置计算得到的分配结果不再最优，因此需要根据新初始条件重新优化待侦察目标分配结果。此时，各无人机抵达各待分配侦察目标位置的最短时间需要由对准或盘旋机动后的时间和新出发位置到各侦察区域的最短时间组成：

$$t_{i,\,j} = t_{i,\,j_a} + t_{i,\,j_d} \tag{9-89}$$

式中，$t_{i,\,j_a}$ 为无人机 $i$ 执行初始对准或初始盘旋机动所需的时间；$t_{i,\,j_b}$ 为无人机 $i$ 从机动后新位置出发沿 Dubins 最短路径抵达待侦察目标 $j$ 上空所需时间。

根据式(9-89)，可以得到无人机抵达待侦察目标的规划航路新的最短时间抵达矩阵为

$$\boldsymbol{T}_{\text{total}} = \boldsymbol{T}_{\text{align}} + \boldsymbol{T}_{\text{Dubins}} = \begin{bmatrix} t_{1,\,1_a} & \cdots & t_{1,\,m_a} \\ \vdots & \ddots & \vdots \\ t_{n,\,1_a} & \cdots & t_{n,\,m_a} \end{bmatrix} + \begin{bmatrix} t_{1,\,1_d} & \cdots & t_{1,\,m_d} \\ \vdots & \ddots & \vdots \\ t_{n,\,1_d} & \cdots & t_{n,\,m_d} \end{bmatrix}$$

$$\tag{9-90}$$

各无人机根据分配的侦察目标以及其他无人机抵达各自侦察目标的时间，采用 Dubins 延长算法设计无人机的最优航路，最终实现同时抵达侦察目标上空。假定无人机 $i$ 应当以时间 $t_{l_j}$ 到达侦察目标上空，则需额外增加航行时间为

$$t_e = t_{l_j} - t_{i,\,j} \tag{9-91}$$

无人机按最大巡航速度应当延长的航路距离则为

$$\Delta x = (t_{l_j} - t_{i,\,j}) V_i \tag{9-92}$$

### 9.6.3　仿真与分析

为了验证本节提出的多无人机协同侦察算法的有效性，以 6 架侦察无人机与 4 个侦察目标为例进行仿真。仿真中无人机最大巡航速度为 640 km/h，最小

转弯半径为 0.7 km。假设无人机与待侦查目标分散在 200 km×200 km 的区域中,具体配置如表 9-1 和表 9-2 所示。各待侦察点所需侦察高度为 7 km,侦察进入方向为沿 $x$ 轴正向,其中 2 号与 3 号待侦查目标需要两架无人机实施侦察。

表 9-1　无人机初始方位

| 无人机 | 位置与高度/km | 速度/(m/s) |
|---|---|---|
| 1 | (43.5, 163.5, 8.5) | (125.71, −125.70, −1.30) |
| 2 | (61, 110, 5.5) | (177.78, 0.10, 0.40) |
| 3 | (129.5, 158, 7.5) | (−177.78, 0.20, −0.40) |
| 4 | (154, 105.5, 8) | (−125.71, −125.70, −1.30) |
| 5 | (36.5, 57.5, 6) | (0, 177.78, −0.60) |
| 6 | (137, 45.5, 6.5) | (125.71, 125.70, −1.00) |

表 9-2　侦察目标位置与方位约束

| 侦察目标 | 目标位置/km | 侦察高度/km | 方位约束/rad |
|---|---|---|---|
| 1 | (69, 133, 0) | 7 | 0 |
| 2 | (119, 108.5, 0) | 7 | 0 |
| 3 | (65.5, 71, 0) | 7 | 0 |
| 4 | (122.5, 77.5, 0) | 7 | 0 |

当无人机任意分布在空间中的不同区域,同时具有不同的位置、高度和速度方向时,利用三维 Dubins 延长算法进行计算最短时间到达矩阵为(单位：min)

$$T_{\text{total}} = \begin{bmatrix} 252.77 & 551.04 & 565.48 & 682.61 \\ 413.63 & 316.92 & 642.72 & 484.33 \\ 168.82 & 364.71 & 251.57 & 425.39 \\ 537.25 & 236.68 & 569.23 & 272.40 \\ 487.45 & 569.82 & 206.95 & 522.01 \\ 654.46 & 397.88 & 466.85 & 229.46 \end{bmatrix} \tag{9-93}$$

通过 Minimax 分布式优化求解,分配结果由表 9-3 所示,Minimax 优化结果为 316.92 s,计算时间为 1.04 s。

表 9‑3　3D 空间侦察目标分配结果

| 无人机 | 分配目标 | 最短到达时间/s |
|---|---|---|
| 1 | 1 | 252.77 |
| 2 | 2 | 316.92 |
| 3 | 3 | 251.57 |
| 4 | 2 | 236.68 |
| 5 | 3 | 206.95 |
| 6 | 4 | 229.46 |

在无人机实际飞行中往往会受到各类干扰导致偏离最优航路。当偏差较小时，可以依靠飞控系统的航速、航向修正实现补偿；当偏差较大时，需要根据各无人机当前状态进行重规划（见图 9‑45）。

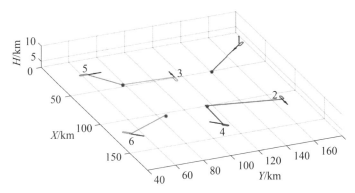

图 9‑45　多无人机协同侦察任务航路规划结果

## 9.7　结语

本章针对无人机的互操作能力以及在异步分布式通信条件下的无人机协调控制进行了介绍与研究。通过回顾主要的作战无人机通信系统架构与组成，分析了必要的分项系统编制，为无人机互操作提供了基本硬件辅助支撑。多无人机互操作能力是面向网格化作战的高度自主能力体现。本章在互操作定义的基础上，分析多无人机互操作的需求以及发展方向，重点回顾了五种典型的无人机互操作方案。在此基础上，提出了采用面向服务集成的多无人机互操作方法，构建了多无人机应用的服务注册、发现和绑定的服务机制，以及与之匹配的服务匹配方法。

　　本章还研究了复杂通信环境下多无人机的协调控制方法，指出传统同步协调机制无法解决诱导延时与阻塞效应等问题，多无人机应采用异步的协调控制方案。本章通过提出基于 QSR 耗散理论的多无人机异步通信分布式协调控制算法，解决了多无人机异步协调控制的稳定性判据问题，实现了时变通信拓扑以及异步通信条件下的多无人机协调控制；提出了基于事件触发模型预测控制的多无人机异步通信分布式协调控制算法，为多无人机提供事件与时间混合驱动的新控制模式，实现主动式异步通信协调控制，降低了通信次数、带宽消耗以及运算时间；提出了基于交替映射的多无人机分布式异步 Minimax 优化方法，实现了多无人机协同优化异步通信环境下的分布式求解，解决了最短时间一致性问题，多无人机异步协同侦查等问题。

## 参│考│文│献 ● ● ● ● ● ● ● ● ● ● ● ● ● ● ● ● ● ● ● ● ● ● ● ● ● ● ●

［1］Mylin A K. A communication link reliability study for small unmanned aerial vehicles ［D］. Kentucky：University of Kentucky，2007.

［2］Clark T R. Evaluation of a two-way datalink for airborne surveillance of and communication with a remotely operated aircraft operating in the National Airspace System［J］. Journal of Computational & Theoretical Nanoscience，2002，4（2）：536 - 540.

［3］Corke P，Hrabar S，Peterson R，et al. Autonomous deployment and repair of a sensor network using an unmanned aerial vehicle［C］//Robotics and Automation，2004. Proceedings. ICRA'04. 2004 IEEE International Conference on. IEEE，2004.

［4］Stacy N J S，Craig D W，Staromlynska J，et al. The global hawk UAV Australian deployment：imaging radar sensor modifications and employment for maritime surveillance［C］//Geoscience and Remote Sensing Symposium，2002. IGARSS'02. 2002 IEEE International. IEEE，2002.

［5］Adams S M，Friedland C J. A survey of unmanned aerial vehicle（UAV）usage for imagery collection in disaster research and management［C］//9th International Workshop on Remote Sensing for Disaster Response. 2011.

［6］Tozer T C，Grace D. High-altitude platforms for wireless communications［J］. Electronics & Communication Engineering Journal，2001，13（3）：127 - 137.

［7］Javaid A Y，Sun W，Devabhaktuni V K，et al. Cyber security threat analysis and modeling of an unmanned aerial vehicle system［C］//Homeland Security（HST），2012 IEEE Conference on Technologies for. IEEE，2012.

[ 8 ] Pastor E，Lopez J，Royo P. UAV payload and mission control hardware/software architecture [J]. IEEE Aerospace & Electronic Systems Magazine，2007,22(6)：3 - 8.

[ 9 ] Dong M，Chen B M，Cai G，et al. Development of a real-time onboard and ground station software system for a UAV helicopter [J]. Journal of Aerospace Computing Information & Communication，2007,4(8)：933 - 955.

[10] Johnson E N，Schrage D P. System integration and operation of a research unmanned aerial vehicle [J]. Journal of Aerospace Computing Information & Communication，2004,1(1)：5 - 18.

[11] ISI network the authoritative dictionary of IEEE standards terms seventh edition [J]. IEEE Std，2007：1 - 1362.

[12] Department of defense. Joint pub 1-02，DoD Dictionary of military and associated terms [EB/OL]. Washington，DC. http：//www. dtic. mil/doctrine/jel/new_pubs/jp1_02. pdf.

[13] Department of Defense Dictionary of military and associated terms. US director for operational plans and joint force development [G]. Joint Publication 1(2)，2003.

[14] Carney D，Fisher D，Morris E. Some current approaches to interoperability [J]. Some Current Approaches to Interoperability，2005,39(3)：388 - 396.

[15] Director for architecture and interoperability. Levels of information systems interoperability [EB/OL]. C4ISR architectures working group，http：//www. c3i. osd. mil/org/cio/i3/1998 - 05.

[16] 李宁. 复杂分布仿真系统的互操作性及 C4I 的仿真研究 [D]. 北京：北京航空航天大学，2006.

[17] Edwin M，Linda L，Craig M，et al. System of systems interoperability (sosi)：final report [EB/OL]. http：//www. sei. cmu. edu/publications/pubweb. html.

[18] Scott R. A community of interest approach to data interoperability [C]. federal database colloquium 2001.

[19] Mikel D P，Eric W W. A composability lexico [C]. Proceedings of the Spring 2003 Simulation Interoperability Workshop Orlando FL，2003.

[20] Katia S，David M. Tools and technologies for semantic web services：an owl-s perspecttiive [EB/OL]. http：//www. ai. sri. com/daml/services/ISWC06-OWL-S-tutorial. pdf.

[21] Secretary of the Air Force. Command and control air force doctrine document 2 - 8 [R]. 2001.

[22] Edwin M，Linda L，Craig M，et al. System of systems interoperability (SOSI)：final report [R]. Software Engineering Institute Carnegie Mellon University，2004.

[23] Anthony D. A taxonomy of network centric warfare architectures [C]. sete 2005，systems engineering/test and evaluation conference. Brisbane，Australia，2005.

[24] Office of the secretary of defense. Unmanned aircraft systems roadmap 2005 - 2030 [EB/OL]. http：//www. fas. org/irp/program/collect/uav_roadmap2005. pdf.

[25] Office of the secretary of defense. Unmanned systems roadmap，2007 - 2032 [EB/OL]. http：//www. acq. osd. mil/usd/Unmanned% 20Systems% 20Roadmap. 2007 - 2032.

pdf.

[26] U. S. joint forces command. Joint transformation roadmap [EB/OL]. http://www. ndu. edu/library/docs/.

[27] Ace summey. Unmanned vehicles in future mine warfare [R]. Naval Surface Warfare Center. 2005.

[28] Frank C. Autonomous, armed, and ambitious [J]. VERTIFLITE Summer 2004, 50 (2): 14 - 17.

[29] Office of the under secretary of defense. defense science board study on unmanned aerial vehicles and uninhabited combat aerial vehicles [R]. 2004.

[30] Tiron R. Unmanned aircraft adapting to army future force needs [J]. National Defense, 2003, 12(8): 601 - 603.

[31] Raynes J. The armyone system program: common ground equipment for uavs. unmanned systems 2003 [C]. Association for Unmanned Vehicle Systems International (AUVSI). 2003.

[32] Thomas S, Jerry F, Robert J, et al. Command and control of unmanned vehicles—where are we going [C]. American Helicopter Society 60th Annual Forum Baltimore, MD, 2004.

[33] UV Sentry: Protecting the Sea Base with Unmanned Vehicles [A]. Multi Agency Craft Conference [C]. http://www. sd-auvsi. org/pdfs/UV_Sentry_Presentation_MACC_2006. ppt. 2006.

[34] Veelen van J B. SMDS: a top-down approach to self-management for dynamic collaboration systems [C]. Proceedings of the 2006 international workshop on Self-adaptation and self-managing systems. Shanghai. 2006.

[35] AIAA. Implementation of a manned vehicle-UAV mission system [J]. Applied Mechanics & Materials, 2012(198 - 199): 1789 - 1793.

[36] Thomas M. Bridging the gap powered by ideas. [EB/OL] http://www. stormingmedia. us/59/5970/A597015. html.

[37] Jan T, Huang Q. Enabling UAV to C4ISR integration using M&S and gaming technology [R]. Simulation Interoperability Stands Organization. 2005.

[38] Valenti M, Schouwenaars T, Kuwata Y, et al. Implementation of a manned vehicle-UAV mission system [C]. AIAA Guidance, Navigation and Control Conference and Exhibit. Providence, Rhode Island. AIAA 2004.

[39] Franke J L, Zaychik V, Spura T M, et al. Inverting the operator/vehicle ratio: approaches to next generation UAV command and control [J]. Accountability, 2008: 118.

[40] Department of the Air Force. Operational requirements document for the unmanned aerial vehicle (UAV) tactical control system (TCS) version 3. 0 [EB/OL]. http://handle. dtic. mil/100. 2/ADA334778.

[41] Jorgen P, Joe D. Interoperability standards analysis (ISA) [R]. The Standards Committee of the National Defense Industry Association Robotics Division. 2007.

[42] Jorgen P. A Practical view and future look at JAUS, white paper [EB/OL]. http://www.grsi.efn.uncor.edu/investigacion/.../060510A-JAUS-White-Paper.pdf.

[43] Jorgen P. Interoperability standards analysis (ISA)-interoperability standards analysis report [EB/OL]. http://www.ndia.org/Interoperability%20Standards%20Analysis%20(ISA).pdf.

[44] Marc J P. J-UCAS common systems & technologies industry day for common operating system (COS) development [EB/OL]. http://www.darpa.mil/j-ucas/j-ucas.htm.

[45] Francis M. Joint unmanned combat air systems: the have blue of the 21st century [J]. DARPA tech, 2005, (90) 11: 113-117.

[46] Greg K. The role of middleware frameworks in network-centric computing [R]. American Institute of Aeronautics and Astronautics, 2005.

[47] Department of Defense DIRECTIVE. Data sharing in a net-centric department of defense [EB/OL]. http://diides.ncr.disa.mil/mdregHomePage/mdregHome.portal.

[48] DoD Directive 4630.5, interoperability and supportability of information technology (IT) and national security systems (NSS) [EB/OL]. http://www.dtic.mil/whs/directives/corres/pdf/463005p.pdf.

[49] Renner D S. Building information systems for network-centric warfare [C]//2003.

[50] Clay R. The global information grid, net-centric services and the DoD's data strategy [EB/OL]. http://www.mitre.org/news/events/xml4bin/pdf/robinson_strategy.pdf.

[51] Stu K. Net-centric operations and warfare reference model (NCOW RM), version 1.0 [EB/OL] http://www.docstoc.com/docs/20636700/The-C2-Constellation-A-US-Air-Force-Network-Centric/.

[52] Greg L. Global hawk in a network centric environment [C]//AIAA 3rd Unmanned Unlimited Technical Conference. Workshop and Exhibit. 2004.

[53] Data Sharing and Services Strategy Working Group. A report of the net-centric operations industry forum (NCOIF) [R]. Software Engineering Institute, AFEI: 2005.

[54] James M G, Cihan H D, Ann M. Taxonomy of systems-of-systems. PROCEEDINGS CSER [C], Stevens Institute of Technology, Hoboken, 2005.

[55] Francis M. The role of unmanned air vehicles in advancing system-of-systems (SoS) technologies and capabilities [C]//AIAA International Air and Space Symposium and Exposition: The Next 100 Years. 2013.

[56] Clement L, Hately A, Riegen C V, et al. UDDI version 3.0.2 UDDI spec technical committee draft, Dated 20041019 [G]. Accenture, Ariba, Inc. Commerce One, Inc. Fujitsu Limited, Hewlett-Packard Company, i2 Technologies, Inc. Intel Corporation, International Business Machines Corporation, Microsoft Corporation, Oracle Corporation, SAP AG, Sun Microsystems, Inc. and Ver, 2004.

[57] Gil Y, Ramachandran S. Phosphorus: a task-based agent matchmaker [C]//International Conference on Autonomous Agents. ACM, 2001.

[58] Noia T D, Sciascio E D, Donini F M, et al. Semantic matchmaking in a P-2-P electronic marketplace [C]//ACM Symposium on Applied Computing. ACM, 2003.

[59] Sycara K, Widoff S, Klusch M, et al. Larks: dynamic matchmaking among heterogeneous software agents in cyberspace [J]. Autonomous Agents and Multi-Agent Systems, 2002, 5(2): 173 - 203.

[60] 岳昆, 王晓玲, 周傲英. Web 服务核心支撑技术: 研究综述[J]. 软件学报, 2004, 15(3): 428 - 442.

[61] Yolum P. Semantic matchmaking of web services using model checking [C]// International Joint Conference on Autonomous Agents and Multiagent Systems. International Foundation for Autonomous Agents and Multiagent Systems, 2008.

[62] 胡春鹤. 多无人机异步通信分布协调控制方法研究[D]. 北京: 北京航空航天大学, 2016.

[63] Zareh M, Dimarogonas D V, Franceschelli M, et al. Consensus in multi-agent systems with non-periodic sampled-data exchange and uncertain network topology [R]. 2014,

[64] Suh Y S. Stability and stabilization of nonuniform sampling systems [J]. Automatica, 2008, 44(12): 3222 - 3228.

[65] Tan Z, Soh Y C, Xie L. Dissipative control for linear discrete-time systems [J]. Automatica, 1999, 35(9): 1557 - 1564.

[66] 陈宗基, 张汝麟, 张平, 等. 飞行器控制面临的机遇与挑战[J]. 自动化学报, 2013, 39(6): 703 - 713.

[67] 席裕庚, 李林. 模型预测控制——现状与挑战[J]. 自动化学报, 2013, 39(3): 222 - 236.

[68] Christofides P D, Scattolini R, Peña D M D L, et al. Distributed model predictive control: a tutorial review and future research directions [J]. Computers & Chemical Engineering, 2013, 51(14): 21 - 41.

[69] Bhattacharya R, Balas G J, Kaya M A, et al. Nonlinear receding horizon control of an F - 16 aircraft [J]. Journal of Guidance, Control, and Dynamics. 2002, 25(5): 924 - 931.

[70] Keviczky T, Balas G J. Receding horizon control of an F - 16 aircraft: a comparative study [J]. Control Engineering Practice, 2006, 14(9): 1023 - 1033.

[71] Kowalska K. Variable transition time predictive control [D]. Hamilton: McMaster University, 2011.

[72] Karl-Erik A. A simple event-based PID controller [C]//IFAC Proceedings Volumes, 1999.

[73] Tabuada P. Event-triggered real-time scheduling of stabilizing control tasks [J]. Automatic Control, IEEE Transactions on, 2007, 52(9): 1680 - 1685.

[74] Heemels W P M H, Sandee J H, van Den Bosch P P J. Analysis of event-driven controllers for linear systems [J]. International journal of control, 2008, 81(4): 571 - 590.

[75] Lunze J, Lehmann D. A state-feedback approach to event-based control [J]. Automatica, 2010, 46(1): 211 - 215.

[76] Mayne D Q, Michalska H. Receding horizon control of nonlinear systems [J]. Automatic Control, IEEE Transactions on, 1990, 35(7): 814 - 824.

[77] Michalska H, Mayne D Q. Robust receding horizon control of constrained nonlinear

systems [J]. Automatic Control, IEEE Transactions on, 1993, 38(11): 1623 – 1633.

[78] Camponogara E, Jia D, Krogh B H, et al. Distributed model predictive control [J]. Control Systems, IEEE, 2002, 22(1): 44 – 52.

[79] Dunbar W B, Murray R M. Distributed receding horizon control for multi-vehicle formation stabilization [J]. Automatica, 2006, 42(4): 549 – 558.

[80] Kwon W H, Han S. Receding horizon control: model predictive control for state models [J]. Springer Ebooks, 2005, 31(3): 52 – 65.

[81] 霍霄华. 多 UCAV 动态协同任务规划建模与滚动优化方法研究[D]. 长沙: 国防科学技术大学, 2007.

[82] 闵海波, 刘源, 王仕成, 等, 多个体协调控制问题综述[J]. 自动化学报, 2012. 38(10): 1557 – 1570.

[83] Cao Y C, Yu W W, Ren W, et al. An overview of recent progress in the study of distributed multi-agent coordination. Industrial Informatics, IEEE Transactions on, 2013. 9(1): 427 – 438.

[84] Li C, Qu Z. Distributed finite-time consensus of nonlinear systems under switching topologies [J]. Automatica, 2014, 50(6): 1626 – 1631.

[85] Xiao F, Wang L, Chen T. Finite-time consensus in networks of integrator-like dynamic agents with directional link failure [J]. IEEE Transactions on Automatic Control, 2014, 59(3): 756 – 762.

[86] Ghasemi M, Nersesov S G. Finite-time coordination in multiagent systems using sliding mode control approach. Automatica, 2014. 50(4): 1209 – 1216.

[87] Xiao L, Boyd S. Fast linear iterations for distributed averaging [J]. Systems & Control Letters, 2004, 53(1): 65 – 78.

[88] Chen Z, Zhang H T. Consensus acceleration of multi-agent systems via model prediction [C]//American Control Conference. IEEE, 2011.

[89] Hendrickx J M, Jungers R M, Olshevsky A, et al. Graph diameter, eigenvalues, and minimum-time consensus [J]. Automatica, 2014, 50(2): 635 – 640.

[90] Shreyas S, Christoforos N H. Finite-time distributed consensus in graphs with time-invariant topologies [C]. 2007.

[91] Yuan Y, Stan G B, Shi L, et al. Decentralized minimum-time consensus [J]. Automatica, 2013, 49(5): 1227 – 1235.

[92] Ren W, Beard R. Distributed Consensus in Multi-vehicle Cooperative Control: Theory and Applications [M]. Springer London, 2008.

[93] Boyd S, Dattorro J, Alternating projections [R]. Lecture notes of EE 392 o, Stanford University, Autumn Quarter, 2004.

[94] Boyd S, Vandenberghe L. Convex Optimization [M]. Cambridge University Press, 2004.

[95] Lee E B, Markus L. Foundations of optimal control theory [J]. Journal of the Royal Statistical Society, 1967: 589.

[96] Tam M K. The method of alternating projections [D]. Australia: University of

Newcastle, 2012.

[ 97 ] Danzer L, Grunbaum B, Klee V, et al. Helly's theorem and its relatives [J]. Monatsh. Math, 1921,(31)1: 60 - 97.

[ 98 ] Wenger R. Helly-type theorems and geometric transversals [C]//Handbook of Discrete & Computational Geometry. CRC Press, Inc. 1997.

[ 99 ] Varaiya P. Reach set computation using optimal control [M]. Springer Berlin Heidelberg, 1998.

[100] Hwang I, Stipanovi D M, Tomlin C J. Polytopic Approximations of Reachable Sets Applied to Linear Dynamic Games and a Class of Nonlinear Systems [M]//Advances in Control, Communication Networks, and Transportation Systems. Birkhäuser Boston, 2008.

[101] Dubins L E. On curves of minimal length with a constraint on average curvature, and with prescribed initial and terminal positions and tangents [J]. American Journal of Mathematics, 1957, 79(3): 497 - 516.

[102] Sussmann H J. Shortest 3 - dimensional paths with a prescribed curvature bound [C]// Decision and Control, 1995. Proceedings of the, IEEE Conference on. IEEE, 1996.

[103] Shanmugavel M, Tsourdos A, White B, et al. 3D Dubins sets based coordinated path planning for swarm of UAVs [C]//AIAA Guidance, Navigation, and Control Conference and Exhibit, 2006.

[104] Hota S, Ghose D. Optimal path planning for an aerial vehicle in 3D space [C]//Decision & Control. IEEE, 2010.

[105] Meyer Y. On Dubins paths to intercept a moving target at a given time [J]. IFAC Proceedings Volumes, 2014, 47(3): 2521 - 2526.

[106] Meyer Y, Isaiah P, Shima T. On Dubins paths to intercept a moving target [J]. Automatica, 2015(53): 256 - 263.

# 索　引